U1076570

生命科学核心课程系列教材

普通生物化学

（第二版）

王林嵩　毛慧玲　张丽霞　主编

科学出版社
北　京

内 容 简 介

《普通生物化学》一书在分子结构与化学、性质与动力学，生物代谢，以及信息传递与表达三个层次上简明扼要介绍生物化学的基本原理、基本内容和基本知识，并参考大量现代研究文献，反映了各层面上最新的研究进展。全书共12章，第一章至第三章介绍了氨基酸和蛋白质、酶，以及核苷酸和核酸。第四章至第八章围绕着物质代谢介绍了糖类、脂类、氨基酸、核苷酸代谢和生物氧化，以及相关物质的化学结构。第九章至第十二章以信息传递为主线介绍了DNA、RNA和蛋白质的生物代谢，以及基因的表达调控。

本书适合普通高等院校生物科学、生物技术、生物工程、化学和药学等专业本科生和专科生使用，同时也可作为农林院校、综合型院校相关专业的学生和任课教师的重要参考书。

图书在版编目(CIP)数据

普通生物化学/王林嵩，毛慧玲，张丽霞主编. —2版. —北京：科学出版社，2016

生命科学核心课程系列教材

ISBN 978-7-03-046337-1

Ⅰ.①普… Ⅱ.①王… ②毛… ③张… Ⅲ.①生物化学-高等学校-教材 Ⅳ.①Q5

中国版本图书馆CIP数据核字(2015)第270045号

责任编辑：王玉时 / 责任校对：李 影

责任印制：张 伟 / 封面设计：迷底书装

科学出版社 出版

北京东黄城根北街16号

邮政编码：100717

http://www.sciencep.com

北京凌奇印刷有限责任公司印刷

科学出版社发行 各地新华书店经销

*

2008年7月第 一 版 开本：787×1092 1/16

2016年1月第 二 版 印张：25 3/4

2025年1月第十八次印刷 字数：610 000

定价：88.00元

(如有印装质量问题，我社负责调换)

《普通生物化学》(第二版)编委会名单

主　编　王林嵩　毛慧玲　张丽霞

副主编　仉晓雯　马可世　闫清华

编　委（以姓氏笔画为序）

马可世　王　兰　王　丽　王林嵩

王顺启　毛慧玲　仉晓雯　石晓卫

刘　玮　刘　瑞　闫清华　许园园

邱宗波　杨丽英　张丽霞　武安泉

谢宗波

第二版前言

《普通生物化学》自2008年第一版后，已过去7年了，这7年中生物化学领域发生了许多变化，如第三代DNA测序技术，miRNA功能研究等。同时，这本教材在7年的应用中也显现了许多不足，为此，我们在第二版中对每一章都做了修改来反映这些变化和弥补这些不足。其目的是尽可能多地扩充新的生物化学知识，至少要尽力加强对其基本原理的表述。

在第二版中，我们对全书的章节做了较大调整，尤其是将物质代谢部分调整到核酸和蛋白质代谢的前面，以适宜教学计划的调整。同时，为了方便学习将基因表达调控、氨基酸代谢和核苷酸代谢单独成章，酶和维生素合并为一章。因此，全书也从原来的11章调整为12章。在每一章节内容安排上仍保留了第一版的知识性和趣味性。

本书由河南师范大学、南昌大学、东华理工大学、新余学院、周口师范学院、新乡医学院、新乡医学院三全学院和安阳工学院等院校的相关老师参加编写，采用的是集体讨论、分别持笔的方式，主编负责全书的统筹规划和统稿。鉴于编者水平有限，不足之处在所难免，欢迎批评指正。

编　者

2015年8月

第一版前言

随着生物学的发展，研究成果越来越依赖于研究方法，合适的方法是研究成败的关键之一。纵观目前生物学的研究方法，它们越来越多地与生物化学密切相关，生物化学的学习也变得越来越重要。只有掌握了生物化学的基本原理、基本内容和基本知识，才能更好地学习其他生物学知识和进行科学研究。

在长期的教学实践中我们对已出版的和引进的各种生物化学教材有了一定的了解和认识，发现有的教材篇幅大、内容涉及面广，有的教材很简明但内容略显单薄，可谓厚薄不均。国之腾飞，教育先行，普通高等院校是培养人才的主要基地，教学质量的高低直接影响国民素质的提高。编写一本适合普通高等院校使用的《普通生物化学》教材不仅是广大从事生物化学教学教师的迫切愿望，也是广大普通高等院校学生的热切希望，同时众多的普通高等院校也是教材的使用和检验基地。

国内外有关的生物化学教材，大多是遵循先静态后动态的写作顺序，这样有利于学生自学，也符合生物化学的发展进程。但面向 21 世纪的发展趋势，教学改革要求我们精简内容，压缩学时。我们在教学中体会到，在学时少的情况下，教学过程不能一气呵成。因此我们在编写体系中作了一种新的尝试：①打破先静态后动态的编写常规，以化学结构为主线，动静结合。②改变先三大物质代谢后核酸、蛋白质合成的编写常规，首先介绍蛋白质和核酸的生物合成，然后是三大物质代谢，并将氨基酸的代谢和核苷酸的代谢合并一章为氮代谢。在涵盖生物化学的基本内容的基础上，删除了和其他学科交叉内容，如光合作用等。③在反映本学科的新进展的基础上，着重实用性。④根据每章节的内容在最后介绍一些生化历史、小知识等以增加趣味性。

全书共 11 章，可分为三部分：第一部分蛋白质的结构、化学和动力学，主要包含蛋白质化学、酶和维生素；第二部分为遗传信息传递和表达，主要包含核酸化学、核酸和蛋白质的合成；第三部分为代谢，主要包括糖化学和糖代谢、生物氧化、脂化学和脂代谢、氮代谢。

随着改革开放的进展，引进外文原版教材多了，各种新出版的教材也更多了；但教学时数却少了，教学要求高了，愿我们的教材能在这百花园中独树一帜。

本书由河南师范大学、南昌大学、山西师范大学、信阳师范学院、周口师范学院、安阳师范学院、新乡学院、东华理工学院、新余学院等院校的相关老师参加编写，采用的是集体讨论、分别执笔的方式，主编负责全书的统筹规划和统稿，两位主编发挥了同样作用。鉴于编者水平有限，缺点和错误在所难免，欢迎批评指正。

编　者

2008 年 5 月

目　录

绪　论

一、生物化学的概念和研究内容

生物化学(biochemistry)是研究生命科学中分子基础的学科,它应用生物学、化学、物理学和数学的理论和方法来研究生物体内各种物质的化学性质及化学变化的规律。生物化学的目标是以化学的术语解释生物学的形式和功能。

生物化学从不同角度对生物进行研究,从而产生出很多分支。因研究对象的不同,可分为动物生物化学、植物生物化学和微生物生物化学,如研究对象涉及整个生物界(包括动植物、微生物和人体),则通称普通生物化学;按生物化学应用领域的不同,分为工业生物化学、农业生物化学、医学生物化学、食品生物化学等;还有按照生命科学研究领域的不同,在分子水平上研究的拓展,又出现了一些新的分支,如从分子水平探讨机体与免疫的关系,称为免疫生物化学;以生物不同进化阶段的化学特征为研究对象,称为进化生物化学或是比较生物化学;以细胞和组织器官分化的分子基础为研究内容,称为分化生物化学。

从研究内容的不同又可以把生物化学分为静态生物化学、动态生物化学和功能生物化学。静态生物化学所研究的内容构成生物机体各种物质的组成、结构、性质及生物学功能,这些物质包括糖、蛋白质、核酸、酶、维生素、激素和抗生素等。动态生物化学所研究的内容是生物体内各种物质的化学变化及与外界进行物质和能量交换的规律,即物质代谢和能量代谢。功能生物化学是研究重要生命物质的结构与功能的关系,以及环境对机体代谢的影响,从分子水平上来阐述生命现象的机制和规律。

二、生物化学与其他生命科学的关系

1. 生物化学是分子水平的生物学　从生物学的发展历史看,人们对生物体(生命现象)的认识,是从宏观到微观,从形态结构到生理功能。首先是观察生物体的形态,继而用解剖的方法观察其组织结构,从器官、组织到细胞,从这些不同层次的观察和研究,曾产生了一系列生物学的分支,如分类学、解剖学、组织学、细胞学等。20 世纪 40 年代开始,从对细胞的研究,深入到对组成细胞物质的分子结构进行研究。虽然生物化学的起源可以追溯到一个多世纪以前,但生物化学的真正蓬勃发展,却始于 20 世纪 40 年代末、50 年代初,由于当时对构成生物体的基础物质——蛋白质和核酸的分子结构得到初步探明,而促进了生物化学的迅猛发展。生物化学的成就,又带动和促进了生命科学向分子水平发展,生物学的各分支学科,又衍生出若干分子水平的新学科,如分子分类学、分子遗传学、分子免疫学、分子生理学、分子病理学、分子细胞学,最终又独立产生了一门崭新的生命科学——分子生物学,从而使人们对生命的本质和生物进化的认识向前迈进了一大步。以遗传学为例,如果把分子遗传学从 Oswald Avery 对肺炎球菌的转化实验算起到 20 世纪 90 年代的 50 多年的成就,与经典遗传学从 1865 年 Gregor Mendel 发表的“植物杂交试验”,从而建立了遗传学上几个基本定律以来的 100 多年所取得的成就相比,不知道大了多少倍。一个新品种的生产,用经典遗传学的方法选育,需要几年,几十年,而应用现代分子遗传学的方法可以在几天内,几个小时产生一个新的品种。可见，生命科学深入到分子水平，使人们无论对生命的认识，还是在实践上的应用，其深度和广度都是前所未有的。

2. 生物化学是现代生物学科的基础和前沿 生物化学既是现代生物学科的基础，又是其发展的前沿。说它是基础，是由于生命科学发展到分子水平，必须借助于生物化学的理论和方法来探讨各种生命现象，包括生长、繁殖、遗传、变异、生理、病理、生命起源和进化等，因此它是各学科的共同语言；说它是前沿，是因为生物学科的进一步发展，要取得更大的进步和突破，在很大程度上依赖于生物化学研究的进展和所取得的成就。事实上没有生物化学对生物大分子（核酸和蛋白质）结构和功能的阐明，没有遗传密码，以及信息传递途径的发现，就没有今天的分子生物学和分子遗传学。没有生物化学对限制性内切核酸酶的发现及纯化，也就没有今天的生物工程。由此可见，生物化学与各门生物学科的关系是非常密切的，在生物科学中占有重要地位。

主要以生物化学、生物物理学、微生物学和遗传学为基础发展起来的分子生物学，其主要任务是从分子水平来阐明生命现象和生物学规律。因此广义而言，生物化学主要研究内容的蛋白质和核酸等生物大分子的结构和功能，也纳入分子生物学的研究范畴，有时很难将生物化学与分子生物学分开，两者的关系非常密切。正因为如此，国际生物化学协会（The International Union of Biochemistry ）现在改名为国际生物化学与分子生物学协会（The International Union of Biochemistry and Molecular Biology），中国生物化学学会也已更名为中国生物化学与分子生物学学会。

不过，目前人们还是习惯采用狭义的概念，将分子生物学的范畴偏重于核酸（或基因）的分子生物学，主要研究基因或核酸的复制、转录、表达和调节控制等过程。可见生物化学和分子生物学有着各自的侧重点。

三、生物化学发展趋势

生物化学是在 19 世纪末 20 世纪初才成为一门独立的学科，也就是说，生物化学是在数学、物理学、化学和生物学的基础上发展起来的一门边缘学科。

20 世纪的后半叶，在整个自然科学中，生物学的发展是最为迅速的。尤其是生物化学与分子生物学，其发展更是突飞猛进，使整个生命科学进入分子时代，开创了从分子水平阐明生命科学活动本质的新纪元。如果说，19 世纪中期细胞学说的建立从细胞水平上证明了生物界的统一性，那么，在 20 世纪中后期，生物化学与分子生物学则在分子水平上解释了生命世界的基本结构和基础生命活动方面的高度一致性。21 世纪上半叶，下列几方面仍将是生物化学研究最活跃、最重要的领域。

1. 大分子结构与功能的关系 生命的基础物质（蛋白质和核酸，现在认为还包括糖）基本上是大分子，研究这些大分子结构与功能的关系，仍然是生物化学的首要任务。蛋白质是生命活动的主要承担者，几乎一切生命活动都要依靠蛋白质来进行。蛋白质分子结构与功能的研究除了要继续阐明由氨基酸形成的具有一定顺序的肽链结构（称一级结构）外，21 世纪的前 30 年将特别重视肽链折叠成的三维空间结构（即高级结构），因为蛋白质的生物功能与它的空间结构的关系更为密切。

核酸是遗传信息的携带者和传递者，研究核酸的结构和功能，特别是 DNA 及基因的结构，包括人类全套基因的结构，将会给整个生命科学、医学、农学带来崭新的面貌。糖类不仅作为能源，而且在细胞识别、免疫、信息接收与传递等方面具有重要作用。因此，糖的结构与功能的研究，也将受到重视。

2. 生物膜的结构与功能　生物膜包括细胞的外周质膜和细胞内的具有各种特定功能的细胞器膜。构成生命活动本质的许多基本问题，如物质转运、能量转化、细胞识别、神经传导、免疫、激素和药物的作用等都离不开生物膜的作用。此外，新陈代谢的调节控制，甚至遗传变异、生长发育、细胞癌变等也与生物膜息息相关。因此，深入了解生物膜的结构和功能，不但对认识生命活动的本质有重要的理论意义，而且对于工业、农业、医学和国防工业也有重大的应用价值。21 世纪对生物膜的结构、功能、人工模拟与人工合成的研究也将是重大的生物化学课题之一。

3. 新陈代谢的调控　生物体内的新陈代谢是按高度协调、统一、自动化的方式进行。新陈代谢通路(metabolic pathway)是生物化学早期研究的主要内容。代谢通路的阐明有力地推动了生物化学的发展及工业生产。每一条代谢通路都不是单独存在，而是相互之间形成三维立体的网络(meshwork)。一个典型的真核细胞拥有大约 30 000 个不同的蛋白质，它们可以催化几千种不同的生物化学反应，这些反应牵涉到数百种不同的代谢物(metabolite)，而大多数代谢物同时参与不同的代谢通路。新陈代谢调控是生物体最显著特征之一，未来的生物化学发展将更注重代谢通路之间的相互作用，在基因和蛋白质水平上对这些相互作用的调控，以及这些调节作用对细胞和生物体活动的影响。阐明生物体内新陈代谢网络的调控，将更有助于指导工业生产。

4. 生物化学技术的创新与发明　随着生命科学在分子水平研究的深入，不但要求生物化学在理论上有所突破，而且要求生物化学技术要不断创新，并有新的技术发明，才能真正使生物化学发挥基础和前沿的作用。现在生命科学的某些重要领域的发展受到技术的限制，如基因工程受到产品分离纯化技术的限制。有的基因工程技术实现了基因筛选、分离、转移，并且得到表达，但其产品得不到分离纯化，因此并未达到目的。由此可见，生物化学应在产品的分离纯化技术上有新突破，在蛋白质等物质的分离纯化、微量及超微量生命物质的检测与分析、酶的功能基因的修饰、酶的新型抑制剂的筛选、酶的分子改造与模拟酶、生物膜的分离与人工膜制造等技术上有较大发展，才能适应科学发展的需要，也才能促进生物化学理论和技术在工农业上的应用有进一步的拓宽。

四、生物化学的主要学习方法

像所有的自然科学的学科一样，生物化学的学习自然也离不开其共同的规律：课前预习，课后复习。课前的预习使学生学习更有目的性，主动去接受新知识，提出新问题；课后复习，通过理清主线，“温故而知新”，巩固基础从而去探索新的领域。尤其课后的复习更为重要，时间不需要很多，及时的复习常有事半功倍的效果。学生们常说生物化学是生物学中最难学的课程，这主要是因为生物化学内容多、覆盖面广、牵涉数理化知识较多而课时却相对较少，不易理解、不易掌握，让人望而生畏。其实静下心，认真学，就不难发现，生物化学也有它的核心内容，掌握了这个核心其他就迎刃而解了。不仅要知道是什么，而且要知道为什么。“善学者善思”，理解加重复就是记忆。在掌握书本知识的同时，多做一些习题，多读一些参考书，多做一些实验，也有助于学习生物化学。

第一章　氨基酸和蛋白质

【要点】 蛋白质是生物体内种类繁多、功能多样的重要生物大分子。组成蛋白质的基本单位是α-氨基酸，共有21种，称为基本氨基酸。本章将重点介绍氨基酸的结构和性质。氨基酸通过肽键相互连接形成肽链是蛋白质一级结构的基础。蛋白质结构可以分成一级、二级、三级和四级结构4个层次。二级结构的基本类型有α螺旋、β折叠、β转角和无规则卷曲等。蛋白质的结构和功能密切相关。分离、纯化蛋白质的方法多种多样，但其一般原则是依据蛋白质的理化性质不同而进行分离，这些性质包括分子大小、溶解度、电荷、蛋白质的特异性相互作用等。蛋白质组学是生物化学的一个新概念，虽然起步较晚，却为大规模直接研究蛋白质的功能提供了强有力的工具。

蛋白质(protein)是由许多氨基酸通过肽键相连形成的高分子含氮化合物，具有稳定的构象和一定的生物功能。蛋白质是生物体的基本组成成分。人体内蛋白质的含量约占人体固体成分的45%，是细胞中除水以外含量最大的成分，它的分布很广，几乎所有的组织器官都含有蛋白质，而且它又与所有的生命活动密切联系。例如，机体新陈代谢过程中的一系列化学反应几乎都依赖于生物催化剂——酶的作用，而绝大多数酶的化学本质就是蛋白质；调节物质代谢的激素有许多也是蛋白质或它的衍生物；其他诸如肌肉的收缩，血液的凝固，免疫功能，组织修复，以及生长、繁殖等主要功能无一不与蛋白质相关。近代分子生物学的研究表明，蛋白质在遗传信息的控制、细胞膜的通透性、神经冲动的发生和传导，以及高等动物的记忆等方面都起着重要的作用。

第一节　氨　基　酸

蛋白质是由氨基酸(amino acid)构成的聚合物，自然界存在着成千上万种蛋白质，虽然其结构和功能多种多样，但归根结底是由21种常见氨基酸作为基本构件组装成的各种蛋白质分子，而这些氨基酸的内在性质却不同。本节将依次介绍组成蛋白质的21种氨基酸的结构、性质和分析鉴定方面的知识。

一、氨基酸的结构

（一）结构通式

1806年分离出第一个氨基酸是天冬酰胺，1938年确认20种氨基酸中的最后一个氨基酸苏氨酸。有些氨基酸的命名是根据它们的分离物，如天冬酰胺来自天冬，谷氨酸来自小麦谷酸，酪氨酸来自奶酪，而甘氨酸则是因为其尝起来有甜味。氨基酸是含有氨基及羧基的有机化合物。目前从蛋白质水解产物中分离出来的具有遗传密码的氨基酸只有21种，除脯氨酸外，其余20种氨基酸在结构上的共同特点是与羧基相邻的α-碳原子都结合着一个氨基，因而称为α-氨基酸(图1-1)。此外，α-碳原子上还结合一个氢原子和一个侧链基团(称为R基)，每一种氨基酸的R基都不同。蛋白质中具有遗传密码的21种氨基酸常被称作标准氨基酸，以区别于其他氨基酸。氨基酸的名称常用三个字母或单字母的简写符号表示。氨基酸的三字母简写符号是其英文名称的前三个字母。单字母符号是由美国科学家 Margaret Oakley Dayhoff 设计的。当氨基酸英文名称的首字母是特有的时，则取其首字母，如 C、H、I、M、S 和 V 代表相应氨基酸。当有多个氨基酸英文名称的首字母相同时，在蛋白质结构中出现频率高的氨基酸优先使用其首字母，如亮氨酸(leucine)是蛋白质中常见氨基酸，所以 L 代表亮氨酸，类似的还有 A、G、P、T；其他的或用氨基酸英文名称的第二个字母，如 R、Y 和 W；或从氨基酸英文名称中选一个独特的字母，如 D、N、E 和 Q。此外，F 是苯丙氨酸英文发音的首字母，而赖氨酸的单字母符号则是因为 K 是离 L 最近的字母。图 1-2 给出了 21 种氨基酸的基本结构、英文名称，以及三字母缩写和单字母表示符号。

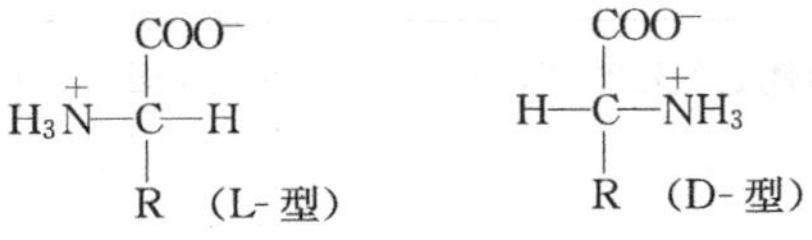

图 1-1　α-氨基酸的结构通式及 L-型、D-型

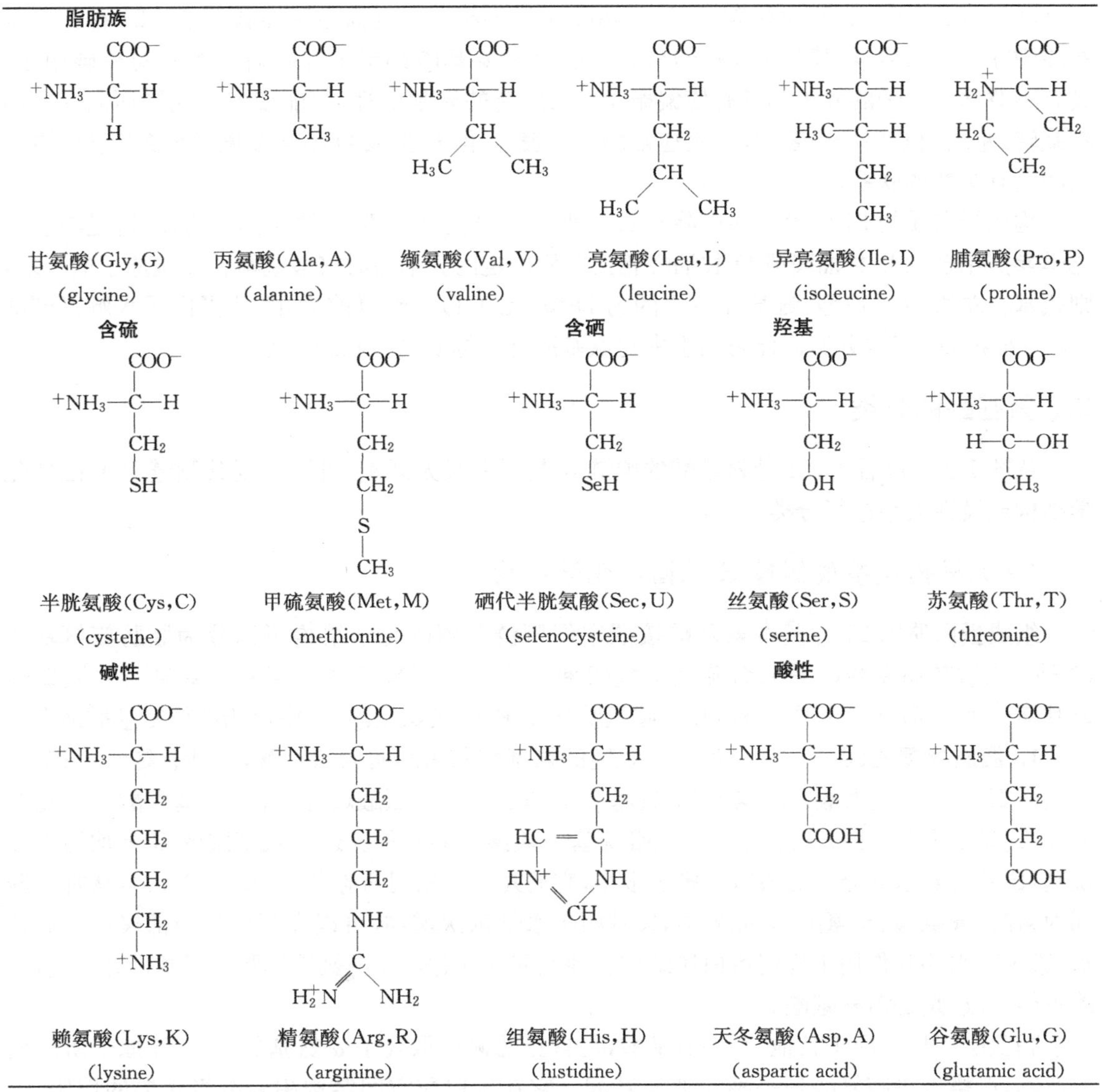

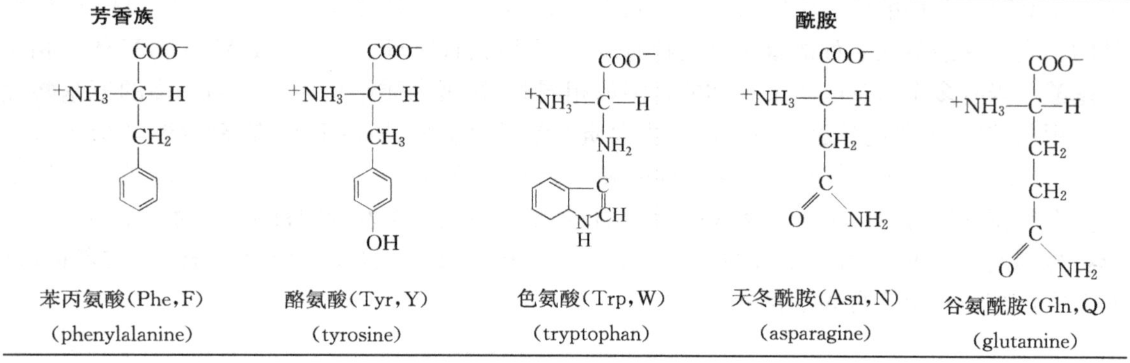

图 1-2　21 种氨基酸的基本结构、英文名称，以及三字母缩写和单字母表示符号(引自查锡良，2008)

(二) D-型、L-型

如果与 α-碳原子共价连接的侧链 R 基不是 H 原子，则 α-碳原子就结合了 4 种不同的基团，此时 α-碳原子称为不对称碳原子(asymmetric carbon)，也称为手性碳原子。21 种标准氨基酸中除了甘氨酸(R 基为 H 原子)外，其他 20 种氨基酸都至少存在着一个不对称碳原子。具有不对称碳原子的分子都具有使偏振光平面旋转的光学活性，都能使偏振光平面向左或向右旋转，左旋通常用(－)表示，右旋通常用(＋)表示，但 L-型或 D-型与偏振光平面旋转的方向之间没有必然的联系。

构成蛋白质的 21 种氨基酸中除甘氨酸外都有 D-型和 L-型两种立体异构体，这是与立体化学参照化合物 L-甘油醛或 D-甘油醛相比较而确定的。书写时将羧基写在 α-碳原子的上端，则氨基在左边的为 L-型，氨基在右边的为 D-型(图 1-1)。到目前为止，从蛋白质水解得到的 α-氨基酸都属于 L-型的，因此习惯上书写氨基酸都不标明构型和旋光方向。

二、氨基酸的分类

从图 1-2 可以看出，21 种氨基酸的侧链 R 基团有很大区别，可以根据其侧链 R 基团的化学结构或极性大小进行分类。

(一) 根据氨基酸侧链 R 基团的化学结构

组成蛋白质的 21 种基本氨基酸按照它们侧链基团的化学结构可以分为脂肪族氨基酸(6 种)、芳香族氨基酸(3 种)、含硫氨基酸(2 种)、含硒氨基酸(1 种)、羟基氨基酸(2 种)、碱性氨基酸(3 种)、酸性氨基酸(2 种)和酰胺氨基酸(2 种)8 类氨基酸，其中以脂肪族氨基酸最多。

1. 脂肪族氨基酸　侧链为脂肪烃链的氨基酸归为脂肪族氨基酸，包括甘氨酸(氨基乙酸)、丙氨酸(α-氨基丙酸)、缬氨酸(α-氨基-β-甲基丁酸)、亮氨酸(α-氨基-γ-甲基戊酸)、异亮氨酸(α-氨基-β-甲基戊酸)和脯氨酸(β-吡咯烷基-α-羧酸)，共 6 种。这类氨基酸的 R 基均为中性烷基，R 基对氨基酸分子的酸碱性影响很小，它们几乎有相同的等电点(6.0±0.03)，从甘氨酸到丙氨酸、缬氨酸、亮氨酸、异亮氨酸，R 基团疏水性依次增加，可以在蛋白质内部聚集以避开水，通过疏水相互作用来稳定蛋白质结构。缬氨酸、亮氨酸、异亮氨酸的脂肪烃基带有支链，人体不能合成，是必需氨基酸。

脯氨酸明显不同于其他 20 种氨基酸，是自身的侧链取代了 α-氨基的一个 H 原子所形成的产物，严格来讲脯氨酸是一种 α-亚氨基酸。它在蛋白质空间结构中具有极重要的作用，一

般出现在两段 α 螺旋之间的转角处，脯氨酸残基所在的位置必然发生肽骨架方向的变化。

2. R 基含有羟基的氨基酸　丝氨酸(α-氨基-β-羟基丙酸)和苏氨酸(α-氨基-β-羟基丁酸)是两个侧链含有 β-羟基的不带电荷的极性氨基酸。丝氨酸(Ser)的羟基在生理条件下($pK_a=15$)不解离，但它是一个极性基团，能与其他基团形成氢键，因此具有重要的生理意义。大多数酶的活性中心都发现有 Ser 残基存在，Ser 残基在蛋白质与磷酸的结合中起重要作用。苏氨酸(Thr)中的羟基是仲醇，具有亲水性，但此—OH 形成氢键的能力较弱，因此，在酶活性中心很少出现。Ser 和 Thr 的羟基往往与糖链相连，形成糖蛋白，也是蛋白质磷酸化的主要位点。

3. R 基含有硫的氨基酸　甲硫氨酸(α-氨基-γ-甲硫基丁酸)和半胱氨酸(α-氨基-β-巯基丙酸)是两个侧链含硫的氨基酸。半胱氨酸(Cys)在蛋白质中经常以其氧化型的胱氨酸(cystine)存在，两个 Cys 可通过形成二硫键连接形成一个胱氨酸，二硫键对维持蛋白质的高级结构有重要意义。Cys 也经常出现在酶的活性中心。甲硫氨酸(Met)或称蛋氨酸，Met 的硫原子在蛋白质中有时参与形成配位键。Met 的侧链 R 基中含有甲硫基，其硫原子有亲核性，易发生极化，因此可以在体内代谢中提供甲基，参与多种分子的甲基化反应。

4. R 基含有酸性基团的氨基酸　天冬氨酸(α-氨基-丁二酸)和谷氨酸(α-氨基-戊二酸)是二羧基氨基酸，分子中除了都含有 α-羧基外，天冬氨酸还含有 β-羧基，谷氨酸还含有 γ-羧基，是唯一在生理条件下带有负电荷的两个氨基酸，因此这两个氨基酸经常出现在蛋白质分子的表面。

5. R 基含有酰胺基团的氨基酸　天冬酰胺(β-氨基-β-羧基丙酰胺)和谷氨酰胺(γ-氨基-γ-羧基丁酰胺)分别是天冬氨酸和谷氨酸的酰胺化产物，又称为酰胺氨基酸。这两个酰胺氨基酸在生理 pH 范围内酰胺基不被质子化，因此侧链不带电荷，但它们的极性很强，也经常出现在蛋白质分子的表面。

6. R 基含碱性基团的氨基酸　这是一组侧链都带有含氮碱基基团，在 pH 7.0 时带净正电荷的氨基酸，称为碱性氨基酸，包括赖氨酸(α,δ-二氨基己酸)、精氨酸(α-氨基-δ-胍基戊酸)和组氨酸(α-氨基-β-咪唑基丙酸)。组氨酸的侧链含有一个咪唑环，它是 21 种氨基酸中侧链 pK_a 最接近生理 pH 的一种，在接近中性 pH 时可解离($pK_a=6.0$)，因此是生理 pH 条件下唯一侧链具有缓冲能力的氨基酸。赖氨酸的 R 基侧链含有一个氨基，在生理条件下，Lys 侧链带有一个正电荷($—NH_3^+$)，同时它的侧链是有 4 个 C 的直链，柔性较大，使侧链的氨基反应活性增大。精氨酸是碱性最强的氨基酸，侧链上的胍基是已知碱性最强的有机碱，在生理条件下完全质子化，与 NaOH 碱性相当。

7. R 基含硒的氨基酸　硒代半胱氨酸(α-氨基-β-硒基丙酸)是发现的第 21 种有遗传密码的氨基酸，它是用硒原子代替半胱氨酸中的硫原子，因此被称为硒代半胱氨酸或硒半胱氨酸。硒代半胱氨酸主要存在于谷胱甘肽过氧化物酶中。

8. 芳香族氨基酸　含有芳香环侧链的氨基酸称为芳香族氨基酸，包括苯丙氨酸(α-氨基-β-苯基丙酸，Phe)、酪氨酸(α-氨基-β-对羟苯基丙酸，Tyr)和色氨酸(α-氨基-β-吲哚基丙酸，Trp)3 种(图 1-2)。

苯丙氨酸、色氨酸和酪氨酸由于含有苯环，具有共轭双键，在紫外区域具有光吸收。三者都具有共轭 π 电子体系，易与其他缺电子体系或 π 电子体系形成电荷转移复合物(charge-transfer complex)或电子重叠复合物。在受体-底物或分子相互识别过程中具有重要作用。Trp 有复杂的 π 共轭体系，比 Phe 和 Tyr 更易形成电荷转移络合物。Tyr 的羟基磷酸化是一个十分普遍的调控机制，Tyr 在较高 pH 时，酚羟基解离。

某些蛋白质中含有一些不常见的氨基酸，它们是基本氨基酸在蛋白质合成以后经羟基化、羧基化、甲基化等修饰衍生而来的，称为非常见蛋白质氨基酸，也称为稀有氨基酸或特殊氨基酸。非常见蛋白质氨基酸中有 4-羟脯氨酸(4-hydroxyproline)，是脯氨酸的衍生物；还有 5-羟赖氨酸(5-hydroxylysine)，是赖氨酸的衍生物。4-羟脯氨酸和 5-羟赖氨酸在胶原蛋白和弹性蛋白中含量较多。另一种重要的非常见蛋白质氨基酸 γ-羧基谷氨酸(γ-carboxyglutamate)，发现于凝血蛋白酶原，以及某些能结合钙离子的蛋白质中。

自然界中还有 150 多种不参与构成蛋白质的氨基酸。它们大多是基本氨基酸的衍生物，也有一些是 D-型氨基酸或 β-氨基酸、γ-氨基酸、δ-氨基酸。这些氨基酸中有些是重要的代谢物前体或中间产物，如瓜氨酸和鸟氨酸是合成精氨酸的中间产物，β-丙氨酸是遍多酸(泛酸，辅酶 A 前体)的前体，γ-氨基丁酸是传递神经冲动的化学介质。

（二）根据氨基酸侧链 R 基团的极性性质

在 pH 7.0 时，根据氨基酸侧链 R 基团的极性不同可分为非极性氨基酸和极性氨基酸。

1. 非极性氨基酸　氨基酸的 R 基团不带电荷或极性很微弱的属于非极性氨基酸，如甘氨酸、丙氨酸、缬氨酸、亮氨酸、异亮氨酸、甲硫氨酸、苯丙氨酸、色氨酸、脯氨酸。它们的 R 基团具有疏水性。

2. 极性氨基酸　在 pH 7.0 时，氨基酸的 R 基团带电荷或有极性的属于极性氨基酸，它们又可分为以下三种。

1) *R 基不带电荷的极性氨基酸*　R 基团有极性，但不解离，或仅极弱地解离，它们的 R 基团有亲水性，如丝氨酸、苏氨酸、半胱氨酸、酪氨酸、谷氨酰胺、天冬酰胺。

2) *R 基带负电荷的氨基酸*　R 基团有极性，且解离，在中性溶液中显酸性，亲水性强，如天冬氨酸和谷氨酸。

3) *R 基带正电荷的氨基酸*　R 基团有极性，且解离，在中性溶液中显碱性，亲水性强，如组氨酸、赖氨酸、精氨酸。

（三）根据氨基酸的营养作用

如果从营养学角度分类的话，可将氨基酸分为必需氨基酸和非必需氨基酸。必需氨基酸(essential amino acid)是指人体(或其他脊椎动物)不能合成或合成速度不能满足机体需要的氨基酸，必须由食物蛋白质供给，如果人体缺乏含这些氨基酸的膳食摄入，将导致营养不良。必需氨基酸包括缬氨酸、亮氨酸、异亮氨酸、甲硫氨酸、色氨酸、苏氨酸、赖氨酸、苯丙氨酸 8 种氨基酸。非必需氨基酸 (nonessential amino acid)是指人(或其他脊椎动物)自己能由简单的前体(葡萄糖等)合成，不需要从食物中获得的氨基酸。非必需氨基酸一共有 12 种，分别是组氨酸、精氨酸、甘氨酸、丝氨酸、半胱氨酸、酪氨酸、谷氨酸、谷氨酰胺、天冬氨酸、天冬酰胺、脯氨酸、丙氨酸，其中组氨酸和精氨酸在婴幼儿时期，需要外界供给。

三、氨基酸的性质

掌握氨基酸的性质是了解蛋白质多种性质的基础，也是氨基酸分离分析工作的基础。而氨基酸的分离分析是测定蛋白质氨基酸组成和序列的必要步骤。

(一) 物理性质

1. 一般物理性质　氨基酸为无色晶体，每种氨基酸都有其特殊的结晶形式，可以用来鉴别各种氨基酸。氨基酸晶体的熔点很高，大多数在200℃以上。例如，甘氨酸在233℃熔解并分解；L-酪氨酸的熔点高达344℃；但是普通的有机化合物，如二苯胺的熔点为53℃。

除胱氨酸和酪氨酸外，氨基酸一般都溶于水，并能溶解于稀酸或稀碱中。除脯氨酸和羟脯氨酸外，氨基酸一般不能溶于有机溶剂，通常使用乙醇使氨基酸从其溶液中沉淀析出。脯氨酸和羟脯氨酸还能溶于乙醇或乙醚中。

2. 氨基酸的光学性质　除甘氨酸外所有其他天然氨基酸，其α-碳原子都是不对称碳原子，因此具有旋光性。氨基酸的旋光性(符号和大小)取决于它的R基的性质，并与溶液的pH有关。苏氨酸和异亮氨酸有两个手性碳原子，具有4种光学异构体(图1-3)。从蛋白质水解得到的氨基酸都是L-型。但在生物体内特别是细菌中，D-型氨基酸也存在，如炭疽杆菌中的D-谷氨酸，细菌的细胞壁和某些抗生素中也含有D-型氨基酸。

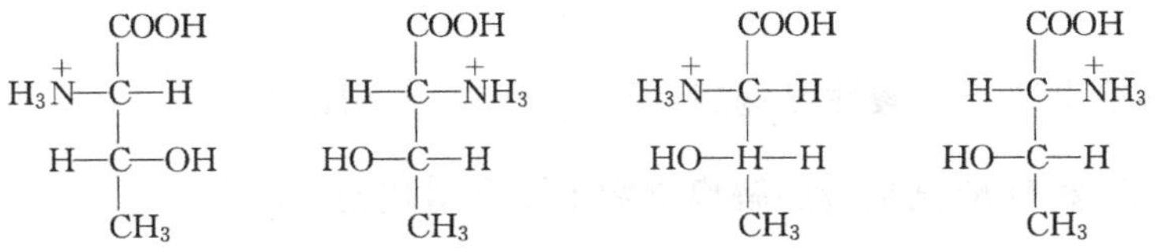

L-苏氨酸　D-苏氨酸　L-别苏氨酸　D-别苏氨酸

图1-3　苏氨酸的光学异构体

3. 氨基酸的光吸收　参与蛋白质组成的21种氨基酸，在可见光区域没有光吸收，但在远紫外区域(＜220nm)均有光吸收。在近紫外区域(220～300nm)只有酪氨酸、苯丙氨酸和色氨酸有吸收光的能力。因为它们的侧链R基含有苯环共轭双键系统。其中色氨酸最强，吸收峰在280nm处，酪氨酸的吸收峰在275nm处，苯丙氨酸吸收峰在257nm处(图1-4)。这使许多蛋白质具有280nm处特征性的强烈光吸收，因此可利用分光光度法很方便地测定蛋白质的含量。但是在不同的蛋白质中这些氨基酸的含量不同，因此它们的摩尔吸收系数是不完全一样的。

(二) 化学性质

1. 氨基酸的解离反应　氨基酸的熔点高，能溶解于水而不溶于有机溶剂，且能使水的介电常数增高，因此推断氨基酸为离子化合物。实验证明，氨基酸在晶体状态或在水溶液中主要是以兼性离子的形式存在的。即在同一氨基酸分子上带有能放出质子的正离子($—NH_3^+$)和能接受质子的负离子($—COO^-$)。因此，氨基酸是两性电解质。

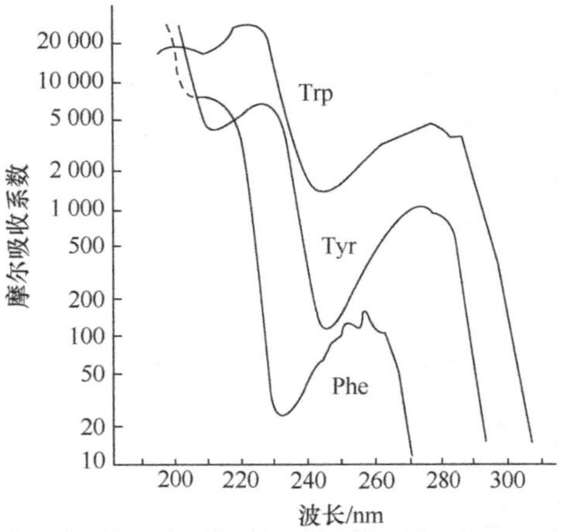

图1-4　芳香族氨基酸的紫外吸收光谱

调节氨基酸溶液的pH，使氨基酸分子上的$—NH_3^+$和$—COO^-$的解离度相等，此时氨基酸变为兼性离子形式，净电荷为零，这样的分子置于电场中，既不向阴极移动，也不向阳极移动，此时氨基酸所处溶液的pH为该氨基酸的等电点(isoelectric point)或等电 pH(isoelectric pH),用 pI 表示。氨基酸在不同的酸、碱条件下发生解离的情况如下:

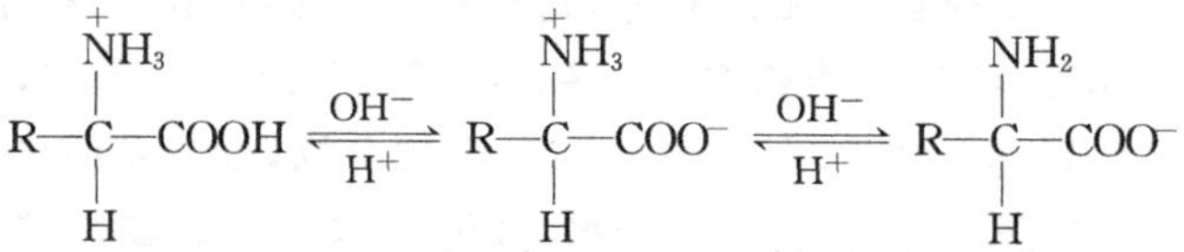

(pH<pI)　　(pH=pI)　　(pH>pI)

氨基酸的 pI 可由其分子上解离基团的解离常数来确定,对于一个特定的氨基酸只要依次写出它从酸性至中性至碱性解离过程的各种离子形式,取兼性离子两侧的 pK_a的算术平均值即为该氨基酸的 pI。

对于 R 基不解离的中性氨基酸:$pI=\frac{1}{2}(pK_{a_1}+pK_{a_2})$

对于 R 基能够接受质子的碱性氨基酸:$pI=\frac{1}{2}(pK_{a_2}+pK_{a_3})$

对于 R 基能够给出质子的酸性氨基酸:$pI=\frac{1}{2}(pK_{a_1}+pK_{a_3})$

表 1-1 给出了 20 种标准氨基酸的解离常数 pK_a和等电点 pI。

表 1-1　20 种标准氨基酸的解离常数和等电点

氨基酸*	pK_{a_1} (α-COOH)	pK_{a_2} (α-NH_3^+)	pK_{a_3} (R 基)	pI
甘氨酸	2.34	9.60		5.97
丙氨酸	2.34	9.69		6.02
缬氨酸	2.32	9.62		5.97
亮氨酸	2.36	9.60		5.98
异亮氨酸	2.36	9.68		6.02
丝氨酸	2.21	9.15		5.68
苏氨酸	2.63	10.43		6.53
半胱氨酸	1.71	10.78	8.33(—SH)	5.02
甲硫氨酸	2.28	9.21		5.75
天冬氨酸	2.09	9.82	3.86(β-COOH)	2.97
天冬酰胺	2.02	8.80		5.41
谷氨酸	2.19	9.67	4.25(γ-COOH)	3.22
谷氨酰胺	2.17	9.13		5.65
赖氨酸	2.18	8.95	10.53(ε-NH_3^+)	9.74
精氨酸	2.17	9.04	12.48(胍基)	10.76
苯丙氨酸	1.83	9.13		5.48
酪氨酸	2.20	9.11	10.07(—OH)	5.66
色氨酸	2.38	9.39		5.89
组氨酸	1.82	9.17	6.00(咪唑基)	7.59
脯氨酸	1.99	10.60		6.30

*除半胱氨酸是 30℃测定的数值外,其他氨基酸都是 25℃测定数值。目前文献中尚无硒代半胱氨酸的相关数据

氨基酸两性解离及等电点的概念，在氨基酸的分离技术上得到广泛应用。在等电点时，由于静电作用，氨基酸的溶解度最小，容易沉淀。利用这一性质可以分离制备某些氨基酸。例如，谷氨酸的生产，就是将微生物发酵液的 pH 调到 3.22（谷氨酸的等电点）而使谷氨酸沉淀析出。

在给定的 pH 下，各种氨基酸的电离程度及等电点不同，如当 pH 6.0 时，丙氨酸、甘氨酸接近等电点；谷氨酸、天冬氨酸以负离子存在；赖氨酸、精氨酸以正离子存在。利用这一性质，可采用离子交换层析法及电泳法将这些氨基酸从混合液中分离出来。

2. 茚三酮反应 氨基酸与茚三酮（ninhydrin）的反应是定性和定量检测氨基酸和蛋白质的重要反应，氨基酸的 α-氨基和 α-羧基都参与了反应。茚三酮在弱酸性溶液中与氨基酸共热，引起氨基酸氧化脱氨、脱羧反应，同时茚三酮被还原成还原茚三酮，然后茚三酮与反应物——氨和还原茚三酮发生作用，生成蓝紫色化合物（λ_{max}为 470nm）。反应过程见图 1-5。然而，由于脯氨酸和羟脯氨酸是亚氨基酸，因此与茚三酮反应生成黄色化合物（λ_{max}为 440nm）。在一定的反应条件下，生成颜色的深浅与氨基酸的浓度成正比，因此根据测得溶液的吸光度，可以算出相应氨基酸和蛋白质的浓度。

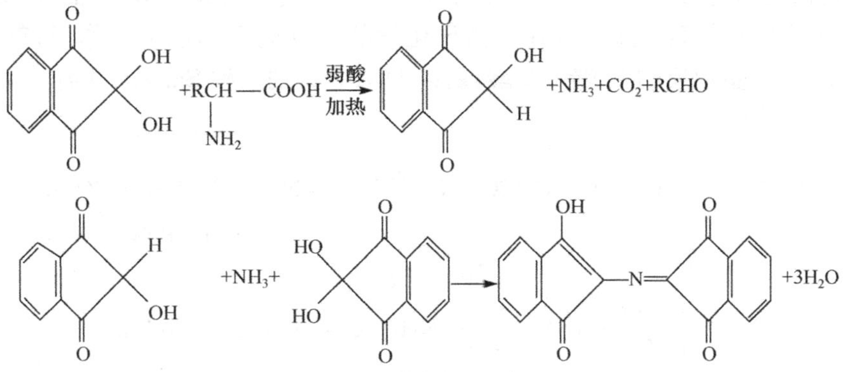

图 1-5 氨基酸与茚三酮反应的过程

由于此反应非常灵敏，几个微克氨基酸就能显色，故在纸层析、离子交换层析和电泳等方法分离氨基酸时，常用茚三酮作显色剂，以定性和定量测定氨基酸。也可以通过测定释放的 CO_2 量，计算出参加反应的氨基酸量。

3. α-氨基的反应 在室温下亚硝酸能与含游离 α-氨基的氨基酸起反应，定量地放出氮气，氨基酸被氧化成羟酸（含亚氨基的脯氨酸则不能与亚硝酸反应）。其反应式如下：

$$\underset{\displaystyle NH_2}{R—\underset{|}{CH}—COOH} + O{=}N—OH \longrightarrow \underset{\displaystyle OH}{R—\underset{|}{CH}—COOH} + H_2O + N_2$$

这也是 van slyke 氨基氮测定法的基础。在蛋白质或多肽中，α-氨基由于参与肽键的组成不能进行此反应，故这种氨基酸测定法还可用于跟踪肽键水解，通常用于蛋白质水解程度的测定。

氨基酸的 α-氨基能与醛类物质反应生成弱碱，即希夫碱（Schiff's base）。

$$\begin{matrix} R' \\ | \\ C{=}O \\ | \\ H \end{matrix} + \begin{matrix} COOH \\ | \\ H_2N—CH \\ | \\ R \end{matrix} \underset{+H_2O}{\overset{-H_2O}{\rightleftharpoons}} \begin{matrix} R' \quad COOH \\ | \qquad | \\ C{=}N—CH \\ | \qquad | \\ H \qquad R \end{matrix}$$

氨基还可以与甲醛反应，生成羟甲基化合物。赖氨酸的侧链氨基也能发生此反应。

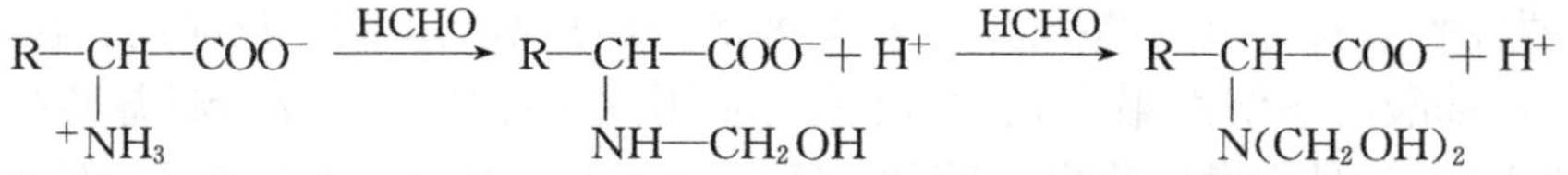

用甲醛与氨基酸结合，使$-^{+}NH_3$解离释放出H^+，氨基酸不再是偶极离子，由滴定所用碱的量，可计算出氨基酸的含量。蛋白质合成时游离氨基酸减少，蛋白质水解时，游离氨基酸增加，用此法测定游离氨基酸的量，可大体判断蛋白质合成和水解的程度。

氨基酸与2,4-二硝基氟苯(2,4-dinitrofluorobenzene或1-fluoro-2,4-dinitrobenzene,DNFB或FDNB)在弱碱性溶液中发生亲核芳香环取代反应，生成二硝基苯基氨基酸(dinitrophenyl amino acid,DNP-氨基酸)。DNP-氨基酸呈黄色。

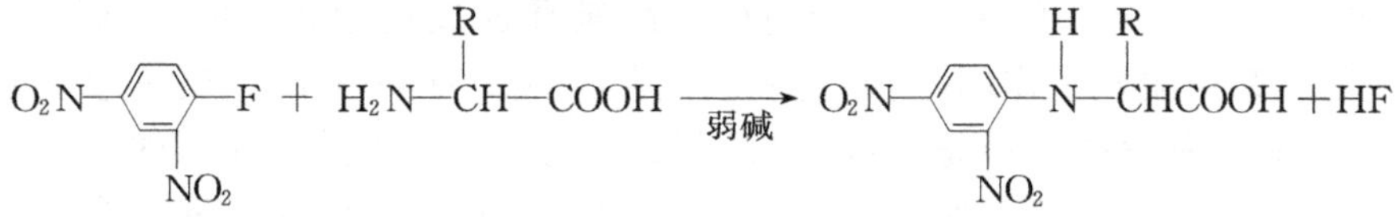

DNFB　　DNP-氨基酸

多肽或蛋白质N端氨基酸的α-氨基也能与DNFB反应，生成DNP-多肽或DNP-蛋白质，可鉴定N端氨基酸的种类。该反应在蛋白质化学的研究史上起过重要作用，英国的Sanger首先用来测定多肽、蛋白质的N端氨基酸，所以DNFB试剂又称Sanger试剂。

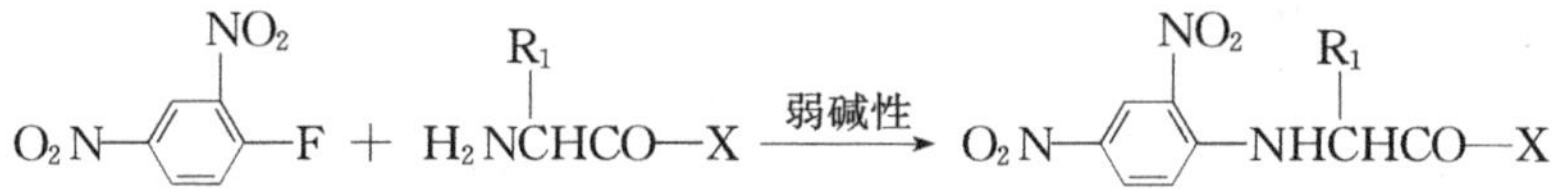

肽　　DNP-肽

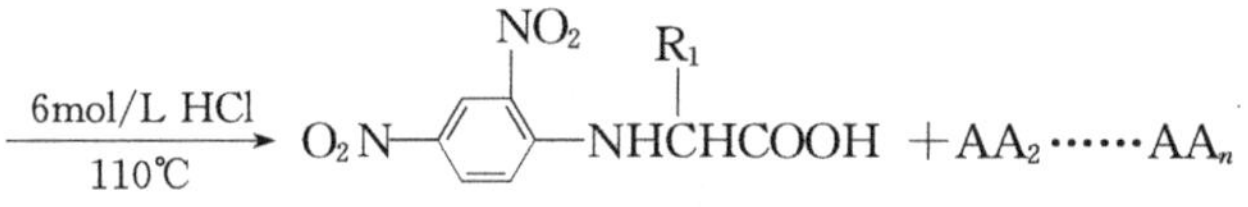

DNP-N端氨基酸　　氨基酸

氨基酸中的α-氨基还可以与异硫氰酸苯酯(phenylisothiocyanate,PITC)在弱碱性条件下形成相应的苯氨基硫甲酰(phenylthiocarbamyl,PTC)衍生物。后者在硝基甲烷中与酸(如氢氟酸、三氟乙酸等)作用发生环化，生成相应的苯乙内酰硫脲(phenylthiohydantoin,PTH)衍生物。

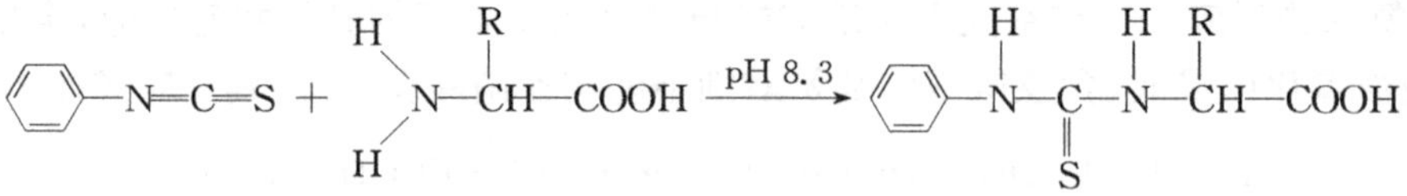

PITC　　PTC

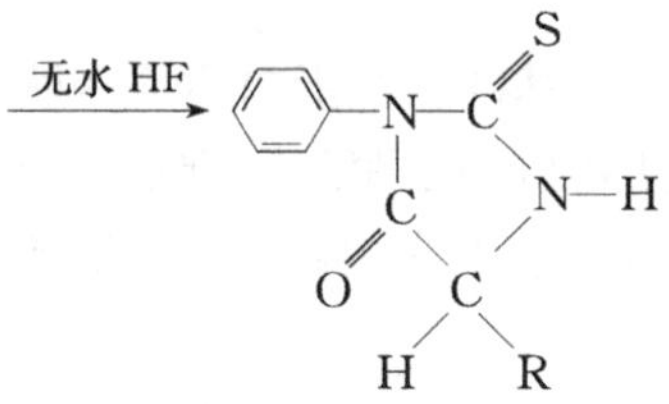

PTH

这些衍生物是无色的，可用层析法加以分离鉴定。这个反应首先被Edman用于鉴定多肽或蛋白质的N端氨基酸，在多肽和蛋白质的氨基酸测序分析方面占有重要地位。

现在根据此原理设计的蛋白质顺序测定仪，可以自动测定蛋白质的氨基酸顺序。基本原理为：蛋白质多肽链N端氨基酸的α-氨基与PITC试剂起反应，生成PTC-多肽或PTC-蛋白质，在酸性溶液中，释放出末端的PTH-氨基酸和比原来少了一个氨基酸残基的多肽链。所得的PTH-氨基酸可用层析法鉴定，确定肽链的N端氨基酸种类。剩余肽链可重复应用此方法测定N端的第二个氨基酸。如此重复多次就测出了多肽N端氨基酸的排列顺序。

4. α-羧基的反应 氨基酸的α-羧基和一般羧基一样，可以和碱作用生成盐，其中与重金属离子形成的盐不溶于水。氨基酸的羧基还能与醇类作用，被酯化生成相应的酯。酯化作用在人工合成多肽中常用来保护氨基酸的α-羧基。例如，氨基酸在无水乙醇中通入干燥氯化氢气体，或加入二氯亚砜，然后回流，生成氨基酸酯的盐酸盐。反应方程式如下：

$$H_2N-CH(R)-C(=O)-OH + NaOH \longrightarrow H_2N-CH(R)-C(=O)-ONa + H_2O$$

$$R-CH(NH_2)-COOH + C_2H_5OH \xrightarrow[\text{回流}]{\text{干燥，HCl}} R-CH(NH_2 \cdot HCl)-COOC_2H_5 + H_2O$$

5. 侧链基团的反应 很多氨基酸侧链都带有功能基团，如半胱氨酸的巯基、赖氨酸的ε-氨基、精氨酸的胍基、组氨酸的咪唑基等，这些功能基团与一些特异试剂进行反应，这些反应常用于酶活性的测定、酶活性中心必需氨基酸残基的鉴定，以及蛋白质标记。

第二节 蛋白质的结构

蛋白质是生物体内重要的大分子，蛋白质能够发挥其复杂多样的生物学功能，与其结构是密不可分的，结构的变化在很大程度上对其生物学功能有着重要影响。人们为了认识的方便，通常将蛋白质的分子结构分为一级结构、二级结构、三级结构和四级结构。本节将依次对蛋白质4个主要的结构层次进行阐述。

一、蛋白质的一级结构

蛋白质的一级结构(primary structure)就是蛋白质多肽链中氨基酸残基的排列顺序，也是蛋白质最基本的结构。它由基因遗传密码的排列顺序所决定。各种氨基酸按遗传密码的顺序，通过肽键连接起来，成为多肽链，故肽键是蛋白质结构中的主键。

蛋白质的一级结构决定了蛋白质的二级、三级等高级结构，天然蛋白质各有其特殊的生物学活性，决定每一种蛋白质生物学活性的结构特点，首先是其肽链的氨基酸序列。由于组成蛋白质的21种氨基酸各具特殊的侧链，侧链基团的理化性质和空间排布各不相同，当它们按照不同的序列关系组合时，就可形成多种多样的空间结构和不同生物学活性的蛋白质分子。

（一）肽

氨基酸之间通过肽键连接起来而形成的链状化合物称为肽(peptide)。肽可以由氨基酸缩合形成，也可以由蛋白质不完全水解产生，另外还有存在于生物体内的天然活性肽。

1. 肽键 现在公认蛋白质分子中氨基酸连接的基本方式是肽键(peptide bond)。肽键是一种酰胺键，是由一个氨基酸的羧基与另一个氨基酸的氨基缩水形成的共价键。

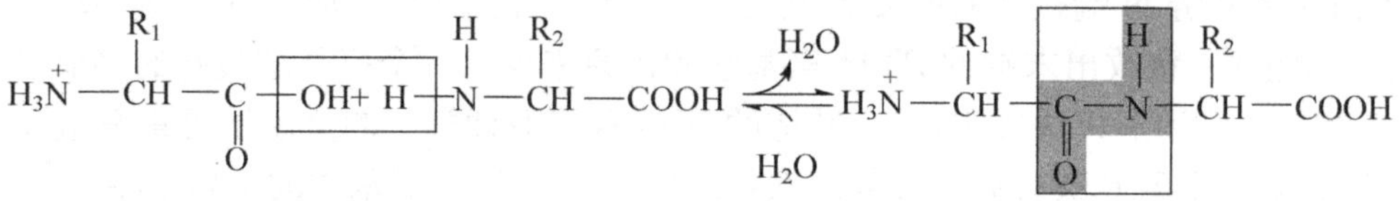

肽键通常用羰基碳和酰胺氮之间的单键表示。肽链中的酰胺基(—CO—NH—)称为肽基(peptide group)或肽单位(peptide unit)。由于主链上的 3 种键(N—C_α键，C_α—C 键和C—N 肽键)都是单键，原则上绕多肽主链上的任意一个共价键都可以发生旋转。但由于酰胺氮上的孤电子对与羰基碳轨道重叠，因此在酰胺氮和羰基氧之间发生共振相互作用(resonance interaction)，导致肽键具有部分双键的性质(图 1-6)。肽键中 C—N 单键具有约 40%双键性质，而 C═O 双键具有 40%单键性质。肽键具有永久偶极，肽键的亚氨基在 pH 0～14 内没有明显的解离和质子化的倾向，因此肽主链的化学反应性能较低，具有比较高的稳定性。

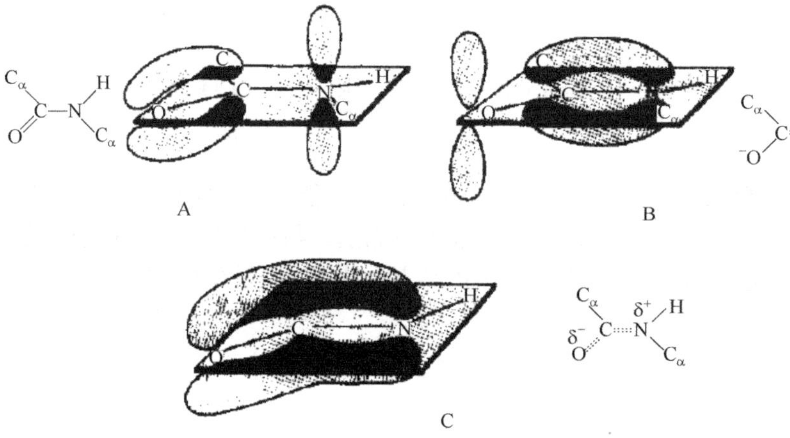

图 1-6 肽基的 C、O 和 N 原子间的共振相互作用

2. 肽的命名与书写 最简单的肽由两个氨基酸组成，称为二肽。含有 3、4、5 个氨基酸的肽分别称为三肽、四肽、五肽等，一般将十肽以下称为寡肽(oligopeptide)，以上者称为多肽(polypeptide)或多肽链。肽链中的氨基酸每形成一个肽键丢失 1 分子水，已不是完整的氨基酸，因此称为氨基酸残基(amino acid residue)。

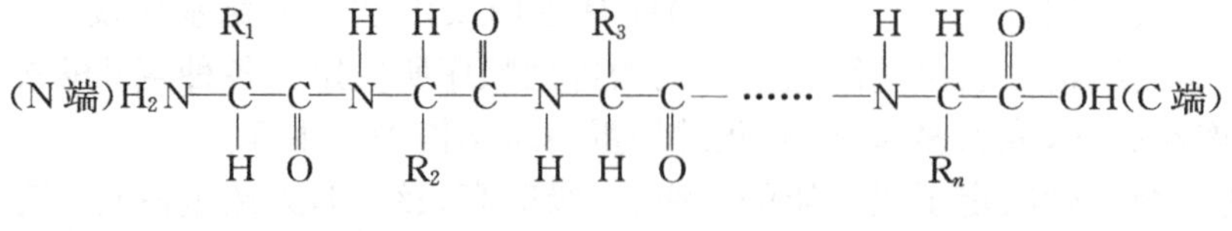

在肽链中，通常在一端保留着一个 α-氨基，另一端保留一个 α-羧基，带 α-氨基的末端称氨基端(N 端)；带 α-羧基的末端称羧基端(C 端)。由于具有—NH_2 端和—COOH 端，因此肽链也像氨基酸一样具有极性，并且这两个游离的末端基团有时还可以通过肽键连接而成环状肽(cyclic peptide)，如四棱草环肽(schnabepeptide)、α-鹅膏蕈碱(α-amanitin)(图 1-7)。

肽的书写通常总是把具有—NH_2端氨基酸残基放在左边，具有—COOH 端氨基酸残基放在右边。肽的命名是根据组成肽的氨基酸残基来确定的。规定从肽链的—NH_2端氨基酸残基开始，称为某氨基酰某氨基酰……某氨基酸。例如，具有下列化学结构的五肽(图 1-8)命名为丝氨酰甘氨酰酪氨酰丙氨酰亮氨酸，简写为 Ser-Gly-Tyr-Ala-Leu。

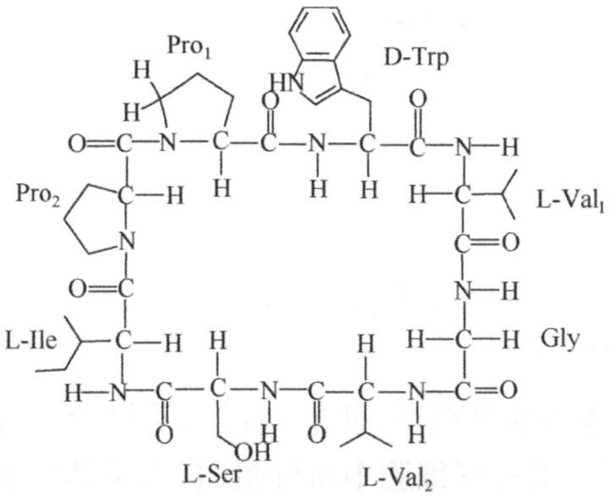

四棱草环肽

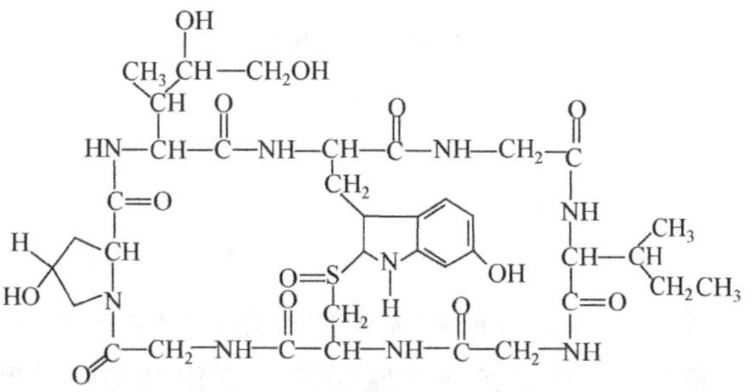

α-鹅膏蕈碱

图 1-7　两种环肽的结构式

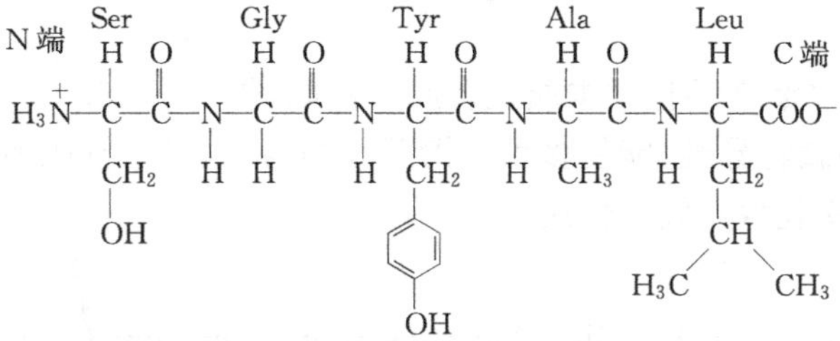

图 1-8　丝氨酰甘氨酰酪氨酰丙氨酰亮氨酸的结构

3. 肽的物理化学性质　短肽的物理化学性质与氨基酸类似。许多短肽已经得到结晶。晶体的熔点很高，说明短肽是离子晶体，在水溶液中以偶极离子存在。在 pH 0～14 时，肽键的酰胺氢不解离，因此肽的酸碱性取决于肽的游离端氨基（$—NH_2$）、游离端羧基（—COOH）和侧链 R 基上的可解离功能基团。在长肽或蛋白质中，可解离的基团主要是侧链 R 基上的功能基团。

蛋白质部分水解后所得的各种肽，只要水解过程中不对称碳原子不发生消旋，就具有旋光性。一般短肽的旋光度约等于其组成的各个氨基酸旋光度的总和，但较大的肽或蛋白质的旋光度不等于其组成氨基酸的旋光度的简单加和。

肽链中末端游离 α-NH_2 和游离 α-COOH 的间隔一般比氨基酸中的大，因此它们的静电引力较弱，从而导致肽链中两个末端的酸碱性较弱，表现为末端羧基的 pK_a 比自由氨基酸的稍大，而末端氨基的 pK_a 比自由氨基酸中的稍小。侧链 R 基的 pK_a 与自由氨基酸的 pK_a 区别不大。

肽的化学性质与氨基酸类似，但有一些特殊的反应，如双缩脲反应。一般含有两个或两个以上肽键的化合物都能与 $CuSO_4$ 碱性溶液发生双缩脲反应而生成紫红色或蓝紫色的复合物。利用这个反应可以测定蛋白质的含量。

4. 某些生理活性肽　除构成蛋白质分子的多肽外，自然界还存在很多种长短不等，具有特殊生理、药物作用的小分子肽。这里简单介绍其中的几个。

1）谷胱甘肽　谷胱甘肽（glutathion，GSH）是由谷氨酸、半胱氨酸和甘氨酸组成的一个重要的三肽（图 1-9）。它的结构特点是：有一个由谷氨酸的 γ-羧基和半胱氨酸的 α-氨基缩合成的 γ-肽键，此肽键与蛋白质分子中的肽键不同。分子中含有活泼巯基（—SH）极易被氧化为二硫键。即两分子还原型谷胱甘肽通过二硫键结合，形成氧化型谷胱甘肽（GSSG）。

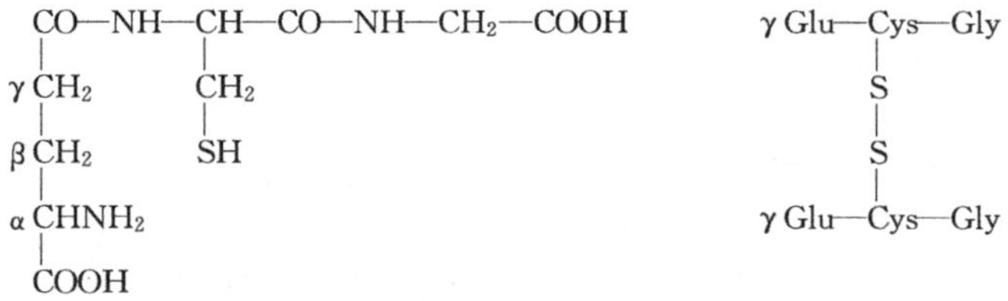

还原型谷胱甘肽(GSH)　　氧化型谷胱甘肽(GSSG)

图 1-9　谷胱甘肽的两种形式

还原型谷胱甘肽在体内的主要作用是保护含有巯基的蛋白质，使这些蛋白质保持生理活性。例如，还原型谷胱甘肽转换为氧化型谷胱甘肽可以维持红细胞中血红蛋白，以及其他蛋白质中的活性半胱氨酸残基处于还原状态，避免被其他氧化剂氧化。临床上谷胱甘肽用于治疗各种肝病，具广谱解毒作用，保护机体免受重金属及环氧化合物的毒害。谷胱甘肽还能在氨基酸运输中起载体作用。

2) 激素肽　许多激素的化学本质是多肽。例如，催产素(oxytocin)，是脑下垂体后叶分泌的九肽激素，具有种属特异性，能使多种平滑肌收缩(特别是子宫肌肉)，具有催产(使妊娠子宫收缩，分娩胎儿)及使乳腺排乳的作用。

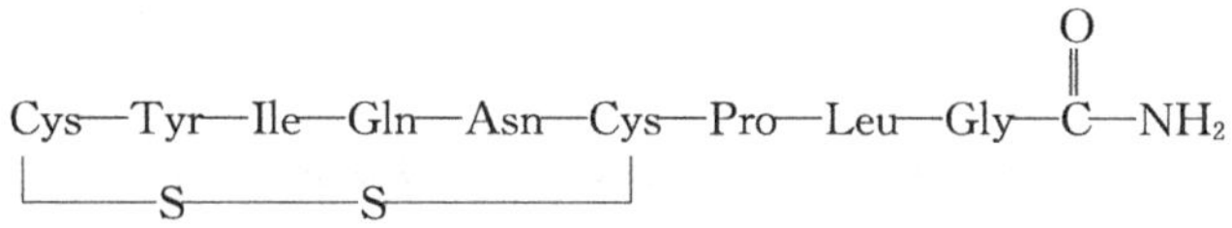

加压素亦称抗利尿激素(vasopressin)，也是脑下垂体后叶分泌的九肽激素，和催产素仅有第三和第八位两个氨基酸的差别。具有促进血管平滑肌收缩，增高血压，促进水分重吸收和减少排尿的作用。

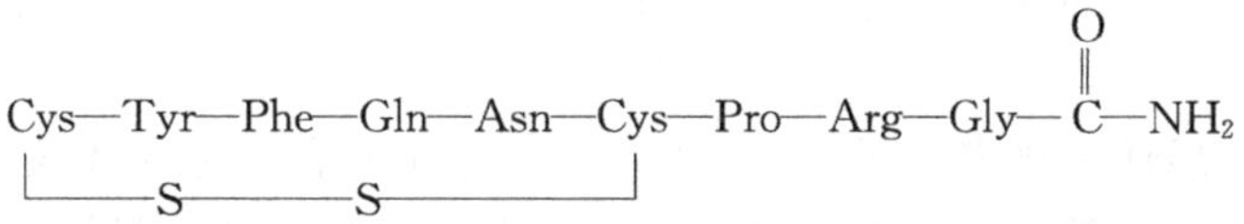

3) 抗菌肽　抗菌肽是一种抗生素，是一类抑制细菌和其他微生物生长或繁殖的物质，有人称之为细菌的一种防御武器，对于传染性疾病的治疗具有重要意义。抗菌肽是由特定微生物产生的，并含有一些通常不在蛋白质或肽类中存在的氨基酸，或含有异常的酰胺结合方式。该类物质中最常见的是青霉素(penicilin)，青霉素的主体结构可以看作由半胱氨酸和缬氨酸结合成的二肽衍生物，不过这种结合为非肽键连接。青霉素侧链 R 基不同，即为不同的青霉素。其结构通式见图 1-10。如果 R 为苯甲基，即为氨苄西林。青霉素主要破坏细菌细胞壁肽聚糖的合成，从而引起溶菌。

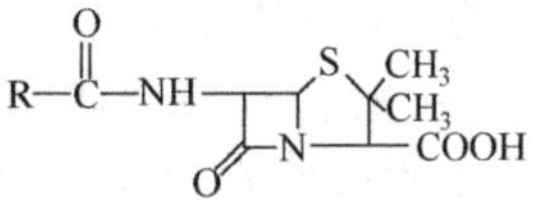

图 1-10　青霉素结构通式

(二) 一级结构与蛋白质构象和功能的关系

蛋白质的结构与功能之间具有高度的统一性，蛋白质分子具有多种多样的生物功能是以其化学组成和极其复杂的结构为基础的。这不仅在于其一定的化学结构，而且还在于其一定的空间构象。研究蛋白质的结构与生物功能的关系正成为当前分子生物学研究的一个重要方面。

1. 蛋白质一级结构决定其三维结构　蛋白质的氨基酸序列决定它的三维结构这一结

论最直接和最有力的证据来自某些蛋白质的可逆变性实验，最经典的实验就是 1957 年 Christian Anfinsen 等进行的牛胰核糖核酸酶 A(ribonuclease, RNase A)变性复性实验(图 1-11)。该实验以一条多肽链的牛胰核糖核酸酶 A 为对象，研究二硫键的还原和氧化问题，发现 RNase A 的 124 个氨基酸残基构成的多肽链中存在 4 对二硫键。当天然 RNase A 在 8mol/L 尿素或 6mol/L 盐酸胍存在下，用 β-巯基乙醇处理后，分子内 4 对二硫键断裂被还原为 8 个游离的巯基(—SH)，紧密的球状结构伸展成松散的无规则卷曲构象，酶的催化活性也完全丧失。然而当用透析方法将尿素(或盐酸胍)和 β-巯基乙醇除去，并在有氧条件下使巯基缓慢氧化成二硫键时，RNase A 的活力水平可恢复，最后达到原来活性的 95%以上。并且发现如果不事先加入尿素或盐酸胍使蛋白质变性，RNase A 很难在 37℃和 pH 7.0 的条件下被还原。

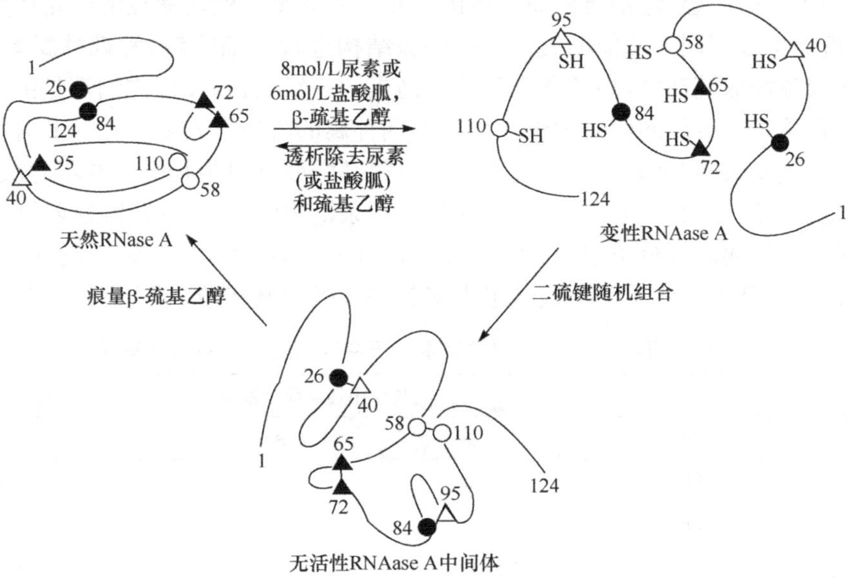

图 1-11　RNase A 的变性与复性示意图

经多方面的分析表明，复性后的产物与天然 RNase A 在物理性质上没有什么差别，所有正确配对的二硫键都获得重建。值得注意的是，在复性过程中肽链上的 8 个巯基借助空气中的氧重新氧化成 4 个二硫键时，它们的配对完全与天然的相同。如果在随机重组的情况下，8 个巯基形成 4 个正确二硫键的概率是 $1/7\times1/5\times1/3=1/105$(因为第一个二硫键的形成有 7 种可能，第二个二硫键的形成有 5 种可能，第三个二硫键的形成有 3 种可能，第四个只有1 种可能)。

现在可以比较肯定地说，蛋白质的三维结构归根结底是由一级结构决定的。也就是说，三维结构是多肽链上的各个单键旋转自由度受到各种限制的总结果。这些限制包括肽键的硬度即肽键的刚性平面性质、C—C_α键和 C_α—N 键旋转的可允许角度、肽链中疏水基和亲水基的数目及位置、带正电荷和负电荷的 R 基的数目和位置，以及溶剂和其他溶质等。在这些限制因素下，通过 R 基的彼此相互作用及 R 基与溶剂和其他溶质相互作用，最后达到平衡，形成了在一定条件下热力学上最稳定的空间结构。这样就实现了复杂生物大分子的"自我装配"(self-assembly)原则。

2. 蛋白质的一级结构与种属进化　已有大量的实验证明，如果多肽或蛋白质一级结构相似，其折叠后的空间构象及功能也相似。例如，不同种属的生物体分离出来的同一功能的蛋白质，其一级结构只有极小的差别，并且在系统发生上进化位置相距越近的差异越小。

具有重要的一级序列相似性，或(和)显示出结构功能相似性的蛋白质，属于同一个蛋白质家族(family)。在一个蛋白质家族内有相当明显的进化关系。

一级序列几乎没有相似性的两个或更多家族有时也使用相同的主要结构基序，并具有功能上的相似性，这些家族属于超家族(superfamily)。一个超家族中不同家族间的进化关系，即使在时间和功能上都有差别，也认为是可能存在的，因为不同的选择压力会抹去序列关系上的证据。

结构基序在区分蛋白质家族和超家族上特别重要。改进了的蛋白质分类比较体系必然导致新的功能关系被阐明。考虑到生命体系中蛋白质的主要作用，这些结构的比较将有助于揭示生物进化的各方面内容，包括蛋白质个体的进化一直到整个代谢途径的进化历史。

对不同机体中表现同一功能的蛋白质的一级结构进行详细比较，发现种属差异不十分明显。例如，比较各种哺乳动物、鸟类和鱼类等胰岛素的一级结构，发现它们都是由 51 个氨基酸组成的，其排列顺序大体相同但有细微差别。不同种属的胰岛素其差异在 A 链小环的 8、9、10 位和 B 链 30 位氨基酸残基(表 1-2)。说明这 4 个氨基酸残基对生物活性并不起决定作用。起决定作用的是其一级结构中不变的部分。胰岛素两条链中的 6 个半胱氨酸残基的位置始终不变，说明不同种属的胰岛素分子中 A、B 链之间有共同的连接方式，三对二硫键对维持高级结构起着重要作用。其他一些不变的残基绝大多数是非极性氨基酸，对高级结构起着稳定作用。

表 1-2　不同种属来源的胰岛素分子中氨基酸序列的部分差异

胰岛素来源	氨基酸序列的部分差异			
	A8	A9	A10	B30
人	Thr	Ser	Ile	Thr
猪	Thr	Ser	Ile	Ala
狗	Thr	Ser	Ile	Ala
兔	Thr	Ser	Ile	Thr
牛	Ala	Ser	Val	Ala
羊	Ala	Gly	Val	Ala
马	Thr	Gly	Ile	Ala
抹香鲸	Thr	Ser	Ile	Ala

对不同种属细胞色素 c 的研究同样指出，具有同种功能的蛋白质在结构上存在相似性。细胞色素 c 是一个含铁的由 104～111 个氨基酸残基组成的线粒体蛋白质，在生物氧化中传递电子。对 100 个种属的细胞色素 c 的一级结构进行分析发现，亲缘关系越近，其结构越相似。由于细胞色素 c 几乎存在于所有的需氧生物中，因此通过在分子水平上比较来自不同种属的细胞色素 c，可以看出它们之间的进化关系。人与黑猩猩、猴、狗、金枪鱼、飞蛾和酵母的细胞色素 c 比较，其不同的氨基酸残基数依次为 0、1、10、21、31、44。那些进化中不易改变的、保守的氨基酸残基是维持细胞色素 c 功能所必需的。利用细胞色素 c 的氨基酸顺序分析资料可以核对各个物种之间的分类学关系，以及绘制进化树(图 1-12)。根据进化树不仅可以研究从单细胞到多细胞的生物进化过程，还可以粗略估计各种生物的分化时间。

3. 一级结构的变异对功能的影响　蛋白质的一级结构变化有时候会引起其三维构象发生显著变化，并引起蛋白质功能的变化，常见的影响包括：分子病、共价修饰和断裂激活。

1）一级结构改变与分子病　在蛋白质的一级结构中，参与功能活性部位的残基或处于特定构象关键部位的残基，即使在整个分子中仅发生一个残基的异常，那么该蛋白质的功能也会受到明显的影响。被称为“分子病”的镰刀形红细胞性贫血仅仅是574个氨基酸残基中，一个氨基酸残基，即β亚基N端的第六位氨基酸残基发生变异所造成的，这种变异来源于基因遗传信息的突变(见本章第四节蛋白质的结构和功能关系中血红蛋白部分)。

2）共价修饰　对蛋白质一级结构进行共价修饰，也可改变其功能。例如，在激素调节过程中，常发生可逆磷酸化，以改变酶的活性(见第二章)。

3）一级结构的断裂　一级结构的断裂可引起蛋白质活性的巨大变化，如凝血过程和胰岛素原的激活。

胰岛素原(proinsulin)是胰岛素(insulin)的前身物。在胰岛素合成过程中，人体最早合成的是单条长链的前胰岛素原(preproinsulin)，前胰岛素原含有信号肽，在内质网信号肽被信号肽酶切除成为胰岛素原。胰岛素原在高尔基体切除链中间一个由33个氨基酸组成的肽链片段(称为C肽)，才形成具有活性的胰岛素。胰岛素由两条较短肽键(分别称为A链和B链)构成，A链和B链由两个链间二硫键连接，B链本身还有一个链内二硫键(图1-13)，形成有活性的胰岛素。特别要指出的是，胰岛素虽然由两条肽链构成，但是每一条肽链并不是独立的结构域，只有三级结构，不具有四级结构的特征。

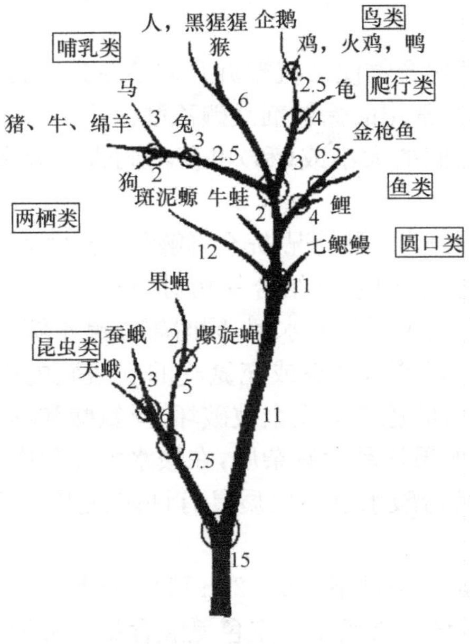

图1-12　根据细胞色素c氨基酸序列的种属差异绘制的进化树

枝条旁边的数字表示两个相邻物种的细胞色素c之间每100个残基的差异数

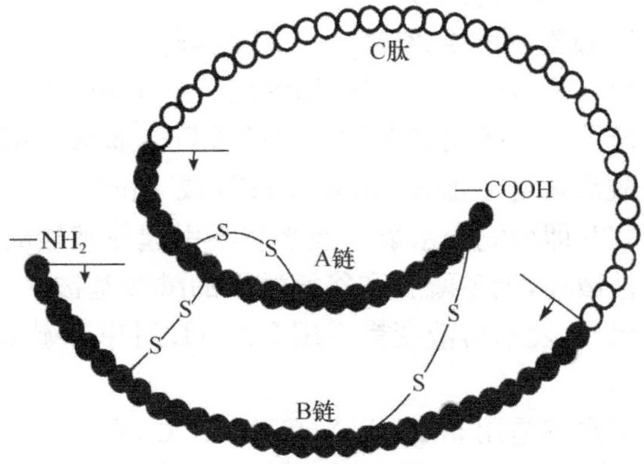

图1-13　胰岛素原到胰岛素的结构对比

(三) 多肽链测序

1955年，Sanger首次阐明胰岛素的氨基酸排列顺序，为研究蛋白质的一级结构开辟了道路。这在分子生物学的发展进程中是一个重要突破。至今已完成逾千种蛋白质的一级结构分析。目前不仅样品用量减少，而且工作量也大大减少。当年Sanger分析胰岛素用了整整

10 年的时间，今天运用自动化仪器，分析一个相对分子质量在 10 万左右的蛋白质只需要几天，可见新技术的应用和发展对科学发展起的促进作用。蛋白质和多肽链一级结构测定方法的综述及专著文献较多，这里只扼要加以概述。

测定蛋白质和多肽链的一级结构，要求样品必须是均一的(纯度大于 97%)，同时要知道蛋白质的分子质量，其误差允许在 10% 左右。多肽链一级结构的测定，概括起来包含肽链分离、肽链降解、肽段分离、顺序分析和二硫键定位等。

1. 肽链分离 根据蛋白质 N 端残基或 C 端残基的物质的量和蛋白质的相对分子质量可以确定蛋白质分子中多肽链的数目。如果蛋白质分子只含有一条多肽链，则蛋白质的物质的量应与末端基团的物质的量相等；如果后者是前者的 n 倍，说明蛋白质分子多肽链数目为 n 条。如果检测到的末端基团多于一种，表明蛋白质由两条或两条以上不同的肽链组成。

如果蛋白质分子是由一条以上多肽链(或亚基)构成，则这些肽链必须加以拆分。如果多肽链是借助非共价键相互作用缔合在一起，可用变性剂，如 8mol/L 尿素，6mol/L 盐酸胍或高浓度盐处理，就能使蛋白质的多肽链(或亚基)拆开。如果多肽链之间或多肽链内部存在二硫键，在测定肽链的氨基酸顺序之前必须把二硫键拆开，以获得伸展的肽链，这样才能进行氨基酸顺序的测定。最常用的方法是氧化法和还原法。

氧化法常用过甲酸(CHOOOH)作为氧化剂使二硫键氧化成半胱氨磺酸。如果蛋白质分子中同时存在半胱氨酸，那么也会被氧化成磺基丙氨酸。此外，甲硫氨酸和色氨酸也可被氧化，从而增加分析的复杂性。

还原法是用过量的巯基乙醇或二硫苏糖醇等巯基化合物使二硫键拆开被还原为半胱氨酸残基的巯基。为防止巯基被氧化需要对巯基加以保护，常用的保护剂是碘乙酸。

完成多肽链的拆分以后的单个多肽链可以根据它们的大小或(和)电荷不同进行分离、纯化(见第一章第五节)。

2. 肽链降解(或裂解) 多肽链降解根据目的不同分为两种情况：完全降解和选择性降解。

1) 完全降解 完全降解用于测定多肽链的氨基酸组成，并结合其相对分子质量计算氨基酸成分的分子比或各种残基的数目。通常采用的方法主要是酸水解，同时辅以碱水解。

酸水解是在含有 6mol/L HCl 或 4mol/L H_2SO_4，110℃，真空或充氮气的安瓿瓶内进行，回流 20h 即可完全水解。酸水解不引起氨基酸的消旋，但色氨酸完全被破坏，丝氨酸和苏氨酸部分被破坏，天冬酰胺和谷氨酰胺的酰胺基被水解。如果样品含有杂质，在酸水解过程中常产生腐黑质，使水解液变黑。用 3mol/L 对甲苯磺酸代替盐酸水解蛋白质具有许多优点，已被广泛应用。

碱水解是用 5mol/L NaOH，110℃，在真空或充氮气条件下，10～20h 可完全水解。碱水解使氨基酸消旋，许多氨基酸被破坏，但色氨酸不被破坏。常用于测定色氨酸含量。可加入淀粉以防止氧化。

2) 选择性降解 目前用于序列分析的方法一次能测定的序列都不太长，最常用的也是最有效的 Edman 化学裂解法一次也只能连续降解几十个残基。然而天然蛋白质分子多在 100 个残基以上，因此必须设法将多肽链裂解成较小的肽段，然后把它们分离开来，测定每一肽段的氨基酸序列。肽键的裂解是一级结构研究工作中的重要问题，它要求裂解点少，选择性强，而且反应产率高，目前主要有酶裂解法和化学裂解法两类。

(1) 酶裂解法。用于肽链断裂的蛋白水解酶(proteolytic enzyme)或称蛋白酶(proteinase，protease)已有十多种，但最常用的有胰蛋白酶、胰凝乳蛋白酶(也称糜蛋白酶)、嗜热菌蛋白酶和胃蛋白酶。酶水解法具有较高的专一性，而且水解产率也较高，因此可以选择各种不同专一性的蛋白酶进行断裂(表 1-3)。

表 1-3　蛋白水解酶的专一性

酶	来源	主要作用位点	其他作用位点
胰蛋白酶	胰	Arg,Lys(C 端)	
糜蛋白酶	胰	Tyr,Phe,Trp(C 端)	Leu,Met,His,Asn,Gln
胃蛋白酶	胃黏膜	Tyr,Phe,Trp,Met, Leu,Ala,Gln,Asn(N 端)	Ala,Glu,Asp 等
梭菌蛋白酶	梭状杆菌	Arg(C 端)	
嗜热菌蛋白酶	嗜热菌蛋白芽孢杆菌	Leu,Ile,Phe(C 端)	Val,Tyr

胰蛋白酶(trypsin)专一断裂 Lys、Arg 的羧基端肽键。如果将肽段中的 Lys 残基用顺丁烯二酸酐或甲基顺丁烯二酸酐修饰,则胰蛋白酶仅使 Arg 残基羧基端肽键断裂。如果将肽段中的 Arg 与 1,2-二羰化合物和 1,3-二羰化合物作用,缩合产物是一杂环化合物,十分稳定。然后胰蛋白酶水解仅断裂 Lys 残基羧基端肽键。如果肽链内 Lys、Arg 均较少,则为了增加胰蛋白酶的裂解点,可以将半胱氨酸用氮丙啶处理进行氨乙基化,其产物类似 Lys 的结构,这样胰蛋白酶在水解时,不能识别这细微的变化,从而在修饰的半胱氨酸残基羧基端肽键断裂。糜蛋白酶(chymotrypsin)断裂 Phe、Trp 和 Tyr 等疏水氨基酸残基的羧基端肽键。如果断裂点邻近的基团是碱性的,裂解能力增强;邻近的基团是酸性的,裂解能力将减弱。

(2) 化学裂解法。用化学裂解法获得的肽段一般都比较大,适合在自动序列仪中测定序列,因此化学法常用于测定相对分子质量大的蛋白质。

溴化氰法是最理想的化学方法。溴化氰(cyanogen bromide)能选择性断裂甲硫氨酸残基的羧基参加形成的肽键。羟胺能专一性地裂解 Asn—Gly 之间的肽键,但专一性不是很强,Asn—Leu 和 Asn—Ala 之间的肽键也能部分裂解;酸性条件下还能裂解 Asn—Pro 之间的肽键。

3. 肽段分离　大部分肽段的分离主要通过凝胶过滤法。由于大分子肽溶解度小,往往采用甲酸、乙酸、丙酸等有机溶剂使之溶解。单用凝胶过滤法分离的肽一般纯度不高,常需辅以离子交换层析法,大片段肽可用离子交换葡聚糖作载体,小肽则多用 Dowex-50 等树脂。小肽分离还常采用高压电泳与层析相结合的指纹图谱法,得到纯净肽。

4. 顺序分析　肽段经过降解和分离后得到大小合适、纯度合格的肽段,即可对其进行氨基酸序列测定。氨基酸测定主要采用 Edman 化学降解法。利用 Edman 降解,一次能够连续测出 60～70 个残基的序列,也有报道一次测出 90～100 个残基的序列。

在各个肽段的顺序确定下来以后,接着就要弄清这些肽段在完整的蛋白质中是怎样衔接的。在这一步中,必须对用两种不同的专一性分解方法得来的肽段进行顺序分析。只有这样,才足以确定蛋白质的完整顺序。因为两套顺序中含有交叠顺序,就是说,在用第一种专一性分解方法所产生的肽段中,那些具有游离氨基或游离羧基的残基原先在完整的蛋白质肽链内是连接着的,这些残基在用第二种专一性分解方法所产生的肽段中将重新出现在顺序的内部。

5. 二硫键定位　如果蛋白质分子中存在链间或链内二硫键,则在完成多肽链的氨基酸序列分析后,需要对二硫键位置加以确定。

选用原来含有二硫键的蛋白质,用胃蛋白酶水解。选择胃蛋白酶水解首先是因为它的专一性比较低,切点多,这样产生的肽段包括含有二硫键的肽段都比较小,对后面的分离、鉴定比较容易;其次是因为胃蛋白酶作用的 pH 在酸性范围(0～2),这有利于防止二硫键发生交换反应。所得到的肽段混合物使用对角线电泳(diagonal electrophoresis)进行分离(图 1-14)。

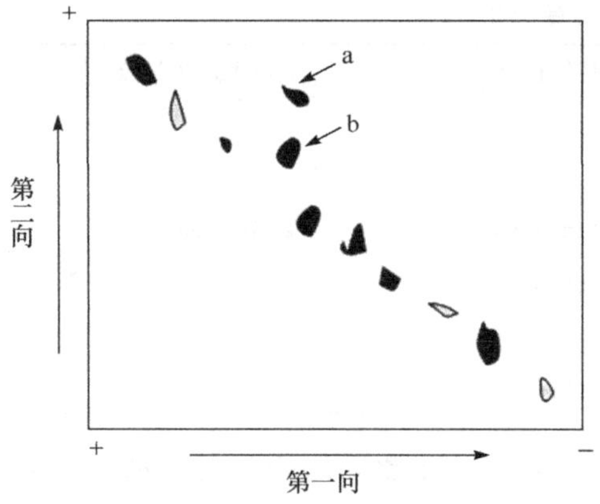

图 1-14　对角线电泳示意图
图中 a、b 两个斑点是由一个二硫键断裂产生的肽段

二、蛋白质的二级结构

蛋白质的二级结构(secondary structure)是指肽链主链通过不同肽段自身的相互作用、氢键的形成,沿某一主轴进行盘绕、折叠产生的有规则的特定构象结构,不涉及侧链部分的构象。二级结构的基本类型有 α 螺旋(α-helix)、β 折叠(β-pleated sheet)、β 转角(β-turn)和无规则卷曲(random coil)等。二级结构可以用圆二色谱(circular dichroism)法检测。

(一) 肽平面

肽键具有一定程度的双键性质,参与肽键的 6 个原子 C、H、O、N、C_α-1、C_α-2 位于同一平面,此平面就是肽平面(peptide plane),也称酰胺平面(amide plane)(图 1-15)。由于具有双键特性的肽键不能自由旋转,因此肽平面是一个刚性平面(rigid plane)。一个肽平面绕 C_α—N_1 键旋转的角度用 Φ 角表示,而绕 C_α—C_2 键旋转的角度用 Ψ 角表示,顺时针方向为正,逆时针为负,理论上 Φ 和 Ψ 可以取 $-180°\sim+180°$ 的任意一个角度。生物物理学家 Ramachandran 等构建了一个空间填充的肽模型,并通过计算来确定多肽链中 Φ 和 Ψ 立体上允许的值。用 Φ 对 Ψ 作图,得到一个二维图,称为 Ramachandran 构象图(图 1-16)。

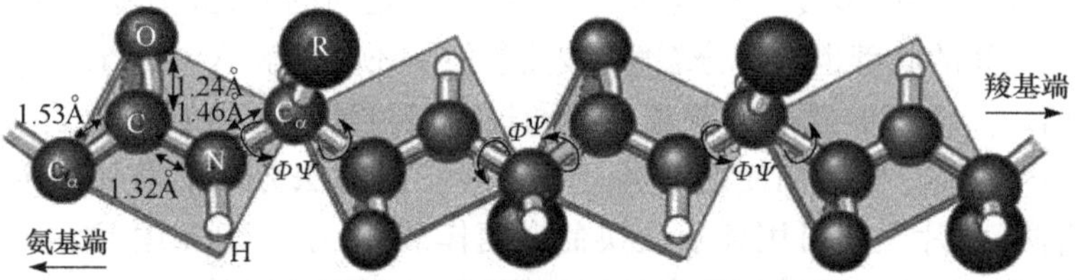

图 1-15　肽键平面和 C_α“关节”示意图

(二) 蛋白质分子的共价键与次级键

稳定蛋白质三维结构的作用力主要是一些所谓弱的相互作用或称为非共价键或次级键,包括氢键、疏水作用、范德华力、配位键和离子键(盐键)(图 1-17)。此外共价键中的二硫键在稳定某些蛋白质的构象方面也起着重要作用。下面将分别介绍这些稳定蛋白质三维构象中的作用力。

1. 氢键　电负性较强的原子与氢形成的基团如 N—H 和 O—H 具有很大偶极距,成键电子云分布偏向电负性大的原子核,因此氢原子核周围的电子云分布就少,正电荷的氢核就在外侧裸露。这一正电荷氢核遇到另一个电负性强的原子时,就产生静电吸引,即形成所谓的氢键(hydrogen bond)。

氢键在维持蛋白质二级结构中起着极其重要的作用。多肽链主链上的羰基氧和酰胺氢之间形成的氢键是维持蛋白质二级结构的主要作用力。除此之外,氢键还可以在侧链与侧链、侧链与介质水、主链肽基与侧链或主链肽基与水之间形成。大多数蛋白质所采取的折叠策略是使主链肽基之间形成最大数目的分子内氢键(如α螺旋、β折叠),与此同时保持大部分能成氢键的侧链处于蛋白质分子的表面与水相互作用。

2. 疏水作用 在水相介质中,蛋白质中的疏水基团彼此靠近、聚集以避开水的现象称为疏水作用(hydrophobic interaction)。疏水作用是稳定蛋白质三维结构的主要作用力。就一个球状蛋白质而言,它们的表面常被一层亲水残基包围,带有疏水侧链的残基原则上处于分子内部,但并不是绝对的。严格地说,整个蛋白质分子由里到外,疏水残基逐渐减少,亲水残基则不断增多。比较而言,亲水残基出现在分子内部的概率大于疏水残基出现在分子表面的概率。因为很多带有电荷的残基通过正负电荷的相互作用而形成盐键,或者是一些残基的侧链参与氢键的形成,结果削弱了残基的亲水性,使某些侧链的疏水性更为突出。

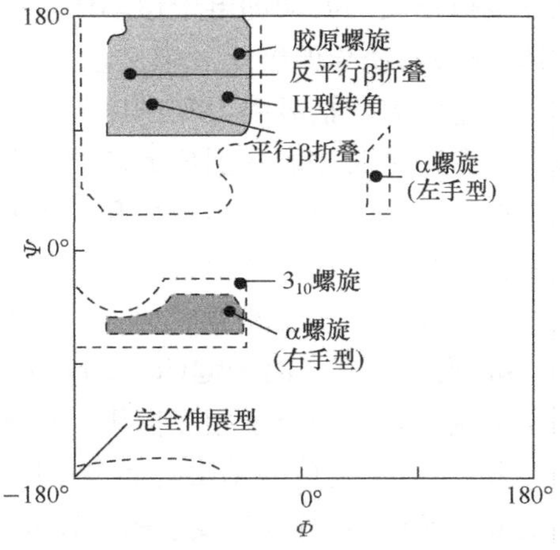

图 1-16 Ramachandran 构象图
(引自王镜岩等,2002)

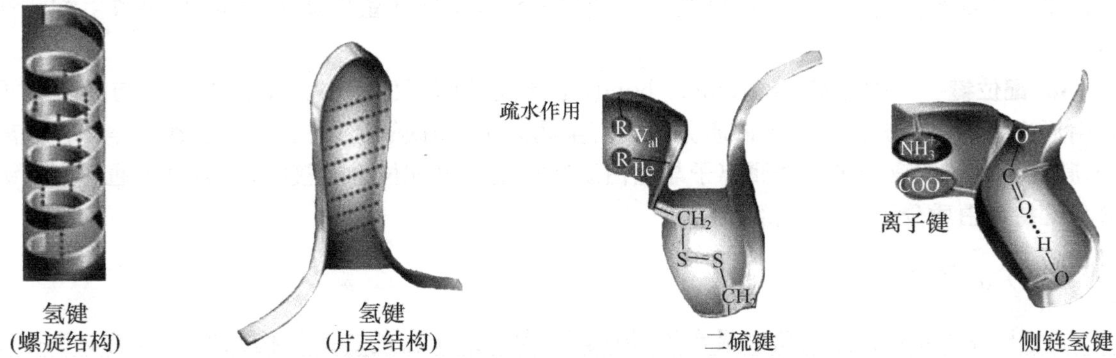

图 1-17 维持蛋白质三维结构的各种作用力

一些变性剂,如脲、盐酸胍等会破坏蛋白质的疏水效应,实验室常用这些变性剂研究蛋白质的变性和复性过程。

3. 范德华力 在物质的聚集状态中,分子与分子之间存在着一种较弱的作用力。早在1873年,van der Waals就已注意到这种力的存在,并考虑这种力的影响和分子本身占有体积的事实,提出了著名的范德华状态方程。之后,人们把中性分子或中性原子之间的作用力称为范德华力。

广义范德华力(van der Waals force)包括三种较弱的作用力,即定向效应、诱导效应和分散效应。定向效应(orientation effect)发生在极性分子或极性基团之间;它是永久偶极间的静电相互作用,氢键可以被认为属于这种范德华力。诱导效应(induction effect)发生在极性物质与非极性物质之间,这是永久偶极与由它诱导而来的诱导偶极之间的静电相互作用。分散效应(dispersion effect)是多数情况下起主要作用的范德华力;它是非极性分子或非极性基团间仅有的一种范德华力即狭义范德华力,也称为 London 分散力,通常范德华力就是指这种力。这是瞬时偶极间的相互作用,偶极方向是瞬时变化的。瞬时偶极是由所在分子或基团中电子电荷密度的波动即电子运动的不对称性造成的。瞬时偶极可以诱导周围的分子或基团产生诱导偶极，诱导偶极反过来又稳定了原来的偶极，因此在它们之间产生了相互作用。

范德华力包括吸引力和排斥力两种相互作用。范德华力(吸引力)只有当两个非键合原子处于一定距离时才能达到最大，这个距离称为接触距离(contact distance)或范德华力距离，它等于两个原子的范德华半径之和。虽然其个别的范德华力是很弱的，但是范德华力相互作用数量大并且具有加和效应和位相效应(当分子或基团相同时，其瞬时偶极矩同位相，从而产生最大的相互作用)，因此就成为一种不可忽视的作用力。

4. 离子键 离子键(ionic bond)又称盐键、盐桥或静电作用力。它是由带相反电荷的侧链或基团之间的离子相互作用。在蛋白质分子中，通常有带正电荷的基团和带负电荷的基团。其中，带正电荷的基团有 N 端的 α-NH_3^+，赖氨酸残基的 ε-NH_3^+ 等；带负电荷的基团有 C 端的 α-COO^-，天冬氨酸残基的 β-COO^-，谷氨酸残基的 γ-COO^-。在蛋白质空间结构与环境都适宜的情况下，正负电荷基团中有一部分是相互接近而形成离子键的。但由于离子化的侧链一般都出现在球蛋白的表面，因此离子键对整个球蛋白稳定性的贡献是最小的。

5. 二硫键 二硫键(disulfide bond)又称二硫桥或硫硫桥，是两个硫原子之间所形成的共价键。它可以把不同的肽链或同一条肽链的不同部分连接起来，对维持和稳定蛋白质的天然构象具有重要作用。一旦二硫键被还原变成—SH，将破坏蛋白质天然构象，导致生物活性丧失。

6. 配位键 配位键(coordinate bond)是指成键原子由单方面提供电子对与另一原子共用形成的非共价键。不少蛋白质分子含有金属离子，如铁氧还蛋白、细胞色素 c 等含有铁离子，胰岛素含有锌离子等。金属离子与蛋白质往往是通过配位键连接的，金属离子通过配位键参与维持蛋白质分子的三、四级结构。

(三) α 螺旋

α 螺旋(α-helix)是蛋白质中最常见、最典型、含量最丰富的二级结构元件。早在 1950 年，Pauling 和 Corey 等根据角蛋白晶体结构中测得的多肽标准参数，预测出能够稳定存在的 α 螺旋结构，并很快由实验得到证实(图 1-18)。动物毛发中的 α 角蛋白属于纤维状蛋白质，这种蛋白质几乎全是 α 螺旋结构。在球状蛋白质分子中，一般也有 α 螺旋结构，但由于蛋白质一级结构不同，α 螺旋的多寡程度也各有不同。

1. α 螺旋结构模型的要点

(1) 肽链的主链骨架围绕一个“中心轴”螺旋上升，每 3.6 个氨基酸残基螺旋上升一圈，螺距 0.54nm，每个氨基酸残基的垂直距离是 0.15nm，每个氨基酸旋转 100°。这种典型的 α 螺旋可以用 3.6_{13} 表示。

(2) 相邻螺圈之间形成链内氢键，在肽链上每个氨基酸残基的氨基(NH)与其前面第四个氨基酸残基的羰基(C═O)之间形成链内氢键，氢键的取向(构成氢键的 4 个原子排列)几乎与中心轴平行，氢键是维持 α 螺旋的主要作用力。

(3) 天然蛋白质的 α 螺旋绝大多数是右手螺旋。

(4) 侧链 R 基位于螺旋的外侧。R 基的形状、大小及电荷影响 α 螺旋的形成。

2. 影响 α 螺旋稳定的因素

(1) 每个氨基酸的内在性质。氨基酸残基的 R 基团会影响到主链原子的 Φ 角和 Ψ 角的形成，从而影响 α 螺旋。

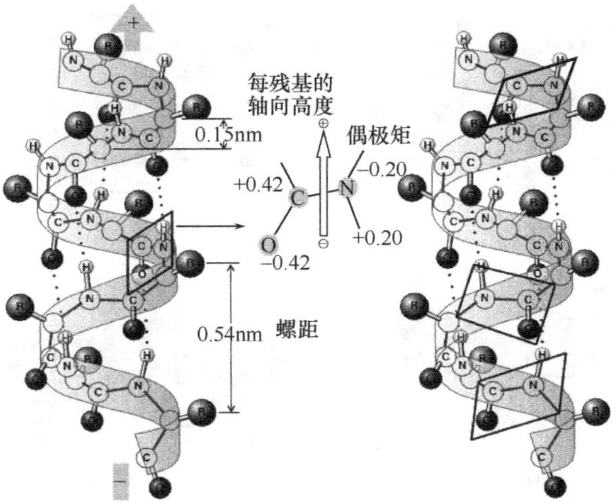

图 1-18　α 螺旋的结构

A. 图示出螺旋参数和偶极矩；B. 图可以看成是以 α 碳为铰点的肽平面堆叠排列而成，肽平面大体平行于螺旋轴

(2) R 基团的相互作用，尤其是间隔 3 个或 4 个氨基酸残基。若干个带相同电荷的相邻氨基酸残基会因为同电荷相斥，影响 α 螺旋形成。根据 α 螺旋的特点，如果相邻Ⅲ个或Ⅳ个氨基酸残基是带有相反电荷，则形成离子键，如果是疏水基团则形成疏水相互作用从而稳定 α 螺旋。

(3) 相邻 R 基团的空间位阻。相邻氨基酸的 β 碳原子带有侧链或极性基团时会因为空间位阻或极性影响 α 螺旋形成。

(4) Pro 和 Gly 残基。脯氨酸是亚氨基酸，其氨基的氮原子参与侧链的组成，因此 N—C_α 不能自由旋转，并且不能参与氢键的形成。因此 Pro 很少出现在 α 螺旋中。Gly 由于 R 基团是氢原子，造成构象多变，从而不易形成 α 螺旋。

(5) 螺旋末端氨基酸残基的相互作用和螺旋内部电偶极距的相互作用。每一个肽键都是一个小电偶极距，这种电偶极距通过螺旋的氢键沿着螺旋延伸，使 α 螺旋肽段的氨基端呈相对正电位，羧基端呈相对负电位，因此，α 螺旋肽段的氨基端附近的带负电荷氨基酸残基有利于稳定 α 螺旋，位于羧基端附近的带正电荷氨基酸则有相同作用，反之则相反。

α 螺旋是手性结构，具有旋光能力，其旋光性是 α-碳原子的构型不对称性和 α 螺旋的构象不对称性的总反映。

（四）β 折叠

当 α 角蛋白纤维沿 α 螺旋的长轴方向牵引伸展时，原有的氢键断裂，螺旋结构破坏，此时多肽链充分伸展，形成相邻的两个氨基酸残基的肽平面大致相差 180°，整条肽链的肽平面基本上是位于一个空间平面的锯齿形结构。这种结构就是 β 折叠，又称 β 片层结构。β 折叠是蛋白质中另一类常见的二级结构，此结构是在 1951 年由 Pauling 和 Corey 等首先提出来的。β 折叠也是一种重复性结构，可以把它想象为由折叠的条状纸片侧向并排而成，每条纸片可看成是一条肽链，在这里肽主链沿纸条形成锯齿状，α-碳原子位于折叠线上（图 1-19）。

β 折叠与 α 螺旋相比较具有以下特点。

(1) 形成 β 折叠的两条或多条肽链几乎是完全伸展的。

(2) 肽链平面之间折叠成锯齿状，按层平行排列，肽平面呈片状，称为折叠片。相邻肽键平面间呈 110°角。

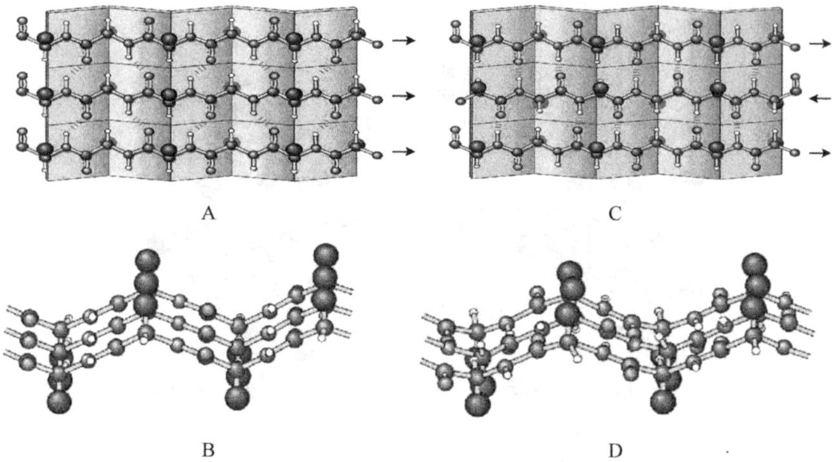

图 1-19　β折叠结构

A. 在纸“折叠片”上画出的平行式β折叠；B. 平行式β折叠的侧面观；
C. 在纸“折叠片”上画出的反平行式β折叠；D. 反平行式β折叠的侧面观

(3) 两条肽链或一条肽链内的两段肽段间的相邻肽主链上的肽键羰基(C═O)与肽键氨基(NH)形成氢键，氢键几乎垂直于肽链，用以维持片层间结构稳定性。

(4) 形成β折叠的肽链的侧链R基在肽平面的上下交替出现。

(5) β折叠的片层可以是平行的，也可以是反平行的。平行β片层结构中，两条链从N端到C端是同方向的，两个残基的间距为0.65nm。反平行式的β片层结构中，两条链反向，两个残基的间距为0.7nm。β片层结构的形式十分多样，正、反平行能相互交替。

从能量角度考虑，反平行结构更稳定。这种结构不仅在纤维状蛋白质中广泛存在，也普遍存在于球状蛋白质中。

(五) β转角

β转角是球蛋白分子中广泛存在的一种结构类型，又称回折(reverse turn)、β弯曲(β-bend)或发夹结构(hairpin structure)，它是一种非重复性结构。在球状蛋白质分子的空间结构中，肽链经常会出现180°的回折，在肽链的这种回折角上就是β转角结构。

与前面的α螺旋与β折叠相比，β转角具有如下特点：

(1) 多肽链上由4个连续的氨基酸残基组成，且多数为亲水氨基酸。

(2) 主链骨架以180°返回折叠。

(3) 第一个氨基酸残基的羰基(C═O)与第四个氨基酸残基的氨基(NH)形成氢键。

(4) 第一个氨基酸的 C_α 与第四个氨基酸的 C_α 之间距离小于0.7nm。

β转角根据第四个氨基酸残基的 Ψ 和 Φ 角进行分类，每种类型都由4个氨基酸残基构成。在β转角中，弯曲处的第一个残基的羰基(C═O)和第四个残基的氨基(NH)之间形成一个氢键，产生一种不很稳定的环形结构(图1-20)。由于甘氨酸缺少侧链(只有一个氢原子)，在β转角中能很好地调整其他残基的空间位阻，因此是立体化学上最适合的氨基酸。而脯氨酸具有环状结构，在一定程度上迫使β转角形成，促进多肽链自身回折，因此也经常出现在β转角结构中。

目前发现的β转角多数都处在球状蛋白质分子表面，在这里改变多肽链的方向，β转角在

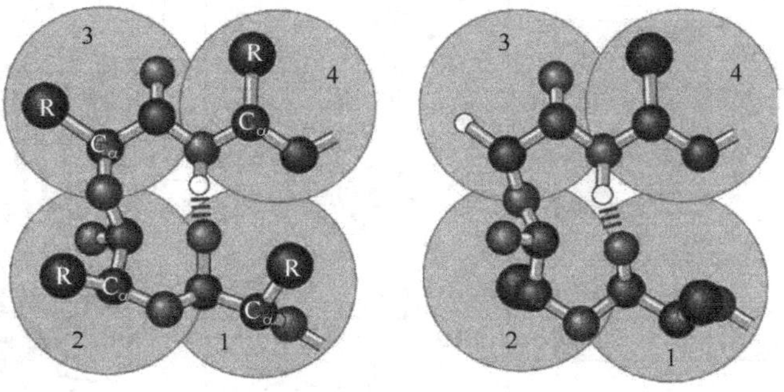

图 1-20　两种主要类型的 β 转角

球状蛋白质中含量是十分丰富的，约占全部残基的 1/4。

（六）其他二级结构

除了前面的二级结构外，在蛋白质中还有 β 凸起(β-bugle)和无规则卷曲等二级结构。

β 凸起是一种小片的非重复性结构，能单独存在，但多数是作为反平行 β 折叠片中的一种不规则情况存在，可以认为是 β 折叠中额外插入的一个残基，它使得在两个正常氢键之间、在凸起折叠链上是两个残基，而在另一侧的正常链上是一个残基(图 1-21)。β 凸起可以引起多肽链方向的改变，但其改变的程度不如 β 转角。

由三个氨基酸残基组成的 γ 转角(γ-turn)比较少见。γ-转角在第一个和第三个氨基酸残基形成氢键。

无规则卷曲或称卷曲，泛指那些没有规律性的多肽链主链骨架的构象，不能归入明确的二级结构的区段。无规则卷曲往往有利于多肽链形成灵活的、具有特异生物学活性的构象。球蛋白分子中，往往含有较多的无规则卷曲，此种有序的非重复性结构经常构成酶活性部位和其他蛋白质特异性的功能部位，日益受到研究者的重视。

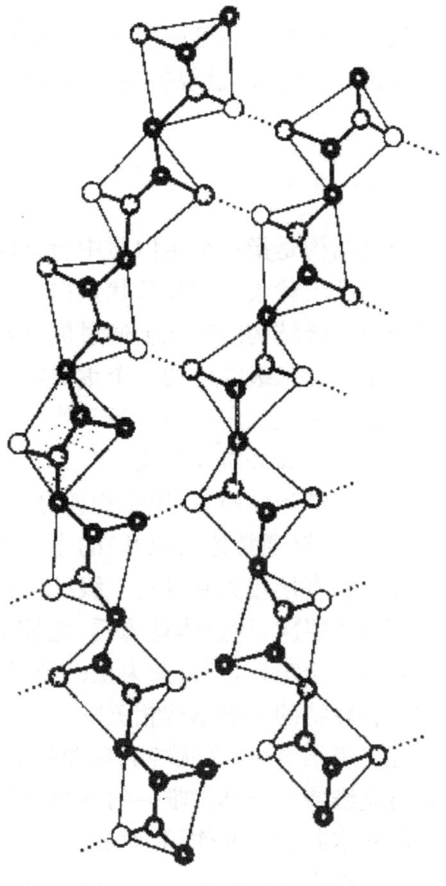

图 1-21　一种典型的 β 凸起

综上所述，蛋白质的二级结构是指多肽链主链原子局部的空间排列，而不考虑氨基酸侧链，以及与其他片段的关系。当多肽链片段中每个两面角(Ψ 和 Φ)分别相等或近乎相等时，则呈现有规律的二级结构。各种类型的二级结构在天然蛋白质中是常见的，但并不是均匀地分布在蛋白质中。某些蛋白质，如蜘蛛网丝蛋白中有很多 α 螺旋及 β 折叠，也有 β 转角和无规则卷曲(图 1-22)，而另一些蛋白质，如铁氧还蛋白则不含任何的 α 螺旋。不同蛋白质中 β 折叠的含量和 β 转角的数目也有很大的变化。

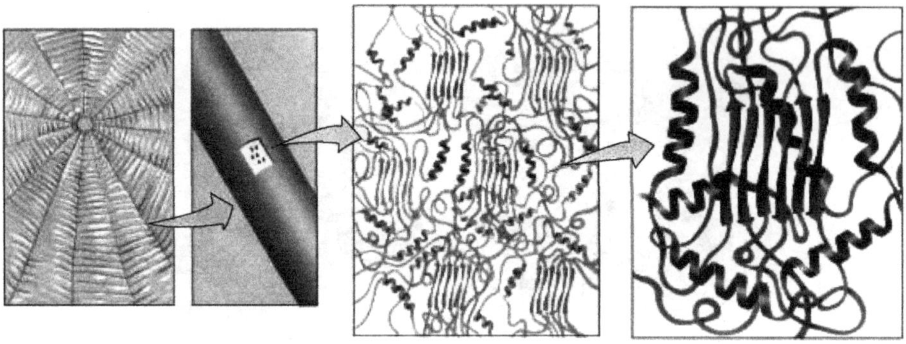

图 1-22 蜘蛛网丝蛋白

三、蛋白质的三级结构

构成蛋白质的氨基酸残基在氢键的作用下，形成各种特定的二级结构片段，相邻的二级结构片段进一步组装、盘绕折叠形成特定的高级结构形式，即蛋白质的三级结构（tertiary structure）。

（一）概念

三级结构是指一个蛋白质中所有原子的整体排列。根据蛋白质三级结构的特点可以将蛋白质分为纤维状蛋白质和球状蛋白质。球状蛋白质的多肽链在 α 螺旋、β 折叠、β 转角和无规则卷曲等二级结构的基础上通过侧链基团的相互作用进一步卷曲、折叠，借助次级键的维系形成三级结构。三级结构的一个重要特征是一级结构上离得很远的氨基酸残基被拉到了一起，而且它们的侧链之间可进行相互作用。它是建立在二级结构、超二级结构和结构域基础上的球状蛋白质的高级空间结构。

对于单链蛋白质，三级结构就是分子本身的特征性主体结构；对于多链蛋白质，三级结构则是各组成链（通常称为亚基）的主链和侧链的空间排布。生物体重要的生命活动都与蛋白质的三级结构直接相关并且对三级结构有严格要求。因此三级结构是蛋白质构象中一个至关重要的等级式层次，从整体观念看，它实际包含着除亚基缔合以外的蛋白质分子结构的全部内容。据不完全统计，到目前为止已经确定的蛋白质结构有上千种，蛋白质每一个不同的顺序总是与一种独特的三级结构相关联。

在三级结构中，多肽链的盘曲折叠是由分子中各氨基酸残基的侧链相互作用来维持的。二硫键是维持三级结构唯一的一种共价键，能把肽链的不同区段牢固地连接在一起，这对三级结构的稳定起着重要作用，尤其是对小分子的球状蛋白质而言，这也是他们含有较多二硫键的原因。而疏水性较强的氨基酸则借疏水键和范德华力聚集成紧密的疏水核，有极性的残基以氢键和盐键（或称离子键）相结合。这些非共价键（或称次级键）的一个特点是单个作用力较微弱，但数目庞大，是维持蛋白质三级结构的主要力量；另外一个特点是这些次级键易受环境中pH、温度、离子强度等的影响，具有可变性。

（二）超二级结构

蛋白质的超二级结构（supersecondary structure）是指由若干相邻的二级结构单元组合在一起，彼此相互作用，形成有规则的在空间上能够辨认的折叠类型，也称基序（motif）或折叠

(fold)。通常超二级结构都与特定的功能有关，但不同蛋白质中结构上类似的超二级结构可能具有不同的功能。超二级结构是蛋白质结构分类的基础。具有重要的一级序列相似性和结构功能相似性的蛋白质，属于同一个蛋白质家族(family)。而一级序列几乎没有相似，但含有较多相同的超二级结构和功能上相似的蛋白质，属于蛋白质超家族(superfamily)。需要注意的是，超二级结构不是介于二级结构和三级结构之间的分级结构元素，它仅是一种折叠类型。图 1-23 给出了几种常见的超二级结构。三种基本组合形式为 αα、βαβ、βββ。

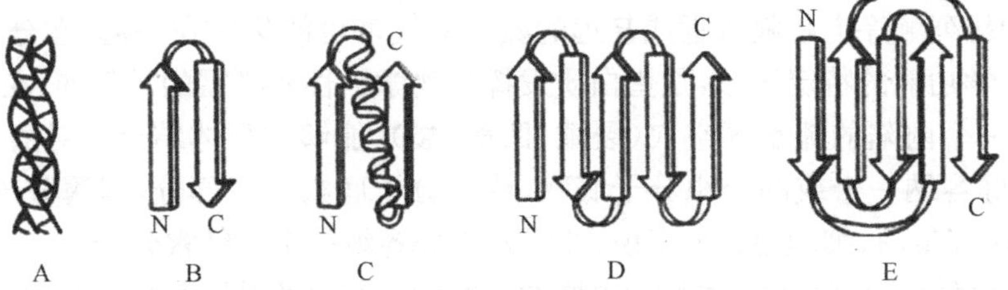

图 1-23　几种常见的超二级结构(引自王希成，2010)

图 1-23A 中 αα 是最简单的一种超二级结构，是一种螺旋-环-螺旋结构，由一个环连接的两个反平行 α 螺旋构成，还应包括 α 螺旋的卷曲螺旋；B 中 β 发夹是由两个相邻的反平行 β 链通过发夹环连接形成的；C 中 βαβ 结构单元是最常见的类型，由两个平行 β 链通过两个环与一个插入的 α 螺旋连接组成；D 中 β 回曲是一个由环或转角依次连接 β 链组成的反平行 β 折叠；E 中希腊钥匙连接有 4 个或更多的反平行 β 链。

（三）结构域

结构域(structural domain)是在二级结构单元或超二级结构单元基础上形成的三级结构内的局部折叠区，呈紧密球状体，具有特定功能。这些也是蛋白质的又一种分类依据。例如，可以结合小分子，催化一个反应等，因此有时结构域也称为功能域。功能域可以是一个结构域，也可以是由两个结构域或两个以上结构域组成。例如，酵母己糖激酶(hexokinase)的功能域(活性部位)就是由两个结构域构成(如图 1-24 所示，两个结构域由不同的阴影代表，二者之间有一个裂沟)。不同蛋白质分子之间肽链中的各结构域通常是不同的，但也可以相同，如乳酸脱氢酶、3-磷酸甘油醛脱氢酶、苹果酸脱氢酶等均属以 NAD^+(烟酰胺腺嘌呤二核苷酸)为辅酶的脱氢酶类，它们各由2 个不同的结构域组成，与 NAD^+ 结合的结构域构象则基本相同。

许多蛋白质都是由几个结构域构成的，但有的蛋白质就是由一个结构域组成的。结构域之间通常是通过环连接，但也可以通过每个结构域表面的氨基酸侧链形成弱的相互作用彼此结合。

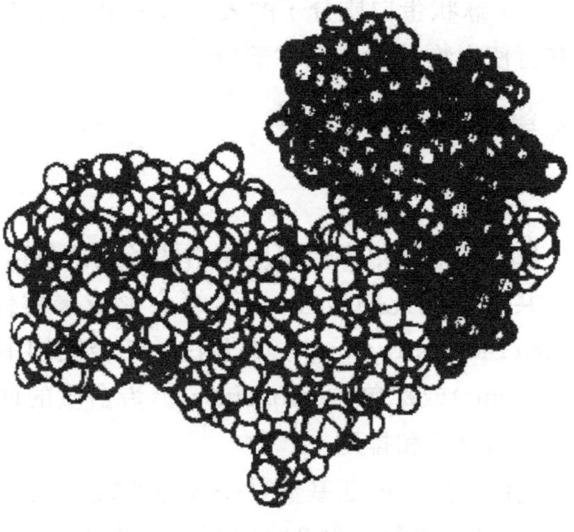

图 1-24　己糖激酶的三级结构

（四）三级结构的特点

根据蛋白质三级结构的特点可以将蛋白质分为纤维状蛋白质和球状蛋白质。具备三级结构的蛋白质从其外形上看，有的细长（长轴比短轴长10倍以上），属于纤维状蛋白质（fibrous protein），如丝心蛋白；有的长短轴相差不多，基本上呈球形，属于球状蛋白质（globular protein），如血浆清蛋白、球蛋白、肌红蛋白，球状蛋白的疏水基多聚集在分子的内部，而亲水基则多分布在分子表面，因而球状蛋白质是亲水的，更重要的是，多肽链经过如此盘曲后，使得原来在一级结构的排列顺序上相隔较远或甚远的氨基酸残基可能集中在一起，在分子表面形成了某些具有生物学功能的特定区域，是蛋白质发挥生物学活性所必需的。例如，在蛋白质分子的表面，往往有一个内陷的疏水区空穴（裂隙、凹槽、袋），能够与配体结合。对酶分子的活性来说，此空穴正好容纳一个或两个小分子底物，或大分子底物的一部分，即酶分子的活性部位。对肌红蛋白、血红蛋白、细胞色素c来说，此空穴正好容纳一个血红素分子。

蛋白质晶体结构分析显示，球状蛋白质的三级结构有某些共同特征：

（1）球状蛋白质分子含多种二级结构元件。一种纤维状蛋白质（肌球蛋白除外）只含一种二级结构元件。不同的球状蛋白质中各种元件的含量是不一样的。

（2）球状蛋白质三维结构具有明显的折叠层次。多肽链主链在熵驱动下折叠成借氢键维系的α螺旋、β折叠等二级结构。在一级序列上相邻的二级结构往往在三维折叠中彼此靠近并相互作用形成超二级结构。

（3）球状蛋白质分子是紧密的球状或椭球状实体。多肽链折叠过程中各种二级结构彼此紧密装配，它们之间也插松散的肽段。松散的区域有较大的空间可塑性，使构象容易发生变化，这是酶与底物，别构酶与调节物，其他功能蛋白与效应物相互作用的结构基础。

（4）球状蛋白质疏水侧链埋藏在分子内部，亲水侧链暴露在分子表面，这里有两种力在起作用，一是肽链必须满足自身结构固有的限制，包括折叠中α-碳原子二面角的限制，以及手性效应；二是肽链必须折叠以便埋藏疏水侧链，使之与溶剂水的接触降到最小程度（熵驱动）。球状蛋白质分子80%～90%的疏水侧链被埋藏，分子表面主要是亲水侧链，因此球状蛋白质是水溶性的。

（5）球状蛋白质分子的表面有一个空穴（也称裂沟），这种空穴常是结合底物、效应物等配体并行使生物功能的活性部位。

四、蛋白质的四级结构

（一）概念

自然界中的很多蛋白质是由两条或两条以上独立三级结构的多肽链组成的，其多肽链通过非共价键彼此缔合在一起，缔合形成聚集体（aggregate）的形式，构成蛋白质的四级结构（quarternary structure）。在蛋白质四级结构中，每个具有独立三级结构的多肽链单位称为亚基（subunit）或称单体（monomer）。蛋白质的四级结构是具有多个亚基的蛋白质中亚基在三维空间的组织和排列。

蛋白质分子的亚基数目一般为偶数，其中含2个或4个亚基的蛋白质占多数，个别的为奇数，如荧光素酶分子含3个亚基。由两个亚基组成的称为二聚体蛋白质，由4个亚基组成的称为四聚体蛋白质。由两个或两个以上亚基组成的蛋白质统称为寡聚蛋白质、多聚蛋白质或多亚基蛋白质。无四级结构的蛋白质称为单体蛋白质。

在蛋白质的四级结构中，亚基可以是相同的或不同的。蛋白质亚基之间紧密接触的界面存在极性相互作用和疏水作用。亚基缔合可分为相同亚基和不相同亚基之间的缔合。相同亚基之间的缔合可进一步分为同种缔合和异种缔合。同种缔合中相互作用的表面是相同的，形成的结构一定是封闭的二聚体，并且具有一个2-重对称轴。相同亚基的异种缔合中相互作用的表面是不相同的。当蛋白质仅由一种亚基组成时，亚基的相互作用和排列方式相对比较简单。由相同亚基构成的寡聚蛋白质称为同多聚（homomultimeric）蛋白质，如烟草花叶病毒（TMV）的外壳蛋白是由2200个相同的亚基形成的多聚体（图1-25）。当聚集体涉及两种或多种不同的单体时，其相互作用的性质十分复杂。含两种或多种亚基的寡聚蛋白质在不同的亚基对之间呈现不同的亲和力。由不同亚基构成的寡聚蛋白质称为杂多聚（heteromultimeric）蛋白质，如正常人血红蛋白A是两个α亚基与两个β亚基形成的四聚体；天冬氨酸氨甲酰转移酶由6个调节亚基与6个催化亚基组成。

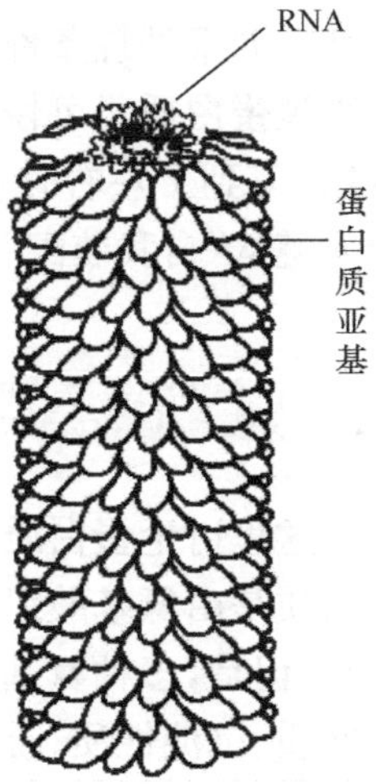

图1-25　烟草花叶病毒结构示意图

由于多肽链的所有α-碳原子是不对称的，并且多肽链几乎总是折叠成不对称或低对称的结构，因此单体蛋白质和亚基都是手性分子。然而X射线结构分析和电子显微镜观察揭示，大多数寡聚蛋白质分子其亚基的排列是对称的，对称性是四级结构蛋白质最重要的性质之一。

四级缔合在结构和功能上的优越性：

(1) 增强结构稳定性。亚基缔合的一个优点是蛋白质的表面积与体积之比降低。

(2) 提高遗传经济性和效率。蛋白质单体的寡聚体缔合对一个生物体在遗传上是经济的。

(3) 使催化基团汇集在一起。寡聚体的形成可使来自不同亚基的催化基团汇集在一起以形成完整的催化部位。

(4) 具有协同性和别构效应。大多数寡聚蛋白质调节它们的生物活性（如酶的催化活性）都是借助于亚基相互作用。多亚基蛋白质一般具有多个结合部位，结合在蛋白质分子的特定部位上的配体对该分子的其他部位所产生的影响（如改变亲和力或催化能力）称为别构效应。

（二）特点

亚基一般只是一条多肽链，但有的亚基由两条或多条多肽链组成，这些多肽链相互间以二硫键相连。亚基之间不含共价键，亚基间次级键的结合比二、三级结构疏松，因此在一定的条件下，四级结构的蛋白质可分离为其组成的亚基，而亚基本身构象仍可不变。

1. 对称性　一般认为，亚基在蛋白质分子中的空间排布问题是四级结构研究的重要内容，根据X射线结构分析和电子显微镜的观察，多数寡聚蛋白质分子亚基的排列是对称的，对称性是四级结构蛋白质分子最重要的性质之一。对称的寡聚蛋白质分子是由两个或多个不对称的等同结构成分组成的。这种等同结构成分称为原体，原体一般就是亚基，但是原体可以是两个或多个亚基的聚集体。例如，血红蛋白分子是由两个原体组成的对称二体，其中每个原体是由α亚基（一条α珠蛋白链）和β亚基（一条β珠蛋白链）所构成的聚集体（αβ）。这里把原体看作单体，因此称血红蛋白为二体。如果以亚基为单体，血红蛋白则为四体。

亚基单独存在时无生物学活性，只有相互聚合成特定构象时才具有完整的生物活性。与此相关，判断一个蛋白质是否为寡聚蛋白质的标准，是以发挥生物功能的最小单位作为一个分子进行研究。例如，胰岛素可形成二、六聚体，但不是其功能单位（单亚基即可发挥其生物学功能），因此不是寡聚蛋白质。

2. 自我装配　当酸、热或高浓度的尿素、胍等变性因子作用于寡聚蛋白质时，后者会发生构象变化。这种变化可分为两步：首先是亚基彼此解离，然后分开的亚基伸展成无规则线团。如小心处理，可将寡聚蛋白的亚基拆开，而不破坏其三级结构。例如，血红蛋白可用盐解离成两个半分子，即两个 α、β 亚基。当透析除去过量的盐后，分开的亚基又可重新结合而恢复活性。如果处理条件强烈，则亚基的多肽链完全展开。这样要恢复天然构象虽然很困难，但有些寡聚蛋白质仍可恢复。例如，醛缩酶经酸处理后，其 4 个亚基完全伸展成无规则卷曲，当 pH 恢复到 7 左右时，又可恢复如初。这说明一级结构规定了亚基间的结合方式，四级结构的形成遵从"自我装配"的原则。

第三节　蛋白质的性质

这里讨论蛋白质的性质，主要是指蛋白质在水溶液中表现出来的物理和化学性质。由于蛋白质是由氨基酸组成的，因此它的理化性质与氨基酸的有些相同（如两性电解质性质、等电点）。但是，多种氨基酸构成的蛋白质，从量变到质变，与氨基酸有着质的区别（如空间构象、胶体性质、沉淀性质、凝固、变性等）。

一、蛋白质的物理性质

（一）蛋白质的相对分子质量

不同蛋白质相对分子质量不同，其变化范围很大，一般为 $6.0\times10^3\sim1.0\times10^6$ 或更大（表 1-4）。由于蛋白质相对分子质量大，又有许多亲水基团，在水溶液中成为亲水胶体溶液，不能透过半透膜。常利用这一性质去除蛋白质水溶液中的无机或有机小分子。

表 1-4　一些蛋白质的相对分子质量

蛋白质	相对分子质量	肽链数目
胰岛素（牛）	5.7×10^3	2
核糖核酸酶（牛胰）	1.26×10^4	1
溶菌酶（卵清）	1.39×10^4	1
肌红蛋白（马心）	1.69×10^4	1
糜蛋白酶原（牛胰）	2.32×10^4	1
β乳球蛋白（牛）	3.5×10^4	2
血红蛋白（人）	6.45×10^4	4
己糖激酶（酵母）	1.02×10^5	2
色氨酸合成酶（大肠杆菌）	1.59×10^5	4
天冬氨酸氨甲酰转移酶（大肠杆菌）	3.1×10^5	12
糖原磷酸化酶（牛肝）	3.7×10^5	4
谷氨酰胺合成酶（大肠杆菌）	5.92×10^5	12
丙酮酸脱氢酶复合体（牛肾）	7.0×10^6	160
烟草花叶病毒	4.0×10^7	2130

每一种蛋白质的分子结构式是一定的，因此相对分子质量也是一定的。蛋白质的相对分子质量是通过一些物理、化学方法测定(如最低相对分子质量法、渗透压法、沉降速度法、沉降平衡法、分子排阻层析法、电泳法等)。这些方法都有一定的误差，因而测定相对分子质量时，要选用几种不同的方法测定，最后计算出比较可靠的相对分子质量数值。

(二) 蛋白质的旋光性

蛋白质分子的旋光性是由构成其结构的各种氨基酸的旋光度和蛋白质分子中的α螺旋结构所决定的。通常蛋白质溶液是右旋的，但变性后螺旋结构松开，其左旋性增大。利用这一性质，可以推算出蛋白质分子中α螺旋结构的百分含量。

(三) 蛋白质的胶体性质

蛋白质在水溶液中所形成的颗粒直径为1～100nm，具有布朗运动、光色散现象、电泳现象、不能透过半透膜和具有吸附能力等特征。这都说明蛋白质溶液是一种胶体溶液，因而蛋白质具有胶体性质。由于蛋白质分子表面带有很多极性基团，使蛋白质颗粒外面吸附一层密度较大的水化膜。水化膜的存在使蛋白质颗粒互相隔开，颗粒之间不会因碰撞而聚合成大颗粒。同时，在非等电点情况下，蛋白质颗粒上带有相同的电荷，使蛋白质颗粒之间相互排斥，保持一定距离，不致相互凝聚沉淀。水化膜和同电荷层是维持蛋白质胶体稳定性的两个主要因素。

蛋白质的胶体性质，在生物体中具有重要意义。生物体中最多的成分是水，蛋白质的生物学作用主要是在水中表现出来的，少量亲水胶体可以与大量水分子结合，形成各式各样的流动性胶体系统，构成生物细胞的原生质。各种细胞组织之间具有一定形状、弹性、黏度等性质，都与蛋白质胶体性质有关。

(四) 蛋白质的沉淀作用

蛋白质溶液具有胶体性质，因此破坏胶体稳定性(如破坏水化膜、中和电荷等)因素(如盐、有机溶剂等)，可使蛋白质溶液变得不稳定而沉淀，这种现象称为蛋白质沉淀反应。

人们使蛋白质沉淀一般有两个目的：其一是为了制备具有生物活性的蛋白质制剂，如超氧化物歧化酶(SOD)、细胞色素c等，常用盐析法和脱水法；其二是为了去除杂蛋白质，如制备核酸和终止酶的作用时，常用加热法及重金属盐、磷钨酸、三氯乙酸和生物碱等试剂，使蛋白质沉淀。这些方法往往使蛋白质失去生物活性，且不易重新溶解，故不易制备具有生物活性的蛋白质制剂。利用沉淀反应的例子，最普遍的是做豆腐。在豆浆中加入石膏($CaSO_4$)，使大豆蛋白质沉淀，最后压成豆腐。

二、蛋白质的化学反应

(一) 蛋白质两性电离及等电点

蛋白质是两性电解质，能和酸碱发生作用。在蛋白质分子中，可解离基团主要来自构成蛋白质的酸性或碱性氨基酸残基侧链，此外还有蛋白质分子中的末端羧基和氨基。如果是结合蛋白质，可能还有非氨基酸成分的可解离基团。因而可将蛋白质看成是一个多价离子，所带电荷性质和数量是由蛋白质分子中可解离基团的种类和数量及溶液的pH决定的。对某种蛋白质而言，其溶液在外加电场中，既不向正极移动，也不向负极移动，所带正负电荷为零，该溶液

pH 为该蛋白质的等电点(isoelectric point, pI)。在小于等电点的溶液中蛋白质分子带正电荷,反之,带负电荷。目前广泛利用蛋白质这一性质,电泳分离各种蛋白质。蛋白质的等电点,随着溶液中离子组成变化而变化,因为蛋白质中的可解离基团,可以同溶液中的阴离子和阳离子结合。在没有盐类存在下,测得的蛋白质等电点,称为该蛋白质的等离子点(isoionic point)。等离子点是蛋白质的特征常数。

(二) 蛋白质的颜色反应

蛋白质分子中某些氨基酸的侧链基团和肽键,可发生一些特殊颜色反应,具体包括以下几类。

1. 一般颜色反应——蛋白质具有氨基酸的颜色反应　氨基酸具有黄色反应、米伦反应(Millon 反应)、乙醛酸反应、茚三酮反应、坂口反应、Folin-酚试剂反应,蛋白质也具有,它们可作为蛋白质的定性鉴定和定量测定(表 1-5)。

表 1-5　蛋白质的颜色反应

反应名称	试剂	颜色	反应有关基团	有此反应的蛋白质及氨基酸
双缩脲反应	NaOH 溶液加少量稀 $CuSO_4$ 蓝色溶液	紫红色至蓝紫色	两个以上相邻的肽键	所有的蛋白质
Millon 反应	$HgNO_3$, $Hg(NO_2)_2$, HNO_3, HNO_2 混合物	红色	OH	Tyr
黄色反应	浓 HNO_3 及氨	黄色至橘黄色	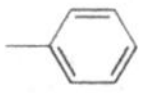	Phe, Tyr, Trp
乙醛酸反应	乙醛酸试剂及浓 H_2SO_4	紫红色	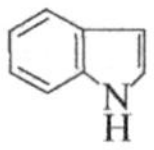	Trp
茚三酮反应	茚三酮	紫蓝色	游离—NH_2	α-氨基酸
Folin-酚试剂反应	碱性 $CuSO_4$ 及磷钼酸-磷钨酸	蓝色	OH	Tyr
坂口反应	次氯酸钠或次溴酸钠	红色	$H_2N—C(=NH)—NH—$	Arg

2. 特殊颜色反应——蛋白质具有氨基酸不具备的颜色反应　双缩脲反应(biuret reaction)是肽和蛋白质所特有的,而氨基酸所没有的一种颜色反应。双缩脲生成的反应为:

$$2H_2N—CO—NH_2 \xrightarrow{132℃} NH_2—CO—NH—CO—NH_2$$

$$\text{双缩脲} \xrightarrow{NaOH+CuSO_4} \text{紫红色物质}$$

在碱性溶液(NaOH)中,双缩脲($H_2N—OC—NH—CO—NH_2$)能与铜离子(Cu^{2+})作用,形成紫红色络合物,该反应称为双缩脲反应。由于蛋白质分子中含有很多与双缩脲结构相似的肽键,因此也能与铜离子在碱性溶液中发生双缩脲反应。且颜色深浅与蛋白质的含量在一定范围内符合比尔定律,而与蛋白质的氨基酸组成及相对分子质量无关,故可用双缩脲法鉴定和定量测定蛋白质(比色波长为 540nm)。

三、蛋白质的变性与折叠

(一) 变性

当天然蛋白质受到物理、化学因素的影响后,改变其分子结构,失去原有的生物活性,并伴随着物理、化学性质的改变，但并不导致蛋白质一级结构的破坏，这种现象称为蛋白质变性(denaturation)。变性后的蛋白质称为变性蛋白质。影响变性的物理因素有热、紫外线、超声波、高压、表面张力、剧烈震荡、搅拌和研磨等。化学因素有酸、碱、有机溶剂等。蛋白质变性后引起下列各种变化。

1. 物理性质的改变 蛋白质的旋光值和特征性黏度改变、溶解度下降，有时甚至发生凝聚沉淀等。

2. 化学性质的改变 蛋白质变性前，不易被蛋白酶水解。但变性后，水解速度加快，如熟鸡蛋中蛋白质消化率比生鸡蛋中蛋白质的消化率高，这是因为熟鸡蛋中的蛋白质变性了，易被蛋白酶水解，因而消化率高。蛋白质变性之前，埋藏在蛋白质分子内部的某些基团，不能与有些试剂发生反应。但变性后，由于其暴露到蛋白质分子表面，从而变得可以反应了。研究最多的是巯基、苯酚基和咪唑基参与的反应。

3. 生物活性的改变 变性蛋白质生物活性丧失，如酶失活、激素失去调节作用、抗体失去免疫作用、毒素蛋白失去毒力。有运输功能的蛋白质失去运输功能，如血红蛋白变性后失去运输氧和二氧化碳的功能。植物种子储存太久或在不良条件下，引起蛋白质变性，这些种子的发芽率就要比正常种子的发芽率低。

我国生物化学先驱吴宪早在20世纪30年代就指出，蛋白质变性就是它的肽链从卷曲变到伸展的过程。现代立体化学研究表明，蛋白质变性就是蛋白质在一定条件下处理时，肽链一级结构不变，次级键改变，导致特定构象逐渐改变，失去生物活性的过程。

蛋白质变性有可逆变性和不可逆变性两种。除去变性因素，蛋白质构象可以恢复到原状的变性过程称为可逆变性。除去变性因素后，变性蛋白构象恢复到原状，这一现象称为蛋白质复性(renaturation)。反之，就是不可逆变性。不可逆变性的蛋白质在除去变性因素后不能复性。

蛋白质变性有广泛的应用，如制备酶制剂和蛋白类激素时，要避免在处理过程中蛋白质变性失活；乙醇消毒，高温、高压及紫外线杀菌，就是利用蛋白变性原理，使微生物体内的蛋白质变性失活；利用蛋白质对变性剂的不同敏感性，在提取、分离和纯化蛋白质时，选择恰当的处理条件，使所需要的蛋白质不变性，不需要的蛋白质变性后去除等。

蛋白质变性和沉淀，虽然有一定的关系，但是两个不同的概念。蛋白质变性不一定沉淀，如牛奶加热沸腾，酪蛋白变性，但并不沉淀；沉淀的蛋白质不一定变性，如 $(NH_4)_2SO_4$ 沉淀蛋白质，该蛋白质沉淀但不变性。

（二）蛋白质的折叠

Anfinsen 等的 RNase A 变性与复性实验表明，蛋白质中的氨基酸残基支配着蛋白质的折叠，但它的氨基酸残基序列是如何折叠成其天然构象的呢？前面曾提到蛋白质主链构象可由各个氨基酸残基绕 C_α—N 键的旋转角 Φ 和 C_α—C 键的旋转角 Ψ(也称二面角)描述，对于一个由 n 个残基组成的蛋白质，就存在着 $2n$ 个 Φ 和 Ψ，假设每个角存在 3 种可能的构象，则该蛋白质就有 $3^{2n}\approx10^n$ 个可能的空间构象。大多数蛋白质含有的残基数都在 100 以上，其构象总数太大了，因此蛋白质不可能通过随机探索，直至搜索到正确的构象，因为探索所有可能构象需要的时间可以上百亿年，但实际上许多蛋白质在几秒钟之内就折叠成了天然构象。很显然多肽链是沿着一个指定的途径折叠成它的天然构象的。

图 1-26 给出了一个假设的蛋白质折叠途径，折叠首先迅速形成局部的 α 螺旋和 β 折叠等二级结构，然后靠疏水作用将非极性残基聚集在蛋白质分子的中心，形成一种致密的称为熔球

体(molten globule)的结构。通过疏水效应形成熔球体的作用也称为疏水塌陷(hydrophobic collapse)作用。熔球体含有天然蛋白质大部分二级结构,虽然不具有完整的三级结构,但与蛋白质的天然状态很相似,只是还需要形成使蛋白质达到天然状态的一些键。接下来的步骤包括处于熔球态的蛋白质要形成侧链之间的键、氢键,以及二硫键,使蛋白质更加致密,达到天然状态。蛋白质折叠是协同的、有次序的过程,先形成小的结构单元,然后依次再形成较大的和大的结构单元。如果从能量角度去理解一个蛋白质的折叠过程,去折叠的多肽存在很多可能的构象,都处于高度无序状态的高能态、高熵态。折叠经历的每一个阶段相对于前一个阶段都是处于低能态、低熵态(更加有序和稳定),直至进行到被认为是处于最低能量状态的天然构象。然而并不是所有的蛋白质都自发进行折叠的,许多蛋白质还需要其他一些伴侣蛋白(chaperone)协助才能进行正确折叠。研究表明,伴侣蛋白通常是结合去折叠和部分折叠的肽链,防止疏水片段聚集导致非天然折叠和沉淀,防止不正确的折叠中间产物的形成,加快正确折叠的进行和提供折叠所需要的微环境。

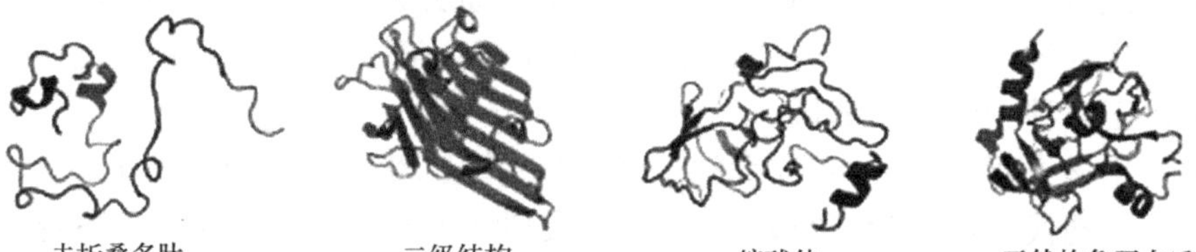

图 1-26　假设的蛋白质折叠途径(引自王希成,2010)

现在研究得比较透彻的伴侣蛋白是热休克蛋白(heat shock protein, Hsp)。在真核和原核生物中主要存在两类伴侣蛋白:一类是 Hsp70(相对分子质量约为 70 000),Hsp70 的作用可能是与新生肽链结合,防止肽链过早折叠;另一类也称为陪伴蛋白(chaperonin)—— Hsp60 和 Hsp10。另外,一些蛋白质的折叠需要能催化同分异构反应的酶,如肽酰脯氨酰顺-反异构酶(peptidyl-prolyl *cis-trans* isomerase)。肽酰脯氨酰顺-反异构酶催化蛋白质中脯氨酸顺-反异构体之间的转化,由于该酶可催化正确脯氨酸异构体的形成,大大加快了蛋白质的折叠,如果没有这个酶的帮助,转化过程是很慢的。另一个例子是蛋白质二硫键异构酶(protein disulfide isomerase),它催化二硫键交换,直到形成正确二硫键。Anfinsen 首先发现了蛋白质二硫键异构酶,由于该酶的存在使得 RNase A 在体内折叠比体外快得多。

第四节　蛋白质的结构和功能关系

一、氧结合蛋白

随着地球大气的不断变化,生物也在不停地进化。光合作用产生氧气是大气变化的主要原因,生物由此进化到以氧为基础的代谢是具有高度适应性的表现。在利用氧的进化过程中出现了两个重要的氧结合蛋白质:肌红蛋白和血红蛋白,这样有氧代谢过程不再受氧气在水中溶解度低的限制。肌红蛋白和血红蛋白是研究得最为透彻的两个蛋白质,它们是蛋白质结构与功能的范例。

(一) 肌红蛋白

肌红蛋白(myoglobin,Mb)是哺乳动物肌肉中的一个胞内蛋白质,储存氧气,并向频繁收缩的肌肉供给氧气。在潜水哺乳类，如鲸、海豹和海豚的肌肉中肌红蛋白含量特别丰富，以致使它们的肌肉呈棕色。由于肌红蛋白储存氧气使这些动物能长时间潜在水下。

肌红蛋白是由一条多肽链和一个血红素(heme)辅基构成的，相对分子质量为 1.67×10^4。除去血红素的脱辅基多肽链部分称珠蛋白(globin)，它和血红蛋白的亚基(α 珠蛋白和 β 珠蛋白)在氨基酸序列上具有明显的同源性，它们的结构和功能也极其相似。

1957 年，Kendrew 测定了来自于抹香鲸肌红蛋白的晶体结构。抹香鲸肌红蛋白是由153 个氨基酸残基组成的单体蛋白质，整个分子中肽链有 77%呈 α 螺旋体构象，共有 8 段长短不一的 α 螺旋，最长的螺旋含有 23 个氨基酸残基，最短的仅有 7 个氨基酸残基。8 段 α 螺旋从 N 端依次分别命名为 A、B、C、D、E、F、G、H，相应的非螺旋区命名为 AB、CD、…、FG、GH(图 1-27)。肌红蛋白中含有一个血红素辅基，位于肌红蛋白的 E、F 螺旋之间的疏水裂隙，一分子肌红蛋白结合一个 O_2。

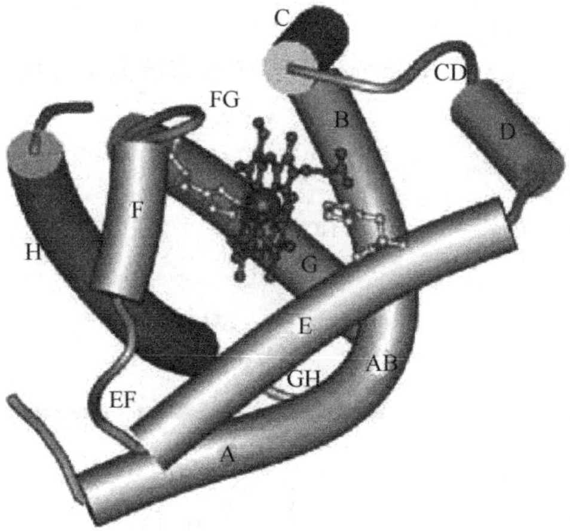

图 1-27　肌红蛋白结构示意图

血红素辅基(图 1-28)由与 Fe(Ⅱ)配位的原卟啉Ⅸ(protoporphyrin Ⅸ)的四吡咯环系统组成，为一共轭系统。一个 Fe(Ⅱ)有 6 个配位位置，其中 4 个配体来自于 4 个吡咯环的 4 个 N 原子，处于同一个平面。第五个配体是与珠蛋白第 93 位组氨酸残基(F8，螺旋 F 的第 8 位残基)的咪唑 N 结合，第六个配体处于“开放”状态，当肌红蛋白结合氧变成氧合肌红蛋白(oxymyoglobin)时，此位可以可逆地与 O_2 结合(图 1-29)。

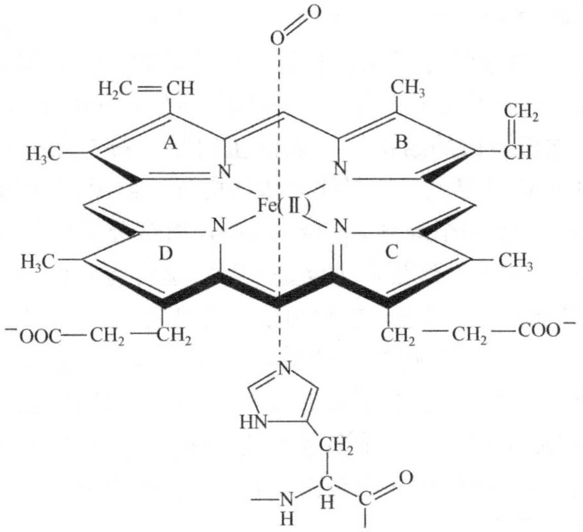
图 1-28　血红素辅基

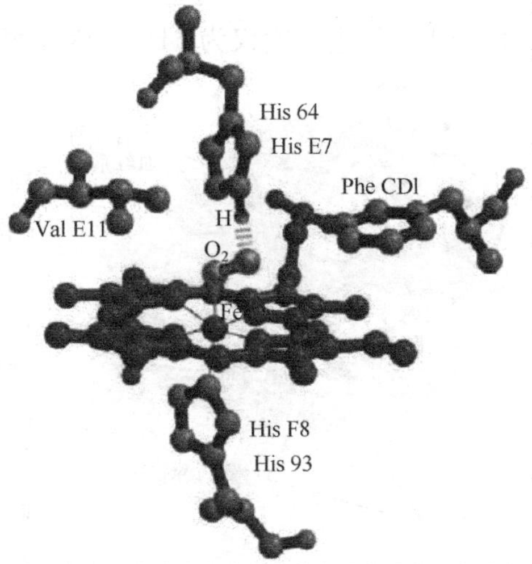

图 1-29　氧合肌红蛋白中的血红素 Fe^{2+} 的 6 个配位键(引自 Nelson et al.，2008)

在血红素辅基的氧结合部位一侧，还有一个组氨酸残基，即第 64 位残基，或称远侧组氨酸。虽然第 64 位组氨酸的咪唑环与铁原子距离远而不发生相互作用，但与 O_2 分子能紧密接触。被结合的 O_2 夹在第 64 位组氨酸咪唑环 N 和亚铁原子之间。因此氧结合部位是一个空间位阻区域。

肌红蛋白的某些重要生物学性质与氧结合部位的空间位阻是密切相关的。例如，游离在溶液中的铁卟啉结合一氧化碳比结合 O_2强 25 000 倍。但在肌红蛋白中的血红素对一氧化碳的亲和力仅比氧分子约大 250 倍。一氧化碳与铁卟啉中的铁结合时，铁、碳和氧三个原子是直线排位，这种直线结合受到阻碍主要是第 64 位组氨酸(E7)的空间位阻造成的(图 1-30)。肌红蛋白和血红蛋白降低对一氧化碳的亲和力能有效地防止代谢过程中产生的少量一氧化碳占据 O_2结合部位。虽然如此，一氧化碳仍然是一种很强的毒物，空气中一氧化碳的含量达到 0.06% ～ 0.08% 即有中毒的危险，达到 0.1%则能导致窒息死亡。

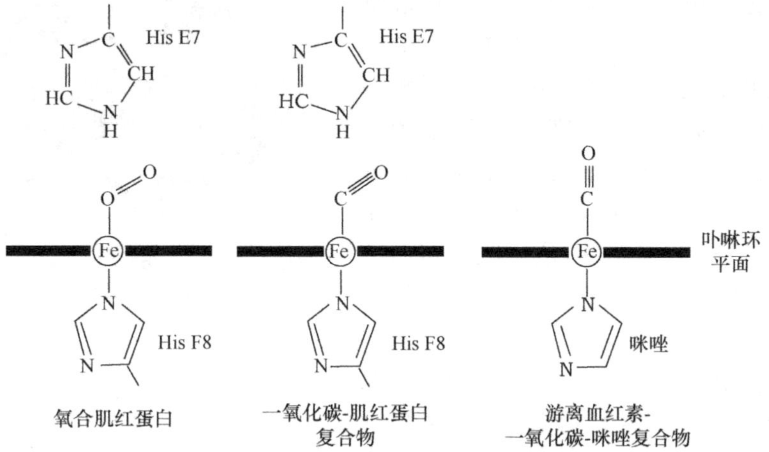

图 1-30　O_2或 CO 与肌红蛋白血红素亚铁的结合示意图

(二) 血红蛋白

血红蛋白(hemoglobin，Hb)主要功能是在血液中结合并转运氧气。它存在于血液的红细胞中。在从肺部经心脏到达外周组织的动脉血中 Hb 氧饱和度约为 96%。再回到心脏的静脉血中 Hb 氧饱和度仅为 64%。因此每 100mL 血液经过组织约释放 Hb 携带的 1/3 氧即释放的氧量相当于在 1 个大气压和体温时的 6.5mL 氧气。

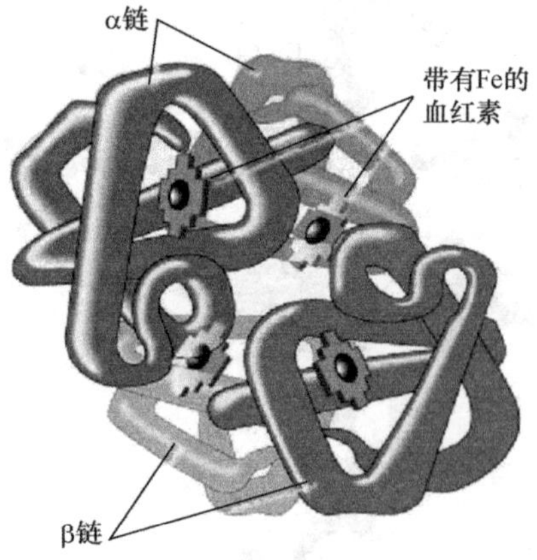

图 1-31　血红蛋白结构示意图

1. 血红蛋白的结构　血红蛋白是一种寡聚蛋白质，由 4 个亚基组成。X 射线晶体结构分析揭示，血红蛋白分子接近于一个球体，直径 5.5nm，相对分子质量为 6.5×10^4。成人血红蛋白主要是 HbA，是含有两种不同亚基的四聚体，由两条 α 链和两条 β 链组成，两个 β 亚基之间有一个 2,3-二磷酸甘油酸(2,3-bisphosphoglycerate，BPG)，BPG 与 β 亚基形成 6 个盐键，起到稳定血红蛋白四级结构的作用。血红蛋白分子接近于球体，4 个亚基分别在四面体的 4 个角上，每一个亚基含有一个血红素辅基(图 1-31)。

α 链由 141 个氨基酸残基组成，β 链由 146 个氨基酸残基组成。每一亚基都具有独立的三级结构，各肽链折叠盘曲成一定构象，β 亚基中有 8 个 α 螺旋区(分别称 A、B 、…、H 螺旋区)，α 亚基中有 7 个 α 螺旋区。在此基础上肽链进一步折叠形成球状，依赖侧链间形成的各种次级键维持稳定，使球形表面为亲水区，球形内部，在 E 和 F 螺旋段间的 20 多个疏水氨基酸侧链构成口袋形的疏水区，辅基血红素就嵌接在其中。

α 亚基和 β 亚基构象相似，4 个亚基 $\alpha_2\beta_2$ 聚合成具有四级结构的 Hb 分子。在此分子中，4 个亚基沿中央轴排布四方，两个 α 亚基沿不同方向嵌入两个 β 亚基间，各亚基间依靠多种次级键联系，使整个分子呈球形，这些次级键对于维系 Hb 分子空间构象有重要作用。例如，在 4 个亚基间的 8 对盐键(图 1-32)，它们的形成和断裂将使整个分子的空间构象发生变化。

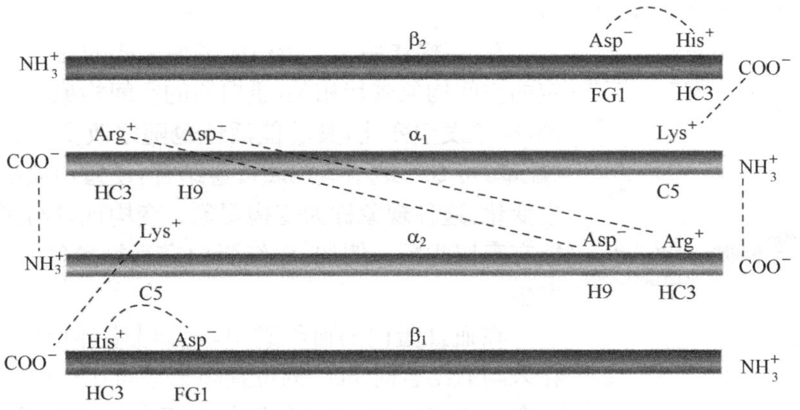

图 1-32　去氧血红蛋白中各亚基间的盐键(离子对)
图中虚线代表盐键，FG1、HC3、H9、C5 中的英文
大写字母代表螺旋区和非螺旋区，阿拉伯数字代表在相应区段的氨基酸位置

虽然血红蛋白的 α、β 链的三级结构与肌红蛋白的三级结构大致相同，但这三种多肽链的氨基酸顺序有较大不同，141 个氨基酸残基中有 20 多个相同，似乎不同的氨基酸顺序也能形成非常相似的高级结构。

2. 氧合作用　血红蛋白在体内的主要功能是运输氧气，血红蛋白同肌红蛋白类似是通过其辅基血红素 Fe^{2+} 与氧发生可逆结合，结合物称氧合血红蛋白。

如果以肌红蛋白和血红蛋白的氧合部位被 O_2 的占有率，称为氧饱和度的 Y 对氧分压 $p(O_2)$ 作图，可得到血红蛋白和肌红蛋白的氧饱和曲线(氧合曲线)(图 1-33)。从图 1-33 可以看出，肌红蛋白的氧合曲线为一条直角双曲线，而血红蛋白的氧合曲线为“S”形曲线。在低 $p(O_2)$ 下，肌红蛋白比血红蛋白对氧亲和性高很多，$p(O_2)$ 为 2.8torr① 时，肌红蛋白处于半饱和状态。在高 $p(O_2)$ 下，如在肺部(大约 100torr)时，两者几乎都被饱和。因此肌红蛋白和血红蛋白对氧亲和性的差异形成了一个有效的将 O_2 从肺转运到肌肉的氧转运系统，即保证人体的肌肉能优先获得氧。

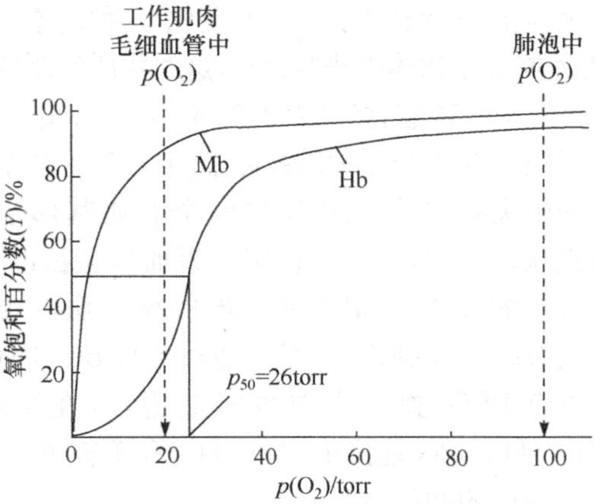

图 1-33　血红蛋白(Hb)和肌红蛋白(Mb)氧合曲线的比较

血红蛋白是变构蛋白，受到玻尔效应(H^+ 和 CO_2 的作用)和别构效应(2,3-二磷酸甘油酸的作用)的显著影响，其氧合曲线表现为“S”形曲线，在曲线的中段只要氧分压有一个较小的

① $1torr = 1.333\ 22 \times 10^2 Pa$

变化即可引起氧饱和度的较大改变(图 1-33),这有利于运输氧。肺中的氧分压只需比组织中稍微高一些,血红蛋白就可以完成运氧工作。

血红蛋白的氧合曲线还受到温度的影响。温度升高会使 p_{50}(1/2 血红蛋白被氧饱和时的氧分压)升高,即亲和力减弱。因此鱼类在温度升高时会缺氧,是水中氧分压的降低和血红蛋白对氧亲和力的减弱双重作用的结果。

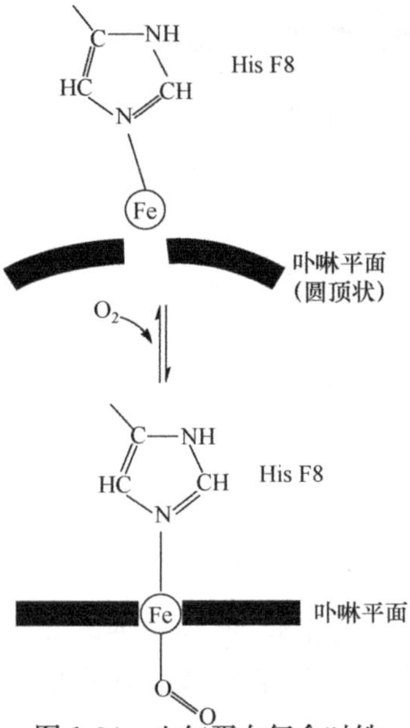

图 1-34 血红蛋白氧合时铁原子移近血红素平面

3. 变构作用 蛋白质多种多样的功能与各种蛋白质特定的空间构象密切相关,蛋白质的空间构象是其功能活性的基础,构象发生变化,其功能活性也随之改变。有些小分子物质(配基)可专一地与蛋白质可逆结合,使蛋白质的结构和功能发生变化,这种现象称为变构现象。变构现象与蛋白质的生理功能有密切联系。例如,血红蛋白在运输氧气时,就有变构现象发生。

在血红蛋白的血红素中,4 个吡咯环形成一个卟啉平面,在未与氧结合时 Fe^{2+} 的位置高于平面 0.07nm,一旦 O_2 进入某一个 α 亚基的疏水"口袋"时,与 Fe^{2+} 的结合会使 Fe^{2+} 嵌入卟啉平面中,也即向该平面内移动约 0.075nm(图 1-34),铁位置的这一微小移动,牵动 F8 组氨酸残基连同 F 螺旋段的位移,再波及附近肽段构象,造成两个 α 亚基间盐键断裂,使亚基间结合变松,并促进第二亚基的变构并氧合,后者又促进第三亚基的氧合使 Hb 分子中第四亚基的氧合速度为第一亚基开始氧合时速度的数百倍。这种一个亚基的别构作用,促进另一亚基变构的现象,称为亚基间的协同效应(cooperativity)。

在生物体内,当某种物质特异地与蛋白质分子的某个部位结合,触发该蛋白质的构象发生一定变化,从而导致其功能活性的变化,这种现象称为蛋白质的别构效应(allostery)。蛋白质(或酶)的别构效应,在生物体内普遍存在,这对物质代谢的调节和某些生理功能的变化都是十分重要的。

2,3-二磷酸甘油酸(2,3-bisphosphoglycerate, BPG)是血红蛋白的别构效应物。1 分子血红蛋白结合 1 分子 BPG,位于由 4 个亚基缔合形成的中央孔穴内。BPG 将两个 β 亚基形成盐键而交联在一起,有助于稳定去氧血红蛋白的构象,促进氧的释放。BPG 进一步提高了血红蛋白的输氧效率。在肺部,$p(O_2)$超过 100torr,因此,即使没有 BPG,血红蛋白也能被饱和,在组织中,$p(O_2)$低,BPG 能降低血红蛋白的氧亲和力,加大血红蛋白的卸氧量。

BPG 对于人们适应较高海拔带来的高原反应起着重要作用。当人从海平面上到 4500m 高原后两天内,BPG 的浓度由原来的 4.5mmol/L 增加到 7.5mmol/L,结果对组织的供氧量又恢复到接近正常水平(0.38)。如果 BPG 仍维持 4.5mmol/L 水平,对组织的供氧量将减少 1/4,为 0.30(图 1-35)。因此红细胞中 BPG 浓度的升高,

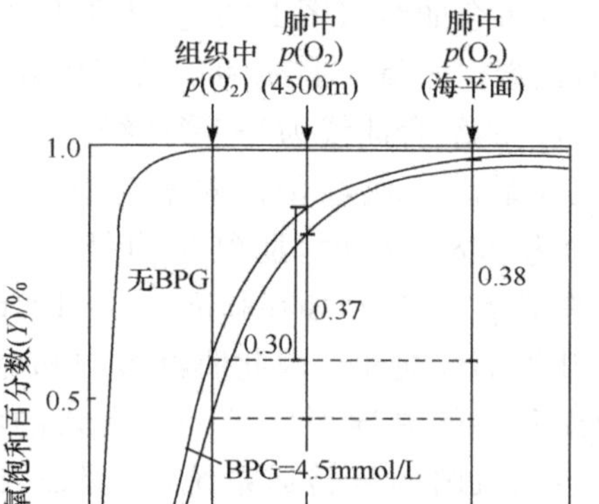

图 1-35 BPG 对 Hb 氧合曲线的影响

(引自王镜岩等,2002)

有利于周围组织获得较多的氧。由于 BPG 的变化使得几乎每一个到过较高海拔的人们，只要在那里待上一两天就会有明显的适应。BPG 浓度上升的调节只是高原适应性的一个方面，高原适应性还包括红细胞数量的增加，以及每一个红细胞中血红蛋白数量的增加，在正常情况下需要几周的时间才能较好适应高原缺氧的环境。

4. 玻尔效应　氧与血红蛋白的结合深受 pH 和 CO_2 的影响。去氧血红蛋白对 H^+ 的亲和力比氧合血红蛋白大。因此，当 H^+ 浓度增加（pH 下降）时，Hb 的氧饱和曲线向右移动。这种由 pH 引起的血红蛋白对氧的亲和力改变被称为玻尔（Bohr）效应。

血红蛋白上有 CO_2 的结合部位（血红蛋白 4 个亚基的 N 端的 α-氨基），因此，血红蛋白还能运输 CO_2。增加 CO_2 的浓度、降低 pH 能显著提高血红蛋白亚基间的协同效应，降低血红蛋白对 O_2 的亲和力，促进 O_2 的释放，反之，高浓度的 O_2 也能促使血红蛋白释放 H^+ 和 CO_2（图 1-36）。

血红蛋白在一定的氧分压下，氧的饱和百分数随 pH 升高而增加。其原因是当血红蛋白与氧结合时，由于亚基的相互关系改变而发生解离，每结合一分子氧，释放一个质子。由于玻尔效应，血红蛋白除运输氧以外，还有缓冲血液 pH 的作用。

$$HbO_2 + H^+ + CO_2 = Hb\begin{matrix} H^+ \\ CO_2 \end{matrix} + O_2$$

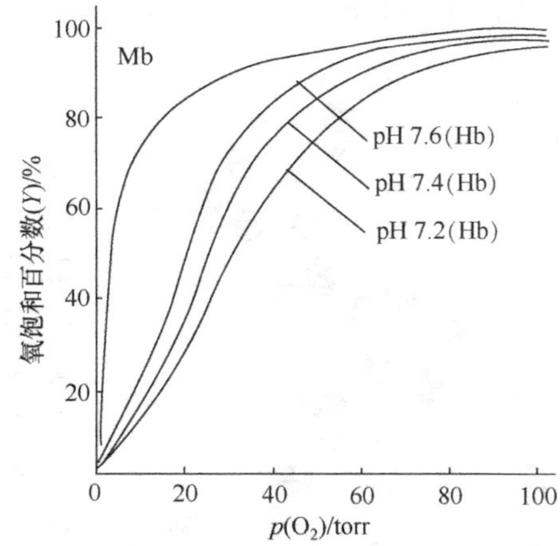

图 1-36　Mb 和在不同 pH 下 Hb 的氧饱和曲线

5. 血红蛋白分子病　蛋白质分子化学结构中的细微差异，在某些情况下可能引起生物功能的显著变化，甚至使有机体出现病态现象，突出的例子就是镰刀形红细胞贫血病（sickle-cell anemia）。该病在非洲人中比较常见，其显著的特点是有相当一部分红细胞的形状是镰刀状或新月状。这是由于患者的血红蛋白分子（HbS）与正常人的血红蛋白分子（HbA）相比，在 574 个氨基酸中有两个氨基酸的差异，正常人 HbA 的 β 链 N 端第六位氨基酸为谷氨酸，而患者 HbS 的 β 链 N 端第六位氨基酸为缬氨酸。

β 链 N 端氨基酸排列顺序为

HbA：H_2N—Val—His—Leu—Thr—Pro—Glu—Glu—Lys……COOH

HbS：H_2N—Val—His—Leu—Thr—Pro—Val—Glu—Lys……COOH

由于这两个氨基酸性质上的差别（谷氨酸在生理 pH 下为带负电荷氨基酸，而缬氨酸却是一种非极性氨基酸），就使得 HbS 分子表面的负电荷数减少，影响分子的正常聚集，在脱氧状态时，Hb 聚集成线状，致使体积下降，溶解度降低，红细胞随之收缩成镰刀形，镰刀状细胞不像正常细胞那样平滑而有弹性，因此不易通过毛细血管，以致输氧功能下降，细胞变得脆弱发生溶血，从而影响器官的正常功能。两个氨基酸残基发生改变，竟导致功能上发生如此重大的变化，足见结构与功能关系的高度统一。

血红蛋白一级结构的改变是由于编码它的基因发生了点突变。这种因基因突变产生异常蛋白质从而导致的先天性疾病称为分子病或遗传病。血红蛋白一级结构发生改变而导致的分子病的例子很多，镰刀形红细胞贫血病只是其中的一种。解密分子病发生的原因后，可以设计出一些新药给予治疗。例如，异氰酸盐（H—N ═C ═O），可以与 HbS 的 N 端缬氨酸残基上的游离氨基结合，使其氨甲酰化，可以恢复其分子表面的电荷数，从而改善病情。

二、胶原蛋白

胶原蛋白（collagen）是动物结缔组织中最主要的蛋白质，是构成皮肤、骨骼、软骨、肌腱、牙齿的主要纤维成分。胶原蛋白包括多种类型，但它们的结构相似，都由原胶原（protocollagen）分子构成。其一级结构中甘氨酸占 1/3，脯氨酸、羟脯氨酸和羟赖氨酸含量也较高。羟赖氨酸可用来结合糖基。脯氨酸的羟化是由脯氨酰-4-羟化酶催化，在这个反应中如果缺乏维生素 C，则反应中的 Fe^{2+} 被氧化，酶就失去活性，从而也影响 4-羟脯氨酸的形成。影响酶原蛋白的结构和功能，产生坏血病（即维生素 C 缺乏症）。

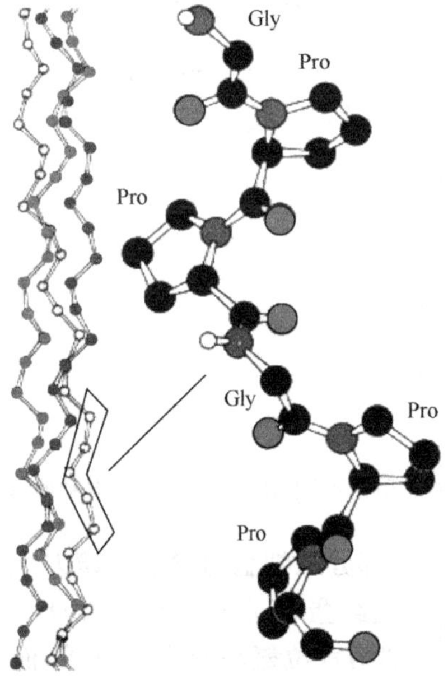

图 1-37　胶原分子中的三股螺旋

胶原蛋白是一种具有螺旋结构的生物分子，但存在着一种不同于 α 螺旋的特殊二级结构——左手螺旋。胶原蛋白的基本结构元件是原胶原分子，是由三股左手螺旋肽链彼此缠绕形成的右手超螺旋分子（图 1-37）。三股螺旋中每股每一圈螺旋约有 3.3 个残基，螺距为 0.95nm，即每一个氨基酸残基沿着三股螺旋轴上升的距离约为 0.29nm。一级结构分析发现，胶原具有重复的—Gly—*X*—*Y*—序列，其中 *X* 常常是 Pro 残基，而 *Y* 是 4-羟脯氨酸（Hyp）残基或 5-羟赖氨酸残基。由于重复 Pro 和 Hyp 出现，胶原不可能形成 α 螺旋，另外 Gly 过多也不利于 α 螺旋的形成，但这样重复序列却促成了每圈约三个残基的特殊的左手螺旋构象，而且三条这样的肽链再按右手卷曲缠绕，形成了右手三螺旋构象。

成纤维细胞合成原胶原的前体，并分泌到结缔组织的细胞外空间，形成超螺旋的结构，再经酶切，即成原胶原。原胶原之间平行排列，互相错开 1/4，构成胶原的基本结构。一个原胶原的头和另一个原胶原的尾之间有 40nm 的空隙，其中填充磷酸钙，即骨的无机成分。

胶原的特殊结构和组成使它一般不易被蛋白酶水解，但可被胶原酶水解。水解的碎片自动变性，可被普通蛋白酶水解。从营养角度看，胶原蛋白并不是理想的蛋白质，因为它缺少很多人体所必需的氨基酸。

第五节　蛋白质的分离纯化与鉴定

一、蛋白质分离、纯化鉴定的一般原则

制备纯的蛋白质是其性质、氨基酸组成和序列得以测定的关键前提。蛋白质在组织或细胞中一般都是以复杂的混合物形式存在，如何从中纯化某一种蛋白质？到目前为止，还没有一个单独的或一套现成的方法能把任何一种蛋白质从复杂的混合蛋白质中提取出来。分离蛋白

质的方法需利用目的蛋白质与别的蛋白质的不同性质来进行。蛋白质提纯的总目标是增加制品纯度(purity)或比活力(specific activity),设法除去变性的蛋白质和其他杂蛋白,并且希望所得目的蛋白质的产量达到最高值。

(一) 选材及预处理

选材的主要原则是原料易得,蛋白质含量高。蛋白质的主要来源包括动物、植物和微生物。由于种属差异及培养条件和时间的差别,其蛋白质含量可能相差很大。植物细胞含纤维素,坚韧,不易破碎,且多含酚类物质,易氧化产生有色物质,难以除去。其液泡中常含有酸性代谢物,会改变溶液的 pH。微生物因为容易培养而常用,但也需要破碎细胞壁。动物细胞易处理,但不经济。

(二) 破碎

分离提纯细胞内某一蛋白质,首先要求把蛋白质从原来的组织或细胞中以溶解的状态释放出来,并保持原来的天然状态,不丧失生物活性。为此,应根据不同的情况,选择适当的方法,将组织和细胞破碎。

1. 高速组织捣碎 将材料加入适量溶液,放置于筒内约 1/3 体积,盖紧筒盖,将调速器先拨至最慢处,开动开关后,逐步加速至所需速度,一段时间后停止,如此重复,至材料被破碎。此法适用于动物内脏组织、植物肉质种子等。

2. 玻璃匀浆器匀浆 先将剪碎的组织置于管中,再套入研杆来回研磨,上下移动,即可将细胞研碎,此法细胞破碎程度比高速组织捣碎机高,适用于量少的动物脏器组织。

3. 超声波处理法 用一定功率的超声波处理细胞悬液,使细胞急剧震荡破裂,此法多适用于微生物材料。用大肠杆菌制备各种酶,常选用 50～100mg 菌体/mL,在一定频率下处理 10～15min,此法的缺点是在处理过程中会产生大量的热,应采取相应降温措施。

4. 反复冻融法 将细胞在−20℃以下冰冻,室温融解,反复几次,由于细胞内冰粒形成和剩余细胞液的盐浓度增高引起溶胀,使细胞结构破碎。

5. 化学处理法 有些动物细胞,如肿瘤细胞可采用十二烷基磺酸钠(SDS)、去氧胆酸钠等破坏细胞膜。细菌细胞壁较厚,采用溶菌酶处理效果更好。

如果目的蛋白质主要集中在某一细胞组分中,如细胞核、染色体、核糖体或可溶性的细胞质等,则可用差速离心(differential centrifugation)方法将它们分开(表 1-6),收集该细胞组分作为下一步提纯的材料。这样可以除去很多杂蛋白,使提纯工作容易得多。如果碰上所要的蛋白质与细胞膜或膜质细胞器相结合,则必须利用超声波或去污剂使膜结构解聚,然后用适当的介质提取。

表 1-6 在不同离心力下沉降的细胞组分

离心力/g	时间	沉降的组分
1 000	5min	真核细胞
4 000	10min	叶绿体、细胞碎片、细胞核
15 000	20min	线粒体、细菌
30 000	30min	溶酶体、细菌细胞碎片
100 000	3～10h	核糖体

（三）抽提

提取时一般用缓冲液保持 pH。可溶蛋白质常用稀盐提取，如 0.1mol/L NaCl。脂蛋白可用稀 SDS 或有机溶剂抽提，不溶蛋白质用稀碱处理。抽提的原则是少量多次。要注意防止植物细胞液泡中的代谢物改变 pH，可加入碱中和；为防止酚类氧化可加 5mmol/L 维生素 C。加碘乙酸可抑制蛋白酶活力，防止蛋白质被水解。

（四）分离纯化

当蛋白质提取液（有时还掺杂有核酸、多糖）获得后，选用一套适当的方法，将所要的蛋白质与其他杂蛋白质分离开。一般这一步采用盐析、等电点沉淀和有机溶剂分级分离等方法。这些方法的特点是简便、处理量大，既能除去大量的杂质，又能浓缩蛋白质溶液。有些蛋白质提取液体积较大，又不适于用沉淀或盐析法浓缩，则可采用超过滤、凝胶过滤、冷冻真空干燥或其他方法进行浓缩。

进一步提纯一般使用层析法，包括凝胶过滤、离子交换层析、吸附层析及亲和层析等。必要时还可以选择电泳法，包括区带电泳、等电聚焦等作为最后提纯步骤。

（五）结晶

结晶是蛋白质分离提纯的最后步骤。尽管结晶并不能保证蛋白质的均一性，但只有某种蛋白质在溶液中数量占一定优势时才能形成结晶。结晶过程本身也伴随着一定程度的提纯，而重结晶又可除去少量夹杂的蛋白质。蛋白质纯度越高，溶液越浓，就越容易结晶。由于在结晶蛋白质中从未发现过变性蛋白质，因此蛋白质的结晶不仅是纯度的一个标志，也是鉴定制品是否处于天然状态的有力指标。

二、混合蛋白质分离、纯化方法

分离、纯化蛋白质的方法多种多样，但其一般原则是依据蛋白质在溶液中的性质不同而进行分离的，这些性质包括：分子大小、溶解度、电荷、蛋白质的特异性相互作用等。

（一）以分子大小为依据的方法

蛋白质分子最明显的特征之一就是颗粒大，并且不同的蛋白质在分子大小方面是不同的，因此可以利用一些较简便的方法使蛋白质和小分子的物质分开，并使蛋白质混合物得到分离。

1. 凝胶过滤　凝胶层析即凝胶过滤层析，也称分子排阻（molecular exclusion）层析或凝胶渗透（gel permeation）层析。层析时把样品加到填充有凝胶颗粒的层析柱中，然后用缓冲液洗脱。大分子无法进入凝胶颗粒中的固定相中，只能存在于凝胶颗粒之间的流动相中，因而以较快的速度首先流出层析柱，而小分子则能自由出入凝胶颗粒中，并很快在流动相和固定相之间形成动态平衡，因此就要花费较长的时间流经柱床，从而使不同大小的分子得以分离（图 1-38）。

凝胶层析优点包括：操作简便，所需设备简单。有时只要有一根层析柱便可进行工作。分离介质——凝胶完全不需要像离子交换剂那样需要复杂的再生过程便可重复使用。分离效果较好，重复性高。最突出的是样品回收率高，接近 100%。分离条件温和。凝胶骨架亲水，分离过程又不涉及化学键的变化，因此对分离物的活性没有不良影响。适用于各种生化物质，如

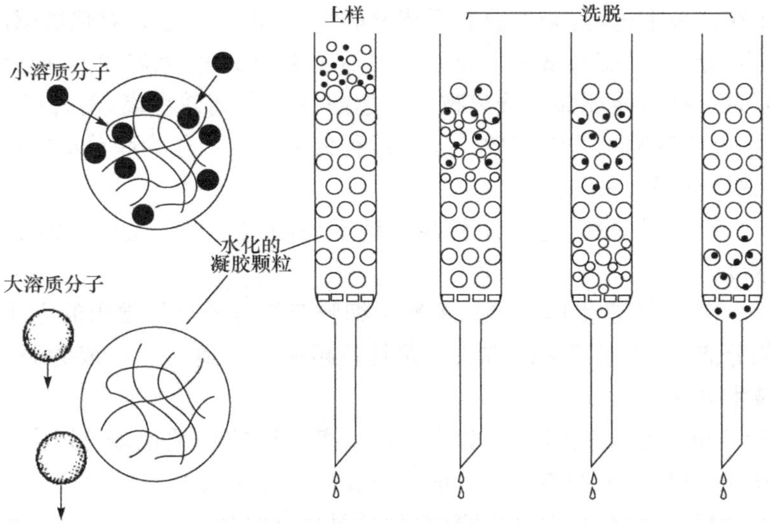

图 1-38　凝胶过滤层析的原理

肽类、激素、蛋白质、多糖、核酸的分离纯化、脱盐、浓缩，以及分析测定等。分离的相对分子质量范围也很宽，如葡聚糖凝胶 G 类为 10^2～10^5；琼脂糖凝胶类为 10^5～10^8。

凝胶层析的缺点是分辨率不高，分离操作较慢。由于凝胶层析是以物质相对分子质量的不同作为分离依据的，相对分子质量的差异仅表现在流速的差异上，因此分离时流速必须严格把握。因而分离操作一般较慢，而且对于相对分子质量相差不多的物质难以达到很好的分离。此外，凝胶层析要求样品黏度不宜太高。凝胶颗粒有时还有非特异吸附现象。

2. 透析和超过滤　透析(dialysis)是利用蛋白质分子不能通过半透膜的性质，使蛋白质和其他小分子物质，如无机盐、单糖等分开。首先把待纯化的蛋白质溶液装在半透膜透析袋里，放入透析液(蒸馏水或缓冲液)中进行，透析液可以更换，直到透析袋内无机盐等小分子物质降低到最小值为止(图 1-39)。

超过滤或超滤(ultrafiltration)技术也是利用半透膜的一项分离方法。超滤利用压力或离心力，强行使水和其他小分子溶质通过半透膜，而蛋白质被截留在膜上，以达到浓缩和脱盐的目的(图 1-40)。现在已有各种市售的超滤装置可供选用，有加压、抽滤和离心等多种形式。使用中需要注意的问题是，滤膜表面容易被吸附的蛋白质堵塞，以致超滤速度减慢，能被截留的物质的相对分子质量变小。当样品含量低时甚至因吸附而不能被回收。

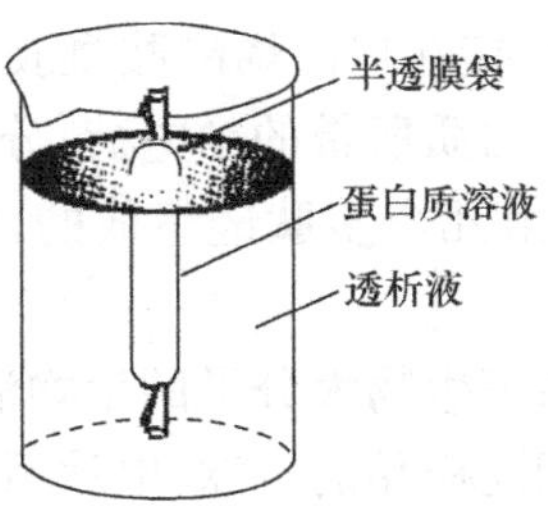

图 1-39　透析装置

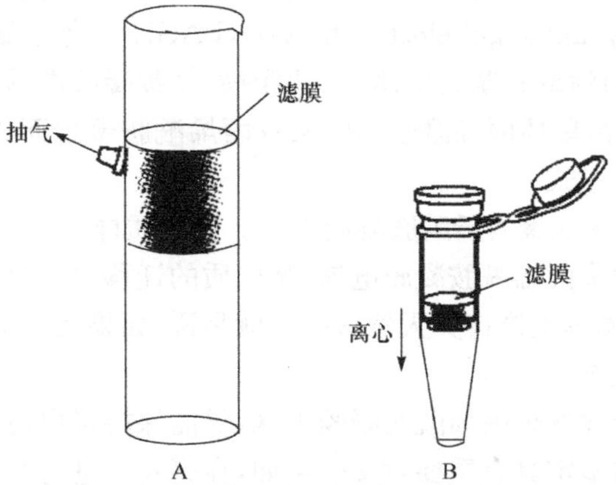

图 1-40　利用压力(A)和离心力(B)的超滤装置

超滤过程是在常温下进行，条件温和无成分破坏，因而特别适宜对热敏感的物质，如药物、酶、果汁等的分离、分级、浓缩与富集。超滤过程不发生相变化，无需加热，能耗低，无需添加化学试剂，无污染，是一种节能环保的分离技术。超滤技术分离效率高，对稀溶液中的微量成分的回收、低浓度溶液的浓缩均非常有效。超滤过程仅采用压力作为膜分离的动力，因此分离装置简单、流程短、操作简便、易于控制和维护。

超滤法也有一定的局限性，它不能直接得到干粉制剂。对于蛋白质溶液，一般只能得到10%～50%的浓度。

3. 离心法 离心法是蛋白质、酶、核酸及细胞亚组分分离最常用的方法之一，也是生化实验室中常用的分离、纯化或澄清的方法。尤其是超速冷冻离心已经成为研究生物大分子实验室中的常用技术方法。

离心机(centrifuge)是实施离心技术的装置。离心机的种类很多，按照使用目的，可分为两类，即制备型离心机和分析型离心机。前者主要用于分离生物材料，每次分离样品的容量比较大，后者则主要用于研究纯品大分子物质，包括某些颗粒体，如核蛋白体等物质的性质，每次分析的样品容量很小，根据待测物质在离心场中的行为(可用离心机中的光学系统连续地监测)，能推断其纯度、形状和相对分子质量等性质。这两类离心机由于用途不同，其主要结构也有差异。

离心时，在离心力的作用下，由于样品内不同颗粒的质量、密度、大小及形状等彼此各不相同，在同一固定大小的离心场中沉降速度也就不相同，由此便可以得到相互间的分离。最常用的是差速沉降离心和密度梯度离心两个类型。

(二) 以蛋白质电荷为依据的方法

大多数球蛋白的表面都有带电的氨基酸侧链，尽管游离氨基酸上的每一个可解离的侧链都有一个特定的 pK_a 值，但是蛋白质表面特定环境也会引起氨基酸侧链 pK_a 值的微小变化。因此，即使那些根据组分而预测其电荷形式相同的蛋白质，实际上它们的电荷性质也有微小的差异。这种差异已成为许多种蛋白质分离鉴定方法的基础。根据蛋白质的电荷不同分离蛋白质混合物的方法有电泳和离子交换层析两类。

1. 电泳 在外加电场的作用下，带电颗粒将向着与其电性相反的电极移动的现象称为电泳(electrophoresis)。电泳不仅是分离蛋白质混合物和鉴定蛋白质纯度的重要手段，也是研究蛋白质性质很有用的一种物理化学方法。常用的蛋白质电泳方法主要有聚丙烯酰胺凝胶电泳(polyacrylamide gel electrophoresis，PAGE)和等电聚焦电泳(isoelectric focusing，IEF)。

1) 聚丙烯酰胺凝胶电泳 聚丙烯酰胺凝胶电泳是一种以聚丙烯酰胺为介质的区带电泳，该介质由单体丙烯酰胺和甲叉双丙烯酰胺聚合而成，用于分离蛋白质的聚丙烯酰胺凝胶电泳有两种形式。

(1) 非变性聚丙烯酰胺凝胶电泳。蛋白质样品经变性直接在聚丙烯酰胺凝胶介质上进行的电泳称为聚丙烯酰胺凝胶电泳，蛋白质的迁移率取决于蛋白质所带的净电荷、分子大小和形状，蛋白质基本上维持其天然状态。就是说，如果蛋白质是由几个多肽链组成的，电泳后仍然维持原有状态。

经非变性的聚丙烯酰胺凝胶电泳，仍能保持蛋白质和酶等生物大分子的生物活性，对于生物大分子的鉴定具有重要意义。例如，在凝胶上进行两份相同样品的电泳，电泳后将凝胶切成两半，一半用于活性染色，对某个特定的生物大分子进行鉴定，另一半用于所有样品的染色，以分析样品中各种生物大分子的种类和含量。

(2) SDS-聚丙烯酰胺凝胶电泳。该技术最初由 Shapiro 于 1967 年建立，他们发现在样品介质和聚丙烯酰胺凝胶中加入离子去污剂和强还原剂后，蛋白质亚基的电泳迁移率主要取决于亚基相对分子质量的大小。这是由于当向蛋白质溶液中加入足够量十二烷基硫酸钠(sodium dodecyl sulfate，SDS)和巯基乙醇，后者可使蛋白质分子中的二硫键还原。由于十二烷基硫酸根带负电，使各种蛋白质-SDS 复合物都带上相同密度的负电荷，负电荷量很大，掩盖了不同蛋白质(多肽链)间原来所带电荷的差别，使得不同的蛋白质-SDS 复合物具有几乎相同的荷质比(电荷多肽链质量)。而且结合 SDS 后蛋白质变性，大多都呈现相似的长椭圆棒形状。电泳时蛋白质-SDS 复合物在凝胶中的迁移率不再受蛋白质原有电荷和形状的影响，而主要取决于多肽链相对分子质量，因此 SDS-PAGE 常用来分析蛋白质的纯度和大致测定蛋白质的相对分子质量(图 1-41)。

2) 等电聚焦电泳　另一个比较常用的电泳方法是等电聚焦。蛋白质分子有一定的等电点，当它处在一个由阳极到阴极 pH 梯度逐渐增加的介质中，并通过直流电时，它便“聚焦”在与其等电点相同的 pH 位置上，等电点不同的蛋白质电泳后形成位置不同的区带而得到分离。

此外还有毛细管电泳(capillary electrophoresis)、层析聚焦或聚焦层析(chromatofocusing)、双向电泳、免疫电泳等。

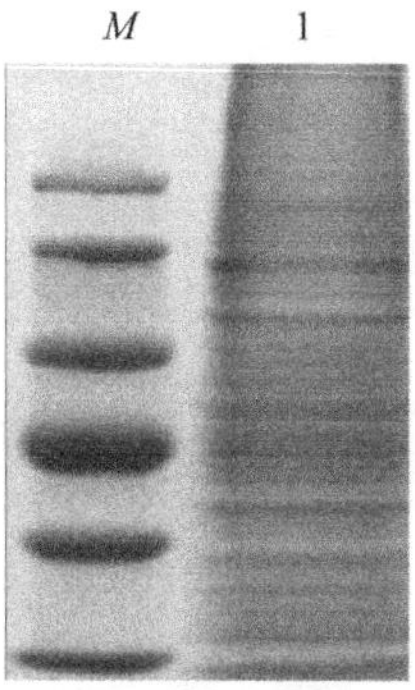

图 1-41　聚丙烯酰胺凝胶电泳示意图谱(引自王林嵩，2012)
M 为标准蛋白质相对分子质量

2. 离子交换层析法　离子交换柱层析(ion-exchange column chromatography)是一种用离子交换剂作为支持物的层析法。离子交换剂是由基质(matrix)、电荷基团(或功能基团)和反离子构成的，基质与电荷基团以共价键连接，电荷基团与反离子以离子键结合。根据离子交换剂中基质的组成和性质，可将其分成两大类：疏水性离子交换剂和亲水性离子交换剂。疏水性离子交换剂如离子交换树脂是具有酸性或碱性基团的人工合成聚苯乙烯-苯二乙烯等不溶性高分子化合物。聚苯乙烯-苯二乙烯是由苯乙烯(单体)和苯二乙烯(交联剂)进行聚合和交联反应生成的具有网状结构的高聚物。它是离子交换树脂的基质，带电基团是通过后来的化学反应引入基质的。树脂一般都制成球形的颗粒。亲水性交换剂如纤维素系离子交换剂、葡聚糖系离子交换剂等，与水的亲和力较大，载体孔径大，适合分离生物大分子。

阳离子交换剂含有的酸性基团，如磺酸基($-SO_3H$)、磷酸基($-PO_3H$)、亚磷酸基($-PO_2H$)、羧基($-COOH$)或酚羟基($-OH$)等，可解离出 H^+，当溶液中含有其他阳离子时，如在酸性环境中的蛋白质阳离子，它们可以和 H^+ 发生交换而“结合”在离子交换剂上(图 1-42)。

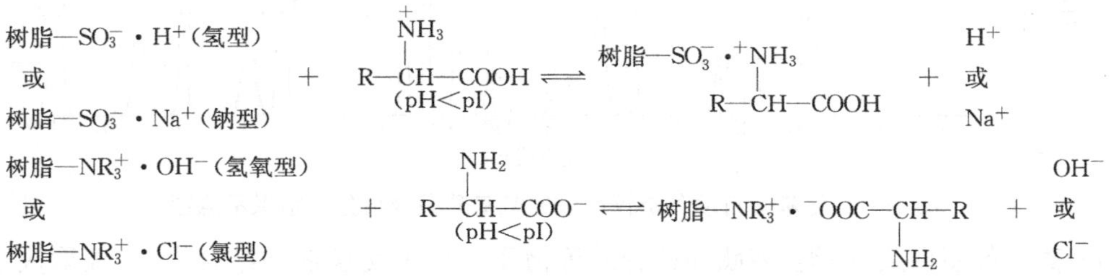

图 1-42　离子交换树脂的交换示意图

同样的原理，阴离子交换剂含有的碱性基团，如$-N(CH_3)_3OH$或$-N(CH_3)_2C_2H_4OH$等，可解离出OH^-，当溶液中含有其他阴离子时，如碱性环境中的蛋白质阴离子，它们可以和OH^-发生交换而“结合”在离子交换剂上（图 1-42）。

分离氨基酸混合物经常使用强酸型（如$-SO_3H$）阳离子交换树脂（图 1-43）。分离蛋白质常用弱亲水离子交换剂。在交换柱中，树脂先用碱处理成钠型，将氨基酸混合液（pH 2～3）上柱。在 pH 2～3 时，氨基酸主要以阳离子形式存在，与树脂上的钠离子发生交换而被挂在树脂上。氨基酸在树脂上结合的牢固程度，即氨基酸与树脂间的亲和力，主要决定于它们之间的静电吸引，其次是氨基酸侧链与树脂基质聚苯乙烯之间的疏水相互作用。在 pH 3 左右，氨基酸与阳离子交换树脂之间的静电吸引的大小次序是碱性氨基酸（A^{2+}）＞中性氨基酸（A^+）＞酸性氨基酸（A^0），因此氨基酸的洗出顺序大体上是酸性氨基酸，中性氨基酸，最后是碱性氨基酸。

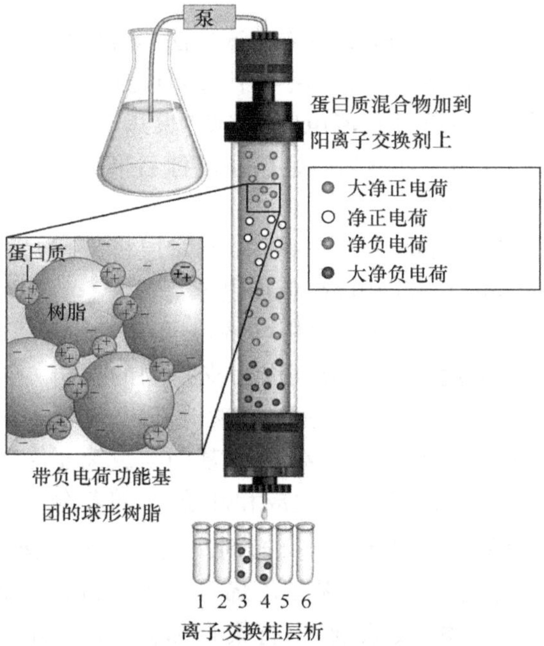

图 1-43　阳离子交换层析的示意图

由于氨基酸和树脂之间还存在疏水相互作用，因此氨基酸的全部洗出顺序（分离图谱）如图 1-44 所示。为了使氨基酸从树脂上洗脱下来，需要降低它们之间的亲和力，有效的方法是逐步提高洗脱剂的 pH 和离子强度（盐浓度），这样各种氨基酸将以不同的速度被洗脱下来。目前已有全部自动化的氨基酸分析仪可以进行氨基酸的分析鉴定。

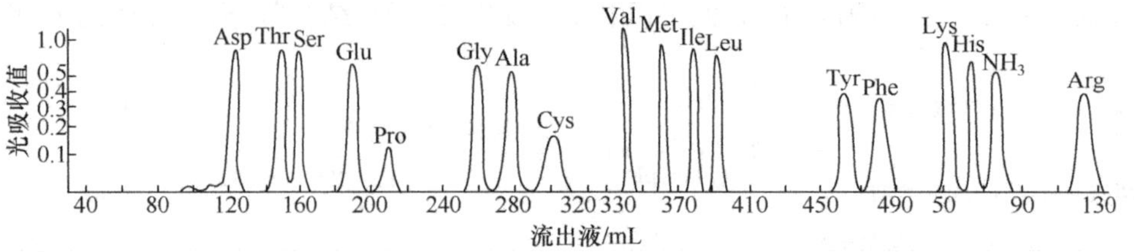

图 1-44　氨基酸自动分析仪记录的氨基酸混合物分析结果示意图

两性离子如蛋白质、酶类、多肽和核苷酸等物质与离子交换剂的结合力，主要取决于它们的物理化学性质和在特定 pH 条件下呈现的离子状态。当 pH 低于等电点（pI）时，它们带正电荷能与阳离子交换剂结合;反之,pH 高于 pI 时,它们带负电荷能与阴离子交换剂结合。pH 与 pI 的差值越大,带电量越大,与交换剂的结合力越强。

(三) 以溶解度为基础的方法

利用蛋白质溶解度的差别来分离纯化蛋白质是实践中最常用的方法。

1. 盐析法 中性盐对蛋白质的溶解度有显著影响,一般在低盐浓度下随着盐浓度升高,蛋白质的溶解度增加,称为盐溶(salting in)。盐溶作用主要是由于蛋白质分子吸附某种盐类离子后,带电层使蛋白质分子彼此排斥,而蛋白质分子与水分子间的相互作用却加强,因而溶解度增高。

当盐浓度继续升高时,蛋白质的溶解度不同程度下降并先后析出,这种现象称盐析(salting out)。盐析作用主要是由于大量中性盐加到蛋白质溶液中,高浓度的盐离子(如硫酸铵的 SO_4^{2-} 和 NH_4^+)有很强的水化力,可夺取蛋白质分子的水化层,使之"失水",于是蛋白质颗粒聚集并沉淀析出。盐析时若溶液 pH 在蛋白质等电点则效果更好。由于各种蛋白质分子颗粒大小、亲水程度不同,盐析所需的盐浓度也不一样,因此调节混合蛋白质溶液中的中性盐浓度可使各种蛋白质分段沉淀。

2. 等电点沉淀法 蛋白质是带有正电荷和负电荷基团的两性电解质,带电基团的电荷数量则因 pH 不同而变化。蛋白质处于等电点时,其静电荷为零,由于相邻蛋白质分子之间没有静电斥力而趋于聚集沉淀,因此溶解度也最小。各种蛋白质的等电点有差别,可利用调节溶液的 pH 达到某一蛋白质的等电点使之沉淀,但此法很少单独使用,可与盐析法结合使用。

3. 低温有机溶剂沉淀法 中性且与水互溶的有机溶剂,如乙醇、丙酮,它们的介电常数比水低,能使大多数球状蛋白质在水溶液中的溶解度降低,进而使之从溶液中沉淀出来,因此可用来沉淀蛋白质。此外,有机溶剂会破坏蛋白质表面的水化层,促使蛋白质分子变得不稳定而析出。此法分辨力比盐析法高。但由于有机溶剂会使蛋白质变性,因此,使用该方法时,要注意在低温下操作,并且选择合适的有机溶剂浓度。

(四) 以蛋白质的特异性相互作用为依据的方法

生物高分子,包括蛋白质分子具有能和某些相对应的专一分子可逆结合的特性。例如,酶的活性部位能和底物、抑制剂,以及辅助因子专一性结合,同时,改变条件又能使这种结合解除。此外,酶的变构中心与变构因子之间、抗体与抗原之间都有类似的特性。这些被作用的对象物质称为配体。将配体固定在固相载体上,并且放进层析柱中,当样品通过它时,由于配体和相对应的蛋白质分子间有专一性的亲和作用,将通过某种次级键将这种蛋白质分子吸附在柱中,样品中的其他组分不产生专一性结合,都直接流出层析柱。然后,便可应用洗脱剂将柱中的蛋白质洗脱出来(图 1-45)。这种利用生物高分子和配体间可逆结合和解离的原理发展起来的分离方法就称为亲和层析(affinity chromatography)。

亲和层析包括凝集素亲和层析、免疫亲和层析、共价层析、金属螯合层析等。

三、蛋白质含量测定及纯度鉴定

在蛋白质分离提纯过程中,经常需要测定蛋白质的含量和检查某一蛋白质的提纯程度。这些分析工作包括:测定蛋白质总量、测定蛋白质混合物中某一特定蛋白质的含量和鉴定最后制品的纯度。

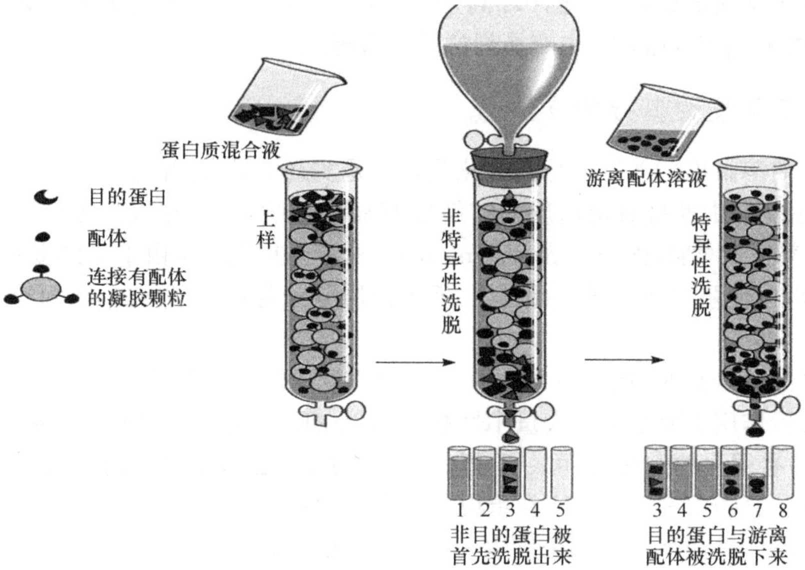

图 1-45　亲和层析原理示意图

(一) 测定蛋白质总量

测定蛋白质总量常用的方法有凯氏(Kjeldahl)定氮法、考马斯亮蓝法、Folin-酚试剂法(Lowry 法)和紫外吸收法等。

1. 凯氏定氮法　样品与硫酸一同加热消化,分解有机质,释放出的 NH_3 与硫酸结合成硫酸铵留在溶液中。在定氮消化瓶中,用氢氧化钠中和硫酸铵生成氢氧化铵,加热又分解 NH_3,用硼酸吸收,用标定过的盐酸或硫酸滴定,从而计算出总氮量,换算为蛋白质量。此方法是经典的方法,但现在已不多用。

2. 考马斯亮蓝法　考马斯亮蓝 G-250(Coomassie G-250)是一种甲基取代的三苯基甲烷,分子中磺酸基的蓝色染料,在 465nm 处有最大吸收值。考马斯亮蓝 G-250 能与蛋白质通过范德华力相互作用形成蛋白质-考马斯亮蓝复合物蓝色溶液,引起该染料的最大吸收 λ_{max} 的位置发生移动,在 595nm 处有最大吸收值。由于蛋白质-考马斯亮蓝复合物在 595nm 处的光吸收远高于考马斯亮蓝在 465nm 处的光吸收,因此,可大大提高蛋白质的测定灵敏度。蛋白质-考马斯亮蓝复合物溶液颜色的深浅与蛋白质的浓度成正比。利用溶液颜色的差异进行比色测定,适合于蛋白质类的定量分析,尤其适合于稀有蛋白质的微量分析。考马斯亮蓝 G-250 试剂呈色反应颜色稳定、灵敏度高,最低测试蛋白质量在 1μg 左右。

3. Folin-酚试剂法(Lowry 法)　Folin-酚试剂法是多年来蛋白质含量标准的测定方法,近年来逐渐被考马斯亮蓝法所取代。此法的显色原理与双缩脲方法相同,只是加入了第二种试剂,即 Folin-酚试剂。蛋白质的易氧化成分(如巯基、酚基)还原 Cu^{2+} 生成 Cu^{+},然后该试剂定量地与 Cu^{+} 反应,增加了显色量,从而提高了检测蛋白质的灵敏度。

4. 其他方法　近年开发的一个试剂,4,4′-二羧基-2,2′-联喹啉(bicinchoninic acid,BCA),在碱性溶液中与 Cu^{+} 反应形成紫色复合物,BCA 与 Cu^{+} 反应比 Folin-酚试剂与 Cu^{+} 反应更强,基于此反应的方法称为 BCA 法。紫外吸收法(280nm),虽然精确度不高,但操作简便,样品可以回收,同时可以估算核酸含量。胶体金是一种带负电荷的疏水胶体,呈洋红色,与蛋白质转变为蓝色，颜色改变与蛋白质有定量的关系，因此可以用于蛋白质的定量。胶体金测定法是灵敏度最高的方法之一，检测量是纳克水平。

（二）测定蛋白质混合物中某一特定蛋白质的含量

测定蛋白质混合物中某一特定蛋白质的含量通常要用高度特异性的生物学方法。具有酶或激素性质的蛋白质可以利用它们的酶活性或激素活性来测定含量。有些蛋白质虽然没有酶或激素那样的生物学活性，但是大多数蛋白质当注入动物的血液时，会产生抗体。因此，利用抗原-抗体反应也可以测定某一特定蛋白质的含量。这些生物学方法的测定和总蛋白质含量测定结合起来，可以用来研究蛋白质分离过程中某一特定蛋白质的提纯程度。提纯程度常用这一特定成分与总蛋白质之比表示，如每毫克蛋白质含多少活性单位（对酶蛋白来说，这一比值称为比活力）。提纯工作一直要进行到这个比例不再增加为止。

（三）鉴定蛋白质制品的纯度

蛋白质制品的纯度鉴定通常采用分辨率高的生物化学方法，如电泳分析、沉淀分析、扩散分析等。纯的蛋白质在它稳定的范围内，在一系列不同 pH 条件下进行电泳时，都以单一的泳动率移动，因此在界面移动电泳中，它的电泳图谱只有一个峰。同样的，在沉降分析中，纯的蛋白质在离心力影响下，以单一的沉降速度运动。

纯的蛋白质在一定溶剂系统中具有恒定的溶解度，而不依赖存在于溶液中未溶解固体的数量。用恒浓度法鉴定蛋白质纯度在理论上是严格的，在实验方法上是简便易行的。在严格规定的条件下，以加入的固体蛋白质对溶解的蛋白质作图。如果蛋白质制品是纯的，那么溶解度曲线只呈现一个拐点，在拐点以前，直线的斜率为 1，在拐点以后，斜率为零（图 1-46）。不纯蛋白质的溶解度曲线常常呈现两个或两个以上的拐点。

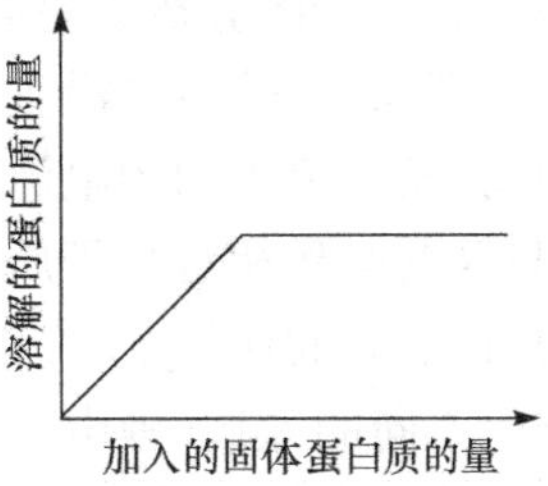

图 1-46　蛋白质的溶解度曲线

必须指出，采用任何单独一种鉴定方法只能认为是蛋白质分子均一性的必要条件而不是充分条件。事实上很少有几个蛋白质能够全部满足上面各种鉴定的严格要求，往往是在一种鉴定中表现为均一的蛋白质，在另一种鉴定中又表现为不均一性。

第六节　蛋白质组学

随着人类基因组计划的实施和推进，生命科学研究已进入了后基因组时代。后基因组时代生命科学的主要研究对象是功能基因组学，包括结构基因组研究和蛋白质组研究等。中心任务就是阐明基因组所表达的真正执行生命活动的全部蛋白质的表达规律和生物功能，标志着生命科学的研究中心已从基因组学转移到蛋白质组学。

一、概念

蛋白质组（proteome）是由澳大利亚学者 Wilkins 和 Williams 等于 1994 年提出的，指的是由一个细胞或一个组织的基因所表达的全部相应的蛋白质（proteome indicates the proteins expressed by a genome），“proteome”是由蛋白质一词的前几个字母“prote”和基因组一词的后几个字母“ome”拼接而成，是一个动态的概念。蛋白质组学可视为分子生物学的大规模筛选技术，目的在于归类细胞中的蛋白质的整体分布，鉴定并分析感兴趣的个别蛋白质，最终阐明它们的关系与功能。蛋白质组与基因组既相互对应又存在显著不同，因为基因组是确定的，组成某个体的所有细胞共同享有固定的基因组，而各个基因的表达调控及表达程度却会根据时间、空间和环境条件发生显著的变化，所以，不同器官、组织或细胞内拥有不同的蛋白质组。由于蛋白质分离（双向电泳技术和高效液相层析技术）和鉴定技术（质谱技术）的快速发展，以及基因组学研究和生物信息学的交叉渗透，蛋白质组学的研究在近年来获得了长足的进展。

二、蛋白质组学研究技术

蛋白质组研究主要包括样品或组织中的蛋白质分离和分离蛋白质的鉴定两个关键步骤。最初的主要研究技术仅仅是用于蛋白质分离和鉴定的二维凝胶电泳和质谱。但是，近几年这个领域的急剧发展受到了多种力量的驱动，在原有技术的基础上改进和衍生出许多新的技术。

（一）双向电泳技术

蛋白质组研究的发展以双向电泳（two-dimensional electrophoresis，2-DE）技术作为核心。科学家 O’Farrell 于 1975 年首次建立了等电聚焦（isoelectric focusing，IEF）及 SDS-聚丙烯酰胺凝胶（SDS-PAGE）双向电泳技术（图 1-47）。双向电泳是一种将等电聚焦电泳和 SDS-PAGE 相结合的分辨力更高的一种电泳，即先进行第一向等电聚焦，蛋白质沿 pH 梯度分离至各自的等电点；然后再沿垂直方向进行第二向 SDS-PAGE，蛋白质按照相对分子质量大小进行分离，经染色得到的电泳图是个二维分布的蛋白质图。该方法依赖于蛋白质的两个重要特性，即等电点和相对分子质量。蛋白质是两性分子，在不同的缓冲液中表现出不同的带电性，因此，在电流的作用下，在以两性电解质为介质的电泳体系中，不同等电点的蛋白质会聚集在介质上不同的区域（等电点），从而被分离。蛋白质的相对分子质量决定了 SDS-蛋白质复合物在凝胶电泳中的迁移率，因为聚丙烯凝胶中的 SDS 带有大量的负电荷，与之相比，蛋白质所带电荷量可以忽略不计。所以，蛋白质在 SDS 凝胶电场中的运动速率（速率与相对分子质量成反比）和距离完全取决于其相对分子质量而不受其所带电荷的影响，不同相对分子质量的蛋白质将位于凝胶的不同区段而得到分离。经过 2-DE 以后，二维平面上每一个点一般代表了一种蛋白质，这样成千种不同的蛋白质即可被分离，有关蛋白质的等电点、相对分子质量及每种蛋白质的数量信息也可以得到。

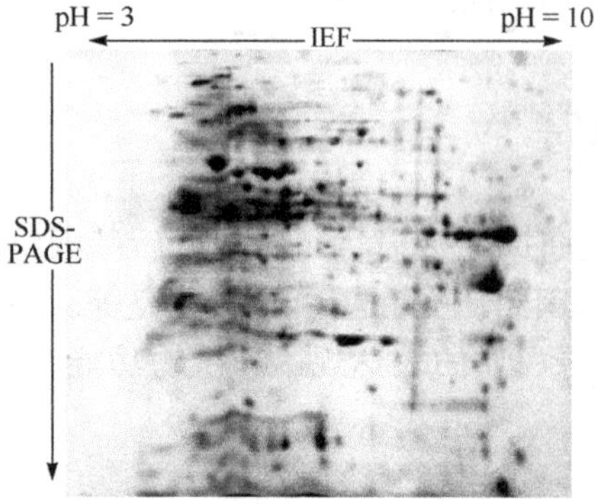

图 1-47　用 2-DE 胶展示拟南芥种子萌发 48h 后的蛋白质表达情况

（引自朱玉贤等，2013）

蛋白质被分离以后用考马斯亮蓝染色、银染、荧光染色或放射性标记等方法显示。其中银染方法非常灵敏，蛋白质分辨率可以达纳克级。由于双向电泳利用了蛋白质两个彼此不相关的重要性质对其进行分离，其分辨率非常高。一般一块蛋白质双向电泳凝胶能分离到 1000～3000 个蛋白质样点。随着各种试剂质量的不断提高和新试剂的开发，双向凝胶的分辨率空前提高，其最大分辨率已达到每块 10 000 个蛋白质样点。并且不同实验室之间的实验结果已经能够相互比较。

（二）蛋白质质谱分析技术

双向电泳分离到的蛋白质往往是数目多、量少。生物质谱技术以其极高的灵敏度和对结果迅速的获得使它正成为蛋白质鉴定分析的主要支撑技术。现行的质谱仪可分为三个连续的组成部分，即离子源、离子分离区和检测器。目前常用的是基质辅助的激光解析电离-飞行时间(matrix-assisted laser desorption ionization time of flight spectrometry, MALDI-TOF)质谱和电喷雾(electrospray ionization, ESI-MS)质谱。MALDI-TOF 的工作原理是将从 2-DE 胶中分离得到的或其他来源的蛋白质酶解成小肽段后与基质（主要是有机酸）混合，将样品混合物点到金属靶表面上并使之干燥结晶，然后用激光轰击，将呈离子化气体状态的待分析物从靶表面喷射出去。离子化的气体中每个分子带有一个或更多的正电荷，这些气体肽段在电场中被加速后到达检测器的时间由肽段的质量和其所带电荷数的比值决定。

实验中，将感兴趣的蛋白质点回收后，进行胰蛋白酶胶内酶解，收集酶解肽段。一级质谱将经蛋白酶降解后的肽段按照质荷比及强度进行解析，形成肽指纹图谱(PMF)，每个母离子峰代表一种肽段，其强度代表了肽段多少。二级质谱是挑选一级质谱中有代表性的母离子峰代表的肽段以诱导碰撞解离方式(CID)将其打碎，形成肽段碎片指纹图谱(PFF)。然后，结合一级 PMF 和二级 PFF 数据，进行数据库搜索，获得具体的蛋白质鉴定信息（图 1-48）。此外，质谱技术还可以用于鉴定蛋白质复合物组成，确定蛋白质翻译后修饰的类型与发生位点。例如，用于蛋白质磷酸化、硫酸化、糖苷化，以及其他修饰的研究。

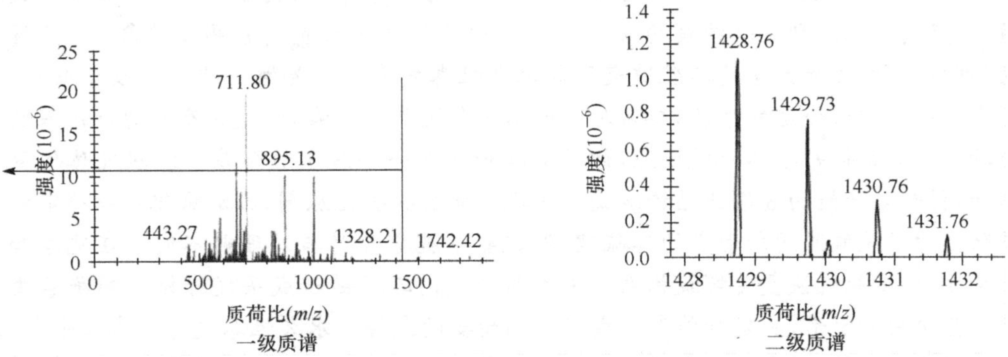

图 1-48　典型蛋白质一级和二级质谱鉴定结果（引自朱玉贤等，2013）

三、研究意义

蛋白质组学是一门新兴的学科，虽然刚刚起步，却为大规模地直接研究基因功能提供了强有力的工具。目前，蛋白质组学在农业科学研究的多个领域得到初步应用，但低丰度蛋白质的获得和植物蛋白质的定量仍然是一个巨大的挑战。蛋白质组学不仅为阐明生命活动规律提供物质基础，也能为探讨重大疾病的机制、疾病诊断、疾病防治和新药开发提供重要的理论依据和实际解决途径，解决了在蛋白质水平上大规模直接研究基因功能的问题。不难看出，它是基因组计划由结构走向功能的必然，是生命科学由分析走向综合的必经之路，也是连接微观分子系统与宏观生物系统的桥梁。可以说，蛋白质组研究的开展不仅是生命科学研究进入后基因组时代的里程碑，也是后基因组时代生命科学研究的核心内容之一。

知识框

蛋白质构象改变与疾病

蛋白质的空间三维结构称为蛋白质的构象，特定的构象是蛋白质发挥其功能的结构基础，构象发生变化，会导致生物功能的异常，蛋白质失活甚至产生疾病。这种由于蛋白质的空间构象改变而产生异常的疾病称为构象病，如疯牛病。疯牛病(mad cow disease)正式名称是牛脑部海绵状病(bovine spongiform encephalopathy，BSE)，属于传染性海绵质脑病一种，1985年在英国奶牛中首次发现。1996年3月20日，英国卫生部长杜瑞尔(Stephen Dorrell)于众议院宣布，疯牛病可因食用牛肉而传播给人，引起全世界的广泛关注和不安。它是一种新型老年性痴呆，即新型克雅氏症，是一种慢性、致死性、退化性神经系统疾病。它是由一种目前尚未完全了解其本质的病原——朊病毒蛋白(prion protein，PrP)所引起的。正常的人与动物细胞内都有朊病毒蛋白存在，不明原因作用下它的立体结构发生变化，α螺旋含量减少，β折叠增加，使正常蛋白质变成有传染性的蛋白质，从而导致疾病的发生。正常的PrP富含α螺旋，称为PrP^c，异常朊病毒蛋白(PrP^{sc})的入侵，把脑细胞中原来就有的PrP^c“带坏”。对PrP^c和PrP^{sc}两种蛋白质做结构分析，发现都是由相同的208个氨基酸残基组成的疏水性很强的糖蛋白。但PrP^c和PrP^{sc}在高级结构上有巨大差别，正常α螺旋全部转变成β折叠的PrP^{sc}，从而致病。

永久性卷发是一项生物化学工程

当头发暴露在潮湿热气中，它可被拉伸。在分子水平，头发α角蛋白中的α螺旋被拉伸，直到它们达到完全伸展的β构象。冷却时又自发回复到α螺旋构象。α角蛋白的“可拉伸”特性和大量的二硫键交联是永久性卷发基础。要做成波浪形或卷曲形时，头发先被弯曲成合适的形状，接着加热使用一种还原剂溶液，常是含有硫醇或巯基的化合物。还原剂使每个二硫键还原，切开交联形成两个半胱氨酸残基。湿热气体使氢键断开，引起多肽链的α螺旋结构解旋。一段时间后除去还原剂，添加氧化剂以稳定相邻多肽链的半胱氨酸间新形成的二硫键，但这些半胱氨酸对与处理前不同。在洗涤和冷却头发后，多肽链恢复α螺旋构象。由于新形成的二硫键造成头发纤维α螺旋卷曲束的一些扭曲和变形，头发纤维卷曲成了人们想要的式样。永久性卷发并不真正永久，因为头发是生长的，新生头发中的α角蛋白是天然的无波浪的二硫键模式。

思考题

1. 写出21种氨基酸的三字母和单字母缩写，根据侧链R基团氨基酸可以分成哪几大类？哪些是人体必需氨基酸和非必需氨基酸？

2. 简述蛋白质一级、二级、三级及四级结构，并说明一级结构与空间结构的关系。

3. 试述蛋白质二级结构的类型、特点及其在分子整体空间结构的作用。

4. 下列试剂常用于蛋白质化学研究：CNBr、丹磺酰氯、脲、二硝基氟苯(CNFB)、6mol/L HCl、β-巯基乙醇、水合茚三酮、胰蛋白酶、异硫氰酸苯酯、胰凝乳蛋白酶、SDS。指出分别完成下列任务，需用上述何种试剂？

(1) 测定小肽的氨基酸顺序；

(2) 鉴定肽的氨基端残基(所得肽的量不足10^{-7}g)；

(3) 不含二硫键的蛋白质的可逆变性，若有二硫键存在时还需加入何种试剂；

(4) 在芳香族氨基酸残基的羧基一侧裂解肽键；

(5) 在甲硫氨酸的羧基一侧裂解肽键。

5. 大肠杆菌含有2000种以上的蛋白质，分离它所表达的一个外源基因的产物并保持它的活性，常有很大困难。但为了某种目的，请根据下列要求写出具体的方法。

(1) 利用溶解度差别进行分离；

(2) 利用蛋白质分子大小进行分离；

(3) 根据不同电荷进行分离；

(4) 通过已制备的该产物的抗体进行分离；

(5) 产物的浓缩；

(6) 产物纯度的鉴定。

6. 有一个蛋白质分子在pH 7.0的水溶液中可以折叠成球状，通常是带极性侧链的氨基酸位于分子外部，带非极性侧链的氨基酸位于分子内部。请回答：

(1) 在Val、Pro、Phe、Asp、Lys、Ile和His中，哪些位于分子内部，哪些位于分子外部？

(2) 为什么在球蛋白内部和外部都能发现Gly和Ala？

(3) Ser、Thr、Asn和Gln都是极性氨基酸，为什么会在分子内部被发现？

(4) 在球蛋白的分子内部和外部都能找到Cys，为什么？

7. 试述在阳离子交换树脂上，Asp、His、Leu、Lys 4种氨基酸在pH 5.0缓冲液下的洗脱顺序和原因。

8. 什么是蛋白质的变性？引起蛋白质变性的因素有哪些？蛋白质变性之后性质有哪些改变？

9. 血红蛋白的α、β亚基和肌红蛋白并不具有相同的一级结构，但具有相似的生物学功能(都能够结合氧分子)，为什么？同样都是氧合蛋白，为什么肌红蛋白的氧合曲线是一双曲线，而血红蛋白的氧合曲线是“S”形曲线？

10. 从一种植物中制备得到一种具有潜在药用价值的生物分子，需要对它进行鉴定与进一步的研究。

(1) 请设计两种不同的实验方案证明该生物分子是蛋白质；

(2) 在已经证明该生物分子是蛋白质的前提下，你用SDS-PAGE方法测得其相对分子质量为45 000，用凝胶过滤法测得相对分子质量90 000，请解释原因。

11. 八肽的氨基酸组成为Asp、Ser、Gly、Ala、Met、Phe、Lys。

(1) FDNB与之反应再酸水解得DNP-Ala。

(2) 胰凝乳蛋白酶消化后分出一个四肽，其组成为Asp、Gly、Lys和Met，此四肽与FDNB反应生成DNP-Gly。

(3) 胰蛋白酶消化八肽后得到组成为Lys、Ala、Ser及Phe、Lys、Gly两个三肽及一个二肽，此二肽被CNBr处理游离出Asp。

请写出八肽的顺序及推理过程。

12. 什么是蛋白质组学？蛋白质组学中有哪些重要的技术？

第二章 酶

【要点】 本章主要介绍酶的性质、功能和作用机制。酶是生物催化剂，具有反应条件温和、催化效率高、高度专一性和酶活性可调控等催化特点，可分为氧化还原酶类、转移酶类、水解酶类、裂解酶类、异构酶类和合成酶类六大类。米氏方程表示了底物浓度与酶反应速率之间的定量关系，其中米氏常数(K_m)是酶的特征性常数。竞争性抑制作用、非竞争性抑制作用和反竞争性抑制作用对K_m值与V_{max}的影响是各不相同的。酶的活性中心有结合部位和催化部位两个功能部位。酶的催化机制包括邻近和定向效应、底物的形变和诱导契合、酸碱催化和共价催化等。同工酶和变构酶是两种重要的酶。核酶的研究改变了酶的传统观念。辅酶参与生物体内的酶促反应体系。

酶在人类生命活动中起到的作用是无法替代的。生命体区别于非生命体的一个基本特征是新陈代谢，所有生命体都具有新陈代谢的特征，新陈代谢是一系列的生理生化反应，是一系列物质和能量的变化，而酶在新陈代谢中起到一个高效、选择的催化作用。例如，人类从食物中获取糖、脂肪、蛋白质等有机物作为体内能量的来源，有机物在体内经历一系列生理生化反应，释放能量用于人类生命活动的需要——运动、思考、睡觉等。在现实生活中人们都有这样的经验，食物放置在空气中，如果不考虑腐败变质等微生物的作用(因为微生物的作用也是由酶催化形成的)，食物转变为能量的过程是极其漫长的，而食物进入人体释放能量却只有几秒的时间。如果没有催化，一切生命活动都不可能在有效的时间内进行，而催化是依靠酶——这一生物催化剂来完成。

酶具有高效催化能力，远远超过无机催化剂几个数量级。例如，尿素水解为NH_3和CO_2，在没脲酶催化时，催化速率为3×10^{-10}/s，在有脲酶的催化下催化速率为3×10^{4}/s，催化速率提高了10^{14}倍。高效的催化能力使得生命体的生理生化反应可以在有效的时间内进行。酶具有高度的底物专一性，这使得生命体内的催化可以有序进行，并使得酶催化的反应基本无副反应产物。酶存在生命体内，因此具有更为温和的反应条件。酶还具有一些调节能力，这就使得生命体可以调控生理生化反应的进行，更为节约能量，更为有序。

酶的缺失和活力亢进，会引起一系列人类疾病，酶活力的测定标准也成为诊断疾病的一种衡量指标。医药、农药、食品加工等都与酶有关。

我国古代人民对酶的利用已经有了8000年的历史。早在禹时代，人们就已经利用酶来酿酒了，周代已经可以制作酱了，只是那个时候人们是从实践中获得这样的制作经验，并不知道具体的生产原理。虽然人类对酶的使用已经有了上千年的历史，但对酶有了真正系统的研究却是在19世纪才开始的。1857年，Pasteur认为在酿酒中使乙醇发酵的是酵母细胞，并指出必须是活的酵母细胞，他认为是酵母细胞中的酵素起到了催化作用，但认为酵素是不可与细胞分离的。1897年，Buchner发现不含细胞的酵母提取液可以将糖发酵为乙醇，这说明了发酵与细胞无关，而是由在细胞外仍能发挥作用的物质所引起的。Kühne将这些具有催化作用的物质称为“enzyme”，自此人类对酶的研究进入到一个新的领域。

本章将从酶的基本特性、酶的催化机制、酶促反应动力学、酶活性的调控及辅酶这5个方面来介绍酶的相关知识。

第一节 酶的基本特性

一、酶的化学本质和组成

（一）酶的化学本质

人们对于酶化学本质的认识，经历了一个曲折的过程。早在 20 世纪 20 年代初，Willstätter 提出酶是由活动中心和胶质组成，而非蛋白质。1926 年美国化学家 Summer 提出酶是由蛋白质组成。后来又经过多位科学家证实酶是一种蛋白质。于是提出酶是具有蛋白质性质的生物催化剂，因为酶与其他蛋白质一样，由氨基酸构成，具有一、二、三、四级结构。酶同蛋白质一样会受到热、紫外线辐射、重金属、蛋白质沉淀剂等物理和化学作用而发生变性，失去活力。酶相对分子质量很大，具有胶体性质，不能透析，一般不能透过半透膜，酶也能被蛋白酶水解，在电场中跟蛋白质一样可以进行电泳。

但关于酶的化学本质是蛋白质这一观念随着核酶(ribozyme)、模拟酶、抗体酶的出现受到严峻的考验。虽然出现了很多具有催化作用的非蛋白质，使大家对酶的化学本质莫衷一是，但现在大家还是比较接受大多数酶的化学本质是由蛋白质组成这一观点。

（二）酶的组成

有些酶完全由蛋白质构成，属于简单蛋白，如脲酶、蛋白酶等；有些酶除蛋白质外，还含有非蛋白质部分，属于结合蛋白。其中的非蛋白部分称为辅助因子(cofactor)，蛋白质部分称为酶蛋白，酶蛋白与辅助因子结合后形成的复合物称为全酶。辅因子一般起携带及转移电子或功能基团的作用，其中与酶蛋白以共价键紧密结合的称为辅基，以非共价键松散结合的称为辅酶。此类酶反应的专一性由酶蛋白决定，辅助因子起传递电子或某些化学基团的作用。在催化过程中，辅基不与酶蛋白分离，作为酶内载体起作用，如黄素蛋白类酶分子中的黄素腺嘌呤二核苷酸(FAD)、黄素单核苷酸(FMN)辅基携带氢，羧化酶的生物素辅基携带羧基等。辅酶则穿梭于两酶之间，将两个酶促反应连接起来，如烟酰胺腺嘌呤二核苷酸(氧化型)(NAD^+)在一个反应中被还原成烟酰胺腺嘌呤二核苷酸(还原型)(NADH)，在另一个反应中又被氧化成 NAD^+。它在反应中像底物一样，有时也称为辅底物。

有 30%以上的酶需要金属元素作为辅因子。有些酶的金属离子与酶蛋白结合紧密，不易分离，称为金属酶；有些酶的金属离子结合松散，称为金属活化酶。金属酶的辅因子一般是过渡金属，如铁、锌、铜、锰等；金属活化酶的辅因子一般是碱金属或碱土金属，如钾、钙、镁等。

（三）核酶

核酶(ribozyme)主要指一类具有催化功能的 RNA，亦称 RNA 催化剂。1982 年，Cech 等发现四膜虫 26S rRNA 前体基因转录产物的Ⅰ型内含子剪切和外显子拼接过程可在无任何蛋白质存在的情况下发生，具有自我剪接的功能，4 年后证实其 L-19 IVS(或 L -19 RNA)的内含子具有多种催化功能。1983 年 Altman 等在研究细菌 RNase P 时发现，当约 400 个核苷酸的 RNA 单独存在时，也具有完成切割 rRNA 前体的功能，并证明了此 RNA 分子具有全酶的活性。随着研究的深入，Cech 发现 L-19 IVS 在一定条件下，能以高度专一性的方式去催化寡聚核苷酸底物的切割与连接。核酶可以识别底物 RNA 的特定序列，并在专一性位点上进行切割，其特异性接近于DNA限制性内切核酸酶，高于RNase。具有催化作用的RNA分子称为ribozyme(核酶)。ribozyme的发现，从根本上改变了以往只有蛋白质才具有催化功能的概念，为此，Cech和Altman也获得了1989年的诺贝尔奖。自然界中已发现多种核酶，目前主要有4种核酶能用于反式切割靶RNA，即四膜虫自身剪接内含子、大肠杆菌RNase P、锤头型核酶(图2-1)和发夹型核酶(图2-2)。

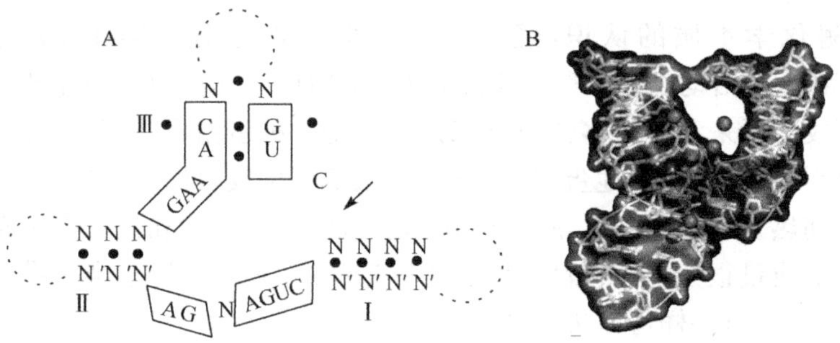

图2-1　锤头型核酶的二级结构和空间立体结构示意图

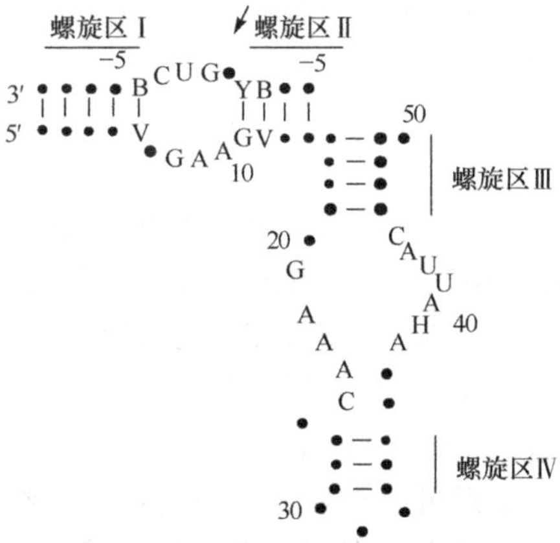

图2-2　发夹型核酶二级结构示意图

(四) 模拟酶

模拟酶又称人工酶或模型酶(artificial enzyme)，是根据酶的催化功能，用有机化学、生物化学等方法合成具有催化功能的非蛋白质分子或蛋白质分子。例如，用电子传递催化剂$[Ru(NH_3)_5H_2O]^{3+}$与巨头鲸肌红蛋白结合，产生一种"半合成的无机生物酶"，这样就把能与O_2结合，无催化功能的肌红蛋白转变成能氧化各种有机物(如抗坏血酸)的半合成酶了。它的催化效率接近于天然抗坏血酸氧化酶的催化效率。合成酶不是蛋白质，而是小分子有机物，它们掺入到酶的催化基团并控制酶的空间构象，从而像自然酶那样专一性地催化化学反应。例如，由环糊精制成的人工转氨酶能催化α酮酸与磷酸吡哆胺专一性地合成氨基酸。

(五) 抗体酶

抗体酶又称催化性抗体，是一种具有催化功能的抗体分子，在其可变区赋予了酶的属性，是抗体的高度选择性和酶的高效催化能力巧妙结合的产物。抗体酶建立在Pauling过渡态结构理论的基础上，即酶可以与高能的过渡态结合从而降低化学反应所需的活化能。酶与抗体的区别在于：酶之所以有催化活性在于酶能够结合并稳定化学反应的过渡态，从而降低反应所需能量。抗体结合的抗原只是一个基态分子，因此没有催化能力。1969年Jencks在过渡态理论的基础上提出：若抗体能结合反应的过渡态，则理论上它能够获得催化性质。根据这一理论，他在1986年首先发明了能催化相应羧酸酯和碳酸酯反应的抗体。抗体酶除具有传统酶所具有的特性之外，还可以利用免疫学技术催化一些天然酶不能催化的反应。与天然酶相比，抗体酶的催化性能更具有高度的专一性和稳定性，因为作为催化分子的抗体酶，蛋白质性质较酶更持久，与底物的识别位点更多，一般蛋白质的识别位点只有7个左右，而抗体酶的识别位点达 15～20 个，而且抗体的分子识别位点都可以再生，使抗体酶可以反复使用。抗体酶可催化多种化学反应，包括酯水解、酰胺水解、转酰基反应、光诱导反应、氧化还原分应、金属螯合反应、脱羧反应、顺反异构反应等。

抗体酶的研究，为人们提供了一条合理途径去设计适合于市场需要的蛋白质，即人为地设计制作酶。它是酶工程的一个全新领域。利用动物免疫系统产生抗体的高度专一性，可以得到一系列高度专一性的抗体酶，使抗体酶不断丰富。随之出现大量针对性强、药效高的药物。立体专一性抗体酶的研究，使生产高纯度立体专一性的药物成为现实。以某个生化反应的过渡态类似物来诱导免疫反应，产生特定抗体酶，用于治疗某种酶先天性缺陷的遗传病。抗体酶可有选择地使病毒外壳蛋白的肽键裂解，从而防止病毒与靶细胞结合。抗体酶的固定化已获得成功，这将大大地推进抗体酶的工业化进程。

（六）同工酶

同工酶(isozyme)是存在于同一种属生物或同一个体中能催化同一种化学反应，但酶蛋白分子的结构及理化性质和生化特性存在明显差异的一组酶。同工酶的化学特征很明显，它们具有不同的 K_m(米氏常数)和 V_{max}(酶促反应最大反应速度)值。

同工酶是由不同位点的基因或等位基因编码的多肽链组成，其一级结构和空间结构是有一定差异的，因而具有不同的物理化学性质、催化性质及免疫特异性，但它们活性中心的结构是相同或极其相似的，都可以催化相同的化学反应。同工酶的催化活力取决于不同亚基的活力比值和各亚基的比例。多基因位点的同工酶，即由染色体中不同结构基因编码产生的同工酶。当多基因位点的同工酶进行电泳时，各酶带之间的距离是相等的，并呈现对称性分布。目前分离和鉴定同工酶最为广泛的方法是电泳法，因为该方法简便、快速、分离效果好，而且不破坏酶分子的天然构象。除了电泳法外，还可以用层析法、动力学法，以及免疫法进行同工酶的分离提取。

乳酸脱氢酶(lactate dehydrogenase, LDH)是最早发现的一种同工酶。存在于哺乳动物中的 LDH 是由 H(心肌型)和 M(骨骼肌型)两种类型的亚基，按不同比例组装成的四聚体。H 亚基和 M 亚基由两种不同结构基因编码。两种亚基可装配成 H_4(LDH$_1$)、H_3M(LDH$_2$)、H_2M_2(LDH$_3$)、HM_3(LDH$_4$)、M_4(LDH$_5$)5 种四聚体。此外，在动物睾丸及精子中还发现另一种基因编码的 X 亚基组成的四聚体 C_4(LDH-X)。LDH 同工酶有组织特异性(图 2-3)，LDH$_1$ 在心肌中表达量较高，而 LDH$_5$ 在肝、骨骼肌中相对含量高。每种组织中 LDH 同工酶谱具有特定相对百分率。因此，LDH 同工酶相对含量的改变在一定程度上更敏感地反映了某脏器的功能状况，若某一组织发生病变，则会引起血清 LDH 同工酶谱的变化，这些变化是组织损伤的象征，可被用于临床诊断。例如，人心肌中 H_4 和 H_3M 的含量最多，当心肌受损时，它们就会释放到血液中，如果血液中 H_4 对其他同工酶的比例增加，可能被诊断为心肌梗死。当肝脏受损时，M_4 量将增加，可能被诊断为肝炎或急性肝细胞损伤。

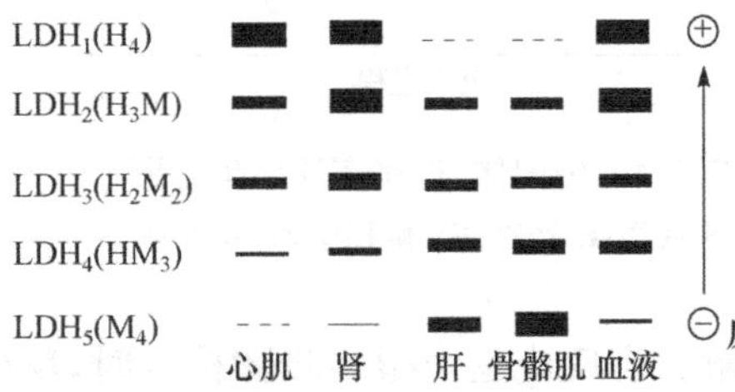

图 2-3　不同组织中的 LDH 同工酶的电泳图谱

同工酶广泛存在于生物界，具有多种多样的生物学功能。同工酶的存在能满足某些组织或某一发育阶段代谢转换的特殊需要，提供了对不同组织和不同发育阶段代谢转换的独特的调节方式；同工酶作为遗传标志，已被广泛用于遗传分析的研究；农业上同工酶分析法已用于优势杂交组织的预测。

二、酶催化作用的特点

酶是生物体产生的，具有催化能力的蛋白质。酶作为生物催化剂，和一般的化学催化剂一样，只改变反应速度，不改变化学平衡，但与化学催化剂不同的是，酶具有高效催化、高度专一、活性易受调节等特性。

（一）酶催化效率的高效性

1. 催化效率 酶的催化效率比无机催化剂高 10^6～10^{12} 倍。例如，1mol 马肝过氧化氢酶在一定条件下可催化 5×10^6 mol 过氧化氢分解，在同样条件下 1mol 铁只能催化 6×10^{-4} mol 过氧化氢分解。因此，这种酶的催化效率约是铁的 10^{10} 倍。也就是说，用过氧化氢酶在 1s 内催化的反应，同样数量的铁大约需要 300 年才能完全反应。酶在其适宜的温度、pH 条件下，催化速率会达到最大，大大加速了反应进程。

2. 活化能与过渡态 酶具有如此高的催化能力跟什么有关呢？是与活化能和过渡态有关。从热力学角度来说，一个化学反应的进行，从反应物到产物需要克服一个活化能障碍，只有达到比活化能更高的一个能量水平才能完成反应进程（图 2-4）。反应体系中能量最高的一点为过渡态（transition state），用“$\ddagger$”表示，过渡态是底物转化为产物所经历的一种状态。基态与过渡态之间的能量差称为反应的活化能（activation energy），用“$\Delta G^{\ddagger}$”表示。催化剂通过降低反应中的活化能而对反应起到催化作用，即降低了反应到达过渡态所需要的能量。ΔG 表示由 S→P 方向反应的整个自由能变化，酶不能改变 ΔG，只能降低反应的活化能，也就提高了反应速率。酶不仅加速正反应，同时也会加速逆反应进行。

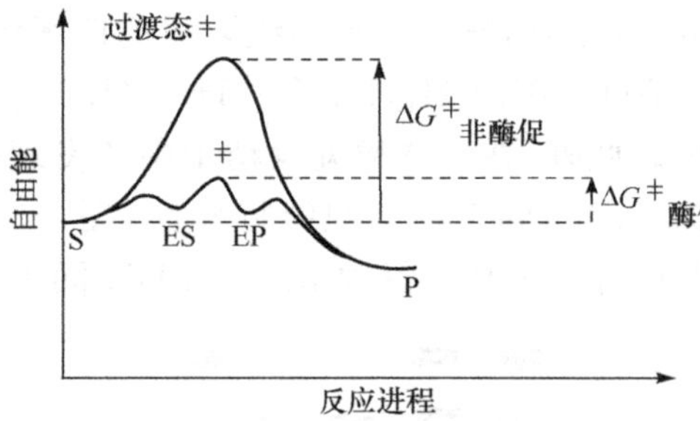

图 2-4 中间体、过渡态反应坐标图
S，底物；P，产物；ES 和 EP，反应中间体

任何化学方程都可以用自由能对反应进程作图得到一个反应坐标（reaction coordinate）（图 2-4），在反应瞬间内反应物旧键断裂、新键形成，电荷重新排布以克服活化障碍。如方程 S+E ⟶ A ⟶ P+E[这里 S 代表底物，E 代表酶，P 代表产物，A 代表中间体（intermediate）]，中间体与过渡态不同，当反应物 S 转变成产物 P 时，S 先与酶形成反应中间体 A，中间体位于谷底。不是每个反应只经过一步就可以完成，很多反应需要经过几个步骤，每步都包括中间体的形成和分解。当反应是由很多步骤构成时，反应速率是由反应中活化能最高的一个步骤决定，这一步又被称为限速步骤，位于反应速率图中从底物向产物转化的曲线的最高点。如果反应的每个步骤所需活化能基本相同，那说明它们每步反应都参与了反应限速步骤。

（二）酶催化的专一性

1. 概念及特点 一般催化剂对底物没有严格的要求，能催化多种反应，而酶只能催化某一类物质的一种反应，生成特定的产物。因此酶的种类也是多种多样的。酶催化的反应称为酶促反应，酶促反应的反应物称为底物。酶只催化某一类底物发生特定的反应，生成一定的产物，这种特性称为酶的专一性。

各种酶的专一性不同，包括结构专一性和立体专一性。结构专一性又有绝对专一性和相对专一性之分。绝对专一性指酶只催化一种底物，生成确定的产物。例如，氨基酸:tRNA 连接酶，只催化一种氨基酸与其受体 tRNA 的连接反应。相对专一性指酶催化一类底物或化学键的反应。例如，醇脱氢酶可催化许多醇类的氧化反应。立体专一性是指酶只作用于底物立体异构中的一种，对底物的构型有严格的要求。例如，L-氨基酸氧化酶只能催化 L-氨基酸的氧化脱氨反应，而对 D-氨基酸则没有催化作用；同样，D-氨基酸氧化酶只能催化 D-氨基酸的氧化脱氨反应，而对 L-氨基酸则没有催化作用。

2. 专一性假说 如何解释酶反应中的结构专一性、立体专一性、相对专一性和绝对专一性呢？有很多学者对其作出研究，提出了各种假说。其中最著名的是锁钥学说和诱导契合学说。

1890 年，Fischer 提出了锁钥学说(lock and key theory)，对酶的专一性进行解释。这个学说认为，酶与底物在结构上严格互补，包括大小、形状、电荷都互补，只有酶和底物互补的时候，酶和底物才能结合并催化底物，像钥匙跟锁的关系，“一把钥匙开一把锁”，见图 2-5。

这一学说将酶分子的结构看成是刚性的，可以较好地解释绝对专一性，但是这个观点不能很好地解释所有现象，如酶对底物的相对专一性；酶催化正反应进行的同时也催化了逆反应的进行，如果酶与底物是完全结合，那就无法与产物结合，它又如何催化逆反应的进行呢？

1959 年，Koshland 提出诱导契合学说(induced fit)(图 2-6)，对酶的专一性进行了更进一步的解释，该学说认为酶活性部位的形状与底物的形状并非完全互补，只在当酶和底物结合过程中，酶分子的构象受到诱导发生变化，酶和底物才可以完全互补，酶催化反应得以顺利进行，当催化反应结束后产物从酶上脱落下来，酶恢复以前的构象。这一学说认为酶具有一定的柔性，很多学者，在用核磁共振(NMR)、圆二色谱、差示光谱、X 射线衍射等方法研究酶的过程中，都发现在酶与底物结合的过程中，很多酶的构象均有改变。

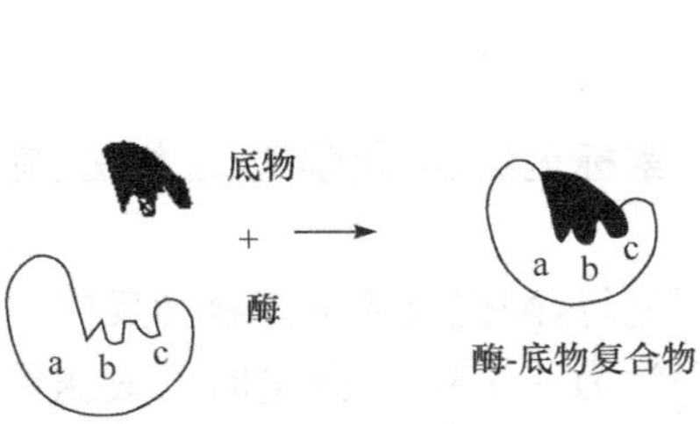

图 2-5 锁钥学说

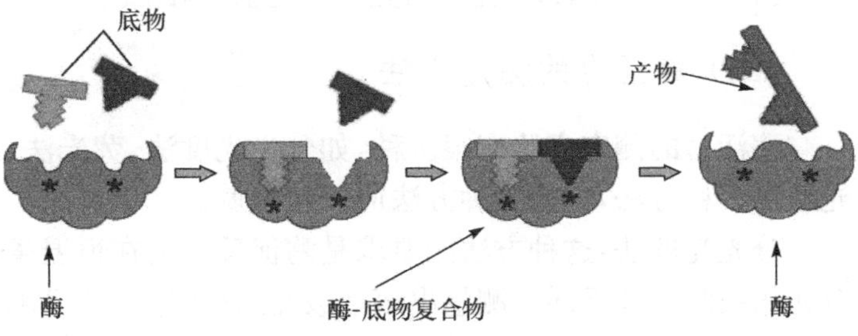

图 2-6 诱导契合学说模型

酶催化的专一性和高效性在概念上很容易区分，但是在实验中却不易区分开来，从上面的假说可以看出，酶催化的高效性是由于酶具有催化活性的部位可以与底物通过一些弱键结合，为酶促反应提供作用力。而酶的催化中心与底物一旦形成了弱的相互作用，就阻止了其他不具备这种能力的分子结合到酶上来，从而形成了酶对底物的专一性。

(三) 酶催化活性的可调节性

酶的催化活性受到多种因素的调控，以适应机体不断变化的内外环境和生命活动的需要。

例如，酶与代谢物在细胞内的区域化分布和进化过程中基因分化形成的各种同工酶使各组织器官、各亚细胞结构具有各自的代谢特点。酶原的激活使酶在合适的环境被激活和发挥作用。代谢物通过对代谢途径中关键酶、变构酶的抑制与激活和对酶的共价修饰，对酶活性进行快速调节。酶生物合成的诱导与阻遏、酶降解速率的调节可发挥对酶活性的长期调节作用。

三、酶的活力测定

（一）酶活力概念

1. 酶活力 由于酶容易受环境影响而失去活性，而且有相当一部分酶的相对分子质量是未知的，因此酶的单位用酶活力来表示。酶活力（enzyme activity）是指酶催化一定化学反应的能力，又称为酶活性。酶活力的大小可以用在一定的条件下，酶催化某一反应的反应初速度来表示，反应速度越快，就表明给定的酶溶液或组织提取液中的酶活力越高。反之，酶活力越低。因此酶活力的测定就是要测定酶促反应的速度。通过测定反应中单位体积中底物的减少量和产物的增加量可以得到酶促反应速度。但一般是选择测定产物的增加量，因为酶促反应中，底物往往是过量的，底物的减少量只占总量的极小部分，测定时准确度不高。而产物的生成量只要方法足够灵敏，容易准确测得。

2. 酶活力单位 1961 年，国际酶学委员会，建议用“U”来表示酶活力的大小，1U 是指在特定条件下（包括最适 pH、25℃、最适底物浓度、最适缓冲液和离子强度等），1min 内能引起 1μmol 底物转化的酶量。而术语酶活力指的是溶液或组织提取液中总的酶单位数。1972 年，国际酶学委员会又推荐了一个新的酶活力单位——Katal（缩写为 Kat），1Kat 是指在 1s 内能转化 1mol 底物所需要的酶量。1Kat＝6×10^7U。

3. 比活力 酶活力单位无论是用 U 或 Kat 来表示，都只衡量了酶的催化能力，并没有对酶的质量进行界定，因此无法对酶的纯度进行测量。酶纯度的量度可以用比活力来表示。比活力（specific activity）是指每毫克蛋白质所含有的酶活力单位数，单位是 U/mg 蛋白质。或者是单位体积的酶活力单位数，即 U/mL。在酶的纯化过程中，随着酶纯化的进行，比活力会越来越高，当酶已被纯化至纯酶时，比活力是个恒定值，因此比活力是衡量酶纯化程度的指标。

（二）酶活力的测定方法

酶活力的测定方法有很多种，如分光光度法、荧光法、同位素标记法、电化学法、层析法、旋光法等多种方法，但前几种方法应用较普遍。

分光光度法：这种方法的要求是酶促反应要在恒温条件下进行，酶促反应的产物和反应物对光的吸收波长不同。测量出溶液吸光值（A 值），即可求出酶活力＝$\Delta A/t$。测量时一般测量光吸收值的增加量更为方便准确。如果酶促反应的过程中没有光吸收的变化，可以将这个酶促反应与另一个有光吸收变化的酶促反应相偶联，通过测定有光吸收变化的酶促反应的进行来间接测定没有光吸收变化酶促反应的酶活力。例如，

$$\text{葡萄糖}+\text{ATP(腺苷三磷酸)}\longrightarrow\text{葡萄糖-6-磷酸}+\text{ADP(腺苷二磷酸)}$$

这个由己糖激酶催化的反应没有光吸收的变化，但该反应的产物葡萄糖-6-磷酸可以与一个有光吸收变化的反应偶联。用分光光度计测定烟酰胺腺嘌呤二核苷酸磷酸（还原型）（NADPH）在 340nm 下光吸收值的变化就可以测定出己糖激酶的酶活力。

$$\text{葡萄糖-6-磷酸}+\text{NADP}^+\longrightarrow\text{葡萄糖酸-6-磷酸}+\text{NADPH}+\text{H}^+$$

荧光法：通过用激发光作用于分子使其产生荧光（如含有 Tyr、Trp、Phe 残基或含 NADH、FMN、FAD 等辅基的酶可以发出荧光），测定荧光强度（F）的变化来测定酶活力。这种方法灵敏度高，可以检测出 10^{-12} mol/L 的样品浓度，还可以在复杂的混合物中检测样品分子含量，这个方法要求底物或产物有荧光变化。但由于非常灵敏，干扰也多。选择适当的激发光波长和荧光波长用荧光光度计记录不同时间荧光强度的变化，即可求出酶活力＝反应初速度＝$\Delta F/t_1$。

同位素标记法：用放射性同位素标记底物，当酶促反应进行一段时间后，停止反应，将放射性底物和放射性产物分离，分别测定它们的放射量。通常用于底物标记的同位素有 ^3H、^{14}C、^{125}I、^{35}S、^{32}P 等。^{32}P、^{125}I 等能产生高能 γ 射线的放射性元素可以采用 Geiger 计数器(Geiger counter)来测量，而其他产生 β 射线能量低的元素，可以采用液体闪烁计数(liquid scintillation counting)来测量。该方法的优点是其灵敏度极高，达到飞摩尔或更高水平，可以用于体内或体外酶活力的测定。但放射性元素对人体具有一定的伤害，使用时要注意安全，这种方法不能连续追踪，反应时间也不能太长。

四、酶的命名与分类

随着生物化学和分子生物学的发展，所发现酶的数量也在逐年增加。1961 年，为 712 种，1984 年，为 2477 种，到 1997 年，为 3702 种，迄今为止已发现了 4000 多种酶。随着酶数量的增加，为了便于研究和应用，对酶进行系统的分类和命名成为必要。

（一）酶的命名与编号

酶的命名法有两种：习惯命名法与系统命名法。

习惯命名法是 1961 年以前，即推出“国际系统命名法”前使用的命名方法，至今还可以看到用此法命名的酶。习惯命名以基团受体、基团供体和反应类型命名，有些还加上酶的来源。例如，蛋白酶、脱氢酶和水解酶等。有些从酶的名字上就可以看出酶的底物及其催化的反应类型。例如，葡萄糖氧化酶。习惯命名简单，迄今为止还在广为使用，但缺乏系统性和准确性，容易出现一个名字表示多种酶或一个酶有多种不同名字的情况。

1961 年国际酶学委员会议提出了酶的系统命名法。规定应标明酶的底物及反应类型，两个底物间用“:”隔开，水可省略。如乙醇脱氢酶的系统命名为乙醇：NAD^+ 氧化还原酶。L-氨基酸氧化酶的系统命名为 L-氨基酸：过氧化氢氧化还原酶，催化的反应为

$$\text{L-氨基酸} + H_2O_2 + O_2 \longrightarrow \text{2-氧(代)酸} + NH_3 + H_2O$$

酶的编号由 EC 和 4 个用圆点隔开的数字组成。EC 是国际酶学委员会(Enzyme Commission)的缩写，第一个数字表示酶的类别，第二个数字表示酶的亚类，第三个数字表示酶的亚亚类，第四个数字表示酶在亚亚类中的序列号。例如，EC2. 7. 1. 1，2 表示酶的类别是转移酶，7 表示亚类——磷酸基转移酶，第一个 1 表示以羟基作为受体的磷酸基转移酶，第二个 1 表示以 D-葡萄糖中羟基作为受体。可以在网络上（www. expasy. org/enzyme/）查到酶的系统名称和 EC 编号。

（二）酶的分类

1. 按照催化反应的类型分类　国际酶学委员会按照催化反应的类型将酶分为六大类，

分别是：氧化还原酶、转移酶、水解酶、裂合酶、异构酶、合成酶(表 2-1)。在这六大类里，又各自分为若干亚类，亚类下又分小组。如在亚类中，氧化还原酶是电子供体类型，转移酶是被转移基团的类型，水解酶是被水解的键的类型，裂合酶是被裂解的键的类型，异构酶是异构作用的类型，合成酶是以生成的键的类型作为分类依据。

表 2-1　酶的分类与其催化反应类型

编号	酶的名称	英文名称	催化反应类型
1	氧化还原酶	oxido-reductases	催化氧化还原反应
2	转移酶	transferases	催化基团转移
3	水解酶	hydrolases	催化水解反应
4	裂合酶	lyases	催化底物添加基团消除双键或去掉基团形成双键
5	异构酶	isomerases	催化同分异构体互相转变
6	合成酶	ligases	催化 ATP 水解偶联的缩合反应

1）氧化还原酶　氧化还原酶催化氧化还原反应，进行电子转移，可以根据电子的得失分为两类。氧化还原酶是已发现的量最大的一类酶，具有氧化、产能、解毒功能，在生产中的应用仅次于水解酶。按系统命名可分为 18 个亚类。如 A、B 分别代表两个化合物，则

$$AH+B \longrightarrow A+BH$$

2）转移酶　转移酶催化基团从一个化合物转移到另一化合物。可催化碳基、酰基、醛酮基、糖苷基、含氮基、含磷基等转移。转移酶也叫转换酶，多需要辅酶，但反应不易测定。按转移基团的性质，可分为 8 个亚类。如 R 代表被转移基团，则

$$AR+B \longrightarrow A+BR$$

常见的酶有谷丙转氨酶、蛋白激酶、DNA 聚合酶等。端粒酶也属于这个类型，它可以在 DNA 的末端反转录生成 DNA，与细胞寿命有关。

3）水解酶　水解酶催化底物的水解反应，使某些基团转移到水分子上，起降解作用，多位于胞外或溶酶体中。有些蛋白酶也称为水解酶。可分为水解酯键(如限制性内切核酸酶)、糖苷键(如果胶酶)、肽键(如胃蛋白酶、凝血酶)、碳氮键[如腺苷-磷酸(AMP)脱氨酶]等 11 亚类。

$$AB+H_2O \longrightarrow AOH+BH$$

4）裂合酶　裂合酶催化从底物上移去一个小分子而留下双键的反应或其逆反应，在生物合成中起非常重要的作用。包括醛缩酶、水合酶、脱羧酶等，共 7 个亚类。

$$AB \longrightarrow A+B$$

5）异构酶　异构酶可以催化同分异构体之间的相互转化，包括消旋酶、顺反异构酶、醛酮异构酶、变位酶等，共 6 个亚类。

$$A \longrightarrow B$$

6）合成酶　合成酶催化两种物质合成为一种产物，反应需要 ATP 分解与其偶联，也被称为连接酶，如 DNA 连接酶等，共 5 个亚类。

$$A+B+ATP \longrightarrow AB+ADP+Pi$$

2. 根据酶蛋白分子的特点分类 根据酶蛋白分子的特点可以将酶分为三大类：单体酶、寡聚酶和多酶体系。

由一条肽链构成的酶称为单体酶，通常为催化水解反应的酶，相对分子质量为 1.3×10^4～3.5×10^4，如溶菌酶、羧肽酶 A 等。但也有单体酶由多条肽链组成，如胰凝乳蛋白酶是由 3 条肽链组成，肽链间以二硫键相连构成一个共价体系。这类酶在合成时是单体形式，活化时去除一段或几段肽段而成多条肽链。

由多条肽链以非共价键结合而成的酶称为寡聚酶，相对分子质量一般大于 3.5×10^4。大部分的寡聚酶由偶数亚基组成，但个别也含有单数亚基。一般为调节酶类，在生物的代谢调控中起重要作用。

有时在生物体内一些功能相关的酶相互组织起来，构成多酶体系，依次催化有关的反应。构成多酶体系可以降低底物和产物的扩散限制，提高总反应的速度和效率。例如，糖代谢中的丙酮酸脱氢酶系就是由丙酮酸脱氢酶、硫辛酸转乙酰基酶和二氢硫辛酸脱氢酶组成。由于有中间产物的传递通道，使催化效率大为提高。

第二节 酶的催化机制

酶促反应可以通过很多弱的相互作用来驱动，如通过离子键、氢键、疏水作用、范德华力等次级键间的相互作用来实现，因此酶分子应具备这些可以提供次级键的基团，而且还要使底物能够精确作用于这些基团，并且酶分子的体积要比较大才能满足上面的条件。

一、酶的活性部位

（一）酶的活性中心

酶是大分子，其相对分子质量一般在 10^4 以上，由数百个氨基酸组成。而酶的底物一般很小，因此直接与底物接触并起催化作用的只是酶分子中的一小部分，只占酶分子总体积的1%～2%。有些酶的底物虽然较大，但与酶接触的也只是一个很小的区域。酶分子中可以直接和底物结合，并可以催化底物形成过渡态，进而生成产物，与酶活力直接相关的区域称为酶的活性部位(active site)或活性中心(active center)。酶的活性中心是多肽链折叠形成的一个特殊的空间结构，一些在氨基酸序列上相距很远的氨基酸残基经折叠靠近，有的就是活性部位的组成成分，直接参与酶的催化作用。对酶活性部位没有直接贡献的其他部位是形成和稳定酶天然结构所需要的。

活性中心往往是一个疏水作用的区域，由于很大一部分酶都是极性分子，疏水基团位于酶的内部，在酶与底物作用时，可以短时间内增加底物的有效浓度，加快反应速率。但也有非极性氨基酸位于酶分子表面，以利于这一部位与非极性底物或膜结合。

同类酶或功能相似的酶活性中心的氨基酸序列往往具有高度的保守性，如枯草杆菌蛋白酶和牛胰凝乳蛋白酶活性中心所必需的第 64～74 位和第 218～229 位肽段完全相同。在酶的活性中心，某些特定氨基酸出现频率较高，如 Glu、Tyr、His、Lys、Cys、Asp 等。活性中心是一个空间结构，一级结构上距离较远的活性中心必需的氨基酸序列，可以在空间上集中到一个区域。酶的活性中心并不是一个固定的可以与底物完全互补的形态。底物分子和酶作用时，酶活性中心的形态发生了一些构象上的变化，以满足底物与酶的互补，并催化底物向过渡态转变。这种现象通过X射线衍射等方法已经观察出来，也说明了酶的活性中心并不是刚性不变，而是柔性可以运动。

活性中心按功能可分为底物结合部位和催化部位。活性部位往往由若干氨基酸残基、辅酶或辅基、金属离子等组成。酶和底物的结合可以是一个或多个结合位点共同起作用。酶和底物的定向结合，使酶和底物处在具有最高活性的位置上，从而决定了酶的底物专一性。催化部位促使底物的敏感键在此被切断或形成新键，并生成产物。二者并不是绝对的，有些基团既有底物结合功能又有催化功能。例如，羧肽酶A活性中心的Tyr 248残基既是结合基团又是催化基团。

Koshland将酶分子中的残基分为4类：接触亚基——负责底物的结合与催化；辅助亚基——起协助作用；结构亚基——维持酶的构象；非贡献亚基——酶的其他部分，它们的替换对活性无影响，但对酶的免疫、运输、调控与寿命等起作用。前二者构成活性中心，前三者称为酶的必需基团（图2-7）。

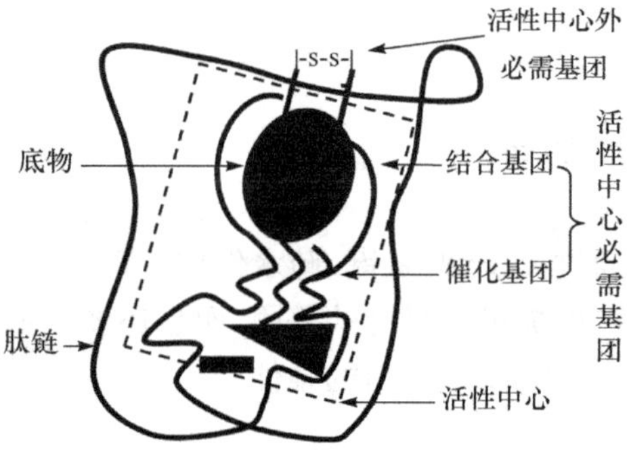

图2-7　酶的活性中心

活性中心以外的部分并不是无用的，它们能够维持酶的空间结构，使活性中心保持完整。在酶与底物结合后，整个酶分子的构象发生变化，这种扭动的张力使底物化学键容易断裂进而催化化学反应的进行，这种变化也要依靠非活性中心的协同作用。

一般单体酶只有一个活性中心，但有些具有多种功能的多功能酶具有多个活性中心。如大肠杆菌DNA聚合酶Ⅰ是一条1.09×10^6的肽链，既有聚合酶活性，又有外切酶活性。

有些酶在细胞内刚刚合成或分泌时，尚不具有催化活性，这些无活性的酶的前体称为酶原。酶原具有变形的活性中心，酶原通过激活才能转化为有活性的酶。酶原的激活是通过改变酶分子的共价结构来控制酶活性的一种机制，通过肽链的剪切，改变蛋白质的构象，从而形成或暴露酶的活性中心，使酶原在必要时被活化成为有活性的酶，发挥其功能。

（二）研究酶活性中心的方法

测定酶活性中心的组成和结构是研究酶催化作用的重要课题。目前常用方法有：化学修饰法、X射线衍射法、定点诱变法等。

1. 化学修饰法　利用某些化学试剂可与活性中心的某些氨基酸残基作用的原理，用化学试剂标记酶活性中心，从而改变活性中心的结构和性质，通过酶活力的测定就可判断出活性中心具有什么样的功能基团，大致分为非特异性标记、差示标记和亲和性标记。

非特异性标记是指用某些能跟氨基酸残基起修饰反应的化学试剂标记酶分子。如果标记后酶的活性下降则可推断此氨基酸残基位于酶的活性中心，如果酶的活性没有下降，则可推断被标记的氨基酸残基位于酶活性中心以外。这种方法具有一定的局限性，因为化学修饰剂对氨基酸残基的修饰不是专一的。例如，碘乙酸在不同的pH下，既可以与—SH基结合，又可以与$—CH_2CH_2SCH_3$结合；某些酶活性的降低并不仅仅是由于化学修饰剂与酶活性中心的结合引起，也可能是由于化学修饰剂改变了酶的分子构象使得酶分子失活引起；有时酶活性中心中某些特殊环境的基团不易被化学修饰剂所修饰，这种情况下酶活力没有下降，并不是因为被修饰的基团不存在。因此，用化学修饰剂非特异性标记酶活性中心时要注意：酶活力的丧失要与化学修饰剂的浓度呈现一定的比例关系，这样就可以判断酶的活性中心与化学修饰剂结合；用酶的可逆抑制剂与酶结合后，再用化学修饰剂作用用酶，此时酶的活力不受化学修饰剂的影响，但当去除可逆抑制剂后，再用化学修饰剂作用于酶，酶的活性则降低，这样就可以排除化学修饰剂引起酶构象改变从而造成酶活性的降低。

差示标记是在非特异性标记的基础上发展起来的，先用竞争性抑制剂或底物将酶的活性部位保护起来，然后用化学修饰剂标记酶活性中心以外的氨基酸残基，去掉竞争性抑制剂或底物后，用含放射性元素的同一种化学修饰剂标记酶，测定同位素标记的位置就可以确立酶活性中心的基团。

亲和性标记是指利用酶与底物特异性结合的原理，将一个可鉴定识别的带有活性基团的底物类似物结合到酶的活性中心，该活性基团可以与邻近的易感基团形成稳定的共价键，从而使酶不可逆失活。胰凝乳蛋白酶活性中心的 His 57 就是使用这种方法测定出来的，因为胰凝乳蛋白酶活性中心的 His 57 可以与底物中的 Phe 残基特异结合，而 TPCK(甲苯磺酰-L-苯甲氨酸氯甲酮)与 Phe 残基类似，也可以与 His 57 结合，并且只与 His 57 结合，从而造成酶的失活。此方法要求酶带有活性基团的底物类似物可以专一地引入酶的活性位点，并且与酶活性位点的某一化学基团专一结合。

2. X 射线衍射法　X 射线衍射可以观察出酶活性中心的空间结构，从某种程度上说还可以研究催化作用时的原子重排。是研究酶构象和活性中心的一种很重要的，也是最准确的方法。在 1965 年，Phillips 通过 X 射线衍射的方法测定了溶菌酶的结构。

3. 定点诱变法　用定点诱变技术，改变编码特定氨基酸的基因，造成特定氨基酸残基的置换，然后测定酶活性就可知道被改变的氨基酸是不是酶活性所必需的氨基酸。特定的氨基酸可以通过定点诱变逐个替换，这种通过改变 DNA 序列而改变氨基酸序列的方法，成为研究酶结构和功能的一个有力方法。也可以通过比较进化过程中形成的特定残基的变化，来研究酶活性中心。

此外，紫外光谱、荧光光谱、圆二色光谱等方法也可用于活性中心的研究。在酶与底物结合时，位于底物结合部位的生色团必然会发生某种变化，从而导致其光谱的变化。这些生色团可以是酶本身带有的，也可以是人工引入的。这些方法可以用来判断活性中心的构成，也可以研究催化的反应过程。

二、催化机制

酶催化反应机制的研究是当代生物化学的一个重要课题。它探讨酶作用高效率的原因，以及酶反应的重要中间步骤。据现在所知，重要的因素有以下几个方面。

（一）底物和酶的邻近与定向效应

酶催化作用发生在酶的活性部位，显然活性部位处的底物浓度越高，越有利于反应。酶与底物结合有一定的方式，底物靠近活性部位的催化基团，容易形成过渡态。活性部位中结合底物的基团对底物有亲和力，能将捕获的底物分子定位于催化基团作用的部位。如果没有这一有效的结合，催化将取决于底物的随机碰撞，酶与底物接触的机会少，势必要花很长时间完成催化反应，因此除了结合底物外，活性部位还将底物定向，以便使底物相对于催化基团处于最好的取向，增强酶催化作用，帮助酶结合底物和以高速率进行正确的特异反应。

（二）底物的形变和诱导契合

酶会优先选择与过渡态结合，提高反应速率。酶与过渡态的结合比酶与底物的结合具有更大的亲和力。酶与底物完全互补发生在酶与底物过渡态的结合，形成很多弱相互作用。酶和过渡态的结合能是酶催化的主要驱动力，减少反应过程中的相对运动和熵降。酶与底物的结合使酶和分子间的有效碰撞增加。酶的特定功能基团可以排列成合适的方向来催化化学反应的进行，在催化过程中，酶的构象可以发生变化以满足和过渡态的结合，或酶可以使底物构象发生变化来满足酶优先和过渡态结合的特性。

这一理论的一个有力证明就是，过渡态类似物是酶的抑制剂，因为过渡态类似物可以优先结合到酶上，从而抑制了酶与底物的结合。例如，脯氨酸外消旋酶可以催化 L-脯氨酸转化为 D-脯氨酸，吡咯-2-羧酸是 L-脯氨酸过渡态类似物，它可以抑制脯氨酸外消旋酶的催化作用。

（三）酸碱催化

所谓广义酸碱催化，就是一种质子转移的催化机制，给出质子为酸，接受质子为碱，因此酸碱催化总是同时发生的。酶活性中心的一些氨基酸残基同样可作为质子供体或受体，参与质子转移，使反应速度提高 $10^2 \sim 10^5$ 倍，就是说酶活性部位提供了一个相当于酸或碱溶液的生物环境，实际上酸碱催化普遍存在于酶促反应中。例如，酶活性部位的 His，在生理 pH 下给出一个质子充当酸催化剂，结合一个质子就充当碱催化剂。酶分子中的一些可解离集团，如咪唑基、羧基、氨基、巯基常起一般酸碱催化作用，其中咪唑基最活泼有效。

（四）共价催化

共价催化最大特点是酶与底物生成瞬间共价键，借助于酶进行基团转移来加快反应速率。共价催化包括亲电反应和亲核反应。如下式（式中，A、B 代表化合物，E 代表酶）：

$$\text{A}-\text{B}+\text{E}:\xrightarrow{①}\text{A}-\text{E}+\text{B}\xrightarrow{②}\text{A}+\text{E}+\text{B}$$

反应中酶所带电子与底物进行亲核反应（式中①步）；通过亲电反应，将电子从反应中除掉（式中②步），从而使催化剂从中间物中去掉。该反应与酸碱催化不同的是，催化剂亲核进攻底物形成共价键，而不是像酸碱催化一样将质子完全由酸转移到底物上。共价催化经常形成反应活性很高的共价中间物，将一步反应变成两步或多步反应，绕过较高的能垒，使反应快速进行。例如，胰蛋白酶通过丝氨酸侧链羟基形成酰基-酶共价中间物，从而降低活化能。

丝氨酸蛋白酶、含巯基的木瓜蛋白酶、以硫胺素为辅酶的丙酮酸脱羧酶都有亲核催化作用。羟基、巯基和咪唑基也有亲核催化作用。金属离子、酪氨酸羟基、$-\text{NH}_3^+$ 都是亲电基团。

（五）活性部位微环境的影响

有些酶的活性中心是一个疏水的微环境，其介电常数较低，有利于电荷之间的作用，也有利于中间物的生成和稳定。通常底物与酶结合后会将水排到酶活性区之外，这样酶催化中心的静电作用比在水溶液中要强得多，在酶活性区周围的电荷就被排布成稳定过渡态的形式。例如，赖氨酸侧链氨基的 pK 约为 9，而在乙酰乙酸脱羧酶活性中心的赖氨酸侧链 pK 只有 6

左右。

第三节　酶促反应动力学

酶促反应动力学简称酶动力学，主要研究酶促反应的速度，以及影响反应速度的各种因素。动力学研究可以给出许多与酶的特异性和酶的催化机制有关的信息。因此，酶促反应动力学的研究既有重要的理论意义又具有一定的实践意义。

早期实验获得了充分的证据，表明酶（enzyme，E）首先结合底物形成酶-底物复合物（ES），然后在酶活性部位裂隙中，酶与底物短暂反应后形成产物（P）。在酶促反应中，如果底物的量超过酶量，则反应速度与酶浓度成正比，即当底物浓度大大高于酶量时，酶浓度对反应速度的影响是酶越多，反应越快。

1902年，Brown在研究β-呋喃糖苷酶对蔗糖的催化时发现，当蔗糖浓度远远大于酶浓度时，反应速度趋向一个最大值，即反应速度对底物浓度不敏感。于是，他推断反应应该由两步组成：第一步，底物与酶先形成酶-底物复合物，然后酶-底物复合物再分解为产物和酶。

$$\text{蔗糖}+H_2O \xrightarrow{\beta\text{-呋喃糖苷酶}} \text{葡萄糖}+\text{果糖}$$

1913年，Michaelis和Menten提出一个假说，与Brown相似。Michaelis和Menten提出的假说认为：对于给定的酶促反应，酶会与底物形成酶-底物复合物。当底物浓度比较低时，酶多以游离的形式存在，而当底物浓度很高时，所有酶都会转化为ES形式，这时反应速率最大。当所有的酶都转变为ES形式时，底物浓度的升高对总反应速率基本没有影响，这时候ES分解为E和产物P的过程就成为整个酶促反应的限速步骤。图2-8给出了在固定酶浓度时，改变底物浓度的反应速度（V）与底物浓度（[S]）的关系曲线。

从图2-8可以看出当底物浓度很高时，反应速度趋向一个最大值，即反应速度对底物浓度不敏感，反应为零级反应。当底物浓度很低时，反应相对于底物是一级反应，即反应速度与底物浓度成正比；当底物浓度处于中间范围时，相对于底物的反应是混合级反应，即当底物浓度逐渐增大时，反应由一级反应向零级反应过渡，反应曲线为一双曲线。

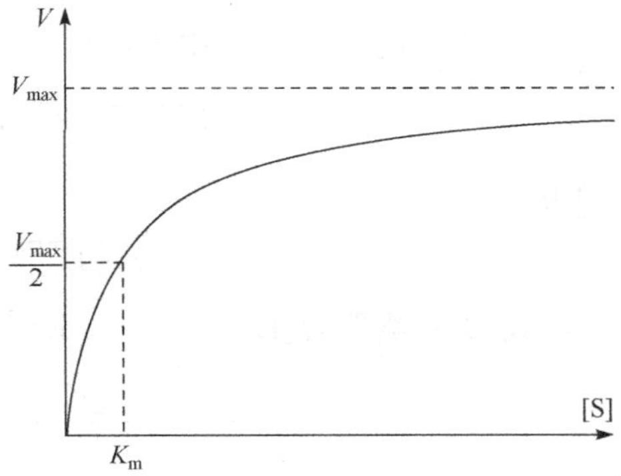

图2-8　酶促反应速度与底物浓度的关系

一、米氏方程的推导

米氏学说是1913年Michaelis和Menten建立的，认为反应分为两步，先生成酶-底物复合物（中间产物），再分解形成产物，释放出游离酶。经过Briggs和Haldane的补充与发展，得到了现在的米氏方程。

$$V_0=\frac{V_{max}[S]}{K_m+[S]} \tag{2-1}$$

式中，V_0即初始速率，是指$t=0$时的反应速率，在实际操作中指大约10%底物反应转变成产物之前这个时间范围内的反应速率。尽管V_0被定义为反应的初始阶段速率，但在实验中测得的V_0通常是反应稳态时的速率。V_{max}指最大反应速率。K_m是米氏常数。米氏方程是有关初速率、最大反应速率和起始底物浓度之间关系的一个方程式。

米氏方程的推导建立在下面反应式的基础上：

$$E+S \underset{k_{-1}}{\overset{k_1}{\rightleftharpoons}} ES \underset{k_{-2}}{\overset{k_2}{\rightleftharpoons}} E+P$$

式中，E 表示酶；ES 表示酶-底物复合物；P 表示产物；k_1 表示从 S 反应生成 ES 的反应速率常数；k_{-1}表示从 ES 逆反应生成 S 和 E 的反应速率常数；k_2 表示从 ES 分解生成产物的反应速率常数；k_{-2}表示从产物逆反应生成 ES 的反应速率常数。

反应早期时，产物的浓度可以忽略，方程式变为

$$E+S \underset{k_{-1}}{\overset{k_1}{\rightleftharpoons}} ES \xrightarrow{k_2} E+P$$

V_0 由 ES 分解成产物的速率决定，即由 k_2决定，反应速率的表达式为

$$V_0=\frac{d[P]}{dt}=k_2[ES] \tag{2-2}$$

在实验中[ES]的量很难测得，若[E]表示游离酶的浓度，[E_t]表示酶总浓度，即

$$[E_t]=[E]+[ES] \tag{2-3}$$

[ES]总生成速率＝[ES]生成速率－[ES]分解速率，即

$$\frac{d[ES]}{dt}=k_1[E][S]-(k_{-1}[ES]+k_2[ES]) \tag{2-4}$$

当酶全部结合底物形成 ES 时，ES 的生成速率和分解速率相同，ES 浓度基本恒定，将这一阶段称为稳态。根据稳态假说，当[S]≫[E]时，除反应开始几微秒内，酶是处于游离态，当酶耗尽时，[ES]为一常数，是保持恒定的，即[ES]生成速率和分解速率相等。

$$\frac{d[ES]}{dt}=0 \tag{2-5}$$

将式(2-4)代入式(2-5)中可以得

$$k_1[E][S]-(k_{-1}[ES]+k_2[ES])=\frac{d[ES]}{dt}=0 \tag{2-6}$$

整理得

$$k_1[E][S]=k_{-1}[ES]+k_2[ES] \tag{2-7}$$

将式(2-3)整理为[E]＝[E_t]－[ES]，代入式(2-7)可得

$$\frac{([E_t]-[ES])[S]}{[ES]}=\frac{k_{-1}+k_2}{k_1} \tag{2-8}$$

将$\frac{k_{-1}+k_2}{k_1}$定义为米氏常数(Michelis constant)，用 K_m表示，即

$$K_m=\frac{k_{-1}+k_2}{k_1} \tag{2-9}$$

将式(2-9)代入式(2-8)中，整理得

$$[ES]=\frac{[E_t][S]}{K_m+[S]} \tag{2-10}$$

将式(2-10)代入式(2-2)中可以得

$$V_0=k_2[ES]=\frac{k_2[E_t][S]}{K_m+[S]} \tag{2-11}$$

当底物浓度足够大，反应速率达到最大值时，无游离态酶存在，所有酶都以 ES 形式存在，则

$$V_{max}=k_2[E_t] \tag{2-12}$$

将式(2-11)与式(2-12)结合可推出式(2-1)

$$V_0=\frac{V_{max}[S]}{K_m+[S]}$$

这个方程式就是米氏方程，是酶促反应的速率方程。其中 K_m的单位为浓度单位。

对于 $E+S\underset{k_{-1}}{\overset{k_1}{\rightleftharpoons}}ES\xrightarrow{k_2}E+P$ 这样的两步反应，因为 $V_{max}=k_2[E_t]$，第二步通常为反应的限速反应，即 ES 复合物的解离是整个酶促反应的限速反应，此时，酶都是以酶和底物的复合物形态存在，提高底物的浓度对反应速率都不会有太大的影响。但如果是一个多步的酶促反应，其中有一个明显的限速步骤，常常将这一步的速率常数写为 K_{cat}，表示当酶与底物处于饱和状态时，单位时间内一个酶分子可以催化的底物分子数，单位为 s^{-1}。

$$K_{cat}=\frac{V_{max}}{[E_t]} \tag{2-13}$$

对于上面给出的两步酶促反应 $K_{cat}=k_2$。K_{cat}和 K_m值一样常用于不同酶的比较，每个催化特定反应的酶都有其特定的 K_{cat}值，这两个值常常一起被用于评价动力学效应。

二、米氏常数的意义

(1) 米氏常数的实际定义是反应速率达到最大反应速率 1/2 时的底物浓度。把$[S]=K_m$代入式(2-1)中可得

$$V_0=\frac{V_{max}K_m}{K_m+K_m} \tag{2-14}$$

整理得

$$V_0=\frac{V_{max}}{2} \tag{2-15}$$

从式(2-15)中可以推断出，如果一种酶的 K_m值比较小，在达到最大催化效率时所需要的底物浓度也比较小。

(2) K_m可以用来判断酶促反应的反应级数。如果 $K_m\ll[S]$，这时 K_m的值可忽略不计，式(2-1)可简化为

$$V_0=\frac{V_{max}[S]}{[S]}=V_{max} \tag{2-16}$$

从式(2-16)中可以看出，当 $K_m\ll[S]$时，反应速率与底物浓度无关，反应为零级反应特征。如果 $K_m\gg[S]$，则式(2-1)分母中的[S]可忽略，式(2-1)简化为

$$V_0=\frac{V_{max}[S]}{K_m} \tag{2-17}$$

从式(2-17)中可以看出，对于特定的反应，$\frac{V_{max}}{K_m}$为常数，V_0与[S]呈正比关系。当 K_m与[S]接近时，反应速率随底物浓度在一级反应和零级反应之间波动。

(3) 对于每对酶与底物，在特定的温度、pH 下，K_m值都是唯一的，这一特性可以用来鉴定酶。对同一酶催化的不同底物 K_m是不同的。例如，延胡索酸酶催化延胡索酸的 $K_m=5.0\times$

10^{-6}mol/L，而催化苹果酸反应时的 $K_m = 2.5\times10^{-5}$mol/L。

(4) K_m可以用来反映酶对底物的亲和力，对于酶促反应：

$$E+S \underset{k_{-1}}{\overset{k_1}{\rightleftharpoons}} ES \xrightarrow{k_2} E+P$$

Michaelis 和 Menten 假设在反应第一步达到平衡时，$k_{-1}\gg k_2$，那么米氏常数 $K_m=\frac{k_{-1}+k_2}{k_1}$就可以简化为 $K_m=\frac{k_{-1}}{k_1}=K_s$，$K_s$用来表示 ES 的解离常数，$K_s=\frac{k_{-1}}{k_1}=\frac{[E][S]}{[ES]}$。在这种情况下，$K_m$就代表了酶对底物的亲和能力，$K_m$值越小，表示酶的亲和力就越大；反之，$K_m$值越大，酶和底物亲和力越小，酶越容易与底物分离。当 $k_2\gg k_{-1}$时，$K_m=\frac{k_2}{k_1}$；k_2 与 k_{-1}接近时，$K_m=\frac{k_{-1}+k_2}{k_1}$，这两种情况下，$K_m$值不能用来衡量酶与底物的亲和能力。

(5) K_m值可以用来判断达到最大催化效率时所需要的底物浓度，因此在复杂的多酶体系下，可以应用 K_m 值从几种反应途径中选择一个最适途径。例如，当底物浓度一样时，三条反应途径的 $K_{m1}<K_{m2}<K_{m3}$，由于 K_m值越小表示酶达到最大催化速率时需要的底物浓度越小，因此 K_m数值小的反应占优势，酶的催化会优先选择 K_{m1}途径。但代谢方向的选择也不是全由 K_m值决定，还和酶浓度、底物浓度、酶的激活剂和抑制剂等多种因素有关。

(6) K_m可以确定酶的天然底物，有的酶专一性很低，可以催化几种底物的反应，由于不同酶对不同底物有不同的 K_m值，可以通过比较 K_m值的大小来确定该酶的天然底物。因为酶对天然底物的催化能力最强，所以 K_m值小的底物是酶的天然底物。同样的原理，K_m值还可以用来确定抑制剂的类型。

(7) $\frac{K_{cat}}{K_m}$可以用来比较酶催化的效率。当$[S]\ll K_m$ 时，由于形成的 ES 复合物极少，因此总的酶量基本可以约等于游离酶量，将式(2-13)$K_{cat}=\frac{V_{max}}{[E_t]}$与式(2-1)$V_0=\frac{V_{max}[S]}{K_m+[S]}$ 合并化简为

$$V_0=\frac{K_{cat}[E_t][S]}{K_m+[S]}=\frac{K_{cat}[E_t][S]}{K_m}=\frac{K_{cat}}{K_m}[E][S] \tag{2-18}$$

式(2-18)中，$\frac{K_{cat}}{K_m}$称为专一性常数，可以作为催化效率的比例参数，单位为$(mol/L)^{-1}\cdot s^{-1}$。在$[S]\ll K_m$ 时，酶促反应的 V_0取决于酶的浓度和底物的浓度，即取决于酶与底物相互碰撞的频率。式(2-18)是一个二级反应速率方程，因此把$\frac{K_{cat}}{K_m}$也称为二级速率常数。$\frac{K_{cat}}{K_m}$值存在一个上限，因为 ES 的分解速率不能比 ES 的合成速率大，换句话说就是$\frac{K_{cat}}{K_m}$不可能大于 k_1。E 和 S 在一定的环境中有一个扩散速度，扩散控制的极限是 $10^8\sim10^9$ $(mol/L)^{-1}\cdot s^{-1}$，当酶的$\frac{K_{cat}}{K_m}$达到这个范围内，认为酶的催化效果达到最大值，在这个范围内意味着酶几乎每碰到一个底物就催化一个反应的进行。

在酶动力学研究中，K_{cat}和 K_m这两个值常一起被用于各种酶促反应的比较中，因为两个催化不同反应的不同酶的 K_{cat}可能是相同的，而 K_m在比较应用中也存在很多的局限性，实验

中测定的K_m值常常与底物的浓度相似，这就决定了各自用于比较的局限，所以常常将K_{cat}和K_m一起用于研究酶动力学(表 2-2)。

表 2-2 常见酶的 K_m 值、K_{cat} 值及两者比值

酶	底物	K_m/(mol/L)	K_{cat}/s^{-1}	K_{cat}/K_m/[(mol/L)$^{-1}$ · s^{-1}]
乙酰胆碱酯酶	乙酰胆碱	9.5×10^{-5}	1.4×10^{4}	1.5×10^{8}
延胡索酸酶	延胡索酸	5.0×10^{-6}	8.0×10^{2}	1.6×10^{8}
过氧化氢酶	过氧化氢	2.5×10^{-2}	1.0×10^{7}	4.0×10^{8}
碳酸苷酶	二氧化碳	1.2×10^{-2}	1.0×10^{6}	8.3×10^{7}
脲酶	尿素	2.5×10^{-2}	1.0×10^{4}	4.0×10^{5}

三、米氏方程的适用范围

米氏方程的推导是建立在简单的单底物反应基础上的，酶促反应的过程分为两步，而实际上酶催化的反应也可以有两个或两个以上底物参加反应，过程可以分为很多步骤进行。米氏方程还适用于这样的过程，通常这样反应式的限速步骤都是产物的释放步骤，在这里只需要引进转化数概念K_{cat}，用以表示多步反应中一个明显的限速步骤的速率常数，如果多步反应中有几个限速步骤，那么K_{cat}就是这几个限速步骤速率常数的一个复合函数。米氏方程变形为

$$V_0=\frac{K_{cat}[E_t][S]}{K_m+[S]} \tag{2-19}$$

在这个方程中，K_m是多个步骤速率常数组成的一个复合函数。但米氏方程对这类反应给出的是现象性的描述，无法从米氏方程看出各个中间体的个数及中间体的状态。

米氏方程是根据单底物推导出来的，适用于对底物分子只有一个结合位点的酶促反应。许多酶催化的反应比较复杂，包含一种以上底物。双底物的酶促反应仍可用米氏方程来测量其反应机制。三底物反应不适用于米氏方程。在双底物反应中按是否形成三元复合物将双底物反应机制分为两类：顺序机制(sequential mechanism)和乒乓机制(Ping-pong mechanism)。图 2-9 给出了酶催化 A 和 B 两个底物生成 P 和 Q 两个产物的不同反应机制。

顺序机制指两个底物(A 和 B)都必须先与酶结合，形成三元复合物(EAB)后才发生的反应。顺序机制又分为两类：有序机制和随机机制。在有序机制中，底物结合酶依次进行，只有第一个底物(A)的结合才能促使酶形成第二个底物(B)的结合位点(图 2-9a)。例如，依赖于辅酶 NAD^+ 和 $NADP^+$ 的脱氢酶催化的反应，就遵循双底物反应有序机制，辅酶为先导底物。而在随机机制中，两个底物结合无优先顺序，游离酶上存在两个底物的结合位点(图 2-9b)。

乒乓机制是在所有底物都与酶结合前，就开始释放产物的基团转移反应机制。酶先同底物 A 发生反应生成产物 P 释放出来，然后再与底物 B 反应生成产物 Q，因此乒乓机制也被称为双置换机制。底物 A 和 B 与酶是依次反应并不同时反应，可以用图 2-9c 表示。

很多氨基转移酶、黄素酶都属于此类反应机制。转氨酶反应属于典型的乒乓机制，酶首先与底物 A(氨基酸)作用，产生中间产物 EA，底物中的氨基转移到辅酶，使辅酶中的磷酸吡哆醛变成磷酸吡哆胺，即 EA 转变为 E′P，然后放出产物 P(α-酮酸)，得到酶 E′，再与底物 B(另一个酮酸)作用，放出产物 Q(相应的氨基酸)和 酶 E。由乙酰辅酶 A、ATP 和 HCO_3^- 三个底物生成丙酰辅酶 A 的反应也属于乒乓机制。

米氏方程的推导是建立在稳态假说的基础上的，即初反应的起始阶段，[ES]浓度保持恒

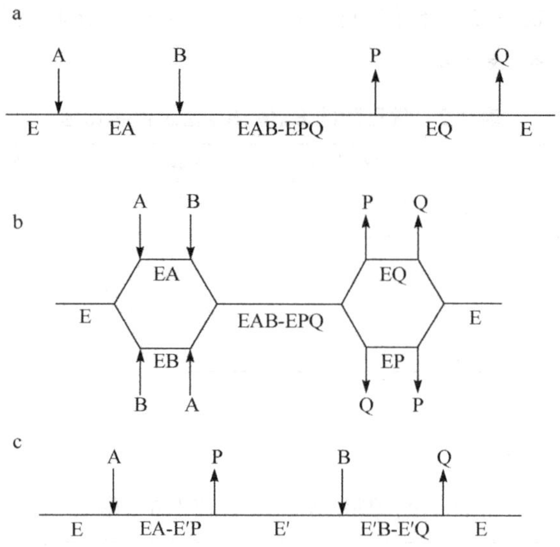

图 2-9　双底物反应机制

a. 有序机制，A 一定要先结合酶，A 称为先导底物，B 称为后随底物；
b. 随机机制，A 和 B 都可先与酶结合；c. 乒乓机制，E′代表 E 结合了
A 的功能基团后的状态，E′将该功能基团转给 B 后，恢复为 E

定，直到底物耗尽，在此阶段[ES]为常数：$\frac{d[ES]}{dt}=0$。而在反应刚开始形成 ES 的阶段，即前稳态阶段，$\frac{d[ES]}{dt}\neq 0$，在前面所讲米氏方程推导中式(2-4)到式(2-6)的推导将无法进行，米氏方程推导过程是不成立的。在米氏方程推导过程中，还有一个假设是[S]≫[E]，这样酶就能迅速处于饱和状态，到达稳态阶段，这也是稳态假说的一个重要假设。因此，米氏方程也不适用酶浓度接近或大于底物浓度的反应。

四、K_m 和 V_{max} 的求法

从酶的 V-[S]图上可以得到 V_{max}，再从 $1/2V_{max}$ 处读出[S]，即为 K_m。但实际上只能无限接近 V_{max}，却无法达到。下面的几种作图法可以比较方便得出 V_{max} 和 K_m。

(一) Lineweaver-Bruk 作图法

将米氏方程两边取倒数整理得

$$\frac{1}{V_0}=\frac{K_m}{V_{max}[S]}+\frac{[S]}{V_{max}[S]}=\frac{K_m}{V_{max}}\frac{1}{[S]}+\frac{1}{V_{max}} \tag{2-20}$$

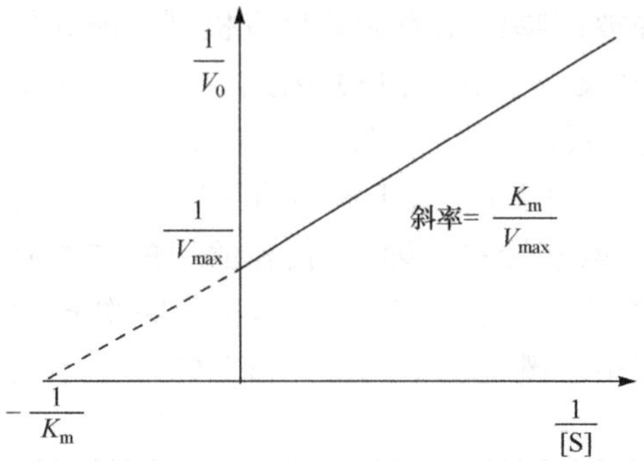

图 2-10　Lineweaver-Bruk 作图法

式(2-20)可以看成是一个以 1/[S]为 X 变量，$1/V_0$ 为 Y 变量的一次函数。以 1/[S]对 $1/V_0$ 作图可以得到一个直线图(图 2-10)，直线的斜率为 K_m/V_{max}，在 $1/V_0$ 上的截距为 $1/V_{max}$，在 1/[S]上的截距为 $-1/K_m$，从图上就可以求出 K_m 和 V_{max} 的值，将这种作图法称为双倒数作图，又称为 Lineweaver-Bruk 作图。用 Lineweaver-Bruk 作图时，实验中测得的[S]值多分布在图的左侧 0.5～$5K_m$ 的范围内，当底物浓度过低时，会出现很大的误差。

（二）Eadie-Hofstee 作图法

该作图法是在双倒数作图的基础上转变而来的，将式(2-20)两侧乘以 $V_0 \cdot V_{max}$后整理得

$$V_0 = V_{max} - K_m \frac{V_0}{[S]} \tag{2-21}$$

以$\frac{V_0}{[S]}$对 V_0作图，可得到一个直线，斜率为$-K_m$，通过直线在横轴和纵轴上的截距可以计算出 V_{max}和 K_m，直线在横轴上的截距为$\frac{V_{max}}{K_m}$，在纵轴上的截距为 V_{max}(图 2-11)。

（三）Eisenthal 和 Cornish-bowden 作图法

将式(2-20)两边都乘以 V_{max}整理得

$$V_{max} = K_m \frac{V_0}{[S]} + V_0 \tag{2-22}$$

把实验中测得的[S]和其对应的 V_0，标注到以[S]为横坐标，V_0为纵坐标的坐标轴上，就可以得到如图 2-12 所示的一个图。当酶浓度一定时，取不同的初始底物浓度，根据浓度变化测定其对应的 V_0，做出一条直线，对于不同的初始底物浓度可以做出很多条直线，这些直线相交一点，这点的横坐标和纵坐标为(K_m，V_{max})。

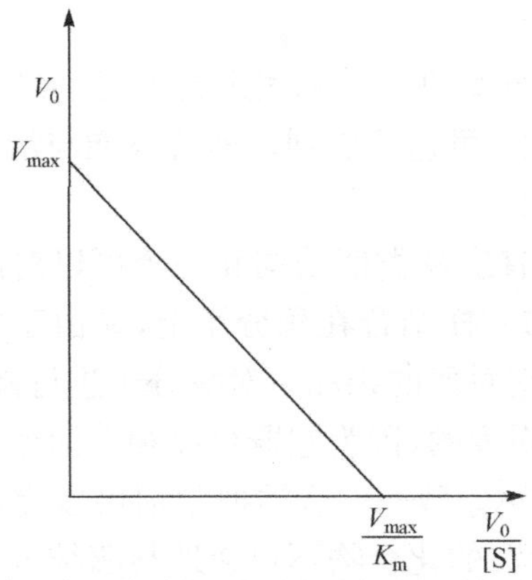

图 2-11　Eadie-Hofstee 作图法

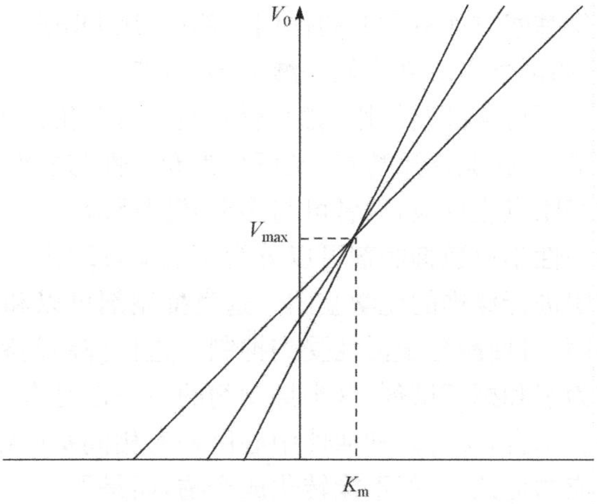

图 2-12　Eisenthal 和 Cornish-bowden 作图法

现在的实验多是应用计算机对动力学数据进行复杂的函数分析，但上面所介绍的作图法，对于酶动力学机制和酶抑制类型的分析还是起到很重要的作用。

五、酶的抑制作用

在自然界中，存在很多物质可以干扰酶促反应的进行，减慢甚至阻止酶促反应的进行，这些物质通过与酶结合，从而影响酶与底物的结合，或是引起酶活力的下降，但并不使酶变性，将这些物质称为抑制剂。酶的抑制作用基本上存在于所有酶促反应的细胞内，人类现阶段发明

的很多药物都是酶抑制剂，如治疗艾滋病的药物 ritonavir 含有可与 HIV 病毒蛋白酶活性中心结合的基团，从而抑制 HIV 病毒活性。阿司匹林也是利用其可以抑制酶活性，从而起到镇痛作用。研究酶的抑制，还是研究酶结构、功能、催化机制和生物代谢途径的一个重要手段。研究酶的抑制在理论和实践上具有很重要的意义。本节将通过米氏稳态动力学方程，研究酶抑制的机制和抑制剂对酶动力学的影响。

（一）抑制类型

抑制剂(inhibitor, I)是一种与酶结合的化合物，通过防止 ES 的形成或防止 ES 生成E+P 来抑制酶的活性。根据抑制剂与酶的作用方式和抑制剂对酶的抑制作用是否可逆，将抑制分为两大类：可逆抑制和不可逆抑制。不可逆抑制是指抑制剂与酶结合后，破坏酶催化所需的功能基团，并与酶共价结合，抑制剂对酶的抑制作用是不可逆的。可逆抑制是指抑制剂与酶的结合是可逆的，可用透析、超滤等方法除去抑制剂，恢复酶活性。

（二）不可逆抑制

不可逆抑制中，抑制剂和酶的结合是不可逆的，抑制剂结合到酶的功能基团，或破坏酶的结构，或与酶形成比较稳定的共价键结构。抑制剂与酶形成稳定的共价连接是不可逆抑制中较为常见的类型。如果抑制剂的浓度大于酶的浓度，那么酶最终会被完全抑制，不能测出酶活。如果抑制剂的浓度小于酶的浓度，那么抑制剂全部与酶结合后，未与抑制剂结合的酶具有活性，方可测出酶活。这与可逆抑制剂是不同的，由于可逆抑制剂与酶的结合是可逆的，因此即使加入的抑制剂量与酶量相同，也可以在反应时测得酶活。不可逆抑制剂在研究酶活性中心关键氨基酸方面有重要的作用。例如，用 DIFP(二异丙基氟磷酸)与胰凝乳蛋白酶不可逆结合，推断酶活性中心必需氨基酸为 Ser 195。

具有不可逆抑制作用的抑制剂，通常以共价键方式与酶的必需基团进行不可逆结合而使酶丧失活性，按其作用特点，又可分为专一性与非专一性不可逆抑制剂。前者只能与活性部位的有关基团发生反应，后者可与多种基团反应。

专一性不可逆抑制剂可以分为两大类：K_s型——具有底物类似结构和一个可以对酶分子必需基团进行修饰的化学基团。这类抑制剂可以和底物一样结合在酶分子上，又由于它带有修饰基团，可使酶分子活性受到抑制。这种抑制剂利用它对酶的亲和力对酶分子进行修饰，因此又称为亲和标记试剂，这类抑制剂的专一性是有一定限度的，因为它既可以和酶活性中心的必需基团结合，又可以和活性中心以外的相同基团结合；K_{cat}型——这类抑制剂可以完成正常酶促反应的前几步，但不能转化成产物，而是形成一种活泼的化合物不可逆地与酶结合。这种抑制剂通常是不活泼的，除非与特定酶的活性部位结合后才表现出抑制活性，故也称为自杀性抑制剂，如 TPCK 等。常用来判断专一性的标准是：有底物保护现象，即底物大量存在时，可使抑制剂的抑制作用减弱；有化学计量关系，且和酶作用后使酶完全失活；与失活的酶不发生反应。

常见的非专一性不可逆抑制剂如有机磷化合物，可与酶分子活性部位的丝氨酸羟基共价结合，从而抑制某些蛋白酶及酯酶的活性。此类化合物强烈地抑制与神经传导有关的胆碱酯酶活性，使乙酰胆碱不能分解为乙酸和胆碱，引起乙酰胆碱的积累，使一些以乙酰胆碱为传导介质的神经系统处于过度兴奋状态，引起神经中毒症状，因此这类有机磷化合物又称为神经毒剂。二异丙基氟磷酸(diisopropyl fluorophosphate, DFP)、敌敌畏、敌百虫和沙林等农药都属于此类。有机磷化合物虽然与酶共价结合，但根据已知的乙酰胆碱酯酶活性部位结构，已设计出了用于治疗有机磷化合物中毒的解毒药。吡啶醛肟甲碘化物（pyridine aldoximine methiodide，PAM）（解磷定）就是其中的一种，它可作为一种强的亲核试剂取代酶与有机磷化合物结合，从而使酶恢复活性。

烷化剂、有机砷、汞化合物与酶分子中半胱氨酸残基的巯基作用，抑制含巯基的酶。例如，对氯汞苯甲酸，可用过量巯基化合物如半胱氨酸或还原型谷胱甘肽解除。砷化物可破坏硫辛酸辅酶，从而抑制丙酮酸氧化酶系统。路易斯毒气（$CHCl=CHAsCl_2$）能抑制几乎所有的巯基酶。砷化物的毒性不能用单巯基化合物解除，可用过量双巯基化合物解除，如二巯基丙醇等，二巯基丙醇是临床上重要的砷化物及重金属中毒的解毒剂。烷化剂主要是含卤素的化合物，如碘乙酸、碘乙酰胺、卤乙酰苯等，是一种非专一性抑制剂，可以烷化巯基，使酶失活。常用于鉴定酶中巯基。

氰化物与酶中的金属离子形成较为稳定的络合物，使酶的活性受到抑制。例如，氰化物作为剧毒物质与含铁卟啉的酶（如细胞色素氧化酶）中的 Fe^{2+} 络合，使酶失活而阻止细胞呼吸。

重金属银、铜、铅、汞等盐类能使大多数酶失活，可用螯合剂如乙二胺四乙酸（EDTA）解除。EDTA 的作用可能是与酶分子中的巯基发生反应，或置换酶中的金属离子。

（三）可逆抑制

可逆抑制中，根据抑制剂是否与酶活性中心结合，还可以分为竞争性抑制、非竞争性抑制和反竞争性抑制三类。竞争性抑制中抑制剂往往和底物竞争结合在酶活性中心，从而影响酶和底物的结合，进而影响酶的催化效率。非竞争性抑制时，抑制剂结合在酶活性中心以外的部位，抑制剂既可以和酶结合影响酶活性，还可以和酶-底物复合物结合影响酶活性。将与酶活性中心以外位点结合，并且只与 ES 复合物结合影响酶活性的抑制类型称为反竞争性抑制。非竞争性抑制和反竞争性抑制，实际上只发生在双底物或多底物酶促反应中，利用这个原理可以说明双底物反应的机制。

1. 竞争性抑制 竞争性抑制剂与底物竞争酶的结合位点，从而影响底物与酶的正常结合，竞争性抑制剂与酶的结合是可逆的。从某方面说，竞争性抑制剂降低了可用于和底物结合起催化作用的有效酶的浓度。竞争性抑制剂多为底物类似物或过渡态类似物。竞争性抑制不影响酶的转化数。

竞争性抑制剂与底物结合的反应式可以表示如下：

$$\begin{array}{l} E+S \rightleftharpoons ES \longrightarrow E+P \\ + \\ I \overset{K_I}{\rightleftharpoons} EI \longrightarrow \text{不发生反应} \end{array}$$

I 用来表示竞争性抑制剂，K_I 表示 EI 的解离常数，$K_I=\frac{[E][I]}{[EI]}$，酶和抑制剂结合后就不能同时和底物结合，因此$[E_t]=[E]+[ES]+[EI]$，$[E_t]$表示酶的总量，[E]表示游离酶量，[ES]表示酶-底物复合物的量，[EI]表示酶与竞争性抑制剂结合后形成 EI 复合物的量。竞争性抑制动力学方程推导方法与米氏方程的推导方法相同，不同的是酶的总量中多了一个 EI 复合物的量。推导过程参照前面所讲内容，推导得到竞争性抑制米氏方程为

$$V_0=\frac{V_{max}[S]}{\left(1+\frac{[I]}{K_I}\right)K_m+[S]} \tag{2-23}$$

将式(2-23)取双倒数为

$$\frac{1}{V_0}=\frac{K_m}{V_{max}}\left(1+\frac{[I]}{K_I}\right)\frac{1}{[S]}+\frac{1}{V_{max}} \tag{2-24}$$

将式(2-23)以 V_0 对[S]作图得图 2-13A，用式(2-24)以双倒数作图得图 2-13B。从图 2-13A可以看出，加入竞争性抑制剂后，V_{max}不变，K_m变大($K'_m>K_m$)，而且 K'_m随[I]的增加而增大，双倒数作图直线相交于纵轴，这是竞争性抑制作用的特点。

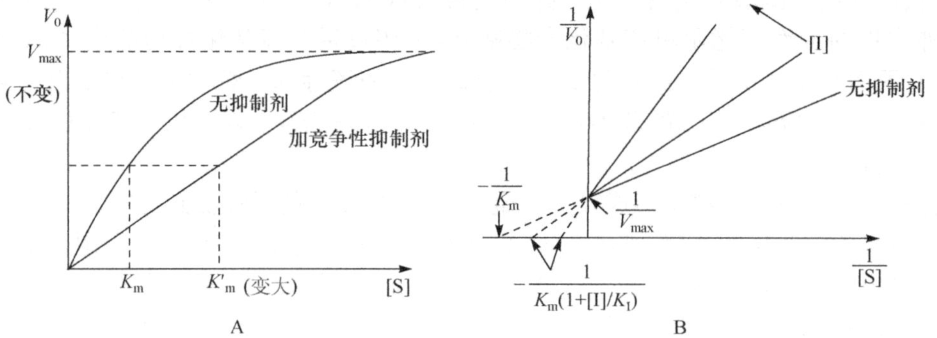

图 2-13　竞争性抑制曲线

很多药物都是酶的竞争性抑制剂。例如，磺胺药与对氨基苯甲酸具有类似的结构，而对氨基苯甲酸、二氢蝶呤及谷氨酸是某些细菌合成二氢叶酸的原料，二氢叶酸能转变为四氢叶酸，它是细菌合成核酸不可缺少的辅酶。由于磺胺药是二氢叶酸合成酶的竞争性抑制剂，进而减少细菌体内四氢叶酸的合成，使核酸合成受阻，导致细菌死亡。

抗菌增效剂——甲氧苄氨嘧啶(TMP)能特异地抑制细菌的二氢叶酸还原为四氢叶酸，故能增强磺胺药的作用。

2. 非竞争性抑制　非竞争抑制作用中，抑制剂与酶的结合不影响酶与底物结合。非竞争性抑制剂常常结合在酶活性部位以外的地方，既可以与酶结合，也可以与酶和底物的复合物结合，酶与抑制剂结合后还可以与底物结合，形成 EIS 复合物(I 表示抑制剂)，但 EIS 复合物不能催化反应进一步进行，从而影响酶促反应的进行。由于抑制剂结合在酶活性中心以外的地方，因此不影响酶和底物的亲和力。由于在非竞争性抑制中抑制剂既可以与酶结合又可以与酶-底物结合，因此又被称为混合型抑制剂，非竞争性抑制又可以被称为混合性抑制。这种抑制作用与竞争性抑制不同，增加底物浓度不能减弱抑制作用。

非竞争性抑制剂与底物结合的反应式可以表示如下：

$$\begin{array}{ccc}
E+S & \rightleftharpoons & ES \longrightarrow E+P \\
+ & & + \\
I \overset{K_I}{\rightleftharpoons} EI & & I \overset{K'_I}{\rightleftharpoons} ESI \\
+ & & \\
S \overset{K'_I}{\rightleftharpoons} EIS & &
\end{array}$$

在反应中，K_I、K'_I分别为 EI 和 EIS 的解离常数，反应中的每个解离常数并不一定相等。

$$K_I=\frac{[E][I]}{[EI]} \tag{2-25}$$

$$K_I'=\frac{[ES][I]}{[EIS]} \tag{2-26}$$

酶的总浓度为$[E_t]=[E]+[ES]+[EI]+[EIS]$，非竞争性抑制米氏方程为

$$V_0=\frac{V_{max}[S]}{\left(1+\frac{[I]}{K_I}\right)K_m+\left(1+\frac{[I]}{K_I'}\right)[S]} \tag{2-27}$$

将式(2-27)取双倒数方程为

$$\frac{1}{V_0}=\frac{K_m}{V_{max}}\left(1+\frac{[I]}{K_I}\right)\frac{1}{[S]}+\frac{1}{V_{max}}\left(1+\frac{[I]}{K_I}\right) \tag{2-28}$$

由式(2-27)和式(2-28)作图得图 2-14A 和图 2-14B。由图 2-14A 可以看出，加入非竞争性抑制剂后，K_m值不变，V_{max}变小，V'_{max}随[I]的增加而增。双倒数作图直线相交于横轴，这是非竞争性抑制作用的特点。

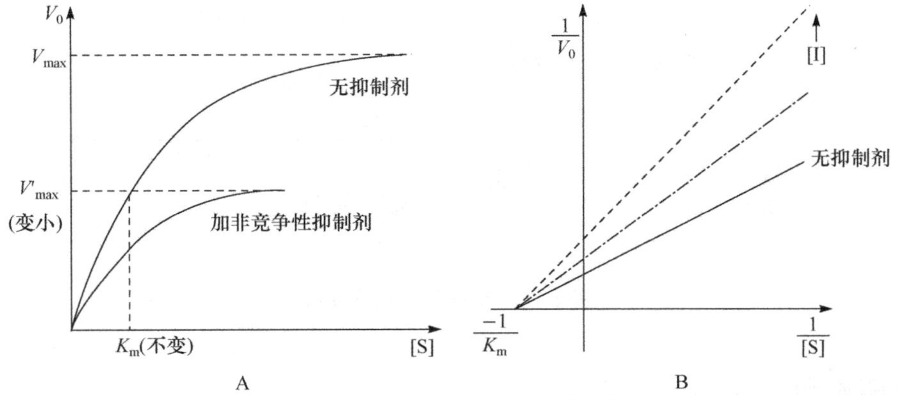

图 2-14　非竞争性抑制曲线

一些含金属离子(铜、汞、银等)的化合物常常作为非竞争性抑制剂。EDTA 络合金属引起的抑制也是非竞争性抑制，如对需要镁离子的己糖激酶的抑制。但并不是所有的非竞争性抑制剂都是含金属离子的化合物，亮氨酸是精氨酸酶的非竞争性抑制剂。

3. 反竞争性抑制　与酶活性中心以外的地方结合，抑制酶促反应的抑制剂，除上面所说的非竞争性抑制剂外，还有一种反竞争性抑制剂，这种抑制剂只与 ES 复合物结合，不与游离酶结合，生成的 EIS 不催化反应，从而抑制酶促反应的顺利进行。将这种反应机制称为反竞争性抑制。

反竞争性抑制剂与底物结合的反应式可以表示如下：

$$\begin{array}{l} E+S \rightleftharpoons ES \longrightarrow E+P \\ \qquad\qquad\ \ + \\ \qquad\qquad\ \ I \overset{K_I}{\rightleftharpoons} EIS \longrightarrow \text{不发生反应} \end{array}$$

在反应式中，K_I 表示抑制剂与酶-底物复合物的解离常数，$K_I=\frac{[ES][I]}{[EIS]}$，酶的总浓度为$[E_t]=[E]+[ES]+[EIS]$，反竞争性抑制方程为

$$V_0=\frac{V_{max}[S]}{K_m+\left(1+\frac{[I]}{K_I}\right)[S]} \tag{2-29}$$

式(2-29)取双倒数为

$$\frac{1}{V_0}=\frac{K_m}{V_{max}}\frac{1}{[S]}+\frac{1}{V_{max}}\left(1+\frac{[I]}{K_I}\right) \tag{2-30}$$

由式(2-29)和式(2-30)作图得图 2-15A 和图 2-15B。由图 2-15A 可以看出，加入反竞争性抑制剂后，K_m及 V_{max}都变小，而且 $K'_m<K_m$，$V'_{max}<V_{max}$，即表观 K_m及表观 V_{max}都随[I]的增加而减小。双倒数作图为一组平行线，这是反竞争性抑制作用的特点。

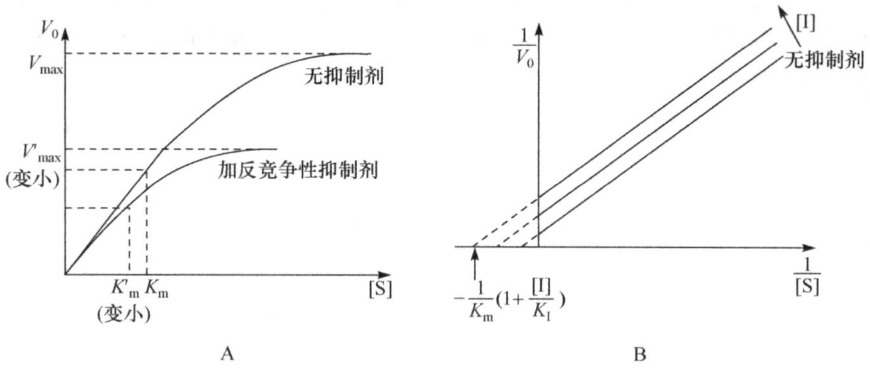

图 2-15　反竞争性抑制曲线

六、温度的影响

温度对酶促反应的影响可以用图 2-16 的钟形图像来表示。从图 2-16 可以看出，随着温度的增高，酶促反应速率升高，直至到达最高点。酶表现出最高活性时的温度称为酶的最适温度，此时酶反应速率最大，超过最适温度之后，酶的反应速率随着温度的升高而下降。温度的升高既可以增加酶促反应的速率，又可以对酶促反应起抑制作用，高温甚至可以引起酶的变性。每种酶促反应的最适温度不同，动物的酶促反应最适温度是 35～40℃，植物的酶促反应最适温度是 40～50℃，微生物由于其生活环境差异较大，因此其酶促反应最适温度差异也较大。嗜热菌中 α-淀粉酶的最适温度可以达到 90℃，嗜冷菌的最适温度是 0～15℃。但最适温度不能作为酶的一个特征常数，因为酶的最适温度也受其他因素的影响，包括温度作用的时间，pH，离子强度，作用底物等。随着温度的缓慢升高，酶反应速度是随着温度的升高而增加的。因绝大部分酶分子都是蛋白质，高温可以影响蛋白质中氢键、范德华力等弱的相互作用力，影响蛋白质旋光性、黏滞性等。高温对酶的影响并不是马上显露出来，而是需要时间的累加，当温度超过最适温度时，高温引起的酶的变性，逐渐抵消了温度升高引起的酶促反应速率的升高，从而引起酶促反应速率的下降。热对酶或者说对蛋白质的影响还不能准确预测。

七、pH 的影响

pH 对酶的反应速度有影响，酶只有在一定 pH 下才能表现出最大反应活性，该 pH 称为酶的最适 pH。在这个 pH 下酶的活力最大，高于或低于这个 pH 都可以引起酶活力的降低。

同酶的最适温度一样，酶的最适 pH 不能作为衡量酶特征的物理常数，因为酶的最适 pH 随着底物浓度、缓冲液的种类和浓度等的变化而变化。在不使酶变性的条件下，以反应初速率对 pH 作图，大多数情况下可得到一个近似钟形的曲线（图 2-17）。但也有酶的曲线不是钟形，如胃蛋白酶，它的曲线是个偏向酸性区的半钟形曲线。木瓜蛋白酶和底物的电荷变化对催化没有影响，在 pH 4～10 内曲线是一条直线。

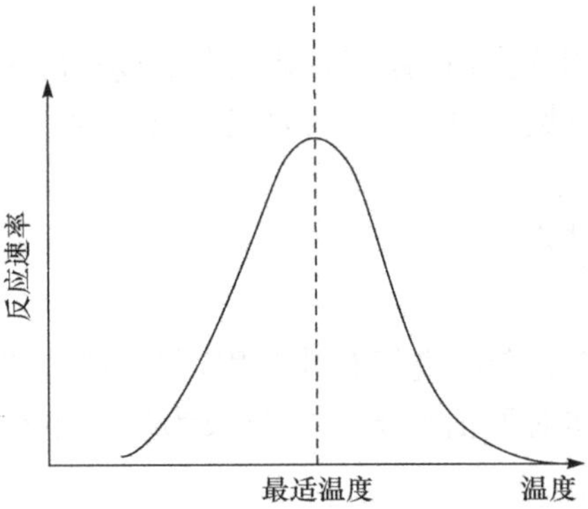

图 2-16 温度对酶促反应速率的影响

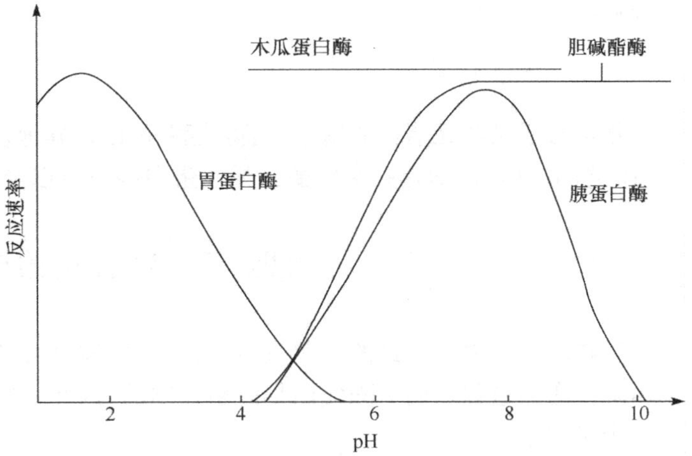

图 2-17 pH 对酶促反应速率的影响

酶活性受到 pH 影响也不难理解，因为处于酶活性部位的氨基酸残基的侧链都是以弱酸或弱碱形式存在的，但参与酶催化时只有特定 pH 下氨基酸的残基才能呈现出所需要的离子状态。当然非活性部位的氨基酸残基侧链在一定 pH 下的解离状态也会通过影响酶的构象来影响酶的活性。

根据酶活力 pH 变化的范围，可以推断出酶活性中心可能具有的氨基酸残基，如酶活力变化在 pH 4 附近，可以推断出酶活性中心可能含有 Asp 或 Glu，但这样的推断不是绝对的，因为氨基酸残基的等电点受微环境的影响很大，周围电荷的分布常常会使氨基酸残基等电点升高或降低，所以体外测定酶的 pH 和在正常生理状态下测定的酶最适 pH 可能会有细微差别。

八、激活剂的影响

凡是能提高酶活性的物质都称为激活剂。激活剂可以通过和酶结合而改变酶的构象，影响酶和底物的结合，或者增加酶对底物的催化能力。大部分激活剂是离子或简单有机化合物。按照分子大小，可分为三类。

（一）无机离子

可分为金属离子、氢离子和阴离子三种。起激活作用的金属离子有钾、钠、钙、镁、锌、铁等，其中镁是多种激酶及合成酶的激活剂。阴离子的激活作用一般不明显，较突出的是动物唾液中的 α-淀粉酶受 Cl^- 激活，溴也可以对其起到激活作用，但溴的激活作用稍弱。

激活剂的作用是有选择性的，对一种酶起到激活作用，对另一种酶可能起抑制作用。有些离子还有拮抗作用，如钠抑制钾对酶的激活作用，钙抑制镁对酶的激活作用。有些金属离子可互相替代，如激酶的镁离子可用锰取代。激活剂的浓度也有影响，浓度过高可能起抑制作用。例如，对于 $NADP^+$ 合成酶，镁离子浓度在 5×10^{-3}～10×10^{-3} mol/L 时起激活作用，在 30×

10^{-3} mol/L 时抑制酶活性。

（二）中等大小有机分子

某些还原剂，如半胱氨酸、还原型谷胱甘肽、氰化物等，能打开分子中的二硫键，激活某些酶，提高酶活性，如木瓜蛋白酶、D-甘油醛-3-磷酸脱氢酶等。另一种是 EDTA，可螯合金属离子，解除重金属对酶的抑制作用。

（三）蛋白质类

指可激活某些无活性的酶原，如肠肽酶，可以特异地切割胰蛋白酶原 N 端六肽和 Lys 15～Ile 16 之间的肽键，活化胰蛋白酶。弹性蛋白酶原可以经过胰蛋白酶的作用而表现出活性。

第四节　酶活性的调控

生物的成长需要大量的资源，这就需要生物体对可利用的资源进行有效利用，需要调节体内新陈代谢的过程。而新陈代谢是由酶控制的，因此生物体对酶活性的调控就成为生物生存的一个必需条件。

生物体对酶的调节可以通过增加或减少酶的数量进行，这种作用机制往往缓慢而持久，称为粗调；也可以通过调节酶的活性来调节新陈代谢的速率。通过不同的调节剂与酶结合改变酶的构象，提高或改变酶的活性。通过对酶分子本身结构进行一定的修饰来调节酶的活性，这种作用机制对酶活性的改变较大，起效较快，称为细调。

一、反馈调节

生物体内存在众多的代谢途径，每条代谢途径都由很多的反应组成，许多酶参与到每条代谢途径中，要使得酶促反应的速率与生物体的需求相一致，才能不浪费能源。反馈调节是调节酶活性的一种机制，指代谢途径的代谢终产物，可以特异调节代谢途径中酶的活性，从而控制代谢途径的反应速率。因为代谢途径中，往往上一个反应的产物就是下一个反应的底物，反馈调节往往作用于代谢途径中关键步骤的酶，可以促进关键部分产物的合成，为下一步反应尽快提供底物。终产物调节代谢途径时往往作用于代谢途径的第一个酶。

天冬氨酸和氨甲酰磷酸经过天冬氨酸转氨甲酰酶（ATCase）等一系列酶的催化可以生成胞苷三磷酸（CTP）（图 2-18）。CTP 和 ATP 是合成核酸的两个底物，在生物体内需求量基本相等，当 CTP 含量小于 ATP 含量时，ATP 就会激活 ATCase，增加 CTP 的合成，但 CTP 含量大于 ATP 时，CTP 就会抑制 ATCase 的活性，使 CTP 合成下降。

二、别构调节

某些调节物质与酶结合后会影响酶与底物或者与调节物的结合，改变酶的活性，这种调节称为别构调节。能进行别构调节的酶称为别构酶（allosteric enzyme），可以与别构酶结合调节其活性的物质称为别构调节剂（也称为效应物或别构剂），通常是一些小分子或辅因子，别构调节剂可以与酶活性部位以外的调节部位或者别构部位非共价键结合，催化的过程往往是可逆的，别构酶结合别构剂的位点可以是一个也可以是多个，每个调节位点对其调节物都是专一的，具有不同效应物的酶具有不同的调节位点。当别构酶作用的底物就是它的别构剂时，被称

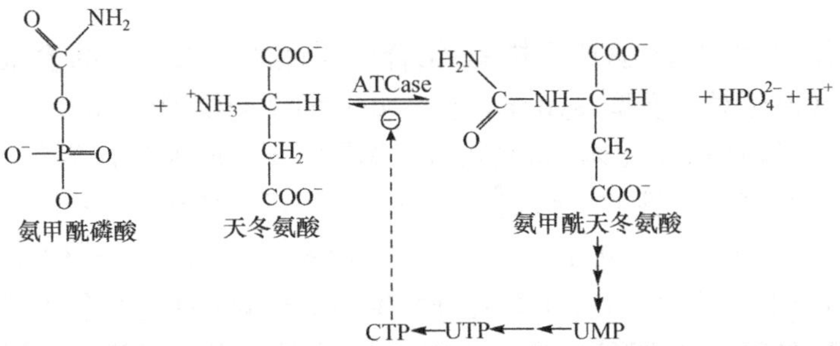

图 2-18 天冬氨酸转氨甲酰酶催化的反应

UMP,尿苷一磷酸;UTP,尿苷三磷酸;⊖表示抑制作用

为同促酶,同促酶的别构效应被称为同促效应。当别构酶作用的底物和它的别构剂不同时,被称为异促酶,异促酶的别构效应被称为异促效应。别构剂作用于别构酶使得酶活性升高称为正协同性,反之,别构剂作用于别构酶使得酶活性降低称为负协同性。别构酶分子一般比非别构酶要大,结构更为复杂,由若干亚基以非共价键形式结合在一起。

别构酶的动力学方程不能用米氏方程来衡量,米氏方程的底物浓度对反应初速率作图呈双曲线,而别构酶底物浓度对反应初速度作图为一"S"形曲线图(正协同性)或表观双曲线(负协同性)。在底物浓度比较低的时候,酶促反应速率变化不明显,但随着底物浓度的升高,反应速率的增加对底物浓度表现得很敏感。"S"形曲线表现了系统中协同作用的特征,刚开始底物与酶刚结合,曲线的斜率比较低,随着别构剂的加入,增大了酶的活性,提高了酶反应的速率,曲线的斜率增加(图 2-19)。

为了区分符合米氏方程的"正常酶"、具有正协同效应的别构酶和具有负协同效应的别构酶,Koshland 建议用协同指数(cooperativity index,CI)来鉴别不同的协同作用,以及协同的程度。CI 是指酶分子中的结合位点被底物饱和 90% 和 10% 时底物浓度的比值。故协同指数又称饱和比值(saturation ratio,R_s),即

$$R_s=\frac{\text{位点被 90\%饱和时的底物浓度}}{\text{位点被 10\%饱和时的底物浓度}}=81^{1/n}$$

式中,n 代表协同系数(Hill 常数)。

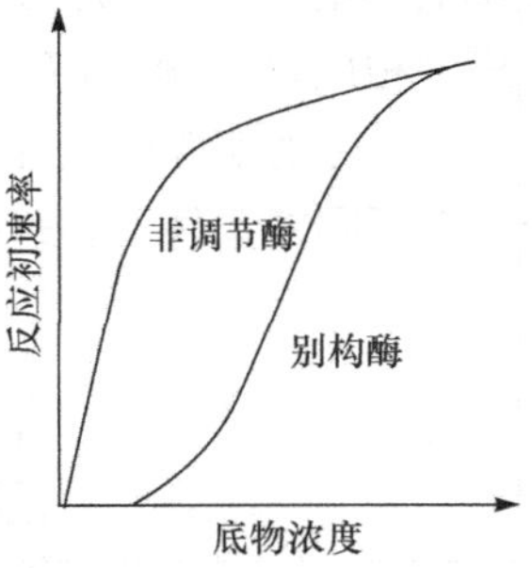

图 2-19 别构酶的动力学曲线

典型的米氏类型的酶 $R_s=81$;具有正协同效应的别构酶 $R_s<81$,R_s 越小,正协同效应越显著;具有负协同效应的别构酶 $R_s>81$,R_s 越大,负协同效应越显著。

1910 年,Hill 建立的 Hill 公式也可以用来分析别构剂和酶的协同性。

$$\lg\left(\frac{Y}{1-Y}\right)=n\lg[S]-\lg K \tag{2-31}$$

式中,n 为 Hill 常数;Y 为酶与底物结合的饱和度;S 为底物浓度;K 为解离常数。

Hill 公式是一个 lg[S]对 $\lg\left(\frac{Y}{1-Y}\right)$ 的直线方程。在现实中别构酶的结合位点不可能无限多,但是可以作为一个衡量酶和别构剂相互作用程度的一个标志。n 是一个可以用来度量协同作用的系数。当 $n=1$ 时,表示酶和底物不具备协同性,即该酶不是别构酶,而是米氏酶;当 $n>1$ 时,表示反应是正协同性,别构剂提高酶活力;当 $n<1$,表示反应是负协同性的,别构剂抑

制了酶活力。

说明底物(配体)与别构蛋白(或别构酶)结合协同性的引人关注的模型有两个:齐变模型(concerted model)(也称对称模型,symmetry model)和序变模型(sequential model)。

齐变模型可用来解释相同配体(如底物)的协同结合。该模型认为每个亚基存在两种构象:一种是对底物具有高亲和性的松弛型(relaxed form,R)构象,另一种是低亲和性的紧张型(tight form,T)构象。两种构象处于平衡,当一种构象转变为另一种构象时,分子对称性不变。因此当蛋白质改变构象时,所有亚基同时发生构象变化,而且每个亚基呈现相同构象(图2-20)。这个模型存在着一定的疑问,在自然界中构成别构酶的亚基不可能都是完全对称的,而且这个理论也无法解释负协同效应。

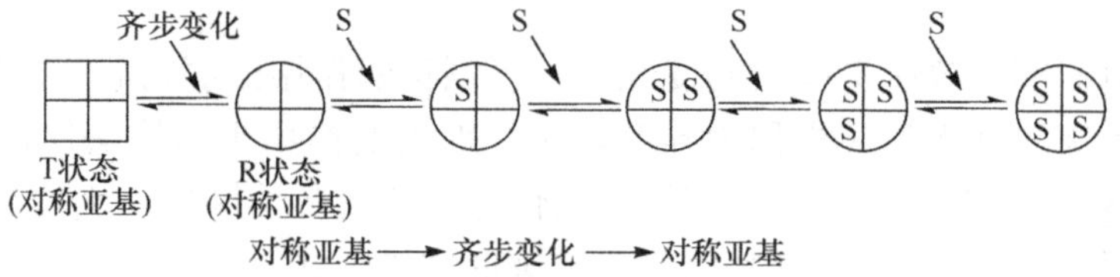

图 2-20　别构酶齐变模型变化图

序变模型是近年来更普遍运用的模型,是由 Koshland、Nemethyl 和 Filmer 于 1966 年提出的。别构剂和别构酶单个亚基的结合,会诱导与之作用的单个亚基构象的变化,并且加强该亚基的协同作用,而单个亚基构象的变化会引起与之相邻亚基构象发生同样的变化,依次诱导所有亚基构象发生变化,从而使整个酶的协同效应增强,协同性取决于与配体结合的亚基对空位亚基的影响(图 2-21)。这里增强的可以是正协同效应,也可以是负协同效应。序变模型与齐变模型相比,可以解释负协同效应,负协同效应只出现在像甘油醛-3-磷酸脱氢酶那样的少数酶中。在实际的实验中,这两种模型都具有局限性,不能很好地解释所有的现象,甚至表现出同一个酶在不同的条件下,表现出不同的模型。因此对别构酶作用的模型还有待于进一步发展。

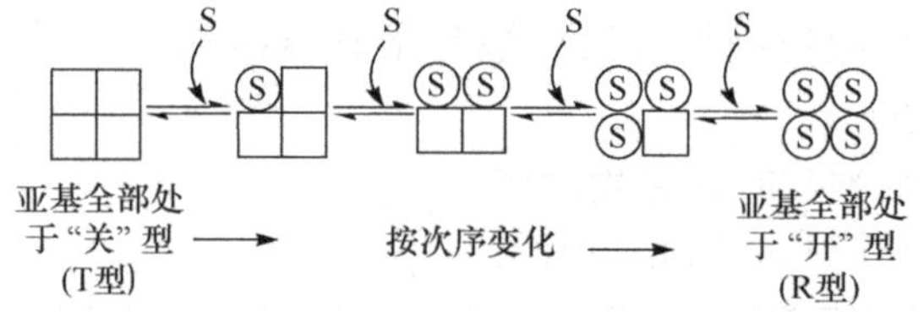

图 2-21　别构酶序变模型变化图

来自大肠杆菌的天冬氨酸转氨甲酰酶(ATCase)是一个研究得比较透彻的别构酶,是催化嘧啶核苷酸生物合成的一个关键反应,由氨甲酰磷酸和天冬氨酸生成氨甲酰天冬氨酸。研究发现胞苷三磷酸(CTP)是 ATCase 的一个别构抑制剂,也称为反馈抑制剂,而 ATP 是酶的激活剂,CTP 和 ATP 都影响底物天冬氨酸与酶的结合。ATCase 由两个三聚体的催化亚基和三个二聚体的调节亚基组成,底物天冬氨酸和氨甲酰磷酸结合在催化亚基上,而 CTP 和 ATP 结合在调节亚基上。分子结构为 2 个 C_3 中间夹着 3 个 R_2,活性中心位于两个催化亚基中间。别构中心位于调节亚基的远端,通过变构影响催化亚基的活性。别构剂和调节亚基的结合影响 ATCase 的催化活性。起正协同效应的 ATP 可以和 ATCase 的 R 态结合,增加 ATCase 与 ATP 的进一步结合,对酶促反应的进行起到激活的作用。而 CTP 优先结合到 ATCase 的 R 态,使得酶的构象同时向 T 态转化,降低酶的催化能力。CTP 有异促效应,可使酶的"S"形程度增大，ATP 和 CTP 都只改变酶的亲和力，而不影响 V_{max}。琥珀酸是天冬氨酸的类似物，在天冬氨酸浓度高时是竞争性抑制剂，而当天冬氨酸不足时则可模拟天冬氨酸的正调控变构作用而成为激活剂(图 2-22)。

磷酸甘油醛脱氢酶(GDP)是一种负协同效应别构酶，含有 4 个亚基，NAD^+ 与第一个亚基的亲和力比较高，可以很容易结合到酶上，随着底物浓度的增加，NAD^+ 可以和第二个亚基结合，但结合后会引起酶构象的变化，降低酶的活性，即使 NAD^+ 的浓度再升高，酶活性也不会随着底物浓度的升高而增加，这就使得 GDP 对底物浓度在一定范围内的变化不敏感。在人体内当 NAD^+ 过多时则供给其他反应，避免造成酸中毒，而 NAD^+ 不足时则可以保证糖酵解的进行。

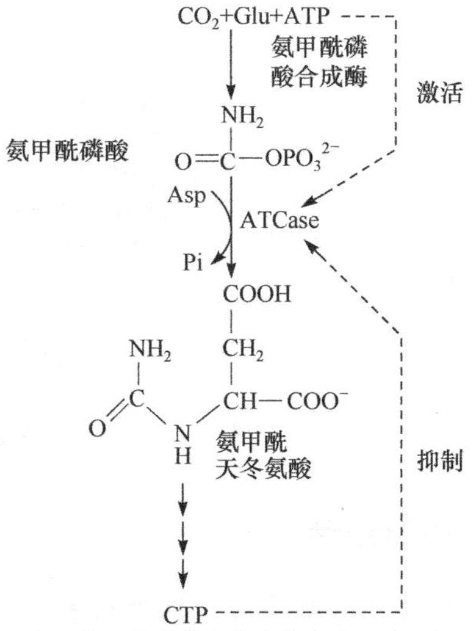

图 2-22　ATP 和 CTP 通过对 ATCase 的别构作用对嘧啶合成的调控

三、共价修饰调节

共价调节酶(covalent regulatory enzyme)是一类由其他酶对其结构进行可逆共价修饰，使其处于活性和非活性的互变状态，从而调节酶活性。共价调节酶一般都存在相对无活性和有活性两种形式，两种形式之间互变的正、逆向反应由不同的酶催化。共价修饰可以使基团磷酸化-去磷酸化，甲基化-去甲基化，腺苷酰化-去腺苷酰化、乙酰基化-去乙酰基化等，其中了解最为清楚的是磷酸化-去磷酸化。

蛋白质特定基团的磷酸化，可以改变酶的活性。蛋白质的磷酸化往往是通过蛋白激酶催化的，可以使得苏氨酸、酪氨酸和丝氨酸残基的羟基磷酸化，磷酸化的基团中氧具有很强的极性可以和周围的基团形成氢键，从而影响酶的构象，影响酶对底物的结合和催化，磷酸化有时可以改变构成酶的基团间的相互作用。酶的磷酸化还可以通过改变酶和底物的亲和力来改变酶的活性。最典型的例子是动物组织的糖原磷酸化酶，它催化糖原分解产生葡萄糖-1-磷酸(图 2-23)。这个酶有两种形式：活性较高形式——磷酸化酶 a，是由两个亚基组成的寡聚酶，每个亚基含有一个特定的丝氨酸的羟基被磷酸化，这些丝氨酸的磷酸化是酶发挥其最大活性所必需的；活性较低形式——磷酸化酶 b，由两个亚基组成。两分子的磷酸化酶 b 在磷酸化酶 b 激酶的催化下，每个亚基上的 Ser 14 残基接受 ATP 提供的磷酸基团，形成高活性的磷酸化酶 a。磷酸化酶 a 在磷酸化酶磷酸酶的作用下脱去磷酸基又转变为磷酸化酶 b。磷酸化酶的活性形式和非活性形式之间的平衡，使磷酸基共价地结合到酶分子上或从酶分子上脱下，从而调节控制此酶的活性。

共价调节酶可以将化学信号放大。一分子磷酸化酶激酶可以在短时间内催化数千个磷酸化酶 b，每个产生的磷酸化酶 a 又可催化产生数千个葡萄糖-1-磷酸，这样就构成了两步的级联放大。实际上这是肾上腺素使糖原急剧分解的级联放大的一部分。另一类共价调节酶是大肠杆菌谷氨酰胺合成酶等，它们接受 ATP 转来的腺苷酰基的共价修饰，或酶促脱去腺苷酰基而调节活性。磷酸化的调节往往是多层次的，并不是所有的基团都可以磷酸化，能够发生磷酸化的基团也不是同时发生磷酸化。某些情况下，邻近基团发生磷酸化后，特定基团才能磷酸化。此外，酶原的激活也是一种不可逆的共价调节。

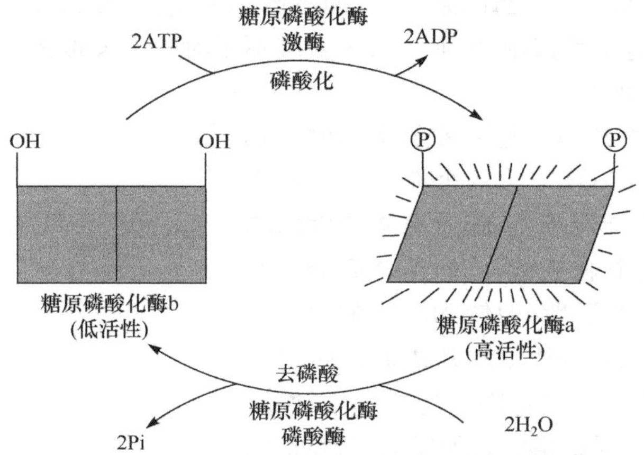

图 2-23　共价修饰调节糖原磷酸化酶的活性(引自王希成,2010)

四、酶原激活

某些酶的前体没有活性被称为酶原。消化道分泌的蛋白酶往往以无活性的酶原形式分泌,到达作用位点时才被激活,以避免对消化腺的水解。酶原往往都具有完整的催化残基,但却不表现活性,通过蛋白水解酶对酶原进行一定的水解而表现出活性。酶原在未经处理前,其活性中心与经过处理的活性中心不同。研究表明,胰蛋白酶原被激活后,切割下来的 N 端的 Ile 16 残基从酶原表面移入内部,并且和内部的 Asp 194 阴离子结合,形成一个特异的口袋,此时酶才具有催化活性(图 2-24)。酶原激活有时会切除许多氨基酸残基,如牛羧肽酶 B 激活时要从 505 个残基中切除约 200 个残基。胰蛋白酶原被肠激酶激活后,可以继发激活胰凝乳蛋白酶原、胰蛋白酶原、弹性蛋白酶原及羧肽酶原。因此胰蛋白酶是胰脏蛋白酶原的共同激活剂。

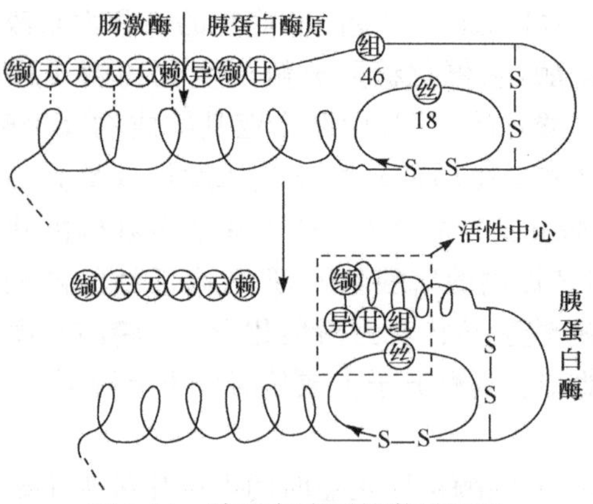

图 2-24　胰蛋白酶原的激活过程

胰凝乳蛋白酶原被胰蛋白酶水解,产生 π-胰凝乳蛋白酶,π-胰凝乳蛋白酶活性高,但不稳定,自身催化产生活性较低但稳定的 α-胰凝乳蛋白酶。酶原激活后构象发生变化,形成疏水口袋,从而具有活性。

胃蛋白酶原中已形成完整的活性中心,但酶原中的一段碱性序列与活性中心形成盐桥,遮盖活性中心。在 pH 5.0 以下时,H^+ 使酶原失去44 个氨基酸残基组成的片段而自动激活,激活的酶还可再激活其他胃蛋白酶原。

五、酶合成和降解的调节

生物体通过对酶基因表达的调节来调节酶的合成,可以分为转录水平上的调节和翻译水平上的调节。转录水平上的调节较为熟悉的是 *E. coli* 中的乳糖操纵子模型。酶的合成受基因和代谢物的双重控制。基因是形成酶的内因,但酶的形成还受代谢物的调控,诱导物可增加酶量,酶的产物也能产生阻遏作用,使酶的生成量大大减少。也就是说,代谢物可以控制酶的生成速率和数量。真核生物具有内含子,因此在转录后 mRNA 前体不同的剪接可以产生不同的酶,mRNA 翻译成为肽段后,还要进行一系列的折叠,这个阶段被称为翻译水平上的调节。

大多数酶的降解都是在细胞内进行,溶酶体在酶的降解中起着很重要的作用。溶酶体含有大量的蛋白酶,将所要降解的酶内吞后,将其降解为肽段或氨基酸。真核生物中的泛素也可以选择性的标记酶分子,然后对酶分子进行降解。酶量还可通过加快或减慢酶分子的降解来调节,如在饥饿时,肝脏中的精氨酸酶降解速率减慢,酶量增多;乙酰辅酶 A 羧化酶降解加快,酶量减少。

第五节 辅 酶

辅酶(coenzyme)是一类可以将化学基团从一个酶转移到另一个酶上的有机小分子,它与酶蛋白较为松散地结合,对于特定酶活性的发挥是必要的。有许多维生素及其衍生物,如核黄素、硫胺素和叶酸,都属于辅酶。这些化合物无法由人体合成,必须通过饮食补充。由于辅酶在酶催化反应中其化学组分发生了变化,因此可以认为辅酶是一种特殊的底物或者称为"第二底物"。这种所谓的第二底物可以被许多酶所利用。目前已知约有 700 种酶可以利用辅酶 NADH 进行催化。下面介绍一些常见的辅酶。

一、焦磷酸硫胺素

辅酶焦磷酸硫胺素(thiamine pyrophosphate,TPP)是硫胺素(thiamine)的衍生物。硫胺素常称为维生素 B_1,分子中含有一个嘧啶环和一个带正电荷的噻唑环。在动物细胞内,辅酶焦磷酸硫胺素是在焦磷酸硫胺素合成酶的催化下由饮食中的硫胺素合成的,噻唑环中的 2 位 C 是辅酶的反应中心(图 2-25)。TTP 以辅酶方式参加糖的分解代谢,是脱羧酶、丙酮酸脱氢酶系和 α-酮戊二酸脱氢酶系的辅酶。TPP 还作为转酮醇酶的辅酶参与磷酸戊糖途径。

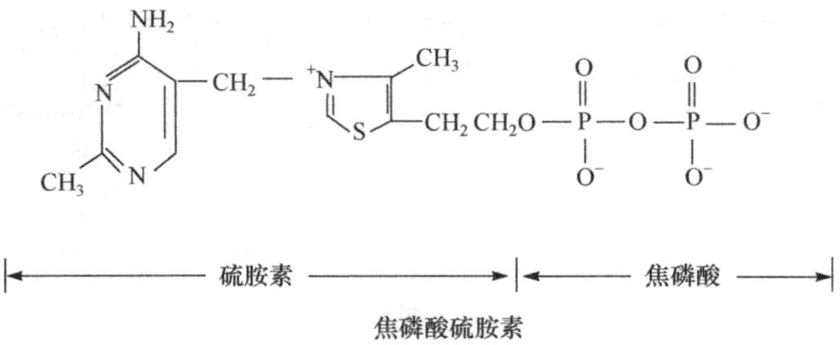

图 2-25 焦磷酸硫胺素的结构

二、FMN 和 FAD

辅酶黄素单核苷酸(flavin mononucleotide,FMN)和黄素腺嘌呤二核苷酸(flavin adenine dinucleotide,FAD)是核黄素(维生素 B_2)的衍生物(图 2-26)。核黄素是由植物和微生物合成的,由 6,7-二甲基异咯嗪与核糖醇缩合而成。FMN 和 FAD 常作为黄素酶或黄素蛋白等许多酶的辅基参与氧化还原反应,常被称为黄素辅酶。一般作为氢的传递体,促进糖、脂肪和蛋白质的代谢,促进生物氧化。由于 FMN 和 FAD 作为体内许多酶的辅基,参与糖、脂肪和蛋白质代谢中的各种氧化还原反应，因此体内缺乏核黄素，直接导致 FMN 和 FAD 的缺乏，影响体内的代谢。当体内缺乏核黄素时会引起口角炎和唇炎等皮肤炎症，临床常用核黄素治疗这些炎症。

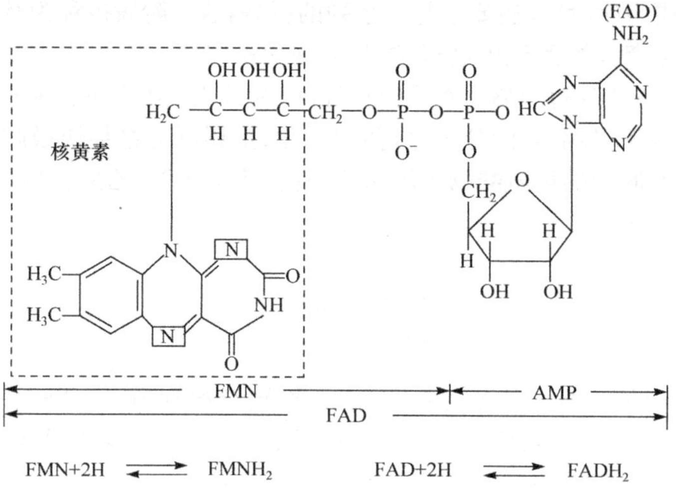

图 2-26 FMN 与 FAD 的结构

三、辅酶 A

辅酶 A(coenzyme A，HSCoA)是泛酸的衍生物。辅酶 A 由三部分构成：游离的 β-巯基乙胺、泛酸(丙氨酸和 α，γ-二羟-β-二甲基丁酸形成的酰胺)，以及 3′-羟基被磷酸基团酯化的 ADP(图 2-27)。其功能基团—SH 可接受或提供酰基(acyl group)，起到转移酰基的作用。所以 HSCoA 与各种酰化反应关系密切，是各种酰化反应的辅酶。因此泛酸对糖、脂类和蛋白质代谢具有非常重要的作用。

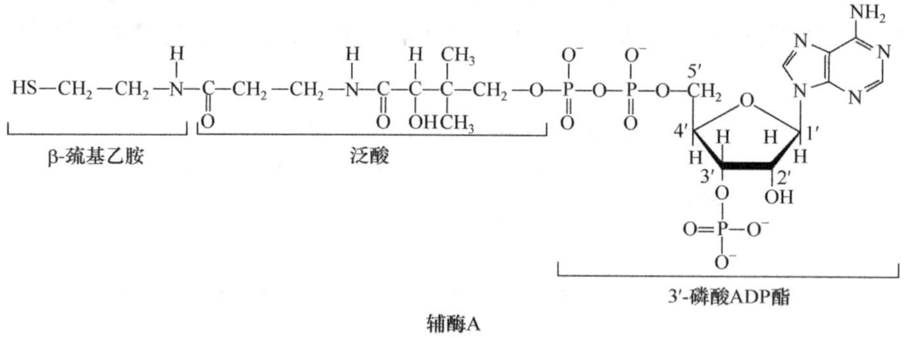

图 2-27 辅酶 A 的结构

四、NAD^+和 $NADP^+$

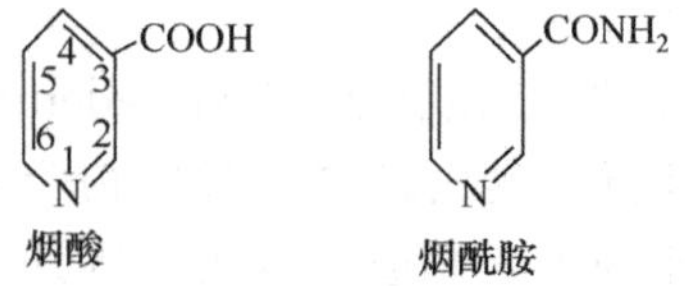

图 2-28 烟酸和烟酰胺的结构

烟酰胺腺嘌呤二核苷酸[nicotinamide adenine dinucleotide，NAD^+，又称辅酶Ⅰ(CoⅠ)]和烟酰胺腺嘌呤二核苷酸磷酸[nicotinamide adenine dinucleotide phosphate，$NADP^+$，又称为辅酶Ⅱ(CoⅡ)]是最早被确认的辅酶，二者都含有烟酰胺(nicotinamide)，烟酰胺是烟酸(nicotinic acid)的衍生物(图 2-28)。

烟酰胺是生物体内辅酶 NAD^+ 和 $NADP^+$ 的主要组成部分。NAD^+ 和 $NADP^+$ 都是脱氢酶的辅酶，在氧化还原反应中起传递氢和电子的作用(图 2-29)。

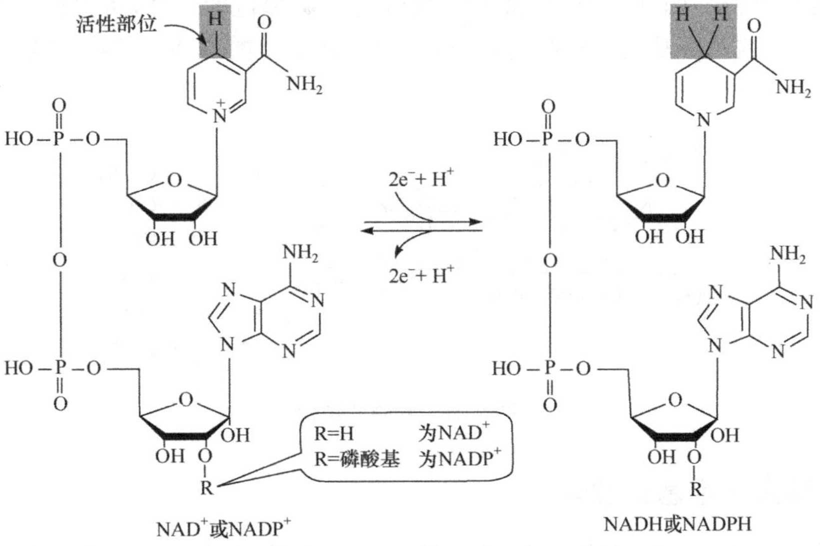

图 2-29　NAD^+ 和 $NADP^+$ 的结构

五、磷酸吡哆醛

辅酶磷酸吡哆醛(pyridoxal phosphate，PLP)和磷酸吡哆胺(pyridoxamine phosphate，PMP)是维生素 B_6 的衍生物。维生素 B_6 分布较广，存在于酵母、肝脏、肉、鱼、谷粒、卷心菜等食物中。维生素 B_6 包括吡哆醇、吡哆醛、吡哆胺三个成员，它们的区别只是在吡啶环第 4 位碳的氧化或氨基化上(图 2-30)。磷酸吡哆醛是很多酶的辅基，这些酶催化涉及氨基酸的各类反应，其中包括转氨、异构化、脱羧、侧链消除或置换。另外，磷酸吡哆醛还参与血红素的合成及糖原的分解。

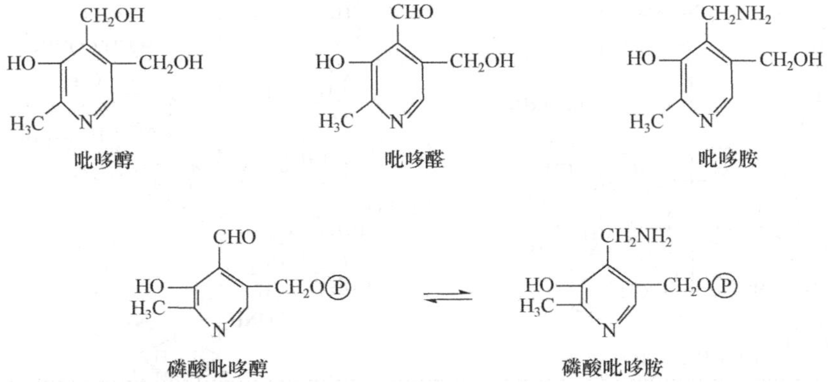

图 2-30　维生素 B_6 及其衍生物的结构

六、四氢叶酸

辅酶四氢叶酸(tetrahydrofolic acid，THFA，THF 或 FH_4)是维生素叶酸的衍生物。叶

酸(folic acid)又称蝶酰谷氨酸(pteroyl glutamic acid, PGA),由2-氨基-4-羟基-6-亚甲基蝶呤、对氨基苯甲酸和L-谷氨酸三部分组成(图2-31)。叶酸在二氢叶酸还原酶的催化下,经两步还原反应生成四氢叶酸。四氢叶酸在代谢中主要作为一碳单位的供体,可以传递的一碳单位有甲基、亚甲基或甲酰基等基团,一碳单位一般结合在四氢叶酸的N_5、N_{10}位,或同时结合在N_5和N_{10}上。

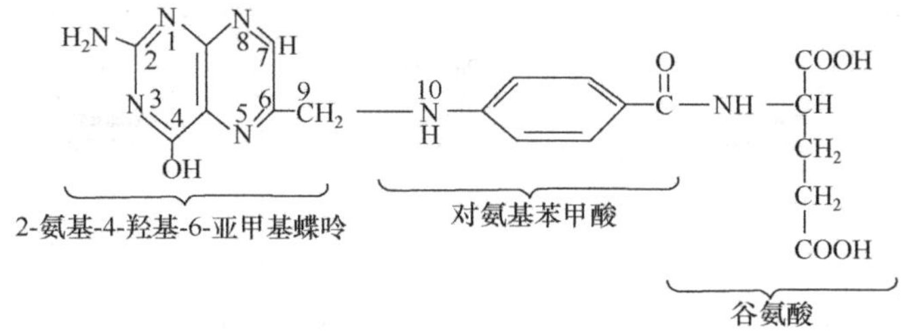

图2-31 叶酸的结构

七、腺苷钴胺素和甲基钴胺素

腺苷钴胺素和甲基钴胺素是钴胺素(维生素B_{12})的衍生物,两者的区别在于与钴原子轴向配位的分别为5′-脱氧腺苷基和甲基。钴胺素是含三价钴的多环化合物,经验式为$C_{63}H_{88}O_{14}N_{14}PCo$。由类似卟啉的咕啉核和一个拟“核苷酸”两部分组成。咕啉核位于一平面上,中心有一个三价钴原子;咕啉核与拟“核苷酸”部分有两个键连接,一个是拟“核苷酸”的5,6-二甲苯并咪唑的一个N-配位健与咕啉核中心的钴原子连接,另一个是呋喃核糖磷酸通过D-1-氨基-2-丙醇以酰胺键与咕啉核的一个吡咯环相连接(图2-32)。

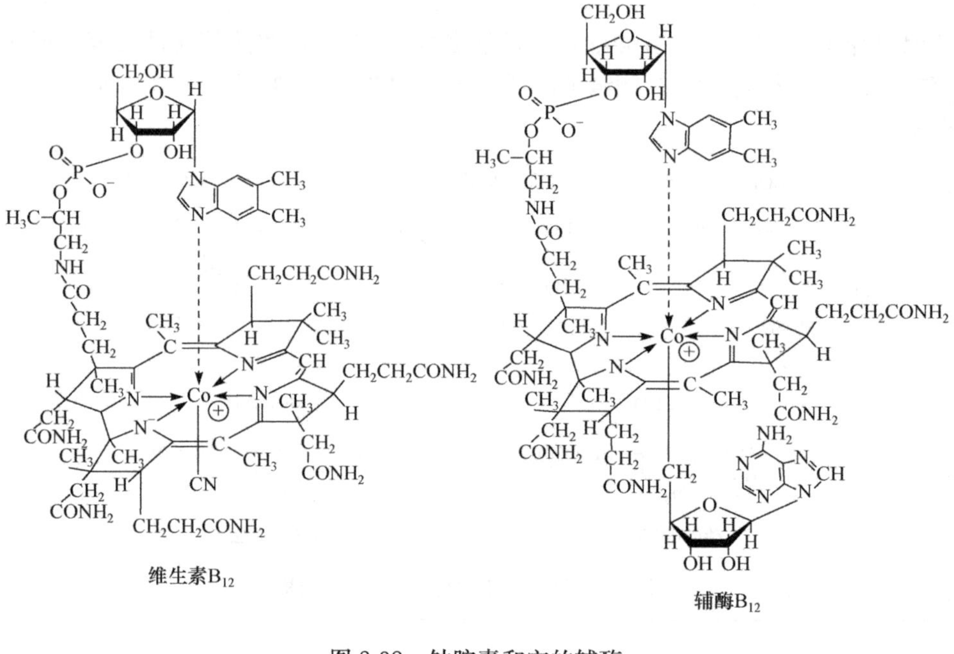

图2-32 钴胺素和它的辅酶

⊕表示电荷

腺苷钴胺素作为甲基丙二酰异构酶的辅酶，能辅助甲基丙二酰异构酶催化甲基丙二酰单酰辅酶A转变成琥珀酰辅酶A。此反应为糖、脂代谢反应的桥梁。

甲基钴胺素参与甲基转移。从 N_5-甲基 FH_4 获得甲基，即5′-脱氧腺苷被甲基取代，生成甲钴胺素，然后再将甲基转移到一个适当的受体分子上，如同型半胱氨酸甲基化生成甲硫氨酸的反应。

八、生物素

生物素(biotin)是催化羧基转移反应和依赖ATP的羧化反应的酶的辅基。生物素是由噻唑环和咪唑环结合成的稠环化合物，侧链上有一个戊酸基(图2-33)。

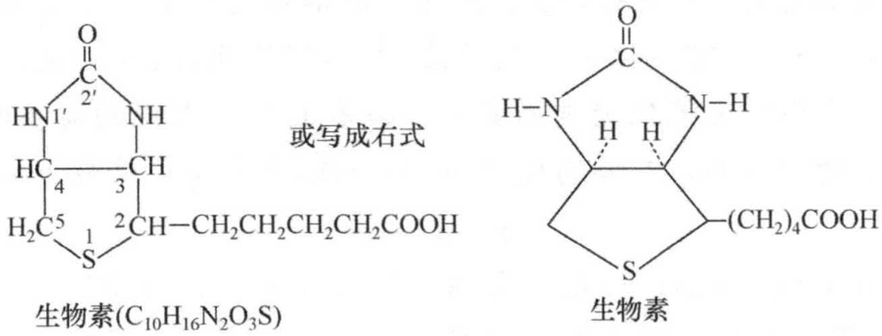

图2-33　生物素的结构

生物素是多种羧化酶的辅基，参与体内固定 CO_2 的羧化反应。生物素通过其侧链上的羧基与酶活性中心的一个Lys残基的ε-氨基以酰胺键结合在一起。生物素与载体蛋白Lys残基的ε-氨基的结合物称为生物胞素(biocytin)。在羧化反应中羧化酶活性中心的生物胞素先被 CO_2 羧化，然后再将羧基转移到底物，形成羧基。

知识框

非水酶学

传统理论认为，酶作为生物催化剂，在体外只能在水溶液环境才保持活性，而在有机溶剂中酶则往往变性或失活。然而人们发现事实并非如此，向酶溶液中加入能与水互溶的乙醇、丙酮等，或在乳化的酶水有机溶剂两相系统中，甚至在几乎无水的有机介质中，酶仍能够具有催化活性。表明在非水有机介质中，酶仍能进行催化反应。并且还具有与水溶液系统不同的一些奇异特性。在非水介质中进行酶催化反应的研究称为非水酶学(non-aqueousenzymology)。

所谓非水介质并不是绝对无水，一般指水含量低于0.01%。水分子与酶分子的活性构象形成有关。其实与酶分子起作用的只是与酶分子紧密接触的一层束缚水，只要保证这些水分子固定在酶分子表面，而水溶液中其他大部分的自由水尽可以被有机溶剂所代替。

有机溶剂可以与酶分子表面的水相互作用，或影响底物与产物在有机相和水相的分配，改变酶的底物专一性，以及对酶的抑制和失活作用。一般认为，疏水性的有机溶剂是最好的反应介质。溶剂的疏水性越大，溶剂与酶分子争夺水分子的能力越小，保留在酶分子表面的水分越多，酶活性也就越大。当用有机溶剂代替水时，酶的底物专一性就会发生改变。

酶的热稳定性随含水量升高而降低。较大的构象改变导致酶变性失活,酶构象改变需要有自由水的存在,因此脱水抑制酶的构象改变。例如,胰乳蛋白酶在100℃的辛烷中半衰期达数小时,而在60℃的水溶液中数分钟内即不可逆失活。

酶在有机溶剂中可记忆其制备时的pH。因此在制备酶制剂时应将pH调至反应的最适pH以便获得最大酶活性,这种"酶记忆"可扩展到酶的稳定性、亲和力及底物专一性上。

酶在非水介质中的反应符合Michaelis-Menten动力学,影响有机介质中酶促反应动力学变化的因素涉及底物和溶剂的性质。根据相似相溶的原则,极性溶剂中,非极性底物比极性底物有更低的K_m和更高的反应速率。在非水有机溶剂中酶可催化一些在水溶液不能进行的反应,如酯酶可催化一系列反应,包括酯化反应、转酯反应、胺解反应、转硫酯反应等。枯草菌蛋白酶可催化糖类的酰化。酪氨酸酶所催化的酚类物质氧化,在水溶液中由于产物醌类的聚合并引起酶的失活,产率很低,在氯仿中反应可以持续进行。

酶 工 程

酶工程(enzyme engineering)是利用酶的催化作用进行物质转化的技术,是将酶学理论与化工技术、微生物技术结合而形成的新技术,是借助工程学手段利用酶或细胞、细胞器的特定功能提供产品的一门科学,即酶制剂在工业上的大规模生产及应用。

根据研究和解决问题的手段不同,酶工程可以分为两大类:化学酶工程和生物酶工程。

化学酶工程亦称为初级酶工程(primary enzyme engineering),它主要由酶学与化学工程技术相互结合而形成。通过化学修饰、固定化处理,甚至通过化学合成法等手段,改善酶的性质以提高催化效率及降低成本。它包括自然酶、化学修饰酶、固定化酶及化学人工酶的研究和应用。

固定化酶是指被结合到特定的支持物上并能发挥作用的一类酶,是化学酶工程中具有强大生命力的主干。酶的固定化技术包括吸附、交联、共价结合及包埋4种方法。固定化酶的优点是:①用离心法或过滤法很容易将酶与反应液分离开来,在生产中十分方便有利;②可以反复使用,在某些情况下甚至可以使用达千次以上,可极大地节约成本;③稳定性能好,带有固定化酶的各种电极时用来检测和调节体液中代谢物的浓度。高效、专一、实用的生物反应器可通过将含酶的微生物、细胞、细胞器固定化而制得。

生物酶工程是在化学酶工程基础上发展起来的,是以酶学和DNA重组技术为主的现代分子生物学技术相结合的产物。因此它亦可称为高级酶工程(advanced enzyme engineering)。

生物酶工程主要包括三个方面:①用DNA重组技术(即基因工程技术)大量地生产酶(克隆酶);②对酶基因进行修饰,产生遗传修饰酶(突变酶);③设计新的酶基因,合成自然界不曾有过的、性能稳定、催化效率更高的新酶。

酶基因的克隆和表达技术的应用使克隆各种天然的蛋白质基因或酶基因成为可能。一些来自于人体的酶制剂,如治疗血栓栓塞病的尿激酶,还有组织纤溶酶原激活剂(TPA)与凝乳酶等100多种酶的基因已经克隆成功,其中一些还进行了高效的表达。此法产生出大量的酶，并易于提取、分离、纯化。在分析氨基酸序列弄清酶的一级结构及X射线衍射分析弄清酶的空间结构的基础上，经由功能推知结构或由结构推知功能的反复推敲，设计出酶基因的改造方案，进行酶的选择性遗传修饰，即酶基因的定点突变。

思考题

1. 名词解释

(1) 全酶	(2) 活性中心	(3) 酶的比活力
(4) 酶活力单位	(5) K_m	(6) 核酶
(7) 单体酶与寡聚酶	(8) 激活剂与抑制剂	(9) 序变模型
(10) 非竞争性抑制作用	(11) 反竞争性抑制作用	(12) 别构酶
(13) 黄素辅酶	(14) 同工酶	(15) 酶的必需基团

2. 称取25mg蛋白酶粉配制成25mL酶制剂，从中取出0.1mL酶制剂，以酪蛋白为底物用Folin-酚比色法测定酶活力，结果表明每小时产出1500mg酪氨酸。另取2mL酶制剂，用凯氏定氮法测得蛋白氮为0.2mg，若以每分钟生成1mg酪氨酸的酶量作为一个活力单位计算，试根据上述数据求出：

(1) 1mL酶制剂中所含的蛋白质量及酶的活力单位数。

(2) 酶的比活力。

(3) 1L酶制剂中总蛋白质含量及酶的总活力。

3. 比较酶的可逆性抑制的三种类型和其酶促反应动力学特点的异同。

4. 在很多酶的活性中心均有His残基参与，请解释。

5. 有时别构酶的活性可以被低浓度的竞争性抑制剂激活，请解释。

6. 何谓酶的最适温度？为什么在最适温度的两侧酶活性快速下降？

7. (1)为什么某些肠道寄生虫如蛔虫在体内不会被消化道内的胃蛋白酶、胰蛋白酶消化？

(2)为什么蚕豆必须煮熟后食用，否则容易引起不适？

8. 请写出米氏方程，解释式中各字母的含义，并回答米氏方程的推导基于怎样的假设？

9. 缺乏叶酸为什么会导致巨红细胞性贫血病？

10. 什么是辅基和辅酶？请列举一些常见的辅酶。

11. 写出NAD^+的结构式。它是何种维生素的衍生物？作为何种酶的辅酶？在催化反应中起什么作用？

第三章　核苷酸和核酸

【要点】 核酸是生物体内一类重要的生物大分子，是遗传信息的载体。核酸分为脱氧核糖核酸(DNA)和核糖核酸(RNA)两大类。DNA 储存遗传信息；RNA 主要在蛋白质合成中起作用。核酸水解成单核苷酸。单核苷酸由碱基、戊糖和磷酸组成，在 RNA 中的戊糖是核糖，在 DNA 中的戊糖是脱氧核糖。核酸的一级结构是指 4 种核苷酸通过 $3',5'$-磷酸二酯键、按照一定的排列顺序连接形成的多核苷酸链。其中，磷酸和戊糖构成核酸链的骨架，方向为 $5' \rightarrow 3'$。DNA 的二级结构是螺旋结构，RNA 是单链分子，只是在许多区段可以发生自身回折，从而形成短的不规则螺旋区，非配对区则突出形成突环。核酸分子中既含有酸性磷酸基团也含有弱碱性的碱基，因而具有两性性质及独特的紫外线吸收光谱，此外还具有变性、复性等性质。最后，介绍了一些核酸的分离、提纯和定量测定的方法。

1868 年瑞士青年医生 Miescher 从脓细胞核中分离出一种含磷量很高的酸性化合物，称为核素。其继任者 Altman 发展了从酵母和动物组织中制备不含蛋白质的核酸的方法，于 1889 年提出“核酸”(nucleic acid)这一名称。1943 年 Chargaff 等揭示了 DNA 的碱基配对规律，Avery 于 1944 年利用从致病肺炎球菌中提取的 DNA，使另一种非致病性的肺炎球菌的遗传性状发生改变而成为致病菌，结果发现 DNA 携带遗传信息。后来 Astbury、Franklin 和 Wilkins 用 X 射线衍射法研究 DNA 分子结构模型，说明了基因结构、信息和功能三者之间的关系，为分子生物学奠定了基础。1958 年 Crick 提出“中心法则”，20 世纪 60 年代破译遗传密码，阐明 3 类 RNA 参与蛋白质合成的过程；70 年代诞生了基因重组和 DNA 测序生物技术；90 年代提出人类基因组计划；21 世纪进入后基因组时代。如今对核酸的研究成了生命科学中最活跃的领域之一。

第一节　核苷酸的结构和功能

组成核酸的元素有 C、H、O、N、P 等，与蛋白质比较，其组成上的特点是核酸中 P 元素的含量较多并且恒定，占 9%～11%。因此，核酸定量测定的经典方法是以测定 P 元素的含量来代表核酸量。

构成生物大分子的一个显著特点是由小分子单体聚合而成。构成核酸(DNA 和 RNA)的小分子单体分别是 4 种不同的核苷酸。核苷酸主要由三部分组成：一个弱碱性的含氮化合物(称为碱基)、一个戊糖和一个磷酸基团。

一、戊糖

组成核酸的戊糖均为 β 型，有核糖(ribose)和脱氧核糖(deoxyribose)两种，其结构见图 3-1，在 RNA 中的戊糖是核糖，在 DNA 中的戊糖是脱氧核糖。

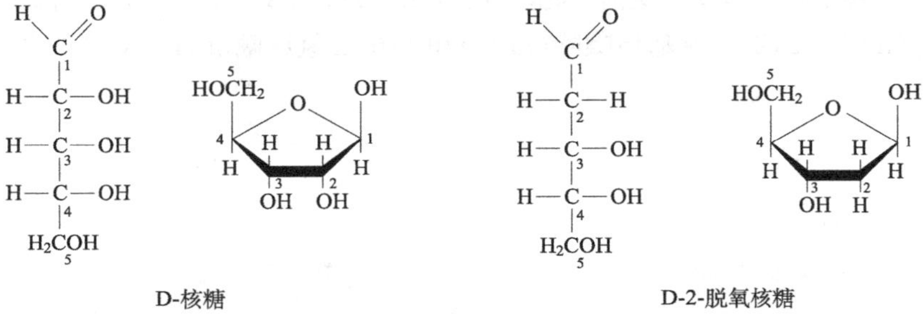

图 3-1　核糖和脱氧核糖的结构

二、碱基

碱基为含氮的碱性杂环化合物。构成核酸的碱基有两类：嘌呤碱和嘧啶碱。DNA 和 RNA 中常见的两种嘌呤碱是腺嘌呤(adenine，A)、鸟嘌呤(guanine，G)。而嘧啶碱有所不同：RNA 主要含胞嘧啶(cytosine，C)、尿嘧啶(uracil，U)，DNA 主要含胞嘧啶、胸腺嘧啶(thymine，T)(图 3-2)。

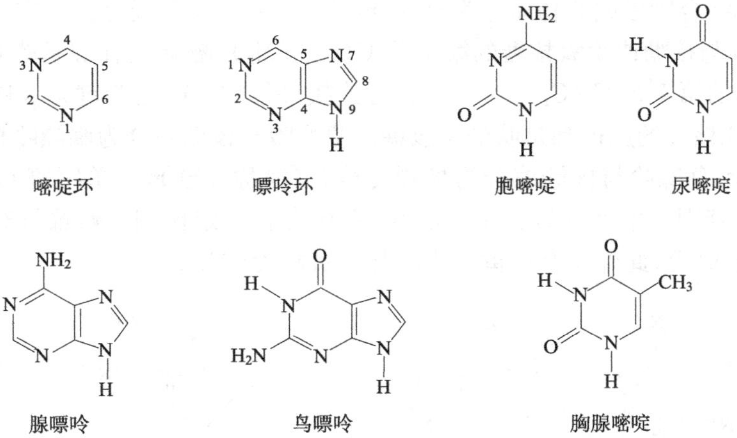

图 3-2　碱基的种类与结构

5 种碱基中的酮基和氨基均位于碱基环中氮原子的邻位，可以发生酮式-烯醇式或氨基-亚氨基之间的结构互变(图 3-3)。这种互变异构在基因突变和生物进化中具有重要作用。

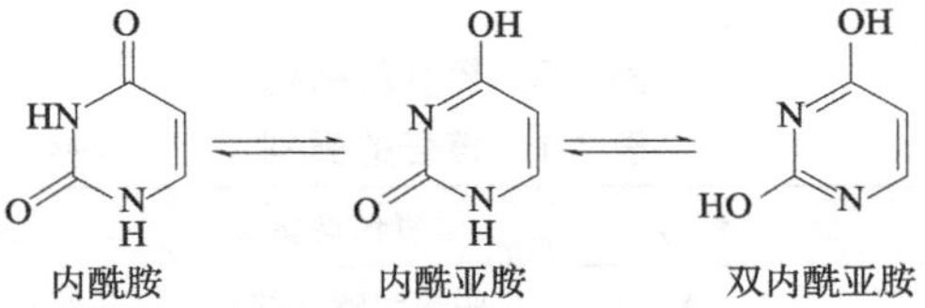

图 3-3　碱基的结构互变

除上述 5 种碱基外，核酸中还有一些修饰碱基(modified component)。它们大多是在上述嘌呤或嘧啶碱的不同部位甲基化(methylation)或进行其他的化学修饰而形成的衍生物。一般这些碱基在核酸中的含量稀少(又称稀有碱基)。DNA 中的修饰碱基主要见于噬菌体

DNA，如 5-甲基胞嘧啶（m^5C）、5-羟甲基胞嘧啶（hm^5C）；RNA 中以 tRNA 含修饰碱基最多，如 1-甲基腺嘌呤（m^1A）、2，2-二甲基鸟嘌呤（m_2^2G）和 5，6-二氢尿嘧啶（DHU）（图 3-4）等。

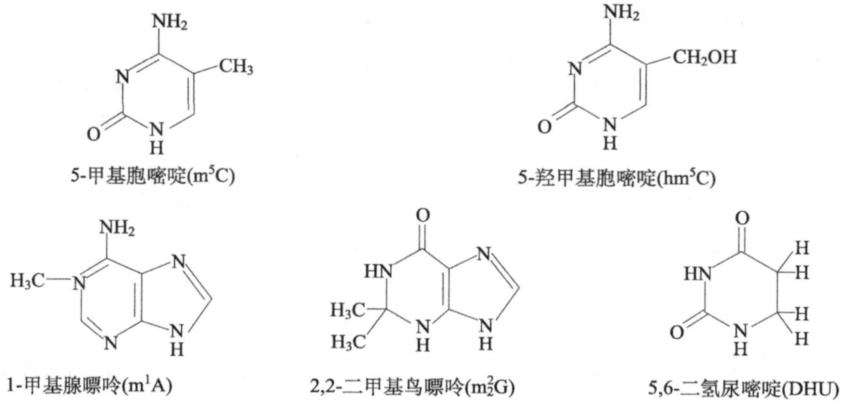

图 3-4　部分修饰（稀有）碱基

三、核苷

戊糖与碱基结合所形成的物质称为核苷（nucleoside）。X 射线分析证实，嘌呤核苷是通过嘌呤的第 9 位 N 与核糖或脱氧核糖的第 1′位 C（$C_{1'}$—N_9）、嘧啶核苷酸是嘧啶的第 1 位 N 与核糖或脱氧核糖的第 1′位 C（$C_{1'}$—N_1）糖苷键连接，形成核苷，糖苷键是 β 构型（图 3-5）。化学分析证明，构成核苷的戊糖都是呋喃型核糖。腺嘌呤与核糖缩合为腺嘌呤核苷（简称腺苷），用单字符 A 表示，鸟嘌呤与核糖缩合为鸟嘌呤核苷（简称鸟苷），用单字符 G 表示，其余类推（表 3-1）。脱氧核苷则在单字符前加 d。在 tRNA 中存在一定比例的修饰核苷，如二氢尿嘧啶核苷 hU、假尿苷 Ψ 等，此外还有次黄苷或肌苷 I、黄嘌呤核苷 X。

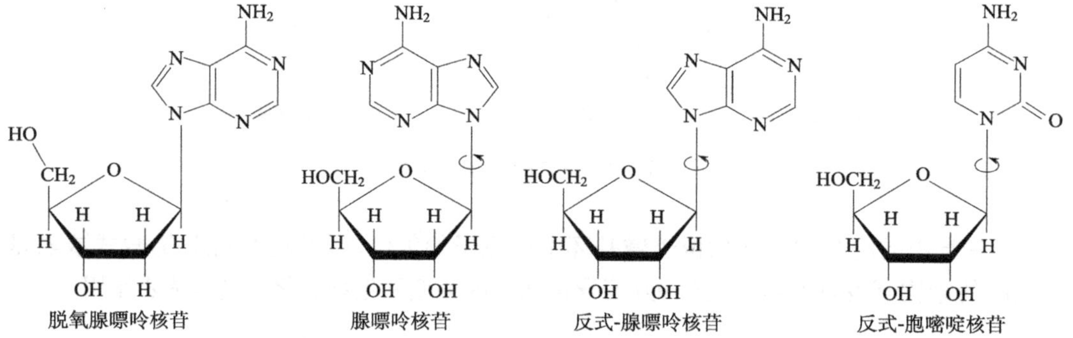

图 3-5　核苷的结构

表 3-1　核苷的类别

核糖核苷	简称	代号	脱氧核糖核苷	简称	代号
腺嘌呤核苷	腺苷	A	脱氧腺嘌呤核苷	脱氧腺苷	dA
鸟嘌呤核苷	鸟苷	G	脱氧鸟嘌呤核苷	脱氧鸟苷	dG
胞嘧啶核苷	胞苷	C	脱氧胞嘧啶核苷	脱氧胞苷	dC
尿嘧啶核苷	尿苷	U	脱氧胸腺嘧啶核苷	脱氧胸腺苷	dT

四、核苷酸

核苷酸是核苷的磷酸酯(图 3-6),核苷与磷酸结合即成为核苷酸。

(一) 核苷酸的结构与类型

生物体内游离存在的核苷酸的第 5′位 C($C_{5'}$)发生磷酸化,为 5′-核苷酸。此外还有在 $C_{2'}$、$C_{3'}$ 发生磷酸化,形成 2′-核苷酸、3′-核苷酸。常见的核苷酸有多种(表 3-2)。

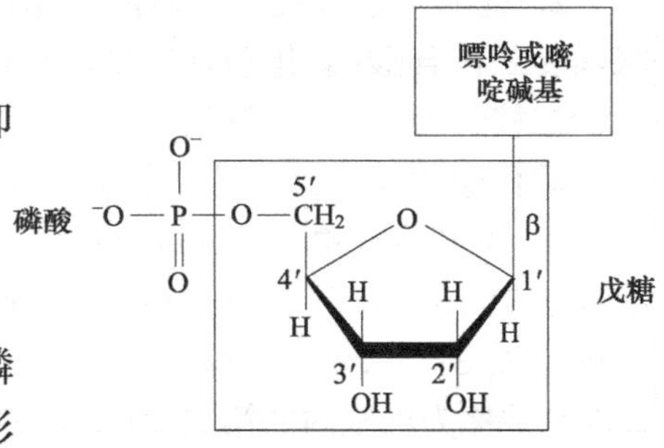

图 3-6　核苷酸的结构

表 3-2　常见的核苷酸

碱基	核糖核苷酸			脱氧核糖核苷酸		
	NMP	NDP	NTP	dNMP	dNDP	dNTP
A	AMP	ADP	ATP	dAMP	dADP	dATP
G	GMP	GDP	GTP	dGMP	dGDP	dGTP
C	CMP	CDP	CTP	dCMP	dCDP	dCTP
U	UMP	UDP	UTP	—	—	—
T	—	—	—	dTMP	dTDP	dTTP

注:N代表 A,G,C,U,T

(二) 其他核苷酸

1. 多磷酸核苷酸　生物体内各种 5′-核苷酸和 5′-脱氧核苷酸还可以在 5′位上进一步磷酸化,形成核苷二磷酸(NDP 和 dNDP)和核苷三磷酸(NTP 和 dNTP)(表 3-2)。其中,NTP 是合成 RNA 的原料,dNTP 是合成 DNA 的原料。

腺苷三磷酸(adenosine triphosphate,ATP)是生物体内最重要的高能化合物,分子中含有三个磷酸二酯键,其中,α-磷酸二酯键为低能磷酸二酯键,而 β-、γ-磷酸二酯键都是高能磷酸二酯键(图 3-7)。1mol 高能磷酸化合物水解时可释放出吉布斯自由能(Gibbs free energy)大于 20.93kJ。ATP 是人体内各种生命活动主要的直接供能者。

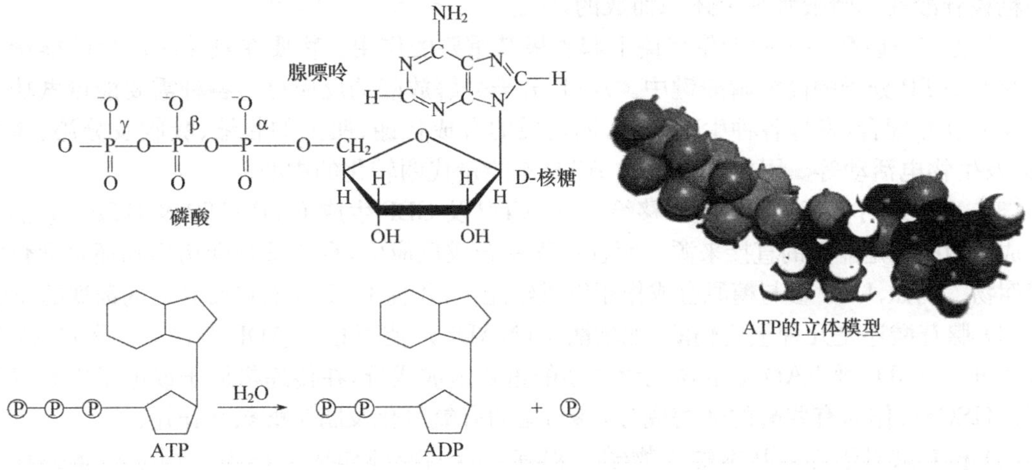

图 3-7　ATP 的结构

2. 辅酶类核苷酸　体内代谢反应中的一些辅酶，也是核苷酸的衍生物。例如，烟酰胺腺嘌呤二核苷酸（氧化型）（NAD^+）、烟酰胺腺嘌呤二核苷酸磷酸（氧化型）（$NADP^+$）、黄素腺嘌呤二核苷酸（FAD）、辅酶A（HSCoA）等，其分子中都含有腺苷酸。这些辅酶类核苷酸均参与物质代谢中氢和某些化学物质的传递。

3. 环化核苷酸　ATP在腺苷酸环化酶（adenylate cyclase）催化下还可以生成3′,5′-环腺苷酸（3′,5′-cyclic adenosine monophosphate，cAMP）。同样，GTP在鸟苷酸环化酶催化下也可生成3′,5′-环鸟苷酸（3′,5′-cyclic guanosine monophosphate，cGMP）（图3-8）。cAMP和cGMP被称为细胞内的第二信使，而将激素称为第一信使。当作为第一信使的激素经血液到达靶细胞后，与靶细胞相应的激素受体作用，诱导腺苷酸环化酶（或鸟苷酸环化酶）催化ATP（或GTP）环化生成第二信使cAMP（或cGMP），生成的cAMP（或cGMP）在细胞内发挥生物学功能。

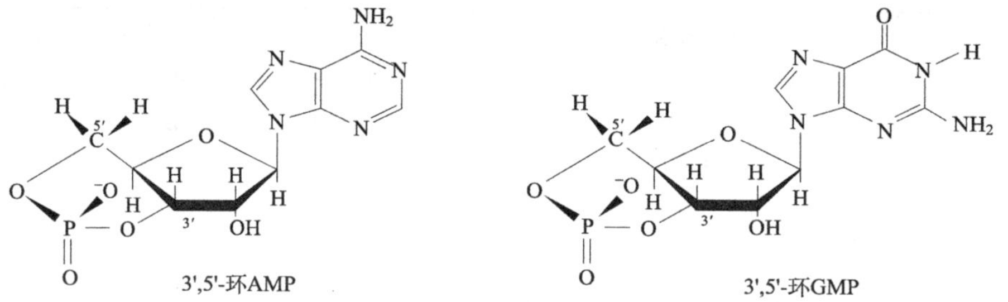

图3-8　环化核苷酸

五、功能

核苷酸类化合物具有重要的生物学功能，它们参与了生物体内几乎所有的生物化学反应过程。现概括为以下5个方面。

（1）核苷酸是合成生物大分子核糖核酸（RNA）及脱氧核糖核酸（DNA）的前身物，RNA中主要有4种类型的核苷酸：腺苷一磷酸（AMP）、鸟苷一磷酸（GMP）、胞苷一磷酸（CMP）和尿苷一磷酸（UMP），这4种类型的核苷酸从头合成前身物是磷酸核糖、氨基酸、一碳单位及二氧化碳等简单物质。DNA中主要有4种类型脱氧核苷酸：脱氧腺苷一磷酸（dAMP）、脱氧鸟苷一磷酸（dGMP）、脱氧胞苷一磷酸（dCMP）和脱氧胸苷一磷酸（dTMP），它们是由各自相应的核糖核苷酸在二磷酸水平上还原而成的。

（2）腺苷三磷酸在细胞能量代谢上起着极其重要的作用。物质在氧化时产生的能量一部分贮存在ATP分子的高能磷酸键中。ATP分子分解放能的反应可与各种需要能量做功的生物学反应互相配合，发挥各种生理功能，如物质的合成代谢、肌肉的收缩、吸收及分泌、体温维持，以及生物电活动等。因此可以认为ATP是能量代谢转化的中心。

（3）ATP还可将高能磷酸键转移给UDP、CDP及GDP生成UTP、CTP及GTP。它们在有些合成代谢中也是能量的直接来源。而且在某些合成反应中，有些核苷酸衍生物还是活化的中间代谢物。例如，UTP参与糖原合成作用以供给能量，并且UDP还有携带转运葡萄糖的作用。

（4）腺苷酸还是几种重要辅酶，如辅酶Ⅰ（NAD^+）、辅酶Ⅱ（$NADP^+$）、FAD及HSCoA的组成成分。NAD^+及FAD是生物氧化体系的重要组成成分，在传递氢原子或电子中有着重要作用。HSCoA作为有些酶的辅酶成分，参与糖的有氧氧化及脂肪酸氧化作用。

（5）核苷酸对于许多基本的生物学过程有一定的调节作用。作为一切生物体的基本成分，对生物的生长、发育、繁殖和遗传都起着主宰作用。

第二节　脱氧核糖核酸的结构

一、DNA 的碱基组成和碱基摩尔百分比

DNA 分子含有 4 种碱基:腺嘌呤、鸟嘌呤、胞嘧啶和胸腺嘧啶。DNA 的碱基组成和排列顺序决定生物的遗传性状,因此,DNA 的碱基组成是各种生物稳定性的特征之一。它不受年龄和外界条件(突变因素除外)的影响,即使个别基因突变,碱基组成也不会发生明显变化。

20 世纪 50 年代初,Chargaff 应用紫外分光光度法结合纸层析等简单技术,对多种生物 DNA 进行碱基定量分析,发现 DNA 碱基组成有如下规律。

(1) 同一生物不同组织的 DNA 碱基组成相同。

(2) 一种生物的 DNA 碱基组成不随生物的年龄、营养状况或者环境变化而改变。

(3) 几乎所有的 DNA,无论种属来源如何,其腺嘌呤摩尔百分比与胸腺嘧啶摩尔百分比相同([A]=[T]),鸟嘌呤摩尔百分比与胞嘧啶摩尔百分比相同([G]=[C]),且总的嘌呤摩尔百分比与总的嘧啶摩尔百分比相同([A]+[G]=[C]+[T])。

(4) 不同生物来源的 DNA 碱基组成不同,表现在 A+T/G+C 值的不同。

二、DNA 的一级结构

DNA 的一级结构是指 4 种核苷酸(dNMP,包括 dAMP、dCMP、dGMP、dTMP),按照一定的排列顺序,通过 3′,5′-磷酸二酯键连接形成的多核苷酸链(图 3-9)。由于核苷酸之间的差异

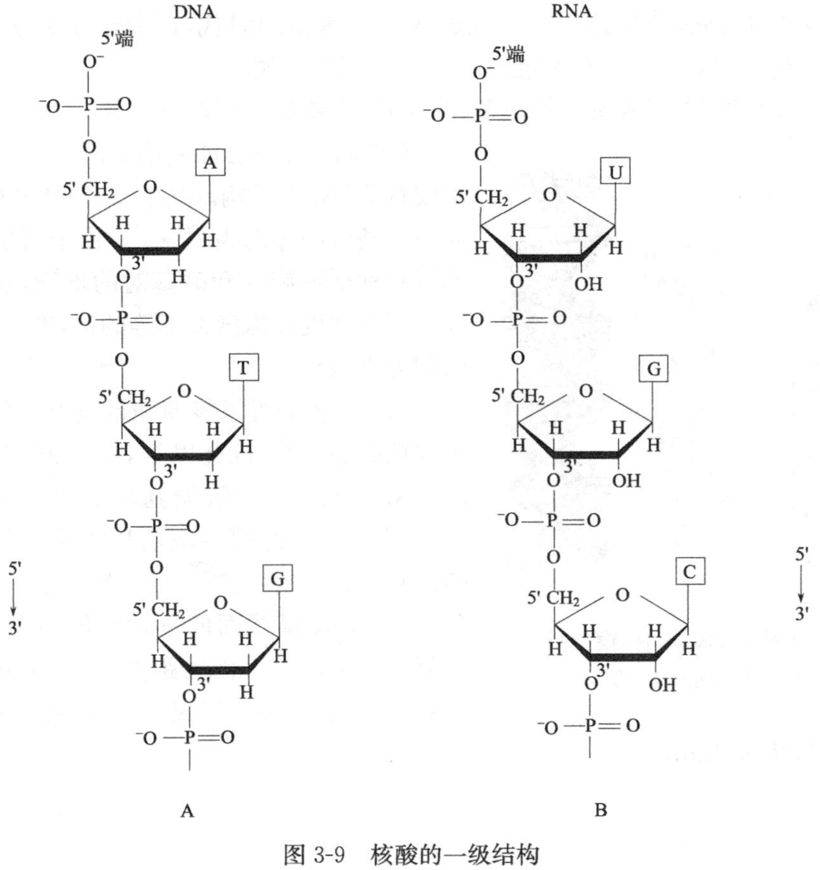

图 3-9　核酸的一级结构

仅仅是碱基的不同,故又称为碱基序列。它是一个相对分子质量很大、不分支的线性大分子,其中,磷酸和戊糖构成 DNA 链的骨架,可变部分是碱基排列顺序,有方向性,即 5′→3′。一般约定,碱基序列的书写是自左向右书写,左侧为 5′端,右侧为 3′端。有图示法:见图 3-10。文字表示法:pApCpGpTpA 或 pACGTA,亦可用(5′)pApCpGpTpA(3′)或 5′pACGTA3′等。

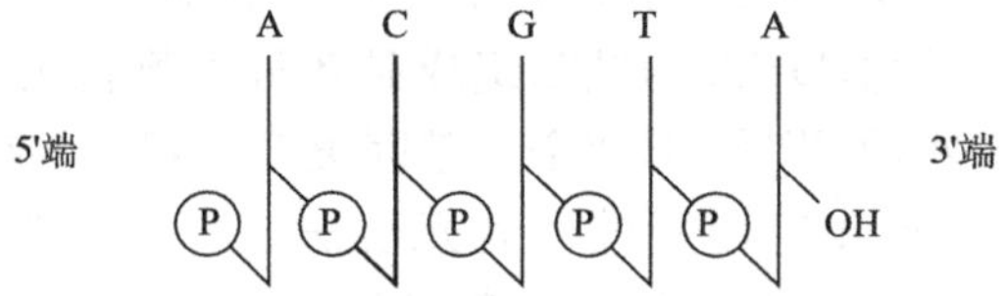

图 3-10　碱基序列的书写方式

三、DNA 的二级结构

(一) DNA 的双螺旋结构模型

1953 年,Watson 和 Crick 在前人研究工作的基础上,根据 DNA 纤维和 DNA 结晶的 X 射线衍射图谱分析、DNA 碱基组成的定量分析,以及 DNA 中碱基的物化数据测定,提出著名的 DNA 双螺旋结构模型,即 DNA 是由两条相互缠绕的多核苷酸链形成。DNA 双螺旋结构的提出,直接解释了生物遗传信息的传递与表达的规律,第一次阐述了遗传信息的储存方式及 DNA 复制的机制,以准确的语言回答了 DNA 是如何成为遗传物质的,大大推动了分子生物学和分子遗传学的发展,使生命科学从此进入一个崭新的时代,即分子生物学时代,被誉为 20 世纪最伟大的发现之一。1962 年他们两人荣获诺贝尔奖。

Watson-Crick DNA 双螺旋结构模型(图 3-11)主要要点有以下几点。

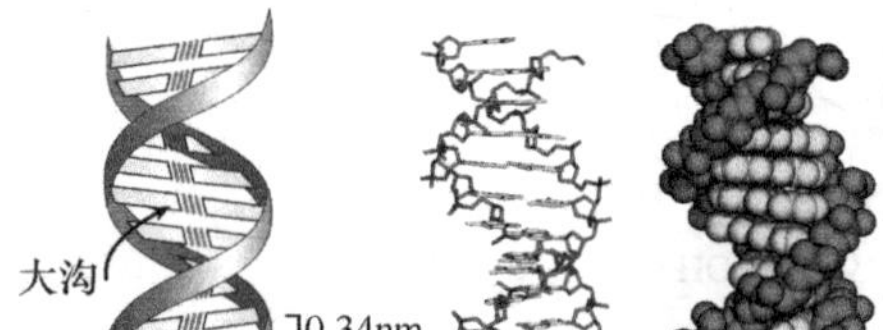

图 3-11　DNA 双螺旋结构模型图
(引自 Lehninger,2012)

(1) 两条多核苷酸链沿着同一轴反向平行盘绕,形成右手双螺旋结构。其中,一条链的方向为 5′→3′,而另一条链的方向为 3′→5′。由于两条糖-磷酸骨架的不对称绕轴旋转和碱基对的堆积,在螺旋表面形成了两条宽度和深度都不等的沟,宽的称为大沟,窄的称为小沟。

(2) 交替的脱氧核糖和带负电荷的磷酸基团位于双螺旋的外侧,彼此以 3′,5′-磷酸二酯键连接,形成 DNA 分子的骨架,糖基环平面与碱基环平面呈 90°。两条链上的嘌呤碱基和嘧啶碱基位于双螺旋的内侧,碱基平面与螺旋的长轴几乎垂直。

(3) 螺旋横截面的平均直径约为 2nm,每条链相邻两个碱基对平面间距离为 0.34nm,每 10 个碱基对(base pair,bp)形成一个螺旋,其螺距(即螺旋旋转一圈)高度为 3.4nm。

(4) 氢键维持双螺旋的横向稳定,碱基对平面间的疏水堆积力维持螺旋的纵向稳定。双螺旋内部的碱基按严格的规则配对,即 A 和 T 之间形成两个氢键,G 与 C 之间形成三个氢键。双螺旋的两条链是互补关系。

(二) DNA 结构的多态性

Watson 和 Crick 提出的 DNA 双螺旋结构模型属于 B 型双螺旋(B-DNA),它是以在生理盐溶液、相对湿度为 92%下制备的 DNA 钠盐纤维 X 射线衍射图谱为依据进行推测的,这是 DNA 分子在水性环境和生理条件下最稳定的结构,是正常状态下 DNA 存在的模型。

此后的研究表明,DNA 的结构是动态的。在以钾或铯作反离子,相对湿度为 75%时制备的 DNA 钠盐纤维 X 射线衍射图是 A 型构象(A-DNA,图 3-12A),仍为右手双螺旋,每螺旋含 11 个碱基对,大沟变窄、变深,小沟变宽、变浅(表 3-3)。由于大沟、小沟是 DNA 行使功能时蛋白质的识别位点,因此蛋白质对 DNA 分子的识别也发生了相应变化。

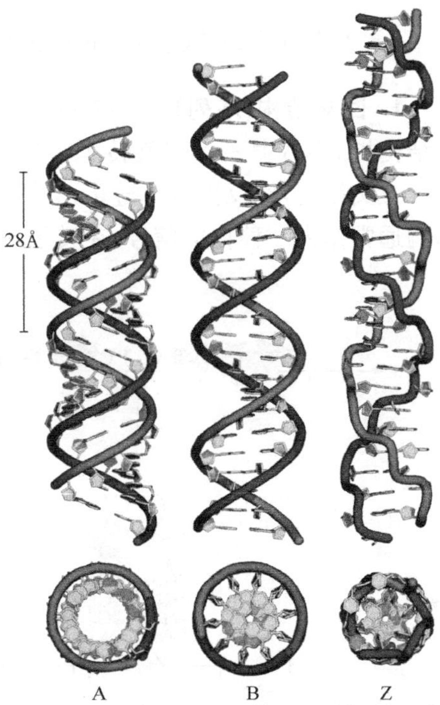

图 3-12　DNA 结构多态性示意图
(引自 Lehninger,2012)
A. A-DNA;B. B-DNA;C. Z-DNA

表 3-3　DNA 的多态性

双螺旋	碱基倾角/(°)	碱基夹角/(°)	碱基间距/nm	螺距/nm	每轮碱基数	大沟	小沟
B-DNA	0	36.0	0.34	3.6	10.5	很宽、较深	窄、深
A-DAN	20	32.7	0.256	2.8	11	很窄、很深	很宽、浅
C-DNA	6	38	0.331	3.1	9.3	较宽、较深	很窄、很深
Z-DNA	9	−60.0	0.38	4.56	12	平坦	较窄、很深

DNA 在 44%~46%相对湿度的锂盐中的构型,称为 C-DNA,它是 B-DNA 到 A-DNA 的中间转化物。一般来说,AT 丰富的 DNA 片段常呈 B-DNA(图 3-12B)。采用乙醇沉淀法纯化 DNA 时,整个过程中大部分 DNA 由 B-DNA 经过 C-DNA,最终变构为 A-DNA。

1977 年 Rich 等用人工合成的 dCGCGCG 六核苷酸经 X 射线晶体衍射分析,观察到一种特殊的左手双螺旋结构。该 DNA 的骨架走向呈锯齿状(zig-zag),故称 Z-DNA(图 3-12C)。属瘦长型,大小沟不明显。用免疫学方法探得其在人体内也有存在,是 DNA 分子局部的二级结构,意义在于封闭基因表达,这种螺旋可能在基因表达或遗传重组中起作用。

此外还有 B′-DNA、D-DNA 等螺旋结构。总之,DNA 的双螺旋结构永远处于动态平衡中,DNA 分子构象的变化与糖基和碱基之间的空间相对位置有关。

除双链 DNA 外,还有单链 DNA、单链环状 DNA、三链 DNA 等,故 DNA 结构具有多样性。

（三）与 DNA 碱基顺序相关的特殊二级结构

1. 回文结构(序列)　在 DNA 一级结构中,有一种称为回文结构的特殊序列。所谓回文结构指 DNA 某一片段旋转 180°后,其顺序不变,但互补链上有一段反向重复序列,正读和反读意义相同,经反折后单链可形成发夹结构,双链可形成十字架结构(图 3-13)。这种回文结构通常作为一种特别信号,在转录成 RNA 后具有调控意义。

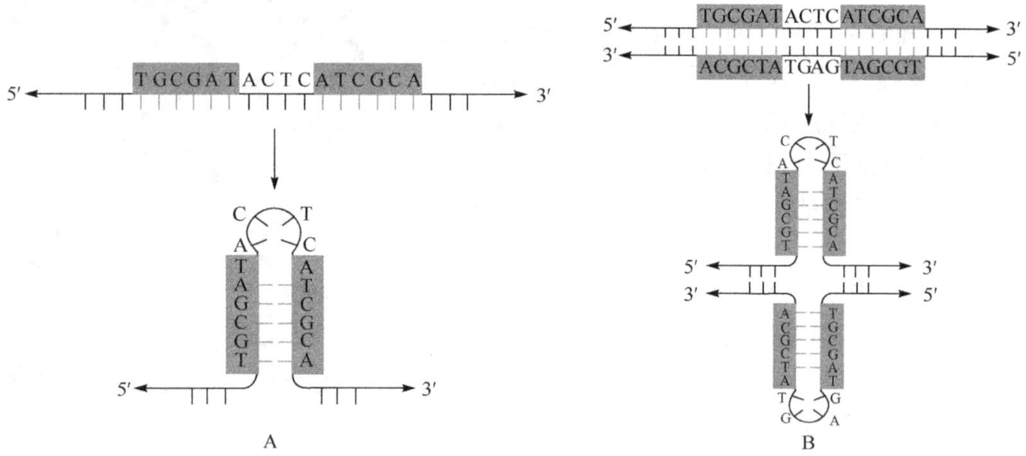

图 3-13　DNA 的回文结构

A. 发夹结构;B. 十字架结构

2. 镜像结构　所谓镜像结构就是指 DNA 某一片段在一条链上出现颠倒重复的序列(图 3-14)。

3. 三股螺旋　DNA 二级结构中也可以出现三股螺旋(图 3-15)。在三股螺旋中,通常是一条同型寡核苷酸链与寡嘧啶核苷酸-寡嘌呤核苷酸双螺旋链的大沟结合,第三股链的碱基可与 Watson-Crick 碱基对中的嘌呤碱基形成 Hoogsteen 配对。第三股链与寡嘌呤核苷酸链之间为同向平行。一般认为,第三股链中碱基配对方式必须符合 Hoogsteen 模型,即第三个碱基对以 A 或 T 与 AT 碱基对中的 A 配对;G 或 C 与 GC 碱基对中的 G 配对,C 必须质子化,以提供与 G 的 N_7 结合的氢键供体,并且它与 G 配对只形成两个氢键。

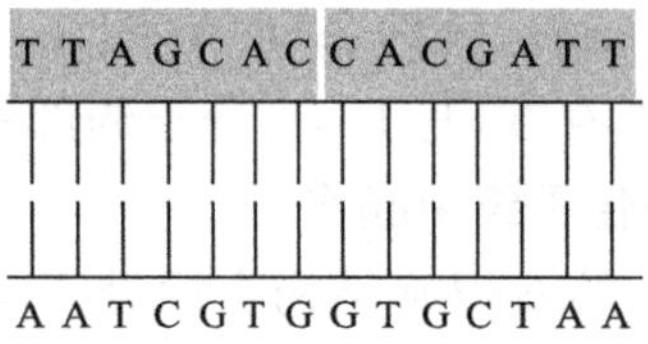

图 3-14　DNA 的镜像结构

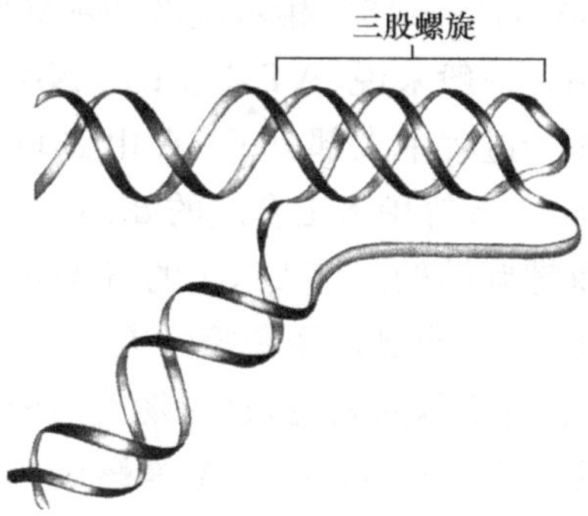

图 3-15　DNA 三股螺旋示意图

(引自王希成,2010)

4. 四链 DNA　四链 DNA 可能存在于真核细胞染色体的端粒中。

（四）稳定 DNA 二级结构的作用力

DNA 双螺旋结构在生理条件下是很稳定的。维持 DNA 双螺旋稳定性的作用力主要因素包括两个。第一，两条 DNA 链之间碱基对之间的氢键，它是一种横向作用力，但太弱；第二，碱基对之间的堆积力(base stack force)，包括疏水作用和范德华力。碱基堆积力是由芳香族碱基 π 电子间的相互作用引起的，能形成疏水核心，GC 对间的堆积力大于 AT 对，这是含 GC 高的 DNA 比 AT 含量高的 DNA 在热力学上更稳定的主要因素。另外，存在于 DNA 分子中的一些弱键在维持双螺旋结构的稳定性上也起到一定的作用，即多核苷酸链上磷酸基团所带负电荷与介质中的阳离子或阳离子化合物间形成的离子键抵消了带负电荷的磷酸基团之间的排斥作用，有利于螺旋的形成与稳定。

此外，改变介质条件和环境温度，将影响双螺旋的稳定性。

四、DNA 的三级结构

DNA 双螺旋结构具有一定的柔性(flexibility)，它可以在轻微的弧形到明显的弯曲之间改变其形状，但这种柔性是受到限制的。一个核苷酸单位的构象可以用糖-磷酸骨架上的 6 个扭角及碱基位置的扭角来描述。这些扭角受到限制它们自由旋转的内部张力的约束。一个碱基绕它的糖苷键的旋转也受到极大的限制。

正因为 DNA 的结构具有柔性，故 DNA 双螺旋可以进一步扭曲盘绕形成更复杂的特定空间结构——超螺旋(superhelix 或 supercoil)，它是 DNA 三级结构的主要形式。自从 1965 年 Vinograd 等发现多瘤病毒的环形 DNA 超螺旋以来，现已知道绝大多数原核生物 DNA 都是共价封闭环(vovalently closed circle，CCC)分子，这种双螺旋环状分子再度螺旋化成为超螺旋结构。DNA 双螺旋因旋转不足(也称欠旋)所产生的张力状态代表了一种能量储存形式。当超螺旋形成时，这种张力随之释放。处在超螺旋状态的 DNA 使每轮螺旋的碱基数接近 B-DNA所具有的数目。

DNA 双螺旋结构中，一般每转一圈有 10 个核苷酸对，双螺旋总处于能量最低状态。若正常 DNA 双螺旋额外地多转或少转几圈，使每转一圈的核苷酸数目大于或小于 10，就会出现双螺旋空间结构的改变，在 DNA 分子中产生额外的张力。若此时双螺旋链的末端是自由的，可通过链的转动而释放这种额外的张力，从而保持原来的双螺旋结构；若此时 DNA 分子的末端是固定的或是环状分子，双链不能自由转动，额外的张力就不能释放而导致 DNA 分子内部原子空间位置的重排，造成扭曲，即出现超螺旋结构。由此可见，DNA 双螺旋分子的链间螺旋数若发生变化，就会出现超螺旋结构，而且超螺旋的绕数与 DNA 的链间螺旋数有密切关系。

研究发现，所有的 DNA 超螺旋都是由 DNA 拓扑异构酶产生的。拓扑学是数学上的一个分支，可用来表述两个相互缠绕在一起的环在几何学形态上的相互关系。在描述 DNA 分子的拓扑学性质时，涉及三个参数。

(1) 连接数(linking number，L)：指共价闭合环状 DNA 分子两条链间交叉的次数。只要不发生链的断裂，其值不会变。对于闭合环状 DNA，其值也是整数。

(2) 缠绕数(twisting number，T)：指 DNA 分子中 Watson-Crick 双螺旋的盘绕数。

(3) 超螺旋数(writhing number，W)：指 DNA 双螺旋绕超螺旋轴的次数，即超螺旋数。

DNA 拓扑学上的关系可用 $L=T+W$ 表示，T 和 W 可以不是整数。

如某个 B-DNA 共有 250 个碱基对，每一螺旋含 10 个碱基对，那么 L 和 T 都是 25，这时 $W=0$，不存在超螺旋。现在若将 DNA 分子的一端固定，另一端朝双螺旋相反方向旋转两圈后使两端封闭（此时 $L=23$），分子内张力可以按两种方式分布，一种在分子内保留一个单链区，即 T 也减为 23，W 仍然为 0。由于 DNA 趋向于保持 B-DNA，因此张力分布的另一种方式是使 T 维持原来的 25，L 既是定值，为了满足上述方程，W 就必须等于 −2，该 DNA 分子就成为盘绕两次的负超螺旋（图 3-16）。超螺旋是 DNA 三级结构的一种普遍形式，双螺旋 DNA 的松开导致负超螺旋，而拧紧则导致正超螺旋。

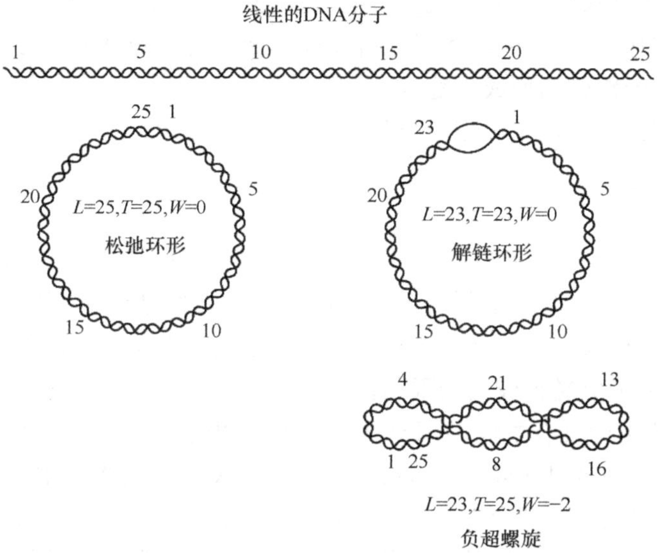

图 3-16　DNA 超螺旋

第三节　核糖核酸

DNA 是遗传信息的载体，遗传信息的作用通常由蛋白质的功能来实现，但 DNA 并非蛋白质合成的直接模板，合成蛋白质的模板是 RNA。与 DNA 相比，RNA 种类繁多，相对分子质量较小，一般以单股链存在，但可以有局部二级结构，其碱基组成特点是含有尿嘧啶（uracil，U）而不含胸腺嘧啶，碱基配对发生于 C 和 G 与 U 和 A 之间，RNA 碱基组成之间无一定的比例关系，且稀有碱基较多。此外，tRNA 还具有明确的三级结构。

一、RNA 的类型

RNA 的种类、大小、结构都比 DNA 多样化，按照功能的不同和结构的特点，RNA 主要分为 tRNA、rRNA 和 mRNA 三类，此外，细胞的不同部位还存在着一些小分子 RNA，如核内小 RNA（snRNA）、核仁小 RNA（snoRNA）、胞质小 RNA（scRNA）等，分别参与组成 mRNA 的前体[核不均一 RNA（hnRNA）]及 rRNA 的转运和加工过程（表 3-4）。

表 3-4　RNA 的类型、生物学分布与功能

种类	分布		功能
	细胞核和胞液	线粒体	
核蛋白体 RNA	rRNA	mt rRNA	核蛋白体组成成分
信使 RNA	mRNA	mt mRNA	蛋白质合成模板
转移 RNA	tRNA	mt tRNA	转运氨基酸
核不均一 RNA	hnRNA		成熟 mRNA 的前体
核内小 RNA	snRNA		参与 hnRNA 的剪接、转运
胞质小 RNA	scRNA		蛋白质内质网定位合成的信号识别体的组成成分

注：mt RNA 表示线粒体 RNA

（一）转移核糖核酸

转移核糖核酸（transfer RNA，tRNA）又称为转移 RNA。含 73～93 个核苷酸残基，沉降系数约为 4S，碱基组成中有较多稀有碱基，相对分子质量在 2.5×10^4 左右，是相对分子质量最小的 RNA，占 RNA 总量的 16%。现已知一级结构的 tRNA 有 160 多种，每种 tRNA 可运载一种特定的氨基酸，一种氨基酸可由一种或多种 tRNA 运载。tRNA 的主要生物学功能是转运活化的氨基酸，参与蛋白质的生物合成。

（二）信使核糖核酸

信使核糖核酸（messenger RNA，mRNA）是从 DNA 上转录而来，又称为信使 RNA。其含量最少，约占细胞总 RNA 的 2%。mRNA 是细胞内最不稳定的一类 RNA。mRNA 的生物学功能是传递 DNA 的遗传信息，指导各种蛋白质的合成。细胞内 mRNA 的种类很多，分子大小不一，由几百至几千个核苷酸组成。每一种蛋白质都由一种相应的 mRNA 编码。

在细胞核内合成的 mRNA 初级产物被称为核不均一 RNA（hnRNA），它们在核内迅速被加工、剪接成为成熟的 mRNA 并被运输到细胞质。

（三）核糖体核糖核酸

核糖体核糖核酸（ribosome RNA，rRNA）是构成核糖体的骨架，又称为核糖体 RNA，是细胞中含量最丰富的 RNA，约占细胞总 RNA 的 82%。以往认为 rRNA 单独存在时不执行其功能，现研究发现 rRNA 也具有酶功能。它能与多种蛋白质结合在一起构成核糖体，是蛋白质合成的场所。核糖体含有大约 60% rRNA，40%蛋白质，整个核糖体由一大一小两个亚基组成。

（四）核内小 RNA

核内小 RNA（small nuclear RNA，snRNA）存在于真核细胞的细胞核内，是一类称为核内小核糖核蛋白（snRNP）的组成成分，有 U1 snRNA、U2 snRNA、U4 snRNA、U5 snRNA、U6 snRNA等，均为小分子核糖核酸，长 106～189 个核苷酸，其功能是在 hnRNA 成熟转变为 mRNA 的过程中，参与 RNA 的剪接，并且在将 mRNA 从细胞核运到细胞质的过程中起着十分重要的作用。

(五) 胞质小 RNA

胞质小 RNA(small cytosol RNA,scRNA),又称为 7SL-RNA。主要存在于细胞质中,长约 300 个核苷酸,是蛋白质定位合成于粗面内质网上所需的信号识别体的组成成分。

二、RNA 的一级结构

组成 RNA 的核苷酸按特定序列通过 3′,5′-磷酸二酯键连接的线性结构,为 RNA 的一级结构(图 3-9B),因此 RNA 是无分支的长链,且相对分子质量较小。组成 RNA 的戊糖是核糖,碱基中 RNA 的 U 替代 DNA 中的 T,此外,RNA 中还有一些稀有碱基。天然 RNA 分子都是单链线性分子,只有部分区域是 A 型双螺旋结构,双螺旋区占 RNA 分子的 50%左右。

对于 RNA 的一级结构,研究最多的是 tRNA。tRNA 相对分子质量约 2.5×10^4,由 73～93 个核苷酸组成,分子中含有较多的稀有碱基,最常见的是甲基化的稀有碱基。其 5′端总是磷酸化,通常是 pG,也有 pC,3′端最后三个氨基酸顺序相同,总是 CCA—OH。

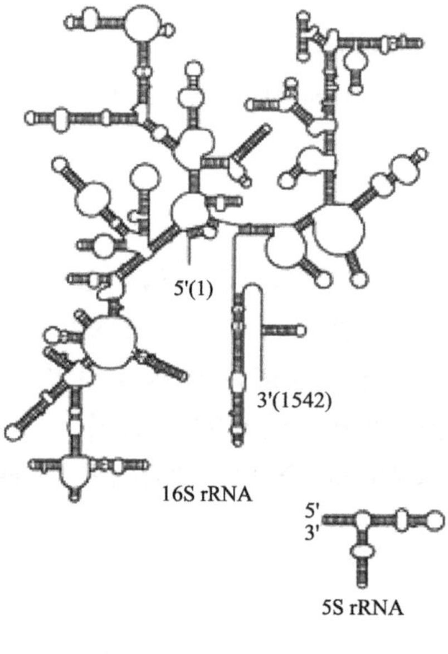

图 3-17　RNA 的二级结构

在 rRNA 中,研究最多的是 5S rRNA 和 16S rRNA(图 3-17)。大肠杆菌中的 5S rRNA 的 5′端常出现 pppU,3′端为 U—OH;第 43～47 位的核苷酸顺序为 CGAAC(真核细胞此序列则出现在 5.8S rRNA),这是 rRNA 与 tRNA 相互识别、相互作用的部位;原核细胞 16S rRNA 的 3′端总存在 ACCUCCU 序列,这是 mRNA 的识别位点。

mRNA 相对分子质量不均一,代谢活跃,这给一级结构的研究带来一定困难。真核细胞 mRNA 与原核细胞 mRNA 比较,在结构上具有明显的区别。真核细胞 mRNA 的 3′端有一段长达 200 个左右的聚合腺苷酸[poly(A)],称为"尾"结构;5′端有一个甲基化的鸟苷酸称为"帽"结构,表示为 $m^7Gp5p5pXpmY$,其中,m 代表甲基,m^7G 代表鸟嘌呤 N_7 被甲基化,5 代表 5′磷酸,X、Y 为任意碱基。这种"尾"和"帽"的结构在mRNA功能表现中具有重要作用。

三、RNA 的二级和三级结构

单链 RNA 自行盘绕形成局部双螺旋的多"茎"多"环"结构,螺旋部分称为"茎"或"臂",非螺旋部位称为"环",在螺旋区,A 与 U 配对,G 与 C 配对。

(一) tRNA

tRNA 的二级结构大都呈三叶草形(图 3-18A)。其结构主要特征是:含有 4 个螺旋区、三个环和一个额外环。4 个螺旋区构成 4 个臂,其中,含有 3′端的螺旋区称为氨基酸臂,因为此臂的 3′端都是 CCA—OH 序列,可用来接受活化的氨基酸,亦称接受末端;5′端大多为 pG…或 pC…。自 5′端起第一个环含有 5,6-二氢尿嘧啶,称为二氢尿嘧啶环(DHU 环)。第二个环的顶端含有由三个碱基组成的反密码子，称为反密码子环。反密码子可识别 mRNA 分子上的密码子，在蛋白质生物合成中起重要的翻译作用。环Ⅲ含有胸苷(T)、假尿苷(Ψ)、胞苷(C)，称为 TΨC 环，此环可能与结合核糖体有关。

tRNA 在二级结构的基础上，突环上未配对的碱基由于整个分子的扭曲而配对形成倒“L”形的三级结构(图 3-18B)。tRNA 的三级结构复杂，是依靠广泛的碱基堆积作用和螺旋臂间的碱基配对来维持。在这些相互作用中所涉及的大多数碱基都属于不变和半不变，这为所有 tRNA 都有相似构象提供了基础。氨基酸的接受部位和反密码子部位分别位于倒“L”形的两端。tRNA 狭长部分的宽度为 0.2～0.5nm，这是它们发挥生物学功能所必需的。因为当蛋白质合成时，两分子的 tRNA 必须同时结合在 mRNA 的两个密码子上。

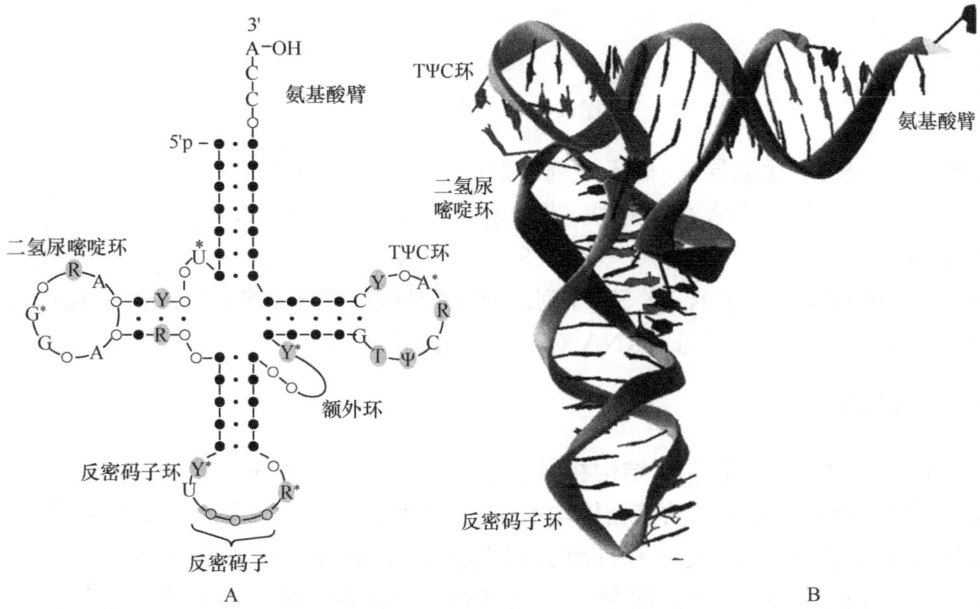

图 3-18　tRNA 的二级结构和空间结构

* 表示被修饰的碱基

(二) 真核生物与原核生物的 mRNA

所有的 mRNA 都包含 5′端和 3′端的非编码区和位于中间的编码区，原核生物的 mRNA 是多顺反子，真核生物的 mRNA 是单顺反子。所谓顺反子(cistron)就是由顺反试验所规定的遗传单位，相当于一条多肽链的编码序列。

真核生物的 mRNA 的 3′端有一段由 30～200 个核苷酸残基组成的聚合腺苷酸。它的长度决定 mRNA 的半衰期，新合成的 mRNA，其 poly(A)较长；而衰老的 mRNA，其 poly(A)较短。poly(A)功能是 mRNA 由细胞核进入细胞质所必需，它可以大大提高 mRNA 在细胞质中的稳定性。

真核生物 mRNA 的 5′端有一个 7-甲基鸟嘌呤核苷三磷酸(m^7Gppp)的“帽”式结构(鸟嘌呤 N_7 甲基化，鸟嘌呤核苷酸经焦磷酸与相邻的一个核苷酸相连，形成 5′,5′-磷酸二酯键)，称 5′-帽子结构(图 3-19)。此结构在蛋白质的生物合成过程中可为核糖体提供识别位点，使 mRNA很快与核糖体结合，促进蛋白质合成起始复合物的形成，加速翻译起始浓度，并增强

mRNA 的稳定性,同时可抵抗 5′外切核酸酶降解 mRNA,防止 mRNA 水解。

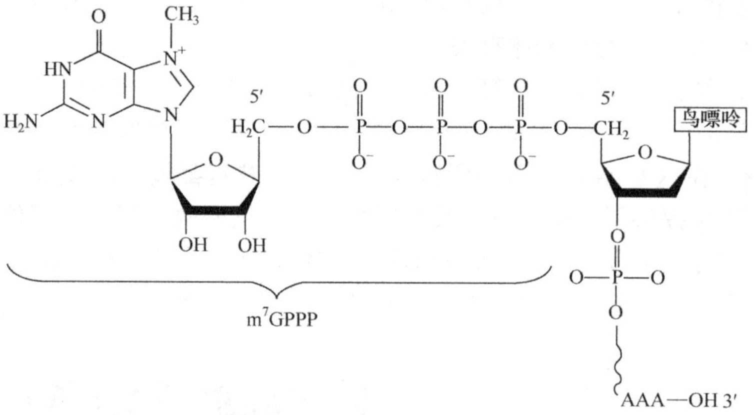

图 3-19　5′-帽子结构

原核生物 mRNA 由先导区、插入序列、翻译区和末端序列组成。一般无 poly(A)的结构和"帽"式结构。原核 mRNA 代谢很快,半衰期几秒至十几分钟。5′端先导区中,有一段富含嘌呤的碱基序列,典型的为 5′-AGGAGGU-3′,位于起始密码子 AUG 前约 10 个核苷酸处,此序列由 Shine 和 Dalgarno 发现,称 SD 序列。SD 序列和核糖体 16S rRNA 的 3′端富含嘧啶碱基的序列互补,这种互补序列与 mRNA 对核糖体的识别有关。

(三) rRNA

rRNA 的相对分子质量较大,结构相当复杂。核糖体大约由 60%的 RNA 和 40%的蛋白质组成。原核生物和真核生物的核糖体均由大、小两种亚基组成。在原核生物中,这两个亚基分别是 30S(小亚基)和 50S(大亚基);而真核生物中,它们分别是 40S(小亚基)和 60S(大亚基)。原核生物的 rRNA 分三类,即 5S rRNA、16S rRNA 和 23S rRNA;真核生物的 rRNA 分 4 类,即 5S rRNA、5.8S rRNA、18S rRNA 和 28S rRNA。S 为大分子物质在超速离心沉降中的一个物理学单位($1S=1\times10^{-13}s$),可间接反映相对分子质量的大小。

第四节　核酸的主要性质

一、核酸的水解

(一) 酸或碱的水解

核酸分子中的 3′,5′-磷酸二酯键可在酸性或碱性条件下被水解切断。DNA 和 RNA 对酸或碱的耐受程度有很大差别。例如,在 0.1mol/L NaOH 溶液中,RNA 几乎可以完全水解,生成 2′-或 3′-核苷酸;DNA 在同样条件下则不受影响。它们这种在水解性能上的差别,与 RNA 核糖基上 2′-OH 的邻基参与作用有很大的关系。在 RNA 水解时,2′-OH 首先进攻磷酸基,在断开磷酸二酯键的同时形成环状磷酸二酯,再在碱的作用下形成水解产物。

此外,DNA 对酸不稳定,如嘌呤脱氧核糖核苷酸的 N_9-$C_{1'}$ 糖苷键在酸溶液中容易生成脱嘌呤的 DNA。但 DNA 对碱较稳定;而 RNA 对碱敏感,在碱溶液中生成 2′-核苷酸和 3′-核苷酸的混合物。

（二）酶水解

在高等动植物中都有很多作用于磷酸二酯键的核酸酶（nuclease）。不同来源的核酸酶，其专一性、作用方式都有所不同。核糖核酸酶（ribonuclease，RNase）只能作用于RNA，而脱氧核糖核酸酶（deoxyribonuclease，DNase）只能作用于DNA。但有些核酸酶既能催化DNA水解也可催化RNA水解。根据核酸酶作用的部位不同，分为外切核酸酶（exonuclease）和内切核酸酶（endonuclease）。

1. 外切核酸酶 有些核酸酶能从DNA或RNA链的一端逐个水解下单核苷酸，因此称为外切核酸酶。只作用于DNA的外切核酸酶称为脱氧核糖外切核酸酶，只作用于RNA的外切核酸酶称为核糖外切核酸酶；也有一些外切核酸酶可以作用于DNA或RNA。外切核酸酶能从RNA或DNA链的游离的3′-OH逐个水解磷酸二酯键，生成5′-核苷酸，称为3′→5′外切酶，如蛇毒磷酸二酯酶；外切核酸酶从游离的5′-OH开始逐个水解磷酸二酯键，生成3′-核苷酸，称为5′→3′外切酶，如牛脾磷酸二酯酶（图3-20）。

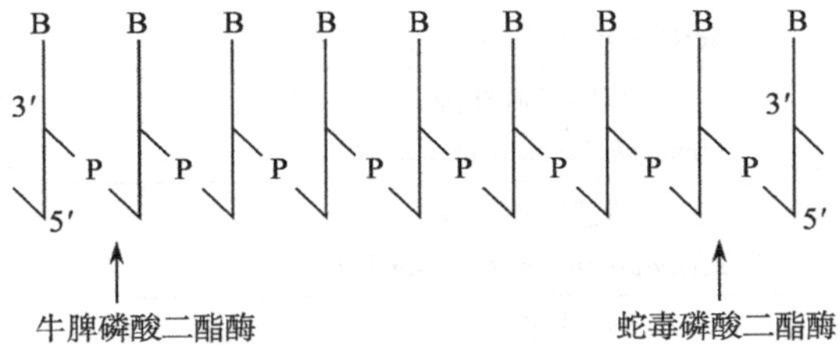

图3-20 蛇毒磷酸二酯酶和牛脾磷酸二酯酶的酶切点

2. 内切核酸酶 内切核酸酶催化水解多核苷酸内部的磷酸二酯键。有些内切核酸酶仅水解5′-磷酸二酯键，把磷酸基团留在3′位置上，称为5′-内切酶；而有些仅水解3′-磷酸二酯键，把磷酸基团留在5′位置上，称为3′-内切酶（图3-21）。还有一些内切核酸酶对磷酸二酯键一侧的碱基有专一的要求。例如，胰脏核糖核酸酶（RNase A）是一种高度专一性内切核酸酶，它作用于嘧啶核苷酸的C_3'上的磷酸根和相邻核苷酸的C_5'之间的键，产物为3′-嘧啶单核苷酸或以3′-嘧啶核苷酸结尾的低聚核苷酸（图3-22）。

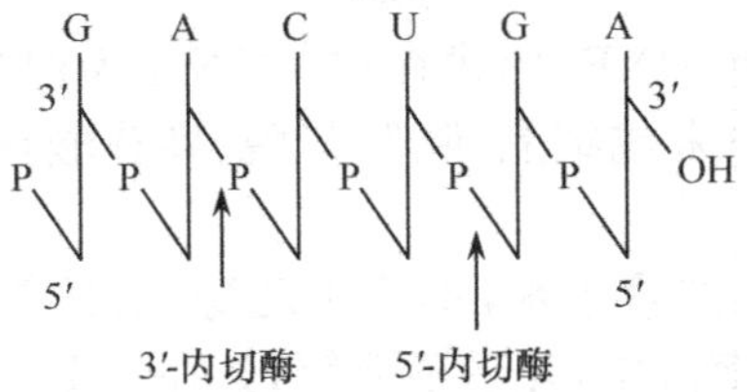

图3-21 核酸内切酶的水解位点

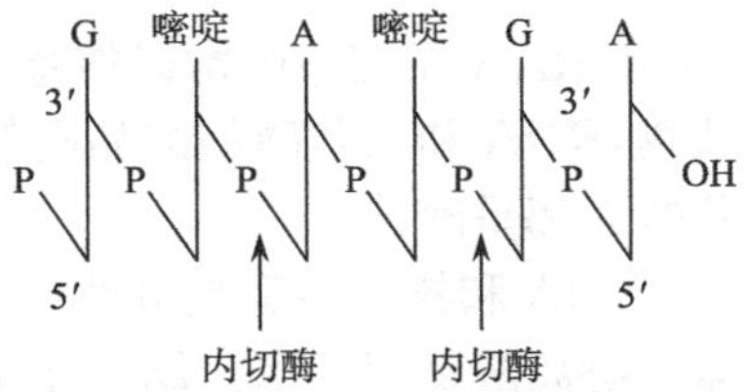

图3-22 胰脏核酸内切酶的水解位点

3. 限制性内切核酸酶 限制性内切核酸酶（restriction endonucleases）是一类作用于DNA的内切核酸酶，也称为限制性内切酶，常简称为限制酶。限制酶能特异地降解入侵的病毒DNA，限制外源DNA的表达，这样的细菌称为限制性宿主。限制性宿主合成的限制酶并不作用于宿主本身的DNA，因为宿主DNA中可被限制酶识别和作用的特殊部位的某些碱基已被甲基化了，就是说限制酶不能水解已修饰的底物，因此没有甲基化的DNA都会受到限制酶的切割，这对细菌的生存和繁衍具有重要意义。目前已经发现的限制性内切核酸酶有数千种，已提纯的限制性内切核酸酶有 100 多种，许多已成为基因工程研究中必不可少的工具酶。限制性内切核酸酶可被分成三种类型，使用最普遍的是Ⅱ型，这一类型的酶通常能够识别 4～8bp 的靶序列，一般呈现的是回文序列，并在其中的特定位点切割。切割的结果是双链 DNA 分子在这一特定的位点断开，断裂的类型或者是两条链断裂部位交错的黏性末端(图 3-23A)，或者是断裂位置处于对称中心的平末端(图 3-23B)。部分限制性内切核酸酶来源及识别位点见表 3-5。

5′-C↓CTAGG-3′
3′-GGATC↑C-5′
A

5′-TAC|GTA-3′
3′-ATG|CAT-5′
B

图 3-23　两种限制性内切核酸酶的识别序列和切割位点(箭头所示)
A. *Avr*Ⅱ　B. *Sna*BⅠ

表 3-5　限制性内切核酸酶来源及识别位点

酶名称	来源	识别位点
*Eco*RⅠ	大肠杆菌 *Escherichia coli* RY13	-N-C-T-T-A-A↓G-N-5′ 5′N-G↑A-A-T-T-C-N-
*Bam*HⅠ	淀粉液化芽孢杆菌 H *Bacillus amyloliquefaciens* H	-N-C-C-T-A-G↓G-N-5′ 5′N-G↑G-A-T-C-C-N-
*Hind*Ⅱ	流感嗜血杆菌 *Hemophilus influenzae* Rd	-C-A-Pu↓Py-T-G-5′ 5′G-T-Py↑Pu-A-C-
*Hind*Ⅲ	流感嗜血杆菌 *Hemophilus influenzae* Rd	-T-T-C-G-A↓A-5′ 5′A↑A-G-C-T-T-
*Hap*Ⅱ	嗜沫嗜血菌 *Hemophilus aphrophilus*	-N-G-G-C↓C-N-5′ 5′N-C↑C-G-G-N-

注：Py 代表嘧啶，Pu 代表嘌呤

关于限制性内切核酸酶命名，第一个字母为属名，大写斜体；第二、三两个字母为种名头两字母，小写斜体；第四个字母，表示菌株；最后一个罗马数字为该细菌中已分离这一类酶的编号。例如，*Eco*RⅠ表示含义为：第一个字母 *E* 为大肠杆菌(*E. coli*)属名，第二、三两个字母 *co* 为种名头两个字母，第四个字母 R，表示菌株，最后一个罗马数字Ⅰ为大肠杆菌(*E. coli*)已分离的第一个酶。

二、一般物理性质

DNA 和 RNA 在细胞中常以核蛋白(DNP 和 RNP)形式存在。DNA 为白色类似石棉样的纤维状物，RNA 和核苷酸的纯品则都呈白色粉末或结晶，除肌苷酸、鸟苷酸具有鲜味外，核酸和核苷酸大都呈酸味。

DNA、RNA 和核苷酸都是极性化合物，一般都溶于水，不溶于乙醇、氯仿等有机溶剂，它们的钠盐比游离酸易溶于水。DNP 在低浓度盐溶液中，几乎不溶解，如在 0.14mol/L NaCl 中溶解度最低，仅为在水中溶解度的 1%，随着盐浓度的增加溶解度也增加，至 1mol/L NaCl 中溶解度很大，比纯水高 2 倍；RNP 在盐溶液中的溶解度受盐溶液的影响较小，在 0.14mol/L NaCl 中溶解度较大。因此，在提取时，常用此法分离这两种核蛋白，再用蛋白质变性剂去除蛋白质。在酸性溶液中，DNA 易水解，在中性或弱碱性溶液中较稳定。

三、核苷酸的解离性质

与蛋白质相似，核苷酸分子中的各种碱基杂环中 N 杂原子及一些取代基，具有结合和释放质子的能力，故它们既具有碱性解离又具有酸性解离的性质。除了碱基的解离外，核苷酸分子中的磷酸基也可以解离，因而核酸也具有两性性质，但通常表现为酸性。这是由于核酸分子中的磷酸是一个中等强度的酸，而碱基呈现弱碱性，因此核酸的等电点比较低。核酸在其等电点时溶解度最小。一般的，DNA 的等电点为 4.0～4.5，RNA 的等电点为 2.0～2.5。RNA 的等电点比 DNA 低的原因是 RNA 分子中核糖基 2′-OH 通过氢键促进了磷酸基上质子的解离，而 DNA 没有这种作用(表 3-6)。

表 3-6　核苷酸分子中的解离基团的解离常数

核苷酸	碱基的解离	第一磷酸基	第二磷酸基
AMP	3.70	0.9	6.01
GMP	2.30	0.7	5.92
CMP	4.24	0.8	5.97
UMP	—	1.0	5.88

四、核酸、核苷酸的紫外吸收性质及其应用

在核酸分子中，由于嘌呤碱和嘧啶碱具有共轭双键体系，因此具有独特的紫外吸收光谱，其吸收波段在 240～290nm，一般在 260nm 左右达最大吸收峰。

核酸、核苷酸的紫外吸收性质可以作为核酸及其组分的定性测定依据。利用紫外吸收差别，可鉴定各种核苷酸和对核苷酸进行定量分析。利用核酸和蛋白质紫外吸收差别，可鉴定核酸制品中蛋白质杂质。利用 A_{260}/A_{280} 值，判断核酸的纯度，当 A_{260}/A_{280} 为 1.65～1.85 时，表明 DNA 比较纯，若比值过高则表明有 RNA 污染，比值过低则表明有蛋白质或酚污染；当 A_{260}/A_{280} 达到 2.0，表明 RNA 比较纯，若样品混有杂蛋白，比值明显降低。

五、核酸的分子杂交

当核酸受到某些物理因素或化学因素作用时，其双螺旋区的氢键断裂，碱基堆积力受到破坏，双股螺旋变成两条单一的无规则随机卷曲的多核苷酸链，理化性质和生物活性发生改变，称为变性(denaturation)。核酸变性时仅高级结构被破坏，不涉及一级结构的改变。可以引起核酸变性的因素很多，如加热、酸碱度改变、有机溶剂、尿素和甲醛等。由温度升高引起的变性称为热变性。变性的核酸常发生一些理化及生物学性质的改变，如黏度下降、比旋光度下降、浮力密度升高等。变性的 DNA 溶液在 260nm 区紫外吸收作用增强的效应称为增色效应(hypochromic effect)。变性的核酸在适当的条件下，两条彼此分开的互补单链又可部分或全部结合成为双螺旋结构，这一过程称为复性。它是变性的一种可逆过程。热变性的 DNA 在缓慢冷却时，可以复性，此过程称为退火(annealing)。DNA 复性后，许多物化性质又得到恢复。当 DNA 复性时，双螺旋重新形成，紫外吸收作用减弱的效应，称为减色效应。DNA 复性的程度、速率与复性的条件，如温度和时间、DNA 浓度和 DNA 顺序的复杂性等有关。

不同来源的核酸变性后，在退火条件下合并在一处，这时，只要这些核酸分子的核苷酸序列含有可以形成碱基互补配对的片段，复性也就发生于不同来源的核酸链之间，形成所谓的杂化双链(heteroduplex)，这个过程称为杂交(hybridization)。杂交可以发生于 DNA、DNA 之间，也可以发生于 RNA 和 DNA 之间。例如，一段天然的 DNA 和这段 DNA 的缺失突变体(假定这种突变是 DNA 分子中部丢失了若干碱基对)一起杂交，电子显微镜下可以看到杂化

双链中部鼓起小泡。测量小泡的位置和长度，可确定缺失突变发生的部位和缺失的多少。

核酸杂交技术是目前研究核酸结构和功能常用的手段之一，现已在医学和生命科学上得到广泛应用。例如，核酸杂交与探针技术、聚合酶链反应（poiymerase chain reaction，PCR）技术等。核酸杂交技术不仅可用来检验核酸的缺失、插入，还可用来考察不同生物种类在核酸分子中的共同序列和不同序列，以确定它们在进化中的关系。

这里简单介绍在核酸杂交的基础上发展起来的一种用于研究和诊断的探针技术。探针（probe）就是用放射性同位素或荧光标记的 DNA 或 RNA 片段。标记一个来源的核酸，通过杂交可以检测与其互补关系的 DNA 或 RNA，这种标记的核酸称为基因探针（gene probe），也就是一段带有检测标记，且顺序已知、与目的基因互补的核酸序列；基因探针的“集成化”就是基因芯片（gene chip），是把已经测序的基因固定在硅片或玻璃片上制成的；直接用探针与菌落或组织细胞中的核酸杂交，未改变核酸所在位置的技术称为原位杂交技术；将核酸直接点在膜上，再与核酸杂交的技术称为点杂交技术。

1975 年由英国人 Southern 发展了一种很有用的方法可以用来鉴定特定 DNA 分子的大小。这个方法称作 Southern 印迹法（Southern blotting）或 DNA 印迹法。他们将电泳分离后得到的 DNA 片段从凝胶转移到硝酸纤维素膜上，再进行杂交，此为 Southern 印迹（图 3-24）。

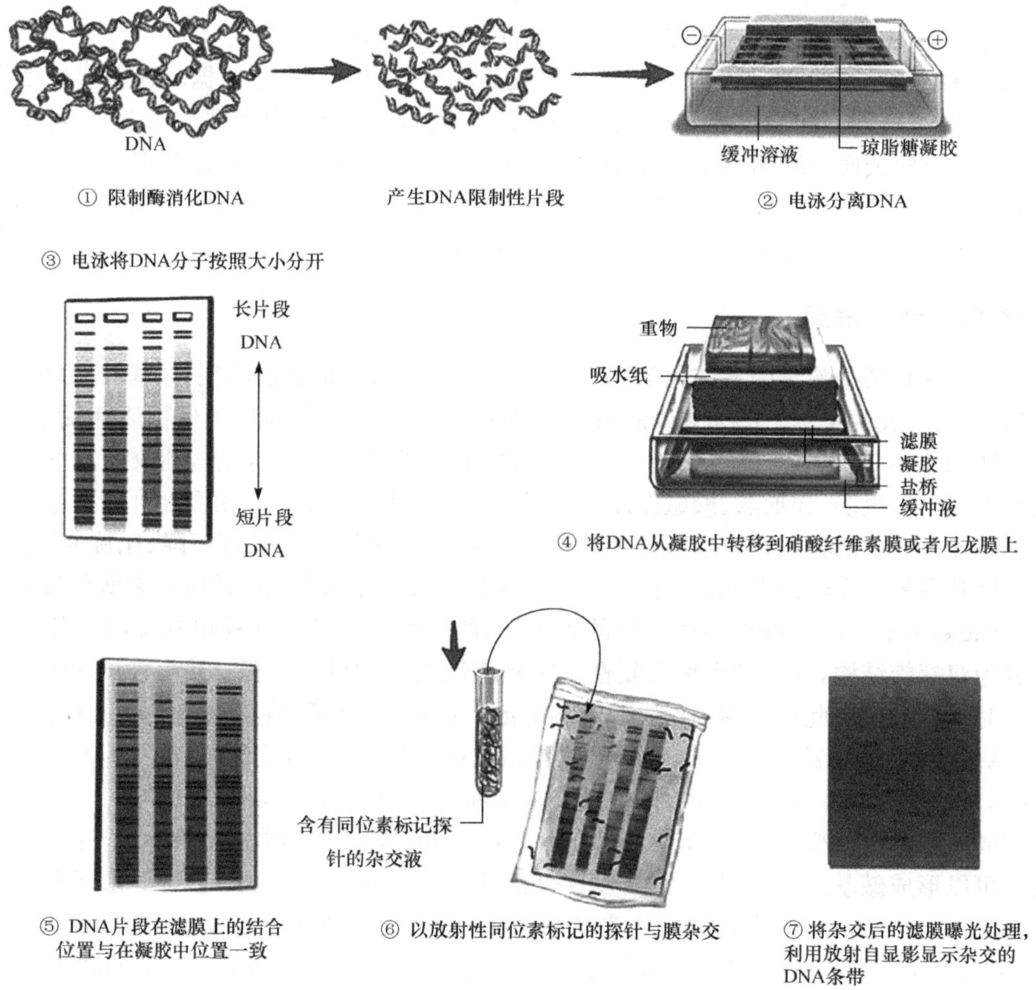

图 3-24　DNA 的 Southern 印迹法（引自 Allison，2008）

Southern 印迹法可用于 DNA 之间同源性分析，确定特异性 DNA 序列的大小和位置。DNA 印迹法可以扩展用于特定 RNA 的鉴定，即对 RNA 采用与 DNA 印迹类似的程序，可以用互补的、具放射性标记的 RNA 或 DNA 探针与其杂交，将电泳分离后的 RNA 吸印到纤维素膜上再进行分子杂交。为了与 DNA 印迹法相区别，一语双关地把这种检测 RNA 的方法称为 Northern 印迹法(Northern blotting)，又称为 RNA 印迹法。它可以检测与探针 DNA 同源杂交的 mRNA 分子的存在，因而可以研究细胞内特定 mRNA 的产生，即特定基因的表达。特定的蛋白质也可采用类似的程序进行鉴定，所不同的是，所用探针是该目标蛋白的抗体，这种方法叫做 Western 印迹法(Western blotting)或蛋白质印迹法或免疫印迹法(immunoblot)。它是研究克隆基因表达产物、鉴定克隆株的常用技术。

第五节　核酸的研究方法

一、核酸的分离、提纯和定量测定

(一) 分离核酸的一般原则

1. 分离纯化核酸的两个原则　核酸分离和纯化时应遵循两个原则：①保持核酸分子一级结构的完整性。因为完整的一级结构是核酸结构和功能研究的最基本要求。②尽量排除其他分子的污染，保证核酸样品的纯度。

2. 对核酸样品纯度的要求

(1) 核酸样品中不应存在对酶有抑制作用的有机溶剂和过高浓度的金属离子。

(2) 其他大分子如蛋白质、多糖和脂类分子的污染应降低到最低程度。

(3) 排除其他核酸分子的污染，如提取 DNA 分子时，应去除 DNase 和 RNA，反之亦然。

3. 分离纯化核酸的注意事项　为保证分离核酸的完整性(防止降解)和纯度，在试验中应注意：

(1) 尽量简化操作步骤，缩短提取时间，以减少各种有害因素对核酸的破坏。

(2) 条件温和，减少化学物质对核酸的降解。为避免过酸、过碱对核酸链中磷酸二酯键的破坏，操作多在 pH 4～10 条件下进行。

(3) 防止核酸的生物降解。细胞内或外来的各种核酸酶水解核酸链中的磷酸二酯键，直接破坏核酸的一级结构。因此使用金属离子螯合剂，如 EDTA 或柠檬酸盐等(因 DNA 酶需要金属离子 Mg^{2+}、Ca^{2+} 的激活)基本上可以抑制 DNA 酶的活性，保持 DNA 的完整性。RNA 酶分布广泛，极易污染样品，而且耐高温、耐酸碱、不易失活，因此生物降解是 RNA 提取过程中的主要危害因素。

(4) 减少物理因素对核酸的降解，物理降解因素主要是机械剪切力，其次是高温。

(二) DNA 的分离

真核生物中的染色体 DNA 常常以碱性蛋白(组蛋白)结合的核蛋白(DNP)形式存在于核内。DNA 的分离方法有很多，常利用 DNA 或 DNP 的性质进行分离。主要有下面几种方法。

1. 盐析法　利用核蛋白(DNP)溶于水和高盐溶液，但不溶于生理盐溶液(0.14mol/L NaCl)的性质进行分离。向核酸-蛋白质溶液中加入浓盐(NaCl)溶液，破坏其静电吸力，破坏氢键,核蛋白解聚,从而将 DNA 与蛋白质分开。

2. SDS 法 利用 SDS 的性质进行分离。SDS 除有破坏细胞壁和抑制核酸酶的作用外,还有使核酸从蛋白质上游离出来的功能。

3. 苯酚抽提法 苯酚是很强的蛋白质变性剂,用苯酚抽提,可以除去蛋白质。将水饱和苯酚与 DNP 一起震荡,冷冻离心,DNA 溶于上层水相,不溶性变性蛋白质残留物位于中间界面,一部分变性蛋白质停留在酚相。如此操作反复多次以除净蛋白质。将含 DNA 的水相,在有盐的条件下加 2 倍体积的冷乙醇,可将 DNA 沉淀出来,再用乙醚和乙醇洗沉淀,可以得到纯的 DNA。

为了得到大分子 DNA,避免核酸酶和机械震荡对 DNA 的降解,现在比较常用的方法是:在细胞悬液中直接加入 2 倍体积含 1% SDS 的缓冲液,同时加入广谱蛋白酶(如蛋白酶 K),使终浓度达到 100μg/mg,65℃保温 4h,之后用苯酚抽提,除净蛋白酶和蛋白质的部分降解产物。还可用纯的 RNase 降解 DNA 制品中的少量 RNA。

4. 酚/氯仿抽提法 酚/氯仿混合使用能增加去除蛋白质的效果,并对核酸酶有抑制作用。氯仿相对密度大,能加速有机相与水相分层,减少残留在水相中的酚,同时氯仿具有去除植物色素和蔗糖的作用。在酚/氯仿抽提核酸提取液时,需要震荡,为防止起泡和促使水相与有机相的分离,需再加上一定量的异戊醇(酚:氯仿:异戊醇=25:24:1)。

5. 氯化铯密度梯度离心法 由于不同构象的核酸(线形、环形、超螺旋),其密度和沉降速率不同(表 3-7),根据它们的相对沉降系数,采用 CsCl 密度梯度离心法可将它们区分开来。这一方法常用于质粒 DNA 的纯化,也是实验室制备高质量 DNA 常用的方法。

表 3-7 DNA 构象与相对沉降常数

DNA 构象	相对沉降系数
线形双螺旋分子	1.00
松弛双链闭环	1.14
切开双链环	1.14
单链环	1.14
线形单环	1.30
正或负超螺旋双链环状	1.41

(三) RNA 的分离

RNA 比 DNA 更不稳定,而且 RNase 又无处不在,因此 RNA 的分离更为困难。不同功能 RNA 常分布于细胞的不同部位,分离这些 RNA 常需先用差速离心法,将细胞核、线粒体、叶绿体等各部分分开,再从这些部分中分离出 RNA。

制备 RNA 时特别要防止 RNase 对 RNA 的降解作用,因此通常要注意:

(1) 所有用于制备 RNA 的玻璃器皿都要经过高温焙烤,塑料用具经过高压灭菌,不能高压灭菌的用具要用 0.01%焦炭酸二乙酯(DEPC)处理,再煮沸以除净 DEPC(使用 DEPC 处理是因为 DEPC 能使蛋白质乙基化而破坏 RNase 活性)。

(2) 在破碎细胞的同时加入强变性剂(如胍盐)使 RNase 失活。

(3) 在 RNA 的反应体系内加入 RNAse 的抑制剂,如 RNasin。

目前最常用的制备 RNA 方法有两种。第一种,用酸性胍盐/苯酚/氯仿抽提。异硫氰酸胍是极强烈的蛋白质变性剂，它几乎能使所有的蛋白质变性。然后用苯酚和氯仿多次清除蛋白质。此法用于少量制备 RNA。第二种，用胍盐/氯化铯对细胞抽提物进行密度梯度离心。蛋白质密度<1.33g/cm^2，位于中间，RNA 密度>1.89g/cm^2，沉淀在底部。用此方法可制备较大量高纯度的天然 RNA。

（四）核酸含量的测定方法

核酸含量的测定方法有很多种，主要有紫外分光光度法、定磷法、定糖法等，但在对细胞或组织中的核酸含量测定之前需要对材料作预处理，以便定量抽提出核酸的成分，其目的在于除去酸溶性含磷化合物及脂溶性含磷化合物。具体做法是，用冷的 5%～10%过氯酸(PCA)或三氯乙酸(TCA)处理粉碎的生物材料，得到的抽提液为酸溶性部分，包括核苷酸及相对分子质量小的寡核苷酸等；再将残留物用有机溶剂（如乙醇、乙醚、氯仿等）除去脂溶性含磷物质，抽提液主要是磷脂类物质，留下的残渣为不溶于酸的非脂类含磷化合物，包括 DNA、RNA、蛋白质及少量其他含磷化合物。

1. 紫外分光光度法　根据核酸具有紫外吸收的特性，在一定 pH 下测定样品在 260nm 波长时的紫外吸光度(A_{260})，然后计算出样品中核酸的含量，计算公式如下：

$$C=\frac{M_r \times A_{260}}{\varepsilon \times L}$$

式中，C 为核酸的含量(mg/mL)，M_r 为相对分子质量，A_{260} 为核酸溶液的吸光度，ε 为摩尔消光系数（即 1L 溶液中含 1mol 核酸的光吸收值），L 为比色杯的内径(cm)。

紫外分光光度法是常用的方法，具有方便、样品易回收的优点，但灵敏度不高。

2. 定糖法　鉴于核酸分子中含有核糖或脱氧核糖，可以依据核糖或脱氧核糖具有特殊的显色反应而进行核酸含量的测定。定糖法实质上也是比色法。

DNA 在酸性溶液（浓硫酸或冰醋酸）中受热发生酸解，释放出脱氧核糖，脱氧核糖与二苯胺供热反应，生成蓝色化合物，在最大吸收峰 595nm 处进行比色，测定 DNA 含量。

当 RNA 与盐酸共热时核酸发生降解，生成的核糖进而脱水转化为糠醛，以三氯化铁作催化剂，糠醛与 3,5-二羟甲苯（苔黑酚或地衣酚）反应，生成绿色化合物，该化合物可在 670～680nm 波长下进行比色，测得 RNA 的含量。

3. 定磷法　RNA 和 DNA 中都含有磷酸，P 元素在核酸中的含量较多并且恒定，占 9%～11%，因此，测出核酸中的磷含量就可计算核酸的含量。

磷的测量最常用的是钼蓝比色法。测定时先将核酸用强酸如浓硫酸或过氯酸进行消化，使有机磷水解成无机磷。后者与定磷试剂中的钼酸反应生成磷钼酸，再在还原剂存在下经还原作用被还原成钼蓝（蓝色复合物），最后在 650～660nm 比色测定。在一定范围内溶液光密度与磷含量成正比，据此可以计算出核酸含量。

二、核酸的超速离心

溶液中的核酸分子在引力场中可以沉降。不同构象的核酸，蛋白质及其他杂质，在超速离心机的强大离心场中，沉降的速率差异很大，因此可以用超速离心法纯化核酸或将不同构象的核酸进行分离，也可测定核酸的沉降系数与分子质量。

应用不同介质组成的密度梯度进行超速离心分离核酸，效果更好。RNA 分离常用蔗糖梯度。分离 DNA 时用得最多的是氯化铯梯度。应用啡啶溴红-氯化铯梯度平衡超离心，很容易将不同构象的DNA、RNA及蛋白质分开。这个方法是目前实验中纯化质粒DNA最常用的方法。离心完毕后，离心管中各种成分的分布可以在紫外线照射下显得一清二楚，蛋白质漂浮在最上面，RNA沉淀在底部，超螺旋DNA沉降较快，开环及线形DNA沉降较慢。

三、核酸的琼脂糖凝胶电泳

在生理条件下，核酸分子的糖-磷酸骨架中的磷酸基团，是呈离子化状态的，因此，DNA和RNA多核苷酸链又被称为多聚阴离子，把这些核酸分子放置在电场中，它们就会向正极方向迁移。不同大小和构象的核酸分子的电荷密度大致相同，在自由泳动时，各核酸分子的迁移率区别很小，难以分开。以适当浓度的凝胶介质作为电泳支持介质，具有分子筛效应，使得分子大小和构象不同的核酸分子泳动率出现较大差异，从而分出不同的区带，达到分离的目的。琼脂糖凝胶电泳是分子克隆的中心技术之一，是当前核酸研究中最常用的方法。琼脂糖(agarose)是一种线性多糖聚合物，从红色海藻产物琼脂中提取出来。将琼脂糖粉末加热到熔点后冷却凝固可以形成具有刚性的滤孔，凝胶孔径的大小取决于琼脂糖的浓度，浓度越高，孔径越小，其分辨能力就越强。反之，浓度降低，孔径就增大，其分辨能力也就随之减弱。琼脂糖凝胶电泳常用于DNA的分离分析，分离200～1000bp的片段，操作简单、快速，且分离范围广，分辨率较高。

1. 影响电泳迁移率因素　影响核酸电泳迁移率的因素很多。核酸电泳迁移率与核酸相对分子质量对数成反比。琼脂糖凝胶浓度与迁移率成反比，常用1%凝胶分离DNA。DNA的构象不同，其迁移速率不同，一般超螺旋DNA的迁移率最快，其次是线形DNA，开环DNA最慢，但在凝胶中加入过多的溴化乙锭时，上述分布次序会发生改变。迁移率与电压大小成正比。电泳一般在室温下进行，但电流量过大时凝胶温度升高，溶液蒸发，会造成电泳异常。

2. 电泳后染色　在凝胶电泳中，加入适量的溴化乙锭(ethidium bromide，EB)染料对核酸分子进行染色，或配制琼脂糖凝胶时加入溴化乙锭，然后将凝胶放置在紫外线下观察，可十分灵敏地检测出凝胶介质中DNA的谱带部位，即使凝胶介质中仅含有0.05μg的微量DNA，也可以被清晰地检测出来。溴化乙锭为一扁平分子的核酸染料，能插入到DNA或RNA分子的相邻碱基对之间，并在300nm波长的紫外线照射下发出橙红色荧光。根据荧光强度可以大体判断DNA样品的浓度。

3. DNA相对分子质量的测定　应用凝胶电泳可以测定DNA片段的相对分子质量。通常是在同一胶上加载已知其相对分子质量的标准样品(即Marker)(图3-25)。电泳完毕后，从图片上比较待测样品中的DNA片段与标准样品中的哪条带最接近，即可推算出未知样品中各片段的大小。目前许多试剂公司都能提供各种不同相对分子质量的标准样品。

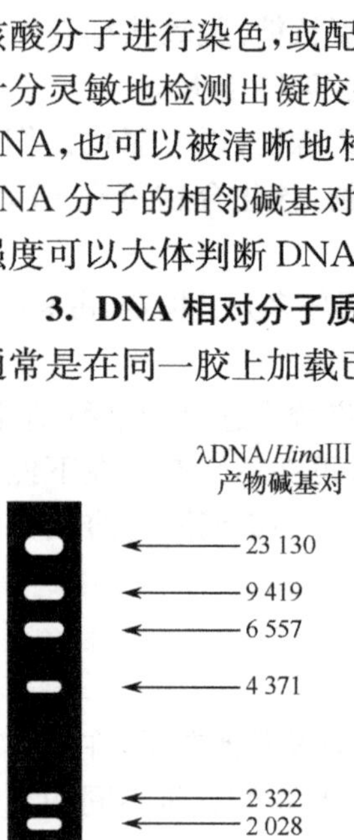

图3-25　DNA相对分子质量标准物

4. 样品的回收　根据实验目的，将凝胶上某一目的片段DNA在紫外线照射下切割下来。以前常用电泳的方法回收，但比较费时且回收率低，现在已不用。目前有许多DNA回收试剂盒，可按操作说明使用。其基本过程是：加热或用特殊的试剂溶解凝胶，使DNA溶解到溶液中，再经乙醇沉淀或过柱，即可获得目的DNA片段。过柱的原理是DNA片段可以选择性地吸附于离心柱内的硅基质膜上，再通过一系列快速漂洗-离心的步骤将引物、核苷酸、蛋白酶等杂质去除，最后将纯净DNA从硅基质膜上洗脱下来。

回收的 DNA 可供进一步的酶切分析、序列分析、基因克隆或作末端标记等。

四、核酸的核苷酸序列测定

（一）第一代 DNA 测序方法

1. DNA 的酶法测序　1977 年，剑桥大学 Sanger 等发明了利用 DNA 聚合反应的双脱氧链终止反应来测定核苷酸序列的方法（Sanger 测序法）。双脱氧链末端终止法通过使用链终止剂——类似于正常 dNTP 的 2′，3′-双脱氧核苷三磷酸（ddNTP），将延伸的 DNA 链特异性地终止。其反应体系也包括单链模板、引物、4 种 dNTP 和 DNA 聚合酶。共分 4 组，每组按一定比例加入适量的 4 种之一的 ddNTP，当这种 2′，3′-双脱氧 ddNTP 取代常规的脱氧核苷酸（dNTP）掺入到寡核苷酸链的 3′端之后，由于 ddNTP 没有 3′-OH 基团，阻断了 DNA 聚合反应，寡核苷酸链不再继续延长，而在该位置上发生了特异性的链终止效应。在同一个反应中，由于加入了大量的带 ^{32}P 放射性标记的 4 种 dNTP 及适量的某种 ddNTP（如 ddTTP），经过适当的温育之后，将会产生不同长度的 DNA 片段混合物。它们都具有同样的 5′端，并在 3′端的 ddNTP 处终止。将这种混合物加到变性凝胶上进行电泳分离，就可以获得一系列全部以 3′端 ddNTP 为终止残基的 DNA 片段的电泳谱带模式。分别加入 ddATP、ddCTP、ddGTP，在不同试管中温育后，点样于同一变性的凝胶上做电泳分离，再通过放射自显影的方法检测单链 DNA 片段的放射性条带，就可以直接读出被测 DNA 的核苷酸序列（图 3-26）。

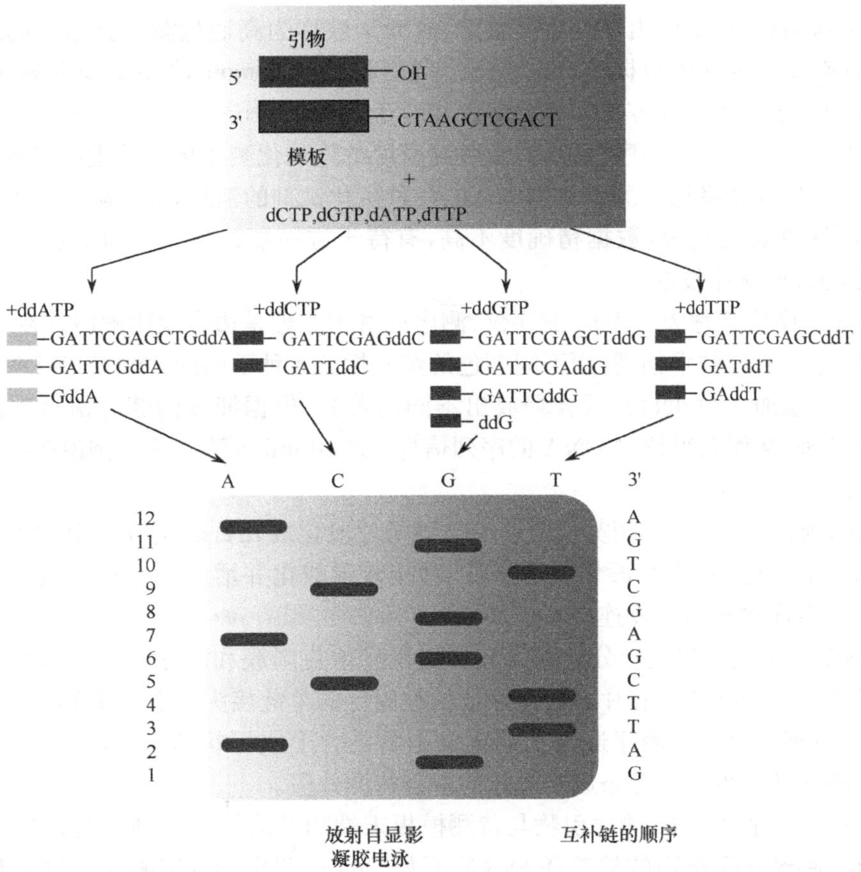

图 3-26　双脱氧测序示意图

2. DNA的化学法测序　化学法测序(化学降解法)是以某些化学试剂可以使DNA链在一个碱基或两个碱基处发生专一性断裂的特性为依据的。化学降解法首先对待测DNA末端进行放射性标记(通常为放射性同位素^{32}P),再通过5组(或4组)相互独立的化学反应分别得到部分降解产物,其中每一组反应特异性地针对某一种或某一类碱基进行切割。因此,在反应后可得到5组(或4组)不同长度的放射性标记的DNA片段,每组中的每个片段都有放射性标记的共同起点,但长度取决于该组反应针对的碱基在原样品DNA分子上的位置。此后各组反应物通过聚丙烯酰胺凝胶电泳进行分离,通过放射自显影检测末端标记的分子,并直接读取待测DNA片段的核苷酸序列。

在DNA双脱氧测序和化学测序的基础上,通过与计算机技术和荧光技术的结合,发明了自动测序仪。目前,常用的测序策略是"鸟枪法"。形象地说是将较长的基因片段打断,构建一系列的随机亚克隆,然后测定每个亚克隆的序列,用计算机分析以发现重叠区域,最终对大片段的DNA测序。

(二) 第二代DNA测序方法

第二代测序技术,又称新一代测序技术(next generation sequencing),是相对于以Sanger测序法为代表的第一代测序技术而言。第二代测序中三种主流测序技术分别为依次出现的Roche/454焦磷酸测序技术(2005年)、Illumina/Solexa聚合酶合成测序技术(2006年)和ABI/SOLiD连接酶测序技术(2007年)。与Sanger测序相比,三种新一代测序技术共有的突出特征是,单次运行(run)产出序列数据量大,故而又被称为高通量测序技术。高通量测序技术的出现,使获得核酸序列数据的单碱基测序费用相对于Sanger测序急剧下降,随之也给基因组学研究带来了更多的新方法和新方案。相对于Sanger测序法,第二代测序法所采取的体外构建测序文库、体外扩增测序模板,以及更高密度的阵列化测序更大地提高了测序的自动化和平行化,从而极大地降低了测定单位碱基的各种生化试剂的消耗,大大降低了测序成本。当然,第二代测序读长比较短,数据精确度不高,有待于进一步改良。下面重点介绍Illumina/Solexa聚合酶合成测序技术。

Illumina测序仪又称为Solexa测序仪,测序的基本原理是边合成边测序。在Sanger等测序方法的基础上,通过技术创新,用不同颜色的荧光标记4种不同的dNTP,当DNA聚合酶合成互补链时,每添加一种dNTP就会释放出不同的荧光,根据捕捉的荧光信号并经过特定的计算机软件处理,从而获得待测DNA的序列信息。以Illumina测序仪为例说明第二代测序的一般流程(图3-27)。

(1) 文库制备。将DNA用雾化或超声波随机片段化成几百碱基或更短的小片段。用聚合酶和外切核酸酶把DNA片段切成平末端,紧接着磷酸化并增加一个核苷酸黏性末端。然后将Illumina测序接头与片段连接。

(2) DNA簇生成。将模板分子加入芯片用于产生克隆簇和测序循环。芯片有8个纵向泳道的硅基片。每个泳道内芯片表面有无数的被固定的单链接头。上述步骤得到的带接头的DNA片段变性成单链后与测序通道上的接头引物结合形成桥状结构,以供后续的预扩增使用。通过不断循环获得上百万条成簇分布的双链待测片段。

(3) 测序。测序过程中,测序引物与待测模板末端的共同接头序列杂交,在DNA聚合酶的催化下以4种经化学修饰的核苷酸为底物开始合成待测序列的互补链。这4种核苷酸在3′-羟基位置上被加了一个可切除的修饰基团,阻碍了下一个核苷酸的整合。类似于一个可逆

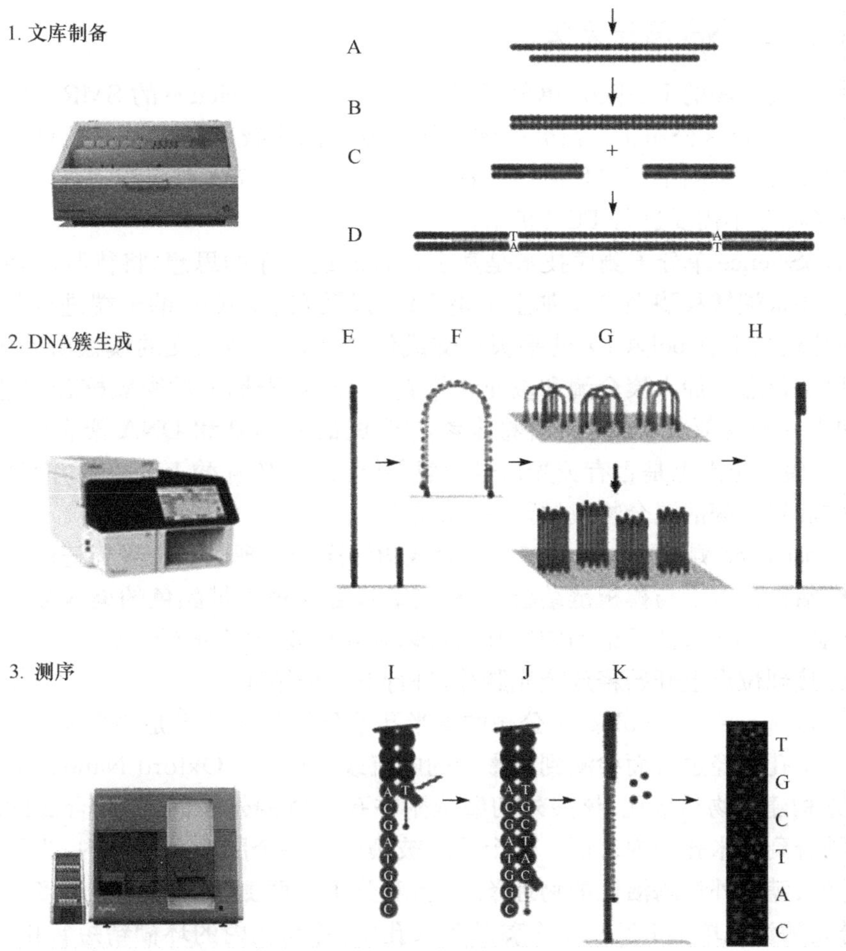

图 3-27 Illumina 测序仪测序原理示意图

A. DNA 片段末端修复;B. 末端加 A;C. 接头;D. 连接了接头的 DNA 片段;E. DNA 固定于流动槽;F. 桥式扩增;G. 生成 DNA 簇;H. 测序引物退火;I. 延伸一个碱基,去阻断;J. 重复上述步骤,延伸 DNA 链;K. 生成 Base call

聚合反应终止子的作用,保证在每轮链延伸过程中只有一个碱基整合。另外,每个核苷酸还带一个可切除的荧光标记,用于序列信号的检测。在每轮链延伸和相应的荧光图像信号监测后,链终止修饰基团及荧光标记基团被切除,为下轮反应做准备。因此,Illumina 平台的测序反应是同步的。

由于荧光标记和终止修饰基团的切除反应可能不完全,测序过程中会出现信号衰减和去同步化等现象,随着合成链的不断延伸,测序质量大幅度降低,从而导致 Illumina 平台的有效读长相对较短。即使采取对每个测序模板进行配对的双末端测序策略,读长也只能达到 100bp 或者 150bp。由于使用了可逆的链延伸终止核苷酸,Illumina 平台对同多聚串的检测精确度较罗氏 454 高通量测序平台要高。Illumina 平台最主要的测序错误为碱基替换。另外,由于 Illumina 测序仪由 8 个独立的反应通道组成,每个通道可以对一个独立文库进行测序,每个通道中又可以分布几百万个相互独立的扩增子集群,这就使得平台的测序通量大得多,测序成本更低。

（三）第三代DNA测序方法

被称为第三代测序的He-licos单分子测序仪、Pacific Bioscience的SMRT技术和Oxford Nanopore Technologies公司正在研究的纳米孔单分子测序技术正向着高通量、低成本、长读取长度的方向发展。不同于第二代测序依赖于DNA模板与固体表面相结合然后边合成边测序，第三代分子测序不需要进行PCR扩增。

Helico BioScience单分子测序技术是基于边合成边测序的思想，将待测序列随机打断成小分子片段并用末端转移酶在3′端加上poly(A)，以及在poly(A)的末端进行荧光标记和阻断，把这些小片段与带有poly(T)的平板杂交成像来获得已经杂交的模板所处的位置，建立边合成边测序的位点。加入聚合酶和被花青染料(Cy3)荧光标记的脱氧核苷酸进行DNA合成，每次只加入一种脱氧核苷酸，然后将未参与合成的dNTP和DNA聚合酶洗脱，直接对Cy3成像，观测模板位点上是否有荧光信号，然后化学裂解核苷酸上的染料并释放，加入下一种脱氧核苷酸和聚合酶的混合物，进行下一轮反应。

Pacific Bioscience测序平台也是基于边合成边测序的原理。被荧光标记的磷酸基团的核苷酸在聚合酶活性位点上与模板链结合(每种脱氧核苷酸被不带颜色的染料标记)，被激发出荧光，在荧光脉冲结束后，被标记的磷酸基团被切割并释放，聚合酶转移到下一个位置，下一个脱氧核苷酸连接到位点上开始释放荧光脉冲，进行下一个循环。

Oxford Nanopore Technologies公司的纳米孔单分子测序技术是当DNA分子或者它的组成碱基从一个孔洞经过时而检测到被影响的电流或光信号。Oxford Nanopore测序技术是以α-溶血素来构建生物纳米孔，核酸外切酶依附在孔一侧的外表面，一种合成的环糊精作为传感器共价结合到纳米孔的内表面。这个系统被镶嵌在一个脂双分子层内，为了提供既符合碱基区分检测又满足外切酶活性的物理条件，脂双分子层两侧为不同的盐浓度。在适合的电压下，核酸外切酶消化单链DNA，单个碱基落入孔中，并与孔内的环糊精短暂相互作用，影响了流过纳米孔原本的电流。腺嘌呤与胸腺嘧啶的电信号大小很相近，但胸腺嘧啶在环糊精停留的时间是其他核苷酸的2～3倍，因此每个碱基都因其产生的电流干扰振幅是特有的而被区分开来。

（四）RNA的测序

在生物学研究中，随着新一代高通量DNA测序技术的快速发展，RNA测序(RNA-Seq)已成为基因表达和转录组分析新的重要手段。目前RNA测序技术主要分为两类：一类是将DNA高通量测序技术应用到由mRNA反转录生成的互补DNA(cDNA)上，从而获得来自不同基因的mRNA片段在特定样本中的含量，各种类型的转录本都可以用深度测序技术进行高通量定量检测；另外一类就是最新的直接测序方法，利用单分子测序技术进行RNA直接测序。目前RNA-Seq可以对总RNA(total RNA)样品中所有种类的转录本进行测序和表达谱分析，因此一直以来都认为对RNA进行测序是一种发现基因的有效方法。在未来随着各种技术的发展，相信RNA-Seq测序技术将迸发出更加耀眼的光芒，推动生命科学研究进入新的纪元。

五、聚合酶链反应

聚合酶链反应(polymerase chain reaction，PCR)体外快速扩增特定基因或DNA序列已成为应用最广泛的一种生物技术。1985 年 Mullis 在研究 DNA 聚合酶反应时发明了这项技术。最初采用 Klenow 酶来扩增 DNA，但每次加热变性 DNA 时都会使酶失活，需要重新添加 DNA 聚合酶，因此使用不方便。1988 年 Saiki 等用耐热的 *Taq* DNA 聚合酶取代 Klenow 酶之后，才使这项技术成熟，从而得到各方面的应用。

（一）PCR 原理

聚合酶链反应是一种利用 DNA 变性和复性原理在体外进行 DNA 片段高效扩增的技术，可检出微量靶序列（甚至少到 1 个拷贝）。PCR 时，只要在试管内加入模板 DNA、PCR 引物，4 种脱氧核糖核苷酸及适当浓度的 Mg^{2+}，*Taq* DNA 聚合酶就能在数小时内将目标序列扩增 100 万倍以上。双链模板 DNA 分子首先在高温下解开成长单链，短链引物分子立即与该模板 DNA 的特定序列相结合，产生双链区，聚合酶从引物处开始复制合成其互补链，迅速产生与目标序列完全相同的复制品。在后续反应中，无论是起始模板 DNA 还是经复制的杂合 DNA 双链，都会在高温下解开成单链，体系中的引物分子再次与其互补序列相结合，*Taq* DNA 聚合酶也再度复制模板 DNA。由于在 PCR 中所选用的一对引物，是按照与扩增区段两端序列彼此互补的原则设计的，因此，每一条新生链的合成都从引物的退火结合位点开始并朝相反方向延伸，每一条新合成的 DNA 链上都具有新的引物结合位点。整个 PCR 过程，即 DNA 解链（变性）、引物与模板 DNA 相结合（退火）、DNA 合成（链的延伸）三步，可以被不断重复。经多次循环之后，反应混合物中所含有的双链 DNA 分子数，即两条引物结合位点之间的 DNA 区段的拷贝数，理论上的最高值应是 2^n，能满足进一步遗传分析的需要（图 3-28）。

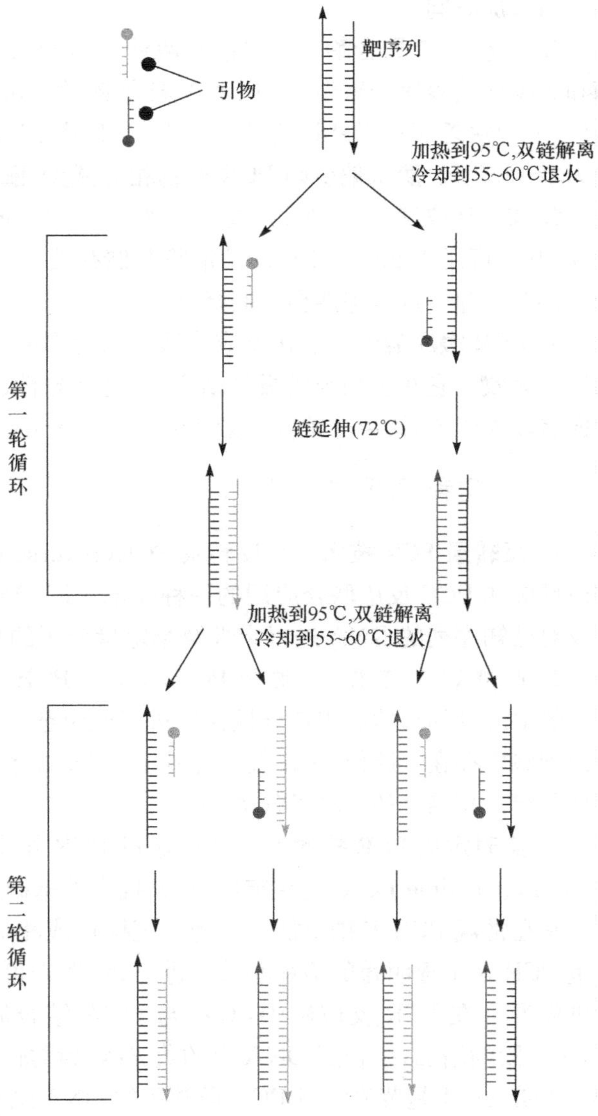

图 3-28　PCR 原理示意图

（二）影响 PCR 的因素

1. 模板　单、双链 DNA 或 RNA 都可作为 PCR 的模板，若起始材料是 mRNA，需先通过反转录反应得到一条 cDNA 链。为提高 PCR 反应的特异性，所加 DNA 模板量应作相应的调整。

2. 引物　引物是决定 PCR 结果的关键。引物特点包括：长度一般为 18～25bp；(G+C)mol%一般为 40%～60%；碱基随机分布；引物内不能出现茎-环结构。

3. 反应温度和时间 PCR涉及变性、退火、延伸三个不同温度和时间。通常将加热变性使核酸的紫外吸收值达到最大值50%时的温度称为核酸的解链温度(melting temperture),用 T_m 值来表示。DNA的 T_m 值一般在85~95℃。影响 T_m 值的因素有DNA的均一性、GC含量和离子强度等。均质DNA的熔解过程发生在一个较小的温度范围内,异质DNA熔解过程则发生在一个较大的温度范围内。根据经验公式 $(G+C)\% = (T_m - 69.3) \times 2.44$,DNA的 T_m 值与GC含量之间成正比,GC含量越高,T_m 值越高。介质的离子强度低,DNA的熔解温度较低,因此DNA一般应保存在含盐缓冲液中。通常变性温度和时间为95℃,45s至1min,过高温度或持续时间过长会降低 *Taq* DNA聚合酶活性和破坏dNTP分子。退火温度可选择比引物变性温度(T_m)低2~3℃,变性温度按 $T_m = 4(G+C) + 2(A+T)$ 计算。在 T_m 值允许的范围内,较高的退火温度有利于提高PCR特异性,退火时间一般为0.5~1min。延伸温度为72℃,时间与待扩增片段长度有关,一般1kb以内片段延伸时间为1min,如扩增片段较长可适当增加时间。

4. *Taq* DNA聚合酶 目前有两种 *Taq* DNA聚合酶供应:从嗜热水生菌中提取的天然酶和大肠杆菌表达的重组 *Taq* DNA聚合酶(如Ampli *Taq* TM)。两种酶都有5′→3′外切酶活性,但均缺乏3′→5′外切酶活性。在PCR中,它们可以相互替代,催化典型的PCR所需酶量为1~2.5U。酶量偏少则PCR产物相应减少,酶量过高则会增加非特异性反应。

5. dNTP浓度 dNTP在饱和浓度(200μmol/L)下使用。由于dNTP溶液有较强酸性,配制时可用1mol/L NaOH溶液将其储存液(50mmol/L)的pH调至7.0~7.5。分装小管于-20℃保存。过多冻融会使其降解。

6. PCR缓冲溶液 在反应体系中二价阳离子的存在至关重要,镁离子优于锰离子,而钙离子无效。它在引物与模板的结合、产物特异性、错配率、引物二聚体的生成及酶的活性等方面有较大影响,镁离子浓度一般为0.5~2.5mmol/L。

(三)几种PCR衍生技术

1. 反转录PCR技术 反转录PCR(reverse transcription PCR,RT-PCR)是将RNA反转录反应和PCR反应联合应用的一种技术。RT-PCR是目前从组织或细胞中获得目的基因,以及对已知序列的RNA进行定性及半定量分析的最有效方法。

2. 原位PCR技术 原位PCR(*in situ* PCR)是在组织切片或细胞涂片上的单个细胞内进行的PCR反应,然后用特异性探针进行原位杂交,即可检出待测DNA或RNA是否在该组织或细胞中存在。原位PCR技术弥补了PCR技术和原位杂交技术的不足,是将目的基因的扩增与定位相结合的一种最佳方法。

3. 实时定量PCR技术 实时定量PCR技术(real-time quantitative polymerase chain reaction,real-time PCR)是在定性PCR技术的基础上发展起来的一种新的核酸定量技术。该技术是在常规PCR基础上加入荧光标记探针或相应的荧光染料来实现其定量功能的。实时定量PCR在带透明盖的塑料小管中进行,激发光可以直接透过管盖,激发荧光探针。荧光探针事先混合在PCR反应液中,只有与DNA结合后,才能被激发出荧光。随着新合成目的DNA片段的增加,结合到DNA上的荧光探针增加,被激发产生的荧光也相应增加(图3-29)。SYBR Green Ⅰ是荧光定量PCR最常用的DNA结合染料,与双链DNA非特异性结合。在游离状态下,SYBR Green Ⅰ发出微弱的荧光,但一旦与双链DNA结合,其荧光增加1000倍。

因此，一个反应发出的全部荧光信号与出现的双链 DNA 量成比例，且会随扩增产物的增加而增加。实时定量 PCR 法最大的优点是克服了普通 PCR(终点法)进入平台期或饱和期后定量的较大误差，实现 DNA/RNA 的精确定量。该技术不仅实现了对 DNA/RNA 模板的定量，而且具有灵敏度和特异性高、能实现多重反应、自动化程度高、无污染、实时和准确等特点，该技术在医学临床检验及临床医学研究方面有着重要的意义。

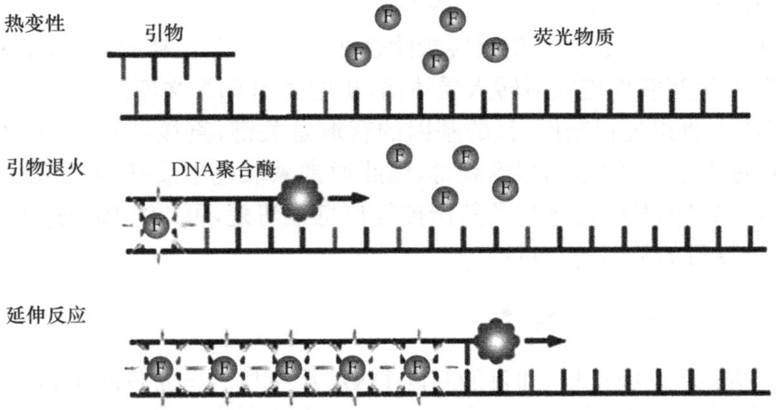

图 3-29 实时定量 PCR 实验过程示意图(引自查锡良，2008)

六、重组 DNA 技术

由于限制性内切核酸酶能像“剪刀”那样裁剪 DNA，而像“分子胶带”一样的 DNA 连接酶又可将不同 DNA 片段连接起来。这种由两个或多个来源的 DNA 片段构建的 DNA 分子称为重组 DNA。如果将重组 DNA 导入适当的宿主(如大肠杆菌)进行增殖，就得到基因的分子克隆(molecular cloning)。人们将实施重组、克隆和表达在内的分子工程技术称为重组 DNA 技术(recombinant DNA technology)或基因工程(genetic engineering)。

重组 DNA 技术作为一个工具是建立在以下三个关键步骤基础上的。一是需要限制性内切核酸酶在特定的位点切割 DNA，二是分离出的 DNA 片段能与载体 DNA 连接，构建成重组 DNA，重组 DNA 能够导入宿主进行 DNA 扩增；三是有能力鉴别出含有重组 DNA 的克隆(图 3-30)。

(一) 目的基因的获取

目前获取目的基因的方法主要有化学合成法、基因组 DNA、cNDA 和聚合酶链反应等。

化学合成法是根据已知某基因的核苷酸序列，或根据某种基因产物的氨基酸序列推导出该多肽编码基因的核苷酸序列，再利用 DNA 合成仪通过化学合成原理合成目的基因。该方法比较适用于相对分子质量较小的目的基因的制备。而对于较大的基因，可以分段合成，再利用合适的引物通过 PCR 扩增就可以将合成的 DNA 片段连接成完整的序列。该方法可以对基因进行改造和修

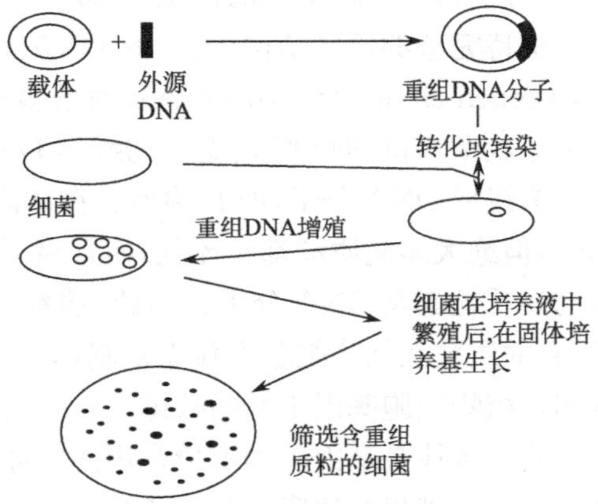

图 3-30 DNA 的重组示意图

饰，这对于选择宿主偏爱的密码子，提高异源表达蛋白产量很有效。

基因组 DNA 是采用物理方法（剪切或超声波）或限制性内切核酸酶将染色体 DNA 切割成许多片段，继而将它们与适当克隆载体结合，将重组 DNA 转入受体菌中扩增，每个细菌内部都携带一种重组 DNA 分子的多个拷贝。全部细菌所携带的各种染色体 DNA 片段就涵盖了基因组全部信息，即基因文库。建立基因文库后，结合适当筛选方法从众多转化子菌株中选出含某一基因的菌株，扩增分离得到目的基因。

cDNA 是以 mRNA 为模板，利用反转录酶合成与 mRNA 互补的 DNA（cDNA），再复制成双链 DNA 片段，与适当载体连接后转入受体菌，扩增为 cDNA 文库。

对于整个 DNA 重组过程来说，目的基因的获取是关键，直接涉及产物，还影响到产物的量。在基因操作过程中，目的基因很难获得，因此通常采取先生成基因文库的方法，然后从基因文库中筛选，如果目的基因的序列及其调控等信息很清楚，可以直接通过 PCR 或 cDNA 获取，大大减少了选择目的基因的盲目性。

（二）克隆载体的选择与构建

基因工程的核心是基因重组，即目的基因 DNA 片段与适当的载体在 DNA 连接酶的作用下形成重组 DNA 分子，再转入相应的受体细胞进行繁殖，从而使外源目的基因得到表达。外源基因（DNA 片段）很难直接透过受体细胞的细胞膜进入受体细胞，即使进入，也会受到细胞内限制性内切核酸酶的作用而分解。要将外源 DNA 片段导入受体细胞，必须选择适当的载体。因此，载体的选择和构建是基因工程的重要环节之一。载体是指基因工程中携带外源基因进入受体细胞的"运载工具"，本质上是 DNA 复制子，作为基因工程的载体必须具备以下 4 个基本条件：①容易进入宿主细胞，容易从宿主细胞中分离纯化；②能在宿主细胞内进行独立、稳定的自我复制和表达，插入外源基因后仍然有稳定的复制状态和遗传特性；③具有合适的限制性内切核酸酶酶切位点，在载体上每一种限制性内切核酸酶的酶切位点最好单一，这样可以将不同限制性内切核酸酶切割后的外源 DNA 片段准确插入载体；④具有合适的选择标记基因以筛选重组体 DNA，最常用的标记基因是抗药性基因，如抗氨苄西林、抗四环素、抗氯霉素、抗卡那霉素等抗生素的抗性基因。

质粒广泛存在于细菌细胞，也存在于霉菌、蓝藻、酵母和少数动植物细胞，甚至线粒体中也发现有质粒存在，质粒的种类甚多，不同的质粒差别很大，从 1kb 到 200kb 以上不等。质粒 DNA 分子具有三种不同的构型：①闭合环状 DNA（closed circle DNA，ccDNA），两条多核苷酸链保持完整的环状结构，这样的 DNA 通常呈超螺旋构型（supercoil），即 SC 构型。②开环 DNA（open circle DNA，ocDNA），两条多核苷酸链只有一条保持完整的环状结构，另一条链出现一至数个切口，即 OC 构型。③线形 DNA（liner DNA，lDNA），闭合环状 DNA 分子双链断裂成为线形 DNA 分子，即 L 构型。在体内，质粒 DNA 以负超螺旋构型存在，虽然已发现线形质粒，但绝大多数质粒都是环状，而且除了酵母的杀伤质粒（killer plasmid）是 RNA 分子外，其他已知质粒都是 DNA 分子。因此，质粒是在染色体外能自我复制的环状双链小型 DNA 分子，有的质粒在细菌细胞内独立复制，有的亦用于动植物细胞，如根瘤土壤杆菌携带的 Ti 质粒常用作植物细胞基因工程的载体。

质粒载体是基因工程中最常用的载体，虽然直接采用天然质粒做载体简便易行，但天然质粒通常缺乏理想载体所需的一些条件，限制了其在基因工程中的使用。因此，基因工程中常用的载体主要是以细菌质粒的各种元件为基础组建而成，必须包含复制必需区、选择标记基因和限制性内切核酸酶的酶切位点。例如，人工改造的质粒常用的有天然质粒 pBR322、派生质粒 pmB1、psC101 等。

(三) 外源基因的连接

外源基因的连接即 DNA 的体外重组技术，主要是依赖于限制性内切核酸酶和 DNA 连接酶的作用。一般流程是采用同样的限制性内切核酸酶分别对载体和目的基因进行消化，使其产生相匹配的末端，或者使用能够产生相同黏性末端的限制性内切核酸酶切割，这样所形成的 DNA 末端就能够彼此退火，在 T_4 DNA 连接酶的催化下就可以连接起来，形成重组 DNA 分子。

重组 DNA 技术常用工具酶有：限制性内切核酸酶、DNA 聚合酶Ⅰ、*Taq* DNA 聚合酶、反转录酶、多聚核苷酸激酶、碱性磷酸酶、末端转移酶、DNA 酶、RNA 酶等。

(四) 重组 DNA 导入受体细胞

带有外源 DNA 的重组分子只有导入合适的宿主细胞繁殖扩增，才能获得大量的重组分子，将重组 DNA 分子导入不同受体细胞的途径也各不相同。主要有转化和侵染等方法，转化主要适合于原核细胞，侵染则是噬菌体重组载体进入宿主细胞的方法。

1. 导入原核细胞　将重组的 DNA 分子导入细菌等原核细胞中，改变其遗传性状的过程称为转化(transformation)。其操作是首先制备细菌的感受态细胞，然后将重组 DNA 通过热激法或者电激法导入细胞，在含有合适抗生素的平板上筛选转化子。通过培养收获转化子，就可以提取在细菌中得到的大量扩增的重组 DNA 分子。

如果在重组 DNA 操作中使用的是噬菌体载体，就可以通过侵染的方法将重组 DNA 注入大肠杆菌中。其操作是首先将重组的噬菌体 DNA 进行体外包装，将其组装成为有侵染能力的噬菌体颗粒，在适宜的条件下，导入宿主细胞。由于重组噬菌体 DNA 包装成噬菌体颗粒，可以大大提高导入宿主细胞的效率，比转化感受态细胞的效率提高 $10^2 \sim 10^3$ 倍，所以在构建真核生物基因文库中，常常采用的是噬菌体载体。

2. 导入真核细胞　常用的基因工程真核细胞有酵母细胞、植物细胞和动物细胞，当将不同类型的重组 DNA 导入不同的宿主细胞时，方法也各有特点，一般可以大致分为以下三类。

1) *化学方法*　外源重组 DNA 导入宿主的化学方法有很多，如磷酸钙法是把重组质粒与磷酸钙转染液混合，加入到被转染的培养细胞环境中，在磷酸钙转染液的媒介下能使转染的 DNA 被整合到受体细胞的基因组中；而脂质体转染法是利用脂质体包裹重组 DNA，借助静电作用吸附到细胞表面，再通过与细胞膜融合或细胞内吞作用而进入细胞内，并可能进一步传递到细胞核内，最终目的基因在细胞内获得表达。

2) *物理方法*　外源重组 DNA 导入宿主的物理方法中最有代表性的是电穿孔法，这是在高压脉冲的作用下使细胞膜上出现微小通道，这种通道能维持几毫秒到几秒，然后自行恢复，在此期间生物大分子 DNA 可通过这种微小的通道进入细胞。该方法适用于活体组织和器官，也常用于细菌和植物原生质体的转化。基因枪法最早在植物转基因中应用，这是将重组 DNA 以微小金颗粒(或钨粉) 包裹成微弹，当提供很高的初速度时，微弹以极高的速度射向植物的分生组织，进而获得转基因植株。

3）*生物方法*　农杆菌介导转化法是在植物转基因中最常用的方法，农杆菌是普遍存在于土壤中的一种革兰氏阴性细菌，它能在自然条件下趋化性地感染大多数双子叶植物的受伤部位，并诱导产生冠瘿瘤或发状根。根癌农杆菌和发根农杆菌细胞中分别含有 Ti 质粒和 Ri 质粒，其上有一段 T-DNA，农杆菌通过侵染植物伤口进入细胞后，可将 T-DNA 插入到植物基因组中。这是由于植物根部在损伤时，会分泌出酚类物质，如乙酰丁香酮和羟基乙酰丁香酮，这些酚类物质能诱导 Ti 质粒上的 *vir* 基因，以及根癌农杆菌染色体上的一个操纵子表达。*vir* 基因产物将 Ti 质粒上的 T-DNA 单链切下，而根癌农杆菌染色体上的操纵子表达产物则与单链 T-DNA 结合形成复合物，直接进入植物细胞的细胞核，并利用染色体自发断裂进行整合，插入到植物的基因组中。因此，通过 DNA 重组，可使外源 DNA 随着 Ti 质粒上的 T-DNA 区段转移，整合到基因组中，通过进一步的筛选、培养和诱导，就可以再生出转基因植株。

（五）重组体的筛选

重组 DNA 分子的筛选和鉴定，一般是根据重组子的某些特征进行的，如载体的特征、目的基因序列或者产物的特征等。常用于筛选鉴定的方法有：抗生素抗性筛选、蓝-白斑筛选、DNA 杂交筛选和 PCR 筛选等。其中蓝-白斑方法是筛选重组 DNA 最常用的方法（图 3-31），在筛选细菌转化子时，常使用抗药性标记和 β-半乳糖苷酶显色（蓝-白斑筛选），其中抗药性筛选确定的是含有载体的细菌转化子，蓝-白斑筛选则可以确定细菌转化子是否为重组载体，即载体上是否插入外源的 DNA 片段。蓝-白斑筛选建立在 α 互补现象上，如果质粒载体上 *lacZ* 基因编码的 α 肽链和大肠杆菌菌株基因组表达的 N 端缺陷的 β-半乳糖苷酶突变体能够互补，就具有了 β-半乳糖苷酶的作用，在 IPTG 诱导下，5-溴-4-氯-3-吲哚-β-D-吡喃半乳糖苷（X-gal）将生成蓝色物质，菌落呈蓝色；而对于重组载体来说，外源 DNA 的插入位置正好处于编码 α 肽链的区段中，导致了 α 肽链读码框被破坏，因此这种重组质粒不再表达 α 肽链，将它导入宿主菌株则无 α 互补作用，不能产生有活性的 β-半乳糖苷酶，即不能分解培养基中的 X-gal 产生蓝色，菌落呈现白色。

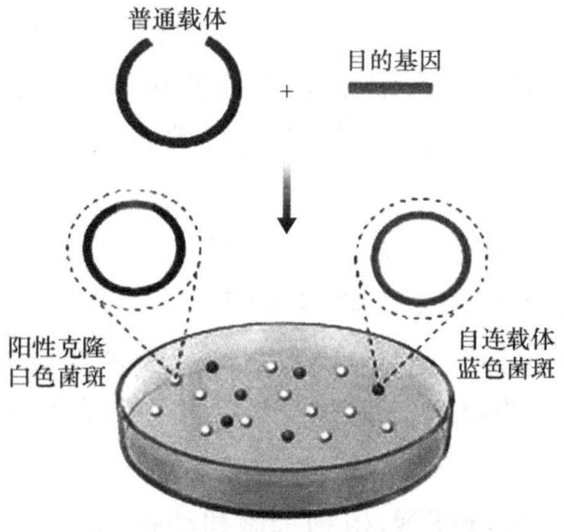

图 3-31　蓝-白斑筛选原理示意图
（引自王林嵩，2012）

（六）克隆基因的表达

1. 原核表达体系　大肠杆菌是当前采用最多的原核表达体系，运用大肠杆菌表达载体符合下述标准：含大肠杆菌适宜的选择标记；具有能调控转录、产生大量 mRNA 的强启动子；含适当的翻译控制序列和翻译起始点；含有合理设计的多接头克隆位点，以确保目的基因按一定方向与载体正确衔接及表达产物的分离、纯化。

大肠杆菌表达体系中尚有一些不足之处：由于缺乏转录后加工机制，只能表达克隆的 cDNA，不宜表达真核基因组 DNA；由于缺乏适当的翻译后加工机制，表达的真核生物蛋白质不能形成适当的折叠或进行糖基化修饰；表达的蛋白质常常形成不溶性的包涵体，欲使其复活尚需进行复杂的复性处理；很难表达大量的可溶性蛋白。

2. 真核表达体系　与原核表达体系比较，真核表达体系如酵母、昆虫、哺乳类动物细胞表达体系显示了较大优越性。尤其是哺乳动物细胞，不仅可表达真核的 cDNA，而且还可表达真核基因组 DNA；将表达载体导入真核细胞的过程称转染，常用于细胞转染的方法有：磷酸钙转染、DEAE-葡聚糖（二乙氨-乙基葡聚糖）转染、电穿孔法、脂粒体转染及显微注射。

知识框

法医学中的有力武器

传统上，指纹是确认某人在犯罪现场最精确的方法之一。依据该方法发展起来的 DNA 指纹技术（DNA fingerprinting）比所有其他鉴定方法都更有效。DNA 指纹技术依据的是序列多态性。平均来说，个体之间第五百至第一千个碱基对之间就会有序列的微小差异（通常是单个碱基对的变化）。来自人类基因组保守序列的每个差异都会在人群中出现，而每个人都含有一些这种变异的某一部分。有些序列改变会影响限制性内切核酸酶的识别位点。因此，当用特定的限制性内切核酸酶消化时，每个人所产生的消化片段长度都不完全一样。这些长度的变化就称为限制性片段长度多态性（restriction fragment length polymorphsm，RFLP）。

在检测中用的基因组 DNA 序列通常是含有重复 DNA 序列的区域（随机重复千次的短序列），这些序列在高等真核生物中很常见。在这种 DNA 中重复单位的数目每个人都不同（除非是双胞胎）。如果选择合适的探针，那么对每个人来说由此实验产生的条带都不一样。如果几个探针配合使用，则该方法的灵敏度足可以在人群里鉴定出任何一个人。由于 RFLP 需要大量新鲜的 DNA 样本，可这在一般犯罪现场并不多见，因此 PCR 的出现极大地提高了 RFLP 的检测灵敏度，使得极少量的样本都可以扩增出来。DNA 指纹技术的应用使以往只能检测基因编码的酶或蛋白质水平飞跃到直接检测基因的分子水平，是法学物证检验史上的一场重大革新。DNA 指纹分析技术对现场遗留的指纹、毛发、唾液、血迹甚至一些微量、腐败、污染的检材，都能做到快速的同一认定，使现场生物物证的利用率大大提高，成为认定犯罪的有力武器。

思考题

1. 比较 DNA 和 RNA 在结构上的异同点。
2. 试述 DNA 双螺旋结构模型的要点及其与 DNA 生物学功能的关系。
3. 原核生物与真生物在基因组结构上有何不同？
4. 试述 RNA 的种类及其生物学作用。
5. 真核生物 mRNA 的 3′端有一段 poly(A)，5′端有一个“帽子”，“帽子”结构的特点是什么？
6. 描述在下列情况下链终止测序的结果。

(1) 加的 ddNTP 量过少。

(2) 加的 ddNTP 过多。

(3) 引物过少。

(4) 引物过多。

7. 试述 DNA 结构的不均一性与其生物学功能的关系。

8. 限制性内切核酸酶有什么特点？有什么用途？

9. 什么是分子杂交，何为探针？

10. PCR 的英文全称是什么？在基因进行 PCR 扩增过程中涉及哪些要素？其中哪些因素决定了 PCR 的效率？

11. DNA 重组操作中，载体是携带目的基因进入宿主细胞进行扩增或者表达的重要工具，简述载体具有哪些基本特性？

第四章　糖类的化学及代谢

【要点】 糖类是自然界含量最为丰富的有机物，除了用作细胞能源和结构组分，以及提供其他生物分子的合成前体外，糖类还广泛参与细胞识别、机体免疫、信号转导等重要的生物学功能。糖类的分解代谢包括糖酵解、三羧酸循环及磷酸戊糖途径。本章重点是单糖的立体构型和化学性质、糖苷键型与聚糖的生物学功能之间的相关联系，以及糖类各种分解途径的基本概念和生物学意义、具体反应步骤、各反应与能量代谢之间的相关联系、各代谢途径的关键调控点和调节机制。

糖类(saccharide)亦称糖化合物，是地球上含量最为丰富的生物分子：光合作用每年可将1000亿吨二氧化碳和水转化为纤维素和其他植物产物。一般以干重计，糖类在植物、细菌和动物中可分别占85%～90%、10%～30%和<2%，且至少一半以上均为葡萄糖的聚合物。

有些糖类如淀粉在世界各地都是重要的食物来源，而其氧化对大多数非光合性细胞而言都是主要的产能途径。不溶性的糖类多聚体既可用作细菌和植物细胞壁的结构及保护组分，也能构建动物的连接组织，其他类型的多聚体则可用于润滑骨关节，以及参与细胞间的识别和黏附，而一些更为复杂的多聚体还能通过共价方式连接于蛋白质和脂质，以用作他们在细胞内定位或代谢流向的信号。

第一节　糖类的化学

糖类是含有多羟基的醛/酮类化合物及其衍生物和缩聚物的总称，基本上由C、H、O三种元素组成，分子式常以$C_n(H_2O)_n$表示，有些还含有N、P、S等元素。由于糖分子中的H和O之比往往是2∶1，与水相同，故一度认为糖类是由碳与水化合而成，即碳水化合物(carbohydrate)。实际上该术语并不确切，如脱氧核糖和鼠李糖等就不符合该通式，而甲醛和乙酸等的H和O之比虽然等于2∶1，但却并不是糖类。

根据糖分子的构成一般可将其分为单糖、寡糖、多糖、结合糖和衍生糖等。单糖是不能水解为更小分子的简单糖，根据其羰基所在部位可分为醛糖和酮糖，而依据碳原子数又可分为丙糖至庚糖等。自然界中最丰富的单糖是六碳的D-葡萄糖(glucose)，而且四碳以上的单糖多以环式结构存在。寡糖是由少数(2～6)单糖通过糖苷键连接而成的短链缩合物，自然界中最丰富的是二糖/双糖，如蔗糖。寡糖与单糖一样亦可溶于水，而且多数有甜味。三个糖残基以上构建的寡糖在细胞中大多不会游离存在，通常是与某些非糖化合物如蛋白质或脂质结合成复合糖。多糖一般由20个以上单糖聚合而成，糖残基数可多达数百甚至数千。多糖可进一步分为同聚或杂聚多糖，前者由同一种单糖构成，后者含有两种以上的单糖。有些多糖如纤维素是直链结构，另一些多糖如糖原则呈分支状。虽然糖原和纤维素均由D-葡萄糖残基组成，但因其糖苷键连接不同而具有相应的化学特性和生物学作用。复合糖是由糖链与蛋白质或脂质构成的复合分子，其中的糖链一般是杂聚寡糖或多糖，如糖蛋白、糖脂和蛋白聚糖等。衍生糖则由单糖衍生而得，如糖胺和糖醛酸等。

一、单糖

单糖(monosaccharide)是最简单的糖类,即具有两个或更多羟基的醛或酮。与羟基连接的碳原子多为手性中心即手性碳,使天然单糖具有多种异构体形式。

(一) 醛糖和酮糖

单糖均为无色晶体,易溶于水而不溶于非极性溶剂,大多有甜味。普通单糖分子的骨架是不分支的碳链,所有碳原子均由单键连接。羰基处于碳链末端的为醛糖(aldose),处于非末端的则是酮糖(ketose)。最简单的单糖是两个三个C的丙糖,即醛丙糖的甘油醛和酮丙糖的二羟丙酮,骨架中有4～7个C的单糖分别是丁糖～庚糖,均有醛糖和酮糖两种形式,己糖是自然界中最常见的单糖(图4-1)。

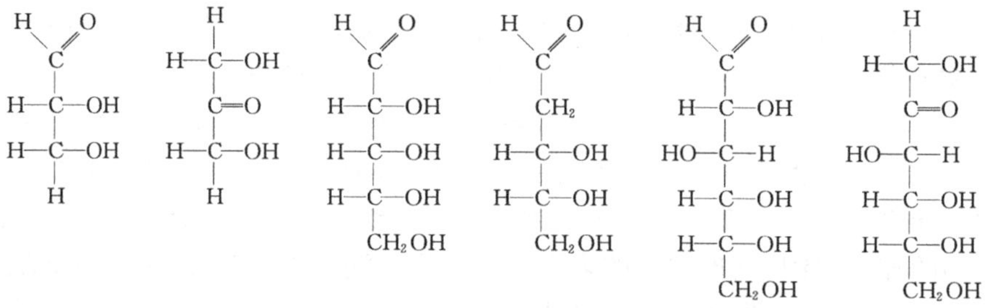

甘油醛　二羟丙酮　D-戊糖　2-脱氧-D-戊糖　D-葡萄糖　D-果糖

图4-1　典型单糖的链式结构

(二) 单糖的不对称中心

构型(configuration)是分子的特定立体化学形式,即各原子或基团所特有的固定空间排列,不同构型的分子可相互分离,其转变涉及共价键的断裂和重新形成。除二羟丙酮外,所有单糖都有一或多个不对称(手性)碳原子。甘油醛是最简单的醛糖,具有一个手性中心(中间的C-2),因而有两种不同的光学异构体(optical isomers/enantiomers)分别为D-型和L-型异构体(图4-2)。其他所有单糖都可以看作是这两个单糖的碳链的延长,且都是手性分子。

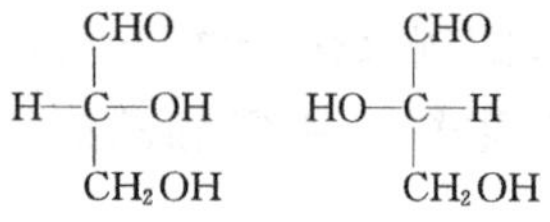

D-甘油醛　L-甘油醛

图4-2　甘油醛的Fischer投影式

一般而言,具有 n 个手性中心的分子可有 2^n 个立体异构体:甘油醛有 $2^1=2$ 个异构体,具有4个手性中心的醛己糖则有 $2^4=16$ 个异构体。依据离羰基碳原子最远的手性中心的构型可将同一碳链长度的单糖异构体分为两类:凡该特定碳的构型与D-甘油醛相同(羟基在右)的均为D-型异构体,而与L-甘油醛相同(羟基在左)的则为L-型异构体。就醛己糖而言,可能具有16种异构体,8种为D-型,8种为L-型,但生物体中的己糖大多为D-型异构体。

仅有一个碳原子构型不同的两个糖分子是为差向异构体(epimer),如D-葡萄糖和D-甘露糖,以及D-葡萄糖和D-半乳糖分别互为C-2及C-4差向异构体(图4-3)。

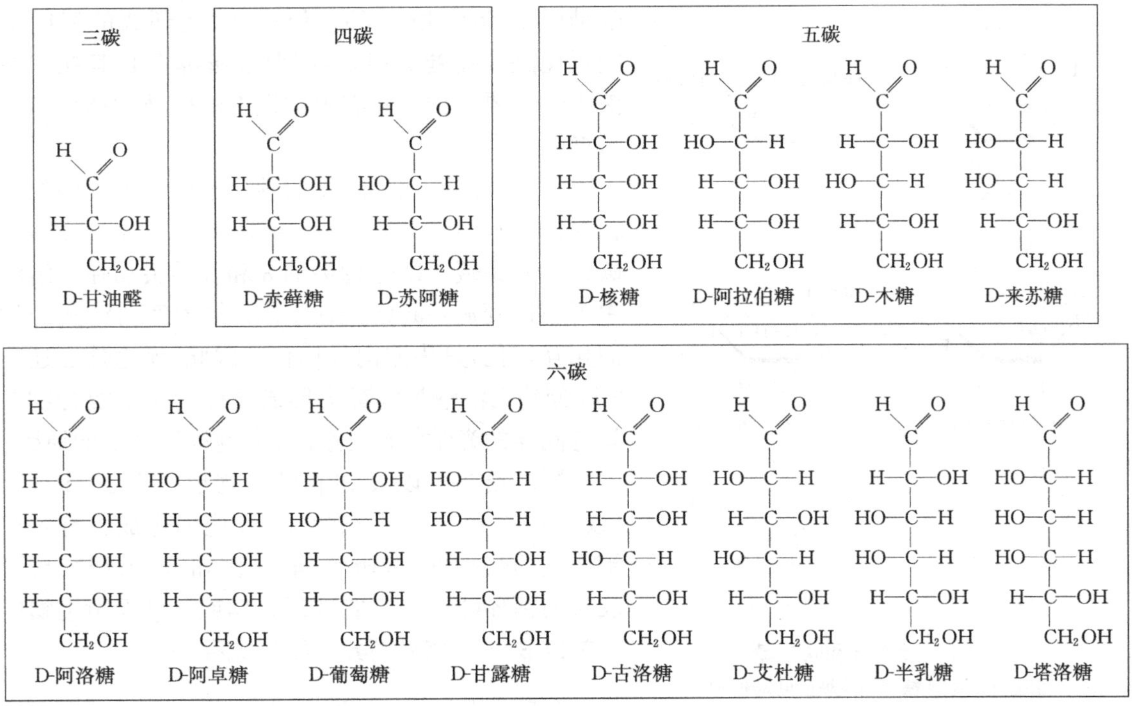

图 4-3 醛糖系列

（三）单糖的环式结构

为简便起见，以往多用直链分子方式表示醛糖和酮糖，但实际上在水溶液中，醛丁糖和所有五碳以上的单糖都只有极少部分（<1%）为链式，一般均以稳定的环式结构存在，即羰基和碳架链上某个羟基的氧原子形成共价连接，生成了多一个不对称碳（原来的羰基）的半缩醛或半缩酮衍生物，因而具有两种不同的异构体。例如，葡萄糖在溶液中主要为分子内半缩醛形式，即其 C-5 位的游离羟基与 C-1 位的醛基发生反应，导致后者亦成为不对称中心而具有两种光学特性不同的异构体，为 α 和 β 异头物（图 4-4）。这种六元环式化合物因与吡喃结构相似而称为吡喃糖（pyranose，图 4-5）。半缩醛羟基与决定单糖构型的 C（葡萄糖为 C-5）上的羟基在同一侧的称为 α-葡萄糖，异侧的为 β-葡萄糖。半缩醛羟基比其他羟基更为活泼，糖的还原性一般均指其半缩醛羟基。

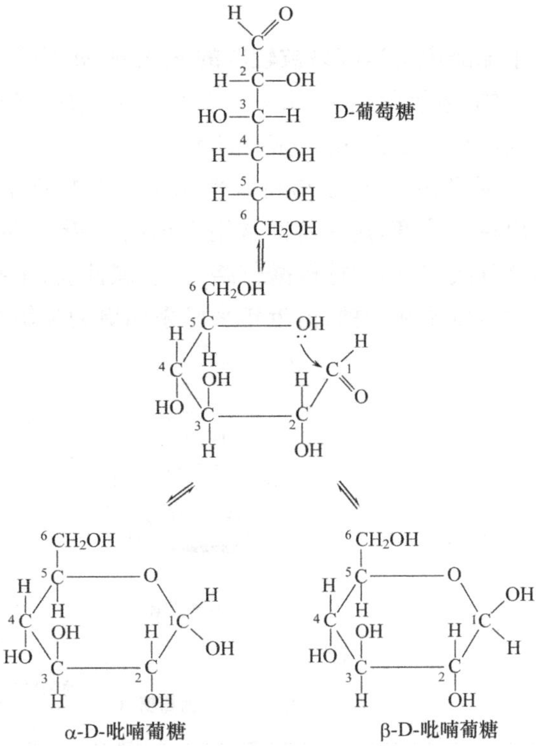

图 4-4　两种环式葡萄糖结构的形成

葡萄糖的 C-1 醛基与 C-5 羟基反应形成半缩醛，产生 α 和 β 异头物，这两种仅半缩醛碳构型不同的立体异构体可通过互变异构相互转换

己糖的醛基亦可与 C-4 上的羟基缩合形成五元环，并因其构型类似于呋喃而称为呋

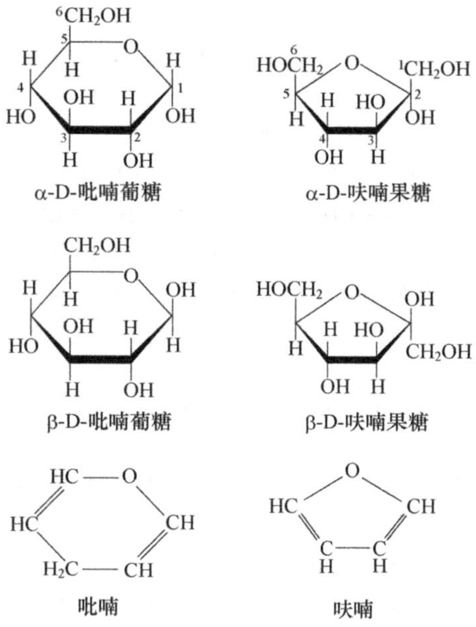

图 4-5　吡喃糖和呋喃糖

葡萄糖的吡喃糖型和果糖的呋喃糖型分别与吡喃环和呋喃环相似

喃糖(furanose,图 4-5)。但是,六元环式的醛吡喃糖远比醛呋喃糖更稳定,因此醛吡喃糖是其在水溶液中的主要结构。只有五碳以上的醛糖才能形成吡喃糖环。

仅在半缩醛或半缩酮的碳原子构型上不同的单糖异构体互为异头物(anomer),其半缩醛(或羰基)碳即是异头碳。D-葡萄糖的 α 和 β 异头物在水溶液中可通过变旋(tautomerization)作用经由链式结构而相互转化,是为差向异构化。因此,无论是 α-还是 β-D-葡萄糖溶液最终都会形成同样的平衡混合物并具有同样的光学特性,这是葡萄糖溶液变旋的原因。

酮己糖亦可以 α 和 β 异头物形式存在,其 C-5(或 C-6)的羟基与 C-2 的酮基反应而生成含有半缩酮连接的呋喃糖(或吡喃糖)。例如,D-果糖容易形成呋喃糖环(图 4-5),它在复合糖或各种糖衍生物中通常以 β-D-呋喃果糖异头物形式存在。

(四) 单糖的还原作用

单糖都含有一个富于反应性的羰基(环状结构为半缩醛羟基),容易被较弱的氧化剂,如 Cu^{2+}、Ag^{+} 离子氧化。例如,Fehling 试剂(含有酒石酸钾钠、氢氧化钠和 $CuSO_4$)与葡萄糖反应,葡萄糖被氧化成葡萄酸,而 Cu^{2+} 离子还原为 Cu^{+}。该反应称为 Fehling 反应(图 4-6A)。

利用 Fehling 反应可定性测定还原糖的存在,通过测定被糖溶液还原的氧化剂的量,可估算出糖的浓度,这一特性常用于糖的分析。Fehling 试剂是氧化铜的碱性溶液,Benedict 试剂则是其改进型,用柠檬酸作络合剂,碱性弱,干扰少且灵敏度高。该法一直应用于糖尿病诊断中检测血糖和尿糖,但近年来已采用更为灵敏的葡萄糖氧化酶法(图 4-6B)。

A

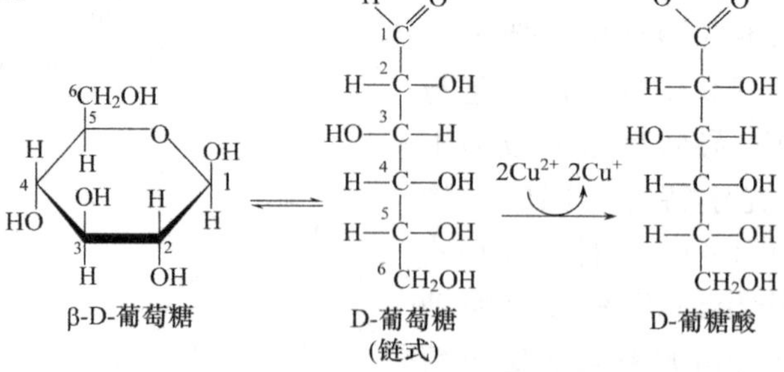

B　D-葡萄糖+O_2 $\xrightarrow{\text{葡萄糖氧化酶}}$ D-葡糖酸-δ-内酯+H_2O_2

图 4-6　糖的 Fehling 反应

A. 糖异头碳的氧化是 Fehling 反应的基础;碱性条件下产生的 Cu^{+} 可形成红色的氧化物沉淀;虽然在半缩醛环式结构中的葡萄糖 C-1 不能被 Cu^{2+} 氧化,但由于其链式与环式结构间的互变平衡,C-1 的氧化最终还是能完成;B. 通过测定葡萄糖氧化酶反应中释出的 H_2O_2 可检测血糖浓度;反应体系中加入的过氧化物酶将 H_2O_2 与某种无色化合物转化成有色的,可用分光光度计测定实验室用于检测还原糖的另一个试剂是 Tollens 试剂，即银氨试剂[$Ag(NH_3)_2^+$]作为氧化剂，如果将银氨试剂加入试管中，当有还原糖时，Ag^+ 被还原为金属 Ag，并被沉积在试管壁上，形成银镜，该反应又称为银镜反应。

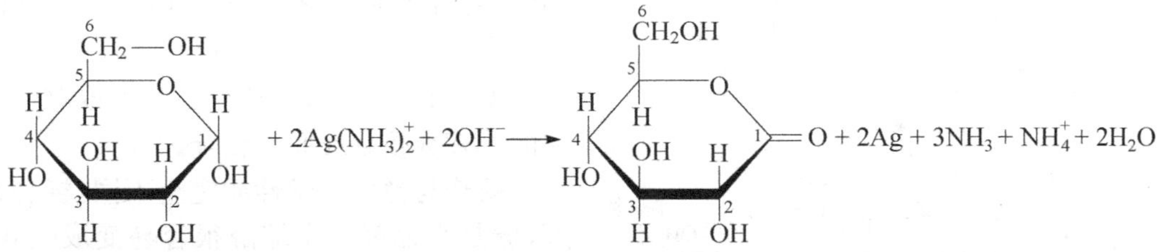

除羰基外，单糖的羟基也能被氧化，并可在不同条件下产生不同的氧化产物。醛糖可通过三种方式被氧化成相同原子数的酸：①在弱氧化剂如溴作用下形成相应的糖酸；②在较强的氧化剂如硝酸作用下，除醛基被氧化外，伯醇基也被氧化成羧基而生成糖二酸；③有时只有伯醇基被氧化成羧基而形成糖醛酸。酮糖对溴的氧化作用无反应，因此可将酮糖与醛糖分开。在强氧化剂作用下，酮糖将在羰基处断裂而形成两个小分子酸。

二、寡糖和多糖

寡糖(oligosaccharide)由少数单糖分子(多为 2～6 个)结合而成，与稀酸共热或经酶促水解可生成各种单糖。寡糖中以双糖分布最普遍，意义也较大。

自然界的糖类大多以中、高相对分子质量的多糖聚合物形式存在。多糖(polysaccharide)亦称聚糖，不同的多糖具有不同的构建单糖残基、链长、残基连键和分支度等。同多糖只含有一种类型的单体，杂多糖则含有两种及以上的单糖残基(图 4-7)。有些同多糖可用作燃料单糖的储存形式，如淀粉和糖原即是这类同多糖。另外一些同多糖如纤维素和几丁质则可用作植物细胞壁和动物外骨骼的结构组分。杂多糖能为各种生物提供细胞间支撑，如细菌包被的刚性外层(肽聚糖)即是由杂多糖(两种交替的单糖残基)所构建。动物组织的细胞间隙一般含有几种杂多糖，形成基质将单个细胞黏合在一起，并可为细胞、组织和器官提供保护及支撑等。

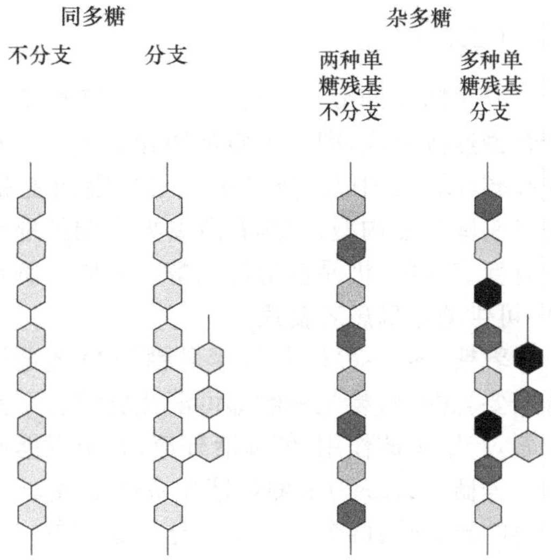

图 4-7　同多糖和杂多糖

和蛋白质不同，多糖通常没有确定的相对分子质量，因为这两类聚合物具有不同的装配机制。蛋白质的合成需要有确定序列和长度的模板(mRNA)，而且各种合成所需的酶必须与模板相配。而多糖的合成则没有这类需求，而且没有特定的合成终止点。

(一) 糖苷与糖苷键

单糖的半缩醛羟基很容易与醇或酚的羟基反应(图 4-8)，失水而形成缩醛式衍生物糖苷(glycoside)。提供半缩醛羟基的是糖基，非糖部分是配糖体，两者间连接键即糖苷键(glycosidic bond)，如配糖体也是单糖则形成双糖或二糖。麦芽糖、乳糖和蔗糖都是由两分子单糖通过 O-糖苷键共价缩合而成的双糖。与糖基相似，糖苷也有 α、β 两种形式，天然存在的糖苷多为 β 型。自然存在的糖苷还有 N-、S-糖苷等类型，如核糖和脱氧核糖与嘌呤或嘧啶碱形成的糖苷称核苷或脱氧核苷。

糖苷与糖的化学性质完全不同：糖苷是缩醛，糖是半缩醛。半缩醛很容易变成醛式，因此糖可显示出醛的多种反应。糖苷则需要水解后才能分解为糖和配糖体。因此糖苷比较稳定：不易被氧化，无变旋现象，也不与苯肼发生成脎反应(需有游离态羰基参与)。糖苷键容易被酸水解而不易被碱断裂，故可通过将双糖或寡/多糖与稀酸共沸而得到相应的游离单糖。

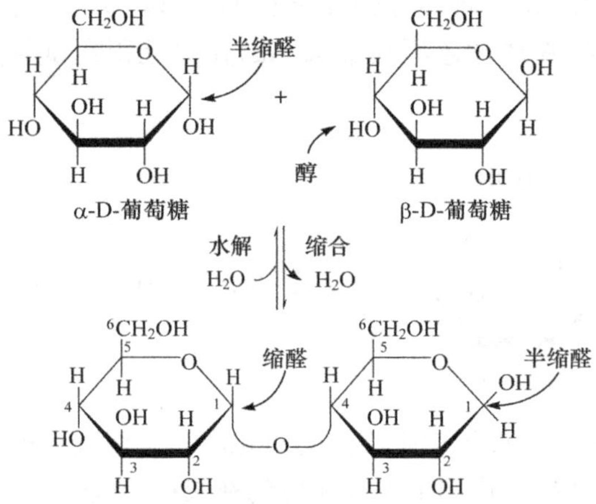

麦芽糖

α-D-吡喃葡糖基-(1→4)-D-吡喃葡糖

图 4-8　糖苷键的形成

Fe^{3+} 和 Cu^{2+} 对糖异头碳的氧化只能以链式结构进行，后者仅以很小的比例与稳定的环式结构相平衡。显然，一旦异头碳参与形成糖苷键，该糖残基就不能再转化成链式而成为非还原糖。在描述双糖或多糖时，通常将具有游离态异头碳(未参与糖苷键)末端的称为还原糖。和单糖一样，大多数寡糖亦具有还原性。

(二) 双糖

麦芽糖(maltose)大量存在于发酵的谷粒特别是麦芽中，麦芽糖由两个 D-葡萄糖残基通过糖苷键连接而成，即一个残基的异头碳 C-1 和另一个残基的 C-4 相连。由于含有一个游离的异头碳(图 4-8 中右侧残基的 C-1)，因而麦芽糖是还原糖，可还原 Fehling 试剂。其糖苷键中的异头碳为 α 构型，而具有游离异头碳的那个残基可以是 α-或 β-吡喃糖型。麦芽糖在水溶液中有变旋现象，极易被酵母发酵。人体肝脏在缺少胰岛素时也能吸收麦芽糖，不会引起血糖升高，可供糖尿病患者食用

乳糖(lactose)是由 D-半乳糖和 D-葡萄糖构建的双糖，自然界中仅存在于乳液。乳糖的水解需要乳糖酶，婴儿一般都可消化乳糖。某些成人因缺乏乳糖酶而不能利用，食用后会在小肠积累，产生渗透作用，使体液外流，并引发恶心、腹痛及腹泻等症状。

蔗糖(sucrose)由葡萄糖和果糖组成，只能由植物合成。与麦芽糖和乳糖不同，蔗糖没有游离的异头碳：两个糖残基的异头碳均参与了糖苷键的形成，因而是一种非还原性杂聚二糖。蔗糖是光合作用的主要中间产物，也是多种植物中从叶片转移到其他部位的主要糖类，富含于甜菜、甘蔗和各种水果中。日常食用的糖主要是蔗糖。

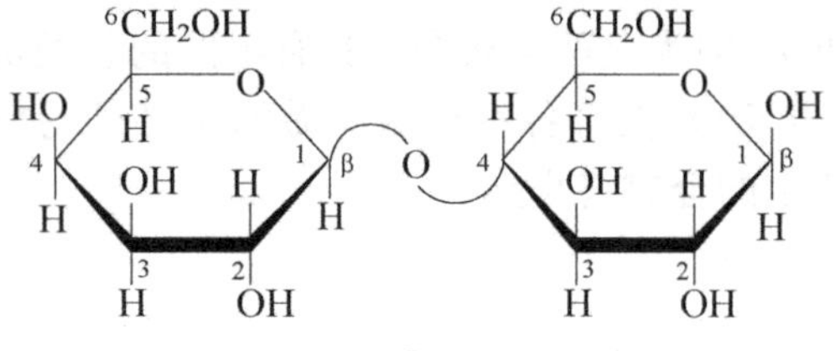

乳糖(β型)

β-D-吡喃乳糖基-(1→4)-β-D-吡喃葡糖

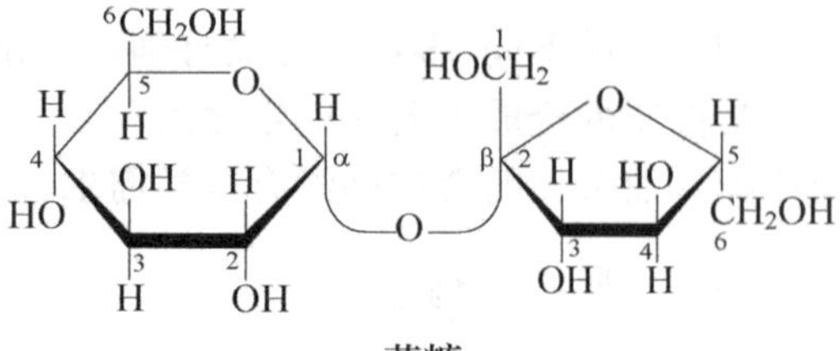

蔗糖

α-D-吡喃葡糖基-β-D-呋喃果糖苷

蔗糖很甜，易结晶，易溶于水，但较难溶于乙醇。加热到 160℃会成为玻璃样晶体，至 200℃成为棕褐色的焦糖。

蔗糖极易被酸水解，水解速度比麦芽糖和乳糖大 1000 倍。水解后产生的等量葡萄糖和果糖混合物称为转化糖(invert sugar)，甜度高达 160。蜜蜂体内有转化酶，因此蜂蜜中含有大量转化糖。口腔细菌利用蔗糖合成的右旋葡聚糖苷则是牙垢的主要成分。

海藻糖由两分子 D-葡萄糖组成，和蔗糖一样是非还原糖，主要用作昆虫循环体液(血淋巴)中的储能化合物。

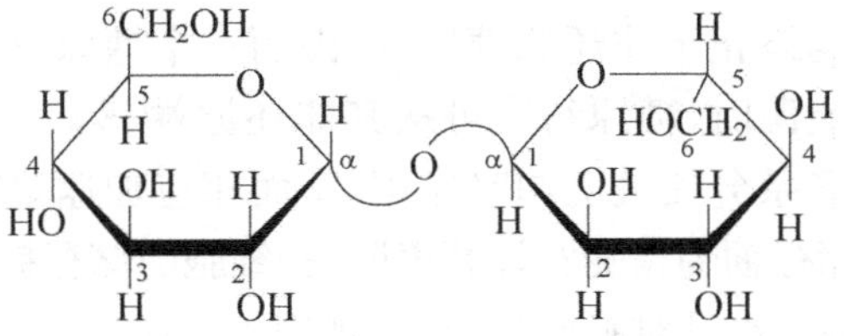

海藻糖
α-D-吡喃葡糖基-α-D-吡喃葡糖苷

自然界中除上述蔗糖、乳糖和麦芽糖能以游离态存在外，其他寡糖多为结合态，即与某些非糖化合物结合形成复合糖。

(三) 储存性多糖

最重要的储存多糖是植物淀粉和动物糖原，均以颗粒状储存在细胞内。由于具有许多暴露在外的羟基，可与水分子形成氢键，因此淀粉和糖原都是高度水合的分子。虽然植物细胞大多能合成淀粉，但其含量在块茎如马铃薯和种子中特别丰富。

淀粉(starch)可分为直链和支链两类(图 4-9)，前者是由 D-葡萄糖残基通过(α1→4)糖苷键连接成长而无分支的直链，相对分子质量可变化于数千至上百万。后者的相对分子质量更

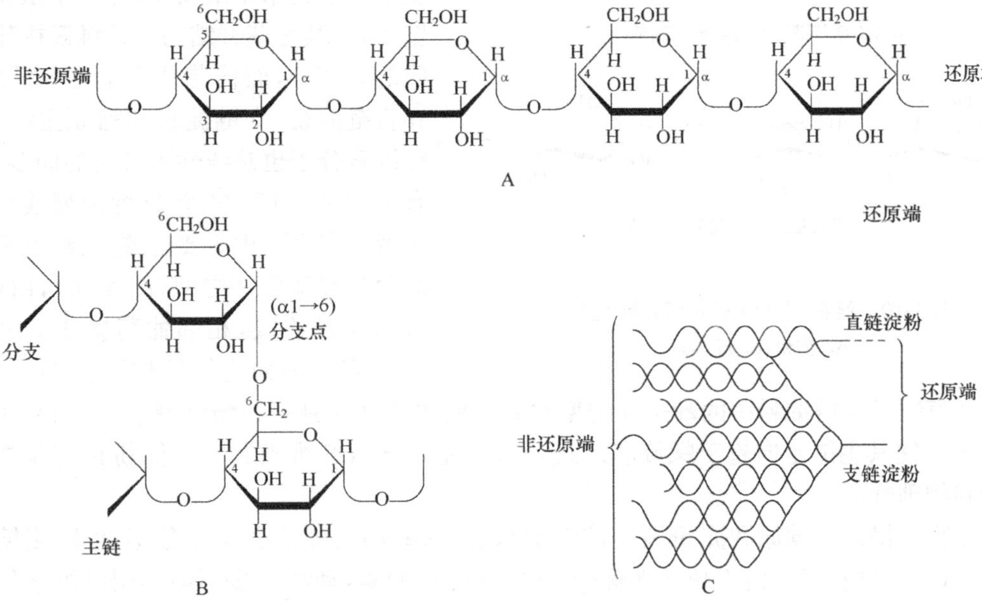

图 4-9　直链和支链淀粉

A. 直链淀粉；B. 支链淀粉分支点结构；C. 支链淀粉和直链淀粉模式图；除分支点为(α1→6)糖苷键外，主链和支链各葡萄糖残基之间均为(α1→4)糖苷键；各支链之间及其与主链之间都能形成双螺旋结构；糖原结构与淀粉类似，但分支程度更高，而且更为致密

高(可达数百万),但是高度分支,其相邻糖残基间的糖苷键为(α1→4)型,分支处(每间隔 24～30 个残基)则是(α1→6)型的。

糖原(glycogen)是动物细胞的主要储存多糖。和支链淀粉相似,糖原也是(α1→4)糖苷键连接的葡萄糖聚合物并具有(α1→6)糖苷键连接的支链,但其分支更多(平均间隔 8～12 个残基)而且更为致密。肝脏富含糖原,可高达肝脏湿重的 7%～10%;骨骼肌中也含有糖原。肝细胞的糖原呈大颗粒状,是由一些单一且高度分支的糖原分子小颗粒(相对分子质量数百万)聚集而成,其中还紧密包被有糖原合成及降解所需的各种酶。

由于糖原的每条支链均终止于非还原糖残基,因而一个糖原分子具有非常多的非还原端,但只有一个还原端。用作能源时,糖原每次可从其非还原端移除一个葡萄糖残基。仅作用于非还原端的降解酶可以在多条分支链上同时作用,从而相应加速聚糖向单糖的转化。

为什么不以单糖形式储存葡萄糖呢?计算表明,肝细胞的储存糖原总量相当于 0.4mol/L 的葡萄糖浓度。由于糖原不溶于水且对胞液渗透压影响不大,其实际浓度仅约为 0.01μmol/L。胞液中若含有 0.4mol/L 的葡萄糖,其渗透压将急剧升高,导致水渗进并可能破损细胞。另外,在细胞内葡萄糖浓度高达 0.4mol/L 而细胞外仅约 5mmol/L(哺乳类的血糖浓度)的情况下,要想逆此浓度差将葡萄糖转运进细胞,其自由能变化将高得任何细胞均无法承受。

葡聚糖(dextran)是细菌和酵母多糖,由(α1→6)糖苷键连接的多聚 D-葡萄糖构建,均具有(α1→3)分支,有些还具有(α1→2)或(α1→4)分支。因细菌在牙齿表面生长而形成的牙菌斑即富含葡聚糖。合成葡聚糖可用于制备凝胶层法分离蛋白质所需的基质原料,如葡聚糖凝胶(sephadex)。

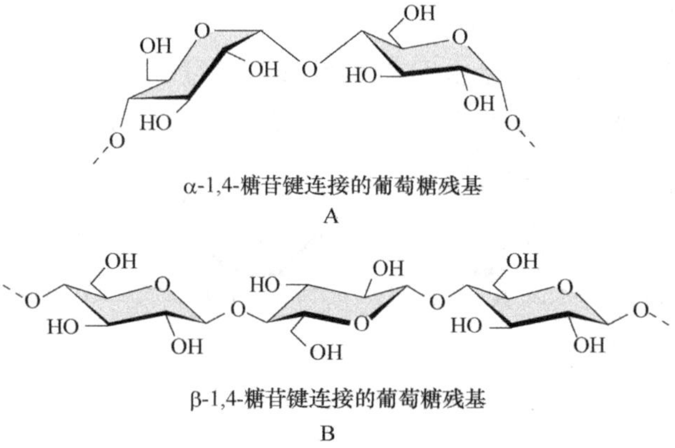

图 4-10　淀粉与纤维素的糖苷键比较
A. 淀粉;B. 纤维素

(四) 结构性多糖

纤维素(cellulose)是一种呈纤维状、质地坚韧的水不溶物质,存在于植物细胞壁中,尤其是茎秆结构。纤维素构建成木质的大部分,而棉花几乎全是纯纤维素。和直链淀粉、支链淀粉和糖原主链相似,纤维素分子也是线性不分支的同多糖,含有 10 000～15 000个 D-葡萄糖残基。但两者具有一个很重要的差异:纤维素中的葡萄糖残基是 β 构型(图 4-10),由(β1→4)糖苷键连接,相邻葡萄糖残基之间呈 180°翻转,因而主链结构更为伸展平直;而糖原和直链及支链淀粉中的却是 α 构型的葡萄糖残基,由(α1→4)糖苷键连接,相邻残基之间约呈 60°,使其主链走向趋于螺旋状。正是这一差异导致纤维素和直链淀粉具有非常不同的结构和物理性质。

由食物中摄入的糖原和淀粉被 α-淀粉酶水解,这些酶由唾液和小肠分泌,可断裂糖残基之间的(α1→4)糖苷键。由于缺乏水解(β1→4)糖苷键的酶,动物大多不能利用纤维素作为能源。白蚁之所以容易消化纤维素和木材,皆因其肠道中有共生的披毛虫,后者能分泌可水解(β1→4)糖苷键的纤维素酶。使木材腐朽的真菌和细菌也能合成纤维素酶。

几丁质(chitin)是由 N-乙酰葡萄糖胺残基通过 β 糖苷键连接而构建的线性同多糖(图 4-11),

与纤维素的差异仅为其 C-2 位羟基由乙酰化的氨基所取代。但与纤维素相似，几丁质亦呈伸展的纤维状，不能被脊椎动物所消化。它既是多达近百万种节肢动物坚硬外骨骼的主要组分，包括昆虫和虾、蟹类，很可能也是自然界含量最丰富的第二种多糖，仅次于纤维素。

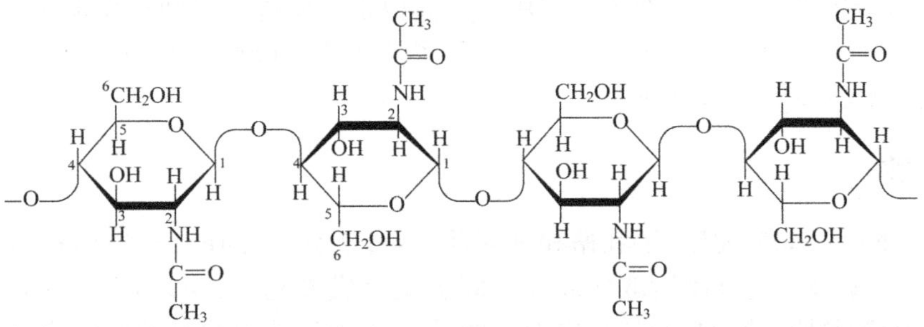

图 4-11　几丁质

细菌细胞壁的刚性组分由交替的 N-乙酰葡萄糖胺和 N-乙酰胞壁酸经由(β1→4)糖苷键连接而成(图 4-12)，称为肽聚糖。这些线性聚合物并排分布在细胞壁中，相互间通过一些短肽连接，具体结构随细菌种类不同而异。交连的短肽使糖链连接成具有相当强度的包被物，可保护菌体即避免因水渗入而导致细胞肿胀甚至破裂。溶菌酶之所以可杀菌正是因为它能水解(β1→4)糖苷键：泪液中含有丰富的溶菌酶，这可能是避免眼睛被细菌感染的一种机制。有些细菌、病毒也能合成溶菌酶，使之能在感染周期的适当时刻破裂宿主细胞壁而释出。青霉素和一些相关抗生素的杀菌机制就在于它们能阻断这些杂多糖交连键的形成，使细胞壁脆弱而不能抵抗渗透破损。

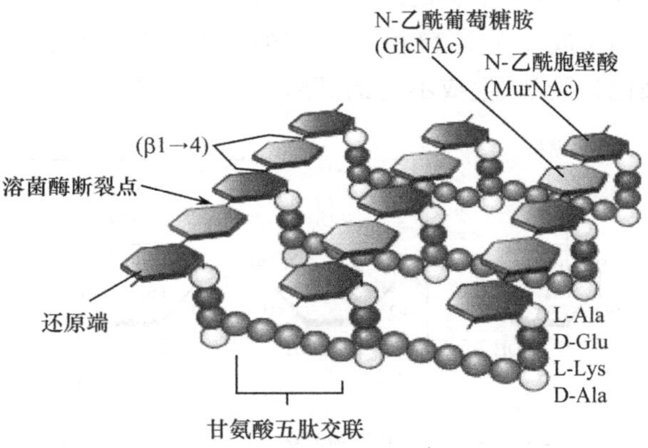

图 4-12　肽聚糖组成

（五）复合糖

除了用作储存燃料(淀粉、糖原及葡聚糖)和结构物质(纤维素、几丁质及肽聚糖)外，多糖和寡糖还具有信息载体功能：既可用作某些蛋白质转移去向的标记，亦可作为细胞和细胞外基质之间的特定细胞-细胞相互作用的媒介。一些含有碳水化合物的特殊分子还可参与细胞-细胞识别及黏附，发育中的细胞迁移，血液凝集，免疫反应，以及伤口愈合等。信息糖分子在这些功能中大多是共价结合于某种蛋白质或脂质，进而形成复合糖(glycoconjugate)这类生物活性分子。

蛋白多糖/黏蛋白(proteoglycan)是细胞表面或细胞外基质中的大分子，由一或多条黏多糖链共价结合于膜蛋白或分泌蛋白所组成，以黏多糖组分为主。因为这些多糖组分可提供与细胞表面或细胞外基质中其他蛋白质结合的大量氢键及静电相互作用的机会，这类生物活性往往涉及提供多结合位点。蛋白多糖也是包括软骨在内的结缔组织的重要组分，它们与其他蛋白多糖、蛋白质，以及黏多糖分子间丰富的非共价相互作用有助于提高这类组织的强度和弹性。

糖蛋白(glycoprotein)由一或多条长度不等的寡糖链与某种蛋白质共价结合而成，组成比例以蛋白质为主，存在于质膜外层、细胞外基质和血液中，细胞内可分布在特定的细胞器如高尔基复合体、分泌囊泡和溶酶体中。糖蛋白的寡糖组分要比蛋白多糖中的黏多糖相对复杂，含有丰富的信息，能提供高度专一性的位点用于与其他蛋白质进行识别和高亲和性结合。

糖脂(glycolipids)是亲水基团被寡糖链取代了的膜脂，和糖蛋白一样，亦可提供特殊位点用于碳水化合物-结合蛋白的识别。

三、糖衍生物

除了简单的已糖如葡萄糖、半乳糖和甘露糖外，自然界还存在有一些已糖衍生物，即相应糖前体的某一羟基被其他基团所取代或某个碳被氧化成羧基(图 4-13)。例如，氨基糖——葡萄糖胺、半乳糖胺和甘露糖胺等，其相应糖前体的 C-2 的羟基均被氨基所取代，氨基大多还可以与乙酸缩合，形成如 N-乙酰葡萄糖胺之类。这些葡萄糖胺的衍生物是多种结构性聚合物的基本组分，如细菌的细胞壁。脱氧糖——L-半乳糖和 L-甘露糖的 C-6 位羟基被氢原子取代则分别生成 L-岩藻糖和 L-鼠李糖。糖酸是醛糖被氧化生成的羧酸，单糖的羰基或者羟基都可被氧化为羧基，生成不同的糖酸。

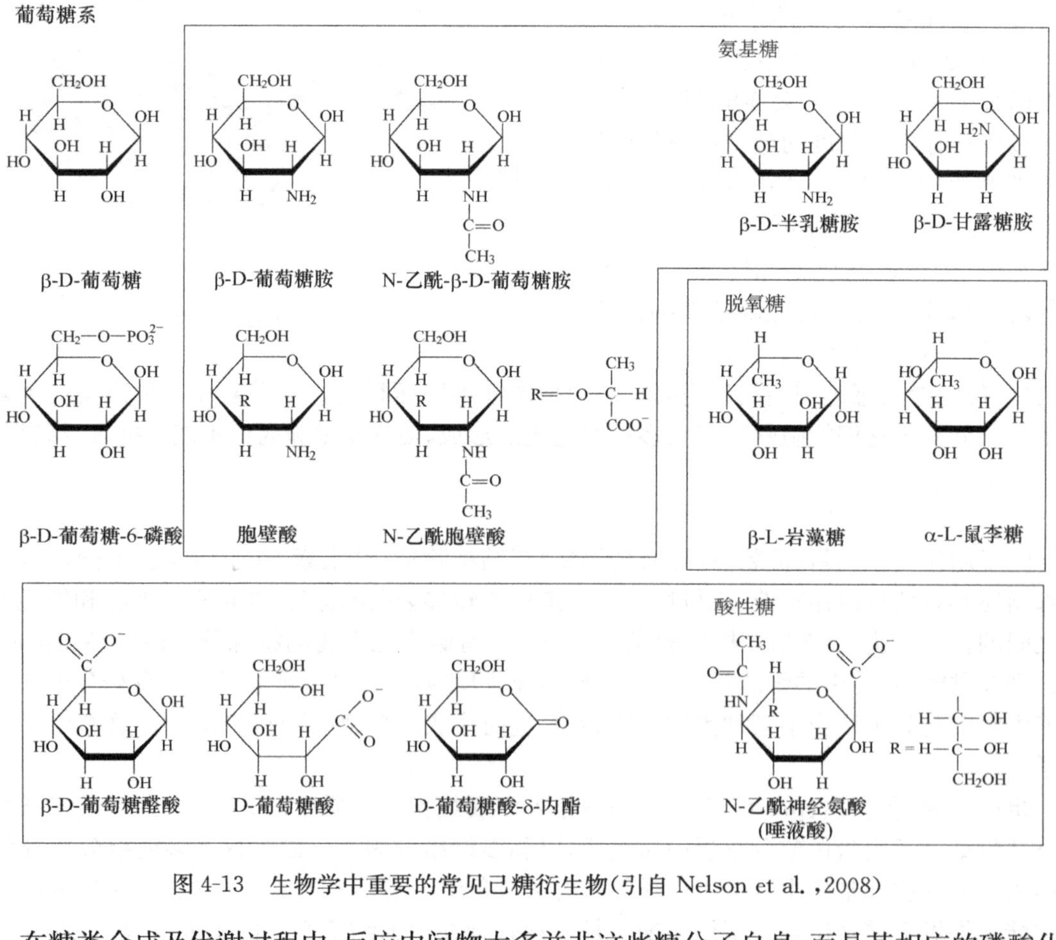

图 4-13　生物学中重要的常见已糖衍生物(引自 Nelson et al. ,2008)

在糖类合成及代谢过程中，反应中间物大多并非这些糖分子自身，而是其相应的磷酸化衍生物。磷酸和糖分子某一羟基缩合也可形成磷酸糖酯，如葡萄糖-6-磷酸(图 4-13)。这些磷酸化糖在中性 pH 下相对更稳定并带有一个负电荷。因为大多数细胞并不具有磷酸化糖的质膜载体，细胞中糖磷酸化的作用之一即是有利于糖摄入细胞内。此外，磷酸化还可为后续反应激活糖分子，而有些重要的磷酸化糖衍生物如磷酸(脱氧)核糖还是核苷酸的组分。

四、糖类的生物学功能

糖类在生物体内的主要功能是构成细胞的结构和作为储藏物质。植物胞壁由纤维素、半纤维素或胞壁质组成，均为糖类物质；作为储藏物质的主要有植物中的淀粉和动物中的糖原；此外，糖脂和糖蛋白在生物膜中占有重要地位，担负着细胞和生物分子之间相互识别的作用。

糖类在生物体内的主要功能包括以下几点。

(1) 用作能源。糖类是机体最容易得到、最经济、也是最重要的能源物质，通常人体所需能量的 70%来自糖的氧化。

(2) 作为结构成分。纤维素和肽聚糖分别是植物和细菌细胞壁的主要成分，几丁质可构建甲壳类动物和昆虫的外骨骼，糖蛋白和糖脂是质膜的重要成分，蛋白聚糖是结缔组织如软骨、骨的结构成分。

(3) 参与合成生物活性物质。例如，核酸中含有糖，而具有运输作用的血浆蛋白、有免疫作用的抗体、有识别及转运作用的膜蛋白等绝大多数都是糖蛋白，许多酶和激素也是糖蛋白。

(4) 提供合成其他生物分子的碳架。例如，糖类可用来合成脂质和氨基酸等。

(5) 作为信息分子。许多酶、免疫球蛋白、载体蛋白、激素、毒素、凝集素等糖蛋白的糖链通过细胞与细胞的相互黏附、相互识别、相互作用、相互制约与调控，在受精、细胞发生、发育、分化、炎症与自身免疫疾病，在癌细胞异常增殖及转移，病原体感染，植物与病原体相互作用，豆科植物与根瘤菌的共生过程中，都起到重要作用。

五、糖组学

20 世纪末，继基因组学、蛋白质组学之后，糖组学也日益受到人们关注。糖组学是对糖链组成及其功能研究的一门新学科，是基因组学的后续和延伸，具体内容包括研究糖与糖之间、糖与蛋白质之间、糖与核酸之间的联系和相互作用，其主要研究对象为聚糖。聚糖是继核酸和蛋白质之后的第三类生物信息大分子，被认为是“DNA—mRNA—蛋白质”信息流的延续，在生物机体生命过程中发挥重要的作用。丰富多样的聚糖覆盖了生物有机体的所有细胞，不仅体现细胞的类型和状态，也参与了许多生物学行为，如细胞发育、分化、肿瘤转移、微生物感染、免疫反应等；聚糖还体现生物和分子的进化作用，如糖酵解、生物合成的保守性及核糖的起源等。

糖组学的研究远较基因组学、蛋白质组学复杂。目前糖组学主要研究对象是糖蛋白，糖组学研究的重点在于：①编码糖蛋白的基因；②实际糖基化的位点；③聚糖结构；④糖基化的作用。糖组学中主要研究技术主要分为三大部分：结构糖组学、功能糖组学，以及生物信息学。

与基因组和蛋白质组学研究相比，糖组学的研究还处于起步阶段。阻碍糖组学迅速发展的主要是研究技术的限制和糖链本身结构的复杂性，目前尚没有一种技术可以快速、大量测定细胞所有的糖链结构。在期望能有更便捷的测定糖链结构的技术的同时，如何利用现有技术开展糖组学研究则更应是糖生物学家需要考虑的问题。糖芯片技术的出现和表面等离子共振技术(surface plasmon resonance technology，SPR)的应用对于研究聚糖的结构和功能起到了相当大的推动作用，必将在糖组学研究中得到更为广泛的应用。

第二节　糖酵解作用和糖异生作用

在糖的代谢过程中，葡萄糖作为构件分子既可以聚合为储能的大分子淀粉或糖原，又可以被彻底氧化为二氧化碳和水，提供代谢所需的大量能量，此外葡萄糖还能提供许多生物化学反应的代谢中间物，用作氨基酸、核苷酸、辅酶和脂肪酸等生物分子的碳骨架。

在动物和高等植物中，葡萄糖存在着三条主要代谢途径：一是合成淀粉、蔗糖或者糖原；二是通过糖酵解被氧化成丙酮酸；三是通过磷酸戊糖途径转化为五碳糖。其中糖的分解代谢即糖的氧化，是生物体获取能量的基本方式，主要为糖酵解、三羧酸循环和磷酸戊糖途径。大多数生物都具有一个生物合成葡萄糖的途径，如微生物可以将许多营养物质转化为葡萄糖的磷酸酯和糖原，动物组织主要是肝脏、肾脏可以利用非糖前体物质合成葡萄糖，这就是糖异生作用。

糖酵解(glycolysis)是葡萄糖经由果糖 1,6-二磷酸和 3-磷酸甘油酸转变为丙酮酸，同时产生 ATP 的一系列反应。这一过程无论在有氧或厌氧条件下均可进行(与厌氧发酵有别)，是所有生物体进行葡萄糖分解代谢所必须经过的共同阶段：大多数细胞中均为碳流量最大途径，而在某些细胞/组织中(如厌氧菌和红细胞等)几乎是唯一的代谢能量的来源。

糖酵解作用的阐明，主要依赖动物肌肉和酵母的实验结果，其全过程于 20 世纪 40 年代就已基本弄清。在这项研究中三位德国生物化学家 Embden、Meyerhof 和 Parnas 的贡献最大，因而糖酵解过程又称为 Embden-Meyerhof-Parnas 途径(EMP)。该途径是首个得到阐述且可能是迄今了解最为详尽的，实际上诸如酶纯化技术的发展、NAD^+ 之类辅酶的发现及其重要性的确定，以及 ATP 等高能磷酸化合物的关键代谢作用的确认等均来自对该途径的研究。

一、糖酵解过程

糖酵解途径发生在胞液中，全过程从葡萄糖至丙酮酸共计 10 步反应，可大致划分为 4 个阶段：己糖磷酸化、磷酸己糖裂解、磷酸丙糖氧化脱氢及丙酮酸生成。前两个阶段为准备阶段，后两个阶段为收益阶段。

(一) 己糖磷酸化

通过两次由 ATP 作为磷酰基供体的磷酸化反应将葡萄糖活化为果糖-1,6-二磷酸，为进一步裂解成两分子磷酸丙糖做准备。该阶段包括三步反应，消耗两分子 ATP，是为耗能的糖活化阶段。

1. 葡萄糖磷酸化　葡萄糖的第一个磷酸化反应，被 ATP 磷酸化成葡萄糖-6-磷酸(G-6-P)而活化，即将 ATP 的 α-β 磷酸酐键的部分能量以磷酸二酯键形式转移到葡萄糖上(磷酰基是比羟基相对更好的离去基团)。该反应由己糖激酶(hexokinase)催化进行，因涉及 ATP 磷酰基的转移放能而不可逆。

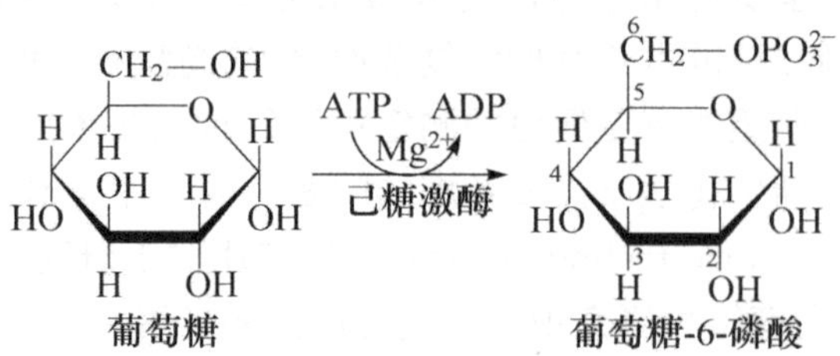

己糖激酶可将 ATP 的末端磷酰基转移给多种六碳糖，是糖酵解途径的第一个调节酶。磷酰基转移是基本生化反应之一，凡能将 ATP 之类高能磷酸化合物的磷酰基转移给受体分子的酶均为激酶(kinase)。激酶的活性都需要有 Mg^{2+} 或 Mn^{2+} 激活，这些二价金属离子能通过屏蔽 ATP 等的磷酰基 O^- 而相应加强磷接受糖分子上特定羟基的亲核攻击能力。

己糖激酶有多种同工酶(催化相同反应但由不同基因编码)形式，普遍存在于各类细胞中的已糖激酶Ⅰ，其 $K_m^{Glc}=0.1mmol$，专一性不强且为变构酶，G-6-P 和 ADP 均为其变构抑制剂。肝细胞中还有己糖激酶Ⅳ，即葡萄糖激酶(glucokinase)，后者有其独特的动力学性质和调节特性，$K_m^{Glc}=5\sim10mmol$，专一性很强且不受 G-6-P 的变构抑制。通常细胞内的葡萄糖浓度仅为 4mmol 左右，只有当血糖浓度很高时才能由葡萄糖激酶在肝脏活化葡萄糖以合成糖原。

2. 转化成果糖-6-磷酸　该步为磷酸己糖的同分异构反应，由磷酸己糖异构酶(phosphohexose isomerase)催化进行，将葡萄糖-6-磷酸异构化为果糖-6-磷酸(F-6-P)。

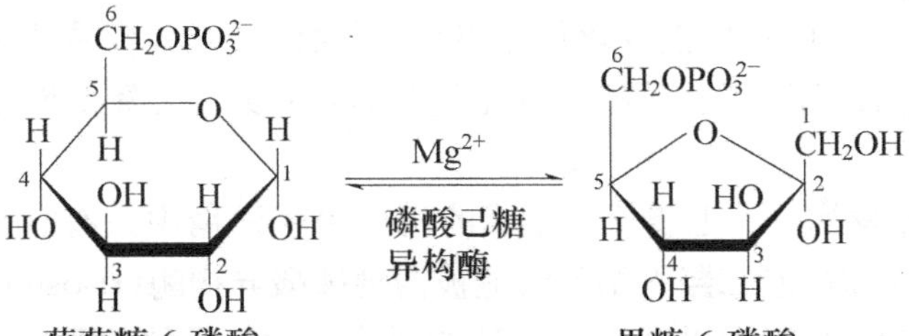

从化学反应角度看，这一醛糖与酮糖间的异构反应最为关键，因为 C-1 和 C-2 的羰基与羟基重排是后两步反应进行的前提：下一步的磷酸化需要 C-1 的羰基先转化成醇羟基(以发动亲核攻击)，而随后 C-3 和 C-4 连键的断裂则需要 C-2 位有一羰基(以稳定该键断裂时形成的负碳离子)。

3. 磷酸化成果糖-1,6-二磷酸　果糖-6-磷酸被 ATP 再次磷酸化为果糖-1,6-二磷酸(F-1,6-BP)，反应由磷酸果糖激酶-1(phosphofructokinase-1，PFK-1)催化，在细胞内条件下基本不可逆。这也是糖酵解途径中最重要的调节点：G-6-P 和 F-6-P 均有其他可能的代谢去路，而 F-1,6-BP 却只能继续进行酵解。

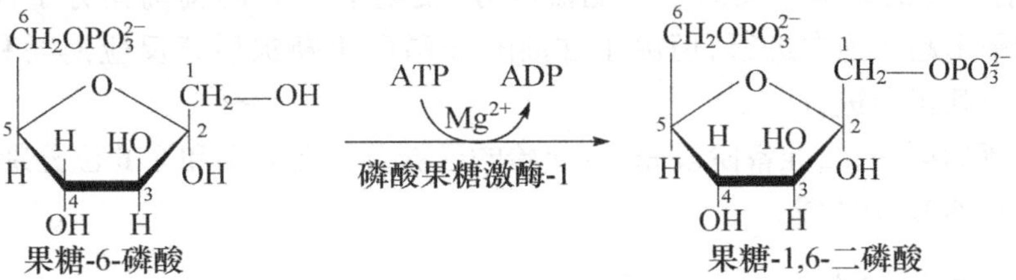

PFK-1 是已知最为复杂的变构调节酶之一，其活力水平严格地控制着糖酵解的速率：只要细胞的 ATP 供应短缺或 ATP 降解产物 ADP 或 AMP 过剩即可诱发该酶活性的增加，反之则被抑制。磷酸果糖激酶-2(PFK-2)是催化 F-6-P 生成 F-2,6-BP 的酶，后者在某些物种中是 PFK-1 的别构激活剂。

(二) 磷酸已糖裂解

该阶段将果糖-1,6-二磷酸裂解为两分子磷酸丙糖且其相互转化，包括两步反应。

1. 果糖-1,6-二磷酸裂解　由醛缩酶(aldolase)催化果糖-1,6-二磷酸裂解为甘油醛-3-

磷酸和二羟丙酮磷酸，该酶以其逆向反应即醛醇缩合性质命名。

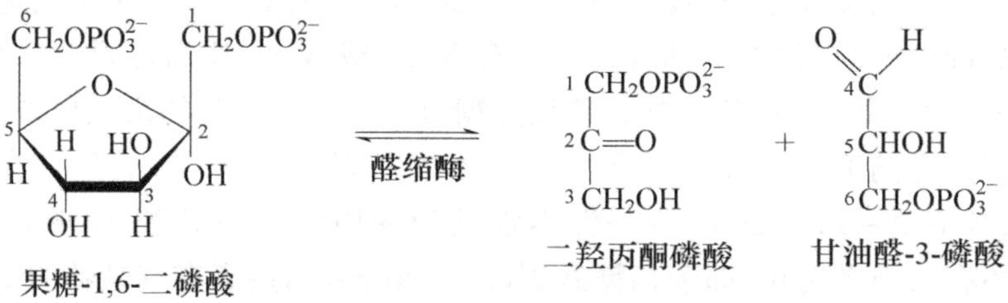

醛缩酶有两类：存在于动物和植物的Ⅰ类酶在反应中可形成 Schiff 碱中间物，存在于真菌和细菌的Ⅱ类酶则将活性部位的 Zn^{2+} 与 C-2 位的羰基 O 整合，利用 Zn^{2+} 使羰基极化以稳定 C—C 键断裂时形成的烯醇中间物。

尽管醛缩酶反应在 F-1,6-BP 断裂方向上具有高而正的标准自由能变化，但在细胞内反应物浓度很低的条件下其实际自由能变化仍然很小，因而该反应很容易被逆转：正常生理条件下由于甘油醛-3-磷酸在后续反应中不断被氧化消耗，其浓度大大降低而驱动反应向裂解方向进行。

2. 磷酸丙糖互变异构 上步反应生成的两种磷酸丙糖中只有甘油醛-3-磷酸能直接在后续反应中被进一步降解，但二羟丙酮磷酸能被丙糖磷酸异构酶(triose phosphate isomerase)快速可逆地转变成前者，相当于果糖-1,6-二磷酸形成了两分子甘油醛-3-磷酸。

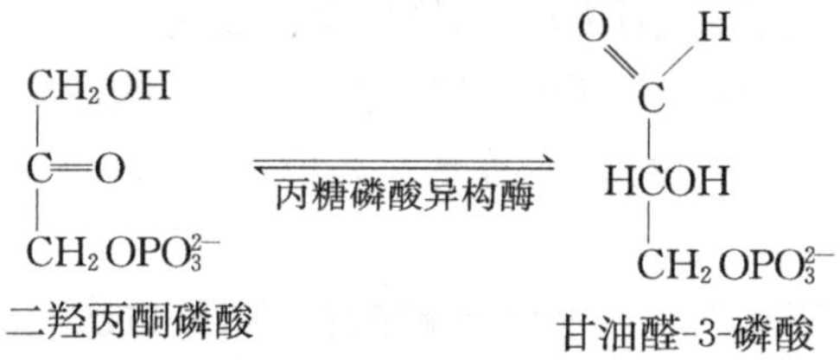

丙糖磷酸异构酶的反应机制与磷酸己糖异构酶相似，亦为醛糖与酮糖互变异构化：二羟丙酮磷酸的 C-1 被氧化而 C-2 同时被还原。此后起始底物葡萄糖的 C-1、C-2 和 C-3 分别与 C-6、C-5 和 C-4 具有同样的化学意义而不再能被区分，使整个六 C 的葡萄糖分子代谢效率更高。虽然该反应的平衡趋于逆向进行，但由于甘油醛-3-磷酸不断被后续反应消耗利用，故正常细胞条件下反应仍朝正向进行。

至此糖酵解的第一、二准备阶段完成：起始的己糖分子在 C-1 和 C-6 位分别被磷酸化并断裂生成两分子甘油醛-3-磷酸。

（三）磷酸丙糖氧化

甘油醛-3-磷酸在该阶段氧化脱氢，释出的能量被用于生成第一个 ATP，亦包括两步反应。

1. 生成 1,3-二磷酸甘油酸 在 NAD^+ 和 H_3PO_4 存在的条件下，由甘油醛-3-P 脱氢酶(glyceraldehyde 3-phosphate dehydrogenase)催化进行，是糖酵解中唯一的氧化-还原反应，同时又偶联于 ADP 的磷酸化。生成的 1,3-二磷酸甘油酸(1,3-BPG)为高能磷酸化合物：C-1 上的醛基被氧化成酰基磷酸，即磷酸与羧酸的混合酸酐，具有转移磷酸基团的高势能，而该酸酐形成所需要的能量来自于醛基的氧化，后者移除的氢负离子(H^-)使 NAD^+ 被同时还原为 NADH。

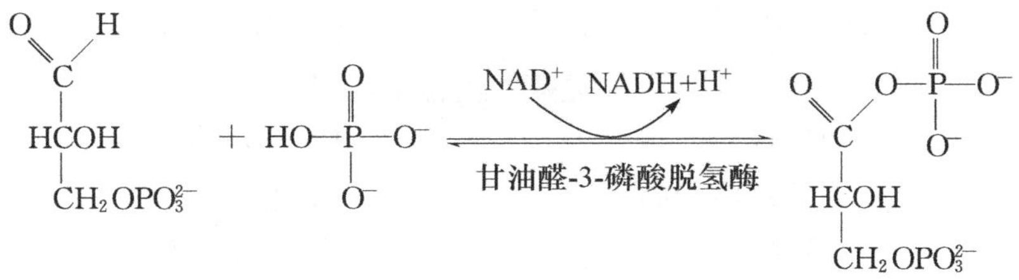

甘油醛-3-磷酸　　无机磷酸　　1,3-二磷酸甘油酸

反应中甘油醛-3-磷酸被共价结合于脱氢酶上，醛基与活性中心必需的 Cys 149—SH 连接形成硫-半缩醛。该必需残基如与碘乙酸之类的烷化剂或 Hg^{2+} 之类的重金属反应将不可逆地抑制该酶活性（这类专一性反应常用于推测酶活性部位是否存在有—SH）。

由于细胞中的 NAD^+ 通常有限，因而当该步反应中生成的 NADH 不能继续被氧化时将导致酵解很快被终止。

砷酸能替代磷酸参与该反应而生成 1-砷酸-3-磷酸甘油酸，但后者很不稳定且迅速水解，使甘油醛-3-磷酸的氧化与下一步 ADP 的磷酸化解偶联，成为潜在的致死反应。这也有助于解释生命进化中为何选择具有较大动力学稳定作用的磷酸作为递能基团而不是砷酸。

2. 磷酰基从 1,3-二磷酸甘油酸转移给 ADP　由磷酸甘油酸激酶（phosphoglycerate kinase）催化高能磷酰基从 1,3-二磷酸甘油酸的羧基转移给 ADP，生成 ATP 和 3-磷酸甘油酸（3-PG）。该酶亦因催化逆向反应而得名，即在糖异生和 CO_2 的光合同化途径中合成 1,3-二磷酸甘油酸。

1,3-二磷酸甘油酸　　3-磷酸甘油酸

本阶段两步反应实际上是一种能量偶联，其共同高能中间物 1,3-二磷酸甘油酸的形成为吸能反应，但其酰基磷酸转移给 ADP 则是高度放能的，故总反应仍是放能的（$\Delta G^{0'}=-12.5\text{kJ/mol}$）。

$$\text{甘油醛-3-P}+\text{ADP}+\text{Pi}+\text{NAD}^+ \rightleftharpoons \text{3-PG}+\text{ATP}+\text{NADH}+\text{H}^+$$

这两个偶联反应的结果即是醛氧化成羧基释出的部分能量以 ATP 及 NADH 形式被储存，而这种由底物如 1,3-二磷酸甘油酸直接将其磷酰基转移以形成 ATP 等高能磷酸化合物的过程即为底物水平磷酸化（substrate-level phosphorylation），与呼吸相关磷酸化（respiration-linked phosphorylation）不同：前者涉及可溶性酶和化学中间物，后者则与膜结合的酶及质子的跨膜梯度有关。

（四）丙酮酸生成

本阶段包括三步反应并最终生成丙酮酸和第二个 ATP。

1. 磷酸甘油酸变位异构　由磷酸甘油酸变位酶（phosphoglycerate mutase）催化磷酰基在甘油酸的 C-2 和 C-3 位之间可逆转移（分子内重排），反应分两步进行。

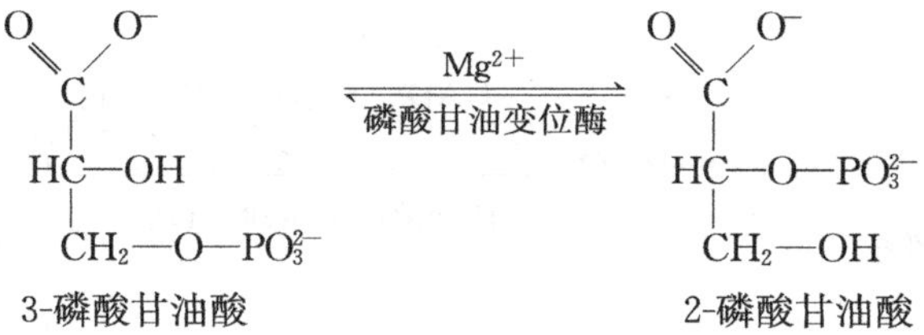

(1) 原先连接在变位酶活性 His 残基上的磷酰基被转移到 3-磷酸甘油酸的 C-2 位上，生成 2,3-二磷酸甘油酸(2,3-BPG)中间物。

(2) 2,3-BPG 的 C-3 磷酰基随即被转移回该 His 残基上，生成 2-磷酸甘油酸(2-BPG)并再生出变位酶。

由于磷酸甘油酸变位酶最初是由 2,3-二磷酸甘油酸的磷酰基转移而被磷酸化的，因此绝大多数细胞中都需要有少量的 2,3-二磷酸甘油酸作为引物以启动该催化循环，但在红细胞中其含量却高达约 5mmol/L，几乎与 Hb 等物质的量以调节其对 O_2 的亲和性。

该酶在植物中无需经由 2,3-二磷酸甘油酸中继，而由 3-磷酸甘油酸直接将其磷酰基先转移到酶上，后者再将其转回 C-2 生成 2-磷酸甘油酸。

2. 脱水生成磷酸烯醇式丙酮酸　在 Mg^{2+} 或 Mn^{2+} 存在的条件下，由烯醇化酶(enolase)催化形成糖酵解中第二个高能磷酸化合物，即磷酸烯醇式丙酮酸(phosphoenolpyruvate, PEP)。该反应为金属离子催化的特例之一：在广义酸碱催化(Lys 345、Glu 211)的基础上由 Mg^{2+} 稳定其烯醇化过渡态中间物。氟化物为该酶的强抑制剂，因为 F^- 可在其活性位点形成 FPO_3^{2-}-Mg^{2+} 复合物而使酶失活。

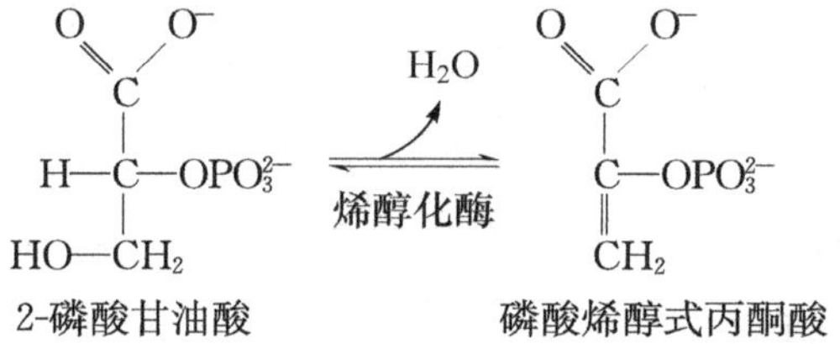

虽然该反应的自由能变化相对较小，但其反应物和产物的标准水解自由能变化的差异却很大：2-磷酸甘油酸的仅为 −17.6kJ/mol (低能磷酸酯)，磷酸烯醇式丙酮酸的则高达 −61.9kJ/mol，是极不稳定的高能磷酸化合物。因此，尽管这两种化合物的总能量相近，但是因 2-磷酸甘油酸的脱水而导致的分子内能量重新分布大大增加了其磷酰基的转移势能。

3. 磷酰基从磷酸烯醇式丙酮酸转移给 ADP　由丙酮酸激酶(pyruvate kinase)催化这最后一步不可逆的磷酰基转移反应，在糖酵解中第二次产生 ATP，亦为底物水平磷酸化；不稳定的烯醇式丙酮酸产物，很快即经由非酶促互变异构生成稳定的酮式结构。也正是由于这一烯醇式向酮式的自发转变使得该反应具有大而负的标准自由能变化，在细胞内条件下基本不可逆并成为酵解途径的重要调节点之一。换言之，磷酸烯醇式丙酮酸的高 $\Delta G^{0'}$ 值中大约有一半被储存在 ATP 的磷酸酐键形成中($\Delta G^{0'}$ = −30.5kJ/mol)，余下的 −31.4kJ/mol 则主要用于驱动反应向 ATP 合成方向进行。

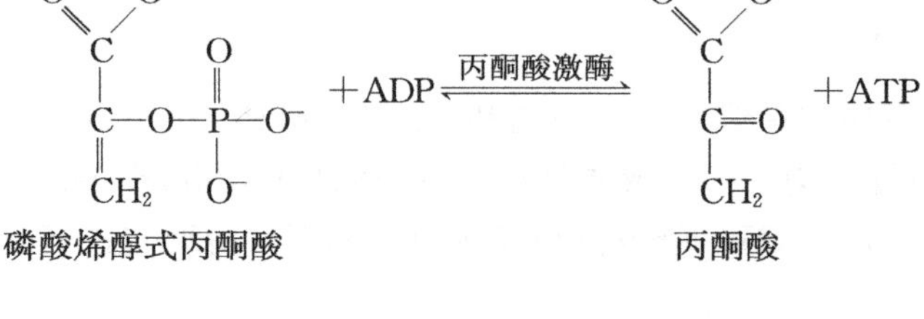

（五）糖酵解化学计量及其生物学意义

糖酵解总平衡反应是

$$葡萄糖+2ATP+2NAD^{+}+4ADP+2Pi \longrightarrow 2丙酮酸+2ADP+2NADH+2H^{+}+4ATP+2H_2O$$

简化后为

$$葡萄糖+2NAD^{+}+2ADP+2Pi \longrightarrow 2丙酮酸+2NADH+2H^{+}+2ATP+2H_2O$$

故葡萄糖通过糖酵解途径可净得 2ATP 和 2NADH。

糖酵解中生成的 $NADH+H^{+}$ 在有氧条件下可以通过将其电子转移给电子传递链而再氧化为 NAD^{+}，这些电子最终传递给 O_2：

$$2NADH+2H^{+}+O_2 \longrightarrow 2NAD^{+}+2H_2O$$

正是这一电子传递为呼吸相关磷酸化的 ATP 合成提供了能量：糖酵解产生的 1 分子 NADH 经有氧条件下的彻底氧化可产生 2.5ATP 或 1.5ATP(神经和骨骼肌组织)。

糖酵解中有三种重要的转化类型。

(1) 碳骨架变化。1 葡萄糖$\longrightarrow$2 丙酮酸

(2) ADP 和 Pi 的输入，以及 ATP 的输出。$2ADP+2Pi \longrightarrow 2ATP$

(3) 氧化-还原反应中的电子转移。$4e(2H^{-})$从甘油醛-3-磷酸转移给 $2NAD^{+}$。

如果从细胞的糖原或淀粉储备开始进行糖酵解，则因其先通过磷酸解从糖链的非还原端断裂生成葡萄糖-1-磷酸(G-1-P)，后者随即经由磷酸葡萄糖变位酶作用异构化成葡萄糖-6-磷酸，并由此免去了葡萄糖第一步活化时消耗的 ATP，故相当于每分子葡萄糖经由糖酵解可净得 3ATP。

同样的，其他糖类物质也可通过若干位点进入糖酵解途径。例如，果糖、半乳糖和甘露糖可分别经由果糖-1-磷酸、葡萄糖-1-磷酸和果糖-6-磷酸形式进入酵解；双糖如蔗糖和乳糖等则可先被水解成相应的单糖后再进入。

糖酵解是糖类在大多数物种中进行有氧或无氧分解的共同代谢途径，细胞或机体可由此获得生命活动所需的部分能量。就动物而言，在相对缺氧(如高原氧气稀薄)或供氧不足(如激烈运动)时，糖酵解是其糖类分解及供能的主要方式，但该途径只能将葡萄糖分解为三碳化合物，释放的能量相对有限，仅为供氧不足或有氧氧化受阻时快速补充能量的应急措施。此外，除三步不可逆的反应(因为负的自由能变化)之外，糖酵解途径的其余反应步骤均可逆转，为糖异生作用提供了基本途径。

应当提及的是，除了分解产能，糖酵解途径中形成的多种中间产物均可用作合成其他生物分子的前体或碳架。例如，二羟丙酮磷酸可以转变为甘油，丙酮酸可转化为丙氨酸或乙酰-CoA，后者是脂肪酸合成的原料。显然，糖酵解与蛋白质及脂肪代谢等途径具有密切的联系，并由此实现各类代谢中间物之间的相互转化。

（六）丙酮酸的后续代谢

除了细菌中的某些例外，糖酵解产生的丙酮酸可以经由三条主要途径继续代谢(图 4-14)。好氧生物或组织在有氧条件下的糖酵解只是其葡萄糖完全降解的第一阶段：丙酮酸进一步被氧化、脱羧基而转变成乙酰-CoA 上的乙酰基，后者再经由三羧酸循环彻底氧化为 CO_2；来自于

这些氧化反应的电子通过线粒体中的电子传递链转移给 O_2 而生成 H_2O，而电子转移中释出的能量则被用于合成远比糖酵解更多的 ATP。

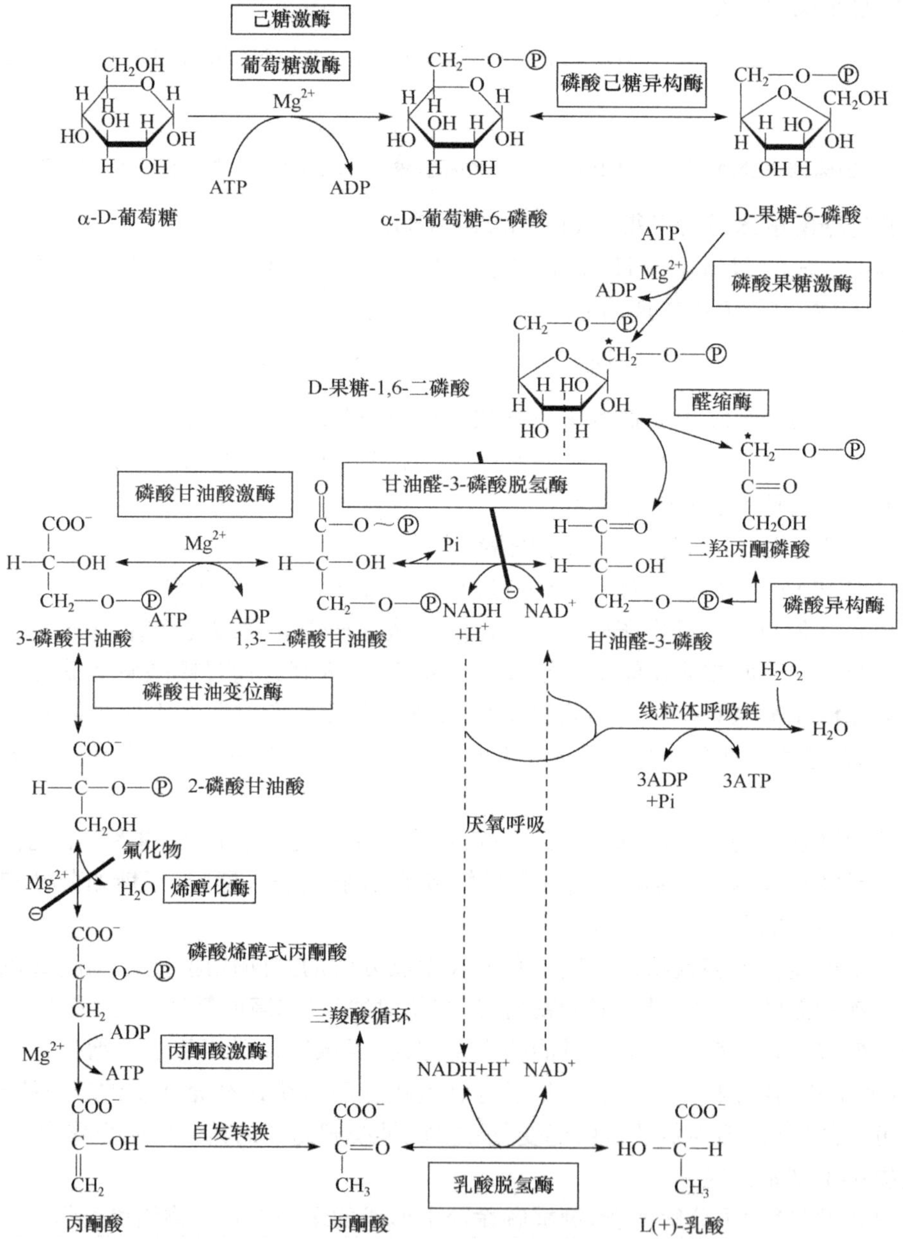

图 4-14　糖酵解的反应总过程及丙酮酸的主要去路(引自 Nelson et al.，2008)

丙酮酸的第二条去路是通过乳酸发酵被还原成乳酸：骨骼肌在低氧条件下剧烈收缩时 NADH 不能再及时被氧化成 NAD^+，但后者在糖酵解中又必须以电子受体的形式参与，为此丙酮酸只能被还原成乳酸，即从 NADH 接受电子而再生出为糖酵解继续进行所必需的 NAD^+。某些组织和细胞如视网膜和红细胞等即使是在有氧条件下也是将葡萄糖转化成乳酸，而有些微生物的糖酵解在厌氧条件下进行时也是以乳酸为其终产物的。

丙酮酸代谢的第三条主要去路则是转化为乙醇：在某些植物组织和一些特殊类型的无脊

椎动物、单细胞生物，以及微生物如啤酒酵母中，丙酮酸在低氧或厌氧条件下转化成乙醇和CO_2，为乙醇发酵。

应当注意的是，虽然丙酮酸的氧化是非常重要的异化过程，但它同时也能参与同化反应。例如，为 Ala 等氨基酸的合成等提供碳架。

1. 乳酸发酵(lactate fermentation) 绝大多数生物缺少丙酮酸脱羧酶，不能像酵母那样将丙酮酸转化成乙醇，但乳酸脱氢酶(lactate dehydrogenase)可催化丙酮酸的直接还原反应，还原剂为 NADH，在中性 pH 7 条件下得到的是 L-型异构体，其总反应平衡极有利于乳酸的形成($\Delta G^{0'}=-25.1\text{kJ/mol}$)。

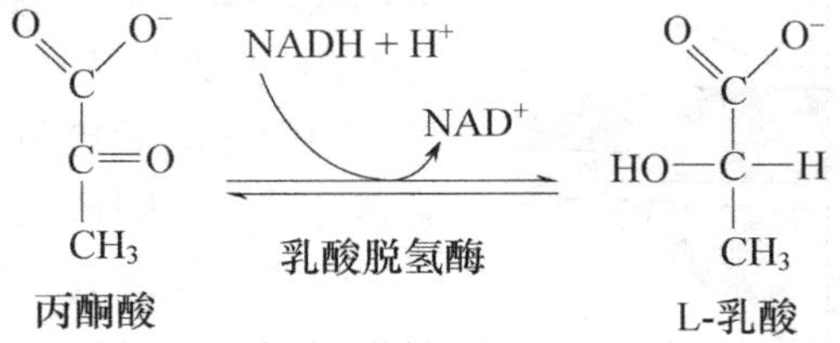

剧烈收缩的骨骼肌或红细胞生成的乳酸亦可循环利用：在运动后恢复期间经由血液进入肝脏并通过糖异生途径转化成葡萄糖。如果产生的乳酸过多，其解离所引发的肌肉和血液的酸化将相应地限制剧烈活动的持续时间，实际上即便是最为训练有素的运动员，其全力冲刺时间也不会超过 1min。

2. 乙醇发酵(alcohol fermentation) 酵母和其他一些微生物的发酵生成的并不是乳酸，其葡萄糖经由糖酵解转化成丙酮酸后还需要再通过两步连续反应生成 CO_2 和乙醇。

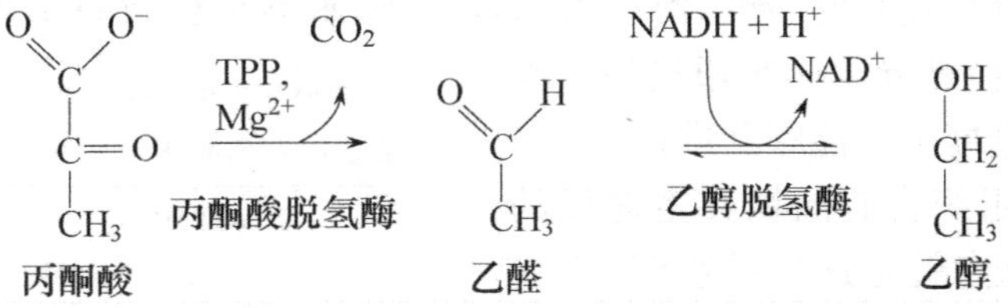

丙酮酸先经由不可逆脱羧生成乙醛，由丙酮酸脱羧酶(pyruvate decarboxylase)催化的简单脱羧并不涉及其净氧化，但该酶需要 Mg^{2+} 和紧密结合的辅酶硫胺素焦磷酸(TPP)；乙醛随后再被乙醇脱氢酶(alcohol dehydrogenase)还原成乙醇，其还原力亦可由糖酵解中甘油醛-3-磷酸脱氢所得的 NADH 提供。

丙酮酸脱羧酶广泛存在于啤酒和面包酵母，以及所有将葡萄糖发酵成乙醇的微生物中，包括某些植物。香槟的碳酸化即来自于啤酒酵母中丙酮酸脱羧产生的 CO_2，而烘烤面包之所以质地蓬松亦来自于所添加的酵母和可发酵糖。反之，脊椎动物和其他一些能进行乳酸发酵的微生物均缺乏丙酮酸脱羧酶。

二、糖异生过程

葡萄糖的生物合成有光合作用和糖异生两种方式。光合作用为所有植物和某些光合微生物所特有，它们可以将生成的葡萄糖进一步转化为寡糖和多糖。例如，蔗糖、淀粉及用于构建细胞壁的纤维素和肽聚糖等。相比之下，糖异生作用则普遍存在于生物界。

生物进化中很早就已经确认了葡萄糖在新陈代谢中的关键作用，它几乎是所有生物的还原性燃料和构建单体，如在哺乳动物的大脑和神经系统，以及红细胞、睾丸、肾髓质和胚胎组织中，血糖就是唯一或主要的能源：仅大脑每天就需要约120g，几乎是肌糖原和肝糖原储备量的一半以上。但机体的储备往往不足以保证其血糖供应，如餐间和长时间禁食或剧烈运动后糖原含量即明显下降，此时就需要有某种机制从非糖类前体合成葡萄糖，即由丙酮酸或相应的3C/4C化合物转化成葡萄糖，这个过程是糖异生(gluconeogenesis)。

糖异生反应在所有物种和组织中都基本相同，尽管其代谢范围和整个途径的调节具有种间甚至组织间的差异。动物糖异生的重要前体包括丙酮酸、乳酸和甘油等3C化合物，以及生糖氨基酸。哺乳类的糖异生主要发生在肝脏和肾皮质，生成的葡萄糖再经由血液供应给其他组织。剧烈运动后厌氧酵解在骨骼肌中生成的乳酸亦可进入肝脏转化成葡萄糖，后者再返回肌肉用于分解供能或进一步生成糖原储存，称为乳酸循环(lactate cycle)，亦称Cori循环(图4-15)，其生理意义在于既可利用乳酸的能量又能及时将其转化，以避免在组织中累积而致酸中毒。植物发芽时种子中的储脂和蛋白质也可经由一些包括糖异生在内的途径被转化成二糖蔗糖，后者再被转运到发芽植株的其他部位。

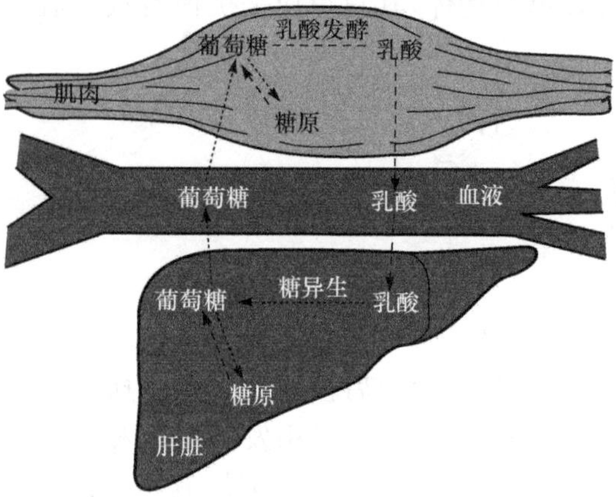

图4-15 乳酸循环

糖异生和糖酵解是胞液中反向运行的等同途径，虽然它们确实共享若干可逆反应，但糖异生并非是糖酵解的简单逆转的：糖酵解中由己糖激酶、磷酸果糖激酶-1和丙酮酸激酶催化的三步反应是不可逆的，糖异生必须通过另一些酶促反应绕过这三个能障才能顺利进行。

许多哺乳动物组织含有的糖异生途径的酶不完全。例如，肌肉就是这样的组织，不能进行糖异生，但一些肌肉细胞含有高活性的果糖-1,6-二磷酸酶，当果糖-6-磷酸磷酸化生成果糖-1,6-二磷酸后又被水解重新生成果糖-6-磷酸，净结果是ATP水解为ADP和Pi，进行着一种看似浪费的底物循环(substrate cycle)反应(图4-16)。

由于底物循环的结果是ATP水解，似乎没有收获，因此底物循环也称为“无效循环”(futile cycle)。但实际上催化两条途径中间产物之间的循环反应为代谢提供了一个灵敏的调节部位，因为在大多数细胞中磷酸果糖激酶-1和果糖-1,6-二磷酸酶受到相反的别构调控。例如，果糖-2,6-二磷酸激活磷酸果糖激酶-1，而抑制果糖-1,6-二磷酸酶，有利于糖酵解，因此这两个酶一般不会同时具有高活性。其中一个反应

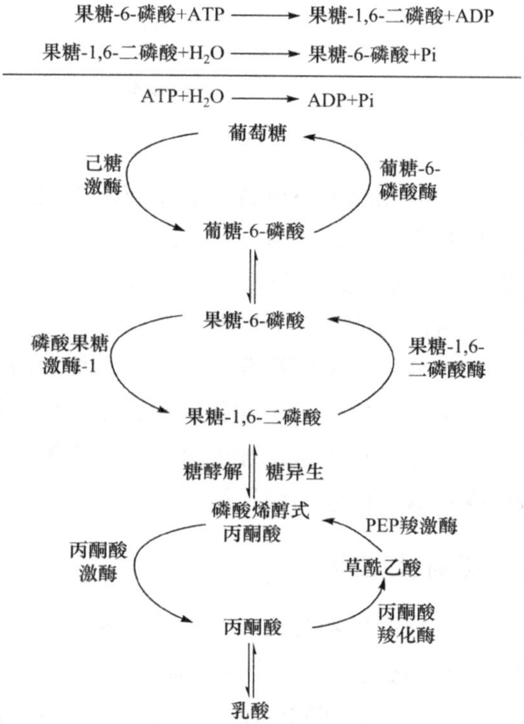

图4-16 底物循环反应

或两个反应的调节可以确定底物的流向或水平，在细胞代谢的调控中起着重要作用。

另外，由于底物循环可以产生热，提高机体温度，因此对于维持体温有重要作用，这可能是底物循环的另一个重要生物学作用。例如，野蜂在飞行时能够将胸部温度维持在30℃以上，就是由于它的飞行肌中磷酸果糖激酶-1和果糖-1,6-二磷酸酶同时具有很高的活性，通过底物循环反应将ATP转变成热能。

肝脏中经糖异生途径合成葡萄糖，需要供给非糖物质。有两个重要的循环为肝脏供给合适的糖异生底物：乳酸循环和葡萄糖-丙氨酸循环(glucose-alanine cycle)(图4-17)。

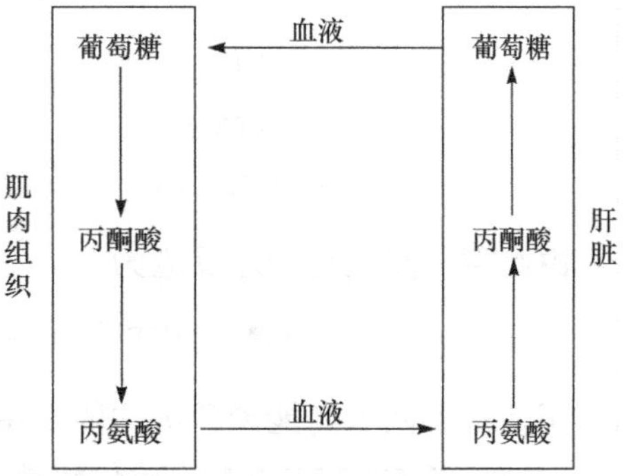

图4-17　葡萄糖-丙氨酸循环

葡萄糖-丙氨酸循环涉及肌肉组织、肝脏，以及血液。葡萄糖在肌肉组织中经糖酵解途径转化成丙酮酸，经转氨反应转换成丙氨酸。丙氨酸通过血液转运到肝脏，再经转氨反应重新生成丙酮酸，作为糖异生底物经糖异生途径合成的葡萄糖又由血液转运回到肌肉。丙氨酸携带的氨基又可用于尿素的合成(第七章氨基酸代谢中将讨论尿素循环)，因此葡萄糖-丙氨酸循环又是一种将氨由肌肉组织转运到肝脏的途径。

葡萄糖-丙氨酸循环和乳酸循环的主要区别是由肌肉向肝脏转运的三碳化合物不同，在乳酸循环中血液转运的是乳酸，而在葡萄糖-丙氨酸循环中血液转运的是丙氨酸。

糖异生过程介绍如下。

(一) 丙酮酸生成磷酸烯醇式丙酮酸

这是糖异生中的第一个绕行，需经由两步涉及胞液和线粒体的酶促反应。

1. 丙酮酸羧化生成草酰乙酸

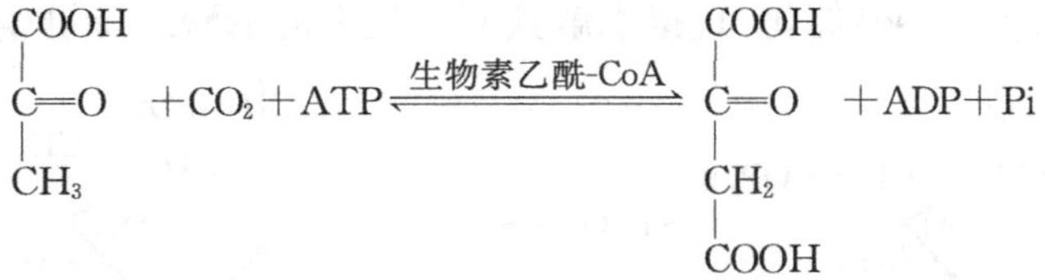

丙酮酸　　　　草酰乙酸

丙酮酸羧化酶(pyruvate carboxylase)存在于线粒体内，生物素为辅酶，反应中消耗一分子ATP。该酶也是糖异生途径的第一个调节酶，乙酰-CoA为正向效应剂。

哺乳类糖异生的丙酮酸可来自于血液中的乳酸，但由于糖异生主要在胞液中进行，线粒体内的丙酮酸羧化后生成的草酰乙酸虽不能直接跨膜转运(线粒体膜缺乏其载体)，但可生成苹果酸后再返回胞液，胞液中的苹果酸脱氢酶将其重新氧化成草酰乙酸，称为苹果酸穿梭(malate shuttle)。

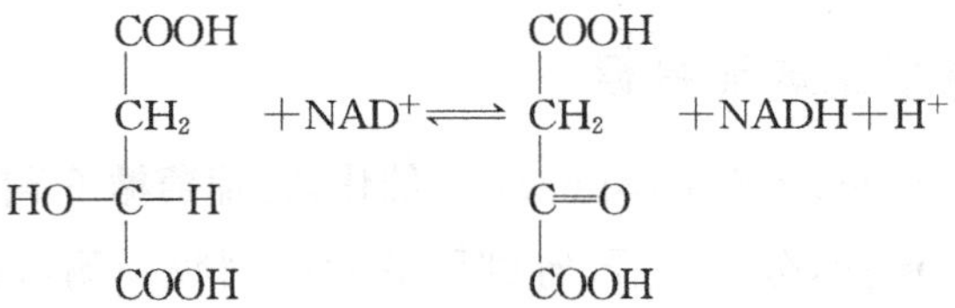

苹果酸　　　　草酰乙酸

2. 草酰乙酸脱羧生成磷酸烯醇式丙酮酸　在磷酸烯醇式丙酮酸羧激酶(PEP carboxykinase)的催化下将草酰乙酸脱羧生成磷酸烯醇式丙酮酸，该 Mg^{2+} 依赖性反应需要以 GTP 作为磷酰基供体。

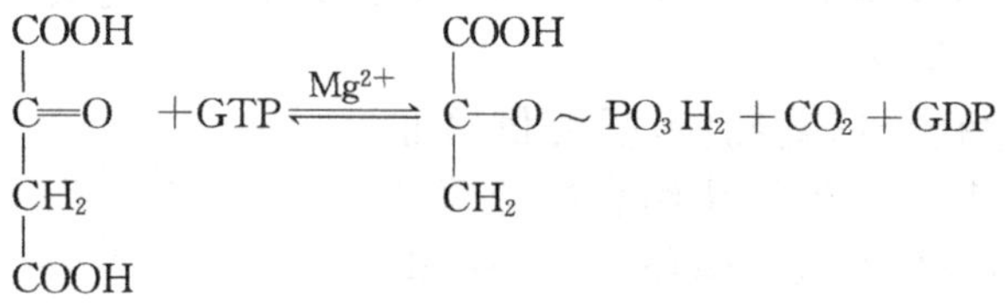

草酰乙酸　　磷酸烯醇式丙酮酸

由此第一步绕行的总反应为

$$丙酮酸 + ATP + GTP \longrightarrow 磷酸烯醇式丙酮酸 + ADP + GDP + Pi$$

相当于耗费了两个高能磷酸键的能量用于合成磷酸烯醇式丙酮酸。

应当注意的是，在丙酮酸羧化酶反应中加在丙酮酸上的 CO_2 正是在 PEP 羧激酶反应中释放的 CO_2，因此该羧化-脱羧连续反应实际上是一种激活丙酮酸的方式，即草酰乙酸的脱羧可促进磷酸烯醇式丙酮酸的形成。

另外，经由线粒体发生上述反应是很有道理的：胞液中的[NADH]/[NAD^+]约为 8×10^{-4}，大致为线粒体中 $1/10^5$；由于胞液 NADH 在糖异生中被消耗，如果得不到及时补充将导致葡萄糖合成受阻；将苹果酸从线粒体转运到胞液，并重新转化成草酰乙酸，即可有效地将 NADH 同时带入胞液，为糖异生期间胞液中的 NADH 合成与消耗提供了重要的平衡机制。

(二) 果糖-1,6-二磷酸生成果糖-6-磷酸

为绕行糖酵解中第二个不能参与糖异生的反应，由 Mg^{2+} 依赖性的果糖-1,6-二磷酸酶(fructose-1,6-diphosphatase)催化，直接水解其 C-1 位上的磷酸二酯键生成果糖-6-磷酸。

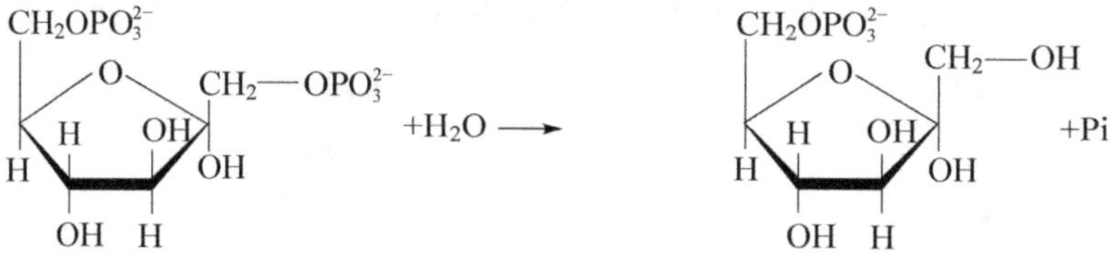

果糖-1,6-二磷酸　　果糖-6-磷酸

果糖-1,6-二磷酸酶也是变构酶，受 AMP 变构抑制和 ATP、柠檬酸的变构激活。AMP 浓度的升高意味着细胞处于低能荷状态，需经由糖酵解提供能量。换言之，高浓度的 AMP 可通过抑制该酶活性使糖异生不能进行而加速糖酵解，生成的丙酮酸进入三羧酸循环，产生大量的 ATP 为细胞供能。

(三) 葡萄糖-6-磷酸生成葡萄糖

由葡萄糖-6-磷酸酶(glucose 6-phosphatase)催化，将葡萄糖-6-磷酸直接水解成葡萄糖。

该酶也需要有 Mg^{2+} 激活，分布在肝、肾细胞的内质网腔一侧(可避免在胞液中发生葡萄糖与葡萄糖-6-磷酸之间的无效循环)。肌肉和脑组织都没有该酶，因而不能进行糖异生。

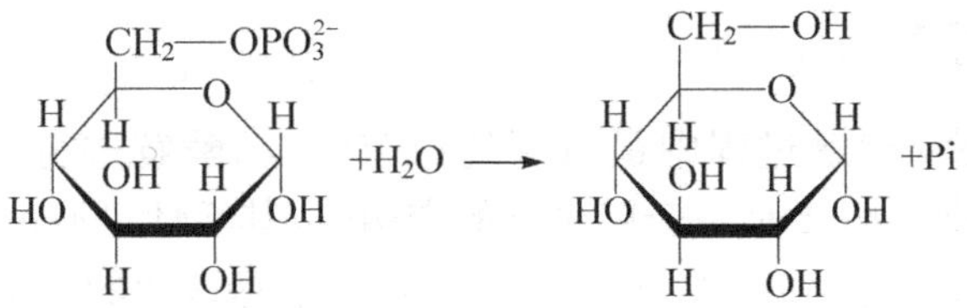

葡萄糖-6-磷酸　　　　葡萄糖

综上所述,由丙酮酸合成葡萄糖的总反应式为

$$2\,丙酮酸+4ATP+2GTP+2NADH+2H^+ +4H_2O \longrightarrow 葡萄糖+4ADP+2GDP+6Pi+2NAD^+$$

即需要消耗 6 个高能磷酸键和两分子 $NADH+H^+$,这显然不是糖酵解中将葡萄糖转化为丙酮酸的简单逆转;后者只能净生成两分子 ATP。

因此,用丙酮酸或乳酸为前体合成葡萄糖是一个代价相对较高的途径。在细胞内条件下糖酵解的总自由能变化至少为－63kJ/mol,而同样条件下的糖异生自由能变化则为－16kJ/mol,因而在细胞中这两条途径基本上均不可逆。

如果糖酵解和糖异生同时高速进行,结果将只会是 ATP 的消耗和产热。例如,磷酸果糖激酶-1 和果糖二磷酸酶-1 分别催化这两条途径中的反向反应:

$$ATP+F\text{-}6\text{-}P \longrightarrow ADP+F\text{-}1,6\text{-}BP$$
$$F\text{-}1,6\text{-}BP+H_2O \longrightarrow F\text{-}6\text{-}P+Pi$$

其总反应为

$$ATP+H_2O \longrightarrow ADP+Pi+热$$

和机体的其他双向途径一样,糖酵解和糖异生这两个反向酶促反应系统中均有几种关键酶可经由别构调节和共价修饰(如磷酸化),结果使得某一途径加速时其反向途径即相应减缓。

三、糖酵解作用和糖异生作用的调节

糖异生作用和糖酵解作用是相互协调的关系,他们相互制约又相互协调的关系主要由两种途径不同的酶活性和浓度起作用;此外底物浓度也起调节作用,如葡萄糖的浓度对糖酵解起调节作用,乳酸浓度对糖异生起调节作用。

正常生理条件下的糖酵解途径,除己糖激酶、磷酸果糖激酶-1 和丙酮酸激酶所催化的反应不可逆转外,其余都是可逆反应。因此,这三种激酶催化的反应是糖酵解的关键调控点,通过调节酵解速率以满足细胞对 ATP 和合成原料的需求(图 4-18)。对糖异生途径来讲,丙酮酸羧化酶的调控是关键调控点。

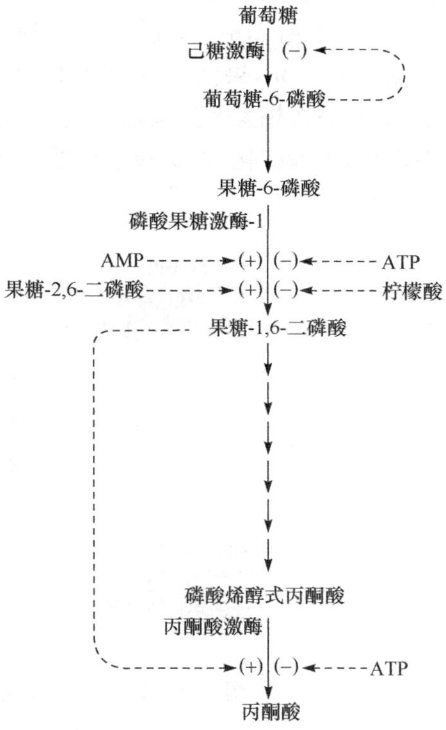

图 4-18　糖酵解和糖异生的主要调控点

(引自 Nelson et al.,2008)

(+)促进;(−)抑制

（一）磷酸果糖激酶-1

磷酸果糖激酶-1是糖酵解过程中最重要的调节酶，糖酵解进行速度主要取决于该酶活性，为限速酶。磷酸果糖激酶-1是一个四聚体的变构酶，其活性可通过以下几种途径被调节。

(1) AMP是磷酸果糖激酶-1的变构激活剂；ATP既是该酶的变构抑制剂（糖酵解途径的终产物之一），又是该酶作用的底物，究竟起何作用将取决于其浓度、酶的活性及变构中心对ATP的亲和力。磷酸果糖激酶-1的活性中心对ATP的亲和力高，即 K_m 值低，而变构中心对ATP的亲和力低，即 K_m 值高。因此，当其浓度降低时，ATP可作为底物与酶的活性中心结合，使酶发挥正常的催化功能；而当其浓度升高时，ATP则与酶的变构中心结合，引起酶构象改变而失活。总之，ATP可通过自身浓度的变化来影响磷酸果糖激酶-1的活性，从而调节糖酵解的速率。当ATP/AMP的值降低时此酶的活性增高，即在细胞能荷低时，糖酵解进程被促进。

(2) 柠檬酸也是磷酸果糖激酶-1的变构抑制剂：柠檬酸是丙酮酸进入三羧酸循环的第一个中间产物，糖酵解快速进行时柠檬酸生成多，高浓度柠檬酸与磷酸果糖激酶-1的变构中心结合，使酶构象发生变化而失活，进而导致糖酵解减速。研究证实，当细胞中能量和作为原料的碳架都有富余时，磷酸果糖激酶-1的活性几乎等于零。此外，磷酸果糖激酶-1可被 H^+ 抑制，在pH明显下降时糖酵解速率降低。这对于防止在缺氧条件下形成过量的乳酸而导致酸毒症显然具有重要的生物学意义。

(3) NADH和脂肪酸亦可抑制磷酸果糖激酶-1的活性，此时细胞内能量水平高，不需要糖类更多地分解生成能量，该酶活性就受到抑制，从而控制糖酵解的进行。

(4) 果糖2,6-二磷酸(F-2,6-BP)变构激活磷酸果糖激酶-1。磷酸果糖激酶-2催化F-6-P生成F-2,6-BP，果糖二磷酸酶-2降解F-2,6-BP。这两个酶位于同一条多肽链上，是一个双功能酶；胰高血糖素通过磷酸化调节其活性，当多肽链丝氨酸残基磷酸化时，果糖二磷酸酶-2活性增加，去磷酸化时，磷酸果糖激酶-2活性增加；F-2,6-BP的合成，抑制其水解（图4-19）。

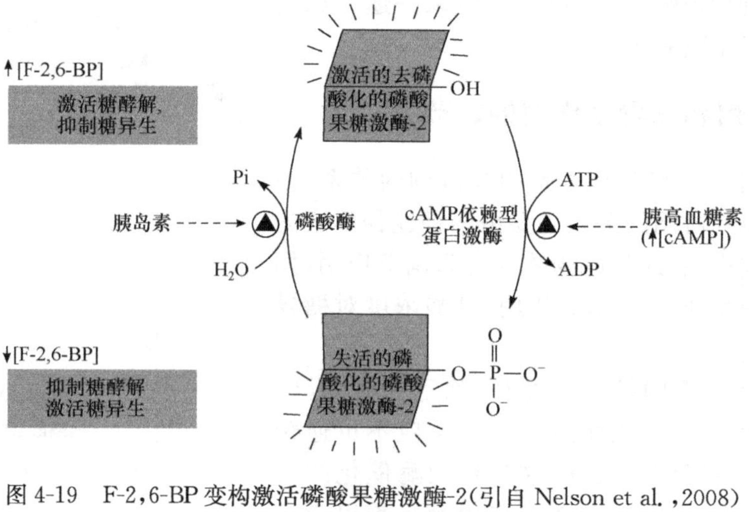

图4-19　F-2,6-BP变构激活磷酸果糖激酶-2（引自Nelson et al.，2008）
▲促进

（二）己糖激酶

己糖激酶也是一种变构酶，其变构抑制剂是这步反应的产物葡萄糖-6-磷酸。当磷酸果糖激酶-1 活性被抑制时，该酶的底物果糖-6-磷酸积累，从而使处于平衡中的葡萄糖-6-磷酸的浓度也相应升高，进而抑制己糖激酶使其活性下降。因此，ATP/AMP 值升高或柠檬酸浓度增加也会抑制己糖激酶的活性。

应当注意的是，存在于肝细胞中的己糖激酶Ⅳ即葡萄糖激酶并不受葡萄糖-6-磷酸这种反馈性别构抑制，因而在血糖浓度升高时可不断催化葡萄糖-6-磷酸的形成，并经由葡萄糖-1-磷酸及 UDP-葡萄糖等中间物促进肝糖原合成，进而有效降低血糖。葡萄糖激酶也是胰岛素诱导酶。

（三）丙酮酸激酶

丙酮酸激酶活性也会受到高浓度 ATP 及乙酰-CoA 等代谢物的抑制，是产物对反应本身的反馈抑制调节。当 ATP 的生成量超过细胞自身需要时，通过丙酮酸激酶的变构抑制使糖酵解速率减低。因此，当细胞能荷升高时，磷酸烯醇式丙酮酸生成丙酮酸的反应将相应受阻。

此外，该酶还受到果糖-1,6-二磷酸的前馈激活（图 4-20），而其肝细胞同工酶（L-型）亦可接受共价修饰作用的进一步调节：低血糖时经由胰高血糖素介导而被蛋白激酶 A 磷酸化失活，以保证大脑等组织的必需血糖供应；高血糖时则可通过胰岛素介导而被磷蛋白磷酸酶去磷酸化激活，以加速血糖向糖原的转化。

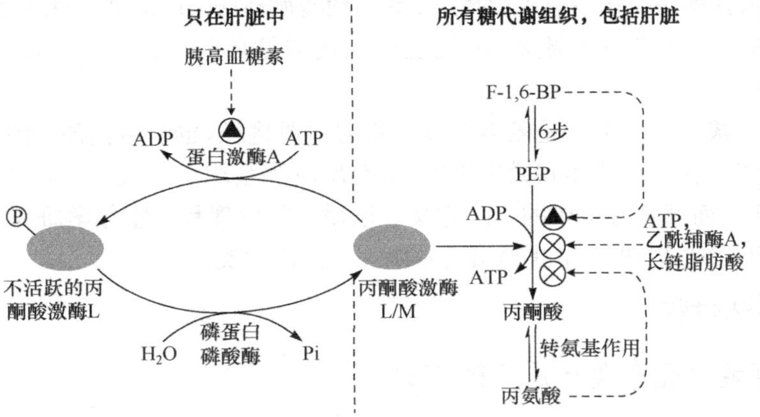

图 4-20 果糖-1,6-二磷酸前馈激活丙酮酸激酶（引自 Nelson et al.，2008）
▲促进；⊗抑制

（四）丙酮酸羧化酶

作为糖异生途径的第一个酶，丙酮酸羧化酶受乙酰-CoA 的激活和 ADP 的抑制，当乙酰-CoA 的含量充分时，丙酮酸羧化酶受到激活从而促进糖异生作用。但当 ADP 浓度升高时，丙酮酸羧化酶和磷酸烯醇式羧激酶都受到抑制，导致糖异生终止反应。

第三节 三羧酸循环

一、三羧酸循环的概念

此前的讨论表明，虽然有些细胞可以通过发酵获得能量，即在缺氧条件下降解葡萄糖，但就处于有氧环境并将有机燃料彻底氧化以供能的大多数真核细胞和多种细菌而言，糖酵解仅仅是其葡萄糖完全氧化的第一阶段。除了被还原成乳酸、乙醇或其他一些发酵产物外，酵解产生的丙酮酸还可进一步被氧化成 CO_2 和水。因此无氧发酵和有氧氧化是在丙酮酸生成以后才开始进入不同的途径，而糖的有氧分解实际上是指丙酮酸在有氧条件下的彻底氧化。异化代谢的这一有氧阶段因而被称为细胞呼吸。

细胞呼吸可分为三个主要阶段：在第一阶段中有机燃料如葡萄糖、脂肪酸和某些氨基酸被氧化成乙酰基的 2C 片段即乙酰-CoA；该乙酰基在第二阶段进入三羧酸循环并被酶促反应氧化成 CO_2，期间释出的能量被储存在还原态的电子载体 NADH 和 $FADH_2$ 中；这些还原态辅助因子在第三阶段再被氧化以给出其携带的 H^+ 和电子，后者通过一系列被称之为呼吸链的电子载体而逐级转移给最终电子受体 O_2 以生成水，期间释出的大量能量则经由氧化磷酸化过程以 ATP 形式储存。显然，细胞呼吸比糖酵解要复杂得多，一般认为进化得也更晚，至少是在蓝绿藻出现之后，因为正是后者的代谢活动使大气中的 O_2 含量得以升高，是生命进化史的重要转折点。

三羧酸循环是英国生物化学家 Krebs 在总结前人工作及其本人利用鸽胸肌进行一系列实验后于 1937 年首先提出的。Krebs 认为：有氧条件下糖酵解产物丙酮酸氧化脱羧形成乙酰-CoA，乙酰-CoA 通过一个多步骤反应的循环被彻底氧化为 CO_2。该循环由此而被称为 Krebs 循环，但因其第一个产物是柠檬酸，又称柠檬酸循环（citric acid cycle）；由于柠檬酸及其后续中间物异柠檬酸均有三个羧基，因此也称三羧酸循环（tricarboxylic acid cycle，TCA 循环）。

研究表明，三羧酸循环不仅是糖类有氧代谢的主要途径，也是蛋白质、脂肪氧化分解代谢的最终途径，普遍存在于动植物和微生物中；所有反应酶系均位于线粒体基质，无论在物质转化还是能量代谢方面都具有重要的生理意义。该循环的发现是生物化学研究史中的一项经典性成就，Krebs 也因此于 1953 年获得诺贝尔生理学或医学奖。

二、三羧酸循环过程

（一）丙酮酸氧化脱羧生成乙酰-CoA

葡萄糖经酵解生成的丙酮酸在进入三羧酸循环之前需要先被氧化脱羧生成乙酰-CoA。

丙酮酸的氧化脱羧是由丙酮酸脱氢酶系（pyruvate dehydrogenase complex，PDH）催化生成乙酰-CoA 的不可逆反应（图 4-21），分别以 NAD^+ 为电子受体和 HSCoA 为乙酰基载体。该反应既脱氢又脱羧，虽然其本身并不属于三羧酸循环，但却是连接糖酵解与三羧酸循环的桥梁与纽带，即丙酮酸进入三羧酸循环的必经之路。

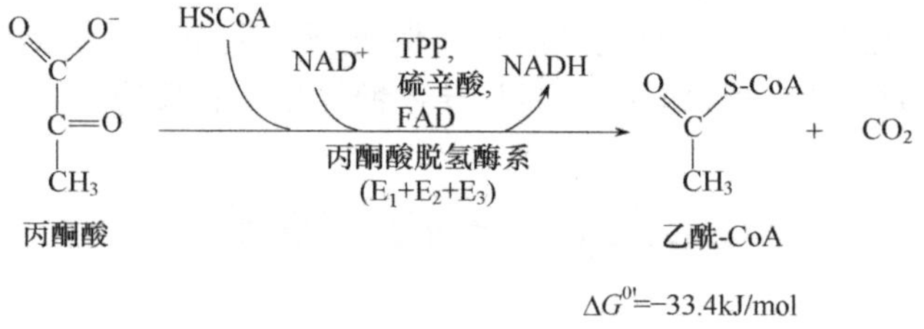

图 4-21　丙酮酸脱氢酶系总反应

丙酮酸脱氢酶系是一个多酶复合体，含有三种截然不同的酶：丙酮酸脱氢酶(E_1)、二氢硫辛酰转乙酰基酶(E_2)和二氢硫辛酰脱氢酶(E_3)。该多酶复合体还含有硫胺素焦磷酸(TPP)、硫辛酸、HSCoA、FAD 和 NAD^+ 5 种辅助因子。

丙酮酸脱氢酶系催化的反应分 5 步进行(图 4-22)。

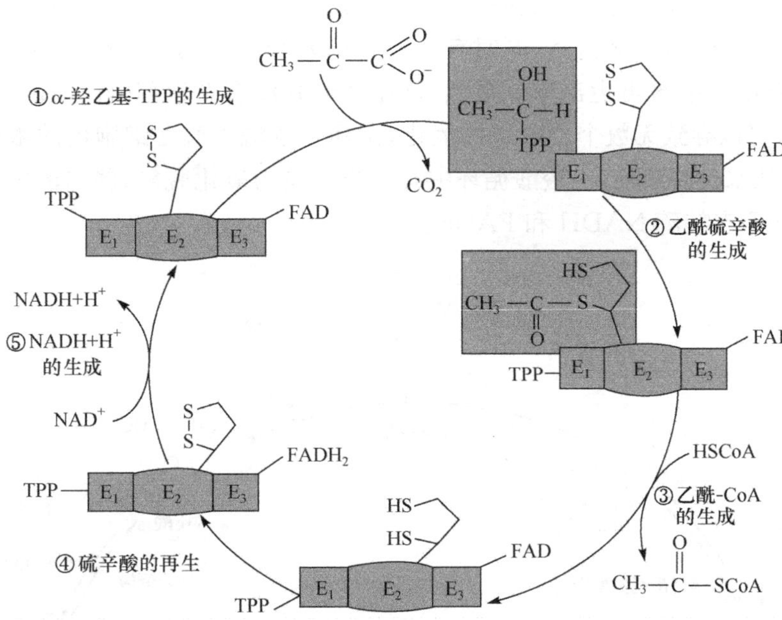

图 4-22　丙酮酸脱氢酶系催化丙酮酸氧化脱羧生成乙酰-CoA

(1) 丙酮酸脱氢酶催化丙酮酸与 TPP 结合，进而脱羧生成羟乙基-TPP。

(2) 二氢硫辛酰转乙酰基酶催化羟乙基-TPP 的羟基氧化，生成乙酰基并转移给硫辛酸，形成乙酰硫辛酸。

(3) 二氢硫辛酰转乙酰基酶将乙酰硫辛酸的乙酰基转移给 HSCoA，形成含有高能硫酯键的乙酰-CoA，同时将硫辛酸还原。

(4) 二氢硫辛酰脱氢酶催化二氢硫辛酸脱氢氧化，使硫辛酸再生，生成 $FADH_2$。

(5) 二氢硫辛酰脱氢酶再将 $FADH_2$ 脱氢氧化，NAD^+ 接受 H 生成 $NADH+H^+$，至此完成丙酮酸氧化脱羧全过程。

显然，PDH 复合体作用机制的关键是 E_2 上硫辛酰赖氨酰臂的摆动，由其从 E_1 接受两个电子和乙酰基并传递给 E_3。这些酶及辅助因子都聚集在一起，使得各反应中间物可以不脱离酶复合体的表面而快速反应，这是典型的底物导引(substrate channeling)作用：多步连续反应的中间物不与酶复合体分离，而且 E_2 的局部底物浓度始终保持很高的水平。此外，该底物导引作用还可以避免已经活化的乙酰基被其他酶系挪用。

上述反应生成的乙酰-CoA 进入三羧酸循环，而 $NADH+H^+$ 则进入呼吸链氧化产能。该反应受能量水平与代谢物水平的综合调节，细胞内 ATP、乙酰-CoA 和 NADH 含量升高时即可抑制丙酮酸脱氢酶系；ATP 能使丙酮酸脱氢酶的一个亚基磷酸化而失活；乙酰-CoA 可抑制二氢硫辛酰转乙酰基酶，NADH 则可抑制二氢硫辛酰脱氢酶。

该酶系为迄今了解颇为透彻的多酶复合体之一，也是其他两种重要酶系的原型，即 α-酮戊二酸脱氢酶和支链 α-酮酸脱氢酶。三者在蛋白结构、辅助因子组成，以及反应机制上的明显相似性，显然是具有进化同源。

（二）三羧酸循环反应

将乙酰-CoA 彻底氧化的三羧酸循环是典型的循环途径(图 4-23)：每轮循环中都有一个 2C 的乙酰基以乙酰-CoA 形式进入，同时有 2 分子 CO_2 释出；1 分子草酰乙酸被用于生成柠檬酸而另一分子草酰乙酸被再生出来。显然，该循环中并没有发生草酰乙酸的净移除，理论上 1 分子草酰乙酸可以导致无数个乙酰基的氧化，实际上草酰乙酸在细胞内的浓度始终是非常低的。除缩合、加水及脱羧外，三羧酸循环中有 4 步反应为氧化脱氢，释出的氧化能则被非常高效地储存在还原态辅酶 NADH 和 $FADH_2$ 中。

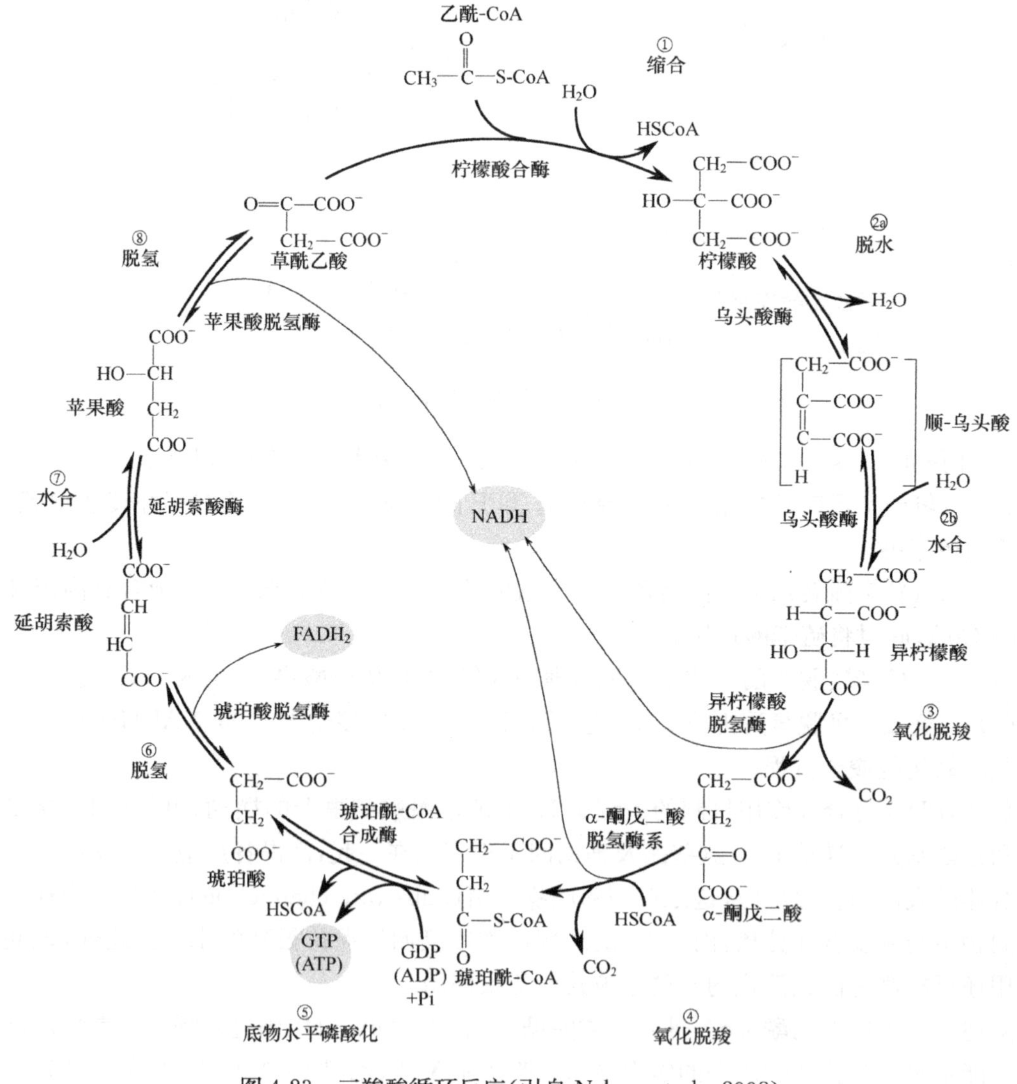

图 4-23　三羧酸循环反应(引自 Nelson et al. ,2008)

1. 柠檬酸生成　该循环的第一步反应是由柠檬酸合酶(citrate synthase)催化乙酰-CoA 与草酰乙酸缩合生成柠檬酸($\Delta G^{0\prime}=-32.2$kJ/mol)，即乙酰基的甲基 C 与草酰乙酸的羰基(C-2)连接。反应机制为有序双底物 Claisen 酯缩合：在酶活性部位先生成一个中间物柠檬酰-CoA，后者随即快速水解成 HSCoA 和柠檬酸。因为草酰乙酸的浓度通常很低，正是这一高能硫酯中间物的水解使之成为高度放能的正向反应。该反应释出的 HSCoA 可循环参与 PDH 复合体催化的丙酮酸氧化脱羧。

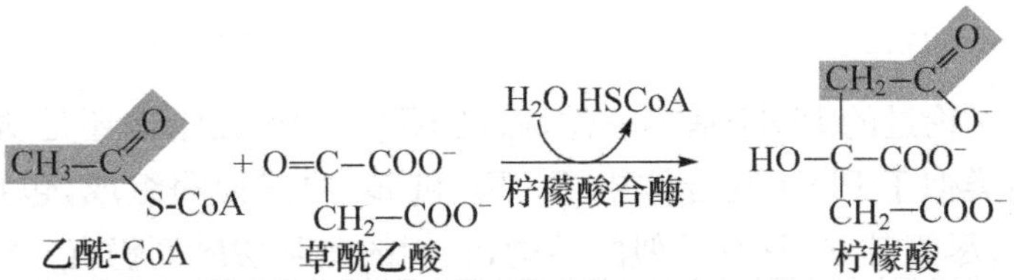

2. 柠檬酸异构化生成异柠檬酸　由乌头酸酶(aconitase)催化柠檬酸脱水生成顺乌头酸，再加水生成异柠檬酸。虽然在 pH 7.4 和 25℃时该反应的平衡混合物中只有不到 10%的异柠檬酸，但由于它在下一步反应中被快速消耗掉，因而在细胞内该反应仍为正向进行。

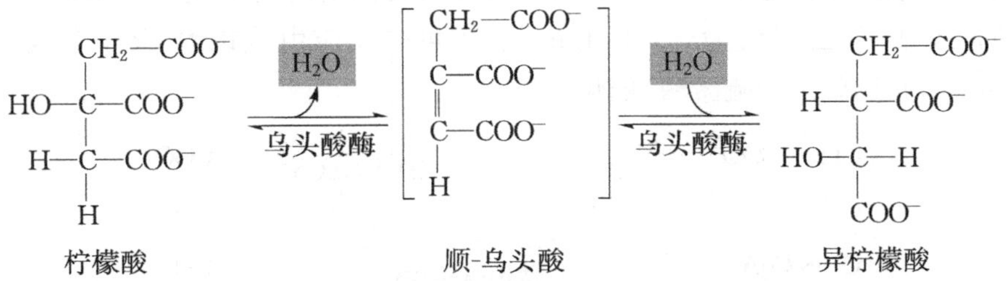

与糖酵解的第二步反应相似，该异构化也为下一步反应做准备，使之能在同一个碳原子上氧化脱氢以引入一个新的羰基。

3. 异柠檬酸氧化脱羧生成 α-酮戊二酸　由异柠檬酸脱氢酶(isocitrate dehydrogenase)催化的氧化脱羧，是三羧酸循环中的第一次氧化反应($\Delta G^{0\prime}=-20.9$kJ/mol)。异柠檬酸先被氧化脱氢，形成不稳定的草酰琥珀酸，酶活性部位的 Mn^{2+} 与羰基作用，脱羧转化成 α-酮戊二酸。Mn^{2+} 还可稳定脱羧后短暂形成的烯醇中间物。

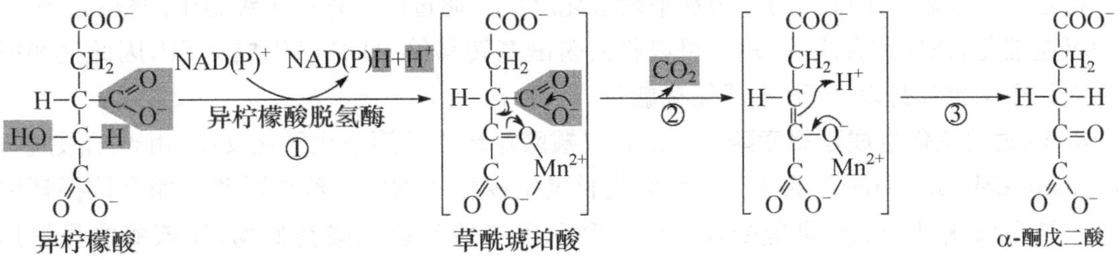

异柠檬酸脱氢酶有两种，分别以 NAD^+ 和 $NADP^+$ 为电子受体，但反应机制相同。真核细胞的 NAD^+ 依赖性酶位于线粒体基质中参与三羧酸循环，而 $NADP^+$ 依赖性酶还可分布在胞液里，其主要作用可能是生成 NADPH 而参与还原性同化反应。

4. α-酮戊二酸氧化脱羧生成琥珀酰-CoA　由 α-酮戊二酸脱氢酶系(α-ketoglutarate dehydrogenase complex，KDH)催化的第二个氧化及脱羧反应，分别以 NAD^+ 为电子受体和 HSCoA 为琥珀酰基载体($\Delta G^{0\prime}=-33.5$kJ/mol)。反应中释出的氧化能以硫酯键形式储存在琥珀酰-CoA 中，亦因具有大而负的标准自由能变化而不可逆。

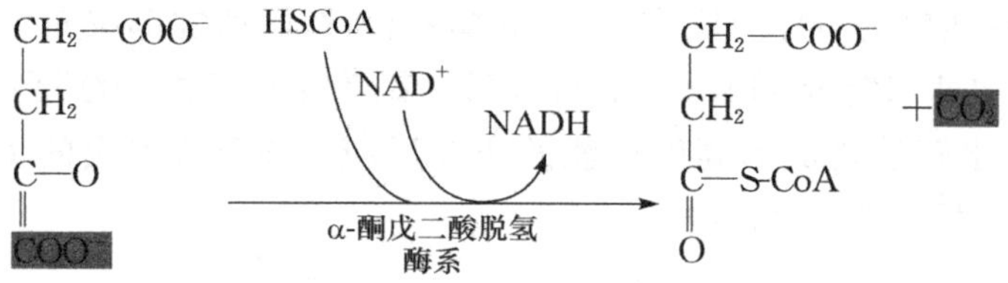

α-酮戊二酸　　琥珀酰-CoA

该反应与此前讨论过的 PDH 基本一样，而且 KDH 无论在结构还是功能上均与 PDH 非常相似：KDH 亦由类似于 PDH 复合体中 E_1、E_2 和 E_3 的三种酶组成，包括其他 5 种辅助因子。但应注意的是，尽管其 E_1 具有类似的结构，它们的氨基酸序列仍有一定的差异，因而具有不同的结合特性，只能分别结合丙酮酸和 α-酮戊二酸。这两种复合体的 E_2 也非常相似，都具有共价结合的硫辛酰组分。E_3 在这两种复合体中则完全相同。

5. 琥珀酰-CoA 转化成琥珀酸　和乙酰-CoA 一样，琥珀酰-CoA 也有一个大而负标准水解自由能变化的硫酯键（$\Delta G^{0\prime}=-36$kJ/mol），其断裂释出的能量被用于驱动 GTP/ATP 的磷酸酐键的合成，故净 $\Delta G^{0\prime}$ 仅为 -2.9kJ/mol。该可逆反应由琥珀酰-CoA 合成酶（succinyl-CoA synthetase，亦称琥珀酸硫激酶）催化进行。

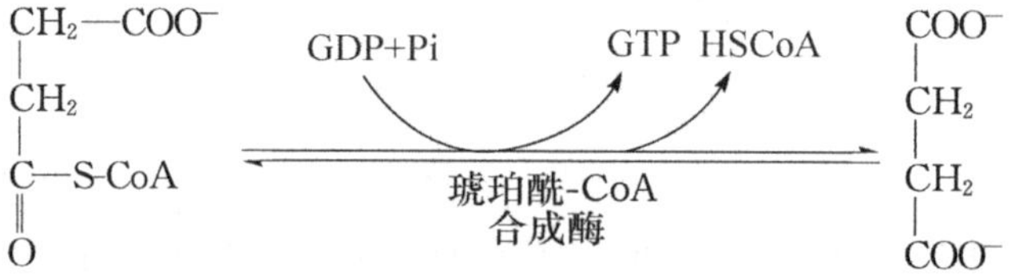

琥珀酰-CoA　　琥珀酸

该储能反应涉及一个特殊的中间步骤，即酶分子在活性部位的特定 His 残基上发生磷酸化：这个高能磷酰基被转移给 GDP/ADP 而形成 GTP/ATP。动物细胞有两种琥珀酰-CoA 合成酶的同工酶，分别对 GDP 和 ADP 专一。琥珀酰-CoA 在植物中直接生成 ATP 而不是 GTP。

这是三羧酸循环中唯一的底物水平磷酸化反应。通过广泛存在于细胞中的核苷二磷酸激酶的可逆催化，该反应合成的 GTP 可以将其磷酰基转移给 ADP 以生成 ATP，因此这些同工酶反应的净结果都是以 ATP 形式储存能量。

6. 琥珀酸氧化生成延胡索酸　这是三羧酸循环中的第三次氧化反应，由琥珀酸脱氢酶（succinate dehydrogenase）催化琥珀酸氧化脱氢生成延胡索酸。琥珀酸脱氢酶是该循环中唯一的膜结合酶，辅基 FAD 是氢受体。丙二酸和戊二酸是琥珀酸类似物，为该酶的强效抑制剂，加入线粒体后将阻断三羧酸循环。

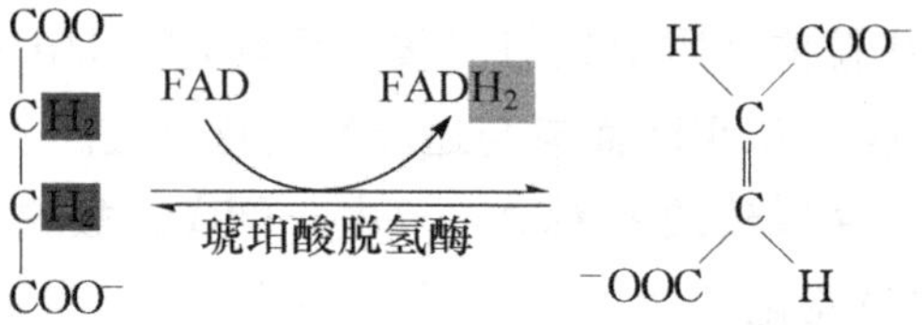

琥珀酸　　延胡索酸

7. 延胡索酸水合生成 L-苹果酸　由延胡索酸酶（fumarase）催化的可逆反应（$\Delta G^{0\prime}=$

－3.8kJ/mol)。该酶具有高度的立体特异性：正向进行时仅催化延胡索酸的反式双键水合，对其异构体马来酸的顺式双键没有作用；逆向进行时则仅作用于L-苹果酸，D-型异构体不是其底物。

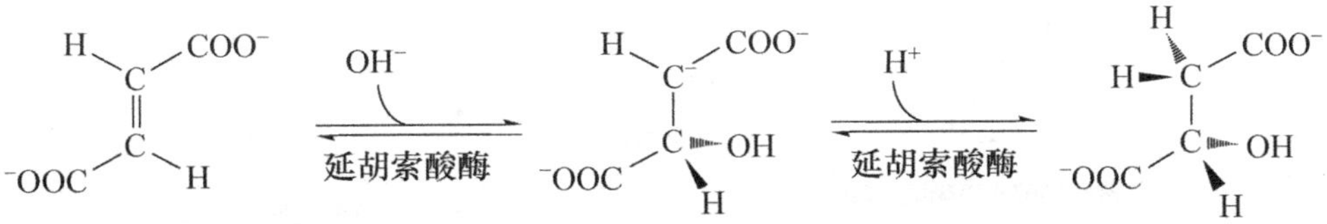

延胡索酸　　过渡态　　L-苹果酸

8. 苹果酸氧化生成草酰乙酸　由L-苹果酸脱氢酶(L-malate dehydrogenase)催化的最后一步氧化反应($\Delta G^{0\prime}=29.7$kJ/mol)，以NAD^+为辅酶。虽然在标准热力学状态下该反应的平衡大大偏向于逆行，但在完整细胞中因草酰乙酸持续被高度放能的柠檬酸合酶反应所移除，使其浓度始终维持在非常低的水平($<10^{-6}$mol/L)，从而驱动反应正向进行。

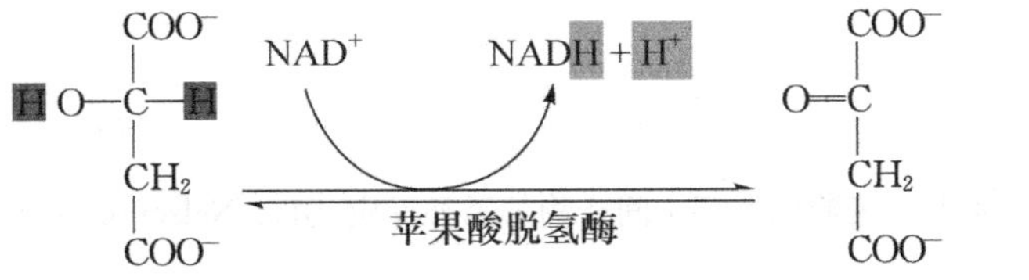

L-苹果酸　　草酰乙酸

至此草酰乙酸得以再生，又可接受进入循环的乙酰-CoA以进行下一轮循环反应。

三羧酸循环各步反应及其特点可概括为表4-1。

表4-1　三羧酸循环反应特点

步骤	反应(类型)	反应酶	辅助因子
1	乙酰-CoA＋草酰乙酸＋H_2O→柠檬酸＋HSCoA(a)	柠檬酸合酶	HSCoA
2	柠檬酸⟷异柠檬酸(b/c)	乌头酸酶	Fe-S
3	异柠檬酸＋NAD^+⟷α-酮戊二酸＋CO_2＋NADH(d/e)	异柠檬酸脱氢酶	NAD^+，Mg^{2+}
4	α-酮戊二酸＋HSCoA＋NAD^+⟶琥珀酰-CoA＋NADH＋CO_2(d/e)	α-酮戊二酸脱氢酶系	硫辛酸，FAD，TPP，HSCoA，NAD^+，Mg^{2+}
5	琥珀酰-CoA＋GDP＋Pi⟷琥珀酸＋GTP＋HSCoA (f)	琥珀酰-CoA合成酶	HSCoA，GDP
6	琥珀酸＋FAD⟷延胡索酸＋$FADH_2$(d)	琥珀酸脱氢酶	FAD
7	延胡索酸＋H_2O⟷苹果酸 (c)	延胡索酸酶	
8	苹果酸＋NAD^+⟷草酰乙酸＋NADH(d)	苹果酸脱氢酶	NAD^+

注：总反应为乙酰-CoA＋$3NAD^+$＋FAD＋GDP＋Pi＋$2H_2O$⟶3NADH＋$3H^+$＋$FADH_2$＋$2CO_2$＋GTP＋HSCoA；反应类型为a. 缩合；b. 脱水；c. 水合；d. 氧化；e. 脱羧；f. 底物水平磷酸化

有关三羧酸循环还有两点值得注意：①以CO_2形式脱下的两个C并非是该轮反应开始时以乙酰基形式进入的，后者需要再循环几次才能以CO_2形式释出；②虽然分子氧并不直接参与该循环，但三羧酸循环却必须在有氧条件下才能进行，因为只有当电子传递给分子氧时，各脱氢酶的电子载体NAD^+和FAD才能再生。

当三羧酸循环的某些中间物被转而用于生物合成前体时，即可通过添补反应(anabolism)予以补充。正常生理条件下，这些中间物被其他合成途径抽走的速率和回补添加的速率通常是处于动态平衡的，因而其浓度基本保持不变(图 4-24)。

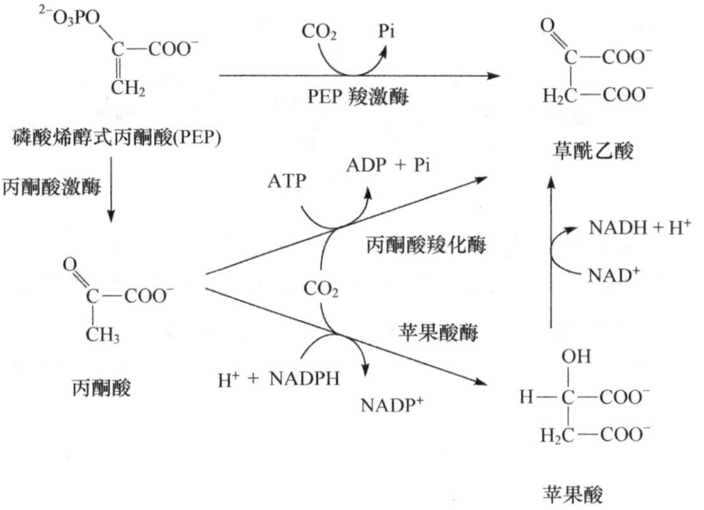

图 4-24　三羧酸循环中间产物的添补反应(引自 Nelson et al.，2008)

各种组织的添补反应都能将丙酮酸或磷酸烯醇式丙酮酸转化成草酰乙酸或苹果酸。哺乳类肝脏和肾脏中最重要的添补反应即是丙酮酸被 CO_2 羧化成草酰乙酸，该反应由丙酮酸羧化酶(pyruvate carboxylase)催化，ATP 提供能量。

丙酮酸羧化酶是一种调节酶，以生物素为辅酶，乙酰-CoA 是正别构效应剂，乙酰-CoA 刺激该酶活化以合成更多的草酰乙酸，加速三羧酸循环。

其他添补反应亦受相应的调节。例如，磷酸烯醇式丙酮酸羧激酶可被酵解的中间物果糖-1,6-二磷酸所激活，后者在柠檬酸循环过于缓慢时会累积，以处理酵解产生的丙酮酸。

三、三羧酸循环产生的能量及三羧酸循环的生物学意义

三羧酸循环的总反应式为：

$$\text{乙酰-CoA} + 3NAD^+ + FAD + GDP + Pi + 2H_2O \longrightarrow 2CO_2 + 3NADH + 3H^+ + FADH_2 + GTP + HSCoA$$

简言之，在一轮完整的循环中，一个 2C 的乙酰基通过与草酰乙酸缩合而进入，两个 C 以 CO_2 的形式在异柠檬酸和 α-酮戊二酸的氧化脱羧中释出，4 步氧化反应中释放的能量则被有效储存在三个 NADH、一个 $FADH_2$ 和一个 GTP/ATP 中，并再生出草酰乙酸。

虽然每轮循环只能直接生成一个 GTP/ATP，但 4 步氧化反应可以提供大量的电子流，后者可经由 NADH 和 $FADH_2$ 的传递进入电子传递链，进而在氧化磷酸化反应中生成大量的 ATP。

此前已讨论过，糖酵解中由葡萄糖生成两分子丙酮酸所释出的能量是 2ATP 和 2NADH。在氧化磷酸化反应中，一对电子从 NADH 和 $FADH_2$ 传递给 O_2 可分别产生 2.5ATP 和 1.5ATP，由此即可计算出葡萄糖完全氧化时所能合成的 ATP 总量为 30ATP 和 32ATP(表 4-2)。以标准自由能变化计算这相当于储存了葡萄糖总能量的 1/3，但如果以细胞内合成

ATP 所需的实际自由能变化(与 ATP、ADP 等溶质的实际浓度有关)予以校正，该能量储存效率可高达 65%。

表 4-2　一分子葡萄糖彻底氧化产生 ATP 的计算

化学反应	直接生成的 ATP 或还原型辅酶	最终生成的 ATP 数
葡萄糖 ⟶ 葡萄糖-6-磷酸	−1	−1
果糖-6-磷酸 ⟶ 果糖-1,6-二磷酸	−1	−1
2×甘油醛-3-磷酸 ⟶ 2×1,3-二磷酸甘油酸	2NADH	3(或 5)
2×1,3-二磷酸甘油酸 ⟶ 2×3-磷酸甘油酸	2ATP	2
2×磷酸烯醇式丙酮酸 ⟶ 2×丙酮酸	2ATP	2
2×丙酮酸 ⟶ 2×乙酰-CoA	2NADH	5
2×异柠檬酸 ⟶ 2×α-酮戊二酸	2NADH	5
2×α-酮戊二酸 ⟶ 2×琥珀酰-CoA	2NADH	5
2×琥珀酰-CoA ⟶ 2×琥珀酸	2GTP(或 2ATP)	2
2×琥珀酸 ⟶ 2×延胡索酸	2FDHA$_2$	3
2×L-苹果酸 ⟶ 2×草酰乙酸	2NADH	5
总计		30(或 32)

动物、植物及微生物都普遍存在有三羧酸循环途径，其生物学意义主要表现为以下两个方面。

(1) 三羧酸循环是机体将糖类和其他还原态化合物氧化分解以获取能量的最有效方式。糖类分解代谢中经由该循环氧化产生的能量最多，每分子葡萄糖彻底氧化可净生成 30 或 32 分子 ATP。

(2) 三羧酸循环是糖类、脂类和蛋白质三大类营养物代谢与转化的枢纽，是异化和同化两用代谢途径，除了参与糖类、脂类和蛋白质的氧化降解外，该循环还可为多种生物合成提供必需的 4C/5C 前体物(与回补/填补反应协调进行)。例如，α-酮戊二酸和草酰乙酸即可通过简单的转氨反应用作 Asp 和 Glu 的前体物，而通过这两种氨基酸的中介，α-酮戊二酸和草酰乙酸的碳架还可用于构建其他氨基酸，以及嘌呤和嘧啶核苷酸。此外，草酰乙酸能经由糖异生转化为葡萄糖，琥珀酰-CoA 是血红素卟啉环合成的重要中间物(图 4-25)。

值得注意的是，通过三羧酸循环将简单的 2C 乙酰基/乙酸盐氧化成 CO_2 竟需要如此复杂的 8 步反应，这似乎并不符合趋于最大效益的生物原则；但考虑到该循环的作用并非仅限于这类 2C 化合物的氧化放能，而是各中间代谢途径之中枢，则可理解为：三羧酸循环和其他代谢途径一样也是进化的产物，而且大部分进化历程都发生在好氧生物出现之前，因此它可能不是将乙酸盐彻底氧化的最短途径，但却是在长期进化中获得了最大选择优势的途径。

四、三羧酸循环的调节

为保证各中间物及 ATP 合成均以细胞实际需要的速率生成而避免浪费(即处于动态平

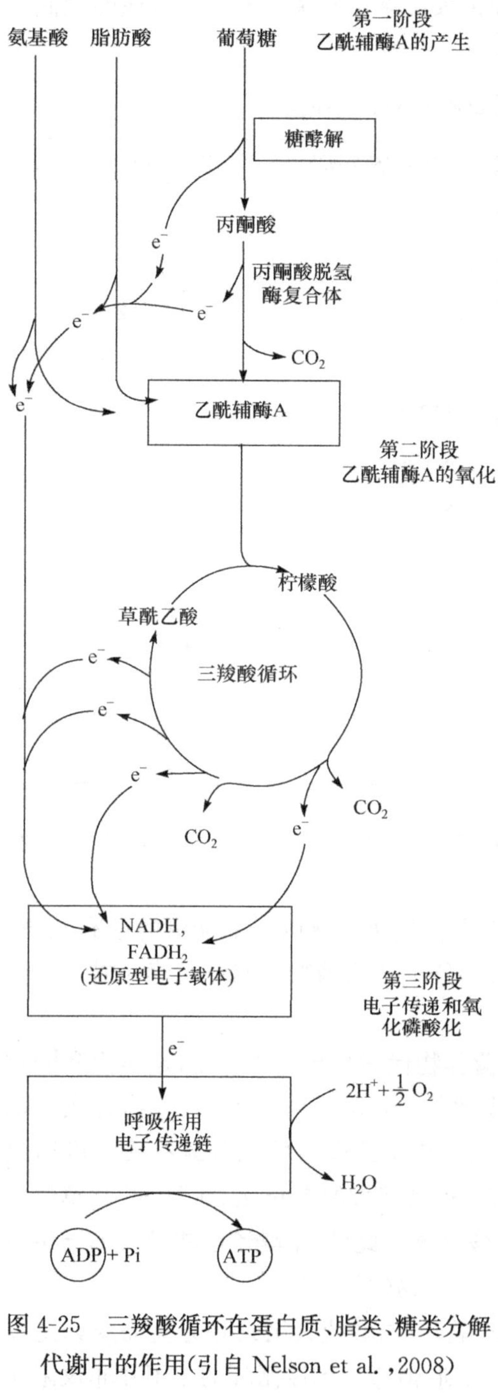

图 4-25　三羧酸循环在蛋白质、脂类、糖类分解代谢中的作用(引自 Nelson et al.,2008)

衡),由丙酮酸进入三羧酸循环的碳流可以在两个层次上受到调节:丙酮酸转化为循环起始物乙酰-CoA 进入该循环,相应的反应分别由丙酮酸脱氢酶复合体和柠檬酸合酶催化。应当注意的是,由于乙酰-CoA 亦可经由其他途径生成(实际上大多数细胞都能通过脂肪酸和某些氨基酸的分解氧化而得到该化合物),因此来自于这些途径的各中间物的可利用性对于丙酮酸氧化及三羧酸循环的调节也是至关重要的。

虽然三羧酸循环中有多个反应是可逆的,但由于柠檬酸的合成、异柠檬酸及 α-酮戊二酸的氧化脱羧这三步反应是不可逆的,因此整个循环只能单向进行,而这三个放能反应是三羧酸循环的主要调控位点(图 4-26)。

第一个调控点是柠檬酸合酶,为整个三羧酸循环的关键限速酶。首先,该酶受到化学反应质量作用定律的调节:底物乙酰-CoA 和草酰乙酸浓度升高时即可激活其活性。其次,ATP 是其变构抑制剂,能提高柠檬酸合酶对其底物乙酰-CoA 的 K_m 值,表现为 ATP 水平升高时只有较少的酶被乙酰-CoA 所饱和,使柠檬酸合成减少。再次,柠檬酸和琥珀酰-CoA 分别是该酶底物草酰乙酸和乙酰-CoA 的竞争性抑制剂,其浓度增加均可相应抑制柠檬酸合酶的活性。最后,该酶还受到三羧酸循环产物 NADH 的抑制。

第二个调控点是异柠檬酸脱氢酶。哺乳动物中的异柠檬酸脱氢酶受到 ADP 和 Ca^{2+} 别构酶激活,异柠檬酸、NAD^+ 和 Mg^{2+} 对该酶活性也有促进作用;反之,ATP、琥珀酰-CoA 和 NADH 则可别构抑制异柠檬酸脱氢酶的活性。而原核生物的异柠檬酸脱氢酶受到共价修饰调节,二聚体酶的每个亚基上的 Ser 残基被蛋白激酶磷酸化后,导致异柠檬酸脱氢酶失活。而当为同一蛋白激酶时又可催化磷酸 Ser 去磷酸,恢复异柠檬酸脱氢酶活性。

第三个调控点是 α-酮戊二酸脱氢酶系,既受其所催化的反应产物琥珀酰-CoA 和 NADH 的抑制,同时也受到高能荷的抑制:细胞内 ATP 浓度的升高可使三羧酸循环相应减速。

由此可见,调节三羧酸循环的关键因素包括[ATP]/[ADP]、[NADH]/[NAD^+]的值,以及草酰乙酸、乙酰-CoA 等中间代谢物浓度的变化。

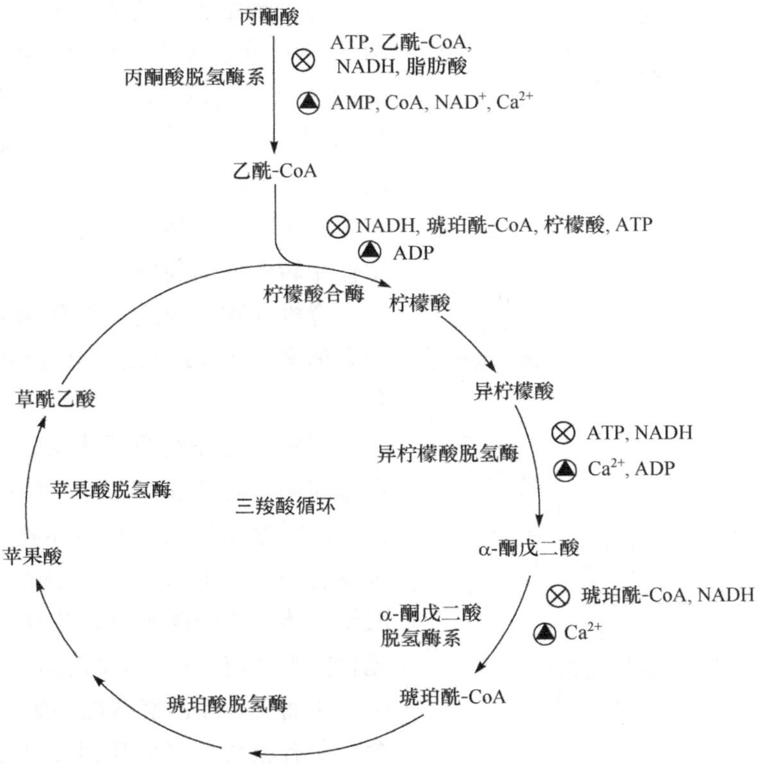

图 4-26　三羧酸循环调节(引自 Nelson et al.，2008)
▲促进；⊗抑制

同时应当注意，以上这些调节都是相互补偿的，均受底物及低能荷的激活和产物及高能荷的抑制。此外，三羧酸循环中的其他酶也具有一定的调节作用。例如，琥珀酸脱氢酶可分别被 FAD 激活和 $FADH_2$ 抑制，苹果酸脱氢酶则分别受 NADH 抑制和 NAD^+ 激活等。

五、乙醛酸循环

乙醛酸途径，又称乙醛酸循环，名称的来源是由于该途径最终产生乙醛酸。这一途径不存在于动物及高等植物的营养器官内，它仅存在于一些细菌、藻类，以及高等植物种子，尤其油性种子(如花生、大豆)的乙醛酸体中。它的主要内容实际是通过乙醛酸途径使乙酰辅酶 A 转变为草酰乙酸从而进入柠檬酸循环。催化此途径的酶既存在于线粒体，也存在于一种植物所特有的亚细胞结构——乙醛酸循环体中。

在植物、某些无脊椎动物和微生物中，乙醛酸循环酶系可催化乙酰-CoA 向三羧酸循环中的琥珀酸或其他 4C 中间物净转化(图 4-27)：

$$2\ 乙酰\text{-}CoA + NAD^+ + 2H_2O \longrightarrow 琥珀酸 + 2HSCoA + NADH + H^+$$

该循环开始时，乙酰-CoA 先与草酰乙酸缩合生成柠檬酸，再生成异柠檬酸。但异柠檬酸被异柠檬酸裂合酶(isocitrate lyase)断裂，生成琥珀酸和乙醛酸(glyoxylate)，后者再与另一分子乙酰-CoA 缩合生成苹果酸，反应由苹果酸合酶(malate synthase)催化。苹果酸随即被氧化成草酰乙酸，进而开始下一轮循环。

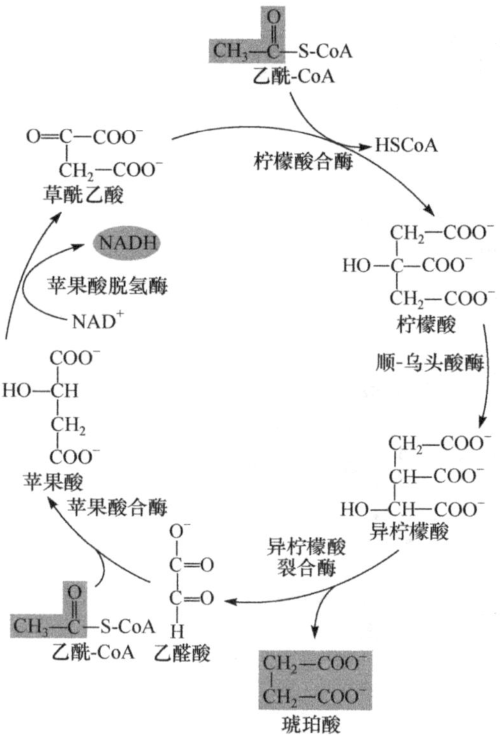

图 4-27　乙醛酸循环(引自 Nelson et al.,2008)

与三羧酸循环将每轮进入的乙酰基 2C 以两个 CO_2 分子释出不同,每轮乙醛酸循环消耗掉的两分子乙酰-CoA 是净生成了一分子琥珀酸,后者即可用于糖类生物合成:先经由延胡索酸和苹果酸反应转化成草酰乙酸,进而在羧激酶作用下转化为磷酸烯醇式丙酮酸,最后通过糖异生作用转化成葡萄糖。

脊椎动物因缺乏该循环酶系中的异柠檬酸裂合酶和苹果酸合酶而不能从脂质净合成葡萄糖。

植物的乙醛酸循环酶系是隔离在膜包被的乙醛酸循环体中的,这是一种特化的过氧化物体。同时存在于三羧酸循环和乙醛酸循环的酶都具有两种同工酶形式,分别位于线粒体和乙醛酸循环体。乙醛酸循环体在生长的植物获得其光合能力之前,可于萌发期间在富含脂质的种子中分化而成。除乙醛酸循环酶系外,该循环体还含有所有脂肪酸降解所需要的酶。种子中由脂质降解而得到的乙酰-CoA 可经由该循环转化成琥珀酸,后者随即被转运到线粒体中并经由柠檬酸循环酶系转变成苹果酸,再通过胞液中的一种苹果酸脱氢酶同工酶将其氧化成草酰乙酸即糖异生前体,由此,萌发的种子即可将储存脂质转化为糖类以供根、叶等组织生长所需。

第四节　磷酸戊糖途径

磷酸戊糖途径概念

虽然在绝大多数动物组织中,葡萄糖-6-磷酸的分解代谢去路都是经由糖酵解途径降解生成丙酮酸,后者大多又进入三羧酸循环进一步被氧化并最终生成 ATP,但葡萄糖-6-磷酸确实还有其他的氧化分解方式以合成细胞需要的一些特化产物。在某些组织中特别重要的就是葡萄糖-6-磷酸被磷酸戊糖途径氧化生成磷酸戊糖。

1954 年 Racker 和 1955 年 Gunsalus 等相继发现磷酸戊糖途径(pentose phosphate pathway,PPP),又称己糖磷酸支路(hexose monophosphate pathway shunt,HMP 或 HMS),其主要特点是葡萄糖直接氧化脱氢和脱羧而不必经过糖酵解和三羧酸循环;其脱氢酶的辅酶不是 NAD^+ 而是 $NADP^+$;产生的 NADPH 作为还原力以供生物合成用,而不是传递给 O_2;无 ATP 的产生与消耗(如以葡萄糖-6-磷酸为起点)。

快速分裂的细胞可利用该途径生成的戊糖来合成 RNA、DNA,以及多种辅酶如 ATP、NADH、$FADH_2$ 和 CoA 等,而在其他一些组织中,该途径的必需产物只是为还原性生物合成及抗氧化自由基损伤效应所需的电子供体。例如，大量合成脂肪酸或胆固醇和固醇类激素的组织需要该途径提供的 NADPH；红细胞和晶体及角膜细胞等因直接与氧接触，而极易被氧产生的自由基所损伤，因此维持适当的还原态显然有助于避免或逆转这些细胞中的蛋白质、脂质和其他敏感分子所遭受的氧化性损伤。实际上在红细胞中由磷酸戊糖途径生成的 NADPH，在预防氧化损伤方面是非常重要的，以至于葡萄糖-6-磷酸脱氢酶的某种遗传缺失将导致非常严重的疾病。

（一）主要过程

磷酸戊糖途径亦在胞液中进行，整条途径可分为氧化和非氧化两大阶段（图 4-28）：氧化阶段从葡萄糖-6-磷酸氧化开始，直接氧化脱氢脱羧形成核糖-5-磷酸；非氧化阶段则是核糖-5-磷酸在转酮酶和转醛酶的交替催化下进行互变异构及重排反应，产生果糖-6-磷酸和甘油醛-3-磷酸，并最终再生出葡萄糖-6-磷酸，期间涉及 3C～7C 中间产物的相互转化。

1. 氧化阶段生成磷酸戊糖和 NADPH＋H^+　不可逆的氧化阶段包括三种酶依次催化的三步反应：脱氢、水解和氧化脱羧，由 $NADP^+$ 作为氢受体，脱去一分子 CO_2 生成磷酸戊糖。

1）葡萄糖-6-磷酸脱氢　葡萄糖-6-磷酸受葡萄糖-6-磷酸脱氢酶（glucose-6-phosphate dehydrogenase）催化生成 6-磷酸葡萄糖酸-δ-内酯，$NADP^+$ 为电子受体（C-1 被氧化），形成 NADPH，是该途径的限速反应。

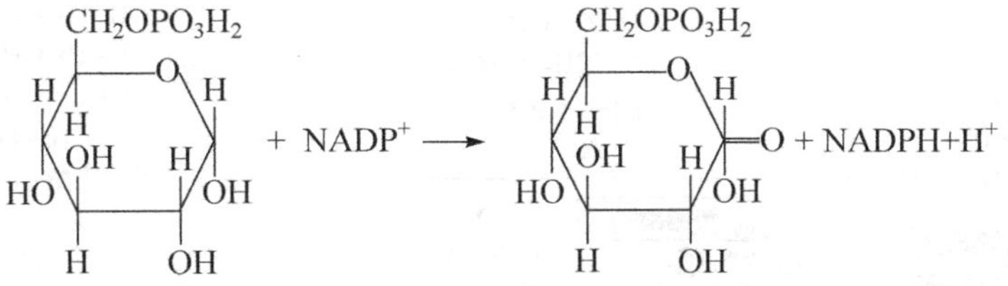

葡萄糖-6-磷酸　　6-磷酸葡萄糖酸-δ-内酯

2）6-磷酸葡萄糖酸-δ-内酯水解　6-磷酸葡萄糖酸-δ-内酯在 6-磷酸葡萄糖酸内酯酶（6-phosphogluconolactonase）作用下水解，生成游离态的 6-磷酸葡萄糖酸。

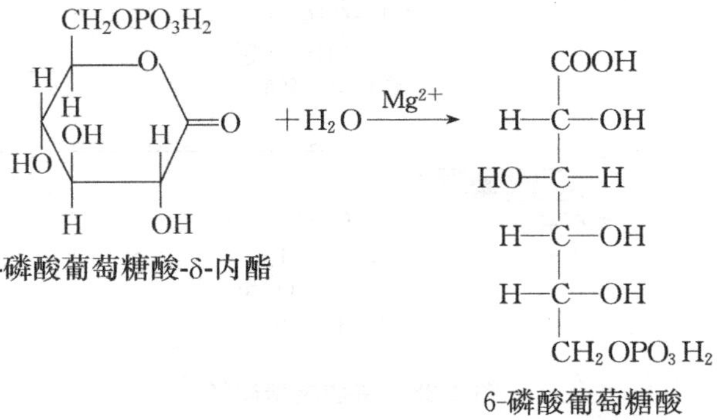

6-磷酸葡萄糖酸-δ-内酯　　6-磷酸葡萄糖酸

3）6-磷酸葡萄糖酸氧化脱羧　6-磷酸葡萄糖酸随即被 6-磷酸葡萄糖酸脱氢酶（6-phosphogluconate dehydrogenase）进一步氧化脱羧，生成核酮糖-5-磷酸和另一分子 NADPH。

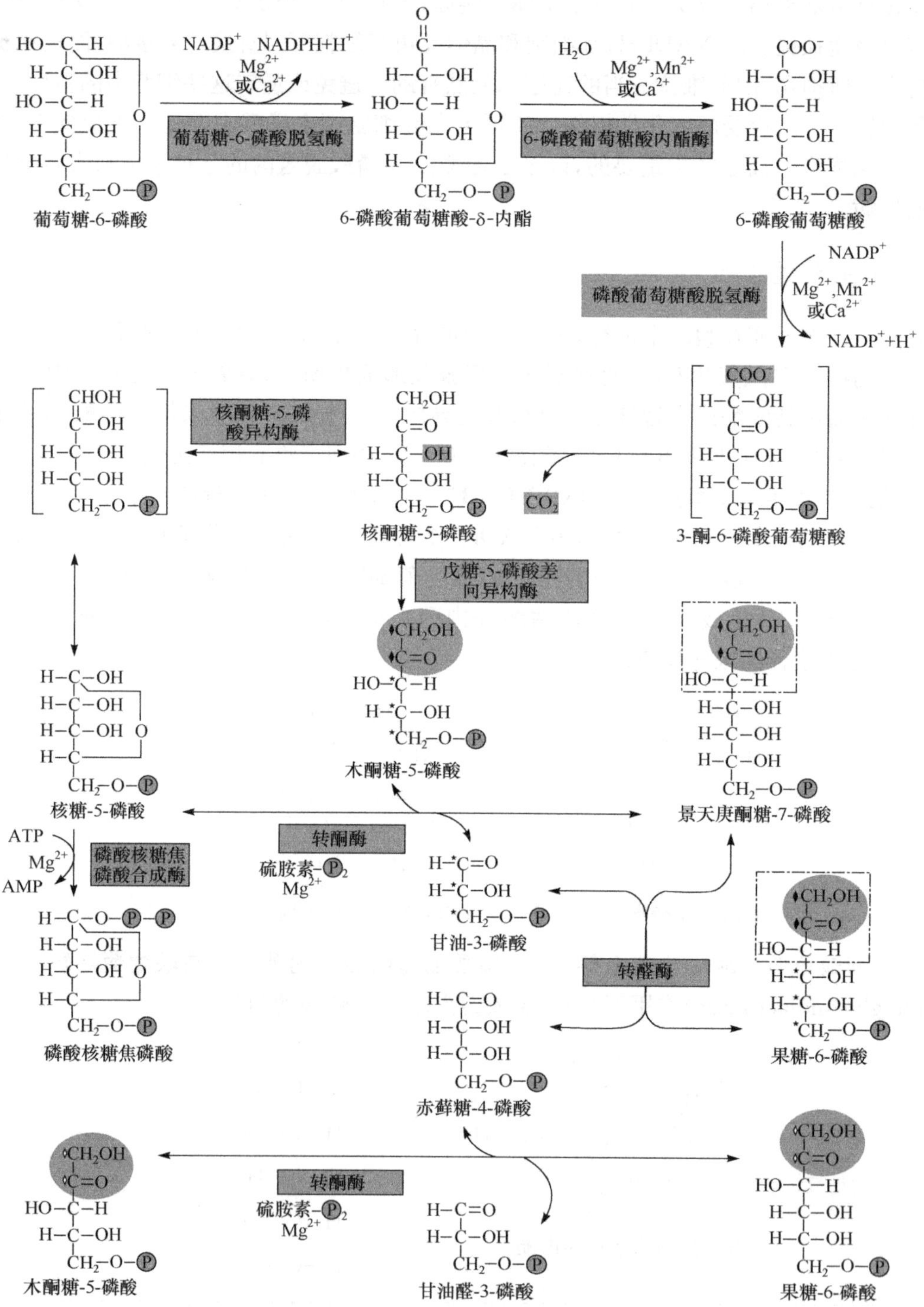

葡萄糖-6-磷酸脱氢酶
葡萄糖-6-磷酸
6-磷酸葡萄糖酸内酯酶
6-磷酸葡萄糖酸-δ-内酯
6-磷酸葡萄糖酸
磷酸葡萄糖酸脱氢酶
3-酮-6-磷酸葡萄糖酸
核酮糖-5-磷酸异构酶
核酮糖-5-磷酸
戊糖-5-磷酸差向异构酶
木酮糖-5-磷酸
景天庚酮糖-7-磷酸
核糖-5-磷酸
磷酸核糖焦磷酸合成酶
磷酸核糖焦磷酸
转酮酶
硫胺素-P2
甘油-3-磷酸
转醛酶
赤藓糖-4-磷酸
果糖-6-磷酸
甘油醛-3-磷酸

图 4-28　磷酸戊糖途径

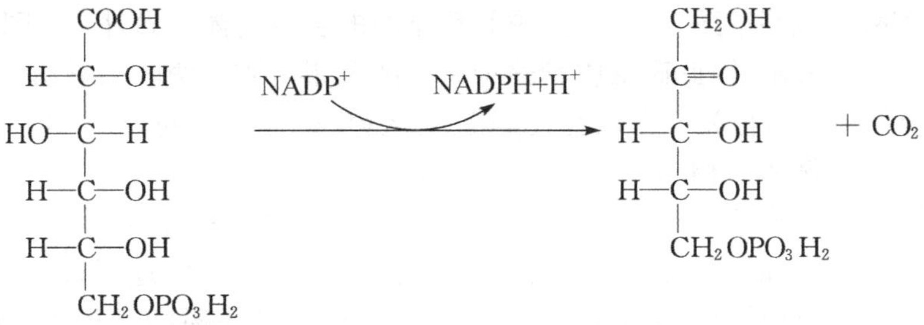

6-磷酸葡萄糖酸　　　　　　　　　　核酮糖-5-磷酸

2. 非氧化阶段将磷酸戊糖再生为葡萄糖-6-磷酸　非氧化阶段是可逆的，5 步反应包括异构化、转酮和转醛，使糖分子重新组合以再生出葡萄糖-6-磷酸。

首先，核酮糖-5-磷酸分别在磷酸戊糖差向异构酶和磷酸戊糖异构酶的催化下，转换成木酮糖-5-磷酸和核糖-5-磷酸。

然后，木酮糖-5-磷酸和核糖-5-磷酸经转酮酶(transketolase)催化形成七碳产物景天庚酮糖-7-磷酸和甘油醛-3-磷酸；这两个产物再经转醛酶(transaldolase)催化转换成果糖-6-磷酸和赤藓糖-4-磷酸。生成的赤藓糖-4-磷酸再和另一分子的木酮糖-5-磷酸经转酮酶催化生成果糖-6-磷酸和甘油醛-3-磷酸(图 4-28)。果糖-6-磷酸和甘油醛-3-磷酸都是糖酵解的中间产物，可以进行分解代谢，也可以进行合成代谢。

以 6 分子葡萄糖-6-磷酸开始进入反应计，经过 6 轮磷酸戊糖途径的一系列酶促反应，最终可经由磷酸己糖异构酶作用再生出 5 分子葡萄糖-6-磷酸，同时释出 6 分子 CO_2，相当于一分子葡萄糖-6-磷酸被彻底氧化，故该途径总反应亦可表述如下：

$$\text{葡萄糖-6-磷酸} + 12NADP^+ + 7H_2O \longrightarrow 6CO_2 + 12\ NADPH + 12H^+ + H_3PO_4$$

显然，就葡萄糖氧化分解的磷酸戊糖途径而言，氧化阶段基本不可逆；该途径非氧化阶段的反应则很容易逆转，从而为将己糖磷酸盐转化成磷酸戊糖盐提供了方便，这对植物的 CO_2 光合同化至关重要：其还原合成的磷酸戊糖途径基本上就是以上反应的逆转，很多参与的酶也都相同。

与酵解及大多数糖异生酶一样，磷酸戊糖途径的所有酶都分布在胞液中。实际上糖酵解、糖异生和磷酸戊糖途径通过若干个共享的中间代谢物和酶而相互连接。例如，转酮酶生成的甘油醛-3-磷酸很容易被酵解途径中的磷酸丙糖异构酶转化成二羟丙酮磷酸，而这两个丙糖随即可经由糖异生途径中的醛缩酶转化成果糖-1，6-二磷酸；同样的，这些磷酸丙糖亦可经由酵解反应被氧化成丙酮酸。总之，丙糖的去路取决于细胞对磷酸戊糖盐、NADPH 及 ATP 的相对需求。

(二) 磷酸戊糖途径的生物学意义

磷酸戊糖途径是生物界普遍存在的一种糖类有氧代谢途径，具有多种重要的生物学意义。

(1) 为细胞内各种合成反应提供大量 $NADPH+H^+$。作为氢和电子供体，$NADPH+H^+$ 是脂肪酸合成、氨同化、硝酸盐和亚硝酸盐还原、丙酮酸羧化，以及谷胱甘肽还原等反应所必需。

(2) 该途径中间产物是合成多种生物分子的前体物。例如，核糖-5-磷酸既是核苷酸合成原料，也是 $NAD(P)^+$ 和 FAD/FMN 等酶辅助因子组分；赤藓糖-4-磷酸可与糖酵解中间产物磷酸烯醇式丙酮酸合成莽草酸,后者是芳香族氨基酸的合成前体。另外,由于核酸降解产物核糖需由该途径进一步分解,因此磷酸戊糖途径与核酸及蛋白质代谢联系密切。

(3) 与光合作用密切相关。在该途径的非氧化阶段中,一系列 3C～7C 中间产物及酶类与光合作用中卡尔文循环的相同。

(4) 与糖类有氧及无氧分解相互关联。中间产物甘油醛-3-磷酸是这三种糖类代谢途径的枢纽:磷酸戊糖途径受阻时,甘油醛-3-磷酸可进入无氧或有氧分解途径;反之,在糖酵解和三羧酸循环因特定酶促反应被抑制而无法正常进行时,甘油醛-3-磷酸又可进入磷酸戊糖途径。糖类分解途径的多样性是物质代谢上生物对环境适应性的表现。

第五节 糖原分解和生物合成

很多物种都能将体内富余的葡萄糖转化成多糖形式储存起来。例如,脊椎动物和多种微生物中的糖原及植物中的淀粉。脊椎动物的糖原主要存在于肝脏和骨骼肌中,分别可占肝重的 10%和肌肉的 1%～2%。如此大量的葡萄糖如果被直接溶解在胞液中,其浓度将高达 0.4mol/L,足以决定整个细胞的渗透特性。但一旦以长链聚合物即糖原的形式储存,其浓度仅为 0.01μmol/L。

肌糖原主要是为有氧和厌氧代谢快速提供能源,其储备在剧烈活动期间不到 1h 即可耗尽。反之,肝糖原则是在没有食物源性葡萄糖可供利用的情况下,作为其他组织所需葡萄糖的储库,可持续 12～24h,如餐间或禁食期间。

虽然还原程度并不高的糖原储能效率相对低于脂肪,但动物选用其储能至少有以下三点理由。

(1) 高度分支而容易动员(包括合成及降解)。

(2) 磷酸解后可直接进入糖酵解供能,而脂肪酸的氧化必须在有氧条件下才能进行。

(3) 动物不能将脂肪转化成糖,而红细胞、脑及神经元均严重依赖于葡萄糖供能。

一、糖原的降解

无论是在肌肉还是肝脏,糖原的分解都是经由三种酶交替作用:糖原磷酸化酶、糖原去分支酶和磷酸葡萄糖变位酶。

糖原磷酸化酶(glycogen phosphorylase)催化糖原链非还原端两个葡萄糖残基间的(α1→4)糖苷键断裂,即由 Pi 攻击糖苷键生成 α-D-葡萄糖-1-磷酸(G-1-P)的形式 (图 4-29)。

磷酸吡哆醛是该酶的必需辅助因子,其磷酰基通过广义酸催化促进 Pi 对糖苷键的亲核攻击。

糖原磷酸化酶如此反复作用直至距(α1→6)糖苷键分支点约 4 个残基处,在糖原去分支酶(debranching enzyme)的作用下,以两步连续反应将该分支转移到其他分支末端,并在 C-6 位将该分支点残基水解后才能继续进行磷酸解(图 4-30)。糖原去分支酶是一种双功能酶,其糖基转移酶活性可以将一段短于 4 个葡萄糖残基的糖链从分支点转移到附近一条糖链的非还原端,即断裂并重新形成一个新的(α1→4)糖苷键;其糖苷酶活性则可将原支链分支点残基的(α1→6)糖苷键水解而产生一个游离葡萄糖。因此,糖原降解的产物中除了大部分(约 85%)是葡萄糖-1-磷酸外,还有少量是分支点葡萄糖残基水解后产生的游离葡萄糖。

作为糖原磷酸化酶反应的终产物,葡萄糖-1-磷酸可以被磷酸葡萄糖变位酶(phosphoglucomutase)转化成葡萄糖-6-磷酸(图 4-31)。该酶的作用机制与糖酵解中磷酸甘油酸变位酶相似。

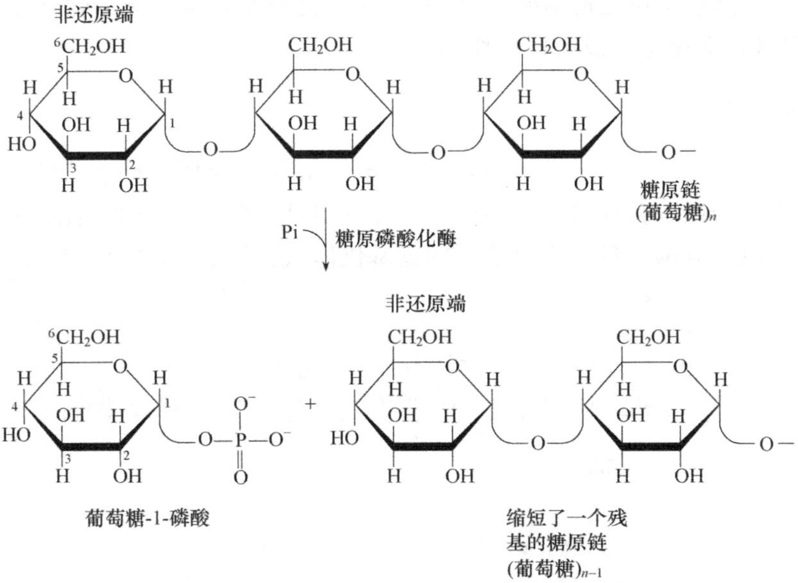

图 4-29 糖原链非还原端葡萄糖残基的磷酸解

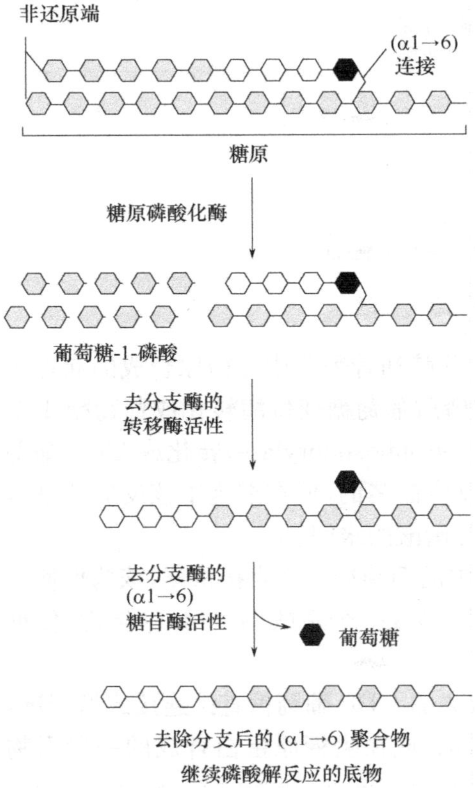

图 4-30 近分支点处的糖原降解

(引自 Nelson et al.,2008)

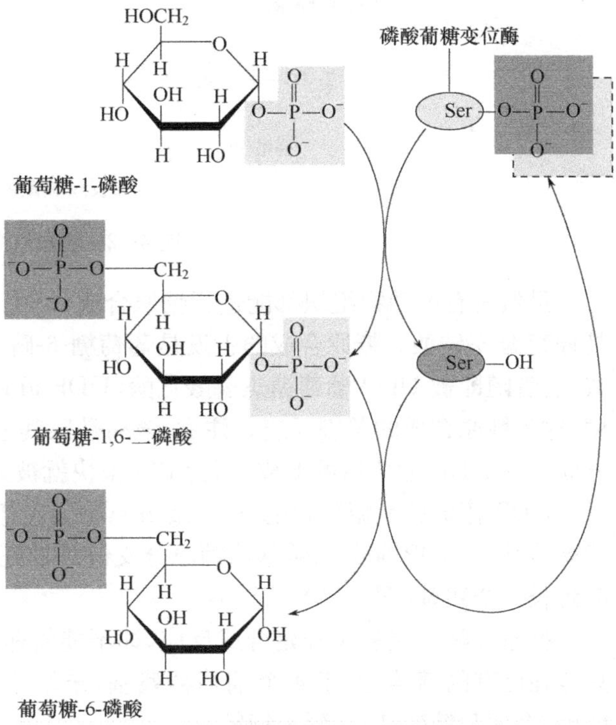

图 4-31 磷酸葡萄糖变位酶反应

肌糖原生成的葡萄糖-6-磷酸可直接进入酵解途径以用作肌肉收缩的能源,而肝糖原的降解却有着完全不同的作用:在血糖水平下降时将葡萄糖释入血液。为此需要有特殊的葡萄糖-

6-磷酸酶。由于肌肉组织缺乏葡萄糖-6-磷酸酶，无法将糖原降解生成的葡萄糖-6-磷酸转化成葡萄糖，因而对维持血糖稳定没有任何作用。

二、糖原的生物合成

己糖转化或聚合反应大多涉及糖核苷酸(sugar nucleotide)的形成，即糖的异头碳经由磷酸二酯键与某个核苷酸连接而被活化(图 4-32)；与相对简单的磷酸糖相比，其异头碳更容易接受亲核攻击。糖核苷酸不仅是糖合成时的糖基供体，也是维生素 C (L-抗坏血酸)合成中的关键中间物。

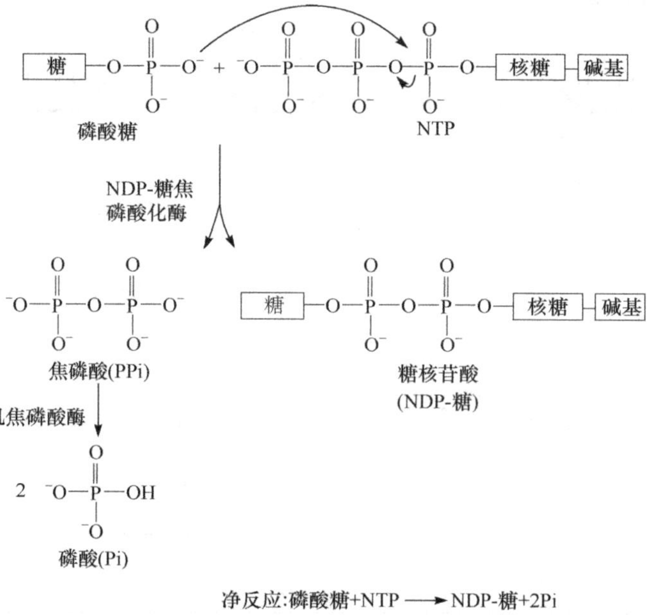

图 4-32　糖核苷酸的形成

虽然所有的动物组织都能进行糖原合成，但主要在肝脏和骨骼肌中。糖原合成的起点也是葡萄糖-6-磷酸。糖原合成的引发是葡萄糖-6-磷酸被磷酸葡萄糖变位酶转化成葡萄糖-1-磷酸，后者随即被 UDP-葡萄糖焦磷酸化酶(UDP-glucose pyrophosphorylase)转化成 UDP-葡萄糖，这是糖原合成的关键反应。注意，该酶是以其逆向反应命名的，但在细胞中该反应的进行方向却是 UDP-葡萄糖的形成，因为 PPi 很快就被无机焦磷酸酶水解。

UDP-葡萄糖是糖原合酶(glycogen synthase)反应中的葡萄糖残基直接供体，该酶促使葡萄糖残基从 UDP-葡萄糖转移给糖原分支链的非还原端，形成一个新的(α1→4)糖苷键，使糖链延长一个残基(图 4-33)。

糖原合酶不能从头开始合成反应，即不能将两个游离的 UDP-葡萄糖直接连接成糖苷键，只能在已有的糖链(大于 4 个葡萄糖残基)末端逐个添加，或在生糖原蛋白合成的一段引物(6～8个葡萄糖残基)上延长糖链。

糖原合酶也不能催化(α1→6)糖苷键的形成，糖原分支酶(glycogen-branching enzyme)从某一支链的非还原端(大于 11 个葡萄糖残基)将 6～7 个残基的片段转移给该链内侧或另一支链某个残基的 C-6 位羟基上，形成一条新支链(图 4-34)，而更多的残基随后即可由糖原合酶不断添加而延长。显然，糖原分支化的生物学意义在于增加糖原分子的水溶性及非还原端个数，后者使糖原磷酸化酶和糖原合酶的作用点也相应增加，这是因为这两种酶都只能作用于糖链的非还原端。

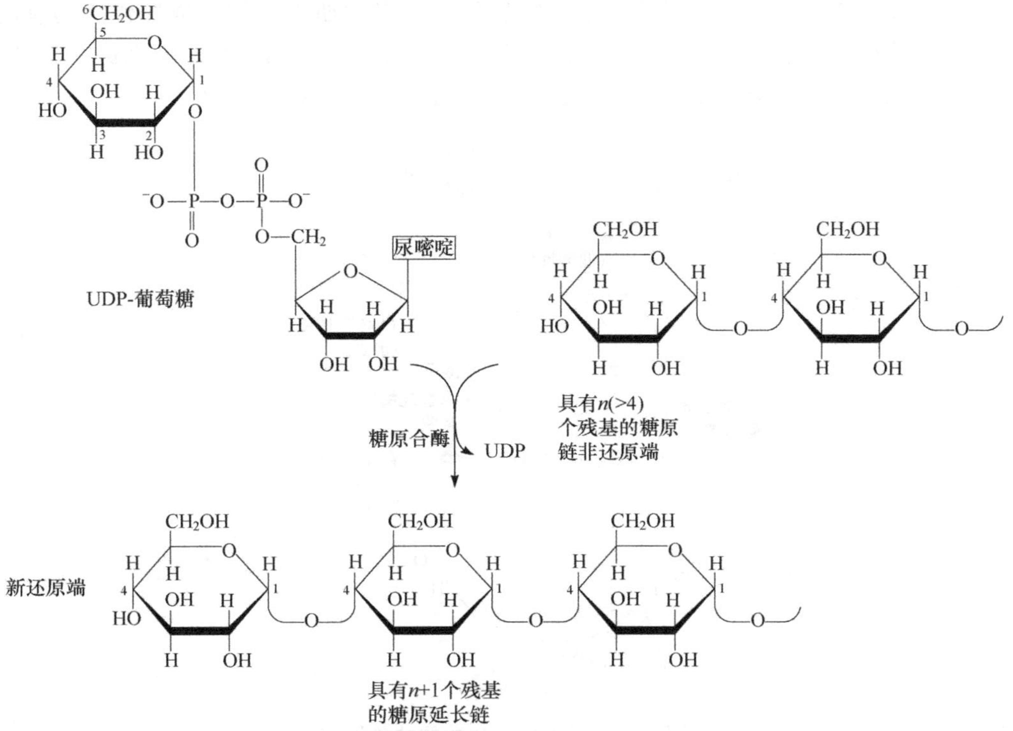

图 4-33　糖原合成

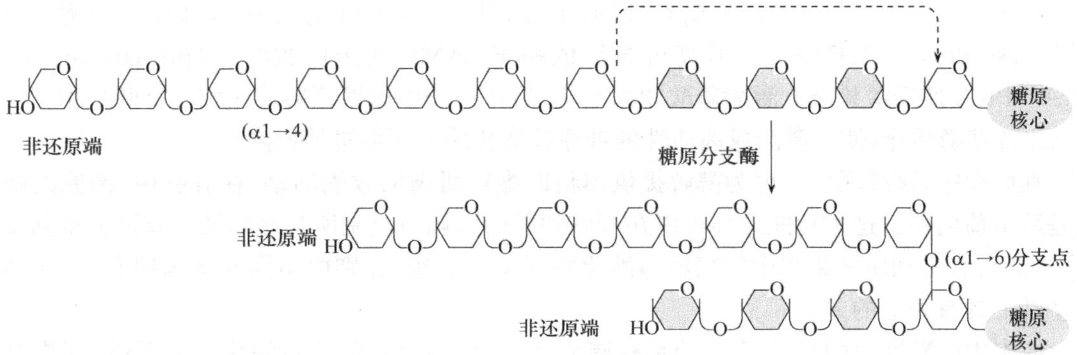

图 4-34　糖原分支合成

三、糖原代谢的调控

前面已经讨论过，糖原的动员是糖原磷酸化酶将糖原降解成葡萄糖-1-磷酸。糖原磷酸化酶是迄今了解最多的酶活性调节特例，是最早确定的别构调节酶之一，其活性与非活性部位的三维结构已被 X 射线晶体衍射研究所揭示；也是首个被证实能经由可逆磷酸化共价修饰进行调控的酶，并用于阐述同工酶是如何发挥其组织特异效应的。

（一）糖原磷酸化酶的别构和激素调节

早在20世纪30年代末，Carl和Cori就已经发现，骨骼肌中的糖原磷酸化酶具有两种可以相互转化的形式：高活性的a型和低活性的b型。Sutherland的后续研究则进一步证实，静息态肌肉中以b型为主，但在剧烈活动期其转化成高活性的a型（图4-35）。

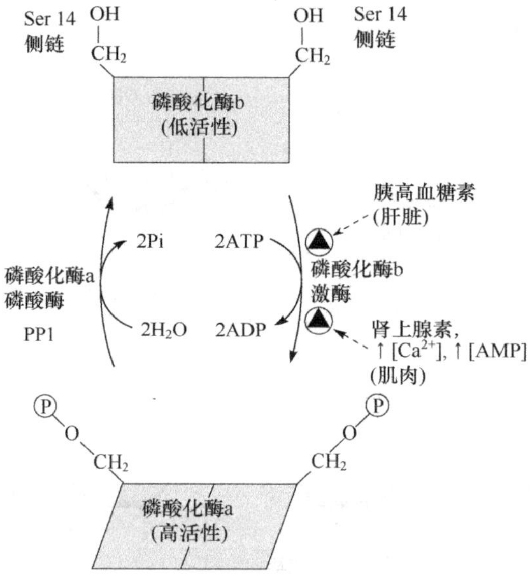

图4-35　糖原磷酸化酶的共价修饰

▲促进

肾上腺素（肌肉中）或胰高血糖素（肝脏中）通过引起cAMP浓度的升高而引发酶促级联反应（cascade），cAMP浓度的升高可激活依赖于cAMP的蛋白激酶A（protein kinase A，PKA），PKA使磷酸化酶b激酶磷酸化而活化，后者转而催化糖原磷酸化酶b上两个相同亚基的Ser残基磷酸化，使之激活成高活性的糖原磷酸化酶a而促进糖原降解。

在肌肉中，该级联反应可为酵解提供燃料以维持肌肉的收缩活动，在肝脏中，糖原的降解则是释出葡萄糖。这类功能差异可以在肝脏和肌肉的调节机制所具有的细微差别上得到反映（图4-36）：肝脏和肌肉组织中的糖原磷酸化酶互为同工酶，分别由不同的基因编码，并在其调节特性上具有相应的差异。

肌肉中的磷酸化酶也受Ca^{2+}的别构调节，Ca^{2+}可结合并激活磷酸化酶b激酶，促进其转化成高活性的a型。Ca^{2+}与磷酸化酶b激酶的结合位点是在其δ亚基上。肌肉剧烈收缩期间，增加的AMP结合并激活磷酸化酶，加速糖原分解，ATP则可阻断AMP的作用使磷酸化酶失活（图4-36）。

磷酸化酶a磷酸酶（phosphorylase a phosphatase）亦称磷蛋白磷酸酶1（PP1），则可将磷酸化酶a上Ser的磷酸基除掉而使其转化成低活性的磷酸化酶b。该酶可被胰岛素激活（图4-37）。

（二）糖原合酶的别构和激素调节

与糖原磷酸化酶一样，糖原合酶也具有磷酸化和去磷酸化两种形式，但高活性的糖原合酶a为去磷酸化的，除非有别构激活剂葡萄糖-6-磷酸存在，Ser残基侧链的磷酸化则转变成低活

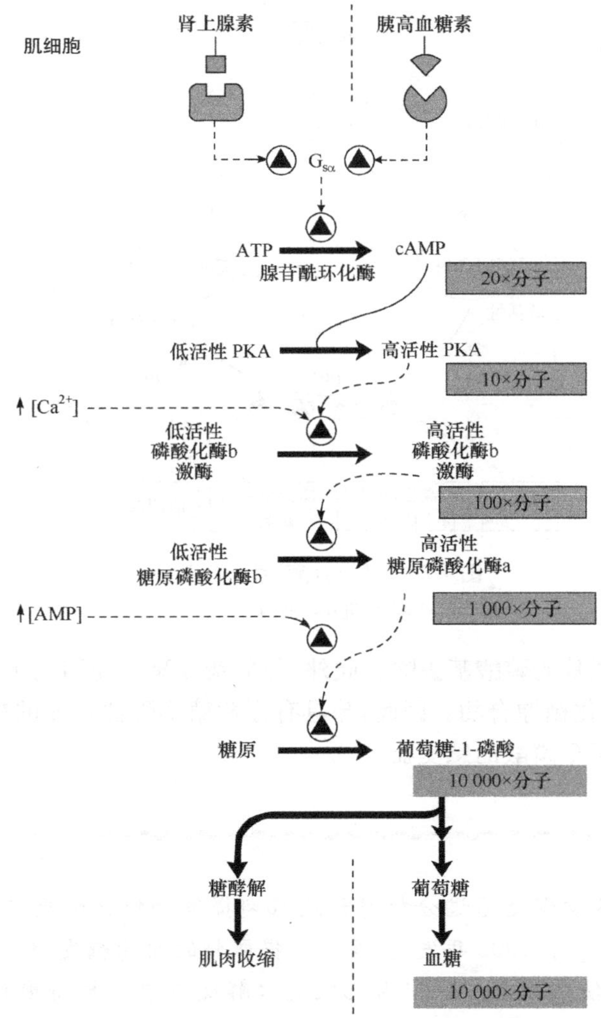

图 4-36　肾上腺素和胰高血糖素级联反应机制

$G_{S\alpha}$为 GTP-结合蛋白；cAMP 为环腺-磷核苷酸；PKA 为蛋白激酶 A；▲ 促进

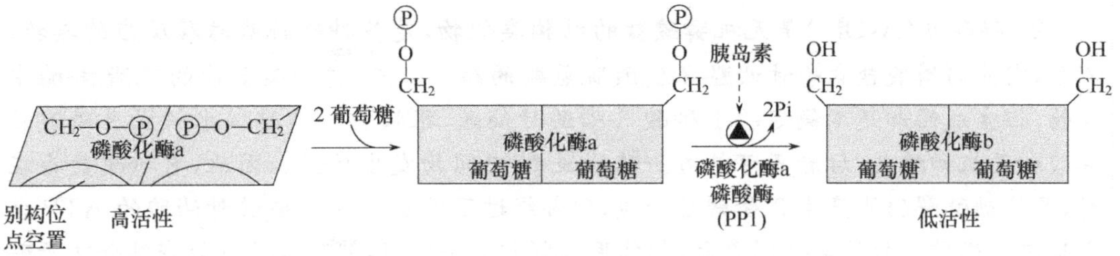

图 4-37　肝糖原磷酸化酶的别构调节

▲ 促进

性的 b 型。该酶能被至少 11 种不同的蛋白激酶在各种残基处磷酸化，其中最为重要的调节激酶是糖原合酶激酶 3 (glycogen synthase kinase 3，GSK3)，它能使靠近合酶 C 端的三个 Ser 残基磷酸化而使酶严重失活(图 4-38)。

在肝脏中，糖原合酶 b 转化成高活性的 a 型是由磷蛋白磷酸酶与糖原颗粒结合而启动的，

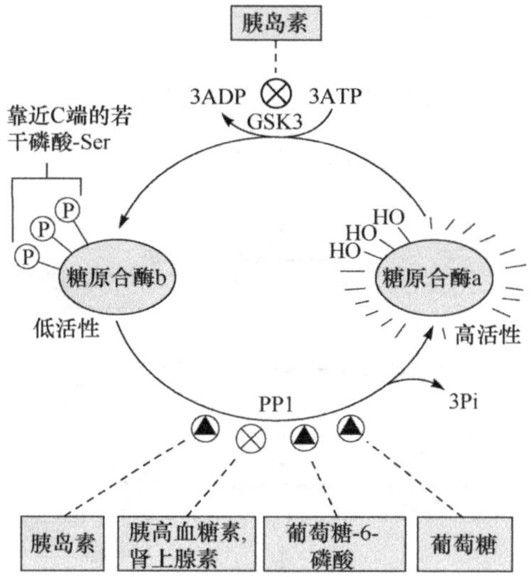

图 4-38　糖原合酶活性调节

▲ 促进;⊗ 抑制

即 PP1 将上述三个 Ser 残基的磷酸基去除。此外,葡萄糖-6-磷酸也可与 b 型酶的别构位点结合,促进 PP1 的作用而活化糖原合酶。因此,与具有葡萄糖感受器功能的糖原磷酸化酶相比,糖原合酶可视为是葡萄糖-6-磷酸的感受器。

知识框

1. 糖酵解途径各步骤是通过分析酵母或肌肉提取物催化的反应而逐步阐明的。例如,Harden 和 Young 于 1905 年发现,当酵母提取物的葡萄糖发酵速率降低时,可以通过添加无机磷酸盐使之恢复。他们由此假定酵解反应中有葡萄糖的磷酸衍生物生成,随后又成功分离出果糖-1,6-二磷酸并证实其为葡萄糖发酵的一种中间代谢物,因为它也能被无细胞的酵母提取物发酵。Harden 因其有关糖酵解的研究而荣获 1929 年诺贝尔奖。

2. 砷酸盐(AsO_4^{3-})是无机磷酸盐的结构类似物,是多种磷酰基转移反应的毒物。例如,它能与磷酸盐竞争甘油醛-3-磷酸脱氢酶的结合位点,并断裂高能的硫酯酰-酶中间物,但生成的却是不稳定的 1-砷酸-3-磷酸甘油酸,很快就被非酶促水解成 3-磷酸甘油酸和无机砷酸盐,后者又可与另一硫酯酰-酶中间物发生反应。因此,有砷酸盐存在时,虽然糖酵解仍能产生 3-磷酸甘油酸,但却绕过了涉及 1,3-二磷酸甘油酸的 ATP 合成反应。亚砷酸盐的毒性则更大,但作用机制却完全不同:其砷原子可紧密结合硫辛酰胺的两个硫原子,从而抑制所有需要该辅助因子的酶。

3. 缺乏与糖原代谢有关的酶会引发某些代谢性疾病。例如,最为常见的糖原贮积症Ⅰ型(von Gierke 氏病)即因缺乏葡萄糖-6-磷酸酶而引起的。虽然患者的血糖浓度很低,但由于葡萄糖不能被正常动员,致使糖原富集于肝脏和肾脏,而葡萄糖-6-磷酸的富集不仅会抑制糖原磷酸化酶,而且还会因激活糖原合酶而进一步加重病情。Cori 氏病(糖原贮积症Ⅲ型)是由于缺乏去分支酶所引发,因为只有糖原各支链非还原端的一些残基能够被动员。McArdle氏病(糖原贮积症Ⅴ型)则是由于缺乏肌糖原磷酸化酶所引起的,患者不能进行强力活动并容易发生肌肉痉挛。

4. 高糖刺激产生损伤细胞的生物学效应:引起糖尿病并发症的生化机制仍不太清楚,目前认为血中持续的高糖刺激能够使细胞生成晚期糖化终产物(advanced glycation end products,AGEs)同时发生氧化刺激。AGEs还能被其受体(AGER)识别,激活多条信号通路,产生活性氧而诱发氧化应激,使细胞内多种酶类、脂质等产生氧化,从而丧失正常的生理功能。氧化应激又可进一步促进AGEs的形成及交联,二者交互作用,共同参与糖尿病并发症的发生与发展。

思考题

1. 百米短跑时,骨骼肌收缩产生大量乳酸,试述该乳酸的主要代谢去向。不同组织中的乳酸代谢具有不同特点,这取决于什么生化机制?

2. 营养不良的人饮酒,或者剧烈运动后饮酒,常出现低血糖。试分析酒精干预了体内糖代谢的哪些环节?

3. 归纳葡萄糖-6-磷酸在糖代谢中的来源与去路,并分析不同生理情况下如何选择不同的代谢途径。

4. 磷酸果糖激酶-1具有哪些调节机制?

5. 依据对NADPH或核糖-5-磷酸的需求,细胞是如何改变磷酸戊糖途径流向的?

6. 为什么生物合成与降解反向途径中至少需要有一个酶不同?

7. 试比较肝脏和肌肉的糖原代谢特点。

8. 果糖-2,6-二磷酸是如何调节糖酵解和糖异生的?

9. 三羧酸循环的流量主要受制于哪些反应和化合物?

10. 如何理解三羧酸循环为两用途径?

11. 哺乳动物为何不能将体内储备的脂肪转化为糖类利用?

第五章 生物氧化

【要点】 物质在生物体内进行的氧化分解反应，称为生物氧化，由于消耗O_2，产生CO_2，故称细胞呼吸。其实质是脱氢、失电子的过程。常见的呼吸链有NADH呼吸链和$FADH_2$呼吸链。

生物氧化的同时伴有ATP产生。生成ATP有三种方式：底物水平磷酸化、氧化磷酸化和光合磷酸化，其中氧化磷酸化是需氧生物细胞生命活动的主要能量来源，是生成ATP的主要途径。化学渗透假说解释氧化磷酸化的偶联机制，在化学假说基础上形成的ATP合酶结合变化假说和旋转催化假说解释了ATP的生成机制。真核生物通过3-磷酸甘油穿梭和苹果酸-天冬氨酸穿梭完成细胞质NADH的跨线粒体内膜转运。

一切生物都靠能量维持生存，生物体所需的能量大都来自体内糖、脂肪、蛋白质等有机物的氧化。生物体内的氧化和生物体外的燃烧在化学本质上虽然最终产物都是H_2O和CO_2，所释放的能量也完全相等，但二者所进行的方式却大不相同。糖、脂肪、蛋白质在生物体内彻底氧化之前，都先经过分解代谢，在不同的分解代谢过程中都伴有代谢物的脱氢和还原，并最终将H^+和电子传递给氧，形成H_2O，同时脱羧生成CO_2，释放能量，此即生物氧化过程。

第一节 生物氧化的概述

一、生物氧化的概念

代谢(metabolism)是一个细胞或有机体中发生的所有化学反应的总和，由一系列酶催化反应组成代谢途径。前体通过代谢中间物或称为代谢物(metabolite)最终转化为产物。分解代谢(catabolism)是代谢中的降解阶段，合成代谢(anabolism)是代谢中的合成阶段。

糖、脂肪、蛋白质等有机物质在细胞中经过一系列的氧化分解，最终生成CO_2和H_2O等小分子物质并释放出能量的总过程称为生物氧化(biological oxidation)，即有机物在生物体内的氧化还原作用的过程。生物氧化实际上是需氧细胞呼吸作用中的一系列氧化-还原反应，在细胞或组织中发生，因此又称为细胞氧化或细胞呼吸，有时也称为组织呼吸。

生物体内的代谢物氧化可以分为三个阶段，首先是糖、脂肪和蛋白质经过分解代谢生成乙酰-CoA；接着乙酰-CoA进入三羧酸循环生成CO_2并使NAD^+和FAD还原成$NADH+H^+$和$FADH_2$；最后，$NADH+H^+$和$FADH_2$中的氢经呼吸链将电子传递给氧生成H_2O，氧化过程中释放出来的能量用于ATP合成。从广义来讲，上述三个阶段均为生物氧化，狭义地说只有第三个阶段才算是生物氧化，这是体内能量生成的主要阶段。

二、生物氧化的方式和特点

(一) 生物氧化的方式

1. 失电子 物质分子失去电子，如细胞色素中亚铁离子氧化为铁离子的过程即为失电子过程($Fe^{2+} \longrightarrow Fe^{3+} + e^-$)。

实际上脱氢过程也包括电子转移,因为一个氢原子是由一个质子(H^+)和一个电子(e^-)组成,脱去一个氢原子也就是失去一个电子和一个质子,因此脱氢反应也可以写成:

$$RCH_2OH \xrightarrow{-2H^+, 2e^-} RCHO$$

参加氧化还原反应的每一种物质都可以有氧化型和还原型两种形式。

2. 加氧　向底物中加入氧原子或氧分子,如醛氧化成酸。

$$RCHO + 1/2\ O_2 \longrightarrow RCOOH$$

3. 脱氢　物质分子中脱下一对氢原子,如醇氧化为醛。

$$RCH_2OH \xrightarrow{-2H} RCHO$$

脱氢氧化的另一类型是加水脱氢反应,即物质分子中加入 H_2O,同时脱去两个氢原子,其总结果是底物分子中加入了一个来自水分子的氧原子。实际上是脱氢反应。

$$CH_3CHO \xrightarrow{+H_2O} CH_3CH(OH)_2 \xrightarrow{-2H} CH_3COOH$$

4. 脱氢阴离子　有 2 个电子和 1 个 H^+(即 H^-)被转移,这发生在 NAD^+($NADP^+$)连接的脱氢酶催化反应。

$$NADH \longrightarrow NAD^+ + H^+$$

上述生物氧化的方式中,脱氢是主要的方式,那些提供电子或氢的物质称为供电子体或供氢体,接受电子或氢的这种物质称为受电子体或受氢体。生物氧化就是氧化与还原的偶联过程。

(二) 生物氧化的特点

有机物在生物体内完全氧化和在体外燃烧而被彻底氧化,在化学本质上是相同的,即物质被氧化,脱氢、失电子或与氧直接结合,释放能量。例如,1mol 的葡萄糖在体内氧化和在体外燃烧都是产生 CO_2 和 H_2O,放出的总能量都是 2867.5kJ。但是,由于生物氧化是在活细胞内进行的,故它与有机物在体外燃烧有许多不同之处,主要是表达形式(即途径)不同(表 5-1)。

表 5-1　生物氧化与体外燃烧的不同点

生物氧化	体外燃烧
体温条件下,在含水活细胞中进行	在干燥、高温下进行
反应分步进行,能量逐步释放,产出的热量用于合成 ATP	热能一次性放出(即反应一次性完成),伴有光、热产生
热量利用率最有效	能量是骤然放出的,能量利用率低

三、生物化学中能量的一些规定

生物能量学是定量研究发生在活细胞中的能量转换及这些转换所涉及的化学过程的特性和功能的科学。生物能是建立在热力学的基础上，因此需先了解一些关于热力学的基本概念。

（一）能的两种主要形式——热与功

热与功是一个体系状态发生变化时与外界环境进行能量交换的方式。热是由于温差而产生的能量传递方式。功是体系与环境间的另一种能量交换方式，如表面积变化以对抗表面张力，体积变化对抗外界压力，还有电功、机械功等。热的传递伴随的是无序的质点运动，而任何一种功都是体系质点的定向移动，是一种有序运动。

（二）热力学内能和焓

内能(internal energy)是体系的一种状态函数，为体系内部各质点能量的总和，用符号 U 或 E 表示。有关实验证明，内能只与状态有关，而与如何达到这个状态过程无关。

焓 (enthalpy)代表一个体系的内能与其全部分子的压力和体积的总变化之和，用符号 H 表示。焓也是反应系统的热容，它反映了在反应物和产物中化学键的种类和数量。焓体现的是体系内质点之间的相互作用和质点自身的能量。

焓和内能之间有以下关系：

$$\Delta H = \Delta U + \Delta PV$$

式中，ΔH 代表焓变；ΔU 代表内能的变化，也可用 ΔE 表示；ΔPV 代表压力 P 和体积 V 乘积的变化。

（三）热力学第一定律与热力学第二定律

热力学第一定律(first law of thermodynamics)即能量守恒定律，它指出一个体系与外界环境的总能量是一个定量，能的形式可以转变但不会消失。其数学表达式为

$$\Delta U = Q - W。$$

式中，ΔU 代表一个体系的内能变化；Q 代表体系状态变化时吸收的热量；W 代表体系所做的功。如果表示体系中的内能微小变化则可用 $dU = dQ - dW$ 表示，式中 dU 代表体系内能的微小变化，dQ 代表体系吸收的微小热量，dW 代表体系所做的微小功。

热力学第二定律(second law of thermodynamics)指出热的传递是有一定的方向的，即由高温流向低温，热的自发逆向是不可能的。它体现了体系能量的分散程度，可以用熵(entropy)表示。熵代表体系中能量的分散程度，即质点杂乱无序的程度，用符号 S 表示。熵是一个定量描述系统无序程度的物理量。当一个反应的产物比反应物的相对分子质量小，数目增加，这个过程就是熵增。如果体系的散乱程度增大，熵值也增加，反应可以自发进行。

（四）自由能和自由能的变化

细胞是等温系统，只能利用自由能，异养细胞从营养分子中获得自由能，而光合细胞从吸收的太阳光中获得自由能。

1. 自由能 生物氧化过程中发生的生化反应的能量变化与一般化学反应一样可用热力学上的自由能变化来描述。在一个体系中，能够用来做有用功的那一部分能量称自由能(free energy)，又称为 Gibbs 自由能，用符号 G 表示。

$$G=H-TS$$

式中，G 代表自由能；H 代表焓，以热表示总能量；T 代表热力学温度；S 代表熵。

2. 自由能变化 在恒温、恒压下进行的化学反应，其产生有用功的能力可以用反应前后自由能的变化来衡量，称为自由能变化，用符号 ΔG 表示。

$$\Delta G=G_{产物}-G_{反应物}=\Delta H-T\Delta S$$

式中，ΔG 代表体系的自由能变化；ΔH 代表体系的焓变化；T 代表体系的热力学温度；ΔS 代表体系的熵变化。

ΔG 是判断一个过程能否自发进行的根据。$\Delta G<0$，反应能自发进行，能做有用功；$\Delta G>0$，反应不能自发进行，必须由环境供给能量；$\Delta G=0$，反应处于平衡状态。

四、标准自由能变化的计算

（一）生物化学中能量的一些规定

根据生物化学的反应特点，为探讨能量学在生命过程中的化学反应原理，作出如下一些规定。

(1) 在任何情况下，当生物化学反应体系中有水作为反应物或产物时，虽然水的物质的量浓度实际上为 55.5mol/L，但规定水的浓度(即近似的活度)为 1.0。

(2) 标准自由能单位用焦耳/摩尔或千焦/摩尔(J/mol 或 kJ/mol)表示。过去习惯上以卡/摩尔或千卡/摩尔(cal/mol 或 kcal/mol)表示。它们的换算关系是：1cal 相当于 4.184J，1kcal 相当于 4.184kJ。

(3) 在规定的标准条件下的自由能变化，用 ΔG^0 表示。标准条件是：反应的温度为 25℃即 298K，参加反应的物质和生成物质的浓度都是 1mol/L，大气压为 101 325Pa(即 1atm)。若同时定义 pH=0，则标准自由能变化用 ΔG^0 表示。对于生物化学反应，标准条件还规定进行的环境为 pH=7，这时的标准自由能变化用 $\Delta G^{0\prime}$表示。

（二）自由能变化与反应平衡常数的关系

对于一个溶液中的化学反应 $a\mathrm{A}+b\mathrm{B}\longrightarrow c\mathrm{C}+d\mathrm{D}$ 在恒温恒压下，这一反应的自由能变化公式是

$$\Delta G=\Delta G^{0\prime}=RT\ln\frac{[\mathrm{C}]^c[\mathrm{D}]^d}{[\mathrm{A}]^a[\mathrm{B}]^b}$$

式中，$\Delta G^{0\prime}$代表当反应物和产物都处于标准状态时的自由变化；R 代表气体常数；T 代表绝对温度；$[\mathrm{A}]^a$、$[\mathrm{B}]^b$、$[\mathrm{C}]^c$、$[\mathrm{D}]^d$ 分别代表反应物(A、B)和生成物(C、D)的物质的量浓度，严格地说应为活度，a，b，c，d 是参与反应的 A、B、C、D 四种物质的分子数。

从由自由能变化公式可以看出，一个化学式的自由能变化(ΔG)是由两部分组成的，一部分是不变因素，即由反应物的本身性质决定，另一部分是可变因素，即反应物和产物的浓度，以

及反应的温度。因此，根据反应中的条件，只要知道反应的温度，反应物和产物的标准自由能及它们的浓度，就可以算出该反应的自由能变化。

如果化学反应进行到一定程度并达到平衡时，自由能的变化为零，即 $\Delta G=0$，这时反应不再做任何功，自由能变化公式则可变化为下式：

$$\begin{aligned}\Delta G^{0\prime} &= -RT\ \ln\frac{[\mathrm{C}]^c[\mathrm{D}]^d}{[\mathrm{A}]^a[\mathrm{B}]^b} \\ &= -RT\ \ln K'_{ep} \\ &= -2.303RT\lg K'_{ep}\end{aligned}$$

式中，K'_{eq}代表化学反应的平衡常数，因此，$\Delta G^{0\prime}$也是一个常数。这样通过已知反应的温度，气体常数值（R，如能量单位为 kcal 时，$R=1.987\times10^{-3}$ kcal/mol，为 KJ 时，$R=8.31\times10^{-3}$ kJ/mol）以及反应物的浓度或是平衡常数 K'_{eq}，就可以计算出标准自由能变化 $\Delta G^{0\prime}$的值。

（三）标准自由能变化计算的举例

【例】 葡萄糖-1-磷酸的浓度为 0.02mol/L，在磷酸葡萄糖变位酶催化下，向葡萄糖-6-磷酸转变，或由葡萄糖-6-磷酸（起始浓度也是 0.02mol/L）向葡萄糖-1-磷酸转变，最后得到混合物，无论以哪个为起始物都含有 0.001mol/L 的葡萄糖-1-磷酸和 0.019mol/L 的葡萄糖-6-磷酸。该反应条件：温度为 25℃，pH＝7。求该反应的 K'_{eq}和 $\Delta G^{0\prime}$。

解： K'_{eq}＝[葡萄糖-6-磷酸]/[葡萄糖-1-磷酸]＝0.019/0.001＝19.0

$$\begin{aligned}\Delta G^{0\prime} &= -2.303RT\ \lg K'_{eq} \\ &= -2.303\times1.987\times10^{-3}\times298\times\lg19.0 \\ &\approx -1.36\times1.28 \\ &\approx -1.74(\text{kcal/mol}) \\ &\approx -7.280(\text{kJ/mol})\end{aligned}$$

（四）自由能变化的可加和性

实际自由能变化依赖于反应物和产物的浓度，标准自由能变化可以加和。在偶联的几个化学反应中，自由能的总变化等于每一步反应自由能变化的总和。

例如，葡萄糖（G）发生磷酸化，生成葡萄糖-6-磷酸（图 5-1）。

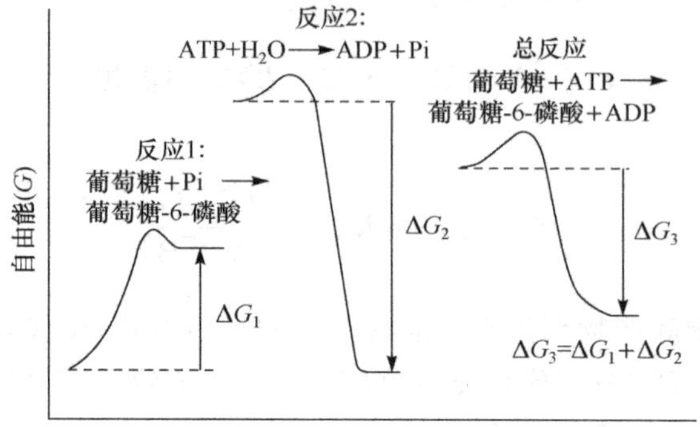

图 5-1　自由能变化的可加和性

第一步，G＋Pi ⟶ G-6-P＋H_2O，　因为标准自由能 $\Delta G^{0\prime}>0$，所以此反应不能自发进行。

第二步，ATP＋H_2O ⟶ ADP＋Pi，　$\Delta G^{0\prime}<0$ 且绝对值大于第一步的标准自由能 $\Delta G^{0\prime}$。

总反应：G＋ATP ⟶ G-6-P＋ADP，　根据自由能变化的可加和性，由以上两步的标准自由能 $\Delta G^{0\prime}$ 可知，总反应是能进行的。

五、生物化学公式与化学公式的差异

生物化学以一种简单的方式书写代谢公式，化学公式平衡了所有参与反应的元素和电荷。而生物化学公式，只关系参与反应的主要因素。例如，在 pH 7 和 2mmol/L Mg^{2+} 时，ATP 存在的形式有 ATP^{4-}、$HATP^{3-}$、H_2ATP^{2-}、$MgHATP^{-}$ 和 MgATP。但在生物化学中 ATP 的水解公式是

$$ATP+H_2O \longrightarrow ADP+Pi$$

这里 ATP、ADP 和 Pi 是各种存在形式的总和。

生物化学公式用来决定在特定的 pH 和离子条件下，反应会向哪个方向进行，或用于计算反应的平衡常数。当考虑化学反应的机制时，就会涉及反应中的所有原子和电荷，就需要用化学公式来表示。

第二节　生物氧化中二氧化碳的生成

生物体内 CO_2 的生成并不是物质中所含的碳、氧原子的直接化合，而是由糖、脂肪和蛋白质等在体内代谢过程中转变来的有机酸在线粒体基质中经酶的催化脱去羧基而产生，此过程称为脱羧基作用（decarboxylation）。脱羧过程伴有氧化作用的，称为氧化脱羧，没有氧化作用的，称为直接脱羧。根据有机酸脱羧位置不同可分为 α-脱羧和 β-脱羧。

一、氧化脱羧基作用

有机物在代谢过程中产生的有机酸（如丙酮酸）在氧化脱羧酶系的作用下，脱去羧基的同时也脱氢（即氧化），此过程称为氧化脱羧基作用（oxidative decarboxylation）。

（一）α-氧化脱羧

当脱去的羧基位于 α-碳原子上，则为 α-氧化脱羧。

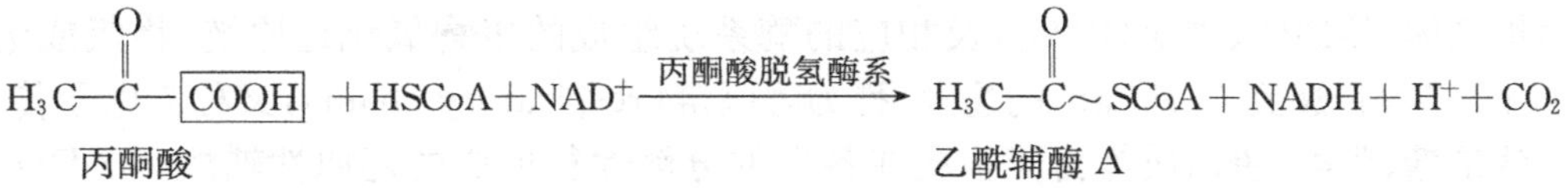

（二）β-氧化脱羧

当脱去的羧基位于 β-碳原子上，则为 β-氧化脱羧。

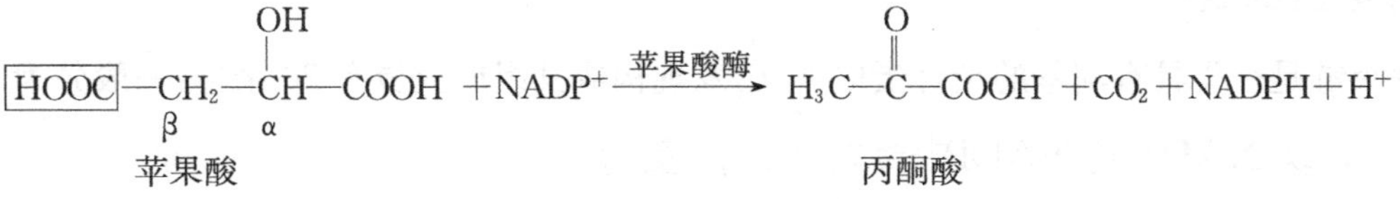

二、直接脱羧作用

在代谢过程中产生的有机酸不经过氧化作用，在特异性脱羧酶催化下，直接从分子中脱去

羧基的过程，称为直接脱羧作用(direct decarboxylation)。

(一) α-直接脱羧

当羧基与α-碳原子相连，在酶作用下，脱去 CO_2，保留氢原子，则为α-直接脱羧。

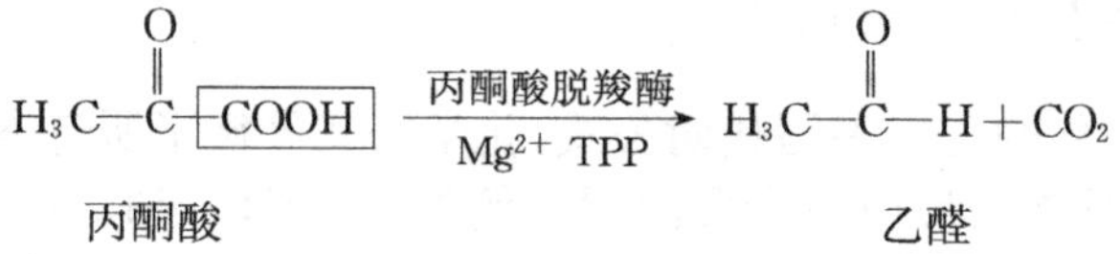

(二) β-直接脱羧

当羧基与β-碳原子相连，脱去 CO_2，保留氢原子，则为β-直接脱羧。

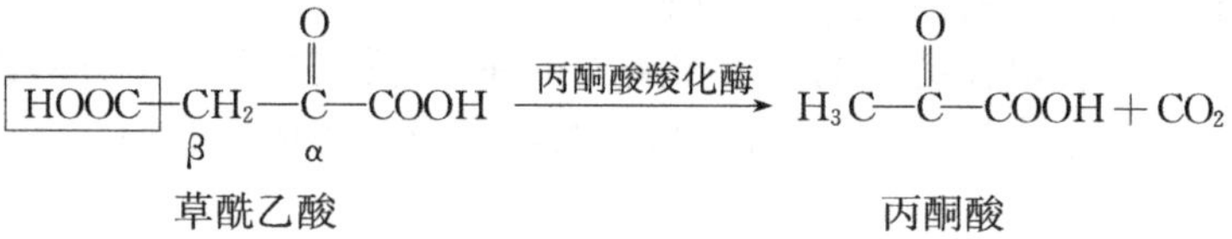

第三节　生物氧化中水的生成

水是生物氧化的产物之一。生物氧化中水的生成是一个复杂的过程，在线粒体的基粒上代谢物经脱氢酶催化脱去氢，脱下的氢经生物氧化作用和吸入的氧结合生成水。生物体主要以脱氢酶、传递体及氧化酶组成氧化体系，以促进水的生成(图 5-2)。

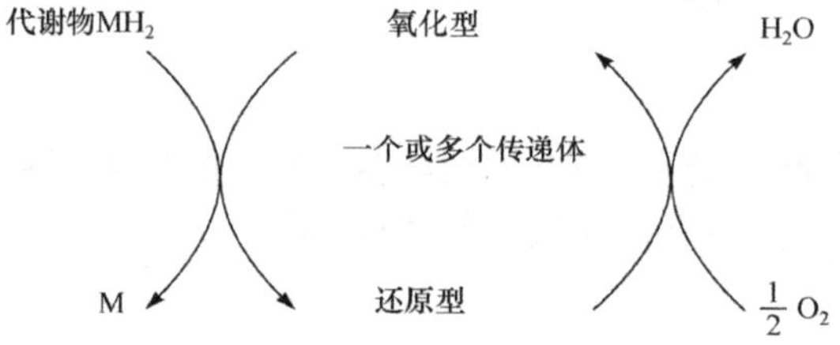

图 5-2　生物氧化过程中水的生成

由供氢体、传递体、受氢体(O_2)及相应的酶系统组成的生物氧化还原链，将氢或电子从 $NADH+H^+$ 等传递到 O_2 所经历的途径，称为呼吸链(respiratory chain)，又称为电子传递链。实质上就是糖、脂类、蛋白质等营养物质在各自的分解途径形成的还原性辅酶($NADH+H^+$ 和 $FADH_2$)上氢原子以质子形式脱下，其电子由一系列的载体最终转运给 O_2，形成 H_2O。在电子传递过程中伴随有能量释放，使 ADP 磷酸化形成 ATP。

一、呼吸链的组成

呼吸链是一类具有辅基的结合蛋白类，已发现构成其组成成员有 20 余种，一般分为 5 类。

(一) 以 NAD^+ 或 $NADP^+$ 为辅酶的脱氢酶

这是一类以 NAD^+ 或 $NADP^+$ 为辅酶的脱氢酶。多数脱氢酶以 NAD^+ 为辅酶，少数以 $NADP^+$ 为辅酶(如葡萄糖-6-磷酸脱氢酶)，少数酶能以 NAD^+ 或 $NADP^+$ 两种为辅酶(如谷氨酸脱氢酶)。脱氢酶分别与氧化态的 NAD^+ 或 $NADP^+$ 结合，催化底物脱氢，NAD^+ 或 $NADP^+$

是电子受体(图 5-3)。还原态的 NADH+H^+ 或 NADPH+H^+ 成为呼吸链的底物,受复合体 I 的作用而进入电子传递。

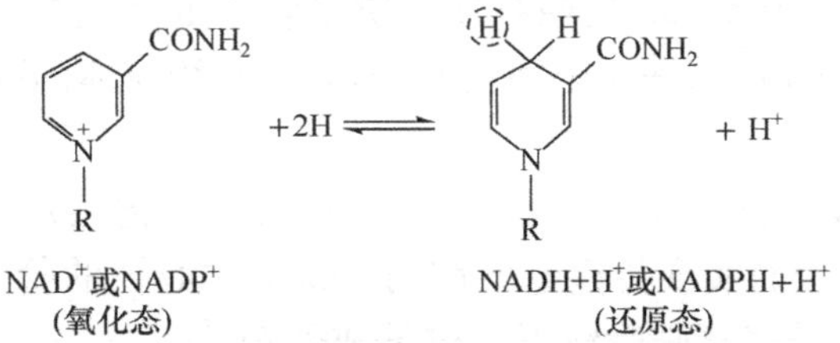

图 5-3 NAD^+ 或 $NADP^+$ 的氧化还原反应

NAD^+ 一般在氧化中起作用,通常作为分解代谢反应的一部分,NADPH 是还原反应中常见的辅酶,几乎总是作为合成反应的一部分。细胞内同时存在 NAD^+/NADH 及 $NADP^+$/NADPH,但 NAD^+ 和 NADPH 是细胞中主要存在形式。

(二) 黄素酶

因为有黄素(flavin)参与组成,所以又称为黄素蛋白(FP,有时简称黄酶)。黄素蛋白种类很多,其辅基有两种:黄素单核苷酸(FMN)和黄素腺嘌呤二核苷酸(FAD),两者均含核黄素(维生素 B_2)。黄素核苷酸与蛋白质共价键结合,其标准氧化还原势的高低取决于与之相结合的蛋白质。蛋白质中功能基团影响 FMN 或 FAD 中吡咯嗪环中的电子轨道,进而影响其相对稳定性。因此,应当把黄素核苷酸看成是黄素蛋白活性位点的一部分,而不是电子传递反应的反应物或产物。

在 FAD、FMN 分子中的异咯嗪环的第一、十位的氮原子能反复、可逆地进行脱氢加氢反应(图 5-4)。多数黄素蛋白参与呼吸链组成,与电子转移有关,如 NADH 脱氢酶以 FMN 为辅基,是呼吸链的组分之一,介于 NADH 与其他电子传递体之间;琥珀酸脱氢酶、线粒体内的甘油磷酸脱氢酶(glycerol phosphate dehydrogenase)的辅基为 FAD,此外脂酰-CoA 脱氢酶与琥珀酸脱氢酶相似,亦属于 FAD 为辅基的黄素蛋白类,也能将还原物传递进入呼吸链,但中间还需另一电子传递体——电子转移黄素蛋白(electron transferring flavo protein,ETFP,辅基为 FAD)参与才能完成。FAD、FMN 是递氢体。注意:“NADH 脱氢酶”与“以 NAD 为辅酶的脱氢酶”是两个完全不同的概念。

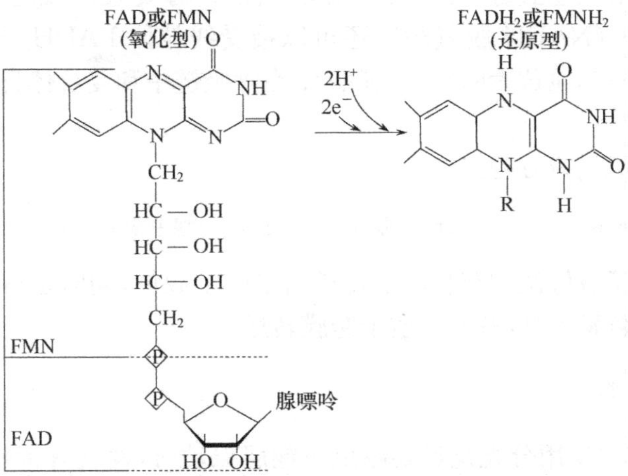

图 5-4 FAD、FMN 分子中的氧化还原反应

右侧化学结构式中的 R 代表左侧化学结构式的其他部分

（三）铁-硫蛋白

铁-硫蛋白(iron-sulfur protein)是相对分子质量较小的蛋白质，又称铁硫中心，通常简写为 Fe-S 或 FeS，一般含有等量的铁原子和硫原子，它们在线粒体内膜上常常与黄素蛋白、细胞色素结合成复合物。

铁-硫蛋白中的铁可以呈两价（还原型)，也可呈三价（氧化型)，由铁的氧化、还原（改变铁的价数：$Fe^{3+}+e \longrightarrow Fe^{2+}$)而实现传递电子作用。铁硫中心铁的价态变化($Fe^{3+} \longrightarrow Fe^{2+}$)可以将电子从 FMN 辅基上转移到呼吸链下一成员辅酶 Q 上。

在铁-硫蛋白中，铁并非存在于血红素中，而是与无机硫原子或（和）蛋白质半胱氨酸巯基中的硫原子结合，从最简单的单一铁原子与 4 个半胱氨酸巯基形成配位键到更为复杂的含有 2～4 个铁原子和无机硫原子组成的功能基因。所有铁-硫蛋白都参与了单电子转移过程。铁-硫蛋白的还原势从－0.65V 到＋0.45V不等，主要取决于铁在蛋白质内所处的微环境。

（四）辅酶 Q

辅酶 Q(coenzyme Q，CoQ)亦称泛醌（ubiquinone)，为一脂溶性苯醌，分子中有一个长的由多个异戊二烯(isoprene)单位构成的侧链，具有高度的疏水性。不同来源的泛醌其异戊二烯单位的数目不同，在哺乳类动物组织中最多见的辅酶 Q 其侧链由 10 个异戊二烯单位组成。辅酶 Q 接受一个电子和一个质子还原成半醌，再接受一个电子和一个质子则还原成二氢辅酶 Q，后者又可脱去电子和质子而被氧化为辅酶 Q(图 5-5)。

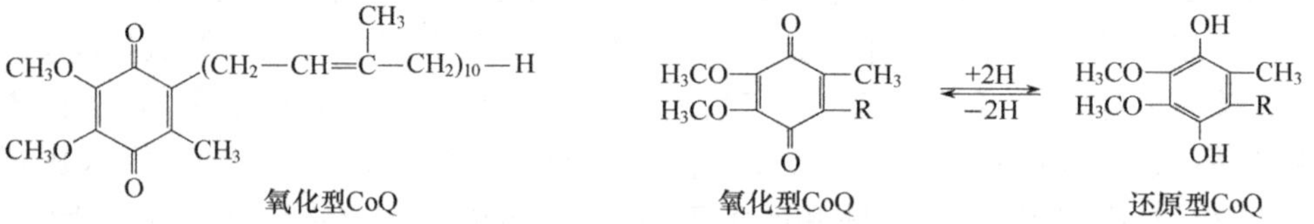

图 5-5　辅酶 Q 的化学结构及其氧化型与还原型

辅酶 Q 是线粒体中唯一不与蛋白质结合的电子载体，有两种存在形式：膜结合型和游离型。因为有很长的脂溶性碳氢链，可在膜内流动，所以辅酶 Q 在呼吸链中处于中心地位，不仅可以接受 FMN 上的氢（NADH 脱氢酶)，还可以接受线粒体 $FADH_2$ 上的氢（如琥珀酸脱氢酶、脂酰-CoA 脱氢酶及其他黄素酶类)。辅酶 Q 在呼吸链中和复合体Ⅲ一起组成 Q 循环参与质子和电子的传递。

Q 循环的氧化还原反应方程式：

$$QH_2+2\text{细胞色素 } c_1(Fe^{3+})+2H^+(\text{基质})\longrightarrow Q+2\text{细胞色素 } c_1(Fe^{2+})+4H^+(\text{膜间隙})$$

Q 循环使得双电子载体泛醌能将电子传递给单电子载体，同时也解释了当每一对电子经复合体Ⅲ转移至细胞色素 c 时，有 4 个质子跨膜转运。

（五）细胞色素类

1926 年 Keilin 首次使用分光镜观察昆虫飞翔肌振动时，发现有特殊的吸收光谱，因此把细胞内的吸光物质定名为细胞色素（cytochrome，Cyt)。细胞色素是一类含有铁卟啉辅基的色蛋白，属于递电子体。线粒体内膜中有细胞色素 b、c_1、c、aa_3，肝、肾等组织的微粒体中有细胞色素 P-450。细胞色素 b、c_1、c 为红色细胞色素，细胞色素 aa_3 为绿色细胞色素。不同的细胞色素不但其酶蛋白结构不同，辅基的结构也有一些差异。每一种类型的细胞色素当处于还原态（Fe^{2+}）时都在可见光范围内具有 3 个吸收峰，为了区分不同的细胞色素，有时在细胞色素的辅基后标出确切的最大吸收波长，如细胞色素 b_{562}，其辅基是血红素 b，最大吸收波长是 562nm（图 5-6）。

细胞色素 c 为一外周蛋白，位于线粒体内膜的外侧。Cyt c 的辅基血红素 c（亚铁原卟啉）通过共价键（硫醚键）与酶蛋白相连（图 5-7），其余各种细胞色素中辅基与酶蛋白均通过非共价键结合。它是唯一可溶性的细胞色素，同源性很强，可作为生物系统发生关系的一个指标。

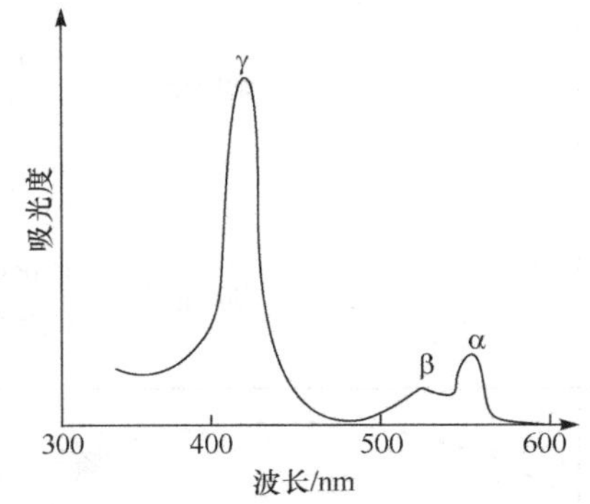

图 5-6　还原型细胞色素 c 的光吸收峰

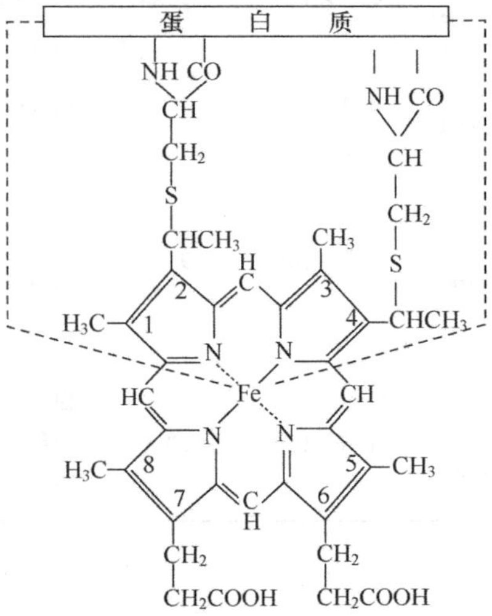

图 5-7　血红素 c

细胞色素 a 和 a_3 不易分开，统称为细胞色素 aa_3。和细胞色素 P-450、b、c_1、c 不同，细胞色素 aa_3 的辅基不是血红素 b，而是血红素 a（图 5-8）。细胞色素 aa_3 可将电子直接传递给氧，因此又称为细胞色素氧化酶。

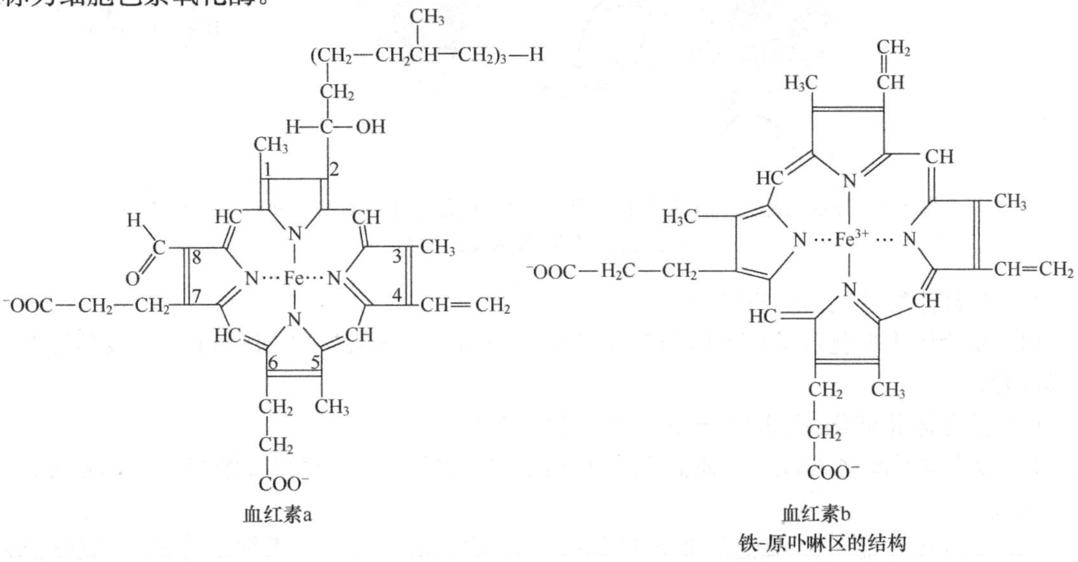

图 5-8　血红素 a 和 b 的结构图

细胞色素是依靠铁卟啉中的铁原子价态的变化来传递电子；细胞色素 a、a_3 中还含有铜离子，且铜离子连着血红素辅基，铁离子和铜离子共同参与电子的传递。

呼吸链主要由 4 种蛋白质复合体参与组成，各复合体的主要特点如表 5-2 所示，质子和电子流如图 5-9 所示。

表 5-2　呼吸链的蛋白质复合体

蛋白质复合体	相对分子质量	亚单位	辅基	氧化剂或还原剂			作用
				线粒体基质侧	碳氢核心	胞质溶胶侧	
复合体Ⅰ NADH-Q 还原酶	8.8×10^5	≥34	FMN Fe-S	NADH	Q		催化 NADH 氧化、CoQ 还原
复合体Ⅱ 琥珀酸-Q 还原酶	1.4×10^5	4	FAD Fe-S	琥珀酸	Q		催化琥珀酸氧化、CoQ 还原
复合体Ⅲ 细胞色素还原酶	2.2×10^5	9	血红素 b_{562} 血红素 b_{566} 血红素 c_1 Fe-S		Q	细胞色素 c	催化 $CoQH_2$ 氧化、Cyt c 还原
复合体Ⅳ 细胞色素氧化酶	1.6×10^5	10	血红素 a 血红素 a_3 Cu_A 和 Cu_B			细胞色素 c	催化 Cyt c 氧化、O_2 还原

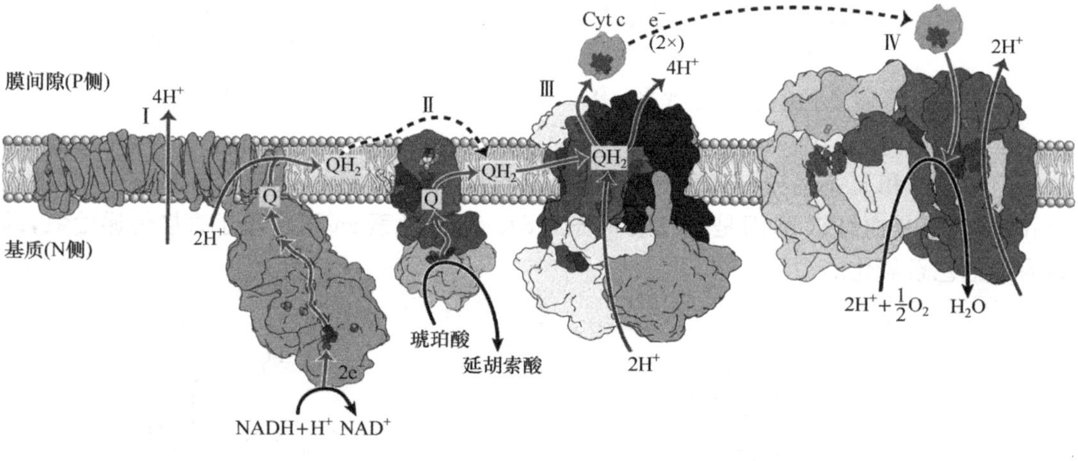

图 5-9　呼吸链通过 4 个复合体的质子和电子流(引自 Lehninger et al.，2012)

P 侧代表正电位，N 侧代表负电位

4 个复合体所催化的反应如下。

(1) 复合体Ⅰ催化：$NADH+5H^+(n)+Q \longrightarrow NAD^+ +QH_2+4H^+(p)$(n，线粒体基质，p，膜间隙)。

(2) 复合体Ⅱ催化：$FADH_2+Q \longrightarrow FAD+QH_2$。

(3) 复合体Ⅲ催化：QH_2+2 细胞色素 c(氧化态)$+2H^+(n) \longrightarrow Q+2$ 细胞色素 C(还原态)$+4H^+(p)$。

(4) 复合体Ⅳ催化：4 细胞色素 c(还原态)$+8H^+(n)+O_2 \longrightarrow 4$ 细胞色素 C(氧化态)$+4H^+(p)+2H_2O$。

二、呼吸链中传递体的排列顺序的确定

呼吸链中各组分的排列是有严格顺序的。目前确立呼吸链中各组分的排序有多种方法。

(一) 根据各种组分的标准氧化还原电位

标准氧化还原电位的数值表示氧化还原能力的大小。标准氧化还原电位负值越大，其还原性越强，越容易被氧化；标准氧化还原电位正值越大，其氧化性越强，越容易被还原。因此呼吸链中各种组分的排列应当由低电位依次向高电位排列，电势越低，越朝前排列。

呼吸链中各组分的氧化-还原电势排列顺序如下。

氧化-还原电势(*V*)：	−0.32	−0.06	0.00	+0.26	+0.28	+0.8
	NADH	FP	CoQ	Cyt bc	Cyt aa_3	O_2

(二) 根据氧化反应达到平衡时各种传递体的还原程度

Chance 和 Williams 使用分光光度法测定离体的线粒体在有氧条件下三羧酸循环反应达到平衡时，呼吸链中各种传递体的还原程度。反应达到平衡时从底物一侧到氧一侧的各种传递体的还原程度应当是递减的，底物的一侧最高，氧一侧最低，如表 5-3 中数据所示。这种情况好像物理学上的联通管(图 5-10A)，若进水量等于出水量，即流量达到平衡时，离进水口最近的水管中水位最高，离出水管最近的水管中水位最低，从进水管到出水管水位逐渐减低，若把水流视为电子流，就是上述实验中的情况。

表 5-3 有氧动态平衡时电子传递体的还原程度

传递体	NADH	FP(黄素蛋白)	Cyt b	Cyt c	Cyt aa_3
还原型/%	53	20	16	6	1

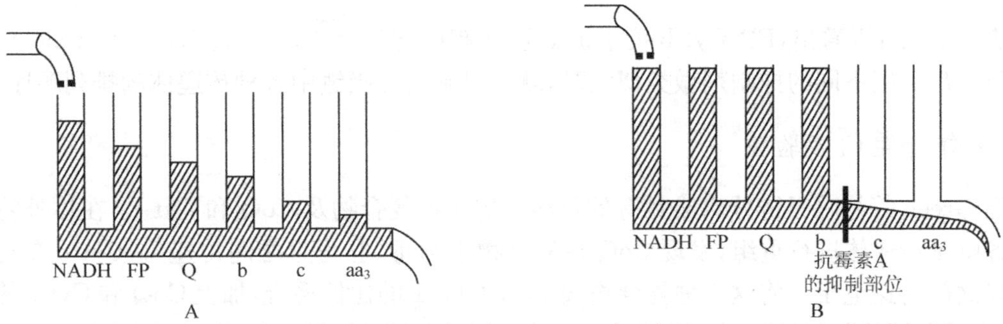

图 5-10 呼吸链的比拟图解

A. 正常呼吸链正像流水在水管中畅流无阻，水面沿流向逐步降低；

B. 被阻断后，在阻断部位前面的水管被水充满，后面则即将流尽

(三) 用分光光度法直接测定吸收光谱的变化

呼吸链的成员在氧化态和还原态时会表现出不同的吸收光谱。可用分光光度法直接测定呼吸链各成员氧化态和还原态的吸收光谱的变化来确立呼吸链的成员的顺序。图 5-11 表示 NAD^+ 氧化状态和还原状态有着不同的吸收光谱。

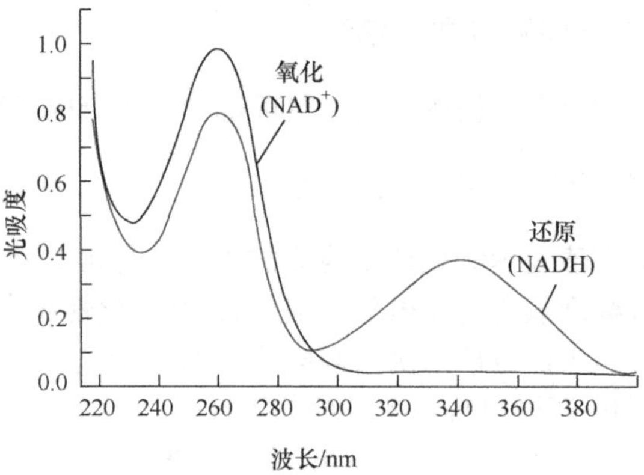

图 5-11　NAD^+ 氧化态和还原态的吸收光谱变化(引自 Lehninger,2012)

(四) 使用特异的抑制剂阻断法

特异的抑制剂能阻断呼吸链中的特定环节,阻断部位的底物一侧的各种传递体应为还原型,阻断部位的氧一侧的各种传递体应为氧化型,正像阻断联通管的底部一样,阻断部位以前的各水管中水是满的,而阻断部位以后的各水管中水均流光。图 5-10B 和表 5-4 分别为阻断剂抗霉素 A 阻断呼吸链的细胞色素 b 和 c 之间的传递和使用抗霉素 A 前后各种递电子体的还原型百分数。

表 5-4　各种递电子体的还原型百分数(%)

	FP	Cyt b	Cyt c+c_1	Cyt aa_3
琥珀酸	40	25	19	4
琥珀酸+抗霉素 A	100	100	0	0

从表 5-4 中可以看出,FP、Cyt b 位于抗霉素 A 阻断部位之前,Cyt c、Cyt c_1、Cyt aa_3 位于阻断部位之后。用不同的抑制剂做类似实验,就可以确定呼吸链中各种传递体的排列顺序。

(五) 体外重组实验法

美国 Green 等将呼吸链分离成具有催化活性的 4 种复合物及 CoQ 和 Cyt c。在体外将分离出的各电子传递体进行重组,发现 CoQ 在复合物Ⅰ与Ⅲ,Ⅱ与Ⅲ之间传递氢,Cyt c 在复合物Ⅲ与Ⅳ之间传递电子。将这 4 种复合物按 1∶1∶1∶1 的比例混合,加上 CoQ 和 Cyt c 的重组,基本上恢复了线粒体原有的催化能力。

借助上述实验方法,呼吸链各组分的排列顺序已基本明确,但仍有些不一致的看法,其中以 CoQ 至细胞色素 c 这一部分研究得还很不清楚,对于 Fe-S 和 CoQ 的定位和数量也有争议。

(六) 常见的氧化呼吸链

目前有 2 种最常见的氧化呼吸链。

1. NADH 氧化呼吸链　NADH 氧化呼吸链是体内最常见的一种重要呼吸链。人体内大多数脱氢酶都以 NAD^+ 作辅酶,在脱氢酶催化下底物 SH_2 脱下的氢交给 NAD^+ 生成 $NADH+H^+$,后者又在复合体 I(NADH 脱氢酶)作用下脱氢,脱下的 2H 由黄素酶的辅基

FMN 接受生成 $FMNH_2$，再由 $FMNH_2$ 将氢传递给辅酶 Q 形成辅酶 QH_2，再往下传递时辅酶 QH_2 的 2H 解离成 $2H^+$ 和 $2e^-$，$2H^+$ 游离于基质中，$2e^-$ 则通过一系列细胞色素(Cyt)的传递(复合体Ⅲ、细胞色素 c 和复合体Ⅳ)，最后交给氧生成氧离子(O^{2-})，后者与基质中的 $2H^+$ 生成 H_2O。每 2H 通过此链氧化生成水时，所释放的能量可以生成 2.5 个 ATP。上述传递过程可用图 5-12 表示。

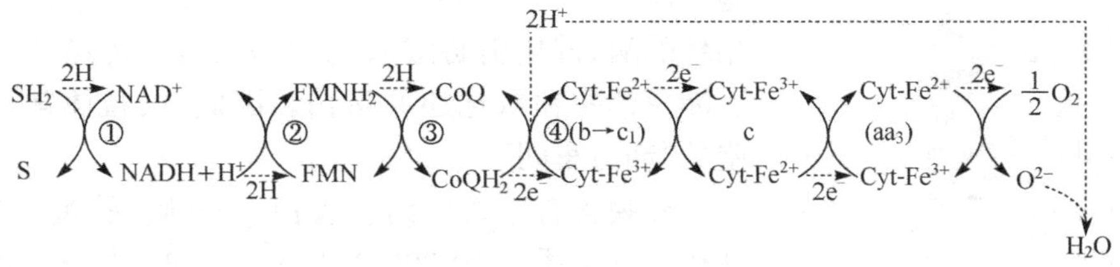

图 5-12　NADH 氧化呼吸链

以 $NADP^+$ 作辅酶的脱氢酶催化代谢物脱氢生成 $NADPH+H^+$，大多数都存在于线粒体外用于物质的合成代谢。少量在线粒体内生成的 NADPH，可在脱氢酶的催化作用下生成 NADH，再进入呼吸链的氧化，反应式为

$$NADPH+H^+ +NAD^+ \longrightarrow NADP^+ +NADH+H^+$$

2. $FADH_2$ 氧化呼吸链　$FADH_2$ 氧化呼吸链是由琥珀酸脱氢酶、辅酶 Q 和 Cyt(复合体Ⅲ、细胞色素 c 和复合体Ⅳ)所组成。琥珀酸脱氢酶中含有 FAD 与铁-硫蛋白。代谢物脱下的 2H 经此呼吸链氧化仅生成 1.5 分子 ATP。但它与 NADH 氧化呼吸链的区别就在于脱下 2H 不经过 NAD^+ 这个环节，此链在体内不如 NADH 氧化呼吸链普遍。整个传递过程可用图 5-13 表示。

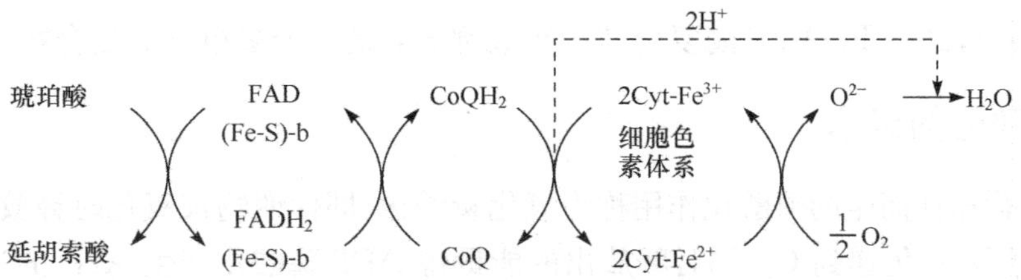

图 5-13　$FADH_2$ 氧化呼吸链的传递过程

在线粒体内膜上，呼吸链的各组分以一定浓度比例依次排列。不同组织和器官的线粒体中，含有的呼吸链的数目不同，如肝细胞的每个线粒体内含有呼吸链数大约为 5000，而心肌细胞大约为 20 000。可见心肌线粒体比肝细胞线粒体的氧化更为活跃。

第四节　氧化磷酸化作用

氧化磷酸化(oxidative phosphorylation)是需氧生物细胞生命活动的主要能量来源，是生成 ATP 的主要途径。真核生物的电子传递磷酸化都是在细胞的线粒体内膜发生的，原核生物则是发生在细胞质膜上。在这里先了解一下线粒体的结构，之后才能更深入了解氧化磷酸化作用的机制。

一、生物氧化的细胞学基础——线粒体

线粒体是真核生物重要的细胞器，是真核生物氧化代谢的场所（图 5-14）。线粒体是由双层膜包围的细胞器，其大小为 0.5～1.0μm，与一个细菌的大小接近。典型的真核生物细胞约含 2000 个线粒体，占细胞总体积的 1/5。线粒体含有丙酮酸脱氢酶复合物、柠檬酸循环的酶、催化脂肪酸氧化的酶及电子传递和氧化磷酸化所涉及的酶和氧化还原蛋白。因此，线粒体常被描述为细胞的“动力车间”。

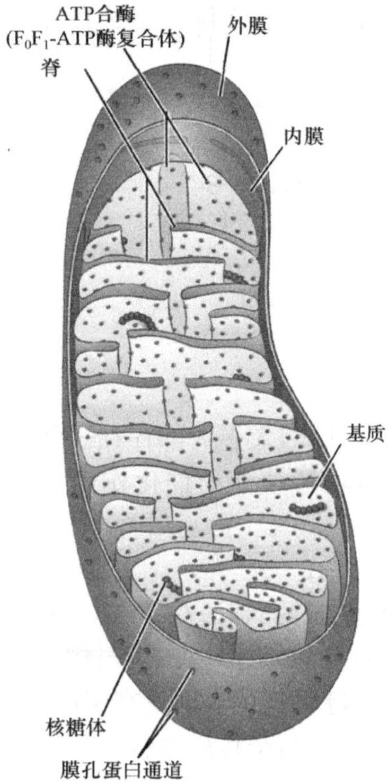

图 5-14 线粒体结构图

外膜含有丰富的跨膜蛋白——（膜）孔蛋白（porin），允许相对分子质量 10 000 以下的分子自由扩散。线粒体内膜对分子和离子是选择通透的。跨线粒体内膜转运是通过膜上的特殊的转运蛋白来完成的。线粒体内膜连续内折，形成嵴（cristae），从而增加内膜的表面积。一般说需能多的细胞，不仅线粒体多，而且线粒体嵴的数目也多。与电子传递和氧化磷酸化过程密切相关的蛋白质和电子传递体一般都位于内膜和嵴上。内膜的存在把线粒体分隔成位于内膜和外膜之间的膜间空间（intermembrane space）和内侧基质（matrix）。基质为内膜和嵴包围的空间，呈液态。线粒体内膜的嵴上有许多排列规则的颗粒称为线粒体基粒（elementary particle），每个基粒间相距约 10nm。基粒又称偶联因子 1（coupling factor 1），简称 F_1，实际是 ATP 合酶（ATP synthase），是 F_0F_1-ATP 酶复合体的组成部分，是一个多组分的复合物。

二、氧化磷酸化的概念

与生物氧化相伴而生的磷酸化作用称为氧化磷酸化，即代谢物被氧化时释放出的电子沿着电子传递链（呼吸链）传递到 O_2，同时释放出的能量将 ADP 磷酸化产生 ATP 的过程（图 5-15）。因此，氧化磷酸化又称为电子传递磷酸化。或者说是 ATP 的生成与氧化电子传递链相偶联的磷酸化作用，这实质上就是一个能量偶联的过程。

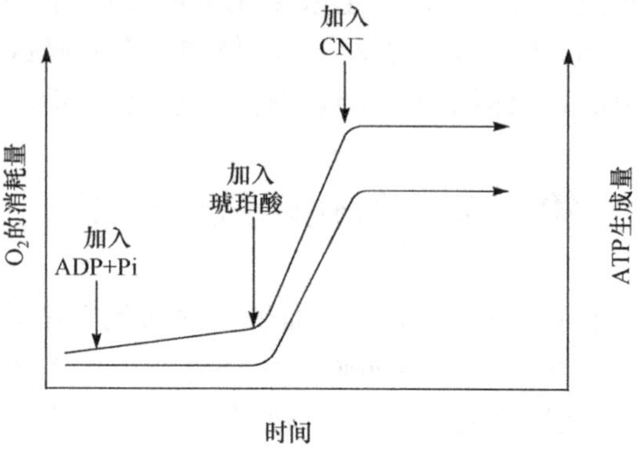

图 5-15 ATP 的生成与电子传递的关系

氧化磷酸化作用是需氧生物取得 ATP 的主要方式。

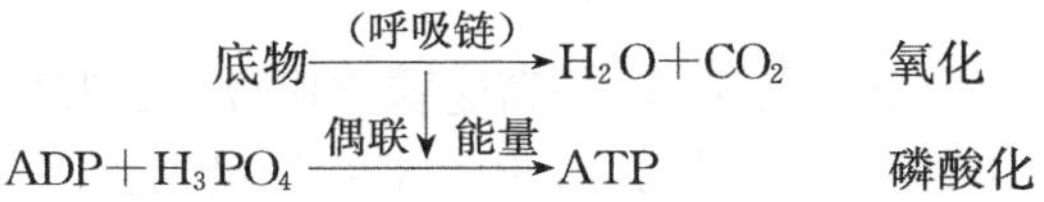

三、ATP 的合成

ATP 在一切生物的生命活动中都起着重要作用，在细胞的细胞核、细胞质和线粒体中都有 ATP 存在。ATP 的形成包括底物水平磷酸化、氧化磷酸化和光合磷酸化三种方式，在此仅介绍前两种方式及相关内容。

（一）高能磷酸化合物

机体内有许多磷酸化合物，当其磷酸基水解时，释放出 20.92kJ/mol 以上自由能，这类化合物称为高能磷酸化合物（图 5-16），其键称为“高能键”，并用符号“～”表示。生物体内的高能化合物，可将其归为以下 4 种类型。

（1）磷氧键型（—O～P）：①酰基磷酸化合物，如 1，3-二磷酸甘油酸、乙酰磷酸、氨甲酰磷酸、酰基腺苷酸、氨酰腺苷酸等。②焦磷酸化合物，如无机焦磷酸、ATP、ADP 等。③烯醇式磷酸化合物，如磷酸烯醇式丙酮酸。

（2）氮磷键型（—N～P），如磷酸肌酸、磷酸精氨酸。

（3）硫酯键型（—S～C 或—S～O），如 3′-磷酸腺苷-5′-磷酰硫酸、酰基辅酶 A。

（4）甲硫键型（$—S\sim CH_3$），如 S-腺苷甲硫氨酸（SAM）。

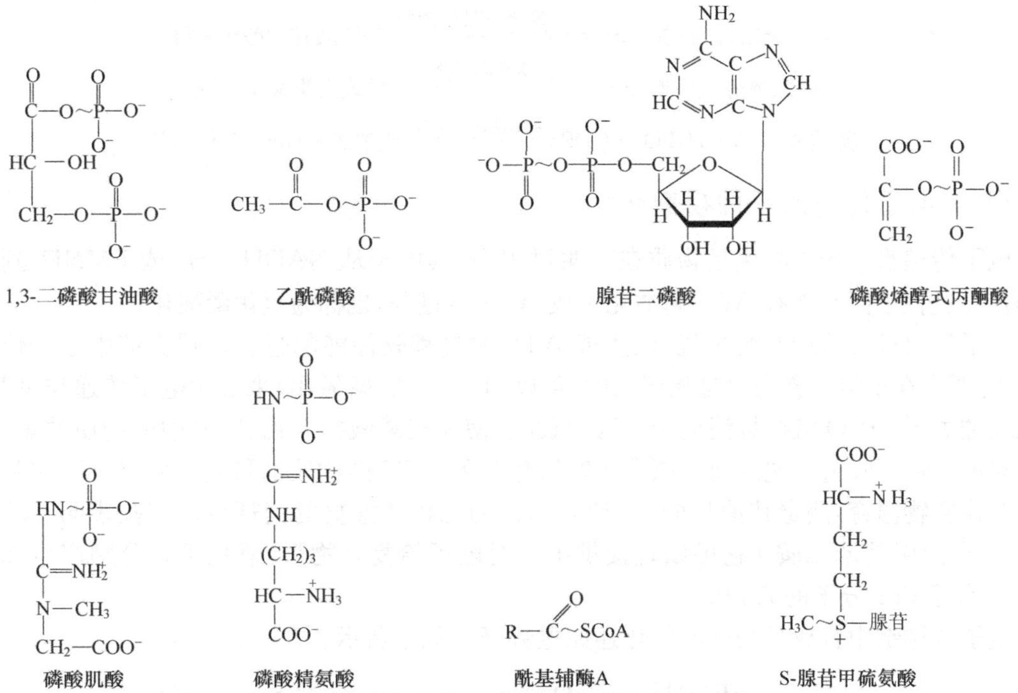

图 5-16　高能磷酸化合物

酰基辅酶 A 中的 R 代表酰基

（二）ATP的结构

ATP全称为三磷酸腺苷，又称腺苷三磷酸，是高能磷酸化合物的典型代表。其结构如图5-17所示。ATP中有两个酸酐键，酸酐键可水解并放出大量的能量，$\Delta G^{0}{}'=-30.54$kJ/mol。

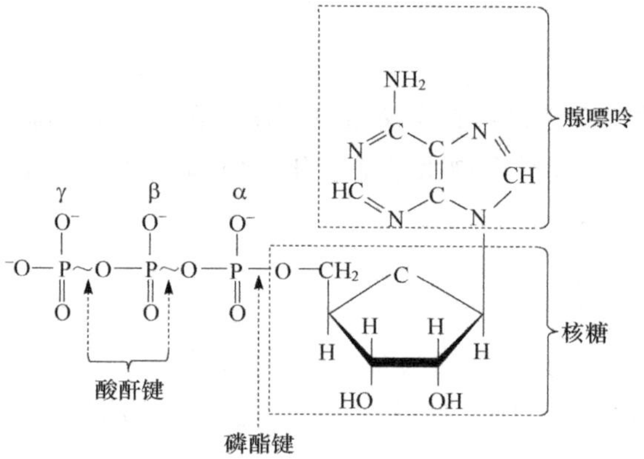

图5-17　ATP的结构

（三）底物水平磷酸化

底物水平磷酸化是指ATP的形成直接与一个代谢中间物上的高能磷酸基团转移相偶联的作用。即能量直接由高能化合物释放出来，用于ADP磷酸化成ATP。

底物水平磷酸化过程在细胞质和线粒体中进行，包括有

$$1,3\text{-二磷酸甘油酸}+\text{ADP}\xrightleftharpoons{\text{3-磷酸甘油酸激酶}}\text{3-磷酸甘油酸}+\text{ATP}$$

$$\text{磷酸烯醇式丙酮酸}+\text{ADP}\xrightarrow{\text{丙酮酸激酶}}\text{烯醇式丙酮酸}+\text{ATP}$$

$$\text{琥珀酰-CoA}+H_3PO_4+\text{GDP}\xrightleftharpoons{\text{琥珀酸硫激酶}}\text{琥珀酸}+\text{HSCoA}+\text{GTP}$$

（四）电子传递水平的磷酸化

电子传递水平的磷酸化是物质在代谢过程中，其电子从NADH+H^+或$FMNH_2$到分子氧的传递过程中同时伴有ADP磷酸化生成ATP的过程，也称为氧化磷酸化。

电子传递过程是产能的过程，而生成ATP的过程是储能的过程。呼吸链中电子传递和ATP的形成在正常细胞内总是相偶联的，可以用P/O值(磷氧比)来表示电子传递与ATP生成之间的关系。P/O值指每消耗1mol的氧原子使无机磷酸掺入到ATP中的物质的量(或者指每对电子经呼吸链传递给每个氧原子时所生成的ATP的物质的量)。将离体的、完整的线粒体与代谢物温育，测定其消耗的氧与^{32}P标记的无机磷酸盐的消耗量。实验表明，NADH、$FADH_2$和四甲基苯二胺（它可以直接供出一对电子给复合物Ⅳ）氧化可以分别产生2.5分子、1.5分子和1分子的ATP。

电子传递链中各成员的标准氧化还原电势(E_0')如下所示：

$$\begin{array}{lcccccccc} & NAD^+\longrightarrow & FMN\longrightarrow & CoQ\longrightarrow & b\longrightarrow & c_1\longrightarrow & c\longrightarrow & aa_3\longrightarrow & O_2\\ E_0' & -0.32V & -0.06V & 0.00V & +0.26V & & +0.28V & & +0.82V\end{array}$$

在电子传递过程中，其自由能的变化可以根据下式算出：

$$\Delta G^{0\prime} = -nF\Delta E_0'$$

式中，$\Delta G^{0\prime}$为标准自由能变化；n为转移电子数；F为法拉第常数（$F=23\ 062\text{cal/Vmol}$）；$\Delta E_0'$为标准氧化还原电势差。

将电子传递链中各个成员的标准氧化-还原电势代入上式即可求得其相应自由能，并且自由能发生较大变化的部位即是氧化-还原电位有较大变化的部位。实验证明，当电子沿着呼吸链进行传递时呼吸链中有三个部位有较大的自由能变化，这三个部位每一步释放的自由能都足以保证由ADP和无机磷酸形成ATP，此即发生磷酸化作用的部位，这三个部位分别是NADH和辅酶Q之间的部位，细胞色素b和细胞色素c之间的部位，细胞色素aa_3和O_2之间的部位（图5-18）。

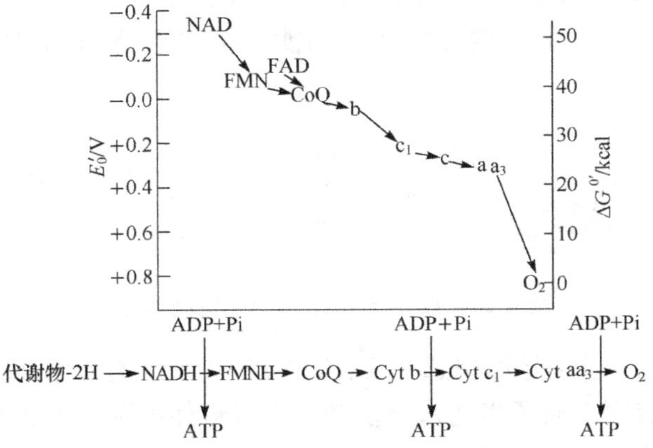

图5-18　呼吸链中电子对传递时自由能的下降和ATP生成的关系

（五）ATP合成机制

1. ATP合酶的结构和功能　ATP合酶也称质子泵ATP合酶或F_0F_1-ATP酶，它是一种多亚基的跨膜蛋白，有时把它称为复合物Ⅴ。该酶的相对分子质量约为4.5×10^5。Racker发现线粒体ATP合酶用尿素处理可以解离成两个较大的功能单位，即F_1和F_0。F_1由5种不同的亚基（$\alpha_3\beta_3\gamma\delta\varepsilon$）组成。牛心线粒体$F_1$的相对分子质量约$3.7\times10^5$，是一种可溶性的膜外周蛋白。$F_1$单独存在不具有合成ATP的功能，却能使ATP水解。因此，F_1又称为ATP酶（ATPase）。F_0是一种不溶于水的跨膜蛋白（ab_2c_n），其中c亚基的数量依生物不同而变化（8～15）。ATP合酶至少含有8种不同的亚基。F_0的c亚基构成了一种跨膜的质子通道。F_1通过蛋白质柄与F_0连接，从而构成一个完整的、具催化ATP合成能力的全酶。在电子显微镜下可观察F_0F_1-ATP酶的F_1类似门上的一个球形握手（图5-19）。当质子经F_0上的质子通道返回到线粒体基质时，所释放出来的能量推动ATP酶促合成反应。

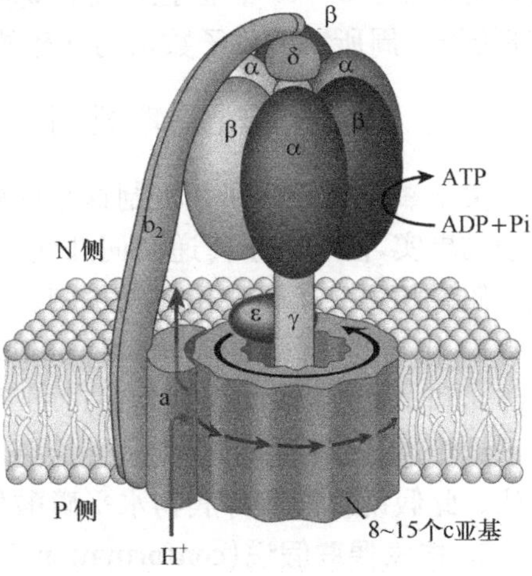

图5-19　ATP合酶结构示意图
（引自Lehninger et al.，2012）

2. ATP的合成过程　ATP合酶催化ATP的合成可能是通过一种称为“结合变化机制”（binding change mechanism）的机制来完成的。ATP合酶的

F_1功能单位有三个相互作用的催化原体(αβ),其中β亚基具有和ATP、ADP、Pi结合的能力,因此,每个这样的原体以不同的构象态存在:一种叫做L态(松散态,loop),只能与ADP和Pi松散结合,因此也称β-ADP状态,对底物没有催化能力;一种叫做T态(紧密态,tense),能与ATP紧密结合,也称β-ATP状态,并具有催化活性;第三种是O态(开放态,open),也称β-0状态,不能与底物和产物结合,ATP被释放出来。当质子通过ATP合酶F_0的质子通道返回到线粒体基质时,释放出的自由能被用来使这三种构象态相互转换。当ADP和Pi结合到L态时,质子流动提供的自由能就推动ATP合酶的构象变化,自L态转变成T态,从而导致ATP合成;这一步也涉及其他两个原体的构象变化,即T态转变成O态,O态转变成L态;ATP在T态的一个亚基上合成后,接着就从O态的另一个亚基上解离。在同一时间不同亚基存在三个不同构象,即T、L、O态;而同一亚基在不同时间也存在三个交替出现的构象也是T、L、O态,从而生成ATP。质子内流所产生的能量将用于ATP的释放。ATP合酶结构变化机制可用图5-20表示。

图5-20 ATP合酶结构变化机制示意图

3. H⁺内流机制 质子是如何通过F_0F_1-ATP酶从线粒体膜间隙流入基质呢?首先,F_0的结构显示a亚基有两个质子半通道分别开口于线粒体内膜的P侧(细胞质侧)和N侧(基质侧)。8~15个c亚基围绕一个中心轴形成环状,每一个c亚基上有一个Asp(或Glu)残基位于线粒内膜的中间,质子通过由a亚基和c亚基组成的质子通道,从细胞质侧顺浓度差和电位差流入基质。a亚基细胞质侧的质子半通道的终点接近膜中间的c_1亚基的Asp,质子从细胞质侧顺浓度差流入半通道。结合到Asp上,替代与Asp形成离子键的Arg。Arg旋转与邻近c_2亚基的Asp相互作用,旋转后的c_1亚基的Asp释放质子通过a亚基的第二个开口于基质侧的半通道进入基质。Asp与Arg残基之间重新形成盐键。结果一个质子通过与a亚基的相互作用,从细胞质侧跨线粒体内膜进入基质,而c亚基移动了一个亚基的位置,下一次质子流动重复开始。8~15个亚基形成的c环的旋转运动是单向跨膜的质子顺浓度差流动的结果,c环旋转一周所需的质子数量与c环的亚基数相同。

(六)氧化磷酸化偶联机制

关于氧化磷酸化偶联机制这个问题已作了不少研究,氧化作用与电子传递相偶联已成为不争的事实,但对电子传递在何处使ATP磷酸化的问题存在较大争论,近年来尚无定论。有三种假说解释氧化磷酸化偶联机制。

1. 化学偶联假说(chemical coupling hypothesis) 该假说由Slater于1953年提出:电子传递和ATP生成的偶联是通过一系列化学反应而形成含高能的中间化合物,此化合物沿电子链传递,最后裂解,将能量交给ADP生成ATP。但到目前为止,由于证据不足而得不到公认。此假说仅能解释底物水平磷酸化,不能解释呼吸链。

2. 构象偶联假说(conformational coupling hypothesis) 该假说是1964年由美国生物化学家Boyer最先提出。他认为电子沿呼吸链传递到线粒体内膜,线粒体内膜上的蛋白质组分即F_0F_1-ATP酶分子发生了构象改变而形成高能形式,这种高能形式通过将能量转移到

ADP 合成 ATP，ATP 从线粒体内膜游离下来，而 F_0F_1-ATP 酶分子又得以恢复其原来的构象。随着人们对 ATP 合酶结构研究和认识的不断深入，在构象偶联假说的基础上形成了 ATP 合酶结合变化假说和旋转催化假说，解释了 ATP 的生成。

3. 化学渗透假说(chemiosmotic hypothesis) 该假说是 1961 年由英国生物化学家 Mitchell 提出的，他认为电子传递链是一个质子泵，位于线粒体内膜上。H^+、OH^-、K^+ 和 Cl^- 等都是不透过线粒体内膜的。电子在传递过程中引起 H^+ 从线粒体内膜内侧的基质向内膜外侧的膜间隙转移，利用电子传递过程中所释放出的自由能建立起跨膜的质子梯度(即电化学梯度)。这种质子梯度便产生了一种推动力，即质子推动力(proton-motive force, pmf)。这种质子推动力便用来推动 ATP 的酶促合成反应。以 NADH 呼吸链为例，每两个电子经该呼吸链传递到氧，就有 10 个质子从基质被排到内膜外溶液中，于是在内膜内外产生了内负外正的质子梯度。膜外的质子为质子梯度所驱使，通过镶嵌在内膜上的 F_0F_1-ATP 酶分子上的特殊通道又流回线粒体基质。每 2～3 个质子通过 F_0F_1-ATP 酶分子上的特殊通道流回线粒体基质的过程释放出的自由能可用于 1 个 ADP 磷酸化成 ATP，而 ATP 转出和 ADP 转入线粒体基质也消耗 1 个 ATP(图 5-21)。

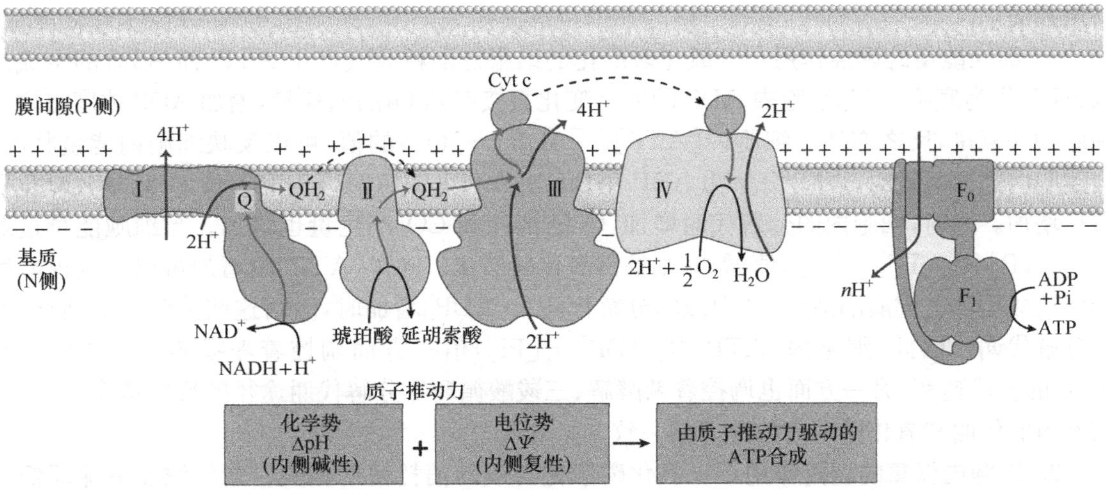

图 5-21 化学渗透假说示意图(引自 Lehninger et al.，2012)

化学渗透假说一经提出，就得到多方面实验证据的支持，Mitchell 也因此获 1978 年的诺贝尔化学奖。主要的实验证据如下所述。

(1) 实验观察到有呼吸作用的线粒体确实排出质子。当 O_2 通到线粒体的悬浮缓冲液中时，电极测出 pH 降低。典型的跨内膜的 pH 大约为 0.05。

(2) 氧化磷酸化作用的进行需要封闭的线粒体内膜存在，当线粒体内膜被破坏时，ATP 的合成终止。

(3) 一些抑制 ATP 合成的物质其作用原理是特异性地消除膜内外的质子梯度。例如，解偶联剂 2,4-二硝基苯酚 (DNP) 和短杆菌肽 A(图 5-22)，它们通过将内膜外的质子带回基质而消除质子梯度，使得电子传递所产生的自由能得不到储存而转变成热能。

(4) 初生的哺乳类和冬眠动物利用褐色脂肪的氧化提供能量以维持体温。褐色脂肪细胞的线粒体内膜有一种孔道蛋白称为产热素(thermogenin)，构成内膜上的特殊的质子通道，可以使电子传递泵出的质子不通过 F_0F_1-ATP 酶而流回线粒体，结果电子传递释放的自由能转化形成热能。产热素被游离脂肪酸激活，被嘌呤核苷酸抑制。

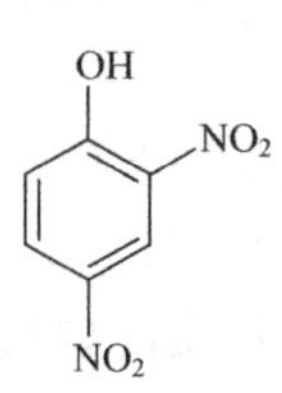

2,4-二硝基苯酚

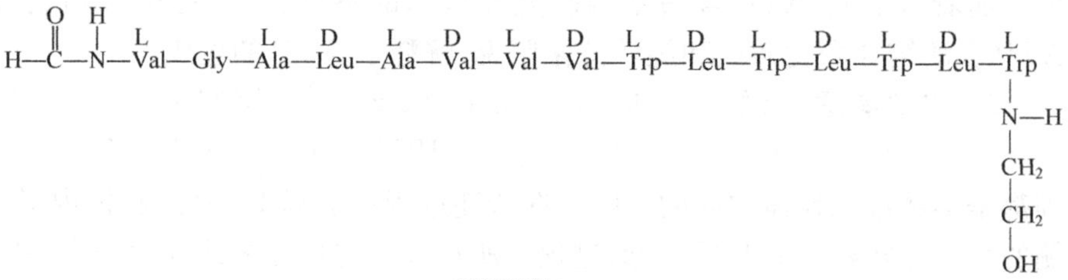

短杆菌肽A

图 5-22　2,4-二硝基苯酚和短杆菌肽 A

（七）氧化磷酸化的调控

需氧生物细胞的 ATP 主要由氧化磷酸化生成。因为无论是糖的分解代谢还是脂肪的分解代谢，经氧化磷酸化产生的 ATP 数量远大于无氧代谢。需氧生物中分解代谢氧化产生的 H 通过呼吸链传递给 O_2 生成水时，伴随 ADP 磷酸化产生 ATP。同时，氧化磷酸化是受到严格调控的。

1. 细胞能量的调控作用　氧化磷酸化的结果是消耗氧气产生 ATP，而 ATP 的生成是以 ADP 作为底物，因此细胞内 ADP 的浓度变化直接影响 O_2 的消耗量，增加 ADP 浓度将增加细胞的耗氧量，反之亦然。细胞内[ATP]/([ADP]+[Pi])的值，可以反映细胞内能量状况。当细胞内需要能量时，ATP 分解为 ADP 和 Pi，则[ATP]/([ADP]+[Pi])值下降，导致氧化磷酸化增加。同时，细胞内的分解代谢增加，O_2 的消耗和 CO_2 产生量也增加。当细胞能量过剩时，[ATP]/([ATP]+[Pi])值增加，则抑制氧化磷酸化。同时[ATP]的增加可以抑制糖酵解和三羧酸循环关键酶的活性，从而减弱分解代谢。[ADP]增加时，激活这些关键酶的活性，加速分解代谢。因此，细胞内[ATP]/([ADP]+[Pi])值一方面调控着呼吸链电子的传递及 ATP 的生成速率，另一方面也调控着糖酵解、三羧酸循环等分解代谢途径的反应速率，从而使细胞内的代谢和氧化磷酸化的速率相一致。

2. 细胞内低氧的调控作用　氧化磷酸化与氧的消耗密切相关。当氧浓度下降即低氧时电子传递链的传递速度就会下降，跨线粒体内膜的质子梯度就会下降，同时无氧代谢所产生的 H^+ 浓度升高，导致细胞内 pH 下降。而 ATP 合酶在线粒体内膜存在质子跨膜内流时会产生 ATP，而在细胞内 pH 下降时则分解 ATP 产生质子外流，进一步消耗细胞内能量。作为应对措施，细胞内存在的小蛋白抑制剂（IF_1），在细胞 pH 下降时，会形成二聚体，结合在两个 ATP 合酶的 F_1 上，抑制其 ATP 水解酶的活性，防止[ATP]的下降。当细胞恢复有氧代谢时，细胞内 pH 升高，IF_1 二聚体解离，消除对 ATP 合酶的抑制作用。

此外，低氧时呼吸链传递的电子会直接传递给氧分子产生活性氧(reactive oxygen species，ROS)，如 $O^{2\dot{-}}$，·OH。同时诱导转录因子——低氧诱导因子(hypoxia-inducible factor-1，HIF_1)表达，HIF_1 增强丙酮酸脱氢酶激酶、COX4-2 和蛋白酶的表达。丙酮酸脱氢酶激酶使丙酮酸脱氢酶磷酸化，从而降低丙酮酸脱氢酶的活性，COX4-2 代替 COX4-1(COX4-1 和 COX4-2 均是复合体Ⅳ的亚基)，从而使复合体Ⅳ适合低氧情况，蛋白酶则降解 COX4-1。

（八）氧化磷酸化的抑制作用和解偶联作用

根据对氧化磷酸化过程的影响方式不同，可以将抑制剂归为 4 类。

1. 呼吸毒物——电子传递抑制剂 能够阻断呼吸链中某一部位电子传递的物质称为电子传递抑制剂。电子传递抑制剂的抑制作用可以通过电子载体的吸收光谱的变化而证实。因为电子载体处于还原状态与氧化状态的吸收光谱是不同的。在抑制点前的电子载体处于还原状态,抑制点后的电子载体则处于氧化状态。

呼吸链中有三个部位可被抑制剂阻断,如图 5-23 所示。

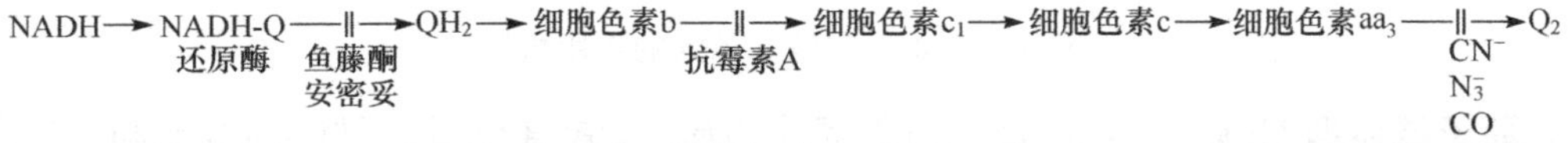

图 5-23 呼吸链被抑制剂阻断的部位

一类是可阻断电子由 NADH 向 CoQ 的传递,它们都能抑制 NADH-CoQ 氧化还原酶的活性。例如,鱼藤酮(从某些种类的树根中分离的一种鱼的毒剂和杀虫剂)、安密妥(一种巴比妥酸盐)、杀粉蝶素等。另一类是抑制电子从细胞色素 b 向细胞色素 c_1的传递。例如,抗霉素 A(antimycin A)。还有一类是阻断电子从细胞色素 aa_3向 O_2的传递,抑制复合物Ⅳ中的电子传递。例如,氰化物、硫化氢、叠氮化物、CO 等。

2. 氧化磷酸化抑制剂 这种抑制剂的特点是抑制氧的利用和 ATP 的形成,但不直接抑制电子传递链上载体的作用,直接抑制磷酸化作用,间接抑制电子传递。

1) 二环己基碳二亚胺(dicyclohexylcarbodiimide,DCCD) 二环己基碳二亚胺为一种脂溶性的羧基试剂,其化学式: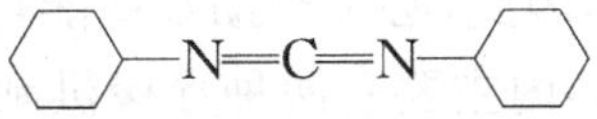。当它共价结合到 F_0的 c 亚基疏水部位的 Glu 残基上时,质子通道被阻断,ATP 合酶的活性被抑制。哺乳动物 F_0含有 6 个能与 DCCD 结合的 c 亚基。

2) 寡霉素(oligomycin) 寡霉素结构见图 5-24,其碳氢链构成了一个环形,它能与 F_0上的一个亚基结合,从而阻止质子从膜间空间返回到基质中,从而能直接抑制 ATP 合酶的活性。

3. 解偶联剂 某种化合物能破坏线粒体内膜的质子梯度,不能建立有效的跨膜的电化学梯度,从而造成电子传递过程中所释放出的能量不能用来合成 ATP。这就是氧化磷酸化的解偶联。解偶联剂作用机制是使电子传递与形成 ATP 的过程分离,使 H^+绕过 ATP 合酶而回到线粒体基质,消除了质子浓度梯度,电子传递释放的自由能变成热量散失。

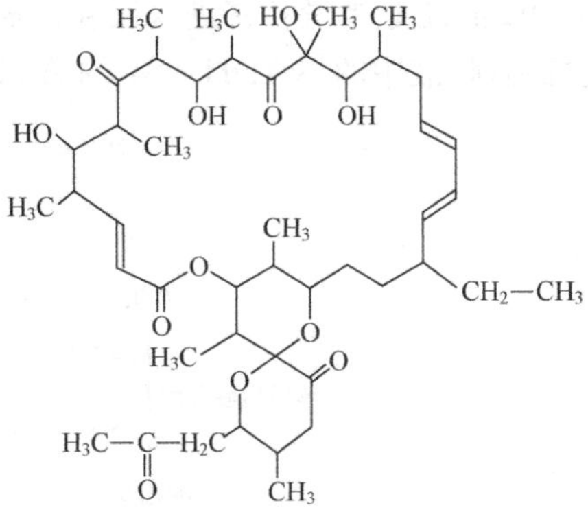

图 5-24 寡霉素的结构式

最常见的解偶联剂——2,4-二硝基苯酚(2,4-dinitrophenol,DNP),是一种亲脂的弱酸性化合物,它能以中性的质子化状态穿过线粒体脂质双分子层的内膜。当存在跨膜的质子梯度时,它在膜的酸性侧结合质子,成为一种中性的不带电荷的状态,通过扩散穿过膜,并在膜的碱性侧释放出质子,从而瓦解跨膜的质子梯度(图 5-25)。作为解偶联剂,它对电子的传递没有抑制作用,但却不能产生推动 ATP 合成的质子推动力,即电子传递过程和 ATP 形成过程相分离,电子传递仍可进行,但不能形成 ATP。DNP 实质上起到了一个离子载体的作用。

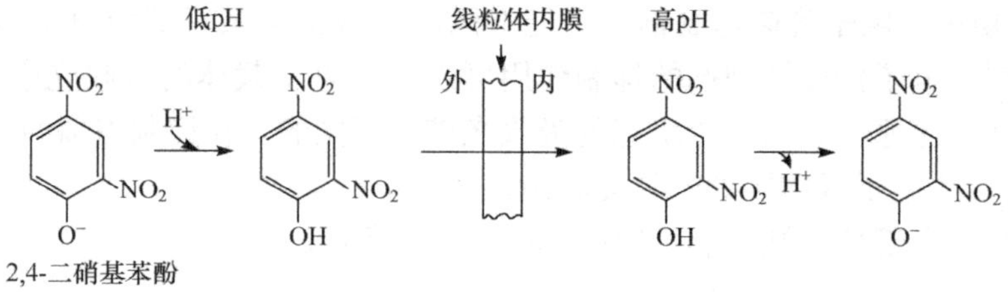

图 5-25　2,4-二硝基苯酚的作用机制

4. 离子载体抑制剂　它们是一类脂溶性物质，如缬氨霉素、短杆菌肽，能与 K^+ 等 1 价阳离子形成特别的复合物，带着 K^+ 通过线粒体内膜到线粒体基质，破坏跨膜电位差，消耗掉呼吸链电子传递的能量，结果也不能合成 ATP。因此这类抑制剂是通过增加线粒体内膜对 1 价阳离子的通透性而破坏氧化磷酸化过程。它与解偶联试剂的区别在于它是除 H^+ 以外的其他 1 价阳离子的载体。

四、细胞质 NADH 的氧化-穿梭作用

体内很多物质的氧化基本上都发生在线粒体内，氧化分解产生的 NADH 可直接通过呼吸链进行氧化磷酸化，但亦有不少反应是在线粒体外进行的，如 3-磷酸甘油醛脱氢反应，乳酸脱氢反应及氨基酸联合脱氨基反应等。由于所产生的 NADH 存在于线粒体外，而真核细胞中，NADH 不能自由通过线粒体内膜，因此，必须借助某些能自由通过线粒体内膜的物质才能被转入线粒体，这就是所谓穿梭机制，体内主要有两种穿梭机制。一种是苹果酸-天冬氨酸穿梭途径（malate aspartate shuttle），另一种是 3-磷酸甘油穿梭途径（glycerol-3-phosphate shuttle）。

（一）苹果酸-天冬氨酸穿梭

此种穿梭机制主要在肝脏、肾脏、心脏中发挥作用。其穿梭机制比较复杂，不仅需借助苹果酸、草酰乙酸的氧化还原，而且还要借助 α-酮酸与氨基酸之间的转换，才能使胞液中的 NADH 的还原当量转移进入线粒体氧化。具体过程如图 5-26 所示。通过苹果酸-天冬氨酸穿梭机制，胞液中的 NADH 产生的 ATP 数量和线粒体的相同。

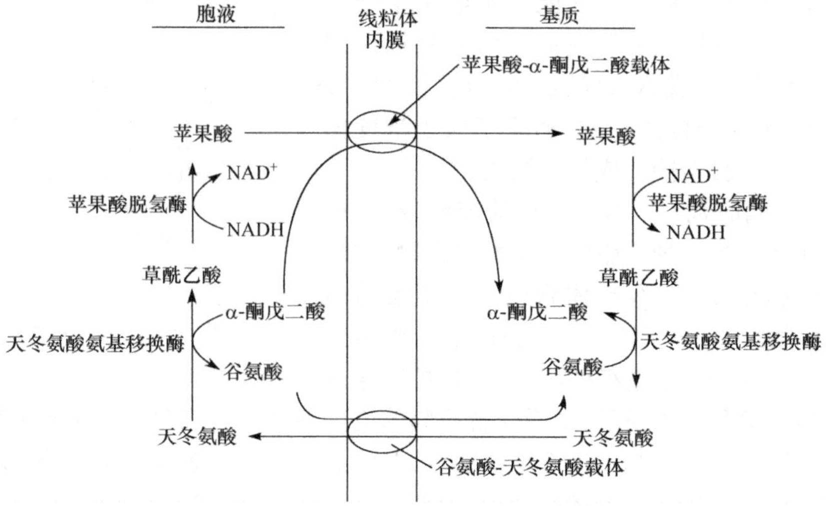

图 5-26　苹果酸-天冬氨酸穿梭机制

（二）3-磷酸甘油穿梭

该穿梭机制主要在脑及骨骼肌中进行。它是借助3-磷酸甘油与磷酸二羟丙酮之间的氧化还原转移反应，使线粒体外来自NADH的氢进入线粒体的呼吸链氧化来实现的。当胞液中NADH浓度升高时，胞液中的磷酸二羟丙酮首先经甘油-3-磷酸脱氢酶（辅酶为NAD^+）催化，被NADH还原成α-磷酸甘油（3-磷酸甘油），3-磷酸甘油再经位于线粒体内膜近外侧部的甘油磷酸脱氢酶催化氧化生成磷酸二羟丙酮（图5-27）。线粒体与胞液中的甘油磷酸脱氢酶为同工酶，两者不同在于线粒体内的酶是以FAD为辅基的脱氢酶，而不是NAD^+，因此进入$FADH_2$呼吸链。通过这种穿梭机制结果只能生成1.5分子ATP而不是2.5分子ATP。

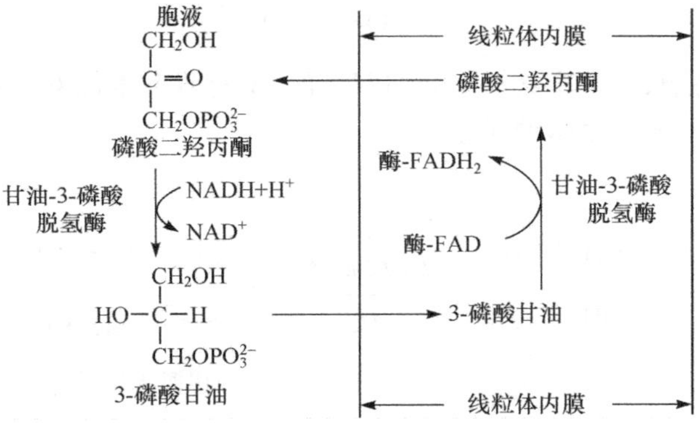

图5-27 3-磷酸甘油穿梭机制

第五节 线粒体外的氧化系统

除线粒体外，在微粒体或过氧化体中还发现有氧分子直接参加的生物氧化体系，即线粒体外的氧化系统。微粒体或过氧化体中的氧化体系、高等植物中的一些氧化体系均属线粒体外的氧化体系。这些氧化体系一般没有能量的储存与利用，主要参与体内多种生物活性物质如类固醇激素（性激素、肾上腺皮质激素）、胆汁酸盐、胆色素、活性维生素D的生成和某些药物、毒物等的生物转化过程。

一、微粒体氧化系统

微粒体内存在一类加氧酶，参与物质的氧化作用。根据向底物分子中加入氧原子的数目，又可分为加单氧酶（monooxygenase）和加双氧酶（dioxygenase）。微粒体氧化体系与线粒体氧化体系不同，不产生ATP，而是某些中间产物或药物、毒物的氧化场所。

（一）加单氧酶

加单氧酶主要分布在肝脏、肾脏组织微粒体中，少数加单氧酶也存在于线粒体中。加单氧酶催化O_2分子中的一个氧原子加到底物分子上使之羟化，另一个氧原子被NADPH+H^+提供的氢还原生成水，在此氧化过程中无高能磷酸化合物生成，即一个分子氧起了两种作用，故加单氧酶又称为多功能氧化酶、混合功能氧化酶（mixed function oxidase）、羟化酶（hydroxylase）。反应如下：

$$RH + NADPH + H^+ + O_2 \longrightarrow ROH + NADP^+ + H_2O$$

加单氧酶实际上是含有黄素酶及细胞色素的酶体系，常常是由细胞色素 P-450、NADPH 细胞色素 P-450 还原酶、NADPH 和磷脂组成的复合物。细胞色素 P-450 是一种以血色素为辅基的 b 族细胞色素，其中的 Fe^{3+} 可被 $Na_2S_2O_3$ 等还原为 Fe^{2+}，还原型的细胞色素 P-450 与 CO 结合后在 450nm 有最大吸收峰，故名细胞色素 P-450，它的作用类似于细胞色素 aa_3，能与氧直接反应，将电子传递给氧，因此也是一种终末氧化酶。

（二）加双氧酶

该酶类催化氧分子直接加到底物分子上。

$$R + O_2 \longrightarrow RO_2$$

例如，色氨酸吡咯酶、3-羟邻氨苯甲酸加双氧酶、β-胡萝卜素加双氧酶等，它们催化两个氧原子分别加到构成双链的两个碳原子上。

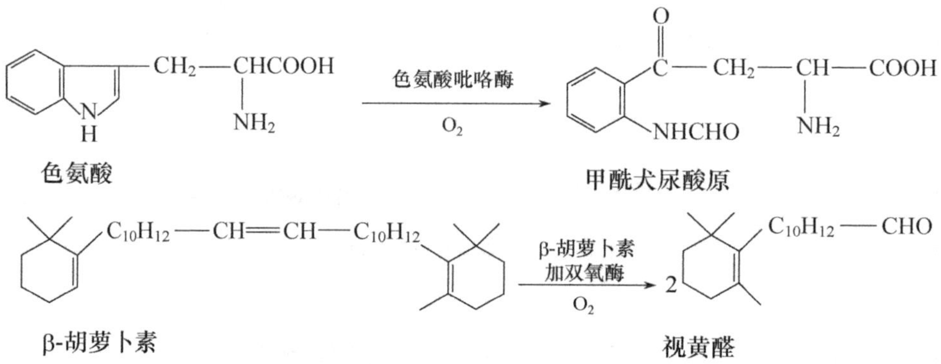

二、过氧化物酶体氧化体系

过氧化物酶体是一种特殊的细胞器，存在于动物的肝脏、肾脏、小肠黏膜细胞和中性粒细胞中。过氧化物酶体中含有多种催化生成 H_2O_2 的酶，同时含有分解 H_2O_2 的酶。氧是维持一切生物生命活动所必需的物质，但氧一旦过多，也会有毒性。若机体长时间在纯氧中呼吸，会导致呼吸紊乱，严重时引起死亡。这与生物氧化过程中会大量产生过氧化氢与超氧阴离子 $O_2^{\dot{-}}$ 等有关。

（一）过氧化氢及超氧阴离子的生成

在生物氧化过程中，呼吸链末端每分子氧必须接受 4 个电子才能完全还原，生成 $2O^{2-}$，可以与 H^+ 结合形成水，即 $O_2 + 4e \longrightarrow 2O^{2-} + 4H^+ \longrightarrow 2H_2O$。如果电子供给不足或氧分子过量，则生成过氧化基团 O_2^-，再与 H^+ 结合形成过氧化氢，即 $O_2 + 2e \longrightarrow O_2^- + 2H^+ \longrightarrow H_2O_2$；或超氧阴离子 $O_2^{\dot{-}}$，即 $O_2 + e \rightarrow O_2^{\dot{-}}$。过氧化物酶体中含有多种氧化酶可催化过氧化氢和超氧阴离子的生成，如单胺氧化酶、黄嘌呤氧化酶等可催化生成 H_2O_2。

（二）过氧化氢及超氧阴离子的毒性作用

H_2O_2 在体内有一定的生理作用，如嗜中性粒细胞产生 H_2O_2 可用于杀死被吞噬进细胞的细菌，甲状腺中产生 H_2O_2 可用于酪氨酸的碘化过程，为合成甲状腺素所必需。但对大多数组织来说，H_2O_2若积累过多，对细胞有毒性作用。

超氧阴离子为带有负离子的自由基，化学性质活泼，与 H_2O_2作用可以生成性质更活泼的羟自由基。超氧负离子等可使 DNA 氧化、修饰、断裂，还可氧化蛋白质的巯基而使其丧失活性，羟自由基可使细胞膜磷脂分子中的多不饱和脂肪酸氧化生成过氧化脂质——ROOH，引起生物膜损伤。这些作用在生理上有利于白细胞或巨噬细胞对吞食细菌的杀菌作用，然而过多生成则导致各种毒性现象。因此必须及时将多余的超氧阴离子和自由基清除。

（三）过氧化氢及超氧离子的清除

1. 过氧化氢的清除　还原型谷胱甘肽(GSH)可保护红细胞膜蛋白、血红蛋白及酶的巯基等免受氧化剂的毒害，从而维持细胞的正常功能。因为某些组织细胞如红细胞含有一种含硒的谷胱甘肽过氧化物酶，可使过氧化脂质(ROOH)和 H_2O_2与还原型谷胱甘肽反应，从而将它们转变为无毒的水或醇。

2. 超氧阴离子的清除　超氧阴离子对人体有较强的破坏作用，可引起许多疾病。超氧化物歧化酶(SOD)是人体防御内外环境中超氧阴离子对自身侵害的重要酶，广泛存在于各种组织中，半衰期极短。SOD 可催化一分子超氧阴离子氧化还原生成 H_2O_2，催化另一分子超氧阴离子氧化生成 O_2(胞液中的 SOD 以 Cu^{2+}、Zn^{2+}为辅基，线粒体中的则以 Mn^{2+}为辅基)。一旦 SOD 活性下降则会引起超氧阴离子堆积，因此及时补充 SOD 可避免或减轻疾病。

知识框

囊萤映雪

生物体发光需要相当多的能量。萤火虫的发光就是 ATP 参与的化学能转化成光能的一系列反应。约翰·霍普金斯大学的 McElroy 和他的同事从数千只萤火虫中分离出荧光素和荧光素酶，在实验室重现了萤火虫发光的现象。首先荧光素与 ATP 发生反应生成荧光酰腺苷酸，在荧光素酶和分子氧的参与下，荧光酰腺苷酸氧化脱羧转变成氧合荧光素，同时发光。氧合荧光素再经过一系列反应重新生成荧光素。荧光素酶的结构不同反应时所发出的光的色彩就不同，因而产生不同发光种类的萤火虫。中国古代人利用萤火虫发光的现象来照明，也就是中国成语“囊萤映雪”中萤的来源。

现代生物学中，科学家利用荧光素酶催化荧光素转化发光的原理，将荧光素酶基因与目的基因共表达，转入植物后，再用含有荧光素的溶液浇灌植物。转基因植物则在黑暗中发光，用以研究基因定位表达。

思考题

1. 什么是生物氧化？有何特点？试比较体内氧化和体外氧化的异同。

2. 一氧化碳中毒是由于抑制了哪种细胞色素？氰化物为什么能引起细胞窒息死亡？

3. 将完全还原的细胞色素c、ADP、无机磷酸和抗霉素A一起加入新鲜制备的、完整的线粒体中，然后通入氧气，这时细胞色素c将被氧化，ATP生成，P/O值为1.0。

(1) 写出该系统的电子流动示意图。

(2) 为什么要加抗霉素A?

(3) 这个实验中氧化磷酸化的偶联部位在哪里？

(4) 写出平衡的总反应式。

(5) 计算总反应的能量。

4. 20世纪60年代有人做了以下的实验，先将叶绿体悬浮在pH 4的酸性环境下，以使其基质和类囊体的pH呈酸性，然后将叶绿体转移到pH 8的碱性环境之中。这种迅速提高基质pH(类囊体的pH暂时维持在4)的做法可导致ATP的合成并使得类囊体和基质的pH差异消失。

(1) 试解释ATP为什么能被合成?

(2) 该实验需要光才能工作吗?

(3) 如果是先将叶绿体悬浮在pH 8的环境下，以使其基质和类囊体的pH呈碱性，然后再将其转移到pH 4的酸性环境之中，则会发生什么变化?

(4) 这个实验是支持化学渗透假说还是否定化学渗透假说?

5. 请描述各种细胞色素在呼吸链中的排列顺序是怎样的。

6. 有人声称获得了单个分子的ATP合成酶，并使用机械的方法将其头部转动，在没有质子梯度的情况下合成出ATP。你认为这样的实验结果意味着什么?

7. 线粒体外NADH经3-磷酸甘油穿梭作用，进入线粒体内实现氧化磷酸化，其P/O值是多少?

第六章　脂类的化学和代谢

【要点】 脂肪是生物体内主要的储存能量物质，其氧化分解后产生的能量较多，这主要是由于脂肪酸含有高的氢氧比，脱氢机会多，产能必然高；脂肪酸的β-氧化作用过程及能量的变化是脂类分解代谢的重点内容，也是本章的重点内容；脂肪酸的合成过程是脂肪合成代谢的关键，以饱和脂肪酸的从头合成途径为重点，它不是β-氧化作用的逆过程，而且两者发生的主要部位也不同；磷脂是生物膜的基本组分，膜磷脂的不断更新，有赖于正常的磷脂代谢。胆固醇不仅是细胞膜的组分，而且是多种活性物质的前体，与多种生理活动有关。

脂类(lipides)同蛋白质和糖一样，是自然界中一类大分子物质，它也是维持生命活动所必需的营养物质。脂类在化学组成和结构上呈现出多样性，，它们的共同特征是低溶于水，而高溶于非极性溶剂。因此脂类常被定义为生物系统中存在的不溶于水(或者只是微溶的)的有机化合物。有些脂类是疏水性分子(非极性分子)，有些脂类是两性分子(同时含有非极性和极性基团)。脂类的生物学功能同它们的化学结构和组成一样具有多样性。脂肪和油不仅是产生代谢能的燃料分子，还有防止热量散发，维持动物体温的作用。构成生物膜的结构脂类主要是磷脂类，如甘油磷脂和鞘磷脂。固醇类激素能够调节许多代谢过程，而神经节苷脂和其他的鞘糖脂位于细胞表面，参与细胞识别。

第一节　脂类的化学与生物学功能

一、脂类的分类

按脂类化合物的组成可进行如下分类。

(一) 单纯脂类

单纯脂类(simple lipids)是由脂肪酸与醇(甘油、高级一元醇)所生成的酯。它又可分为以下两种。

(1) 脂肪(fat)，由1分子甘油与1～3分子脂肪酸所形成的酯。三酰甘油通称油脂。习惯上把脂肪称为真脂。

(2) 蜡(wax)，高级脂肪酸与高级一元醇所形成的酯。

(二) 复合脂类

复合脂类(compound lipides)是由脂肪酸与醇所生成的酯，同时含有其他非脂性物质。复合脂类根据非脂成分的不同分为以下几种。

(1) 磷脂，磷脂的非脂成分是磷酸和含氮碱(如胆碱、乙醇胺)。磷脂根据醇成分的不同分为甘油磷脂和鞘氨醇磷脂。

(2) 糖脂，非脂成分是糖(单糖、双糖等)，又因醇成分不同，分为鞘糖脂(脑苷脂、神经节苷脂)和甘油糖脂。

(三) 衍生脂类

衍生脂类(derived lipids)是由单纯脂类和复合脂类衍生而来的,但也具有脂类一般性质的物质。它又可分为以下几类。

(1) 萜类,包括许多天然色素、香精油、天然橡胶等。

(2) 固醇类,包括固醇(甾醇)、胆酸、性激素、肾上腺皮质激素。

(3) 取代烃,包括脂肪酸及其碱性盐和高级醇,少量脂肪醛、脂肪胺和烃。

(4) 其他脂质,如维生素 A、D、E、K,脂酰辅酶 A,脂多糖,脂蛋白等。

二、脂类的化学结构

(一) 单纯脂类的化学结构

脂肪又称真脂或中性脂肪。它的化学组成是甘油和三分子高级脂肪酸。当甘油分子与一个脂肪酸分子缩合时,称为单酰甘油;当与两个脂肪酸分子缩合时,称为二酰甘油;当与三个脂肪酸分子缩合时,称为三酰甘油(即三酰基甘油酯,过去称为甘油三酯)。单酰甘油和二酰甘油在自然界存在的量少,而三酰甘油则是脂类中含量最丰富的一类。通常所称的脂肪就是指三酰甘油。其结构为(结构式中 R 代表脂肪酸)

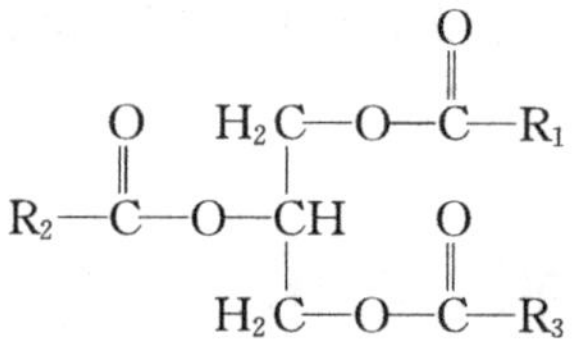

若三个脂肪酸都是相同的,称为简单三酰甘油。若含有两个或三个不同的脂肪酸,则称为混合三酰甘油。

(二) 脂肪酸的化学结构

天然脂肪中所含的脂肪酸(fatty acid)种类很多,脂肪酸结构通式为 $CH_3(CH_2)_nCOOH$。脂肪酸是由一条长的烃链("尾")和一个羧基("头")组成的羧酸。

脂肪酸根据其碳链长度分为短链、中链和长链脂肪酸。

短链脂肪酸:碳链长度小于或等于 10 个碳原子的脂肪酸,如癸酸,碳链长度为 10 个碳原子。

中链脂肪酸:碳链长度介于 10 个和 20 个碳原子的脂肪酸,如油酸,碳链长度为 18 个碳原子。

长链脂肪酸:碳链长度大于或等于 20 个碳原子的脂肪酸,如 DHA,碳链长度为 22 个碳原子。

高等动植物中的脂肪酸碳链长度一般为 14～20 个碳原子,且碳原子数为偶数。

脂肪酸根据其烃链是否存在双键分为饱和脂酸和不饱和脂酸,烃链不含双键(三键)的为饱和脂肪酸,含一个或多个双键的为不饱和脂肪酸。单不饱和脂肪酸(monounsaturated fatty acid)是含一个双键的脂肪酸,如油酸 ;多不饱和脂肪酸(polyunsaturated fatty acid)是含两个或两个以上双键的脂肪酸，如 DHA。在不饱和脂肪酸中比较重要的是亚油酸、亚麻酸与花生四烯酸。这三种不饱和脂肪酸在人体内有着特殊的生理作用，其中前两种人体不能合成，必须由食物供给，这些不饱和脂肪酸称为必需脂肪酸。各种常见不饱和脂肪酸的化学结构简式如表 6-1 所示。

表 6-1　各种常见不饱和脂肪酸的化学结构

习惯名	系统名	碳原子数和双键数	分子式
棕榈(软)油酸(palmitoleic acid)	9-十六碳一烯酸	16∶1	$CH_3(CH_2)_5CH{=}CH(CH_2)_7COOH$
油酸(oleic acid)	9-十八碳一烯酸	18∶1	$CH_3(CH_2)_7CH{=}CH(CH_2)_7COOH$
异油酸(vaccenic acid)	反式 11-十八碳一烯酸	18∶1	$CH_3(CH_2)_5CH{=}CH(CH_2)_9COOH$
神经酸(nervonic acid)	15-二十四碳单烯酸	24∶1	$CH_3(CH_2)_7CH{=}CH(CH_2)_{13}COOH$
亚油酸(linoleic acid)	9,12-十八碳二烯酸	18∶2	$CH_3(CH_2)_4(CH{=}CHCH_2)_2(CH_2)_6COOH$
α-亚麻酸(a-linolenic acid)	9,12,15-十八碳三烯酸	18∶3	$CH_3CH_2(CH{=}CHCH_2)_3(CH_2)_6COOH$
g-亚麻酸(g-linolenic acid)	6,9,12-十八碳三烯酸	18∶3	$CH_3(CH_2)_4(CH{=}CHCH_2)_3(CH_2)_3COOH$
花生四烯酸(arachidonic acid)	5,8,11,14-二十碳四烯酸	20∶4	$CH_3(CH_2)_4(CH{=}CHCH_2)_4(CH_2)_2COOH$
EPA(eicosapenteanoic acid)	5,8,11,14,17-二十碳五烯酸	20∶5	$CH_3CH_2(CH{=}CHCH_2)_5(CH_2)_2COOH$
DPA(clupanodonic acid)	7,10,13,16,19-二十二碳五烯酸	22∶5	$CH_3CH_2(CH{=}CHCH_2)_5(CH_2)_4COOH$
DHA(cervonic acid)	4, 7,10,13,16,19-二十二碳六烯酸	22∶6	$CH_3CH_2(CH{=}CHCH_2)_6CH_2COOH$

(三) 类脂的化学结构

生物体内除油脂以外，还含有许多类似油脂的物质，在细胞的生命活动中起重要作用，统称为类脂。类脂中主要的是磷脂、糖脂及固醇。

1. 磷脂的化学结构　磷脂是一种比较复杂的脂类，因为分子中含有磷酸根而得名，此外除了含醇类、脂肪酸外，还含有一个关键性成分——含氮有机碱。

磷脂按其结构可分为两类：一类是磷酸甘油酯(phosphoglyceride)，另一类是神经鞘磷脂(sphingomyelin)。前者以甘油为碳骨架，后者以神经鞘氨醇(sphingosine)为碳骨架。

1) 磷酸甘油酯　磷酸甘油酯可视为磷脂酸(phosphatidic acid)的衍生物，结构通式为

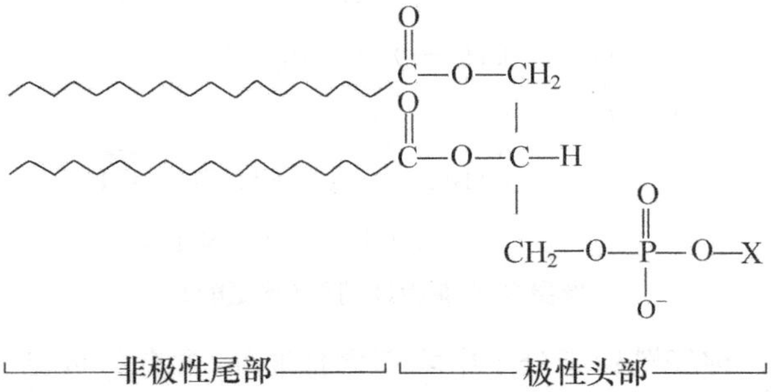

式中，X 可为胆碱、乙醇胺、丝氨酸、肌醇等。因 X 不同，它们分别构成磷脂酰胆碱、磷脂酰乙醇胺、磷脂酰丝氨酸、磷脂酰肌醇等。

主要的磷酸甘油酯列举如下。

(1) 卵磷脂(磷脂酰胆碱):卵磷脂(lecithin)是一种在动植物中分布最广的磷脂,在植物种子、动物的卵、神经组织中都含有,蛋黄中含量最多,因而得名。卵磷脂在细胞中以游离态存在或与蛋白质结合成不稳定的化合物。

卵磷脂是由磷脂酸与胆碱(choline)结合而成。由于磷酸及胆碱在卵磷脂分子中的位置不同,分成 α 及 β 两种结构,天然卵磷脂是 α 型。

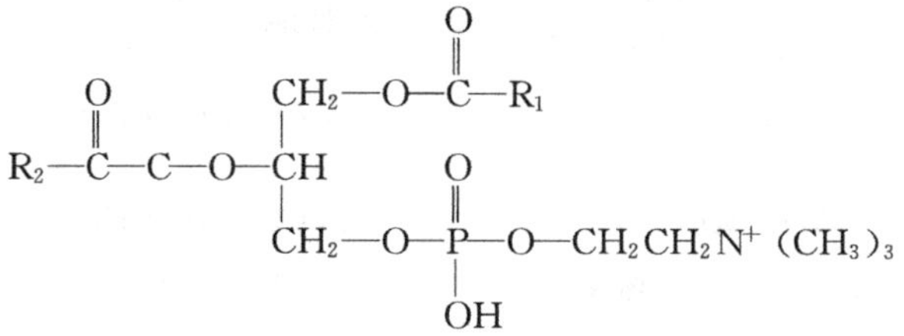

α-卵磷脂

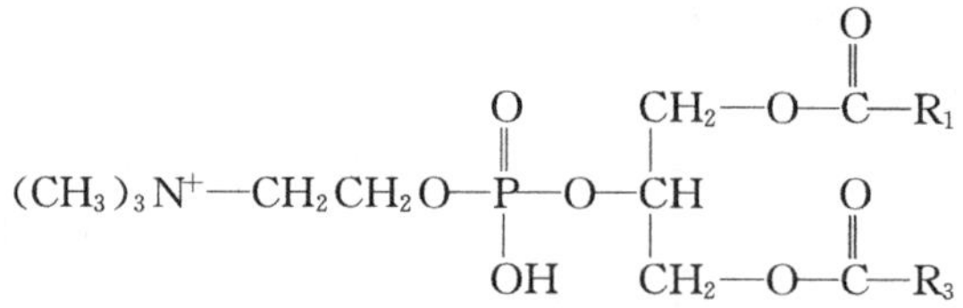

β-卵磷脂

(2) 脑磷脂:脑磷脂(cephalin)的组成和性质与卵磷脂非常相似,不同之处是结合的碱基不同。

脑磷脂有两类,一类结合的碱基是乙醇胺(氨基乙醇,又名胆胺,ethanolamine),另一类结合的碱基是丝氨酸。

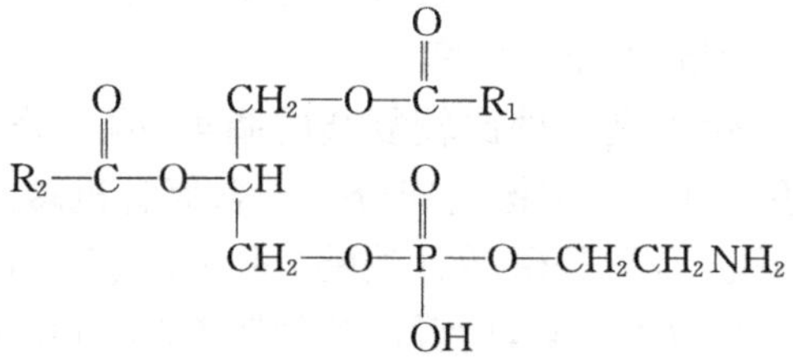

乙醇胺脑磷脂(磷脂酰乙醇胺)

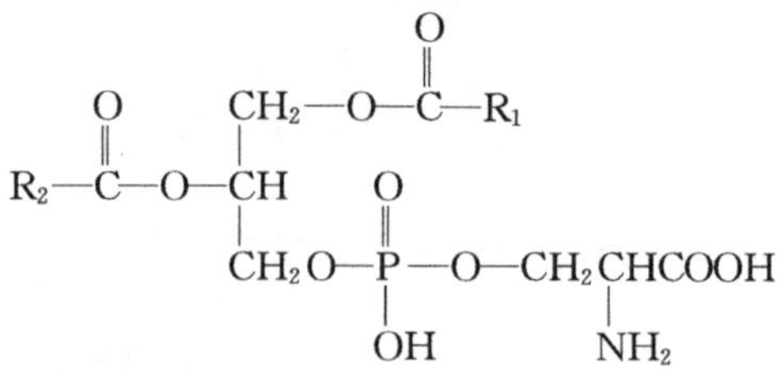

丝氨酸脑磷脂(磷脂酰丝氨酸)

2) 神经鞘磷脂　　神经鞘磷脂分子中除不含甘油外,含有脂肪酸、磷酸、胆碱和神经鞘氨醇(sphingosine)。

$$CH_3(CH_2)_{12}CH{=}CHCHOH{-}CHNH_2{-}CH_2OH$$

神经鞘氨醇

神经鞘磷脂与前述磷脂不同，它的脂肪酸并非与醇基相连，而是借酰胺键与氨基结合。神经鞘磷脂中的酯键位于神经鞘氨醇、胆碱与磷酸之间，因此神经鞘磷脂中只有 1 个脂肪酸分子，其结构为

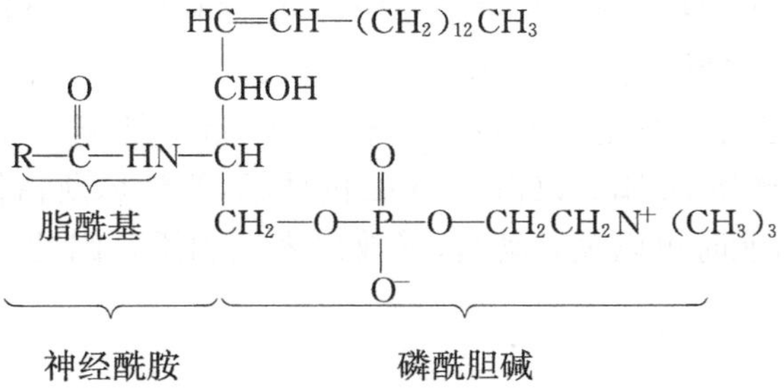

2. 糖脂的化学结构　糖脂(glucolipide)亦称糖苷脂，分子中含有糖、脂肪酸及神经鞘氨醇，但无磷酸及甘油。神经组织中很多重要成分都是由糖脂组成的。按分子中糖的种类可分为两类：脑苷脂类和神经节苷脂类。以半乳糖脑苷脂类较普遍。结构式如下：

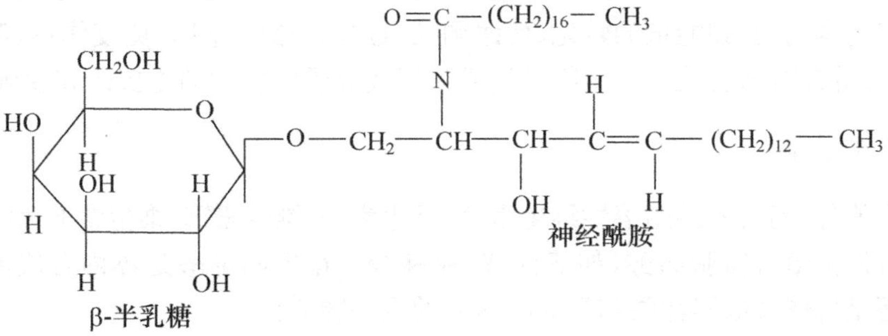

3. 固醇(甾醇)的化学结构　生物体内一大类以环戊烷多氢菲为骨架的物质，称为类固醇(steroid)，其中有不少在自然界中都是和脂类联系在一起的，最主要的是固醇(sterol)，在生物体内呈游离状态或与脂肪酸形成酯。

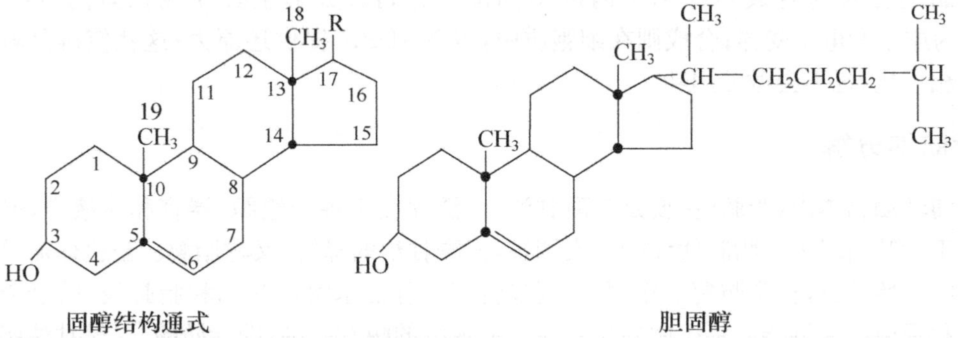

固醇在 C_3 上有羟基，C_{18} 及 C_{19} 为甲基，在 C_{17} 有一碳氢侧链，在环及侧链上还有双键，不同的固醇其双键的数目及位置也不相同。

固醇依来源不同分类，动物固醇中最主要的是胆固醇(cholesterol)；植物固醇中主要的有谷固醇(sitosterol)、豆固醇(stigmasterol)；真菌中有麦角固醇(ergosterol)等。

三、生物学功能

各种脂类的生理功能不尽相同。储存脂主要作为供能储能之用，固定脂则是细胞膜的主

要成分。

（一）供能储能

脂肪的主要生理功能是储存能量和供给能量，供机体利用。1g 脂肪在体内完全氧化所产生的能量约为 38kJ，比糖和蛋白质产生的能量多 1 倍以上。体内能大量储存于脂肪，一般可达体重的 1/5。脂肪在储能方面比糖和蛋白质有利，因脂肪是疏水性的，故储存时不伴随有水，呈极大的浓缩状态，储存 1g 脂肪仅占 1.2mL 的体积，为糖原所占体积的 1/4，单位体积内可储存较多的能量，当需能时可以及时动员，释放出来被利用。因此，脂肪成为禁食或饥饿时体内能量的主要来源。

（二）构成生物膜

类脂和蛋白质是构成生物膜的主要成分，其中类脂质量约占膜质量的 40%（以卵磷脂为主）。类脂的不溶性使膜具有包围和保护细胞的能力。又因为膜是类脂和蛋白质的复合物，所以对各种物质的扩散与运输具有重要的功能。现在已经知道，生物膜的存在与作用与构成生命活动的许多基本问题，如能量的转化、代谢调控、选择性渗透作用、免疫作用、激素和药物的作用、神经传导等都有密切关系。生物膜已成为当代分子生物学的主要研究领域之一。

（三）其他功能

脂肪除供能外，尚可协助脂溶性维生素 A、维生素 D、维生素 E、维生素 K 和胡萝卜素的吸收。此外还可以供给必需脂肪酸，如亚油酸、亚麻酸。花生四烯酸是体内合成前列腺素的前身。胆固醇还是机体合成胆汁酸和类固醇激素的重要物质。

第二节　脂肪的分解代谢

脂肪的分解与合成是在细胞内的不同部位进行。分解主要在线粒体内，以 FAD 和 NAD^+ 为质子和电子受体；合成则在细胞质中，以 NADPH 提供还原力；这就使得分解与合成不致互相干扰，也不会做无用功。

一、脂肪的分解

在哺乳动物体内，脂肪（主要是三酰甘油）广泛存在于各个组织、器官和体液中，但主要集中存在于脂肪组织中。脂肪代谢受激素调控，三酰甘油的降解，又称脂解。当机体需要能量的时候脂肪开始动员，在脂肪酶的作用下，逐步将三酰甘油水解成甘油和脂肪酸，供给全身各组织摄取利用或氧化供能。组织中催化三酰甘油水解的酶有三种，即脂肪酶、二酰甘油脂肪酶和单酰甘油脂肪酶。

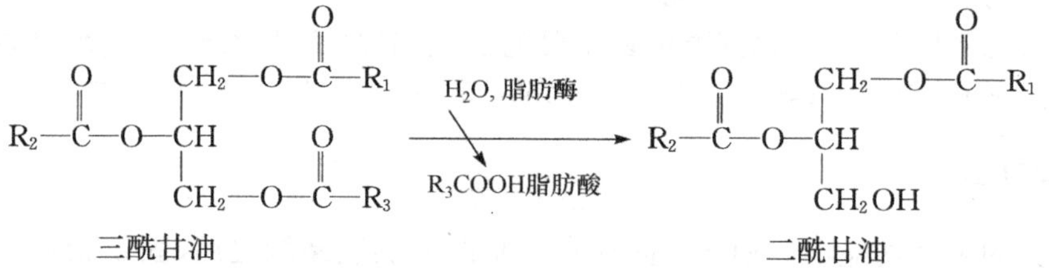

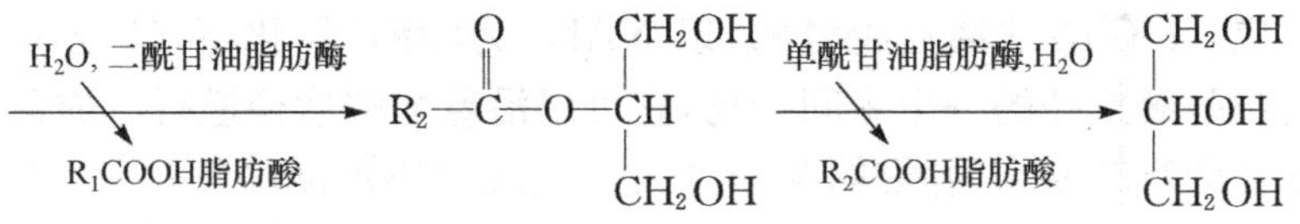

单酰甘油　　　　　　　　　　　　甘油

三酰甘油首先被脂肪酶催化水解为二酰甘油和脂肪酸(R_3)COOH或(R_1)COOH，再继续被二酰甘油脂肪酶和单酰甘油脂肪酶水解为脂肪酸和甘油。脂肪水解的第一步反应为限速反应，催化这步反应的脂肪酶受激素调节，因此也被称为激素敏感性脂肪酶。在某些生理或病理条件下，如兴奋、饥饿、糖尿病等，一些促脂解激素如肾上腺素、胰高血糖素等的分泌增加。这些激素通过与靶细胞受体的结合激活腺苷酸环化酶，使胞内cAMP浓度升高，cAMP又进一步激活蛋白激酶A(依赖于cAMP的蛋白激酶)使脂肪酶磷酸化并被激活，从而促进脂肪水解(图6-1)。相反，胰岛素则具有抗脂解作用。

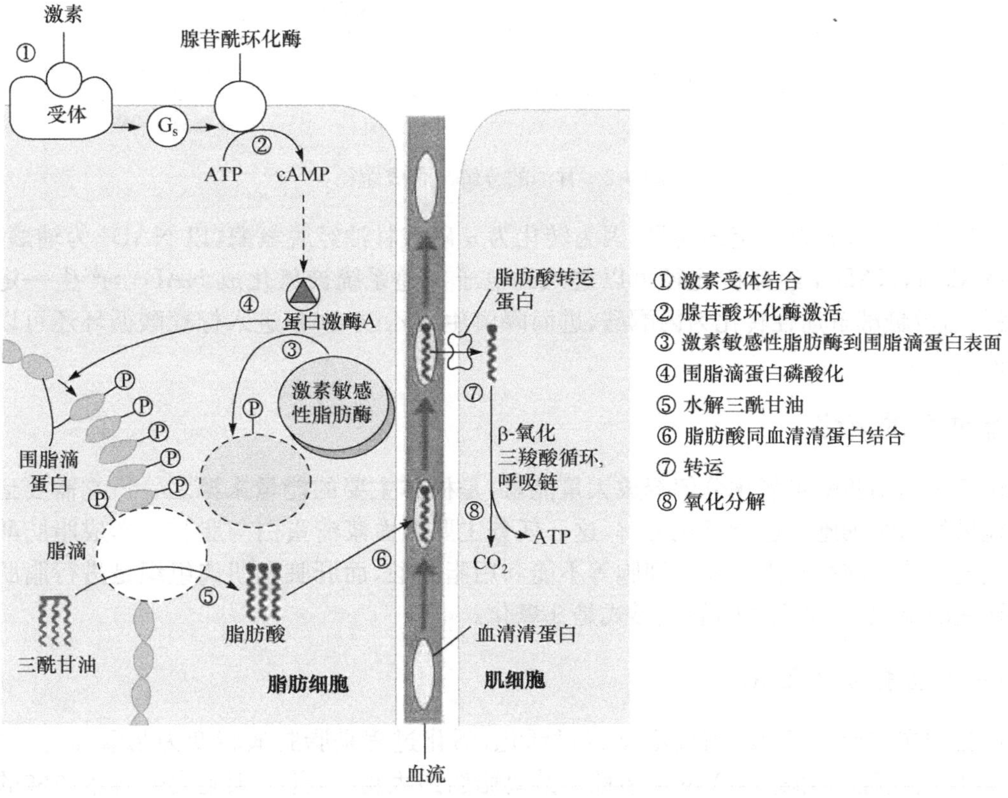

图6-1　激素调节的三酰甘油降解(引自 Nelson et al.，2008)

Gs表小G蛋白；▲促进

甘油和游离的脂肪酸通过质膜扩散进入血液，绝大部分甘油在肝脏中经糖异生途径转化为葡萄糖，而脂肪酸难溶于水，主要是与血清清蛋白结合后通过血液转运到心脏、骨骼肌和肝脏等组织中，在这些组织中的线粒体内被氧化释放出大量能量。

二、甘油的氧化

甘油在ATP存在下，由甘油激酶(glycerolkinase)催化，首先转变为α-磷酸甘油(α-phosphoglycerol，由于脂肪细胞中不存在甘油激酶，其甘油经血液运至肝脏才能发生氧化分解)，此反应是不可逆反应。α-磷酸甘油在脱氢酶(以 NAD^+ 为辅酶)催化下，转变为磷酸二羟丙酮。磷酸二羟丙酮是糖酵解途径的一个中间产物，它可以沿着酵解途径逆行合成葡萄糖及糖原；它也可沿着酵解途径顺行转变为丙酮酸，从而进入三羧酸循环被彻底氧化(图 6-2)。由此可见，脂代谢与糖代谢有着密切的关系。磷酸二羟丙酮是联系甘油代谢与糖代谢的关键物质。甘油分解代谢途径的逆行，即甘油的合成途径，但由磷酸酶催化 α-磷酸甘油生成甘油和磷酸。

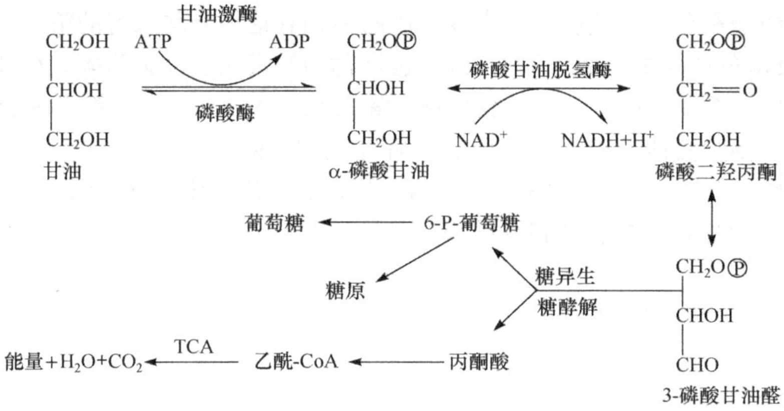

图 6-2 甘油的分解与合成途径

甘油降解可以提供一定的能量，因为转化为 α-磷酸甘油经脱氢酶(以 NAD^+ 为辅酶)作用生成 NADH，NADH 经穿梭途径可以进入到电子传递系统被氧化成 NAD^+，产生一定的能量，另外沿着糖酵解途径转化为丙酮酸，进而降解生成乙酰-CoA 进入柠檬酸循环还可以生成一些能量。

三、脂肪酸的氧化

脂解产物脂肪酸可氧化分解释放大量能量，是机体主要的能量来源之一。它需要运送到需要能量的组织细胞中进行氧化分解，这一任务主要由血浆清蛋白与脂肪酸形成脂肪酸清蛋白来完成运输。脑神经组织和红细胞等不能利用脂肪酸，而肝脏和肌肉组织是进行脂肪酸氧化最活跃的组织，其最主要的氧化形式是 β-氧化。

(一) 脂肪酸的活化

脂肪酸在进行 β-氧化分解前必须经过活化，活化过程是脂肪酸转变为脂酰辅酶 A(fatty acyl-CoA)的过程。脂酰-CoA 的水溶性比游离脂肪酸大得多，并且细胞内分解脂肪酸的酶只能氧化分解脂酰-CoA，而不能氧化分解游离脂肪酸，故脂肪酸要经过活化过程。脂肪酸的活化是由脂酰-CoA 合成酶(fatty acyl-CoA synthease)催化，脂酰-CoA 合成酶又称硫激酶(thiokinase)，分布在细胞质中、线粒体膜和内质网膜上。胞浆中的硫激酶催化中、短链脂肪酸活化；内质网膜上的酶活化长链脂肪酸生成脂酰-CoA，然后进入内质网用于三酰甘油合成；而线粒体膜上的酶活化的长链脂酰-CoA，进入线粒体进行 β-氧化。

活化是一个耗能过程，由 ATP 提供能量。反应分两步进行：首先脂肪酸与 ATP 作用生成脂酰-磷酸腺苷，后者再与 CoA 化合生成脂酰-CoA (图 6-3)。

$$\text{脂肪酸}+HSCoA+ATP \longrightarrow \text{脂酰-}CoA+AMP+2Pi$$
$$\Delta G^{0\prime}=-34kJ/mol$$

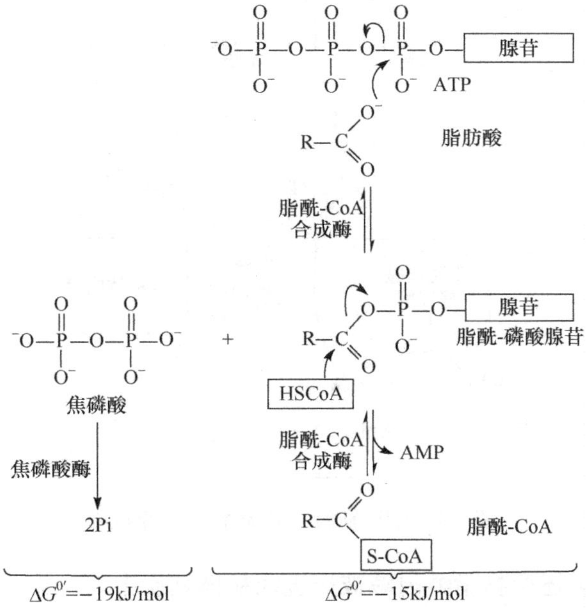

图 6-3　脂肪酸活化过程(引自 Nelson et al. ,2008)

(二) 脂肪酸转运入线粒体

短或中长链的脂酰-CoA 分子(10 个碳原子以下)可容易地渗透通过线粒体内膜(inner mitochondrial membrane),但是更长链的脂酰-CoA 就不能轻易透过其内膜,需要一个特殊的运送机制。这个机制就是长链脂酰-CoA 要与极性的肉碱(carnitine)——β-羟基-γ-三甲基胺基丁酸结合。

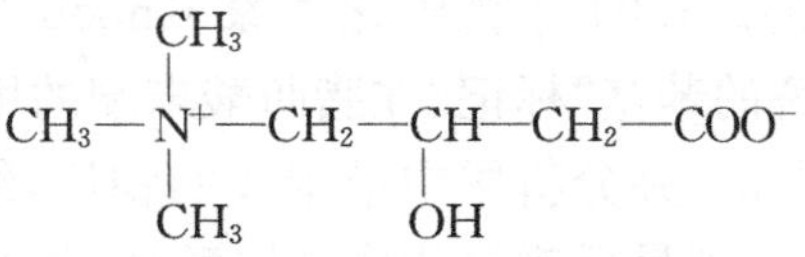

β-羟基-γ-三甲基胺基丁酸

肉碱在植物和动物体中均存在。结合反应是由线粒体内膜外侧上存在的脂酰肉碱移位酶Ⅰ(carnitine acyltransferase Ⅰ)进行催化发生的。反应使 CoA 基团脱下,肉碱分子进行取代,得到的脂酰肉碱需要借助于膜上的特殊载体即肉碱/脂酰肉碱移位酶(carnitine/acylcarnitine translocase)被运送穿过线粒体内膜到线粒体基质侧。这个特殊载体也可把线粒体基质侧的游离肉碱运出。脂酰肉碱一旦进入线粒体基质,又在膜内侧的脂酰肉碱移位酶Ⅱ作用下,释出游离肉碱,肉碱如上述方式被运回,同时脂酰基又回到 CoA 上,如此完成了脂酰-CoA 穿过线粒体内膜的"使命"(图 6-4)。

概括起来,脂肪酸在胞质溶胶中被活化,成为脂酰-CoA,它按以下 4 个步骤穿越线粒体内膜进入线粒体基质。

(1) 胞质溶胶中的脂酰-CoA 转移到肉碱上,释出 CoA 到胞质溶胶中。

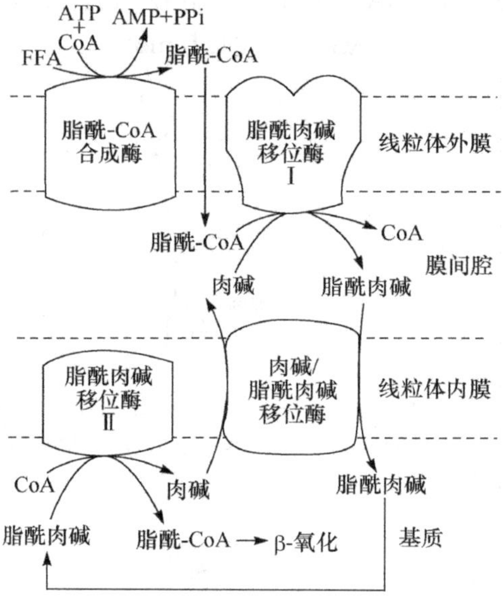

图 6-4 脂酰辅酶 A 跨线粒体内膜机制

（2）经传送系统，上述产物脂酰肉碱被送进线粒体基质中。

（3）在线粒体基质中，脂酰基转移到来自线粒体的 CoA 分子上。

（4）同时释出的肉碱又回到胞质溶胶中。

这使细胞得以维持分别在胞质溶胶和线粒体基质内的 CoA 库。线粒体的 CoA 除对脂肪酸起作用外，还在丙酮酸和某些氨基酸的氧化降解中起作用，胞质溶胶中的 CoA 库则满足脂肪酸生物合成的需要。

（三）β-氧化

1. Knoop 的重要发现 在 19 世纪末叶前，就推测细胞内脂肪酸的合成和降解可能是通过添加或切除 2C 片段进行的。1904 年德国化学家 Knoop 为探讨脂肪酸在动物体内的氧化机制，将不能被机体氧化分解的苯基“标记”在脂肪酸末端的甲基碳原子上，然后用这种苯基标记的脂肪酸喂养动物，收集尿液，并分析尿中带苯环的物质，结果发现若苯环上脂肪酸为奇数碳原子（如苯丙酸、苯戊酸等），则最后都氧化成苯甲酸，它与甘氨酸结合成马尿酸（甘氨酰苯甲酸）自尿中排出（图 6-5）；若碳链含有偶数碳原子（如苯丁酸、苯己酸等），则最后得苯乙酸，与甘氨酸结合成苯乙尿酸（甘氨酰苯乙酸）自尿排出（图 6-5）。Knoop 从以上结果得出结论：动物体内在进行脂肪酸降解时，是逐步将碳原子成对地从脂肪酸链上切下，而不是一个一个地拆除。他当时在这些实验的基础上提出脂肪酸的β-氧化学说，直到目前为止，他的学说基本还是正确的。

接着一个重要的实验事实是在 1944 年由 Leloir 证实的，即脂肪酸能在无细胞系统中被氧化。随后 Lehninger 指出在肝脏细胞线粒体中脂肪酸的氧化有“活性乙酸”参加。Lipmann 的实验证明了辅酶 A 参与“活性乙酸”的形成：

$$乙酸+ATP+HSCoA \longrightarrow “活性乙酸”$$

1951 年 Lynen 证实“活性乙酸”是乙酰辅酶 A。在此期间，几家实验室同时指出：辅酶 A

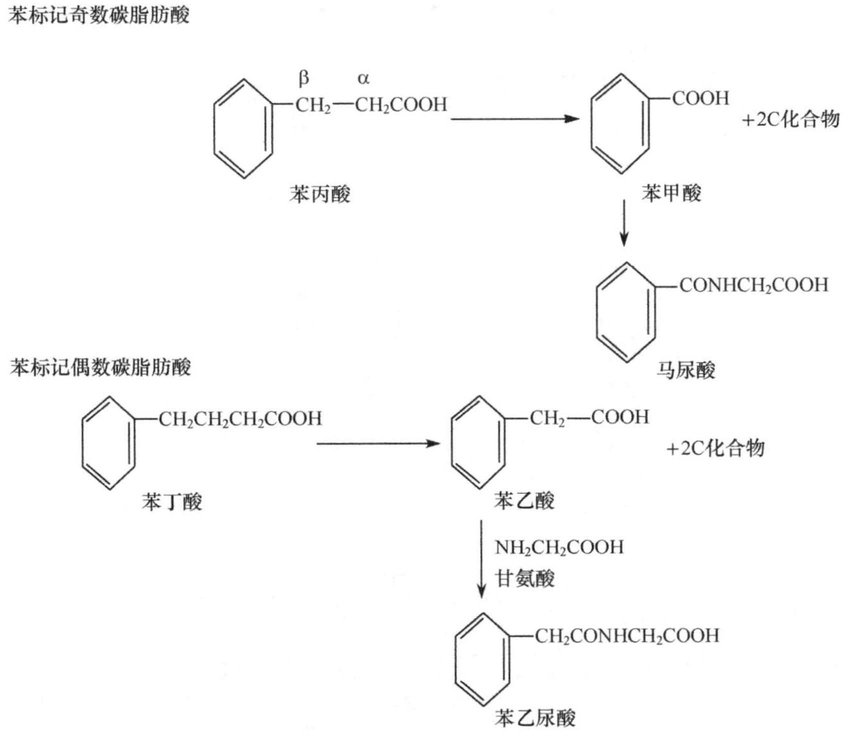

图 6-5　Knoop 的苯基标记的脂肪酸氧化实验

在脂肪酸的β-氧化起始过程中，即脂肪酸的活化反应中有重要意义。这一现象(过程)直到1951 年才发展成如今所知的β-氧化作用的机制。

2. β-氧化反应过程　脂肪酸β-氧化发生于线粒体中，共有 5 个步骤：①活化(activation)；②氧化(oxidation)；③水合(hydration)；④氧化(oxidation)；⑤断裂(cleavage)。一般常说β-氧化是 4 个步骤，即不计脂肪酸的活化步骤。在介绍β-氧化反应过程前，先了解一下脂肪酸氧化的总反应过程，以了解β-氧化在生物氧化中的地位和作用。

线粒体中的脂肪酸氧化可看作三个大步骤(图 6-6)。第一步是β-氧化。以 16 碳的软脂酸为例，经过一系列氧化，每一轮切下两个碳原子单元即乙酰-CoA。经过 7 轮之后，软脂酸只残留两个碳原子，即乙酰-CoA。每一个乙酰-CoA 的形成需要失去 4 个氢离子(4 个 H^+)和两对电子，每步都是在脱氢酶的作用下发生的。

第二步：β-氧化形成的乙酰-CoA(若是软脂酸，共形成 8 个)，进入柠檬酸循环，继续被氧化最后生成 CO_2。柠檬酸循环也是在线粒体中发生的。换言之，脂肪酸氧化先是经过它们的独特途径——β-氧化，最后进入生物分子(包括糖、氨基酸等)的一般氧化途径——柠檬酸循环。

第三步：前两步中脂肪酸氧化过程产生还原型的 NADH 和 $FADH_2$，它们在第三步骤中把电子送到线粒体呼吸链，经过呼吸链，电子被运送给氧原子，伴随这个电子的流动，ADP 经磷酸化作用转化为 ATP。脂肪酸氧化中释出的能量就这样转化给了 ATP 分子(参见第五章生物氧化中水的生成)。

下面详述脂肪酸氧化的第一步——β-氧化过程。

如前述，脂肪酸氧化若从活化进入线粒体计算共为 5 步，概括其全部过程如图 6-7 所示。

反应第一步活化。脂肪酸在硫激酶(又称脂酰-CoA 合成酶)作用下形成脂酰-CoA。第二

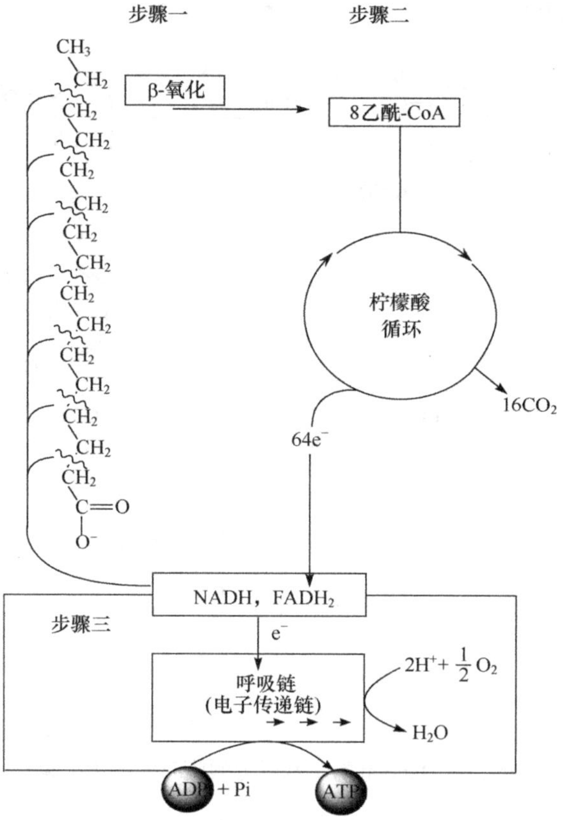

图 6-6　线粒体中脂肪酸彻底氧化的三大步骤

步是脂酰-CoA 的氧化，即脂酰-CoA 的羧基邻位（β 位）被脂酰-CoA 脱氢酶作用，脱下两个氢原子转化为反式-Δ^2-烯酰-CoA（*trans*-Δ^2-enoyl-CoA），同时产生 $FADH_2$。第三步是反式-Δ^2-烯酰-CoA 水合形成 3-羟脂酰-CoA，这步反应是在烯酰-CoA 水合酶（enoyl-CoA-hydratase）的作用下发生的。第四步是 L-3-羟脂酰-CoA 在 L-3-羟脂酰-CoA 脱氢酶（L-3-hydroxyacyl-CoA dehydrogenase）的作用下转化为 3-酮脂酰-CoA（3-ketoacyl-CoA），并产生 NADH。第五步是 3-酮脂酰-CoA 受另一个 HSCoACoA 的作用发生硫解（thiolysis），断裂为乙酰-CoA 和一个缩短了两个碳原子单元的脂酰-CoA。这步反应是在 β-酮硫解酶（β-keto-thiolase）的催化下进行的。以上反应形成脂肪酸降解的一个循环。其总结果是脂肪酸链以乙酰-CoA 形式自羧基端脱下两个碳原子单元。缩短了的脂肪酸以脂酰-CoA 形式又进入下一轮的 β-氧化，如图 6-7 所示，它进入脂酰-CoA 脱氢酶的催化脱氢这一步。如果脂肪酸是软脂酸（16 碳），就转化为软脂酰-CoA，后经过 7 轮的降解产生 8 个乙酰-CoA 分子，其总反应式可写为

$$\text{软脂酰-CoA}+7FAD+7NAD^+ +7HSCoA+7H_2O \longrightarrow 8\ \text{乙酰-CoA}+7FADH_2+7NADH+7H^+$$

虽然 β-氧化的几步反应基本上是可逆的（第一步反应的逆反应由另一种酶催化），但由于硫解酶所催化的反应为放能反应，自由能变化较大（－28kJ/mol），因此，整个反应体系平衡点偏向于分解代谢。已发现参与 β-氧化的这些酶是一个松散的多酶复合体，故在没有完成氧化步骤之前，各种中间产物不易离开此复合物。

由上述可以看出脂肪酸的 β-氧化过程具有以下特点：首先要将脂肪酸活化生成脂酰-

CoA。中、短碳链脂肪酸不需要载体可直接进入线粒体，而长链脂酰-CoA需要肉碱转运。β-氧化反应在线粒体内进行，因此没有线粒体的红细胞不能氧化脂肪酸供能。β-氧化过程中有$FADH_2$和$NADH+H^+$生成，这些氢要经呼吸链传递给氧生成水，需要氧参加，乙酰-CoA的氧化也需要氧。因此，β-氧化是需氧的代谢过程。

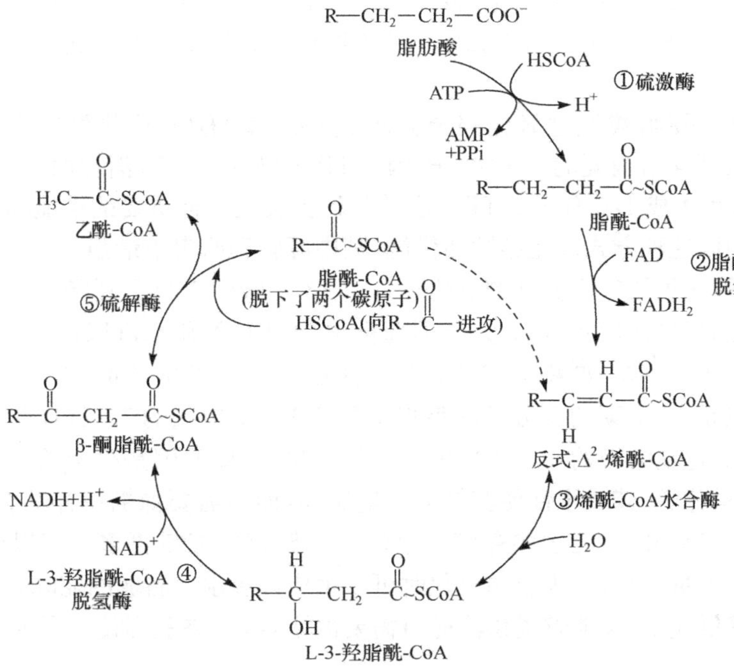

图 6-7　脂肪酸β-氧化途径

（四）脂肪酸β-氧化的能量计算

脂肪酸的完全氧化供能效率比糖的氧化高。以硬脂酸(18碳)为例，计算1分子硬脂酸经过β-氧化、三羧酸循环、电子传递和氧化磷酸化三个阶段产生多少能量(表6-2)。1分子硬脂酰-CoA经过8次β-氧化共产生9个乙酰-CoA、8分子$FADH_2$和8分子$NADH+H^+$。

表6-2　1分子硬脂酰-CoA氧化分解成CO_2和H_2O生成的ATP数目

催化氧化步骤的酶	生成NADH或FADH的数目	最后总生成ATP的数目
脂酰-CoA脱氢酶	$8FADH_2$	12
羟脂酰-CoA脱氢酶	8NADH	20
异柠檬酸脱氢酶	9NADH	22.5
α-酮戊二酸脱氢酶	9NADH	22.5
琥珀酰-CoA合成酶		9
琥珀酰脱氢酶	$9FADH_2$	13.5
苹果酸脱氢酶	9NADH	22.5
合计		122

每个乙酰CoA经过三羧酸循环、电子传递和氧化磷酸化被氧化成CO_2和H_2O可产生10分子ATP(3分子$NADH+H^+$,1分子$FADH_2$和1分子GTP)，则$9\times10=90$(ATP)。

由于β-氧化发生在线粒体内，还原型辅酶可以直接进入电子传递链。经电子传递和氧化磷酸化，1分子的 $NADH+H^+$ 氧化生成2.5分子ATP，1分子的 $FADH_2$ 氧化生成1.5分子ATP。每一次β-氧化有两步脱氢反应，第一步脱氢反应（由脂酰-CoA脱氢酶催化）脱下的氢由FAD接受生成 $FADH_2$，通过电子传递和氧化磷酸化而相应生成 $8\times1.5=12$(ATP)；第二步脱氢反应（由羟脂酰-CoA脱氢酶催化）脱下的氢由 NAD^+ 接受，生成 $NADH+H^+$，经电子传递和氧化磷酸化生成 $8\times2.5=20$(ATP)。即硬脂酸β-氧化脱下的氢通过呼吸链磷酸化可生成32分子ATP。

由此可见，1分子硬脂酸经过氧化完全分解成 CO_2 和 H_2O，总共可生成 $90+32=122$(ATP)，减去脂肪酸活化时消耗的2个ATP（因ATP分解为AMP，消耗两个高能键，故可视为消耗2个ATP），净生成120分子ATP。这说明脂肪酸是一种重要的供能物质。除脑组织外，大多数组织均能以这种方式氧化脂肪酸供能，其中肝脏和肌肉中最强。

脂肪酸的完全氧化供能效率比糖的氧化高。由18个碳的1分子硬脂酸和6个碳的1分子葡萄糖氧化产生的能量比较可知，1分子葡萄糖氧化成 CO_2 和水可以产生30（或32）分子ATP，1分子葡萄糖有6个碳，如果是18个碳应当生成 $(18/6)\times30$（或32）=90(96)(ATP)，生成的ATP数目只是18个碳的1分子硬脂酸完全氧化生成能量的75%（或80%）。因此，脂肪酸中的1个碳的氧化比糖中的1个碳提供更多的能量，主要原因是糖中的碳已经被部分氧化了。脂肪作为燃料分子，其疏水性使其易被大量储存，而不需要像糖一样结合大量水（储存1g糖原，至少要带上1g水）。无水储存使得单位质量储存的能量更多。当以脂肪作为能源时，生物体还能获得大量的水，因为脂肪氧化时可以生成许多水。骆驼的驼峰是个储存脂肪的“仓库”，它既可以提供能量，又能够提供骆驼所需要的水，因此骆驼即使一段时间内不饮水也能走很长的路。

既然以脂肪的形式储存能量有显著的优越性，那么人们就要问，为什么还要以糖原的形式储存能量呢？这主要是由于糖和脂肪酸的代谢之间有很大的差别，最重要的一点是脂肪酸氧化时需要氧才能产生可利用的能量，在缺氧条件下，不能提供任何能量。而糖是唯一能在缺氧条件下产生能量的化合物。由于细胞膜特殊性，中枢神经系统不能拥有大量的脂肪酸，也就是说，不能利用这些底物去生产大量的能量。因此，在通常环境下，尽管中枢神经系统不是厌氧组织，而是亲氧组织，但它还是依赖葡萄糖的氧化提供能量。

（五）不饱和脂肪酸的氧化作用

上述的β-氧化过程是典型的饱和偶数碳脂肪酸的氧化过程，在动植物体内还有许多脂肪酸是不饱和碳脂肪酸，在分子中含有一个或多个双键，这些双键都是顺式（*cis*）构型，不能被烯酰-CoA水合酶作用，这是因为该酶催化的是β-氧化中的烯酰-CoA反式（*trans*）构型双键的加水反应。因此顺式构型双键的加水反应还需其他的酶。

不饱和脂肪酸的氧化也发生在线粒体中，它的活化和跨越线粒体内膜都与饱和脂肪酸相同，也是经β-氧化而降解，但它需要另外三个酶：烯酰-CoA异构酶、二烯酰-CoA还原酶和3,2-烯酰-CoA异构酶。如图6-8所示，油脂酰-CoA（oleoyl-CoA）的降解与硬脂酰-CoA的降解在β-氧化的最初三步轮回中是完全相同的。其后油脂酰-CoA生成 Δ^3-顺式-十二烯酰-CoA。但它不是脂酰-CoA脱氢酶合格的底物。下面一步是对 Δ^3-顺式-十二烯酰-CoA进行改造，即经烯酰-CoA异构酶（isomerase）催化把它转化为 Δ^2-反式-十二烯酰-CoA（12：Δ^2），成为烯酰-CoA水合酶的正常底物后，即可继续走上β-氧化的正路。这样，在油脂酰-CoA的β-氧化中没有使用脂酰-CoA 脱氢酶；与硬脂酰-CoA(18:0)的 β-氧化相比较，它少产出 1 个 $FADH_2$ 和 1.5 个 ATP。烯酰-CoA 异构酶从肝脏的线粒体(相对分子质量为 9×10^4)中曾纯化获得，它对 Δ^3-顺式或 Δ^3-反式的 6～16 个碳的脂酰-CoA 都显示活性。

多不饱和脂肪酸也可经 β-氧化而降解，降解时除需要油酰异构酶外，还需要 2,4-二烯酰-CoA 还原酶[2,4-dienoyl-CoA reductase)参与。现以亚油酰-CoA[linoleoyl-CoA，顺式-9,12-十八(碳)二烯酰-CoA]为例，它的 β-氧化最初的三步轮回与油脂酰-CoA 相同，形成一个 Δ^3-顺式不饱和脂肪酸。经烯酰-CoA 异构酶的作用，将 Δ^2-反式位的双键异构化，就可继续进行 β-氧化，生成 Δ^4-顺式-烯酰-CoA。随后，在脂酰-CoA 脱氢酶的催化下生成 Δ^2-反式，Δ^4-顺式-二烯酰-CoA。这个产物在 NADPH 及 2,4-二烯酰-CoA 还原酶的作用下生成 Δ^3-反式-烯酰-CoA，又再转化为 Δ^2-反式异构体，此时，按 Δ^2-反式异构体的结构，β-氧化即可继续走上第四个轮回(图 6-9)。2,4-二烯酰-CoA 还原酶也已自肝脏中纯化获得，它专一地以 NADPH 作为氢供体。

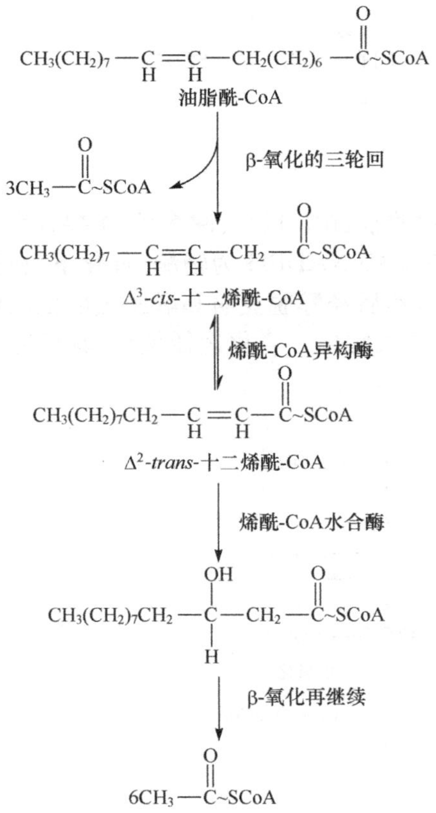

图 6-8 油脂酰辅酶 A 在线粒体中的降解

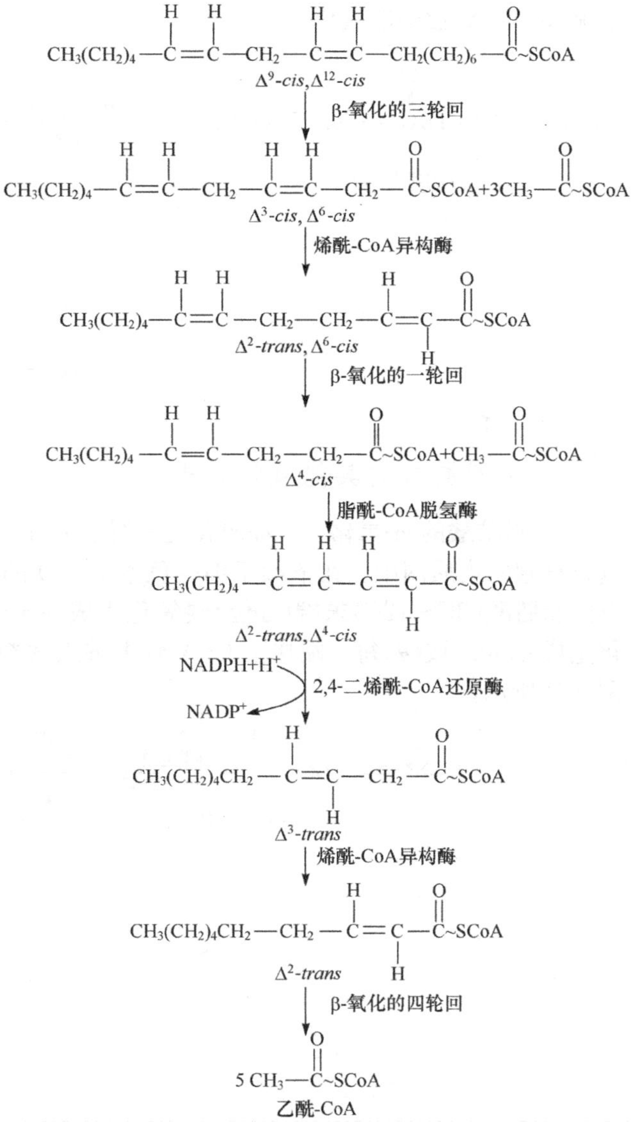

图 6-9 多不饱和脂肪酸在线粒体内的降解

（六）奇数碳原子脂肪酸的氧化作用

天然存在的脂肪酸大多含有偶数碳原子。但在许多植物、海洋生物、石油酵母等生物体中含有奇数碳脂肪酸，石油酵母脂类中含有大量 15C 和 17C 的奇数脂肪酸。含奇数碳原子的脂肪酸与偶数碳脂肪酸氧化相似，经 β-氧化后，除产生乙酰-CoA 外，最后还产生一分子丙酰-CoA（propionyl-CoA）。脂酰-CoA 脱氢酶对丙酰-CoA 不起作用，丙酰-CoA 沿另外的代谢途径在动物及人体中转变成琥珀酰-CoA（succinyl-CoA），从而进入三羧酸循环，在植物中则转变为乙酰-CoA。

在动物及人体细胞内存在一种丙酰-CoA 羧化酶（propionyl-CoA carboxylase），以生物素为辅酶，在有 ATP、CO_2 参与下，它能催化丙酰-CoA 羧化，即 CO_2 加到丙酰-CoA 分子上生成甲基丙二酸单酰-CoA（methylmalonyl-CoA）；在甲基丙二酸单酰-CoA 变位酶（methylmalonyl-CoA mutase）催化下，经分子重排转变成琥珀酰-CoA（此反应需维生素 B_{12}）；琥珀酰-CoA 进入三羧酸循环（TCA）被彻底氧化。

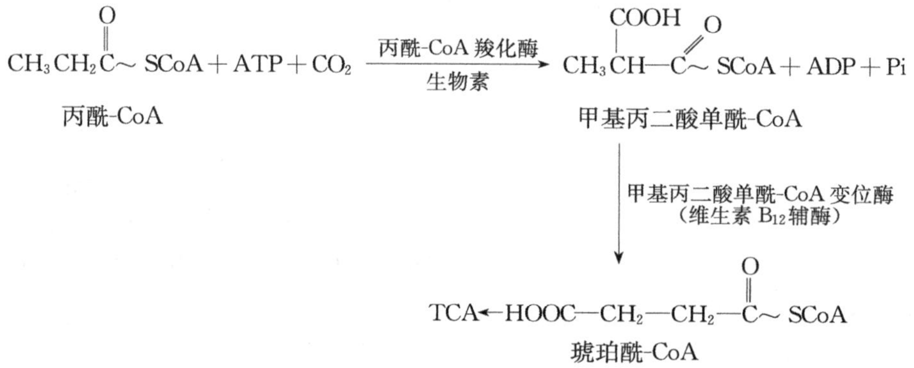

（七）脂肪酸的其他氧化方式

1. 脂肪酸的 ω-氧化　ω-氧化是一种有别于 β-氧化的脂肪酸分解代谢途径，主要存在于真核细胞的内质网中。在依赖于细胞色素 P-450 的单加氧酶（NADPH 为辅酶）催化下，在长链的脂肪酸（8C～12C）末端（ω 位）碳氧化生成 ω-羟脂酸，然后经醇脱氢酶和醛脱氢酶依次催化生成 α，ω-二羧酸，每一端接上 CoA 后再进入线粒体，进入常规 β-氧化途径氧化，其反应如图 6-10所示。

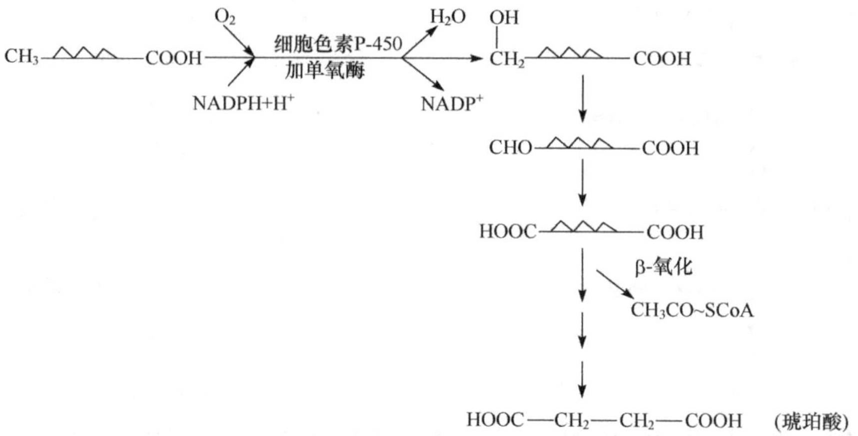

图 6-10　脂肪酸的 ω-氧化作用

2. 脂肪酸的 α-氧化　在植物和动物的脑及肝脏中还存在脂肪酸的 α-氧化方式，当遇到像带有支链的植醇（phytol），即叶绿醇那样的底物时，β-氧化就不能有效进行了，此时需要另外一条替代途径——α-氧化途径。植醇是叶绿素降解产物，存在于羊和牛等反刍动物的脂肪及奶制品中。反刍动物可以将植醇氧化成植烷酸（phytanic acid）。人们日常膳食离不开奶制品，因此奶制品中的植烷酸的降解就是一个重要的膳食问题了。好在人体内存在 α-氧化途径，可以处理支链脂肪酸（图 6-11）。

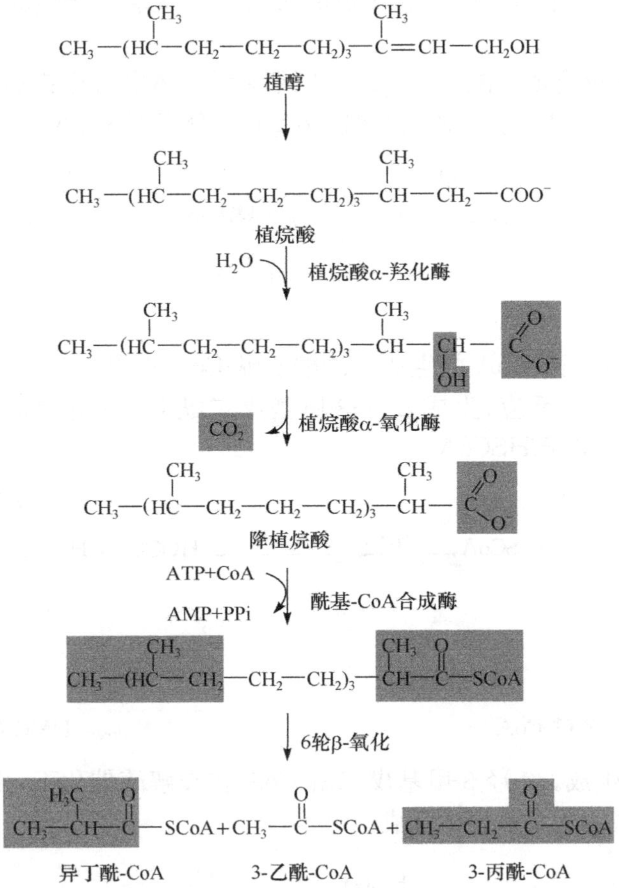

图 6-11　脂肪酸的 α-氧化

就像图 6-11 表示的那样，植烷酸首先在植烷酸 α-羟化酶催化下在 α 碳上加—OH，然后植烷酸 α-氧化酶再催化脱羧反应生成降植烷酸。降植烷酸经酰基-CoA 合成酶催化形成降植烷酰-CoA 后，就可进行常规的 β-氧化。终产物异丁酰-CoA 和丙酰-CoA 可以转换为琥珀酰-CoA。

如果缺乏 α-氧化系统，食用奶制品就会导致体内植烷酸积累，引发外周神经炎类型的运动失调和视网膜炎等。

四、酮体的形成和利用

肝脏是分解脂肪酸的主要场所。脂肪酸在心肌、骨骼肌等组织中能彻底氧化成水和二氧化碳，但在肝脏中的氧化很不完全，经常生成一些脂肪酸氧化的中间产物——乙酰乙酸、β-羟丁酸和丙酮，三者统称为酮体。

酮体是燃料分子，作为“水溶性脂”在有些器官，如心脏和肾脏中比脂肪酸氧化得更快。尤其在饥饿期间，酮体在肝脏中大量生成，使血液中酮体量大大增加，除作为其他组织的燃料外，因为在正常情况下，脂肪酸不能透过血脑屏障，所示酮体还取代葡萄糖作为脑细胞的主要燃料。

（一）酮体的生成

脂肪酸在肝细胞线粒体中经β-氧化生成的乙酰-CoA是合成酮体的主要原料，其反应过程如下所述。

（1）由乙酰-CoA缩合成乙酰乙酰-CoA。肝细胞线粒体中的乙酰-CoA在乙酰基转移酶催化下，2分子乙酰-CoA生成1分子乙酰乙酰-CoA和1分子HSCoA。

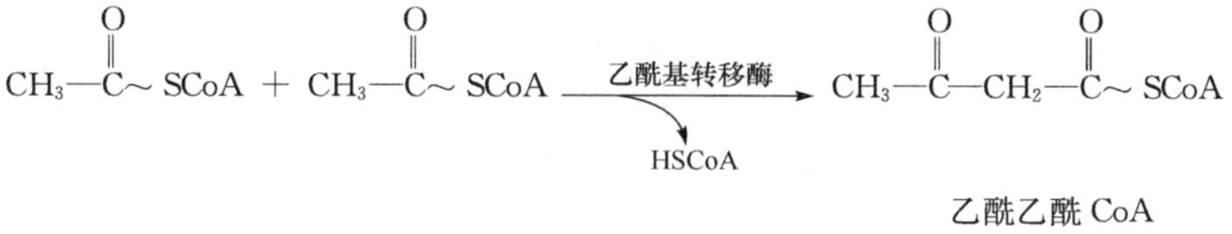

（2）β-羟-β-甲基戊二酰-CoA的生成。乙酰乙酰-CoA在羟甲基戊二酰-CoA合成酶的催化下和1分子乙酰-CoA反应，生成β-羟-β-甲基戊二酰-CoA（hydroxymethylglutaryl-CoA，HMG-CoA），并放出1分子HSCoA。

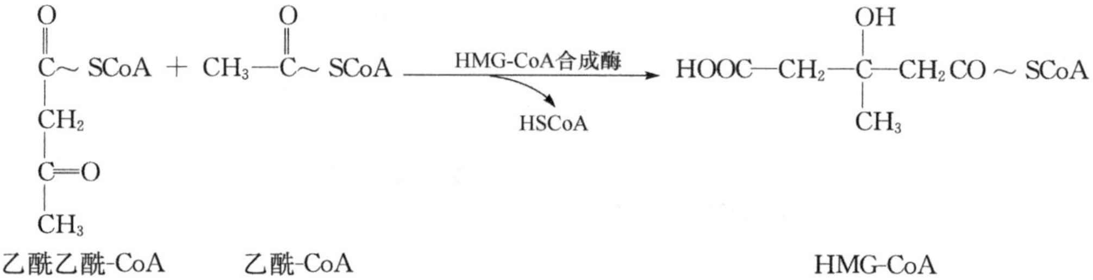

（3）乙酰乙酸的生成。β-羟-β-甲基戊二酰-CoA在裂解酶催化下，生成乙酰乙酸和乙酰-CoA。乙酰-CoA可以再次参加酮体合成。

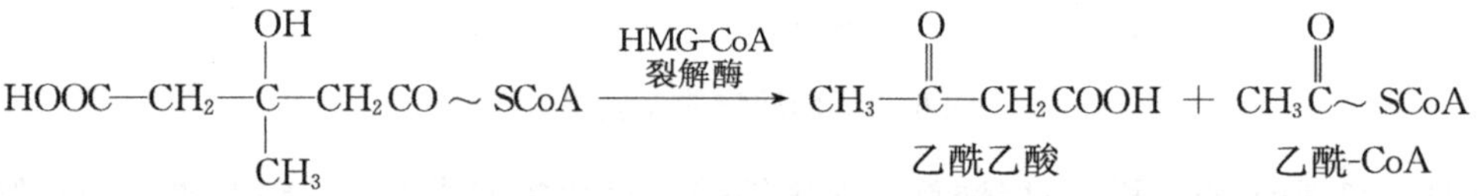

（4）酮体的生成。生成的乙酰乙酸在肝脏线粒体中，经β-羟丁酸脱氢酶催化而还原生成β-羟丁酸，所需氢由$NADH+H^+$提供，还原速度由线粒体内$NADH+H^+/NAD^+$的值决定。同时乙酰乙酸还可以自发或在乙酰乙酸脱羧酶的作用下脱羧生成丙酮。

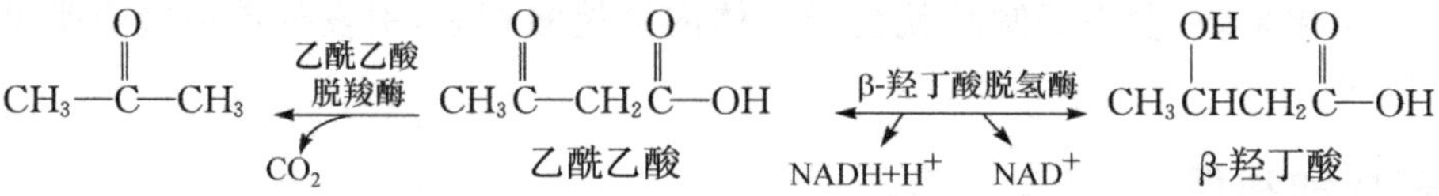

（二）酮体的利用

肝脏中有活力很强的生成酮体的酶，但缺少利用酮体的酶。肝脏线粒体基质内生成的酮体可迅速透出肝细胞进入血液循环，运送到肝外组织（心肌、骨骼肌、肾及脑组织），进行氧化（图 6-12）。在肝外组织，首先β-羟丁酸在β-羟丁酸脱氢酶作用下氧化成乙酰乙酸。然后，在乙酰乙酸硫激酶或琥珀酰-CoA 转硫酶作用下，使乙酰乙酸转化为乙酰乙酰-CoA，然后被β-氧化中的硫解酶分解为 2 分子乙酰-CoA，进入三羧酸循环，彻底氧化为二氧化碳和水并释放出能量。

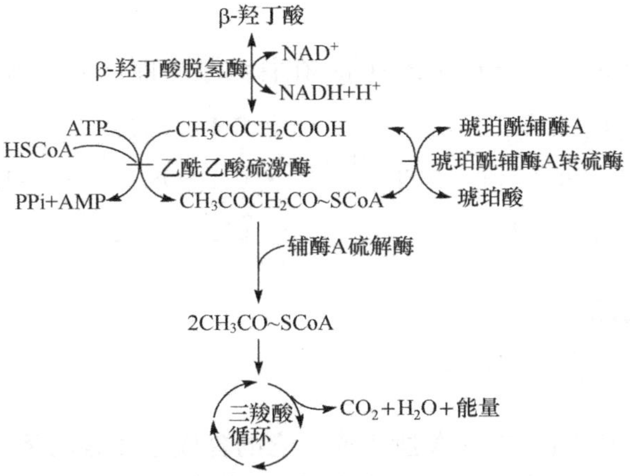

图 6-12　酮体的氧化利用

上述反应中琥珀酰辅酶 A 是来自三羧酸循环的中间代谢物。

酮体的另一化合物丙酮除随尿排出外，有一部分直接从肺部呼出。丙酮在体内也可转变成丙酮酸或甲酰基及酰基，丙酮酸可以氧化，也可以合成糖原。酮体的氧化对脑组织有重要意义，脑组织在正常情况下主要依靠血糖供能，但是在饥饿时则主要依靠酮体供能。肝脏组织因缺乏这两种酶，不能氧化酮体。肝脏通过生成酮体将碳链很长的脂肪酸分裂成分子较小的易被其他组织利用的酮体，为肝外组织提供了有用的能源。

酮体是正常的、有用的代谢物。在正常情况下，人体血浆中仅含有少量酮体（0.1～0.5mmol/L），但在某些情况下，如饥饿、糖尿病等，由于脂肪动员增强，肝脏中合成酮体的量超过了肝外组织利用酮体的能力，出现体内酮体过多。当酮体的浓度过高时，血液中的酮体水平是正常时的 40 多倍，呼吸中伴有丙酮的气味。酮体浓度高，称为酮病（ketosis），会引起体内一系列生理变化。由于乙酰乙酸和β-羟丁酸是酸性物质，血中浓度过高会引起血液中 pH 下降，而导致酸中毒。

第三节　脂肪的合成代谢

肝脏和脂肪组织是合成脂肪的主要场所。高等动物、植物中合成脂肪的主要原料是α-磷酸甘油和脂酰辅酶 A，它们是沿着不同的途径合成的。二者比较，脂酰辅酶 A 的合成更重要，因此，主要讨论脂肪酸的合成代谢。

一、α-磷酸甘油的生物合成

（一）由葡萄糖合成

葡萄糖经糖酵解途径降解生成磷酸二羟丙酮，经α-磷酸甘油脱氢酶催化，以 $NADH+H^+$ 为辅酶，还原为 L-α-磷酸甘油。

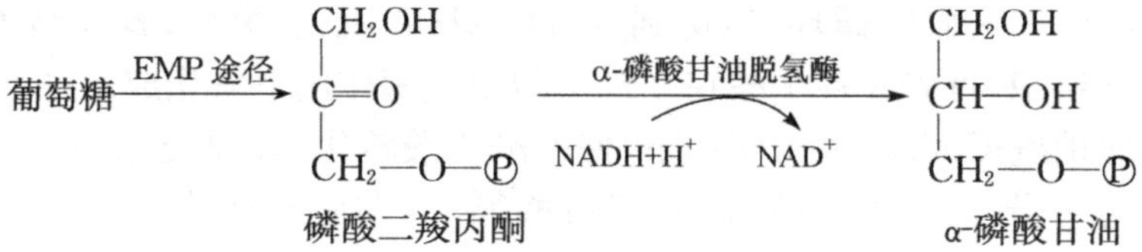

（二）由甘油合成

α-磷酸甘油，也可由脂肪降解产生的甘油，在甘油激酶催化下与 ATP 作用而生成。

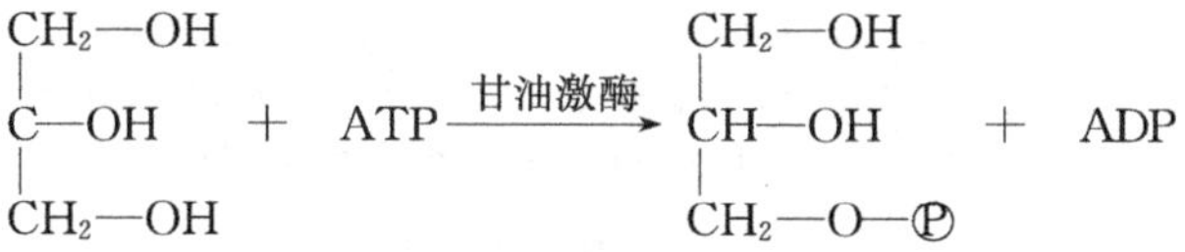

二、脂肪酸的生物合成

（一）饱和脂肪酸的生物合成

生物体内的脂肪酸是由乙酰-CoA 所生成。它的合成途径有两条：一条是线粒体酶系合成途径，指在线粒体内或内质网中进行的合成作用，主要是碳链延长；另一条是细胞质合成途径（或称从头合成），这种合成途径的酶系存在于细胞质中，合成的主要产物是十六碳脂肪酸，原料是乙酰-CoA、丙二酸单酰-CoA。

1. 细胞质合成途径　细胞质合成途径也称为从头合成途径，发生在细胞质中，一般只合成 16 碳的软脂酸，包括三个阶段：乙酰-CoA 通过线粒体膜进入细胞质，乙酰-CoA 羧化为丙二酸单酰-CoA，脂肪酸合酶催化脂肪酸合成。

1）乙酰-CoA 通过线粒体膜进入细胞质　乙酰-CoA 是合成脂肪酸的碳源，主要在线粒体内产生，而脂肪酸的合成都发生于细胞质中。线粒体对乙酰-CoA 是不可通过的，但可以通过乙酰基穿梭系统（也称三羧酸转运体系）进入细胞质（图 6-13）。

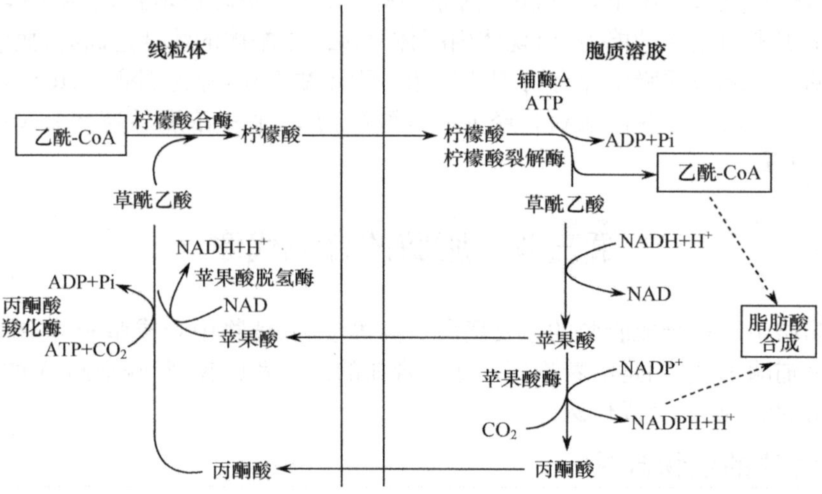

图 6-13　三羧酸转运体系

在穿梭系统中，线粒体内的乙酰-CoA，首先与草酰乙酸在柠檬酸合酶作用下缩合成柠檬酸。

乙酰-CoA＋草酰乙酸＋H_2O⟶柠檬酸＋HSCoA

所生成的柠檬酸可以从基质经载体穿过线粒体内膜进入细胞质，然后在柠檬酸裂解酶的作用下生成细胞质中的乙酰辅酶 A，裂解反应需要 ATP 和 HSCoA。

柠檬酸＋ATP＋HSCoA⟶乙酰 CoA＋ADP＋Pi＋草酰乙酸

裂解生成的草酰乙酸需要返回线粒体，细胞质中苹果酸脱氢酶催化草酰乙酸还原为苹果酸，同时 NADH 氧化为 NAD^+，然后苹果酸在苹果酸酶（malic enzyme）催化下脱羧生成丙酮酸，同时 $NADP^+$ 还原为 NADPH。新生成的丙酮酸经丙酮酸转运酶（pyruvate translocase）转运进入线粒体，羧化形成草酰乙酸开始下一轮穿梭转运循环。

柠檬酸转运系统不只是将乙酰-CoA 由线粒体转运到胞质溶胶，而且还将 NADH 转换成了可用于脂肪酸合成的 NADPH。

2）乙酰-CoA 羧化为丙二酸单酰-CoA　　脂肪酸的合成也是二碳单位的延长过程，逐步加入的二碳单位不是乙酰-CoA，而是乙酰-CoA 的羧化产物丙二酸单酰-CoA。这一步骤为脂肪酸合成的限速步骤。催化这一反应的酶是乙酰-CoA 羧化酶。在大肠杆菌中，乙酰-CoA 羧化酶是由生物素载体蛋白、生物素羧化酶和转羧酶三种亚基组成的复合体，在真核生物中，单一的一条多肽链中包含着这三个活性部位。它们均含有生物素作为羧基载体。这一反应的过程包括两步反应：HCO_3^-（提供 CO_2）先与酶形成酶-生物素-COO^- 复合物，然后此复合物再与乙酰-CoA 作用生成丙二酸单酰-CoA。

HCO_3^- ＋酶-生物素＋ATP⟶酶-生物素-COO^- ＋ADP＋Pi

酶-生物素-COO^- ＋CH_3CO～SCoA⟶$HOOCCH_2CO$～SCoA＋酶-生物素

3）脂肪酸合酶催化脂肪酸合成　　乙酰-CoA 和丙二酸单酰-CoA 合成后，下一步的反应是脂肪酸合酶复合体的酶促反应。脂肪酸合酶是一个由多种酶和一个酰基载体蛋白组成的复合体，存在于细胞质中。

酰基载体蛋白（acyl carrier protein，ACP）是一个相对分子质量较低的蛋白质，它在脂肪酸合成中的作用犹如 CoA 在脂肪酸降解中的作用。它的辅基是磷酸泛酰巯基乙胺（phosphopantetheine），这个辅基的磷酸基团与 ACP 的丝氨酸残基以磷酸酯键相接，另一端的—SH 基与脂酰基形成硫酯键，这样形成的分子可把脂酰基从一个酶反应转移到另一酶反应，由此得到“酰基载体蛋白”（HSACP）的名称（图 6-14）。在脂肪酸的降解中，同样的磷酸泛酰基巯基乙胺又是 CoA 的一部分。这个长链的磷酸泛酰巯基乙胺分子犹如“摆臂”，可以把底物在酶复合体上从一处的催化中心转移到另一处。

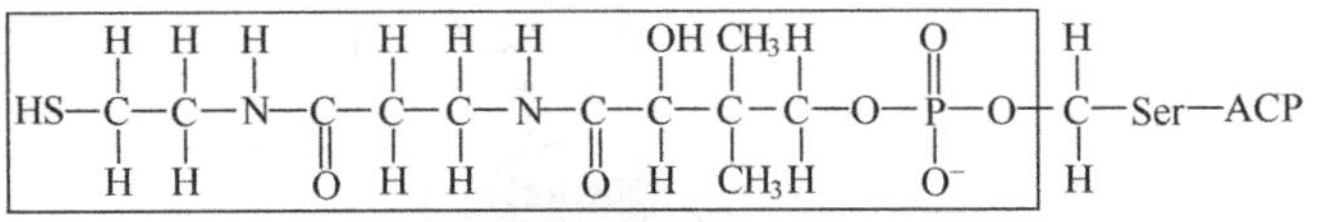

磷酸泛酰巯基乙胺

图 6-14　酰基载体蛋白（ACP）的结构示意图

在 *E. coli* 和植物中，脂肪酸合酶是由不同的 7 种多肽链组成的聚合体，其中 1 条链是 ACP，其余 6 条链是 6 个酶。在酵母中，该酶也由 ACP 及 6 个酶活性中心构成，所不同的是它们定位为两条多功能的多肽链，其中之一具有 ACP 功能和两种酶的活性，另一链含有余下的 4 种酶的活性。6 个二聚体组合成为一个大复合体。在动物中，脂肪酸合酶是二聚体，含有两个相同的亚单位，每一个亚单位都含有 1 个 ACP 和 7 个酶活性功能域，这 7 个酶活性功能域全都定位于单一的多功能多肽链上，多肽链的邻近区折叠成独特形式，形成不同的酶活性和

ACP 功能区。动物体脂肪酸合酶独自多出的酶活性是软脂酰 ACP 硫酯酶(palmitoyl-ACP thioesterase),它催化最后生成的软脂酰 ACP 的水解,转化为软脂酸和 ACP,它在 16 个碳的脂肪酸链合成后方显示功能。其他的有机体没有软脂酰 ACP 硫酯酶,而是直接利用软脂酰 ACP。

脂肪酸合成包括 5 个反应步骤,酰基移换,缩合,还原,脱水,还原。反应过程如图 6-15 所示。每一个循环重复上述缩合,还原,脱水,还原 4 个反应过程,直到长链脂肪酸合成,如图 6-16 所示。

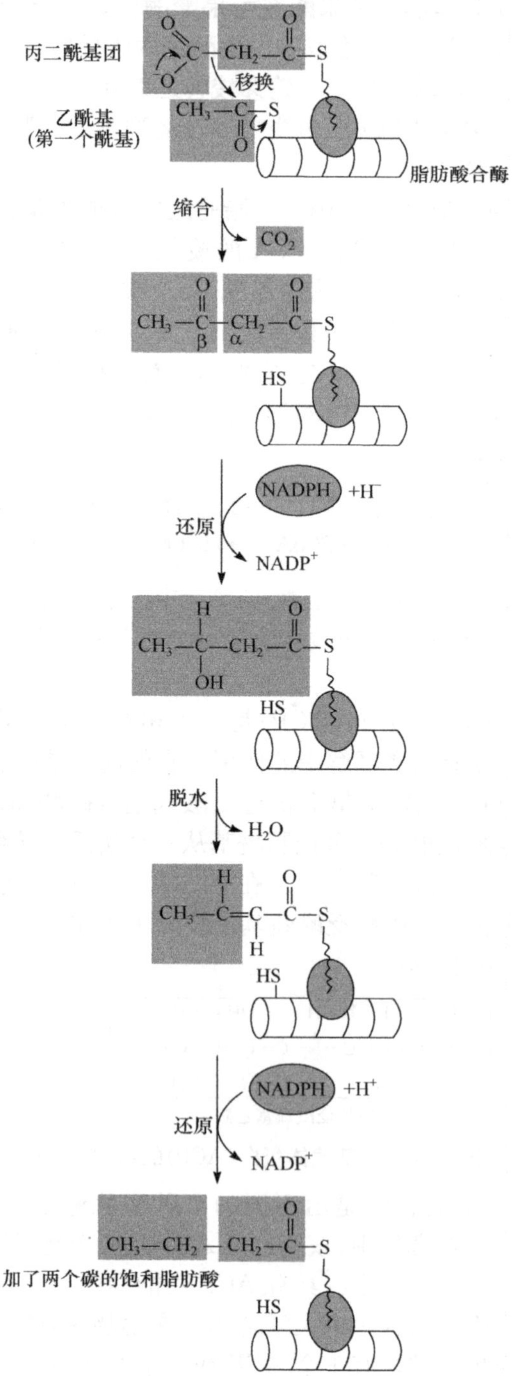

图 6-15　细胞质中脂肪酸的合成途径(引自 Nelson et al.,2008)

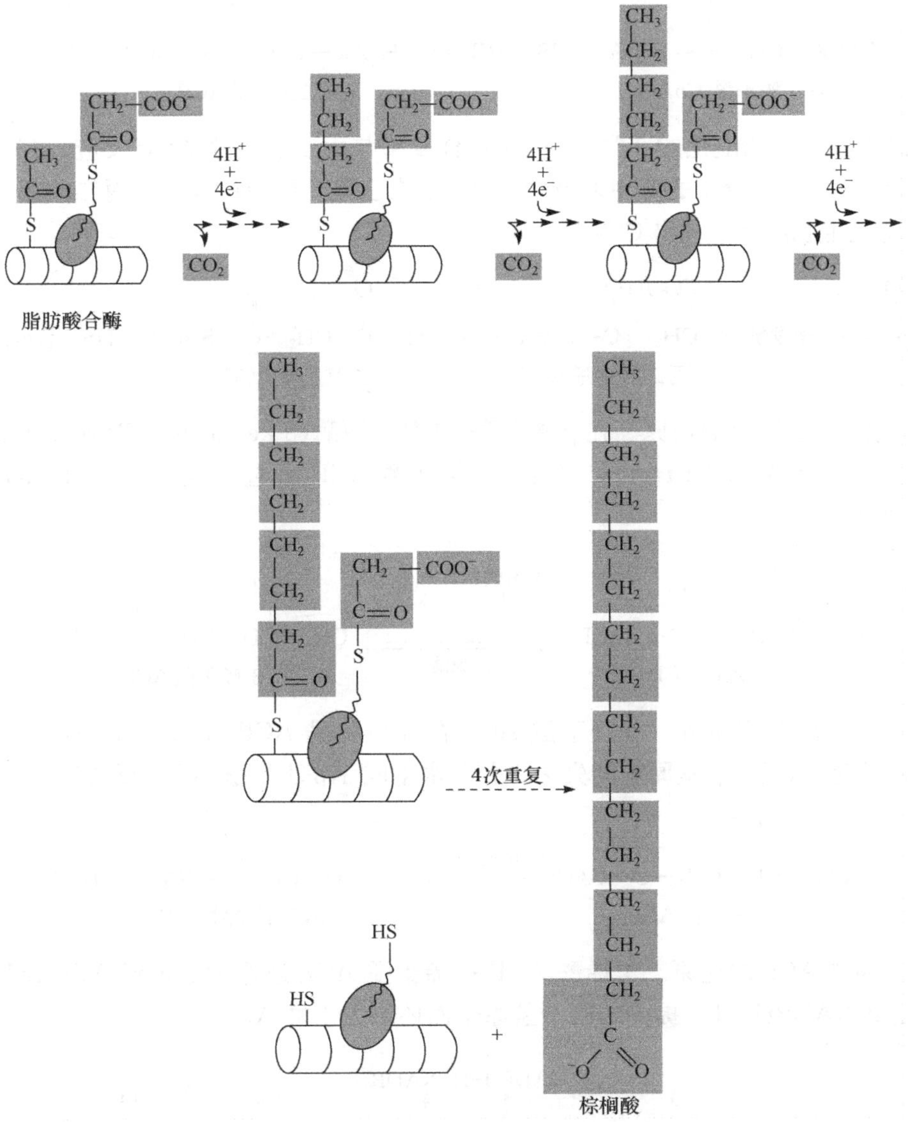

图 6-16　软脂酸 β-氧化循环合成途径总图(引自 Nelson et al.,2008)

下面按照图 6-15 所示反应步骤对脂肪酸合成作详细说明。

(1) 酰基移换反应。乙酰-CoA 在 ACP 转酰基酶(ACP-acyltransferase)催化下,将其酰基转移到 ACP 上生成乙酰 ACP。接着乙酰基转移到另一种酶 β-酮脂酰 ACP 合成酶(β-keto-acyl-ACP synthetase,HA—合成酶)的半胱氨酸残基上。丙二酸单酰-CoA 在 ACP-丙二酰转移酶(ACP-malonyl transferase)催化下,将丙二酰基转移到 ACP 上生成丙二酸单酰 ACP。

$$\underset{\text{乙酰-CoA}}{CH_3-\overset{\overset{\displaystyle O}{\|}}{C}\sim SCoA} + HS-ACP \rightleftharpoons \underset{\text{乙酰ACP}}{CH_3-\overset{\overset{\displaystyle O}{\|}}{C}\sim SACP} + HSCoA$$

$$CH_3-\overset{\overset{\displaystyle O}{\|}}{C}\sim SACP + HS-\text{合成酶} \rightleftharpoons CH_3-\overset{\overset{\displaystyle O}{\|}}{C}\sim S-\text{合成酶} + HS-ACP$$

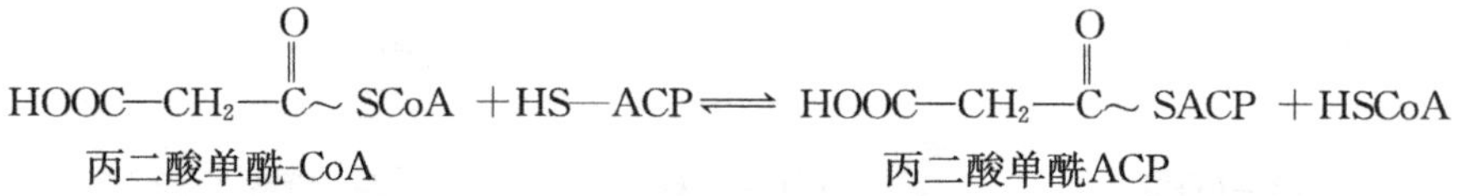

(2) 缩合反应。乙酰化的β-酮脂酰 ACP 合成酶与丙二酸单酰 ACP 反应，将其乙酰基转移给丙二酸单酰 ACP 分子的亚甲基碳原子上，生成乙酰乙酰 ACP，同时丙二酸单酰 ACP 上的自由羧基发生脱羧反应释出 CO_2。

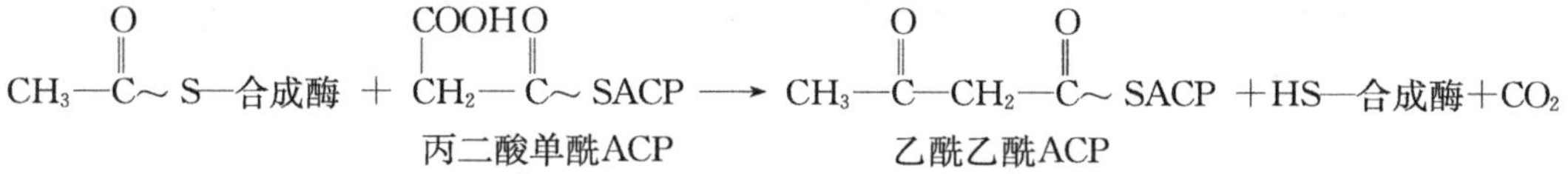

(3) 乙酰乙酰 ACP 的还原。在β-酮脂酰 ACP 还原酶(β-ketoacyl-ACP reductase)的催化下，乙酰乙酰 ACP 被 NADPH+H^+ 还原成β-羟丁酰 ACP(此羟丁酰 ACP 为 D-型，分解代谢中的为 L-型)。

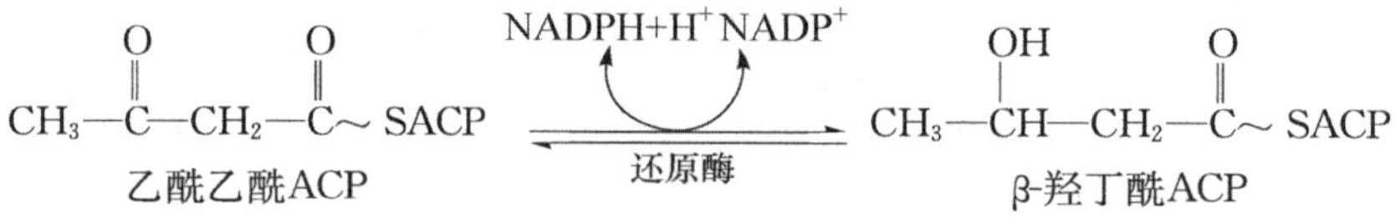

(4) β-羟丁酰 ACP 脱水。β-羟丁酰 ACP 在β-羟脂酰 ACP 脱水酶(β-hydroxyacyl-ACP dehydrase)催化下，其α、β碳原子间失去 1 分子水生成α,β-丁烯酰 ACP(反式)。

(5) 丁烯酰 ACP 的还原。丁烯酰 ACP 在烯脂酰 ACP 还原酶(enoyl-ACP reductase)催化下，接受由 NADPH+H^+ 提供的两个氢原子而还原为丁酰 ACP。

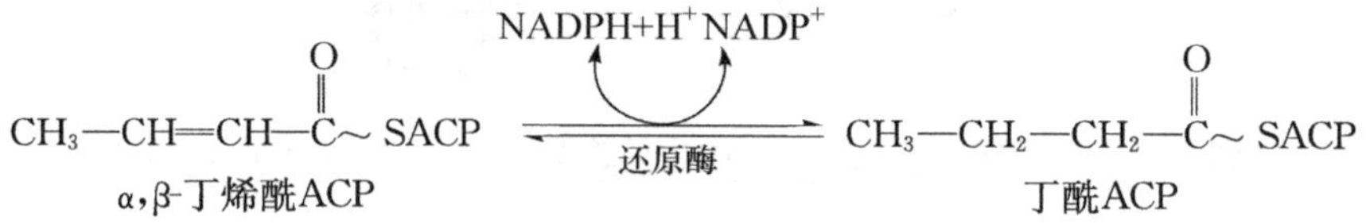

此时丁酰 ACP 的丁酰基从 ACP 的 4′-磷酸泛酰巯基乙胺的—SH 转至β-酮脂酰 ACP 合成酶的—SH 上。然后在β-酮脂酰 ACP 合成酶催化下，与丙二酸单酰 ACP 缩合成丁酰乙酰 ACP[同上述反应(2)，增加两个碳原子]。这样继续重复上述(2)～(5)步反应，最后生成己酰 ACP。己酰 ACP 又可与丙二酸单酰 ACP 缩合，重复上述反应。每重复一次，加入 1 分子丙二酸单酰 ACP，就使其增长两个碳单位。但需要注意的是，在第一轮缩合反应中，己酰-CoA 贡献的两个碳变成了生长着的酰基分子的末端的两个碳，但从第三轮起，只有丙二酸单酰-CoA 贡献二碳单位。依次重复 6 次便形成 16 碳的软脂酰 ACP。这是动物细胞中的终产物，之后在软脂酰 ACP 硫酯酶作用下，发生水解反应，释放出软脂酸：

$$\text{软脂酰 ACP} + H_2O \longrightarrow \text{软脂酸} + \text{HS—ACP}$$

由乙酰-CoA 和丙二酸单酰-CoA 合成软脂酸的总反应式为

乙酰-CoA+7 丙二酸单酰-CoA+14NADPH+14H^+ ⟶ 软脂酸+7CO_2+14$NADP^+$+8HSCoA+6H_2O

7 分子丙二酸单酰-CoA 的形成反应式为

7 乙酰-CoA+7CO_2+7H_2O+7ATP ⟶ 7 丙二酸单酰-CoA+7ADP+7Pi

综合以上反应,从起始物乙酰-CoA 到软脂酸的总反应为

8 乙酰-CoA+7ATP+14NADPH+14H^++H_2O ⟶ 软脂酸+14$NADP^+$+8HSCoA+7ADP+7Pi

其中用于还原的 NADPH+H^+来自苹果酸酶反应(图 6-13)及磷酸戊糖途径。

多数生物能以此途径合成软脂酸,而不能形成多两个碳原子的硬脂酸。奇数碳原子的饱和脂肪酸也由此途径合成,只是起始为丙酰 ACP,而不是乙酰 ACP。

从上述脂肪酸合成途径中可以看出,脂肪酸合成和降解是通过完全不同的两条途径进行的。表 6-3 归纳了脂肪酸 β-氧化和合成的主要区别。

表 6-3 大肠杆菌脂肪酸 β-氧化与脂肪酸合成主要区别

	脂肪酸 β-氧化	脂肪酸合成
1	发生在线粒体	发生在胞质溶胶
2	开始于羧基端(CH_3COO^-)	开始于甲基端(CH_3CH_2—)
3	脂肪酸与 CoA 形成硫脂	脂肪酸与 ACP 形成硫脂
4	产物是乙酰-CoA	前体是乙酰-CoA
5	氧化过程,需要 NAD^+ 和 FAD,并产生 ATP	还原过程,需要 NADPH 和 ATP
6	β-羟脂酰-CoA 构型为 L-型	β-羟脂酰-ACP 构型为 D-型
7	没有涉及丙二酸单酰-CoA,不需要生物素	丙二酸单酰-CoA 是 2 碳单位来源,需要生物素

2. 脂肪酸碳链的延长 胞液中脂肪酸合酶系合成的脂肪酸为软脂酸,可由下列两个酶系将碳链延长。

(1) 线粒体酶系:软脂酸或其他饱和脂肪酸碳链的延长是将乙酰辅酶 A 连续加到软脂酸羧基末端。线粒体内脂肪酸的延长途径和脂肪酸的氧化途径类似,基本上为其β-氧化的逆转。软脂酸是先以软脂酰辅酶 A 和乙酰辅酶 A 缩合形成β-酮硬脂酰辅酶 A,然后由 NADH+H^+供氢,还原为β-羟硬脂酰辅酶 A,再经脱水形成α,β-烯硬脂酰辅酶 A,再由 NADPH+H^+还原形成硬脂酰辅酶 A。每一轮作用可加长 2 个碳原子,一般可延长到 24 个或 26 个碳链的饱和脂肪酸,其中形成的硬脂酸最多(图 6-17)。

(2) 内质网酶系:脂肪酸碳链的延长,利用丙二酸单酰辅酶 A 为 2C 单位的来源,以 NADPH+H^+为还原剂,通过与软脂酸合成相似的中间过程生成硬脂酰辅酶 A。只是在内质网系统不是以 ACP 作为酰基载体,而是以辅酶 A 为酰基载体,反应见图 6-18。

(二) 不饱和脂肪酸的生物合成

脂肪酸的去饱和,即在脂肪酸中引入双键反应主要发生在内质网,是由称为去饱和酶(desaturase)的一种特殊的混合功能氧化酶(mixed-function oxidase)[需要 O_2和 NAD(P)H]催化的氧化反应。动物细胞中去饱和酶可催化远离脂肪酸羧基端的第九个碳的去饱和,动物组织中棕榈油酸(十六碳一烯酸,16:1,Δ^9)和油酸(十八碳一烯酸,18:1,Δ^9)是两种常见的不饱和脂肪酸,图 6-19 给出了硬脂酸-CoA 去饱和生成油脂酰-CoA 的电子转移过程。但 9 碳以上

的去饱和则只有植物中的去饱和酶能催化，如亚油酸（18:2，$\Delta^{9,12}$）是动物所需要的脂肪酸，但动物不能合成，因此是一种必须由食物供给的必需脂肪酸。

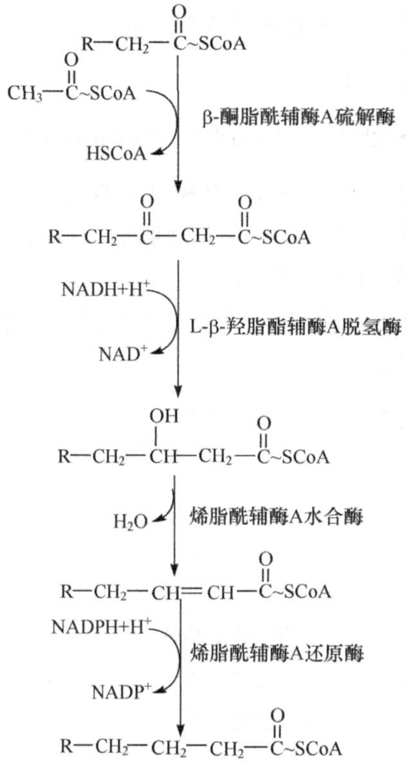

图 6-17　线粒体中的脂肪酸的延长过程

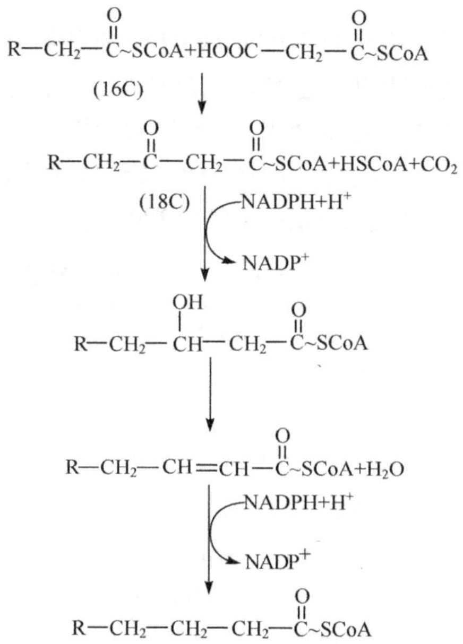

图 6-18　内质网中脂肪酸的延长过程

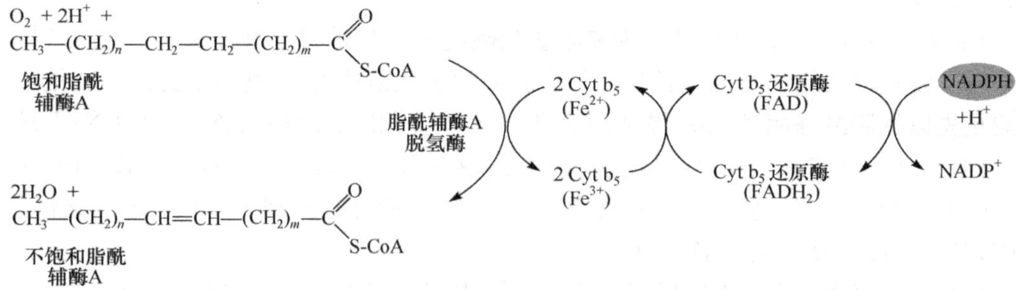

图 6-19　脂肪酸去饱和中的电子传递途径（引自 Nelson et al.，2008）

动物体内由棕榈油酸和油酸衍生的重要多烯酸及其形成途径如图 6-20 所示。

（三）脂肪酸合成代谢的调控

体内脂肪酸合成代谢受多种因素调节，主要取决于有关脂肪酸合酶系的活性、底物及其产物浓度、供氢体 NADPH＋H^+ 的浓度等。

1. 乙酰-CoA 羧化酶和脂肪酸合酶的浓度　乙酰-CoA 羧化酶和脂肪酸合酶是脂肪酸合成过程中的关键酶，一些影响脂肪酸合成的因素主要是调节这两个酶的活性。

脂肪酸合成是在碳水化合物及能量丰富存在而脂肪酸缺乏时发生的。调节脂肪酸合成的

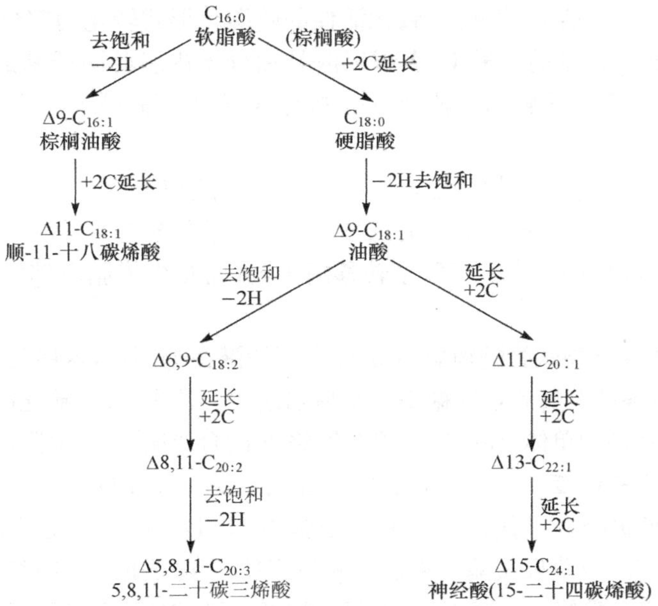

图 6-20　不饱和脂肪酸的形成

图中脂肪酸的变化以辅酶 A 的硫酯形式进行。脂肪酸符号中前面数字表示双键位置，下角第一个数字表示碳链长，第二个数字表示双键数目

关键性酶是乙酰-CoA 羧化酶，用以合成丙二酸单酰-CoA。这是一个可说明代谢途径上的关键步骤的调控的好例子。乙酰-CoA 羧化酶受 AMP-活化的蛋白激酶的作用，一个丝氨酸残基被磷酸化而失活，这里所指的蛋白激酶与 cAMP 依赖的蛋白激酶不同，它不受 cAMP 的影响，但是 AMP 可激活它，而 ATP 可抑制它。因此，当细胞的能荷低时(即 AMP/ATP 的值高时)，脂肪酸合成即被切断，蛋白磷酸酶 2A 可把失活的乙酰-CoA 羧化酶的磷酸基团移去，从而使它恢复活性(图 6-21)。

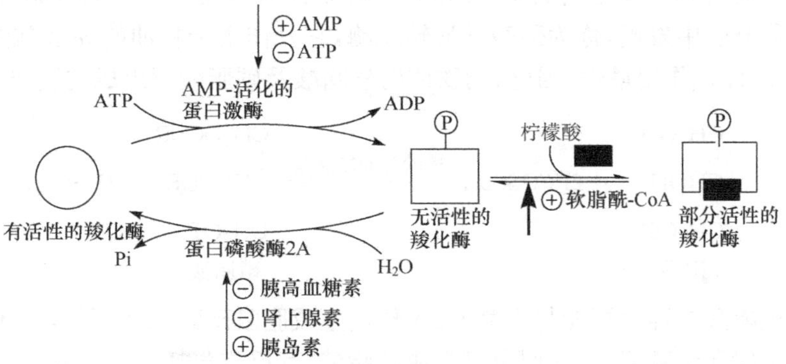

图 6-21　乙酰-CoA 羧化酶受磷酸化及别构调节引发的调控概貌

⊕促进，⊖抑制

乙酰-CoA 羧化酶还受激素的调控。当需能时，胰高血糖素和肾上腺素抑制蛋白磷酸酶 2A，因而使乙酰-CoA 羧化酶保持其无活性的状态，阻断脂肪酸合成的进程。在饱餐状况下，高血糖时，胰岛素就激活乙酰-CoA 羧化酶，这一作用可能是活化蛋白磷酸酶 2A 引起的，随之导致脂肪酸合成加速(图 6-21)。

乙酰-CoA 羧化酶除了受到磷酸化/去磷酸化调控外，还受到别构调控。柠檬酸循环中间体柠檬酸别构激活乙酰-CoA 羧化酶，导致无活性的磷酸化形式转化为部分活性形式(图 6-21)，因而激活脂肪酸合成。过量的乙酰-CoA 以三酰甘油分子内脂肪酸残基的形式“储存”于脂肪组织中。与此相反，高含量的软脂酰辅酶 A 拮抗柠檬酸对乙酰-CoA 羧化酶的影响，阻断脂肪酸的合成。

2. 底物与产物浓度　确凿的证据认为，丙二酸单酰辅酶 A 的浓度决定脂肪酸合成和降解速度。当胞液中丙二酸单酰辅酶 A 的浓度增加时，脂肪酸合成的速度也会增加。与此同时，丙二酸单酰辅酶 A 抑制了肉碱脂酰基转移酶Ⅰ，从而减少了脂酰辅酶 A 进入线粒体中进行 β-氧化。

脂肪酸合成的主要产物软脂酰辅酶 A 是许多酶的潜在抑制剂，这些酶包括：乙酰辅酶 A 羧化酶、脂肪酸合酶、柠檬酸合酶和葡萄糖-6-磷酸脱氢酶等。乙酰-CoA 羧化酶对软脂酰辅酶 A 最敏感，可被解离成无活性的单体，使丙二酸单酰辅酶 A 的合成减少，从而限制脂肪酸的合成。

3. $NADPH+H^+$ 的浓度　由于脂肪酸的合成需要 $NADPH+H^+$，因此，$NADPH+H^+$ 的浓度也成为调节脂肪酸合成代谢的因素。细胞中 $NADPH+H^+$ 受葡萄糖-6-磷酸脱氢酶、葡萄糖酸-6-磷酸脱氢酶及苹果酸酶的控制。胰岛素能增强肝脏和脂肪细胞中这三种酶活性，这是胰岛素促进脂肪合成的一个原因。大鼠禁食时，肝脏中这三种酶活性均降低，而再喂以高糖低脂饮食后，酶活性又同时升高，其中以葡萄糖-6-磷酸脱氢酶活性的增高最为明显。可见这些酶还受到营养情况的影响。

三、脂肪(三酰甘油)的合成

(一) 脂肪的合成

肝脏和脂肪组织是合成三酰甘油最活跃的组织。小肠黏膜在吸收脂类后，也能合成大量三酰甘油，高等植物也能大量合成三酰甘油。微生物含三酰甘油较少。

高等动植物合成三酰甘油需要 2 种主要前体：L-α-磷酸甘油和脂酰-CoA。

三酰甘油形成的第一步是脂酰-CoA 和 L-α-磷酸甘油酶促缩合生成磷脂酸。催化此类反应的酶首先在鼠肝脏中发现，称为磷酸甘油转酰酶，它只作用于甘油的 α-磷酸酯，对于 16C 及 18C 的脂酰-CoA 催化作用最强，因此，动物体内软脂酸及硬脂酸所组成的脂肪分子较多。

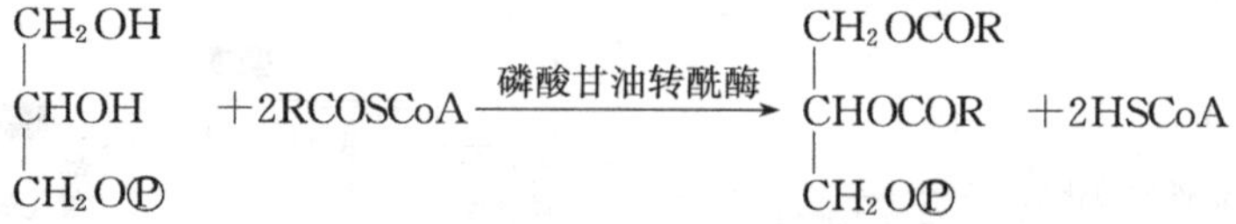

L-α-磷酸甘油　　磷脂酸

后来又发现磷酸二羟丙酮能与脂酰-CoA 作用生成脂酰磷酸二羟丙酮，它还原生成溶血磷脂酸。溶血磷脂酸和脂酰-CoA 作用也可生成磷脂酸，其反应包括如下步骤：

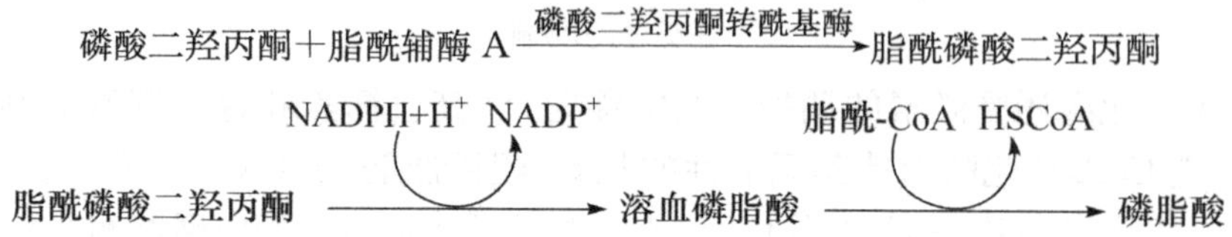

磷脂酸在细胞内虽然含量极微，却是合成脂肪的重要中间产物。三酰甘油合成过程中，在磷脂酸磷酸酶的作用下生成二酰甘油。

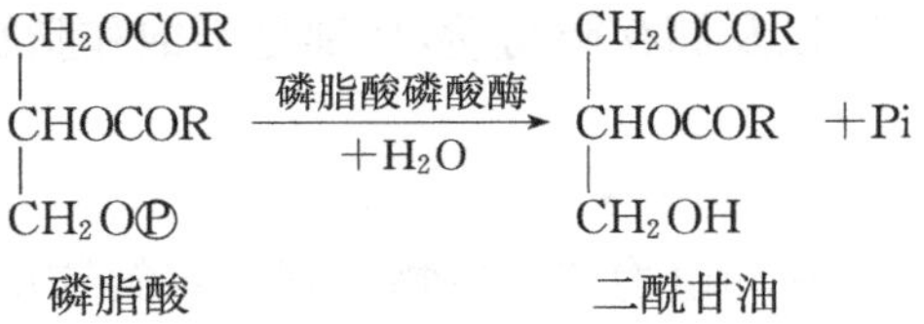

二酰甘油与第三个脂酰-CoA 在转酰酶的作用下转变成三酰甘油。

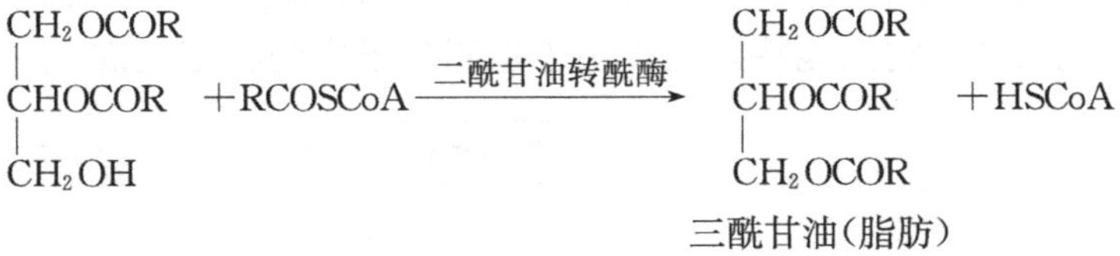

植物和微生物体内脂肪的生物合成途径与动物相似。

(二) 脂肪合成与分解的调控

脂肪酸在β-氧化中的分解主要是由血液中游离脂肪酸的浓度控制，游离脂肪酸的浓度又受激素敏感的三脂肪甘油脂肪酶对脂肪组织三酰甘油水解速度的控制。激素敏感的三酰甘油脂肪酶又受磷酸化和去磷酸化的调节(图 6-22)，磷酸化和去磷酸化又接受激素控制的细胞内第二信使 cAMP 水平的调节。分解代谢的激素胰高血糖素、肾上腺素和去甲肾上腺素与细胞表面的受体蛋白结合后，由于腺苷酸环化酶被活化使脂肪细胞的 cAMP 水平升高。cAMP 对 cAMP-依赖性蛋白激酶(又称蛋白激酶 A)有别构激活效应。此酶催化细胞内许多不同的酶磷酸化，包括激素敏感性脂肪酶。激素敏感性脂肪酶的磷酸化使其活化，从而刺激三酰甘油的水解，使血液中的脂肪酸水平升高，并随后活化组织，如肌肉和肝脏的β-氧化作用。胰高血糖素和肾上腺素也阻止去磷酸化作用，从而使乙酰辅酶 A 羧化酶无活性，于是脂肪酸合成受到抑制。

促合成代谢激素胰岛素与胰高血糖素及肾上腺素有着相反的效应，它通过降低 cAMP 水平增加三酰甘油的形成。cAMP 促进激素敏感性脂肪酶的去磷酸化从而使此酶失活(图 6-22)。胰岛素也激活乙酰辅酶 A 羧化酶的去磷酸化，从而活化脂肪酸合成。因此脂肪酸的合成和降解是受协同调控的，可防止耗能性的无效循环。

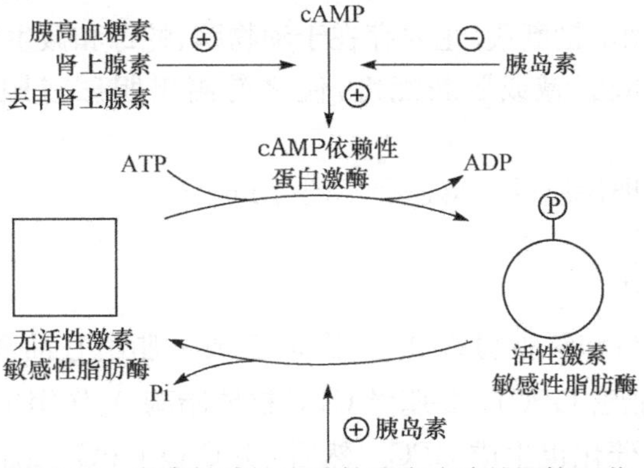

图 6-22　激素敏感性三酰甘油脂肪酶的调控一览

⊕正调控，⊖负调控

第四节　磷脂的代谢

磷脂是生物细胞不可缺少的成分，它们通常代表细胞膜类脂的主要组成，因而属于结构脂质，而且在脂肪的吸收和运转，以及储存脂肪酸，特别是不饱和脂肪酸方面起着重要作用。

一、磷脂的分解代谢

磷脂可以进行酶促降解。在动植物和微生物中都有水解羧酸酯和磷酸酯的酶类，将磷脂水解成为甘油、脂肪酸、磷酸和相应的含氮碱。水解磷脂的酶类总称为磷脂酶（phospholipase）。根据磷脂酶作用的特异性不同，分为磷脂酶 A_1、磷脂酶 A_2、磷脂酶 C、磷脂酶 D 和溶血磷脂酶（即磷脂酶 B）等，它们能特异地作用于磷脂分子内的特定酯键，生成不同产物。

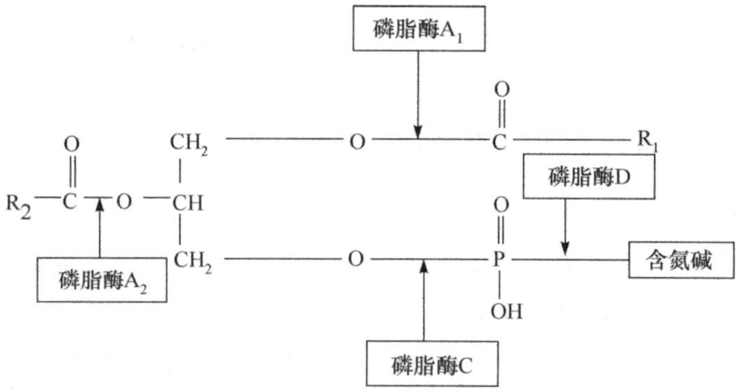

磷脂酶 A_1广泛地分布于动物细胞的细胞器中。磷脂酶 A_2大量存在于蛇毒和蜂毒及某些细菌中，也常以酶原形式存在于动物的胰腺中。磷脂酶 A_1作用于卵磷脂，生成 2-脂酰甘油磷酸胆碱（简写为 2-脂酰 GPC）。磷脂酶 A_2作用于卵磷脂，生成 1-脂酰甘油磷酸胆碱（简写 1-脂酰 GPC）。这两种产物都具有溶血作用，因此都称为溶血磷酸甘油酯。因此被毒蛇或蜂咬蜇后会引起溶血作用，不过被毒蛇咬后致命并不是由于溶血，而主要是由于蛇毒中含有多种使神经麻痹的蛇毒蛋白。

磷脂酶 B 是能同时水解磷脂 C_1和 C_2位上两个脂肪酸的酶。过去认为它是磷脂酶 A_1和磷脂酶 A_2的混合物，因而既能作用于被磷脂酶 A_1作用的产物，也能作用于被磷脂酶 A_2作用的产物。目前已知能同时水解卵磷脂 C_1和 C_2位上两个脂肪酸的磷脂酶是点青霉磷脂酶。

磷脂酶 C 使磷酸甘油酯键断裂，主要存在于动物脑、蛇毒和微生物中。

磷脂酶 D 作用于磷酸胆碱或胆胺酯键，使之游离出胆碱或胆胺。主要存在于高等植物中。

在不同的生物体内，卵磷脂的分解途径不同（图 6-23）。

（一）在动物组织中

卵磷脂通过磷脂酶 A_1和磷脂酶 A_2的作用，转变成 2-脂酰甘油磷酸胆碱（2-脂酰 GPC）或 1-脂酰甘油磷酸胆碱（1-脂酰 GPC）。2-脂酰 GPC 被磷脂酶 A_2作用生成甘油磷酸胆碱（GPC），1-脂酰 GPC 被磷脂酶 B 催化也生成 GPC。然后，GPC 被 GPC 二酯酶和磷酸单酯酶作用，水解生成胆碱、甘油和磷酸。卵磷脂在动物组织中的降解可以不完全。

（二）在细菌中

卵磷脂被卵磷脂酶 C 作用，生成 1，2-二脂酰甘油和磷酸胆碱，磷酸胆碱再被磷酸单酯酶作用，生成胆碱和磷酸。

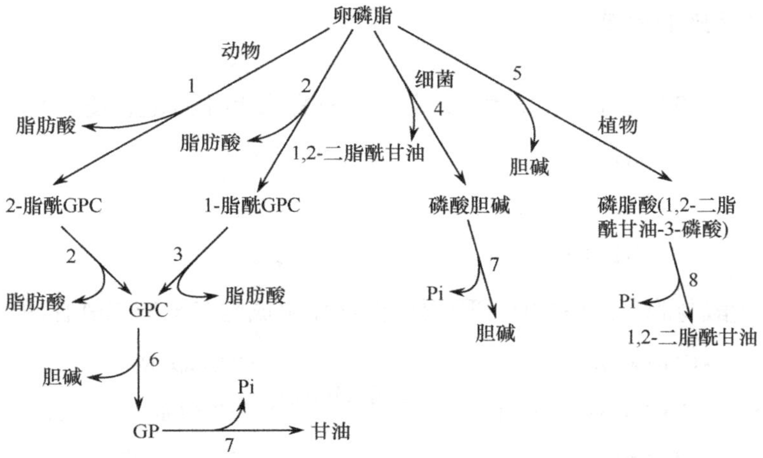

图 6-23　不同生物的卵磷脂分解途径

1. 磷脂酶 A_1；2. 磷脂酶 A_2；3. 磷脂酶 B；4. 磷脂酶 C；5. 磷脂酶 D；6. 甘油磷酸胆碱二酯酶；7. 磷酸单酯酶；8. 磷脂酸磷酸酯酶；CP，甘油磷酸

（三）在植物中

卵磷脂被磷脂酶 D 作用，生成胆碱和磷脂酸（1，2-二脂酰甘油-3-磷酸），磷脂酸再被磷脂酸磷酸脂酶作用，生成 1，2-二脂酰甘油和磷酸。

磷脂分解产生的脂肪酸及二酰甘油，可经过脂肪酸 β-氧化途径分解，并提供能量。甘油经过磷酸二羟丙酮阶段进入三羧酸循环，或者沿糖异生途径合成糖原。至于胆碱的分解代谢可经氧化转甲基形成甜菜碱，再沿去甲基形成 N-二甲基甘氨酸、肌氨酸及甘氨酸的途径进行代谢。简单表示如下：

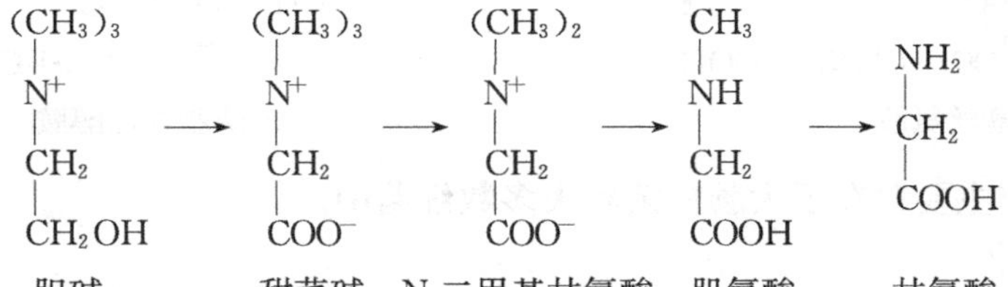

胆碱　　甜菜碱　　N-二甲基甘氨酸　　肌氨酸　　甘氨酸

二、磷脂的生物合成

合成磷脂的原料有甘油、脂肪酸、磷酸和含氮碱。甘油和脂肪酸可由脂肪或糖转变而来，但是其中一些不饱和脂肪酸则是机体不能合成的必需脂肪酸，因此，必须由食物供给；含氮碱来自食物，亦可由体内合成。这里只重点讨论含氮碱的来源，以及这些原料如何合成磷脂的问题。

磷脂有 2 条主要合成途径（以卵磷脂为例）。

（一）全程合成途径（从头合成途径）

卵磷脂分子中的胆碱部分是在磷脂酰乙醇胺（phosphatidyl ethanolamine）的基础上合成的，在此途径中，动物和细菌合成磷脂酰乙醇胺的过程不完全相同。

1. 磷脂酰乙醇胺的合成

1) 细菌中

(1) α-磷酸甘油和 2 分子脂酰辅酶 A(十六酰辅酶 A 和十八酰辅酶 A)反应生成磷脂酸。

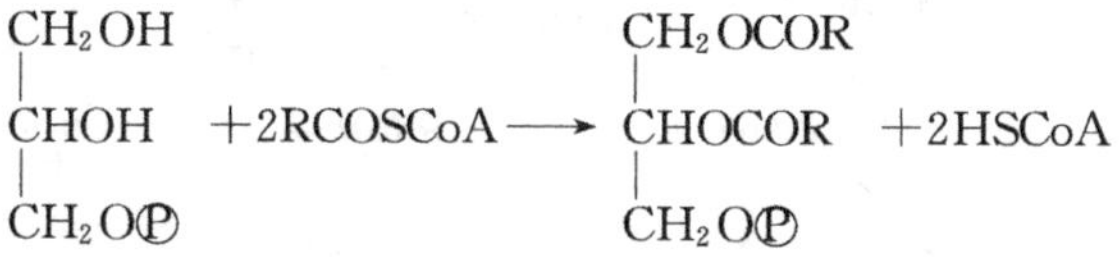

(2) L-α-磷脂酸与胞苷三磷酸(CTP)反应而活化生成胞二磷酸二酰甘油。

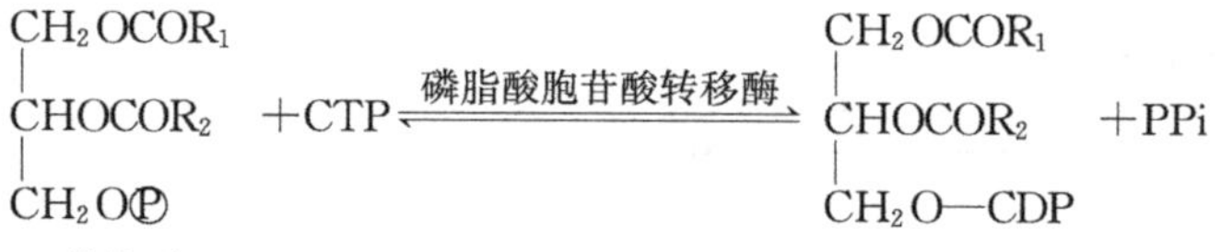

磷脂酸　　CDP二酰甘油

(3) 胞二磷酸二酰甘油与丝氨酸作用生成磷脂酰丝氨酸。

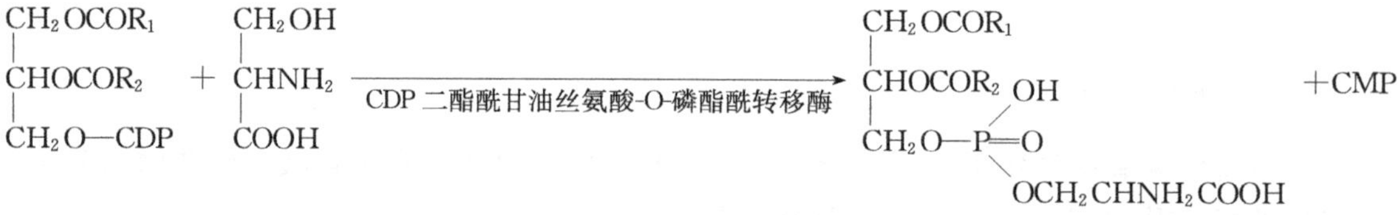

CDP二酰甘油　　磷脂酰丝氨酸

(4) 磷脂酰丝氨酸脱羧生成磷脂酰乙醇胺。

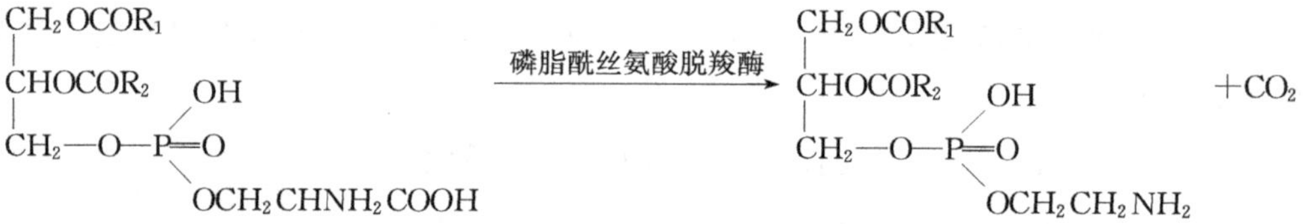

磷脂酰丝氨酸　　磷脂酰乙醇胺

上述 4 步反应主要存在于大肠杆菌和大多数细菌中。

2) 哺乳动物中

(1) 蛋白质降解生成的甘氨酸、丝氨酸和甲硫氨酸是合成胆胺的原料。甘氨酸在转羟甲基酶催化下可转变为丝氨酸,此酶以四氢叶酸(FH_4)为辅酶,可催化羟甲基的转移,使甘氨酸转变为丝氨酸。

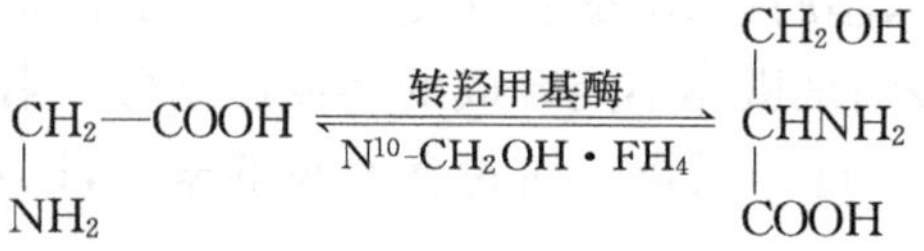

甘氨酸　　丝氨酸

丝氨酸经脱羧后即转变成为乙醇胺(胆胺):

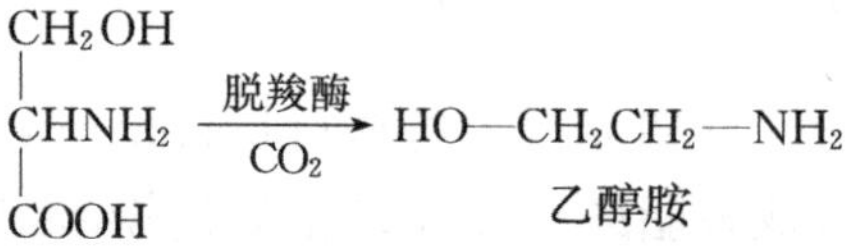

乙醇胺

（2）乙醇胺在乙醇胺激酶作用下和 ATP 作用生成磷酸乙醇胺。

$$HO—CH_2CH_2—NH_2+ATP\xrightarrow[Mg^{2+}]{\text{乙醇胺激酶}}ⓅO—CH_2CH_2—NH_2+ADP$$

（3）磷酸乙醇胺再与胞苷三磷酸(CTP)作用，在磷酸乙醇胺胞苷转移酶作用下，生成中间产物胞苷二磷酸乙醇胺(CDP-乙醇胺)。

$$ⓅO—CH_2CH_2—NH_2+CTP\rightleftharpoons \text{CDP-乙醇胺}+PPi$$

（4）CDP-乙醇胺与二酰甘油，在脂酰甘油转移酶作用下，生成磷脂酰乙醇胺。

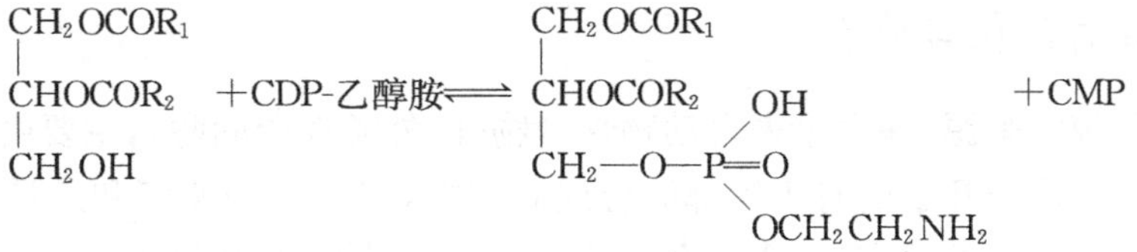

二酰甘油　　　　磷脂酰乙醇胺

2. 卵磷脂的合成　　磷脂酰乙醇胺被从 S-腺苷甲硫氨酸上来的甲基经过 3 次甲基化作用，最后生成卵磷脂。

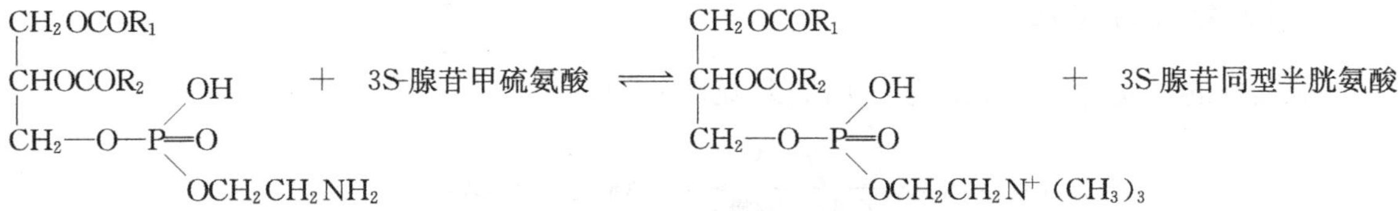

卵磷脂

（二）补救途径

从食物取得完整的胆碱也可以作为合成卵磷脂的前体。当全程合成途径受到障碍或所合成的卵磷脂不能满足需要时，则可通过此途径来进行补救，因此称为补救途径。这一途径与形成磷脂酰乙醇胺的途径类似。

（1）磷酸胆碱的生成。胆碱在 ATP 参与下由胆碱磷酸激酶催化生成磷酸胆碱。

$$HOCH_2CH_2N^+(CH_3)_3+ATP\xrightleftharpoons{Mg^{2+}}ⓅOCH_2CH_2N^+(CH_3)_3+ADP$$

（2）胞苷二磷酸胆碱的生成。磷酸胆碱在磷酸胆碱胞苷酸转移酶催化下与胞苷三磷酸(CTP)作用生成胞苷二磷酸胆碱。

$$ⓅOCH_2CH_2N^+(CH_3)_3+CTP\longrightarrow \text{CDP-胆碱}+PPi$$

（3）卵磷脂的生成。在磷酸胆碱转移酶催化下，CDP-胆碱再与二酰甘油作用生成磷脂酰胆碱(卵磷脂)。

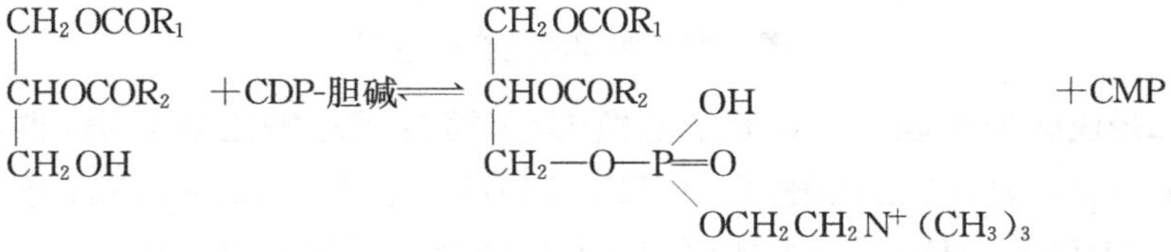

卵磷脂

所生成的 CMP 在 ATP 参与下可生成 CTP，CTP 又可用于上述反应。

第五节 胆固醇的代谢

胆固醇是人体内主要的固醇类物质，它不仅是细胞膜及血浆脂蛋白的重要成分，也是类固醇激素、胆汁酸盐及维生素 D_3 的前体。

一、胆固醇的合成

（一）合成的部位与原料

人体内胆固醇的来源，除少量来自动物性食物外（外源性胆固醇），主要由机体各组织合成（内源性胆固醇）。体内几乎所有组织都能合成胆固醇，但合成的速度和总量有很大差异。肝脏是合成胆固醇最主要的器官，占全身合成总量的 3/4 以上；其次是小肠。

合成胆固醇的原料来自糖、脂肪和某些氨基酸分解代谢产生的乙酰辅酶 A。胆固醇合成酶系分布于内质网和胞液中，由 ATP 供能，NADPH＋H^+ 供氢。人体每天合成量为1～1.5g。

（二）合成的过程

胆固醇的合成过程可概括为三个阶段，见图 6-24。

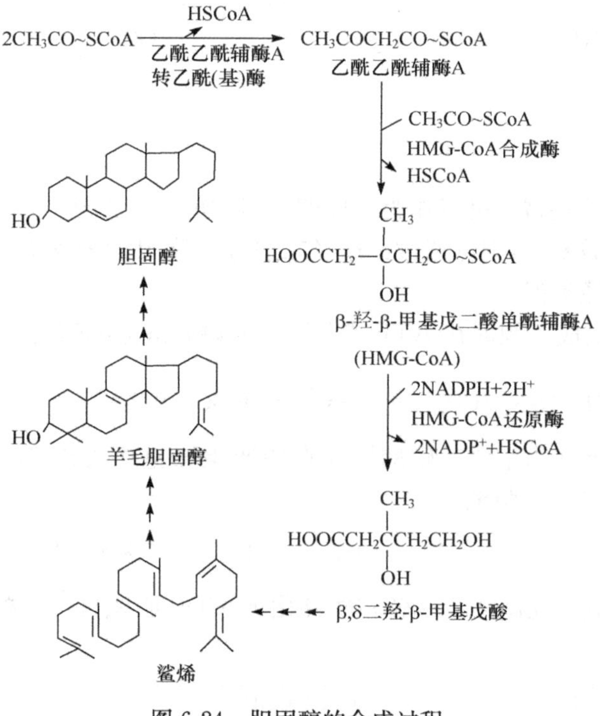

图 6-24 胆固醇的合成过程

1. 甲基二羟戊酸的生成 2 分子乙酰-CoA 缩合成乙酰乙酰-CoA，再与 1 分子乙酰-CoA 缩合成 β-羟-β-甲基戊二酸单酰-CoA（HMG-CoA），后者经 HMG-CoA 还原酶催化，生成甲基二羟戊酸（MVA）。HMG-CoA 还原酶是胆固醇合成过程的限速酶。

2. 鲨烯的生成　MVA在细胞质中一系列酶的催化下，脱羧并磷酸化生成活泼的异戊烯焦磷酸(IPP)与二甲基丙烯焦磷酸(DPP，IPP与DPP为同分异构体)，然后3分子活泼的5C焦磷酸化合物(IPP和DPP)缩合成15C的焦磷酸法呢酯(FPP)。2分子FPP在内质网内鲨烯合成酶催化下，再缩合还原成30C的鲨烯。

3. 胆固醇的生成　鲨烯结合在胞液中固醇载体蛋白上，经内质网单加氧酶、环化酶等作用，生成羊毛脂固醇，再经氧化、脱羧、还原等反应，脱去3个甲基，生成胆固醇。

二、胆固醇的转化与排泄

(一) 胆固醇的转化

胆固醇在体内不能彻底氧化分解，除了构成细胞成分和参与血浆脂蛋白合成外，还可以转变成许多具有重要生理功能的类固醇物质。

1. 转变成胆汁酸　体内有75%～80%的胆固醇可在肝脏内转变为胆酸，胆酸与甘氨酸或牛磺酸结合成甘氨胆酸和牛磺胆酸，统称为胆汁酸。胆汁酸以钠盐或钾盐形式存在，称为胆汁酸盐。胆汁酸盐具有协助脂类消化和吸收的作用。

2. 转变成维生素 D_3　胆固醇在肠黏膜细胞内可转变为7-脱氢胆固醇(维生素 D_3原)，经血液循环到达皮肤，在皮下经紫外线照射可转化成维生素 D_3。维生素 D_3能促进钙磷的吸收，有利于骨盐的形成。

3. 转变成类固醇激素　胆固醇在肾上腺皮质内可转变成肾上腺皮质激素(皮质酮、皮质醇等)；在性腺中可转变成性激素(睾酮、雌二醇和孕酮等)。

4. 转变成胆固醇酯

(1) 在肝、肾上腺皮质和小肠等组织中，胆固醇与脂酰辅酶A在脂酰辅酶A胆固醇酰基转移酶(ACAT)作用下，生成胆固醇酯。

(2) 在血浆中，胆固醇在卵磷脂胆固醇酰基转移酶(LCAT)催化下，接受卵磷脂分子中的脂肪酸，生成胆固醇酯。

$$\text{脂酰-CoA}+\text{胆固醇}\xrightarrow[\text{胆固醇酰基转移酶}]{\text{脂酰-CoA}}\text{胆固醇酯}+\text{HSCoA}$$

$$\text{卵磷脂}+\text{胆固醇}\xrightarrow[\text{酰基转移酶}]{\text{卵磷脂-胆固醇}}\text{胆固醇酯}+\text{溶血卵磷脂}$$

LCAT是由肝细胞分泌入血浆的，因此当肝细胞受损时，血浆胆固醇酯含量下降。临床上可根据血清胆固醇酯含量推测肝功能情况。

(二) 胆固醇的排泄

体内大部分胆固醇在肝脏内转变为胆汁酸，随胆汁排出；小部分可直接随胆汁或通过肠黏膜排入肠道。进入肠道的胆汁酸一部分可再被重吸收，一部分在肠道细菌作用下还原为粪固醇，随粪便排出。类固醇激素主要在肝脏中丧失活性，成为易于排出的形式，大部分随尿排出，少部分随胆汁排出。皮肤(经皮脂腺)也可排出胆固醇和鲨烯。

胆固醇在体内的代谢概况总结于图6-25。

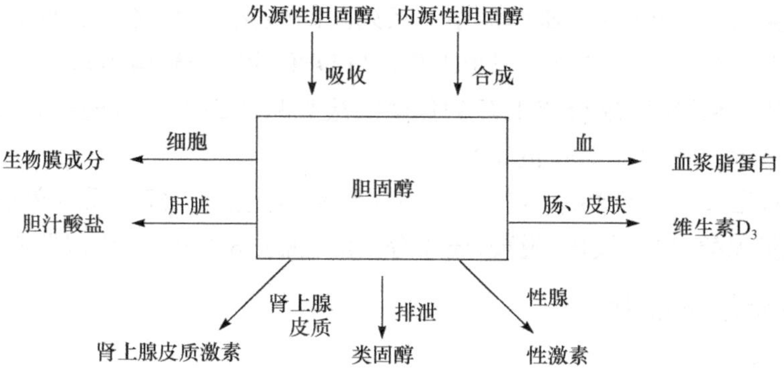

图 6-25　胆固醇的代谢概况

知识框

脂酰-CoA 脱氢酶的遗传缺陷与疾病

形象地说，储存的三酰甘油是肌肉收缩的主要能量来源，因此，如果有机体不能氧化源自三酰甘油的脂肪酸的话，就会引起严重的健康后果。在美国和北欧人群中，最为常见的脂肪酸代谢人类遗传缺陷症就是因为编码中链脂酰辅酶 A 脱氢酶（medium-chain acyl-CoA dehydrogenase，MCAD）的基因发生突变而引起的。在北欧人群中，这种遗传缺陷的携带频率约为 1/40（在两条同源染色体的一条中携带有这种隐性突变）。携带有两个突变等位基因的个体不能氧化含 6～12 个碳原子的脂肪酸。患者具有间歇发作的一种症状，该症状包括肝脏中脂肪积累、血液中高浓度的辛酸、低浓度的葡萄糖、困倦、呕吐和昏迷等。尿中有机酸的组成情况有助于对这类疾病的诊断。尿液通常含有高浓度的 6C～10C 二羧酸（由 ω-氧化产生），但是并不存在通常与低血糖症相关联的高浓度尿液酮体现象。尽管患者个体在两次疾病发作之间的时间里没有症状，但是发作时却是非常严重的；结果是，早期儿童时代发病的话，这种病的死亡率为 25%～60%。若在出生后不久就检测出这种遗传缺陷，可以给患儿提供低脂肪、高糖类的膳食；缩短两次进食之间的时间间隔，以防机体试图利用储存的脂肪获取能量。如果该疾病能够被早期诊断并辅以细心的饮食管理，患者愈后恢复还是很好的。

思考题

1. 将第二位碳原子上标记了 ^{14}C 的丙酮酸和肝组织一起培养，β-羟-β-甲基戊二酰辅酶 A 的哪个碳原子迅速被标记？

2. 1mol 下列含羟基不饱和脂肪酸完全氧化成 CO_2 和 H_2O，可净生成多少摩尔 ATP？

$$CH_3—CH_2—CH_2—CHOH—CH_2—CH═CH—COOH$$

3. 从下列三方面比较脂肪酸的合成和氧化：

(1) 反应发生的位置；

(2) 反应过程；

(3) 酰基的载体。

4. 说明丙二酸单酰辅酶 A 在脂肪酸生物合成中的作用。为什么有机体内脂肪酸的碳原子数大多为偶数？

5. 什么是酮体？在何种情况下机体会产生过多的酮体？其后果如何？

第七章　氨基酸代谢

【要点】 氨基酸的代谢一方面可通过脱氨基作用、转氨基作用、联合脱氨基或脱羧基作用，分解成 α-酮酸、胺类及二氧化碳。另一方面可以逆向合成氨基酸。分解代谢过程中生成的氨，在不同动物体内以氨、尿素或尿酸等形式排出体外。某些氨基酸转变成其他含氮物质如嘌呤、嘧啶、卟啉、激素、色素、生物碱等。

氮是构成生物的主要元素之一，但分子态 N_2 却不能被生物直接利用，只有 NH_4^+ 才能掺入细胞内各种含氮的有机化合物中，其中包括重要的生物大分子——蛋白质和核酸。动植物本身都没有将 N_2 还原成 NH_3 的能力，但是有些原核生物如细菌和古生菌（并非全部）却有这种能力，被称为生物固氮。要维持体内氮平衡，不仅要有充足的食物蛋白，还要注意氨基酸的含量和配比，才能保证生命的正常新陈代谢。

第一节　氨基酸的合成与分解

一、氨基酸的生物合成

氨基酸的主要功能是合成蛋白质，也合成多肽及其他含氮的生理活性物质。除了维生素之外（维生素 PP 是个例外），体内的各种含氮物质几乎都可由氨基酸转变而成，包括蛋白质、肽类激素、氨基酸衍生物、黑色素、嘌呤、嘧啶、肌酸、胺类、辅酶或辅基等。

组成人体蛋白质的氨基酸中，有些氨基酸只能在植物及微生物体内合成，人体必须从食物中摄取，这些氨基酸称为必需氨基酸（essential amino acids），包括 Ile、Leu、Lys、Met、Phe、Thr、Trp、Val、（Arg、His），其余的氨基酸可利用代谢中间产物合成，称为非必需氨基酸（non-essential amino acids）。对氨基酸生物合成的研究，大多数以微生物及动物作为材料，其合成的机制也比较清楚。对高等植物氨基酸合成的研究虽然不多，但近年来越来越多的实验证明，其可能与细菌及动物的合成途径大同小异。

（一）氨基酸生物合成的氮源

1. 生物固氮作用　某些微生物，如与豆科类植物共生的根瘤菌及自生固氮菌等能将空气中的氮固定还原成氨。

$$N_2 + 8H^+ + 8e^- + 16ATP + 16H_2O \xrightarrow{\text{固氮酶}} 2NH_3 + H_2 + 16ADP^+ + 16Pi$$

2. 硝酸盐和亚硝酸盐　大多数植物和微生物含有硝酸盐还原酶和亚硝酸盐还原酶，能催化硝酸盐和亚硝酸盐转变成氨。

$$NO_3^- + NADPH + H^+ \xrightarrow{\text{硝酸盐还原酶}} NADP^+ + NO_2^- + H_2O$$

$$NO_2^- + 3NADPH + 4H^+ \xrightarrow{\text{亚硝酸盐还原酶}} 3NADP^+ + 2H_2O + NH_3$$

3. 各种脱氨基作用产生的 NH_3　所有生物均可以通过脱氨基作用产生 NH_3。

（二）氨基酸生物合成的碳源

氨基酸的生物合成的直接碳源是相应的 α-酮酸，主要来源于糖酵解、磷酸戊糖途径和

TCA 循环的中间物。由于各种氨基酸的碳架是不同的，因此，它们形成过程也是不同的。20 种基本氨基酸碳骨架来源如图 7-1 所示，图中数字代表反应步骤的多少。

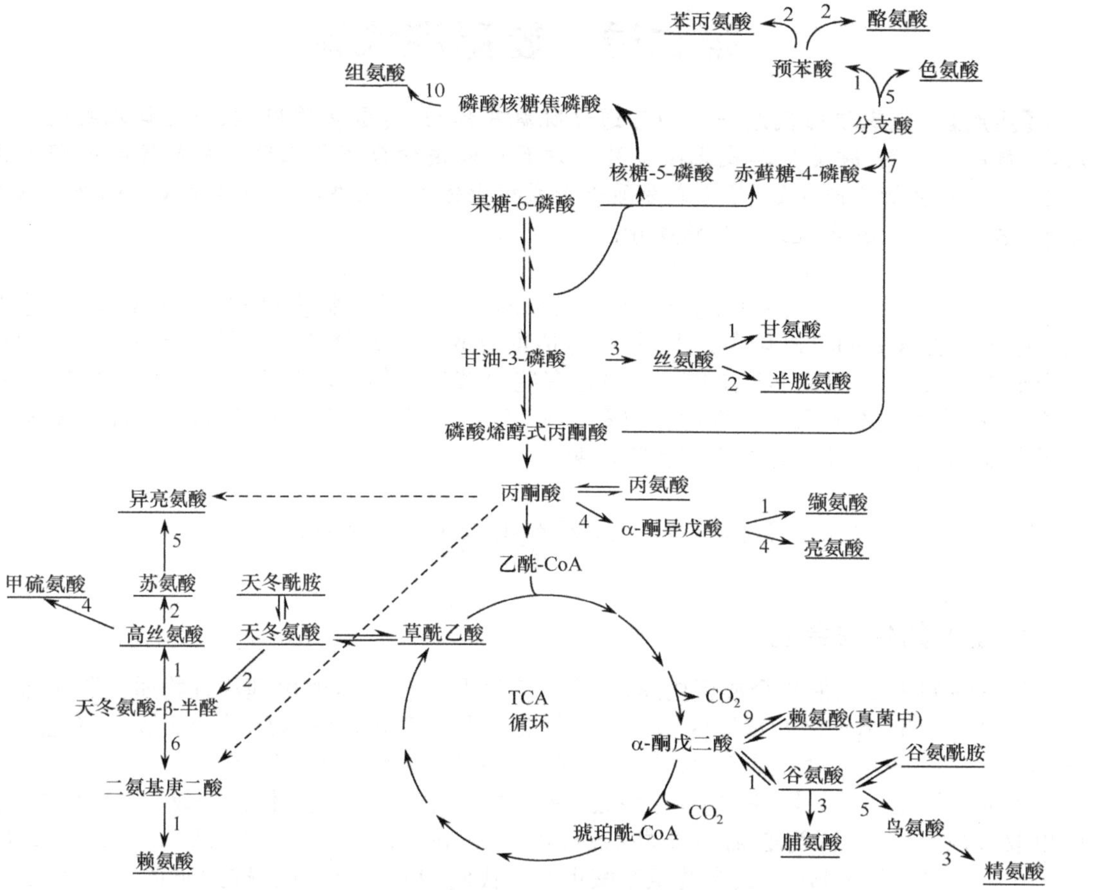

图 7-1　20 种基本氨基酸碳骨架来源

（三）各族氨基酸的生物合成

各族氨基酸生物合成的概况见图 7-2。

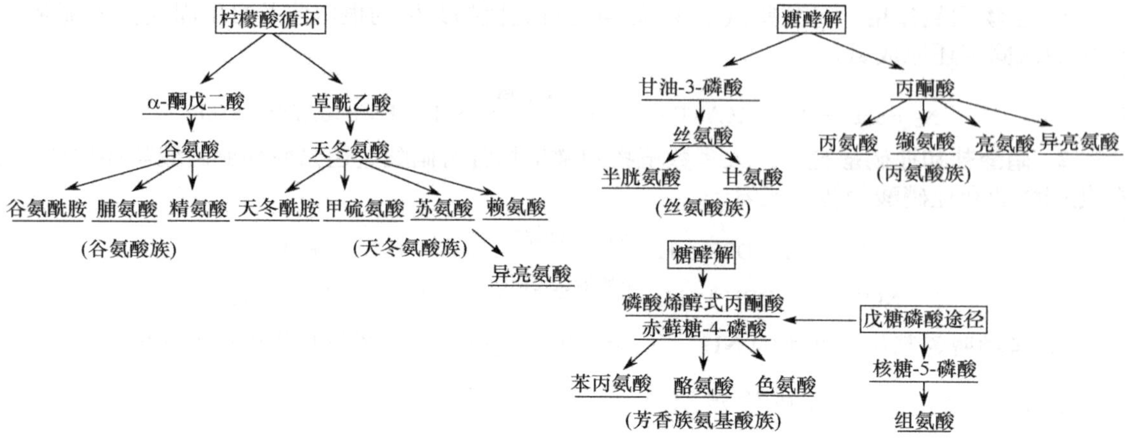

图 7-2　各族氨基酸生物合成概况

1. 丙氨酸族　　包括丙氨酸、缬氨酸、亮氨酸和异亮氨酸 4 种。它们的共同碳骨架来源是糖酵解生成的丙酮酸。

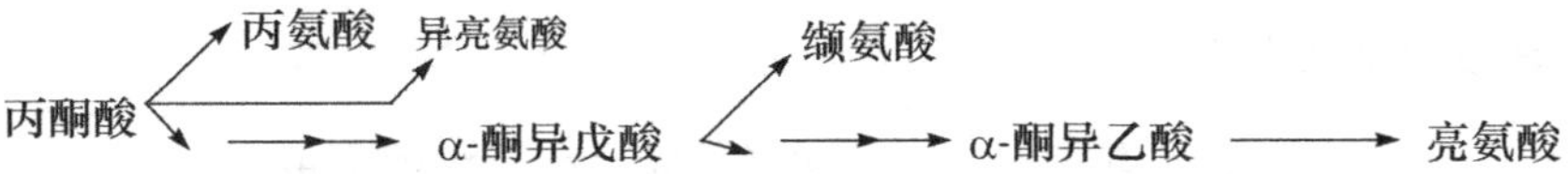

2. 丝氨酸族　　包括丝氨酸、甘氨酸和半胱氨酸三种。由乙醛酸开始进行(图 7-3)。

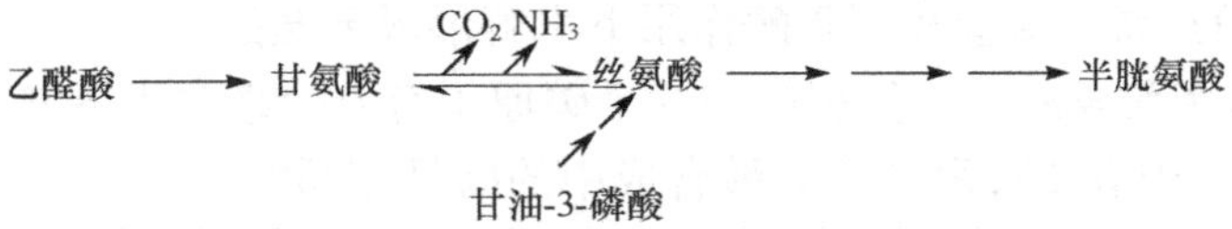

图 7-3　甘氨酸、丝氨酸和半胱氨酸的生物合成

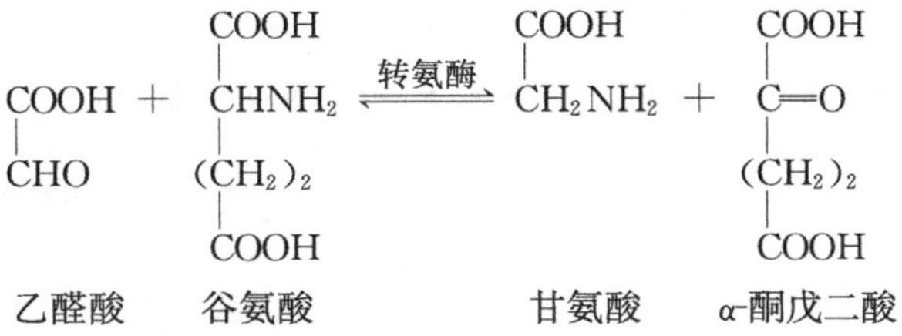

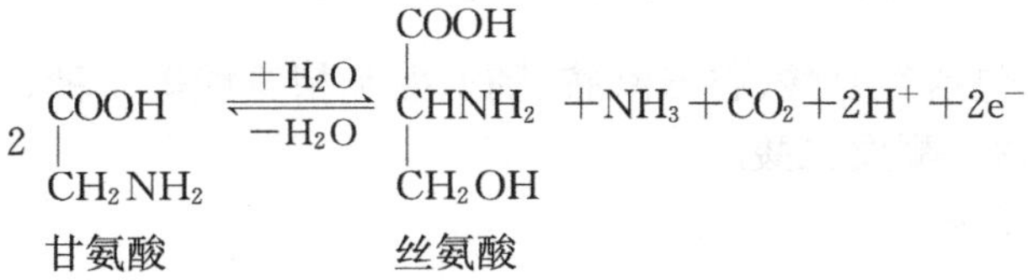

半胱氨酸生物合成中关键是巯基的来源。在动物体内巯基主要来源于高半胱氨酸。

丝氨酸还有其他合成途径。其碳架来自糖酵解中间产物 3-磷酸甘油酸(图 7-4)。

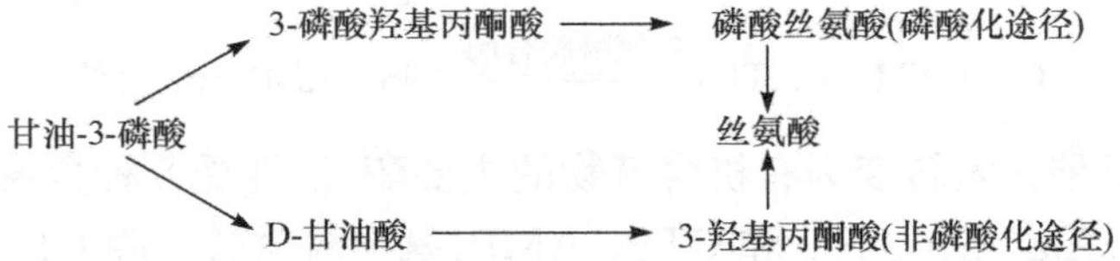

图 7-4　丝氨酸的其他合成途径

3. 天冬氨酸族　　包括天冬氨酸、天冬酰胺、赖氨酸、苏氨酸、甲硫氨酸和异亮氨酸等 6 种。它们的共同碳架来自三羧酸循环的草酰乙酸。

1) 天冬氨酸的生物合成

$$草酰乙酸+谷氨酸\xrightleftharpoons{转氨酶}天冬氨酸+\alpha\text{-}酮戊二酸$$

2) 天冬酰胺的生物合成

$$天冬氨酸+NH_3+ATP\xrightarrow{Mg^{2+}}天冬酰胺+H_2O+AMP+PPi$$

或

$$天冬氨酸+谷氨酰胺+ATP\xrightarrow{Mg^{2+}}天冬酰胺+谷氨酸+AMP+PPi$$

3）赖氨酸的生物合成

L-天冬氨酸⟶天冬氨酰-β-磷酸⟶ ⟶L-α,ε-二氨基庚氨酸⟶ ⟶赖氨酸

4）甲硫氨酸的生物合成

L-天冬氨酸⟶ ⟶L-高丝氨酸⟶ ⟶甲硫氨酸

5）苏氨酸的生物合成　从天冬氨酸的合成开始，直到形成高丝氨酸都和甲硫氨酸的合成步骤是完全相同的，高丝氨酸在其激酶作用下水解形成苏氨酸。

6）异亮氨酸的生物合成　异亮氨酸 6 个碳原子有 4 个来自天冬氨酸，只有两个来自丙酮酸。在其合成过程中有 4 种酶和缬氨酸合成中的酶是相同的。

上述几种氨基酸合成的关系见图 7-5。

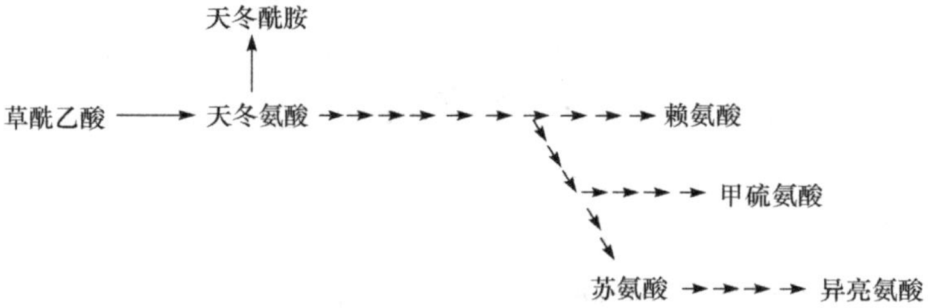

图 7-5　天冬氨酸族氨基酸生物合成的关系

4. 谷氨酸族　包括谷氨酸、谷氨酰胺、脯氨酸和精氨酸等 4 种。它们的共同碳架来源于三羧酸循环中间产物 α-酮戊二酸。

1）谷氨酸的生物合成

$$NH_3 + \alpha\text{-酮戊二酸} \xrightleftharpoons{\text{Glu 脱氢酶/NADPH}} Glu + H_2O$$

2）谷氨酰胺的生物合成

$$Glu + NH_4^+ + ATP \xrightleftharpoons{\text{谷氨酰胺合成酶}} Gln + ADP + Pi + H^+$$

谷氨酰胺合成酶是催化氨转变为有机含氮物的主要酶，活性受 8 种含氮物反馈调控，即氨基葡萄糖-6-磷酸、Trp、Ala、Gly、His 和 CTP、AMP、氨甲酰磷酸。除 Gly、Ala 外，其余含氮物的氮都来自谷氨酰胺。

3）脯氨酸的生物合成

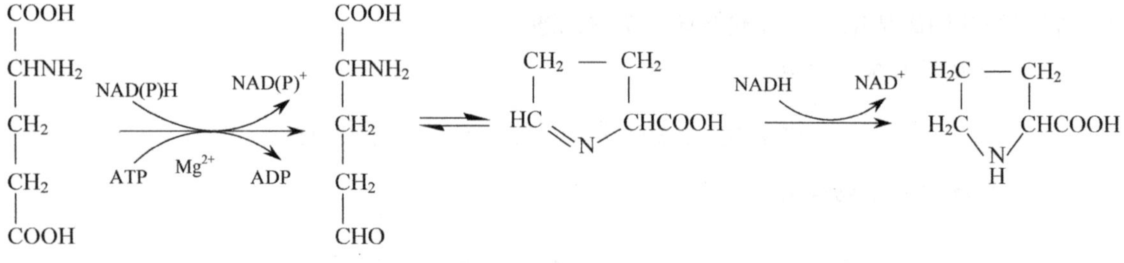

谷氨酸　谷氨酰半醛　Δ′-二氢吡咯-5-羧酸　脯氨酸

4) 精氨酸的生物合成　由谷氨酸经过多个步骤转变而成。谷氨酸先在转乙酰基酶的催化下转化为N-乙酰谷氨酸，再经激酶作用由ATP上转移一个高能磷酸基团，形成N-乙酰谷氨酰磷酸，再经NADPH为辅酶的还原酶作用，形成N-乙酰-γ-谷氨酸半醛。再在转氨酶的作用下从谷氨酸分子转移一个α-氨基，形成乙酰鸟氨酸，经酶促脱去乙酰基形成鸟氨酸，进入尿素循环，形成精氨酸。精氨酸不只是蛋白质的组成成分，也是尿素形成的前体物质。

谷氨酸⟶ ⟶N-乙酰谷氨酰磷酸⟶ ⟶精氨酸

上述几种氨基酸的合成关系见图7-6。

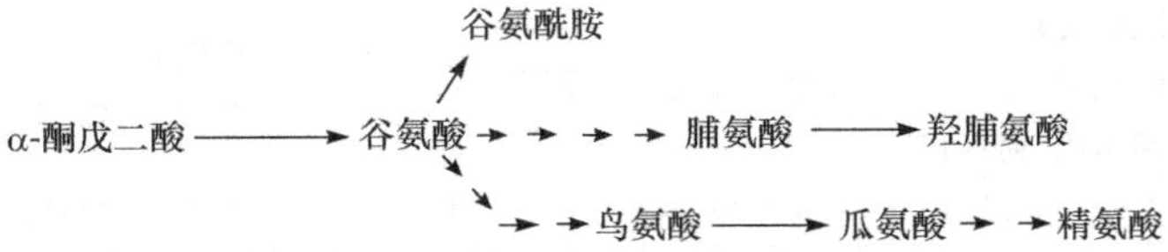

图7-6　谷氨酸族氨基酸的合成关系

5. 组氨酸和芳香族氨基酸族　包括组氨酸、色氨酸、酪氨酸和苯丙氨酸4种。

1) 组氨酸的生物合成　组氨酸的合成过程较复杂，它的碳架主要来自磷酸戊糖途径的中间产物磷酸核糖，此外还有ATP、谷氨酸和谷氨酰胺的参与，其分子中各个原子的来源如图7-7所示。

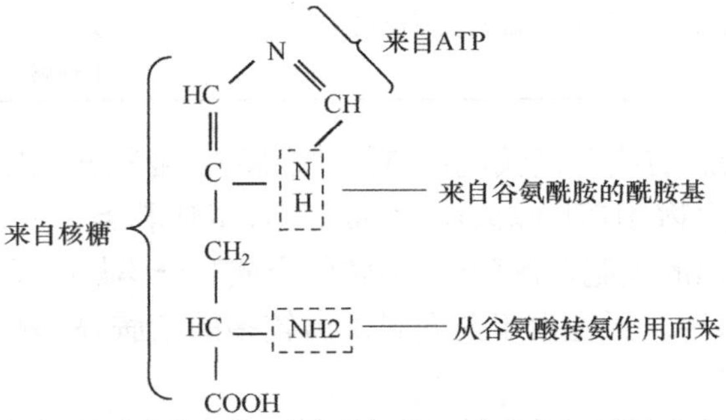

图7-7　组氨酸分子中各个原子的来源

2) 芳香族氨基酸的生物合成　色氨酸、酪氨酸和苯丙氨酸只能由植物和微生物合成。由戊糖循环的中间产物赤藓糖-4-磷酸和糖酵解的中间产物磷酸烯醇式丙酮酸(PEP)，生成三种芳香族氨基酸的共同前体——莽草酸(shikimic acid)。莽草酸经磷酸化后，再与PEP反应，生成分支酸(chorismic acid)。它们的合成关系如图7-8所示。

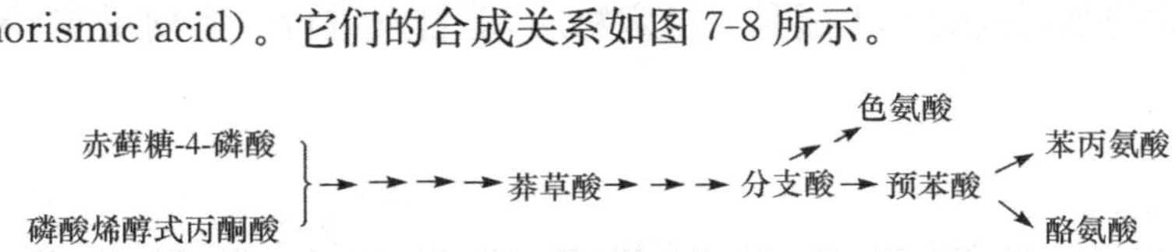

图7-8　色氨酸、酪氨酸和苯丙氨酸的生物合成关系

(四) 氨基酸衍生物的合成

在生物体内，氨基酸不仅是合成蛋白质的主要成分，而且也是形成核酸、磷脂、某些辅酶、叶绿素、血红素、细胞色素等重要生命物质的重要原料来源。氨基酸转化后所形成的产物很多

是具有生理活性的物质，如激素、维生素、抗生素、胺、生物碱等。表 7-1 列出了由氨基酸衍生的一些化合物。

表 7-1　氨基酸衍生的一些化合物

氨基酸	氨基酸衍生物	举例
甘氨酸	嘌呤、叶绿素、血红素、细胞色素	RNA、DNA 及核苷酸(辅酶)的成分、色素
天冬氨酸	嘌呤、嘧啶、β-丙氨酸	RNA、DNA 及核苷酸(辅酶)的成分、磷脂
谷氨酰胺	嘌呤	RNA、DNA 及核苷酸(辅酶)的成分
丝氨酸	乙醇胺、胆碱	磷脂
半胱氨酸	巯基乙胺、青霉素	抗生素
酪氨酸	黑色素、罂粟碱、蒂巴因、大麦芽碱、泛醌、质醌、吗啡、可卡因、蜀黍苷	色素、辅酶、生物碱、糖苷
色氨酸	烟碱酸、毒扁豆碱、烟酸、吲哚乙酸、奎宁、马钱子碱	维生素、激素、生物碱
甲硫氨酸	乙烯	激素
亮氨酸	脱落酸、赤霉素	激素
缬氨酸	青霉素、亚麻苦苷	抗生素、生物碱
半胱氨酸	青霉素	抗生素
谷氨酸	烟碱	生物碱
苯丙氨酸	天仙子胺、苦杏仁苷、麻黄碱	生物碱
精氨酸	鲱精胺、腐胺、亚精胺、精胺	胺类
赖氨酸	尸胺、新烟碱、毒芹碱、鹰爪豆碱、假石榴碱	胺类
鸟氨酸	天仙子氨	生物碱

1. 多胺　多胺为脂肪族含氮碱，主要有尸胺、腐胺、亚精胺及精胺等。它们广泛存在于生物界，从低等植物、微生物(细菌、噬菌体、病毒等)直至哺乳类。人体生长旺盛的组织，如胎肝、再生肝、生长激素作用的细胞及癌肿中，多胺的合成和分泌都明显增加。多胺可随尿排出，主要是腐胺，精胺含量很少。男性由于前列腺排出较多的精胺，故尿中精胺高于女性，但腐胺低于女性。

近年的研究表明，多胺还具有促进生长、延缓衰老、提高对胁迫的反应力，可能有类似 cAMP 的"第二信使"作用。此外对 DNA 复制、RNA 转录及蛋白质的翻译等多个环节均有促进作用。

2. 儿茶酚胺和黑色素　儿茶酚胺是一种神经类物质。通常指多巴胺、去甲肾上腺素和肾上腺素。这三种儿茶酚胺都是由酪氨酸形成。酪氨酸羟化反应生成的多巴可进一步氧化成多巴醌，这种酮式的苯丙氨酸 3，4-醌是不稳定物质，能自发进行一系列反应，最后聚合形成黑色素。

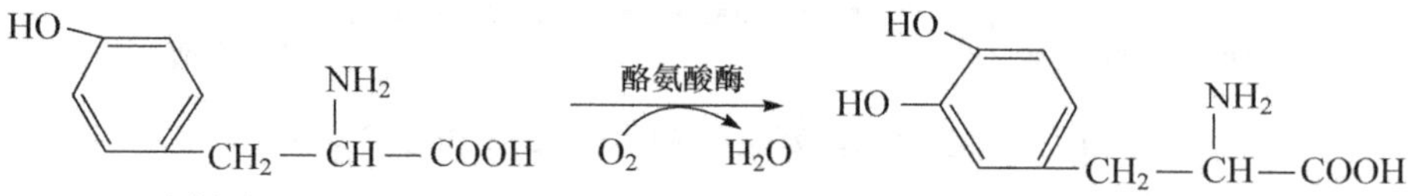

酪氨酸　　二羟苯丙氨酸（多巴）

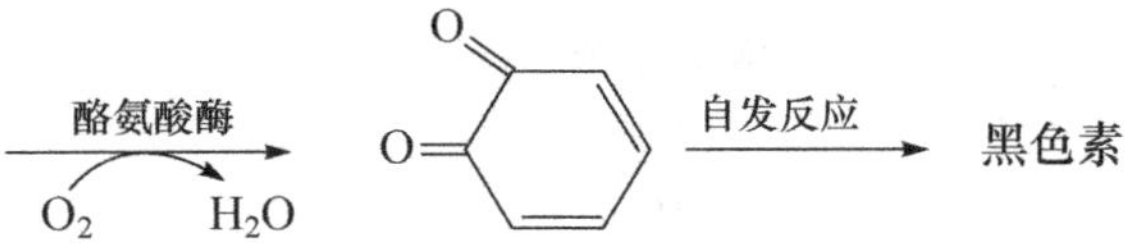

多巴醌

3. 生物碱　生物碱是一类碱性的植物次生产物，是植物体内的一大类含氮化合物，含有一个至多个氮原子，常呈杂环态。生物碱的种类繁多。绝大多数的生物碱生物合成的前体都是氨基酸，如天冬氨酸、赖氨酸、苯丙氨酸、酪氨酸、色氨酸和组氨酸等(表 7-1)。

4. 由氨基酸衍生的辅酶　色氨酸经转变可形成维生素 B_5 或维生素 PP。维生素 PP 是辅酶 NAD^+、$NADP^+$ 的主要组成部分。天冬氨酸脱去 α-羧基后，生成 β-丙氨酸；半胱氨酸脱羧后，形成 β-巯基乙胺。β-丙氨酸与 β-巯基乙胺是辅酶 A 与酰基载体蛋白(ACP)的重要组成成分。

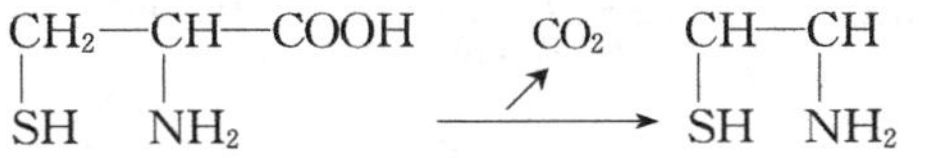

半胱氨酸　　β-巯基乙胺

酪氨酸在线粒体及叶绿体内经过一系列变化可转变为泛醌与质醌。泛醌是一种辅酶(辅酶 Q)，是线粒体呼吸电子传递链的成员之一；质醌则是叶绿体光合电子传递链中的成员。

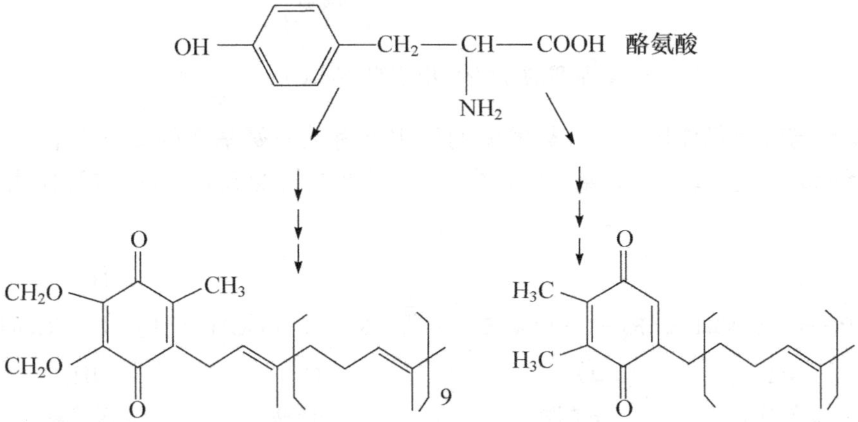

泛醌　　质醌

二、氨基酸的降解

氨基酸的分解代谢开始于脱氨，脱去的氨进入氨基代谢途径，而脱氨剩下的碳骨架被彻底降解为 CO_2 或用于其他化合物的合成图(图 7-9)。

氨基酸的分解代谢主要在肝脏中进行，且活跃，而分支氨基酸的分解代谢则主要在肌肉组织中进行。同时氨的解毒过程主要也在肝脏中进行。

(一) 转氨基作用

1937 年 Braunstein 与 Kritzmann 发现，转氨基作用不产生氨，而是把氨基从一个化合物转移到其他化合物上，反应由以磷酸吡哆醛为辅酶的转氨酶(transaminase)催化完成，且反应是可逆反应。

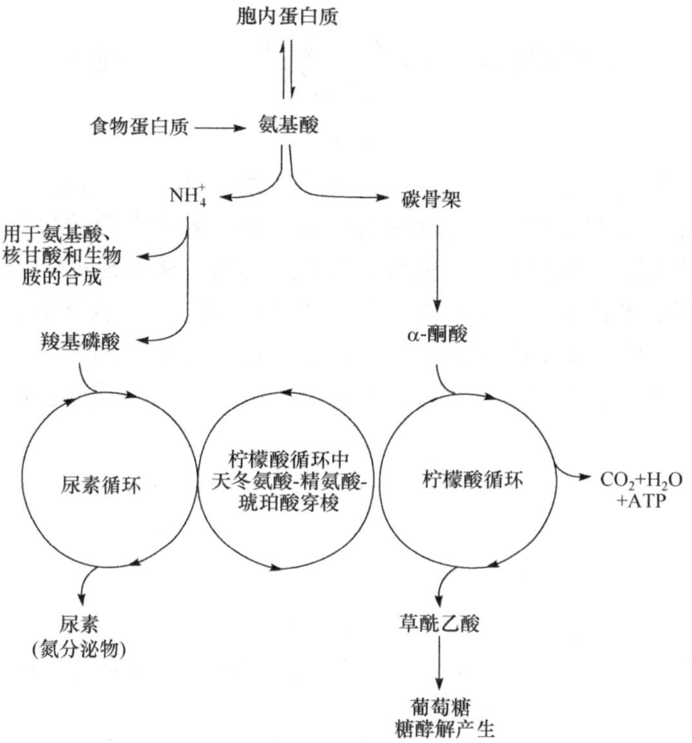

图 7-9 氨基酸的分解代谢(引自 Nelson et al.,2008)

1. 转氨酶与转氨基作用 在转氨酶的作用下将某一氨基酸的 α-氨基转移到另一种 α-酮酸(α-ketoacid)上,生成相应的氨基酸;原来的氨基酸则转变成 α-酮酸,这种作用称为转氨基作用。

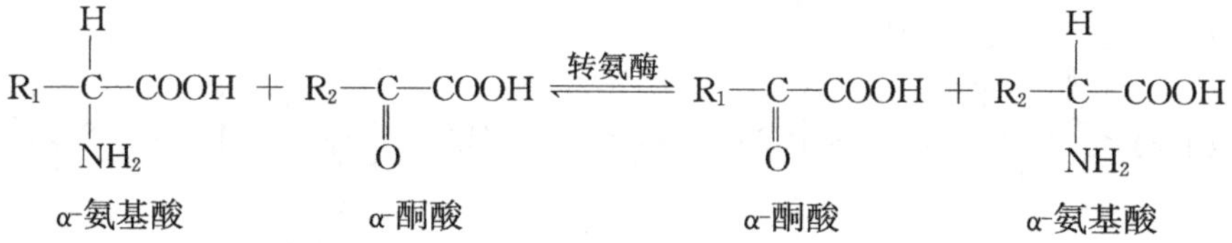

体内大多数氨基酸可以参与转氨基作用,但赖氨酸、脯氨酸及羟脯氨酸例外。除了 α-氨基外,氨基酸侧链末端的氨基,如鸟氨酸的 δ-氨基也可通过转氨基作用而脱去。

体内存在着多种转氨酶。不同氨基酸与 α-酮酸之间的转氨基作用只能由专一的转氨酶催化。在各种转氨酶中,以 L-谷氨酸与 α-酮酸的转氨酶最为重要。例如,谷丙转氨酶(glutamic pyruvic transaminase,GPT 或 ALT)和谷草转氨酶(glutamic oxaloacetic transaminase,GOT 或 AST),它们在体内广泛存在,但各组织中含量不等。正常时 GPT、GOP 在心脏和肝脏的活性最高。当某种原因使细胞膜通透性增高或细胞破坏时,转氨酶可以大量释放并进入血液,造成血清中转氨酶活性明显升高。因此临床上通常以此作为肝脏疾病诊断和预防的指标之一。

$$\text{谷氨酸}+\text{丙酮酸}\xrightleftharpoons{\text{谷丙转氨酶}}\alpha\text{-酮戊二酸}+\text{丙氨酸}$$

$$\text{谷氨酸}+\text{草酰乙酸}\xrightleftharpoons{\text{谷草转氨酶}}\alpha\text{-酮戊二酸}+\text{天冬氨酸}$$

2. 转氨基作用的机制　转氨酶的辅酶都是维生素 B_6 的磷酸酯，即磷酸吡哆醛，它结合于转氨酶活性中心赖氨酸的 ε-氨基上。在转氨基过程中，经转氨酶的催化，磷酸吡哆醛与磷酸吡哆胺之间相互转变，起着传递氨基的作用(图 7-10)。

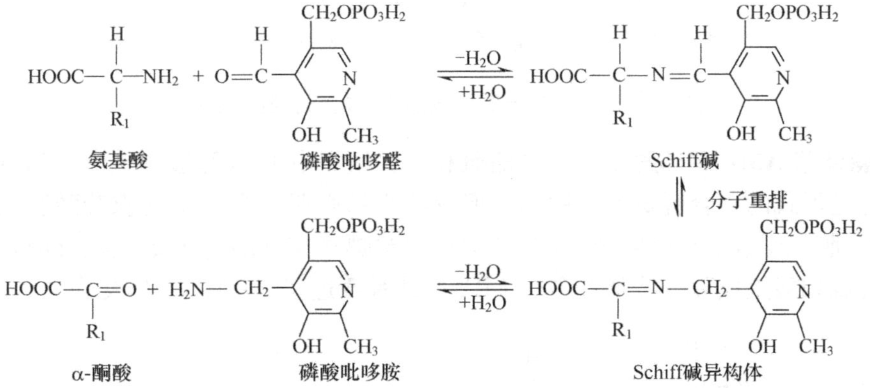

图 7-10　转氨基作用的机制

3. 转氨基作用的生理意义　转氨基作用在其生理活动中具有十分重要的意义。通过转氨作用可以调节体内非必需氨基酸的种类和数量，以满足体内蛋白质合成时对非必需氨基酸的需求。转氨基作用还是联合脱氨基作用的重要组成部分，沟通了机体的糖代谢、脂代谢和氨基酸代谢的互相联系。

（二）谷氨酸的氧化脱氨基作用

氧化脱氨基作用是指在脱氢酶的作用下氨基酸氧化脱氢的同时也脱去氨基的过程。

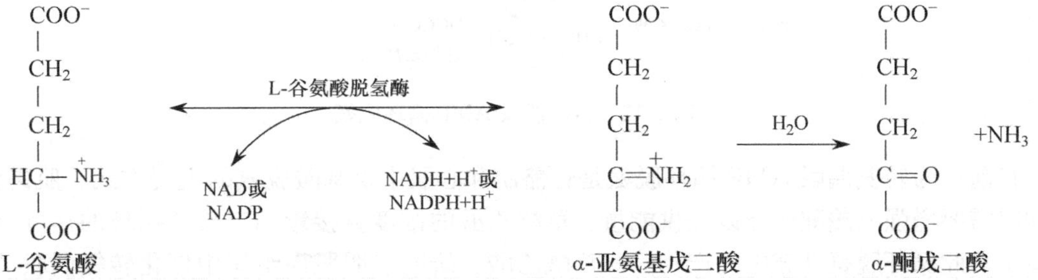

L-谷氨酸脱氢酶(glutamate dehydrogenase，GDH)是一种在生物体内广泛存在的专一性很高的氧化酶，属于不需氧脱氢酶，其辅酶是 NAD^+ 或者 $NADP^+$，能催化可逆反应。存在于动植物、微生物体内。哺乳动物体内，该酶位于线粒体基质中，其中肝脏含量最多。ATP、GTP、NADH 抑制该酶活性，ADP、GDP 及某些氨基可激活该酶活性。因此当 ATP、GTP 不足时，谷氨酸的氧化脱氨会加速进行，有利于氨基酸分解供能(动物体内有 10%的能量来自氨基酸氧化)。

（三）联合脱氨基作用

氨基酸的转氨作用虽然在生物体内普遍存在，但是单靠转氨作用并不能最终脱掉氨基。因此必须借助于联合脱氨基作用，联合脱氨基的方式主要有两种反应途径。

1. 转氨偶联氧化脱氨基作用　此种联合脱氨方式主要在肝脏、肾脏、脑等组织中进行。

联合脱氨反应是可逆的（图 7-11）。

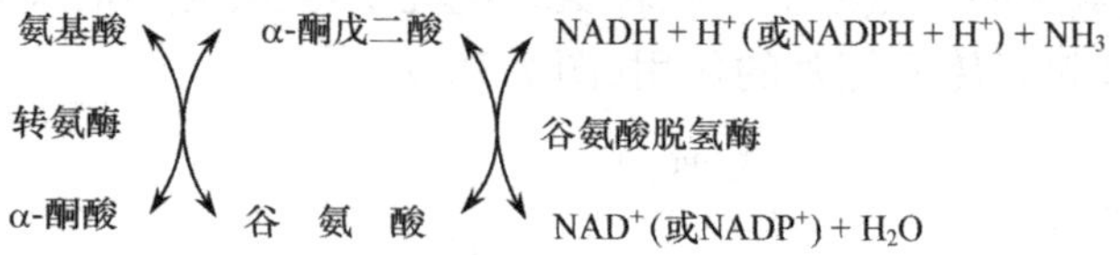

图 7-11　以 L-谷氨酸脱氢酶为主的联合脱氨基作用

2. 转氨偶联 AMP 循环脱氨　骨骼肌和心肌组织中 L-谷氨酸脱氢酶的活性很低，因而不能通过上述形式的联合脱氨反应脱氨。但骨骼肌和心肌中含丰富的腺苷酸脱氨酶，能催化腺苷酸加水、脱氨生成次黄嘌呤核苷酸（IMP），次黄嘌呤核苷酸与天冬氨酸反应，经过中间产物腺苷酸代琥珀酸生成腺嘌呤核苷酸（AMP）。其脱氨过程可用图 7-12 表示。

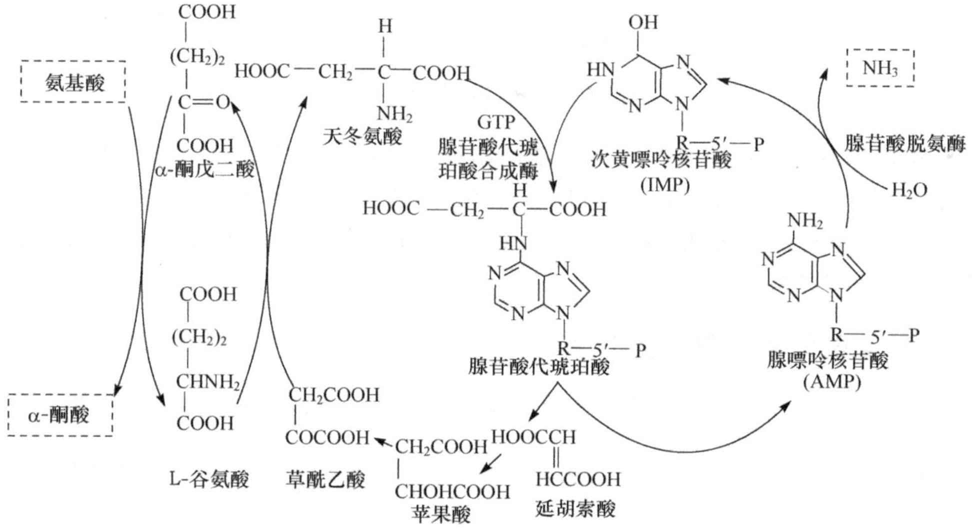

图 7-12　转氨偶联 AMP 循环脱氨

目前认为转氨偶联 AMP 循环脱氨是骨骼肌和心肌中氨基酸脱氨的主要方式。肌肉活动增加时需要增强三羧酸循环以提供能量。草酰乙酸的浓度直接影响三羧酸循环的速度，肌肉组织依赖此循环脱氨补充中间产物——草酰乙酸。研究表明肌肉组织中催化转氨偶联 AMP 循环脱氨的三种酶的活性均比其他组织中高几倍。AMP 脱氨酶遗传缺陷患者（肌腺嘌呤脱氨酶缺乏症）易疲劳，而且运动后常出现疼痛性痉挛。

这种转氨偶联 AMP 循环脱氨形式的联合脱氨反应是不可逆反应，这一代谢途径不仅把氨基酸代谢与糖代谢、脂代谢联系起来，而且也把氨基酸代谢与核苷酸代谢联系起来。

（四）其他的脱氨基作用

1. 脱水脱氨基　如丝氨酸可在丝氨酸脱水酶的催化下生成氨和丙酮酸。

丙酮酸

2. 脱硫化氢脱氨基　半胱氨酸可在脱硫化氢酶的催化下生成丙酮酸和氨。

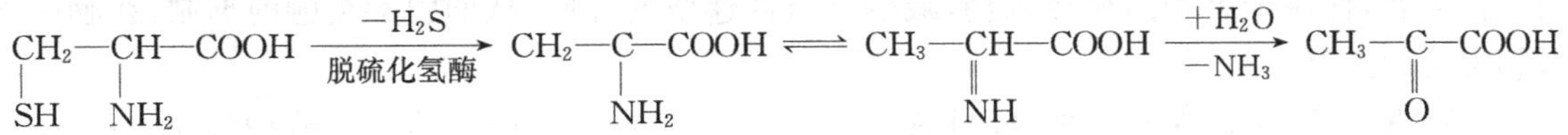

半胱氨酸　　丙酮酸

3. 直接脱氨基　天冬氨酸可在天冬氨酸酶作用下直接脱氨生成延胡索酸和氨。

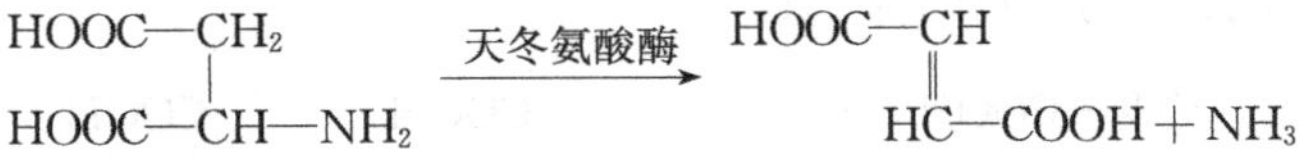

天冬氨酸

4. 脱酰胺基作用

谷胺酰胺＋H_2O —谷胺酰胺酶→ 谷氨酸＋NH_3

天冬酰胺＋H_2O —天冬酰胺酶→ 天冬氨酸＋NH_3

（五）氨基酸的脱羧基作用

氨基酸的脱羧作用在组织内外（如肠道内）皆有，广泛存在于动植物和微生物。组织内的脱羧作用是氨基酸分解代谢的正常过程。组织内的氨基酸脱羧酶有很高的专一性，一般只对一种 L-氨基酸或其衍生物起脱羧作用，生成相应的一级胺（amine）。除组氨酸脱羧酶不需要辅酶外，其余的氨基酸脱羧酶的辅酶都是磷酸吡哆醛。

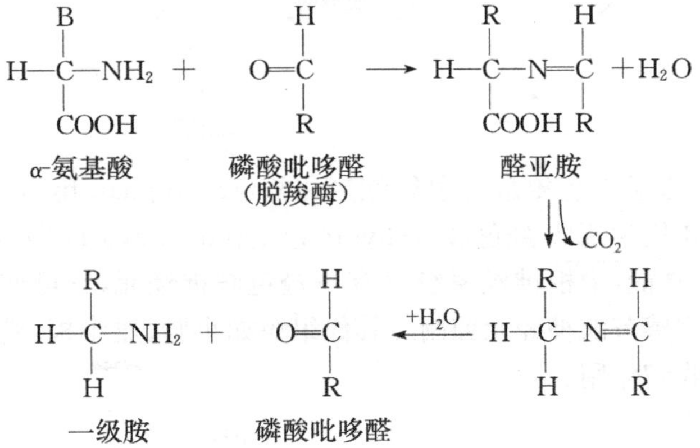

氨基酸脱羧反应获得的产物有些具有重要生理功能，下面列举几种氨基酸脱羧产生的重要胺类物质。

1. γ-氨基丁酸　γ-氨基丁酸（γ-aminobutyric acid，GABA）由谷氨酸脱羧生成，催化此反应的酶是谷氨酸脱羧酶。此酶在脑、肾脏组织中活性很高，因此脑中 GABA 含量较高。

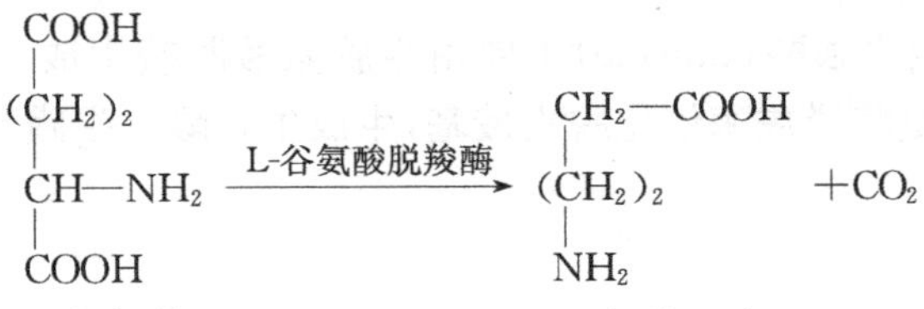

L-谷氨酸　　γ-氨基丁酸

GABA是一种仅见于中枢神经系统的抑制性神经递质，对中枢神经元有普遍性抑制作用。在脊髓，作用于突触前神经末梢，减少兴奋性递质的释放，从而引起突触前抑制，在脑中则引起突触后抑制。

GABA可在GABA转氨酶(GABA-T)作用下与α-酮戊二酸反应生成琥珀酸γ-半醛(succinic acid semialdehyde)，进而氧化生成琥珀酸。神经元胞体和突触的线粒体内含有大量的GABA转氨酶，由此就构成了GABA旁路。它能使α-酮戊二酸经此旁路生成琥珀酸，活跃三羧酸循环，可为脑组织提供约20%的能量。

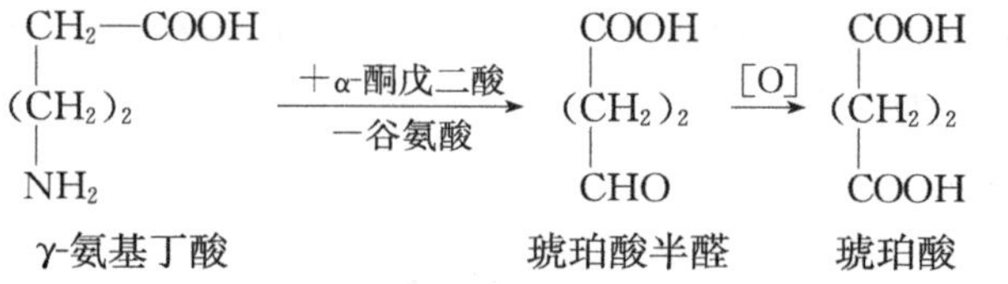

谷氨酸具有兴奋作用，GABA则有抑制作用，两者可共同调节神经系统的功能。临床上对于惊厥和妊娠呕吐的病人常常使用维生素B_6治疗，其机制就在于提高脑组织内谷氨酸脱羧酶的活性，使GABA生成增多，增强中枢抑制作用。

2. 组胺 组胺(histamine)由组氨酸脱羧生成。主要产生并储存于肥大细胞，在乳腺、肺、肝脏、肌肉及胃黏膜中含量较高。组胺是一种强烈的血管舒张剂，并能增加毛细血管的通透性，引起血压下降和局部水肿。组胺的释放与过敏反应症状密切相关。组胺可刺激胃蛋白酶和胃酸的分泌，因此常用于胃分泌功能的研究。

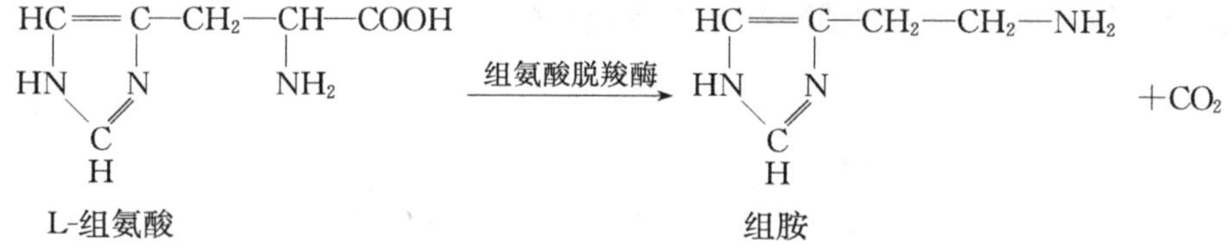

3. 5-羟色胺 在脑中色氨酸由色氨酸羟化酶(tryptophan hydroxylase)催化生成5-羟色氨酸，再经脱羧酶作用生成5-羟色胺(5-hydroxytryptamine，5-HT)(如下式)。5-羟色胺在神经组织中有重要的功能，中枢神经系统含有5-羟色胺神经元，它可使大部分交感神经节前神经元兴奋，而使副交感节前神经元抑制。其他组织如小肠、血小板、乳腺细胞中也有5-羟色胺，具有强烈的血管收缩作用。

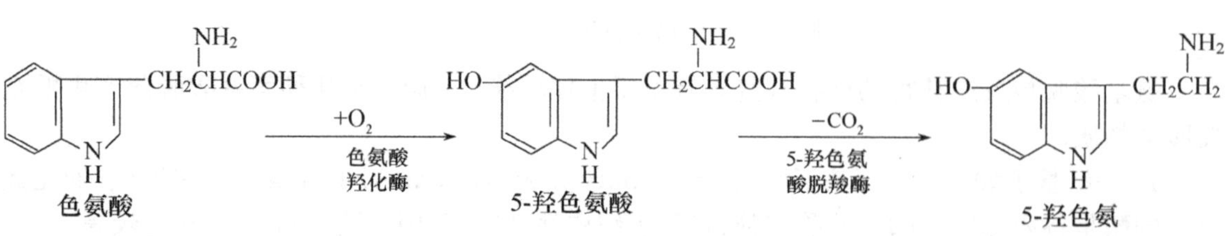

4. 牛磺酸 体内牛磺酸(taurine)主要由半胱氨酸脱羧生成。半胱氨酸先氧化生成磺酸丙氨酸，再由磺酸丙氨酸脱羧酶催化脱去羧基，生成牛磺酸。牛磺酸是结合胆汁酸的重要组成成分。

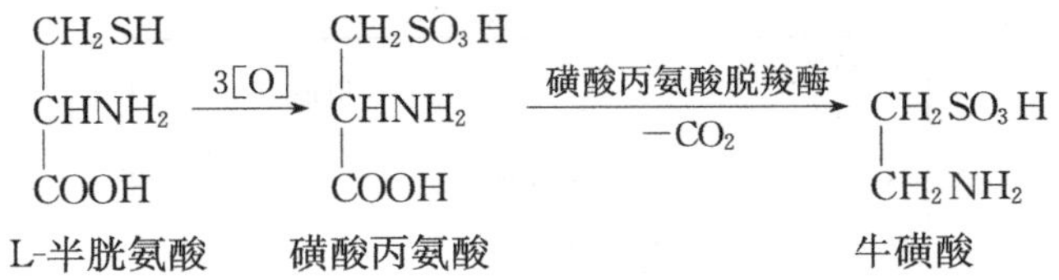

（六）氨基酸碳骨架的降解

氨基酸脱氨基、脱羧基后，20 种基本氨基酸的碳骨架的降解途径是不一样的，过程相对复杂，这里不再赘述，如图 7-13 所示。

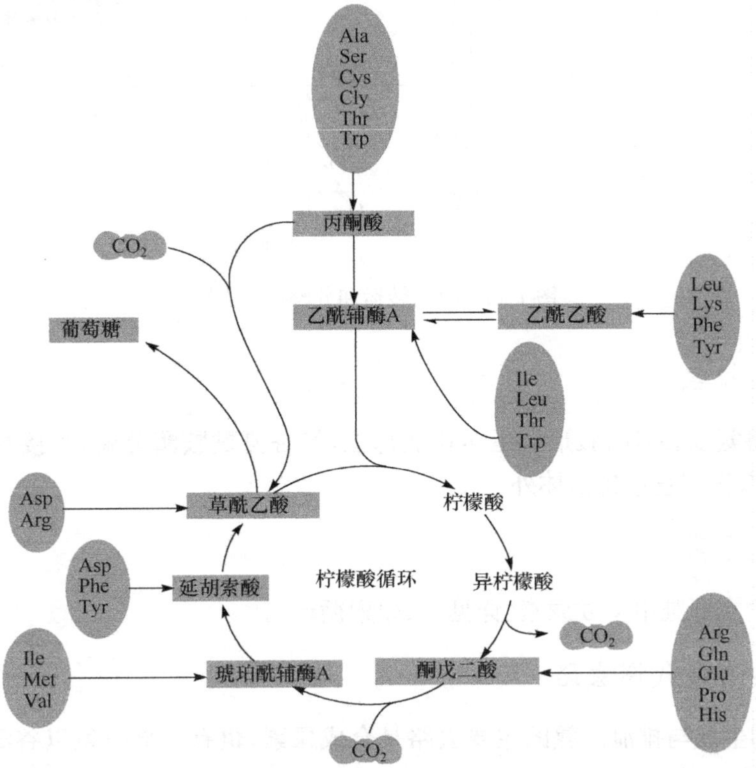

图 7-13 20 种氨基酸碳骨架降解途径(引自 Nelson et al. ,2008)

第二节 尿素循环

一、氨的转运

氨是机体正常的代谢产物，但对机体也是有毒物质，当血液中存在 1%的氨就会使中枢神经系统中毒，因此氨的排泄是机体维持正常生命活动所必需的。主要的脱氨方式是在肝脏内进行的氧化脱氨，因此其他组织中氨基酸降解所生成的氨也要转运到肝脏内氧化脱氨生成 NH_4^+（图 7-14）。

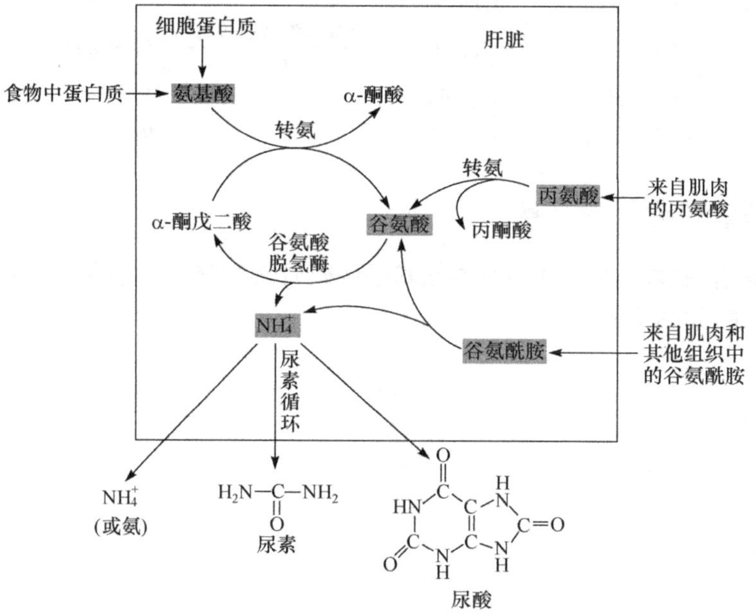

图 7-14　氨的转运和分解代谢去路

(一) 直接排氨

排氨动物将氨以谷氨酰胺形式运至排泄部位,经谷氨酰胺酶分解,直接释放 NH_3。游离的 NH_3借助扩散作用直接排出体外。

(二) 生成尿素

排尿素动物在肝脏中生成尿素(详见二、尿素循环)。

(三) 氨的其他代谢去路

(1) 铵盐的生成与排泄。氨的主要去路是合成尿素,也有一部分氨以谷氨酰胺的形式运至肾脏后,水解释放的氨与 H^+ 结合,以铵盐(NH_4^+)形式随尿排出。肾脏排出 NH_4^+,具有调节体内酸碱平衡的作用。当酸中毒时排出铵盐增加,而碱中毒时恰好相反。

(2) 合成新的氨基酸。氨可通过联合脱氨基的逆过程及转氨基作用合成非必需氨基酸。

(3) 参与核酸中嘧啶碱的合成。

二、尿素循环

各组织产生的氨以谷氨酰胺或丙氨酸等形式运至肝脏后,与肠道吸收入肝脏的氨一起被合成尿素从而达到解毒的目的。正常人体内 80%～90%的氨以尿素形式排出,因此合成尿素是氨的主要去路。

(一) 肝脏是尿素合成的主要器官

将动物如犬的肝脏切除,则血液和尿中的尿素含量明显降低。若给此动物输入或饲喂氨基酸,则大部分积存于血液中,另一小部分脱去氨基变成 α-酮酸和氨,使血氨浓度升高。临床上急性重型肝炎患者的血及尿中几乎没有尿素，而氨及氨基酸的含量增多。实验及临床观察都证明肝脏是合成尿素的最主要器官。其他器官如肾脏及脑，由于含有少量精氨酸酶，故也有少量尿素生成。

（二）尿素合成的鸟氨酸循环学说的提出

1932 年，Krebs 和 Henseleit 根据一系列的实验结果，提出了尿素循环（urea cycle）学说，又称为鸟氨酸循环（ornithine cycle）学说或 Krebs-Henseleit 循环学说。将大鼠肝脏的组织薄片放在有氧条件下加铵盐保温数小时后，铵盐的含量减少，尿素含量增加。在此体系中，分别加入各种物质，观察它们对尿素生成速度的影响，发现鸟氨酸、瓜氨酸或精氨酸能大大加速尿素的合成。而它们三者的结构彼此相关，即鸟氨酸可能是瓜氨酸的前体，而瓜氨酸又是精氨酸的前体（图 7-15）。此外，早已证明肝脏的精氨酸酶能催化精氨酸水解生成鸟氨酸和尿素。

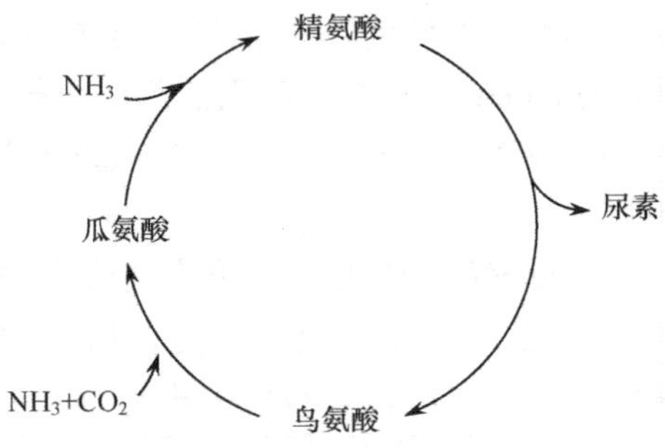

图 7-15　尿素循环机制

（三）尿素循环的过程

尿素中的两个 N 原子分别由氨和天冬氨酸提供，而 C 原子来自 HCO_3^-，其详细过程可分为以下 5 步，其中两步在线粒体中，三步在细胞质中进行（图 7-16）。

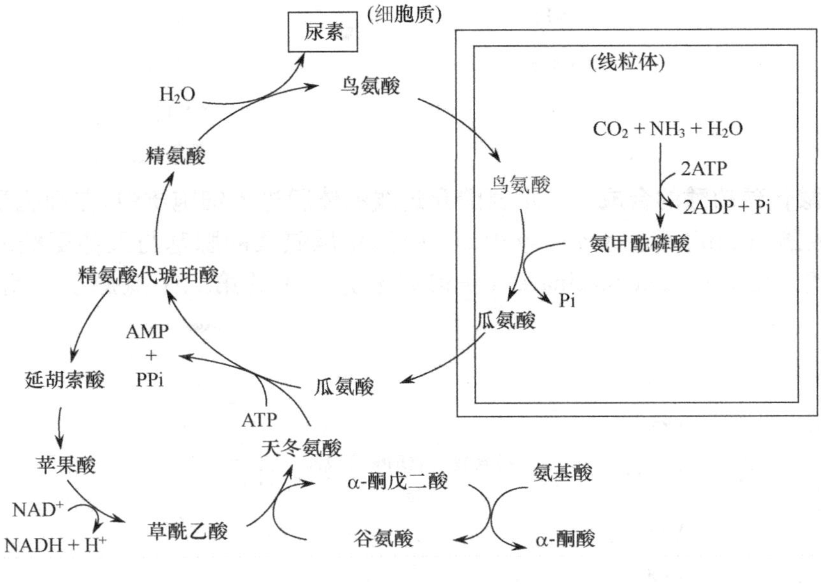

图 7-16　尿素循环

1. 氨甲酰磷酸的合成　氨甲酰磷酸在 Mg^{2+}、ATP 及 N-乙酰谷氨酸（N-acetyl glutamic acid，AGA）存在下，由氨甲酰磷酸合成酶 Ⅰ（carbamyl phosphate synthetase Ⅰ，CPS-Ⅰ）催化 NH_3 和活化的 CO_2（HCO_3^-）在肝细胞的线粒体中合成。

CPS-Ⅰ催化的反应包括下述三步：

(1) ATP活化 HCO_3^- 生成ADP和羰基磷酸(carbonyl phosphate)。

(2) NH_3 与羰基磷酸作用替代磷酸根，生成氨甲酸(carbamate)和Pi。

(3) 第二个ATP对氨甲酸磷酸化，生成氨甲酰磷酸和ADP。

$$2ATP + HCO_3^- + NH_4^+ + H_2O \xrightarrow[\text{AGA、}Mg^{2+}]{\text{氨甲酰磷酸合成酶 I}} H_2NCOOPO_3^{2-} + 2ADP + Pi$$

此反应是不可逆的，消耗2分子ATP。CPS-Ⅰ是一种变构酶，由乙酰-CoA和谷氨酸缩合而成的AGA是此酶变构激活剂。真核细胞中有两种CPS：①CPS-Ⅰ存在于线粒体中，利用游离 NH_3 为N源，参与尿素合成。②CPS-Ⅱ位于胞液中，以谷氨酰胺为N源，参与嘧啶的从头合成。

2. 瓜氨酸的生成　乌氨酸氨甲酰转移酶(ornithine transcarbamoylase)存在于线粒体中，通常与CPS-Ⅰ形成酶的复合物催化氨甲酰磷酸将氨甲酰基转给鸟氨酸生成瓜氨酸(citrulline)。此反应在线粒体内进行，而鸟氨酸在胞液中生成，因此必须通过一特异的穿梭系统将鸟氨酸转入线粒体内。

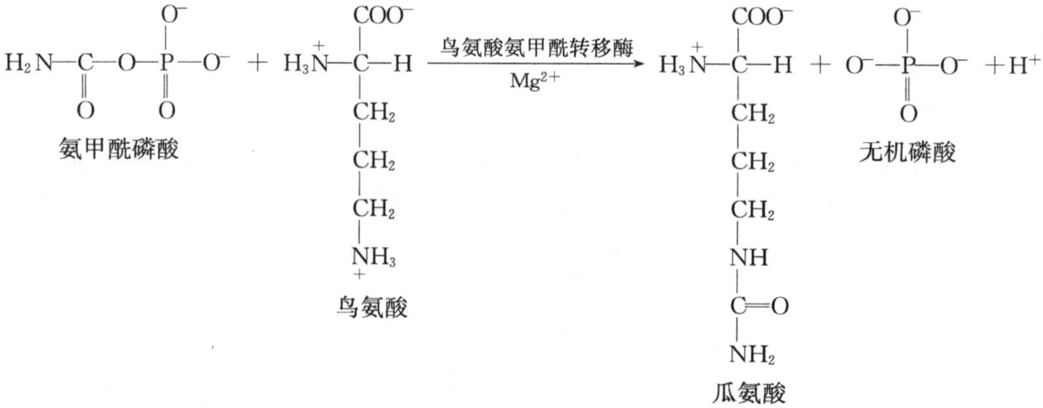

3. 精氨酸代琥珀酸的合成　瓜氨酸穿过线粒体膜进入细胞质中，在细胞质中由精氨酸代琥珀酸合成酶(argininosuccinate synthetase)催化瓜氨酸的脲基与天冬氨酸的氨基缩合生成精氨酸代琥珀酸(argininosuccinate)，获得尿素分子中的第二个氮原子。此反应由ATP供能。

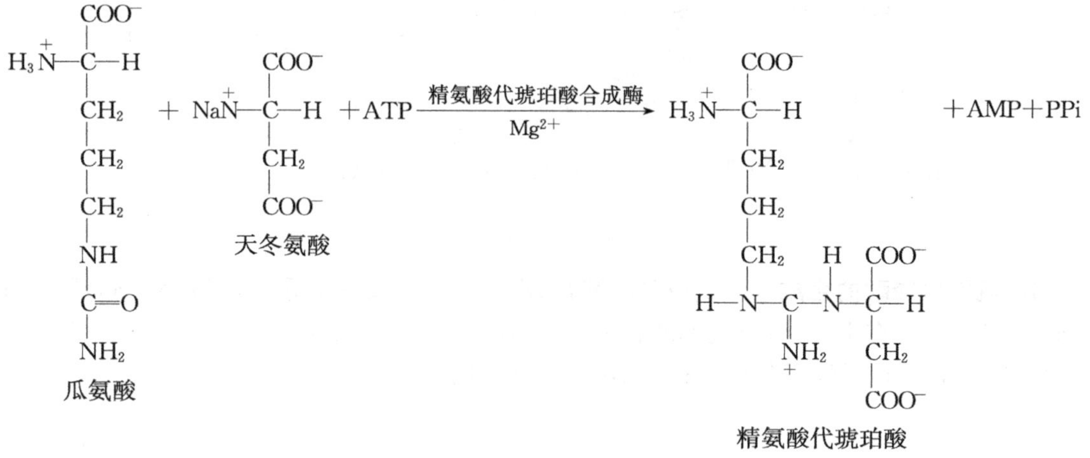

4. 精氨酸的生成　精氨酸代琥珀酸裂解酶(argininosuccinase)催化精氨酸代琥珀酸裂解成精氨酸(arginine)和延胡索酸。

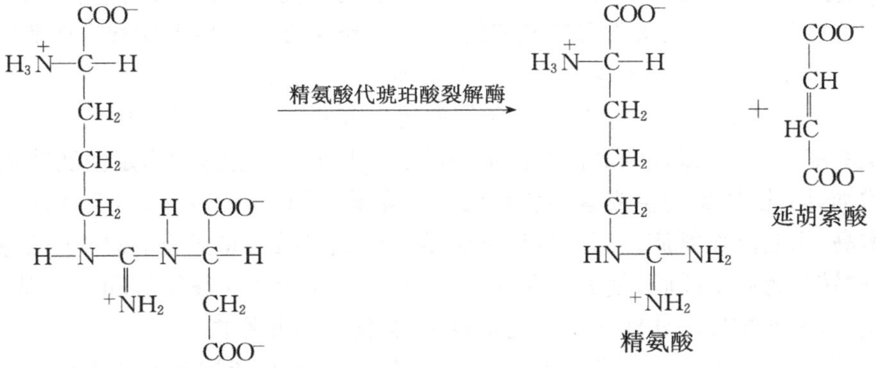

上述反应中生成的延胡索酸可经三羧酸循环的中间步骤生成草酰乙酸，再由谷草转氨酶催化转氨作用重新生成天冬氨酸。由此，通过延胡索酸和天冬氨酸，使三羧酸循环与尿素循环联系起来。

5. 尿素的生成　尿素循环的最后一步反应是由精氨酸酶(arginase)催化精氨酸水解生成尿素和鸟氨酸，鸟氨酸再进入线粒体参与下一轮尿素合成循环。

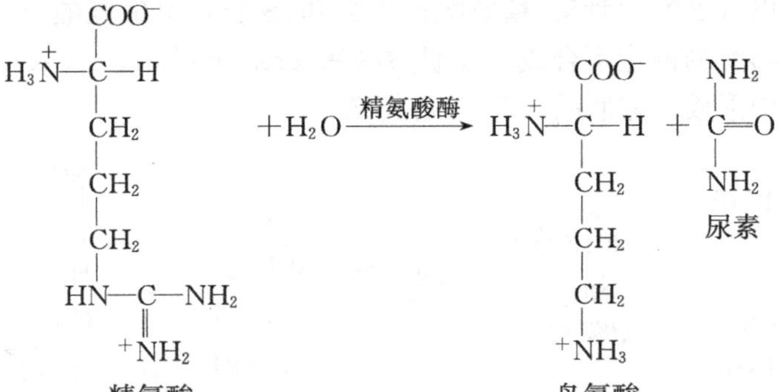

尿素合成的总反应：

$$NH_4^+ + HCO_3^- + 3ATP + Asp + 2H_2O \longrightarrow \text{尿素} + 2ADP + AMP + 2Pi + PPi + \text{延胡索酸}$$

尿素循环小结：

(1) 尿素分子中一个 CO_2 来自 TCA 循环，两个氨基来源虽然不同，但都直接或间接来自各种氨基酸(分别来自游离氨和天冬氨酸)。

(2) 尿素合成是一个耗能的过程，合成 1 分子尿素消耗 4 个高能键(3 个 ATP 水解生成 2 个ADP，2 个 Pi，1 个 AMP 和 PPi)。

(四) 尿素合成的调节

1. 食物的影响　膳食的改变，可使参与合成尿素的 5 种酶的活性变化 5～20 倍，高蛋白膳食使尿素的合成快，排出的含氮物中尿素占 90%；而低蛋白膳食使尿素合成减慢，尿素的排出量只占含氮排泄物的 60%或更低。

2. 精氨酸浓度的影响 氨甲酰磷酸合成酶是催化尿素循环反应的第一个限速反应的酶，它可被N-乙酰谷氨酸（谷氨酸的α-氨基被乙酰化的产物）别构激活。精氨酸可促进乙酰-CoA和谷氨酸合成N-乙酰谷氨酸。当氨基酸降解速度升高时，谷氨酸的浓度因转氨作用而升高。谷氨酸浓度的升高也刺激乙酰谷氨酸的合成，其结果促使氨甲酰磷酸合成酶的激活，由氨基酸降解产生的过量的氨，以尿素的形式被有效地排泄出去。因此肝脏中精氨酸浓度增高，尿素的合成加速。精氨酸通过促进N-乙酰谷氨酸的生成而促进尿素的生成。

除精氨酸酶外，尿素循环的其他酶由他们的底物控制，其他酶的不足使底物增加，引起反应速度的增加，因此，尿素的生成量不会有很大的降低，但底物浓度过高，会使尿素循环逆行，血氨浓度增高，引起高血氨症。高血氨症可能是α-酮戊二酸含量过低，影响了柠檬酸循环，另外，谷氨酸被转化为谷氨酰胺，使其含量下降，会影响神经传导（谷氨酸和α-氨基丁酸是重要的神经递质）。尿素循环的任何一种酶完全丧失，会使新生儿死亡。

3. 其他物质的影响 从理论上看，鸟氨酸循环的中间产物并不被尿素合成而消耗，但它们与糖、脂代谢的中间物有着广泛的联系。因此，体内其他物质的代谢状况可改变尿素循环中间物的浓度，从而影响尿素的合成。

三、磷酸肌酸的生物合成

肌酸（creatine）和磷酸肌酸（creatine phosphate）在能量储存及利用中起重要作用，两者互变使体内ATP供应具有后备潜力。肌酸在肝脏和肾脏中合成，广泛分布于骨骼肌、心肌、大脑等组织中。肌酸以甘氨酸为骨架，精氨酸提供胍基，S-腺苷甲硫氨酸（SAM）供给甲基，在胍基转移酶和甲基转移酶的催化下合成。在肌酸激酶（creatine kinase，CK）催化下将ATP中磷酸转移到肌酸分子中形成磷酸肌酸（CP）储备起来。

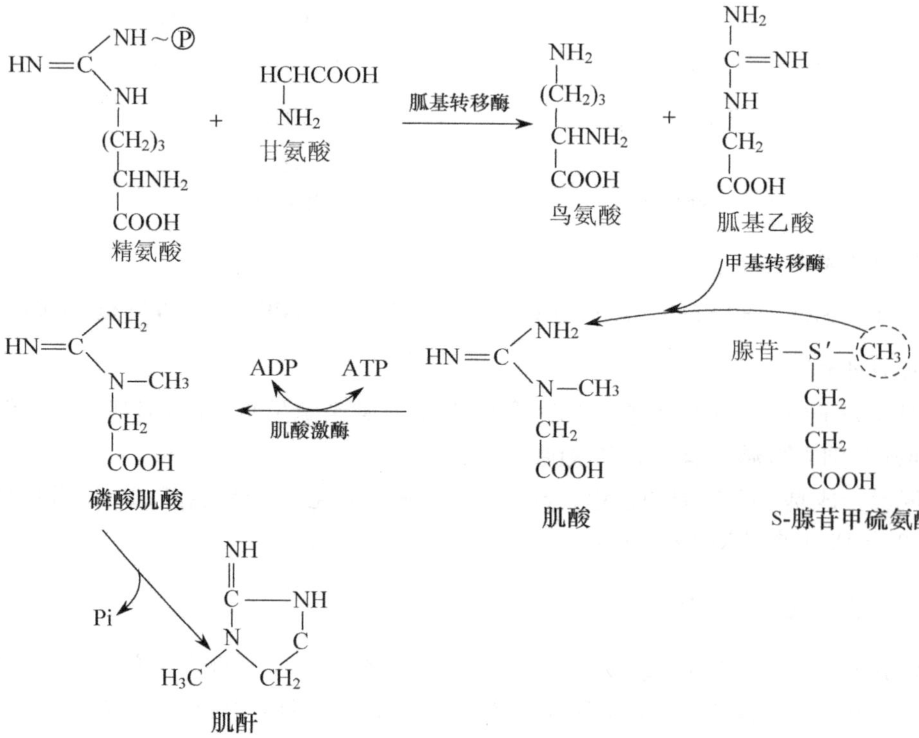

CK 由两种亚基组成，即 M 亚基(肌型)与 B 亚基(脑型)，它有三种同工酶，即 MM 型(在骨骼肌中)、BB 型(在脑中)和 MB 型(在心肌中)。心肌梗死患者血中 MB 型 CK 活性增高，以此在临床上可作辅助诊断的指标之一。肌酸和磷酸肌酸代谢的终产物是肌酸酐(creatinine 简称肌酐)。正常成人，每日尿中肌酐量恒定。肾功能障碍时，检查血或尿中肌酐含量以帮助诊断。

四、活性甲基循环

S-腺苷甲硫氨酸(SAM)中的甲基十分活泼，称活性甲基，它是体内最主要的甲基供体。SAM 可在不同甲基转移酶(methyl transferase)的催化下，将甲基转移给各种甲基受体而形成许多甲基化合物，如肾上腺素、胆碱、甜菜碱、肉毒碱、肌酸等都是从 SAM 中获得甲基的。

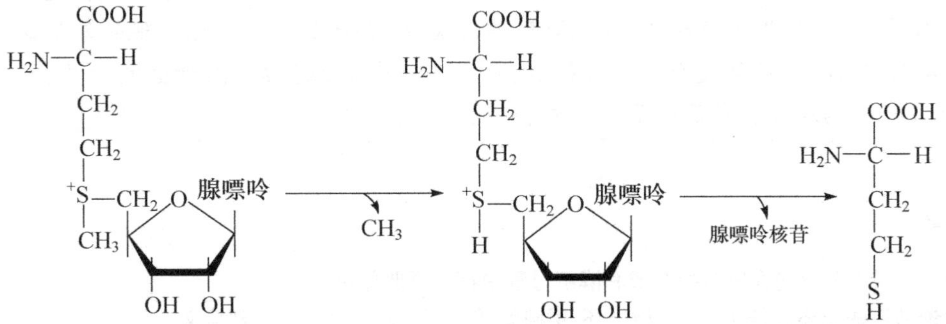

S-腺苷甲硫氨酸　　S-腺苷同型半胱氨酸　　同型半胱氨酸

SAM 转出甲基后形成 S-腺苷同型半胱氨酸(adenosyl homocystine，SAH)，SAH 水解释出腺苷变为同型半胱氨酸(homocystine，hCys)。同型半胱氨酸可以接受 SAM 提供的甲基再生成甲硫氨酸，形成一个循环过程，称为甲硫氨酸循环(methionine cycle)。此循环的生理意义在于甲硫氨酸分子中甲基可间接通过其他非必需氨基酸提供 SAM，以防甲硫氨酸的大量消耗。虽甲硫氨酸循环可生成甲硫氨酸，但人体不能合成同型半胱氨酸，只能由甲硫氨酸转变而来，因此人体实际上不能合成甲硫氨酸，必须由食物供给。同型半胱氨酸还可在胱硫醚合成酶(cystathiorine synthase)催化下与丝氨酸缩合生成胱硫醚(cystathionine)，再经胱硫醚酶催化水解生成半胱氨酸、α-酮丁酸和氨。α-酮丁酸转变为琥珀酰-CoA，通过三羧酸循环，可以生成葡萄糖，因此甲硫氨酸为生糖氨基酸。

知识框

多巴胺与帕金森病

多巴胺即 4-(2-氨基乙基)-1，2-苯二酚[4-(2-aminoethyl)benzene-1，2-diol]，由脑内分泌，可影响一个人的情绪。多巴胺是一种神经传导物质，用来帮助细胞传送脉冲的化学物质。Carlsson 确定多巴胺为脑内信息传递者的角色使他赢得了 2000 年诺贝尔生理学或医学奖。多巴胺主要负责大脑的情欲、感觉，将兴奋及开心的信息传递，也与上瘾有关。相爱其实就是因为相关的人和事物促使脑里产生大量多巴胺导致的结果。吸烟和吸毒都可以增加多巴胺的分泌，使上瘾者感到开心及兴奋。多巴胺能够治疗抑郁症；多巴胺有助于提高记忆力，这一发现或有助于阿尔茨海默病的治疗；而多巴胺不足则会令人失去控制肌肉的能力，严重会令患者的手脚不自主地震动或导致帕金森病。

帕金森病患者常见的症状是震颤、僵硬和说话含糊等，出现这些症状的根本原因是制造多巴胺的神经元的死亡，多巴胺是一种控制肌肉运动的化学物质。一项令人激动的研究推测出了一个让人吃惊的凶手——多巴胺，多巴胺可能辅助了神经元的退化，神经元的退化是对这种疾病的解释。

氨基酸代谢缺陷症

氨基酸代谢中缺乏某一种酶，都可能引起疾患，这种疾病称为代谢缺陷症。由于某种酶的缺乏，致使该酶的作用物在血中或尿中大量出现。这种代谢缺陷属于分子疾病。其病因和DNA分子突变有关，往往是先天性的，又称为先天性遗传代谢病。这类先天性代谢缺陷症，大部分发生在婴儿时期，常在幼年就导致死亡，发病的症状表现有智力迟钝、发育不良、周期性呕吐、沉睡、搐溺、共济失调、昏迷等。目前已发现的氨基酸代谢病已达30多种，如精氨酸血和高血氨症、鸟氨酸血和高血氨症、高甘氨酸血症、高组氨酸血症、苯丙酮尿症和高苯丙氨酸尿症、尿黑酸症、白化病等。

思考题

1. 为什么转氨基反应在氨基酸合成和降解过程中都起重要作用?
2. 讨论鸟氨酸循环、丙氨酸-葡萄糖循环、甲硫氨酸循环的基本过程与生理意义。
3. 概述体内氨基酸的来源和主要代谢去路。
4. 举例说明肝脏是尿素合成主要器官的实验依据。
5. 试述苯丙酮尿症与白化病发生的生化基础。
6. 简述1分子谷氨酸在体内彻底氧化为CO_2和H_2O(包括生成尿素)的主要代谢过程，并计算其净产生ATP的分子数。
7. 哪些维生素与氨基酸的代谢有关？为什么缺乏叶酸和维生素B_{12}会导致巨幼红细胞性贫血?

第八章　核苷酸的代谢

【要点】 核苷酸生物合成，无论是嘌呤核苷酸还是嘧啶核苷酸，都存在着两条途径，即从头合成途径(de novo synthesis pathway)和补救合成途径(salvage pathway)。从头合成途径和补救合成途径在细胞代谢中都很重要。核苷酸的降解主要是嘌呤和嘧啶碱基的降解过程，嘌呤降解产生排泄物尿酸/尿素，或是有毒性的氨；而嘧啶降解生成易代谢产物。

核苷酸在生物体内广泛分布，不仅是核酸的基本组成成分，而且是一类极为重要的物质，几乎参与体内的所有生化反应，如参与 NAD、NADP、FAD、FMN、HSCoA 的合成。核苷酸的降解主要是嘌呤和嘧啶碱基的降解，嘌呤降解生成可排泄的化合物，而嘧啶降解主要是生成易代谢的物质。无论是嘌呤核苷酸还是嘧啶核苷酸，都包含两种代谢途径，即从头合成途径和补救合成途径，这两种途径在细胞代谢过程中都非常重要。

(1) 从头合成途径：指以磷酸核糖、氨基酸、一碳单位及 CO_2 等简单物质为原料，经过一系列酶促反应，合成核苷酸的过程。此途径主要在肝脏中进行。

(2) 补救合成途径：利用体内游离的嘌呤或嘌呤核苷、嘧啶或嘧啶核苷经过简单的反应，合成嘌呤或嘧啶核苷酸的过程。此合成途径主要在脑、骨髓中进行。

第一节　嘌呤核苷酸的生物合成

一、嘌呤核苷酸的从头合成途径

(一) 嘌呤环各原子来源

早在 1948 年，Buchanan 等采用同位素示踪法标记不同化合物喂养鸽子，并测定排出的尿酸中标记原子的位置，结果证实生物体内能利用二氧化碳、甲酸盐、谷氨酰胺、天冬氨酸、甘氨酸作为合成嘌呤环的前体。嘌呤环的各原子来源见图 8-1。

(二) 从头合成的特点

体内的嘌呤核苷酸不是在嘌呤环形成之后再与磷酸、戊糖化合而成的，而是在磷酸核糖分子上合成 5-磷酸核糖焦磷酸(5-phosphoribiosyl-1-pyrophosphate，PRPP，图 8-2)，然后经过一系列复杂的酶促反应，先合成次黄嘌呤核苷酸(IMP)，再由次黄嘌呤核苷酸转化为腺嘌呤核苷酸(AMP)和鸟嘌呤核苷酸(GMP)。

(三) 从头合成的过程

从头合成的过程分 3 阶段进行。

1. 5-磷酸核糖焦磷酸的合成

$$\text{5-磷酸核糖} + \text{ATP} \xrightarrow[\text{Mg}^{2+}]{\text{磷酸核糖焦磷酸激酶}} \text{5}'\text{-PRPP} + \text{AMP}$$

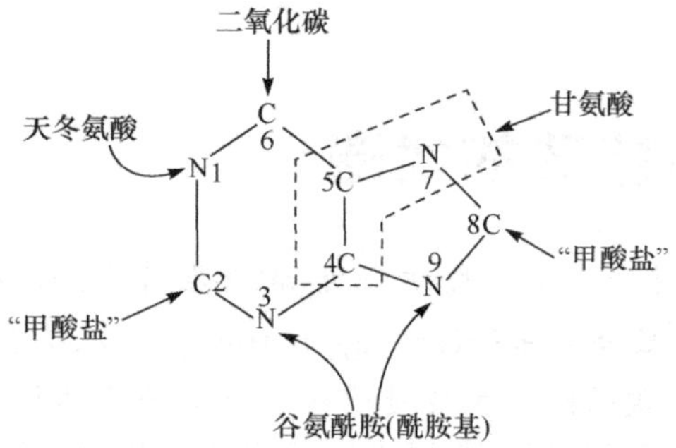

图 8-1 嘌呤环各原子来源

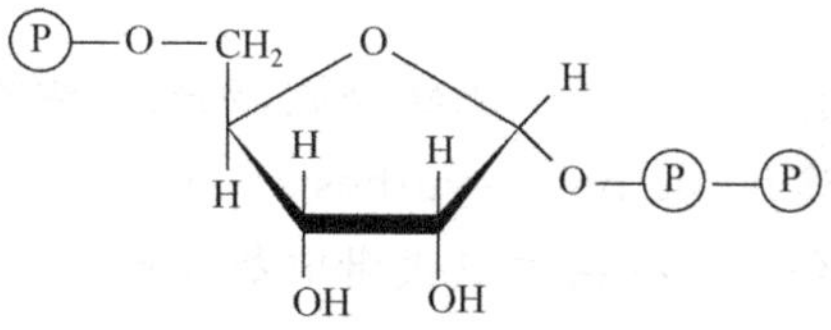

图 8-2 5-磷酸核糖焦磷酸

2. 次黄嘌呤核苷酸的生成 从 5-磷酸核糖焦磷酸(5′-PRPP)供给核苷酸的磷酸核糖部分开始，经过 10 步反应，完成嘌呤环的合成，最后生成 IMP(图 8-3)。

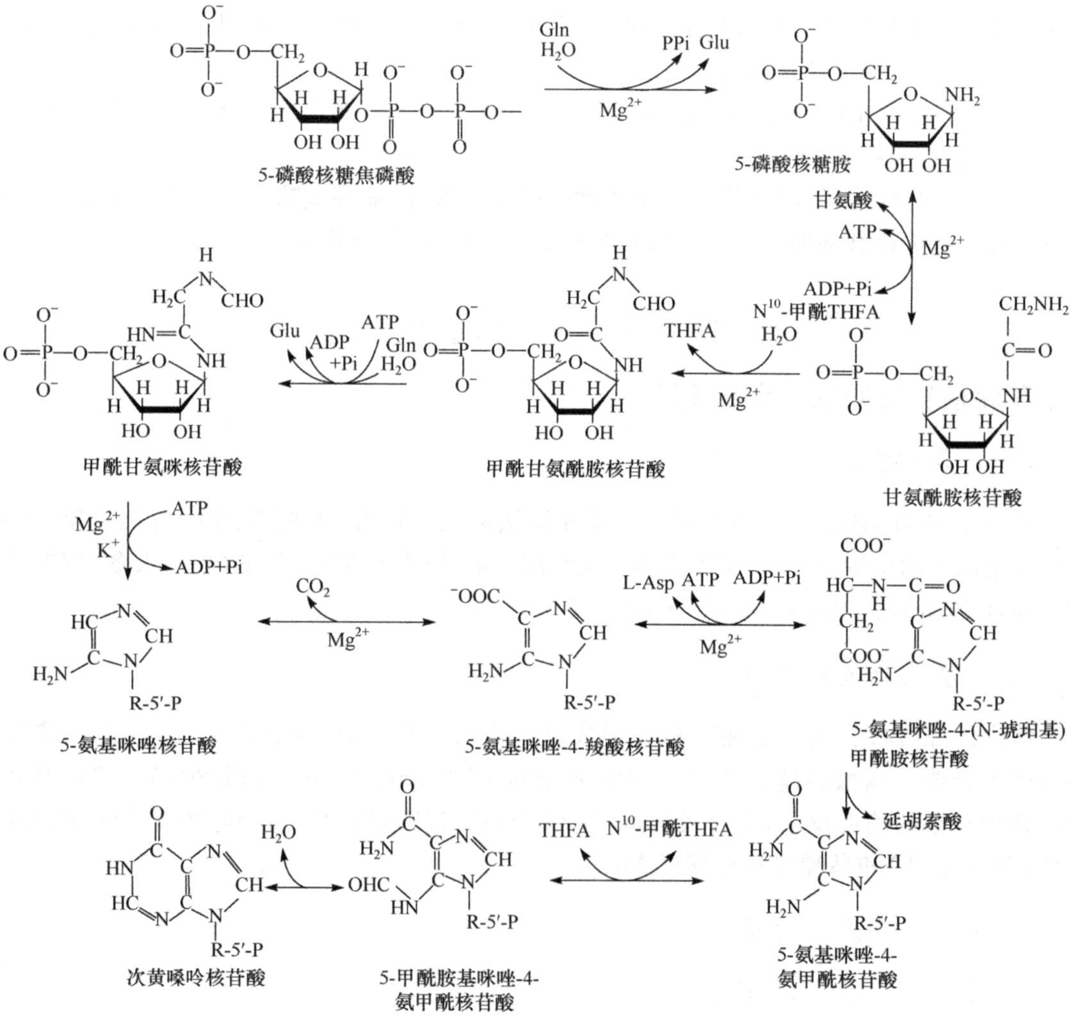

图 8-3 IMP 的合成过程

总反应式：

$$5\text{-磷酸核糖}+CO_2+\text{甲川-THFA}+\text{甲酰-THFA}+2\text{谷氨酰胺}+\text{甘氨酸}+\text{天冬氨酸}+5ATP \longrightarrow IMP+2THFA+2Glu+\text{延胡索酸}+4ADP+AMP+4Pi+PPi$$

3. 由 IMP 生成 AMP 和 GMP 上述反应生成的 IMP 并不堆积在细胞内，而是迅速转变为 AMP 和 GMP。AMP 生成由两步反应完成：①天冬氨酸的氨基与 IMP 反应生成腺苷酸代琥珀酸(adenylosuccinate)，由腺苷酸代琥珀酸合成酶催化，GTP 水解供能。②在腺苷酸代琥珀酸裂解酶作用下脱去延胡索酸生成 AMP。

GMP 的生成也由两步反应完成：①由 IMP 脱氢酶催化，以 NAD^+ 为受氢体，IMP 氧化生成黄嘌呤核苷酸(xanthosine monophosphate，XMP)。②谷氨酰胺提供氨基取代 XMP 中 C_2 上的氧生成 GMP，此反应由 GMP 合成酶催化，由 ATP 水解供能(图 8-4)。

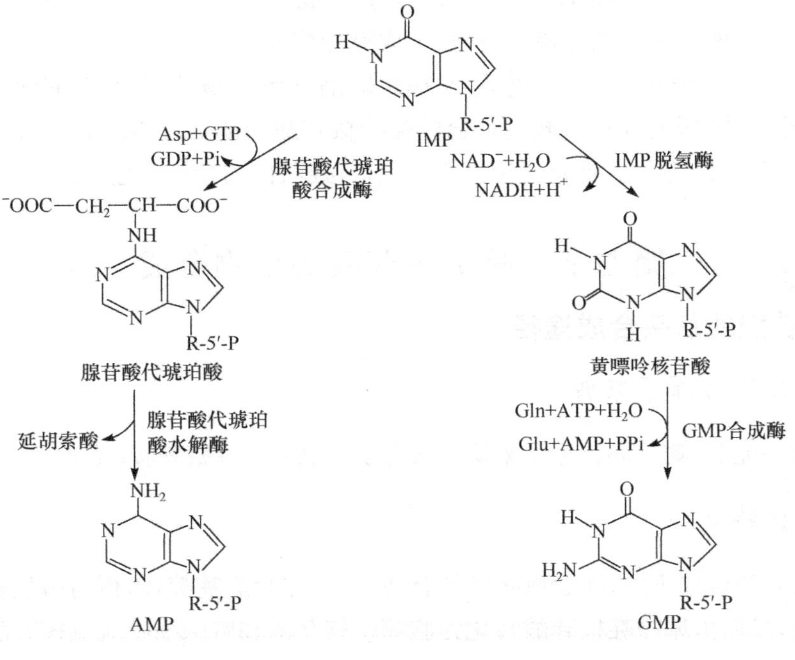

图 8-4 AMP 和 GMP 的合成途径

二、嘌呤核苷酸补救途径

(一) 磷酸核糖转移酶途径

腺嘌呤磷酸核糖转移酶(adenine phosphoribosyl transferase，APRT)和次黄嘌呤-鸟嘌呤磷酸核糖转移酶(hypoxanthine-guaninephosphoribosyl transferase，HGPRT)分别催化 AMP、IMP 和 GMP 的补救合成。

$$\text{腺嘌呤}+PRPP \xrightarrow{APRT} AMP+PPi$$

$$\text{次黄嘌呤}+PRPP \xrightarrow{HGPRT} IMP+PPi$$

$$\text{鸟嘌呤}+PRPP \xrightarrow{HGPRT} GMP+PPi$$

（二）核苷激酶途径

腺嘌呤在核苷磷酸化酶作用下转化为腺嘌呤核苷，后者在核苷磷酸激酶的作用下与ATP反应，生成腺嘌呤核苷酸。但在生物体内只发现有腺苷激酶。

$$\text{碱基}+\text{核糖-1-磷酸}\xrightleftharpoons{\text{核苷磷酸化酶}}\text{核苷}+\text{Pi}$$

$$\text{腺嘌呤核苷}+\text{ATP}\xrightleftharpoons{\text{腺苷激酶}}\text{腺苷酸}+\text{ADP}$$

（三）嘌呤核苷酸补救合成的生理意义

（1）可以节省从头合成时的能量和氨基酸消耗。

（2）体内的脑、骨髓等器官，因缺乏有关的酶，不能从头合成嘌呤核苷酸，只能利用红细胞从肝脏运来的自由碱基及腺嘌呤核苷，补救合成嘌呤核苷酸。

遗传病Lesch-Nyhan综合征的患者因基因缺陷导致次黄嘌呤:鸟嘌呤磷酸核糖转移酶（HGPRT）完全缺失，没有通过补救途径合成嘌呤核苷酸的能力，AMP合成增加，尿酸大量积累，导致肾结石和痛风等。主要表现为自毁容貌，自残肌体的精神病症状。

第二节　嘧啶核苷酸的生物合成

一、嘧啶核苷酸的从头合成途径

（一）嘧啶环各原子来源

同位素示踪证明，嘧啶环各原子来源于天冬氨酸、CO_2、谷氨酰胺（图8-5）。

（二）合成特点

与嘌呤核苷酸合成不同，在合成嘧啶核苷酸时，首先合成嘧啶环，再与磷酸核糖结合，生成尿嘧啶核苷酸，最后由尿嘧啶核苷酸转化为胞嘧啶核苷酸和胸腺嘧啶脱氧核苷酸。

（三）合成过程

与嘌呤核苷酸合成相比，嘧啶核苷酸的从头合成途径较为简单。

1. 尿嘧啶核苷酸的合成

1）合成氨甲酰磷酸　　嘧啶合成的第一步是生成氨甲酰磷酸（carbamoyl phosphate），由氨甲酰磷酸合成酶Ⅱ（carbamoyl phosphate synthetase Ⅱ，CPS-Ⅱ）催化CO_2与谷氨酰胺的缩合生成。

$$\text{谷氨酰胺}+HCO_3^-+2\text{ATP}\xrightarrow{\text{氨甲酰磷酸合成酶 II}}\text{氨甲酰磷酸}+\text{谷氨酸}+2\text{ADP}+\text{Pi}$$

两种氨甲酰磷酸合成酶的比较见表8-1。

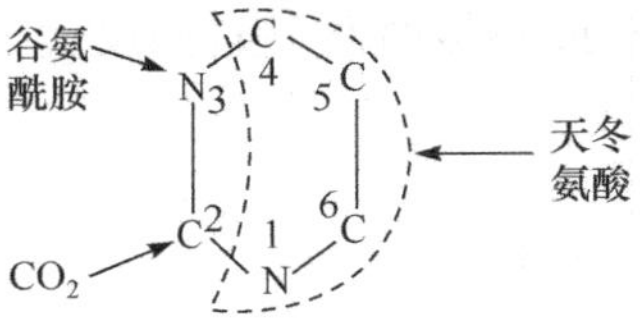

图 8-5　嘧啶环各原子来源

表 8-1　CPS-Ⅰ和 CPS-Ⅱ的比较

	CPS-Ⅰ	CPS-Ⅱ
分布	线粒体(肝脏)	细胞液(所有细胞)
氮源	氨	谷氨酰胺
变构激活剂	N-乙酰谷氨酸	无
反馈抑制剂	无	UMP
功能	尿素合成	嘧啶合成

2) 氨甲酰天冬氨酸的合成　　由天冬氨酸氨甲酰转移酶(aspartate transcarbamoylase, ATCase)催化天冬氨酸与氨甲酰磷酸缩合,生成氨甲酰天冬氨酸(carbamoyl aspartate)。此反应为嘧啶合成的限速步骤。ATCase 是限速酶,受产物的反馈抑制。由氨甲酰磷酸水解供能,不消耗 ATP。

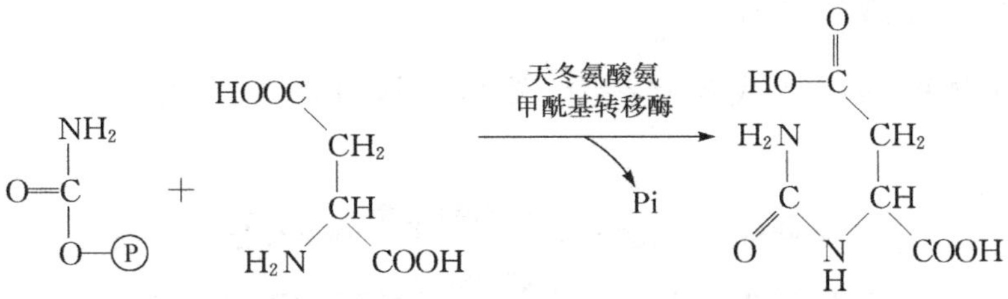

3) 乳清酸的生成　　经二氢乳清酸酶(dihydroorotase)催化,氨甲酰天冬氨酸脱水、分子内重排形成具有嘧啶环的二氢乳清酸。再由二氢乳清酸还原酶(dihydroorotate dehyolrogenase)催化,二氢乳清酸氧化成乳清酸(orotate)。二氢乳清酸还原酶位于线粒体内膜的外侧面,需 FMN 和非血红素 Fe^{2+} 作辅基,由醌类(quinones)提供氧化能力,嘧啶合成中的其余 5 种酶均存在于胞液中。最后乳清酸与 PRPP 经由乳清酸磷酸核糖转移酶催化,PRPP 水解供能,生成乳清酸核苷酸(orotidine-5′-monophosphate,OMP)(图 8-6)。

4) 尿嘧啶核苷酸的生成　　由 OMP 脱羧酶(omp decarboxylase)催化 OMP 脱羧生成 UMP(图 8-6)。

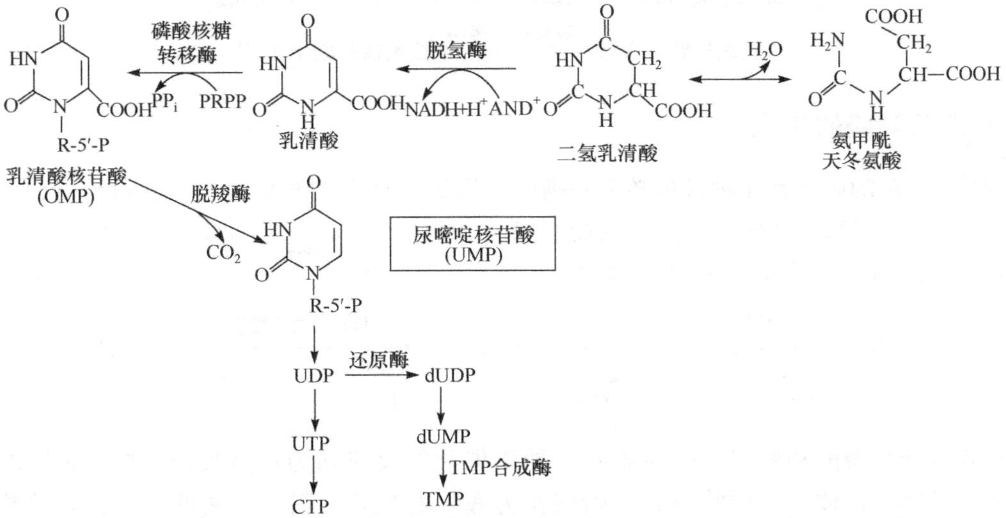

图 8-6　嘧啶核苷酸的合成过程

2. 胞嘧啶核苷酸的合成　胞嘧啶核苷酸是在尿嘧啶核苷三磷酸(UTP)的水平上由CTP合成酶催化完成。尿嘧啶核苷三磷酸可直接与NH_3(细菌)或谷氨酰胺(植物)反应,生成胞嘧啶核苷三磷酸(CTP)。

$$\text{UMP}+\text{ATP}\xrightleftharpoons{\text{尿嘧啶核苷酸激酶}/Mg^{2+}}\text{UDP}+\text{ADP}$$

$$\text{UDP}+\text{ATP}\xrightleftharpoons{\text{核苷二磷酸激酶}/Mg^{2+}}\text{UTP}+\text{ADP}$$

$$\text{UTP}+\text{Gln}(NH_4^+)+\text{ATP}+H_2O\xrightleftharpoons{\text{CTP 合成酶}}\text{CTP}+\text{Glu}+\text{ADP}+\text{Pi}$$

二、嘧啶核苷酸的补救合成

嘧啶的磷酸核糖转移酶和嘧啶核苷激酶可以催化嘧啶核苷酸的补救合成。

(一)嘧啶核苷激酶途径

嘧啶碱与1-磷酸核糖生成嘧啶核苷,然后由尿苷激酶催化尿苷和胞苷形成UMP和CMP。

$$\text{嘧啶碱}+\text{1-磷酸核糖}\xrightleftharpoons{\text{核苷磷酸化酶}}\text{嘧啶核苷}+\text{Pi}$$

$$\text{尿苷(胞苷)}+\text{ATP}\xrightleftharpoons{\text{尿苷激酶}/Mg^{2+}}\text{UMP(CMP)}+\text{ADP}$$

(二)磷酸核糖转移酶途径

$$\text{嘧啶碱(U、T)}+\text{PRPP}\xrightleftharpoons{\text{磷酸核糖转移酶}}\text{嘧啶核苷一磷酸}+\text{PPi}$$

(三)脱氧核苷酸的补救途径(脱氧核苷激酶途径)

脱氧核苷酸也能利用已有的碱基或核苷进行补救合成,但只有脱氧核苷激酶途径,不存在类似的磷酸核糖转移酶途径。

$$\text{碱基}+\text{脱氧核糖-1-磷酸}\xrightleftharpoons{\text{核苷磷酸化酶}}\text{脱氧核苷}+\text{磷酸}$$

$$\text{脱氧核苷}+\text{ATP}\xrightleftharpoons{\text{脱氧核苷激酶}}\text{脱氧核苷酸}+\text{ADP}$$

三、核苷三磷酸的生成

构成RNA的底物是4种核糖核苷三磷酸(NTP),DNA的底物是4种脱氧核糖核苷三磷酸(dNTP)。它们都可从核苷一磷酸或脱氧核苷一磷酸(NMP或dNMP)由相应的磷酸激酶催化,经核苷二磷酸(NDP或dNDP)生成。

核苷一磷酸激酶和核苷二磷酸激酶两种酶催化的反应均为可逆反应,并且都需要ATP作为磷酸基团的供体。以嘌呤核苷一磷酸作为底物的核苷一磷酸激酶的专一性较严格。例如,AMP激酶只能催化AMP的磷酸化;GMP激酶只能催化GMP和dGMP的磷酸化。嘧啶

核苷一磷酸激酶的专一性较差。核苷二磷酸激酶的底物专一性很广，几乎可催化各种核苷二磷酸与核苷三磷酸之间的磷酸基团的转移。

各种核苷酸合成及相互关系见图 8-7。

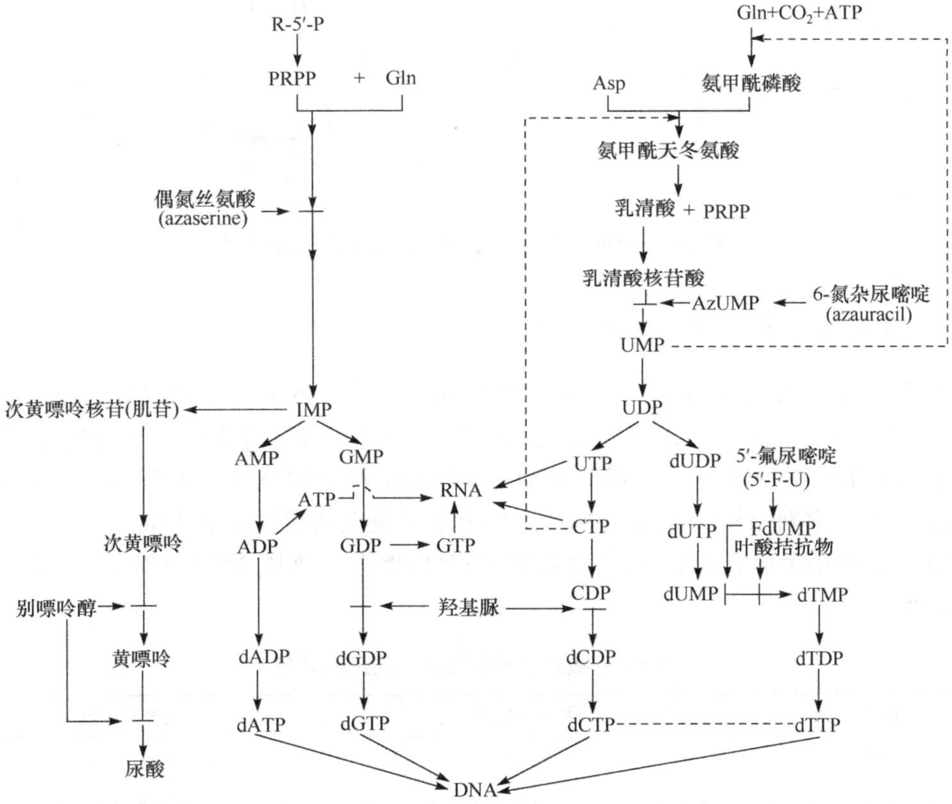

图 8-7　核苷酸与核酸合成的相互关系

第三节　脱氧核苷酸和胸苷酸的生物合成

一、脱氧核苷酸的生物合成

(一) 脱氧核糖核苷酸的合成

脱氧核糖核苷酸是通过相应核糖核苷酸还原，以 H 取代其核糖分子中 C_2 上的羟基而生成，而非从脱氧核糖从头合成。在大多数生物中，此还原作用是在二磷酸核苷酸(NDP)水平上进行的。一般用 N 代表 A、G、U、C 等碱基。所有 NDP 核苷二磷酸都可以在核糖核苷酸还原酶(ribonudeotide reductase)催化剂下生成相应的 dNTP。形成的脱氧核苷二磷酸可以在核苷二磷酸激酶的作用下生成脱氧核苷三磷酸。

图 8-8 给出了核糖核苷二磷酸还原生成脱氧核糖核苷二磷酸的反应过程。NPDPH 作为脱氧核糖核苷二磷酸的还原力，在硫氧还蛋白还原酶(NADPH 为辅酶)催化下，使得氧化型硫氧还蛋白转换为还原型硫氧还蛋白，后者再使氧化型核糖核苷酸还原酶转换为有活性的还原型核糖核苷酸还原酶。在还原型核糖核苷酸还原酶催化下，核糖核苷二磷酸转换为脱氧核糖核苷二磷酸。

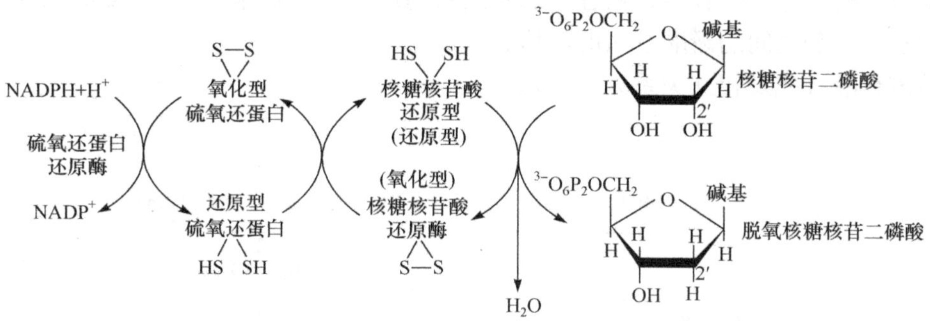

图 8-8　核糖核苷酸还原为脱氧核糖核苷酸过程

(二) 脱氧核糖核苷酸合成的调节

4 种 dNTP 的合成水平受到反馈调节，同时保持 dNTP 的适当比例也是细胞正常生长所必需的。实际上，缺少任一种 dNTP 都是致命的，而一种 dNTP 过多也可致突变，因为过多的 dNTP 可错误掺入 DNA 链中。核糖核苷酸还原酶的活性对脱氧核糖核苷酸的水平起着决定性作用(表 8-2)。各种 dNTP 通过变构效应调节不同脱氧核糖核苷酸生成。因为某一种特定 NDP 经还原酶作用生成 dNDP 时，需要特定 NTP 的促进或抑制，通过调节使 4 种 dNTP 保持适当的比例。

表 8-2　核糖核苷酸还原酶的别构调节

作用物	主要促进剂	主要抑制剂
CDP	ATP	dATP、dGTP、dTTP
UDP	ATP	dATP、dGTP
ADP	dGTP	dATP、ATP
GDP	dTTP	dATP

二、胸苷酸的生物合成

脱氧胸腺嘧啶核苷酸(dTMP)是由脱氧尿嘧啶核苷酸(dUMP)甲基化生成，而 dUMP 由 dUTP 水解生成。

$$dUTP+H_2O \rightleftharpoons dUMP+PPi$$

体内进行此种“浪费”能量的反应过程的意义在于：细胞必须减少细胞内 dUTP 浓度以防止脱氧尿嘧啶掺入 DNA 中，因为合成 DNA 的酶系不能有效识别 dUTP 和 dTTP。

dUMP 甲基化生成 dTMP 由胸腺嘧啶核苷酸合成酶(thymidylate synthetase，TS)催化，N^5，N^{10}-亚甲基四氢叶酸(FH_4)提供甲基，生成的二氢叶酸(FH_2)又可再经二氢叶酸还原酶的作用，重新生成四氢叶酸(FH_4)。

四氢叶酸是一碳单位的载体，参与嘌呤核苷酸和胸腺嘧啶脱氧核苷酸的合成。氨基嘌呤、氨甲蝶呤是叶酸的类似物，能与二氢叶酸还原酶不可逆结合，阻止 FH_4 的生成，从而抑制 FH_4 参与的一碳单位的转移，故氨基嘌呤、氨甲蝶呤可用于抗肿瘤。

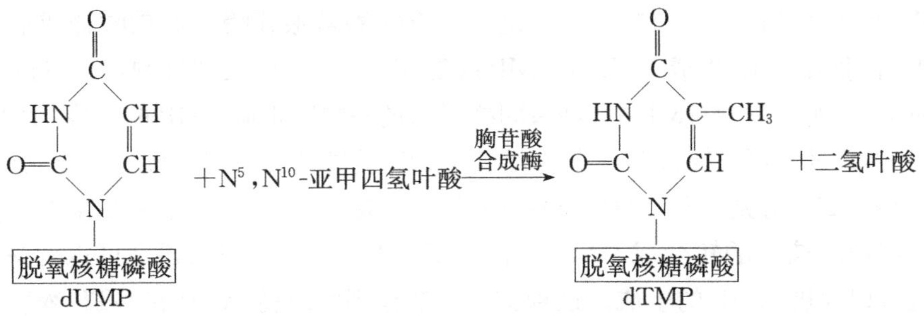

第四节　核苷酸生物合成的调控与降解

一、核苷酸生物合成的调控

(一) AMP、GMP 生物合成的调节

1. 嘌呤核苷酸生物合成的调控位点　嘌呤核苷酸的从头合成途径是体内合成嘌呤核苷酸的主要方式，受到精确的调节，调节机制主要是反馈调节，调节部位主要有两个，如图 8-9 所示。

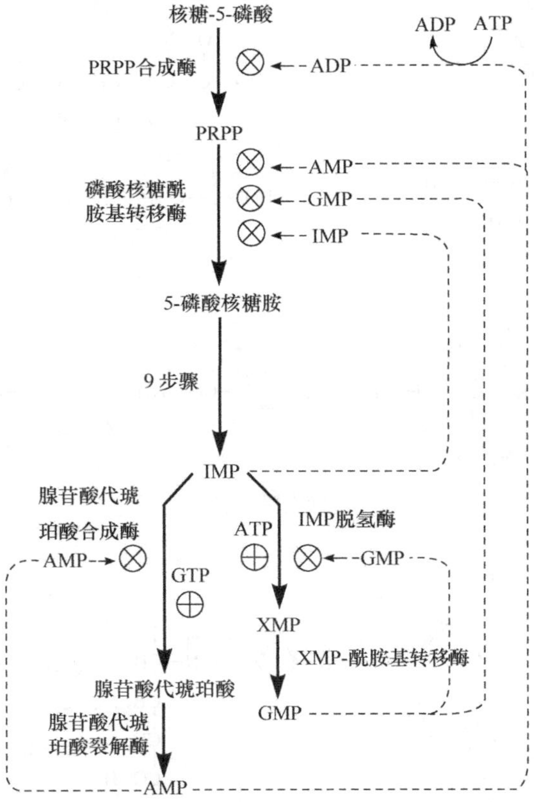

图 8-9　嘌呤核苷酸的合成调控(引自 Nelson et al. ,2008)

⊗抑制；⊕促进

1) 谷氨酰胺与 PRPP 反应生成 5-磷酸核糖胺　催化该反应的 5-磷酸核糖焦磷酸转酰胺酶是关键酶，受终产物 IMP 和 GMP 的抑制，受 PRPP 的激活，因此无论 AMP 还是 GMP 的过量积累都会导致第一步反应的抑制。

2) IMP 生成腺苷酸代琥珀酸　催化该反应的酶是腺苷酸代琥珀酸合成酶，它受 AMP 的反馈抑制，而催化 IMP 生成 XMP 的 IMP 脱氢酶受 GMP 的反馈抑制，因此过量的 AMP 抑制 AMP 的生成，而不影响 GMP 的合成；同样过量的 GMP 抑制 GMP 的生成，而不影响 AMP 的合成，即 AMP 过量可反馈抑制自身的合成，GMP 过量可反馈抑制自身的合成。

2. GTP 和 ATP 分别调节 AMP 和 GMP 生物合成　IMP 转变成腺苷酸代琥珀酸时需要 GTP，而黄嘌呤核苷酸转变成 GMP 时需要 ATP（图 8-9）。即 ATP 可以促进 GMP 的生成，GTP 也可以促进 AMP 的生成。这种交叉调节作用对维持 ATP 和 GTP 浓度的平衡有重要意义。

3. 嘌呤核苷酸的抗代谢物　一些嘌呤、氨基酸和叶酸的类似物（图 8-10），可以以竞争性抑制或"以假乱真"等方式干扰或阻断嘌呤核苷酸的合成，从而进一步阻断核酸和蛋白质的合成（图 8-11）。肿瘤细胞的核酸及蛋白质的合成很旺盛，因此这些类似物也具有抗肿瘤的作用。

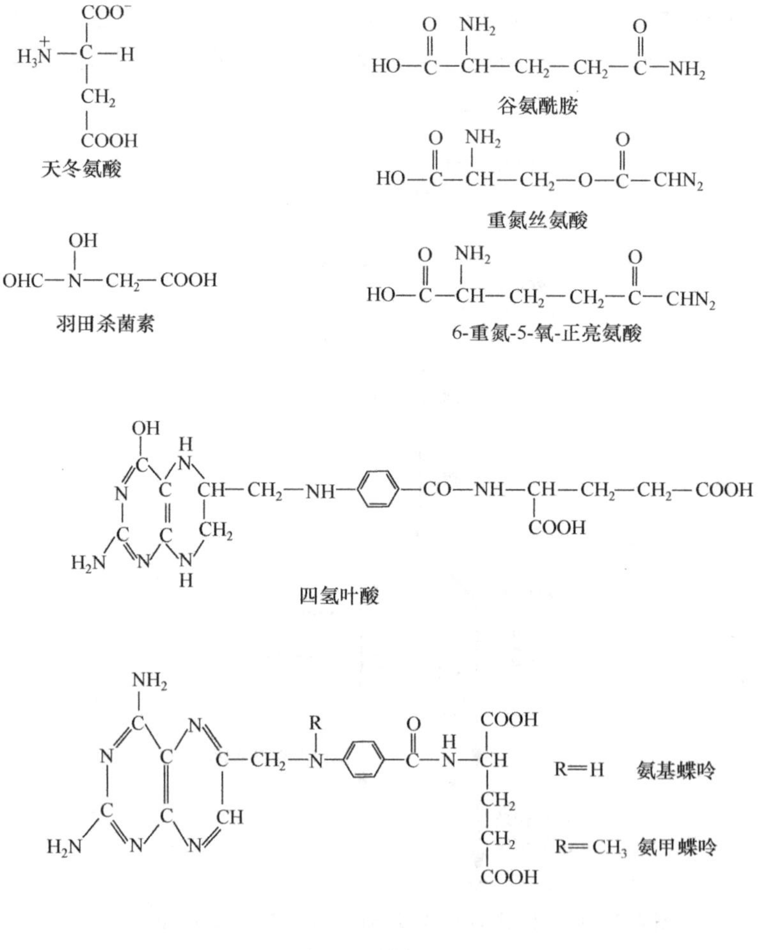

图 8-10　嘌呤核苷酸的抗代谢物

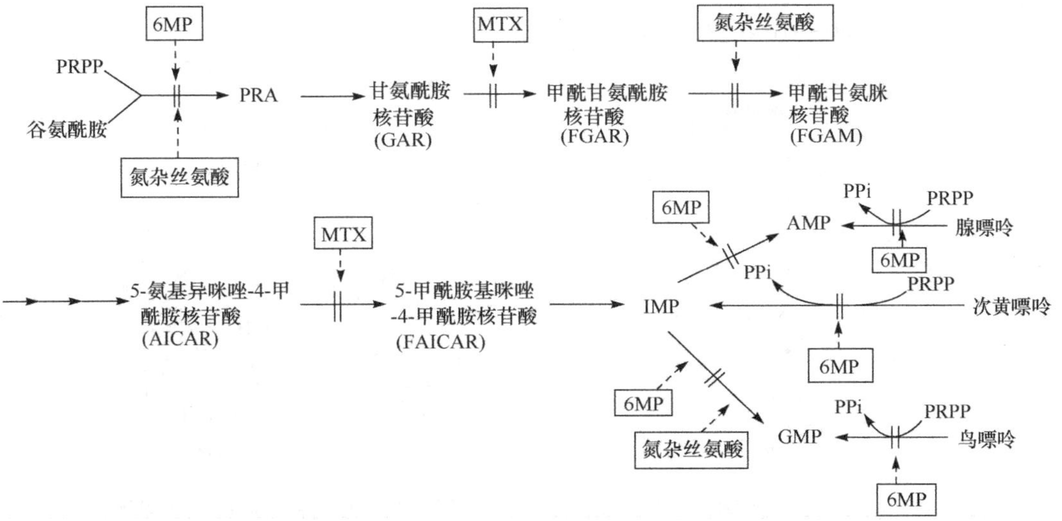

图 8-11　嘌呤核苷酸抗代谢物的作用

(1) 羽田杀菌素。其化学名称为 N-羟-N-甲酰甘氨酸。它与天冬氨酸(Asp)结构相似，可以强烈地抑制腺苷酸代琥珀酸合成酶的活性，阻止次黄嘌呤核苷酸转化成 AMP。

(2) 重氮丝氨酸(又称氮杂丝氨酸)、6-重氮-5-氧-正亮氨酸。它们是谷氨酰胺(Gln)的结构类似物，抑制谷氨酰胺参与的反应。

(3) 氨基蝶呤、氨甲蝶呤(MTX)。它们为叶酸的结构类似物，能与二氢叶酸(FH_2)还原酶发生不可逆结合，阻止 FH_4的生成，从而抑制 FH_4参与的各种一碳单位转移反应。

(4) 6-巯基嘌呤(6MP)。它为嘌呤类似物，其化学结构与次黄嘌呤相似，可抑制从次黄嘌呤核苷酸向腺苷酸和鸟苷酸的转变。

(二) 嘧啶核苷酸生物合成的调控

1. 嘧啶核苷酸生物合成的调控位点　　嘧啶核苷酸的生物合成在三个位点上受到调控(图 8-12)。

(1) 催化第一步反应的氨甲酰磷酸合成酶，它受到终产物 UMP 的反馈抑制。

(2) 催化第二步反应的天冬氨酸转氨甲酰酶，受到 CTP 的变构抑制(这种作用可以被 ATP 抵消)。

(3) 催化 UTP 生成 CTP 的 CTP 合成酶受到 CTP 的反馈抑制。

2. 嘧啶核苷酸的抗代谢物　　有多种嘧啶类似物可抑制嘧啶核苷酸的合成。嘧啶、氨基酸和叶酸的结构类似物都可以作嘧啶核苷酸的抗代谢物(图 8-13)。例如，5-氟尿嘧啶(5-FU)抑制胸腺嘧啶脱氧核苷酸的合成。5-氟尿嘧啶在人体内转变成相应的核苷酸，再转变成脱氧核苷酸，可抑制脱氧胸腺嘧啶核酸合成酶，干扰尿嘧啶脱氧核苷酸经甲基化生成脱氧胸苷的过程，使 DNA 合成受阻。又如，阿糖胞苷和环胞苷都是核苷类似物，能改变核糖结构，为一类重要的抗癌药物，能抑制 CDP 还原 dCDP，从而抑制 DNA 的合成。

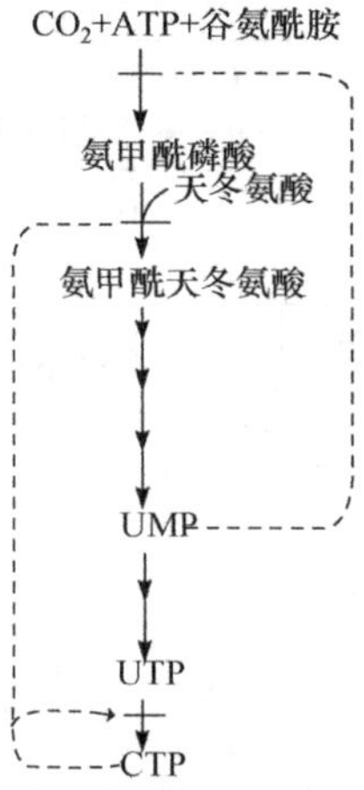

图 8-12 嘧啶核苷酸生物合成的调控位点

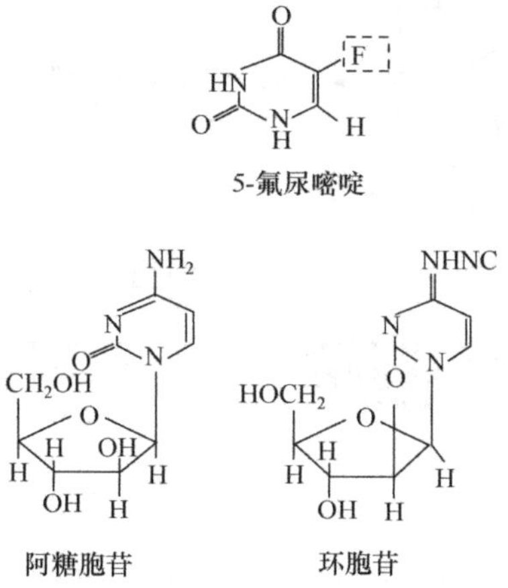

图 8-13 嘧啶核苷酸的抗代谢物

各种嘧啶核苷酸抗代谢物的作用部位见图 8-14。

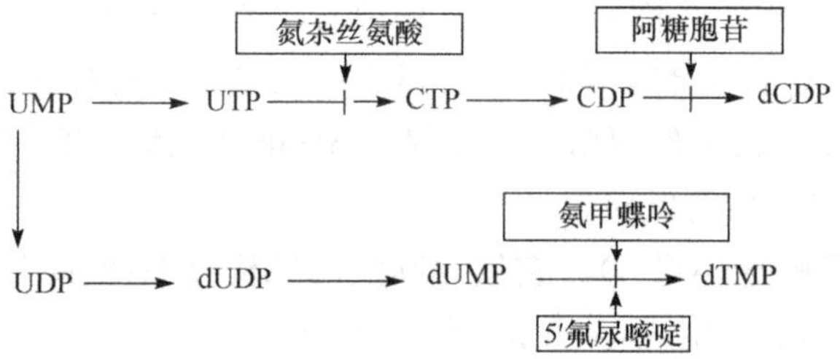

图 8-14 各种嘧啶核苷酸抗代谢物的作用部位

二、核酸的降解

生物体内的核酸多以核蛋白的形式存在。核蛋白在酸性条件下可被分解为核酸和蛋白质。核酸在核酸酶的作用下，水解为寡核苷酸或单核苷酸，单核苷酸可进一步降解为碱基、戊糖和磷酸。

（一）核酸的酶促降解

核苷酸以 3′,5′-磷酸二酯键连接成核酸，因此核酸分解的第一步就是水解核苷酸之间的磷酸二酯键。在高等动植物中都有很多作用于磷酸二酯键的核酸酶。不同来源的核酸酶，其专一性、作用方式都有所不同。

（二）核苷酸和碱基的降解

1. 核苷酸的降解 核酸经核酸酶降解后产生的核苷酸还可以进一步分解。生物体内广泛存在的核苷酸酶（磷酸单酯酶）可催化核苷酸水解，产生磷酸和核苷。核苷酸酶的种类很多，特异性也各不相同。有些非特异性的核苷酸酶能作用于所有核苷酸，无论磷酸基在核苷的 2′、3′还是 5′位置上。有些核苷酸酶具有特异性，如有的只能水解 3′-核苷酸，称为 3′-核苷酸酶，有的只能水解 5′-核苷酸，称为 5′-核苷酸酶。

$$\text{核苷酸} \xrightarrow{\text{核苷酸酶}} \text{核苷}+\text{磷酸}$$

核苷酸酶水解产生的核苷可在核苷酶的作用下进一步分解为戊糖和碱基。核苷酶的种类也很多，按底物不同可分为嘌呤核苷酶和嘧啶核苷酶。按催化反应的不同可分为核苷磷酸化酶(nucleoside phosphorylase)和核苷水解酶(nucleoside hydrolase)。核苷磷酸化酶催化核苷分解生成含氮碱基和戊糖的磷酸酯，此酶对两种核苷都能起作用。而核苷水解酶将核苷分解生成含氮碱基和戊糖，此酶对脱氧核糖核苷不起作用。

$$\text{核苷}+\text{磷酸} \xrightarrow{\text{核苷磷酸化酶}} \text{嘌呤(或嘧啶)}+\text{戊糖-1-磷酸}$$

$$\text{核苷}+H_2O \xrightarrow{\text{核苷水解酶}} \text{嘌呤(或嘧啶)}+\text{戊糖}$$

核苷酸分解产生的嘌呤碱和嘧啶碱在生物体中还可以继续进行分解。

2. 嘌呤的降解　在生物体内，嘌呤可以在碱基、核苷及核苷酸三个水平上，在各自的脱氨酶的作用下水解脱氨(图 8-15)。嘌呤的分解代谢主要在肝脏、小肠和肾脏中进行。

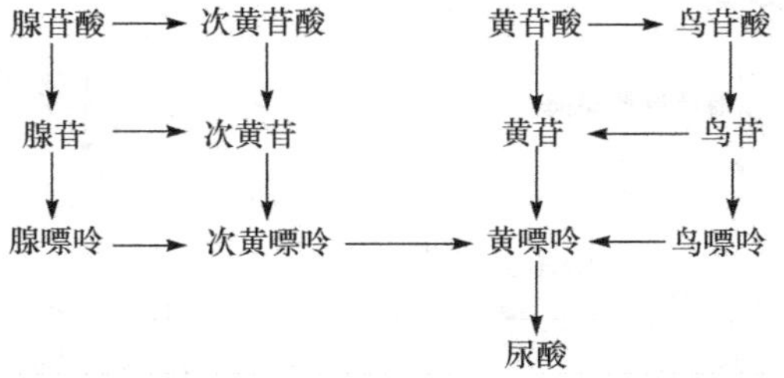

图 8-15　嘌呤在核苷酸、核苷和碱基三个水平上的降解

嘌呤降解首先是嘌呤经脱氨酶的作用脱去氨基，生成次黄嘌呤(hypoxanthine)，然后在黄嘌呤氧化酶(xanthine oxidase)作用下，次黄嘌呤氧化成黄嘌呤(xanthine)。黄嘌呤氧化酶是一种黄素蛋白，含 FAD、铁和钼；鸟嘌呤脱氨后直接生成黄嘌呤。黄嘌呤进一步氧化为尿酸(uric acid)，尿酸在尿酸氧化酶(urate oxidase)作用下降解为尿囊素(allantoin)和 CO_2，尿囊素在尿囊素酶(allantoinase)作用下水解为尿囊酸(allantoic acid)，尿囊酸进一步在尿囊酸酶(allantoicase)的作用下降解为尿素和乙醛酸(图 8-16)。

痛风(gout)是一种核酸代谢障碍疾病。患者由于嘌呤分解过于旺盛，尿酸生成过多，血液中尿酸含量增高。当超过 8mg/mL 时，尿酸盐结晶即沉积于关节、软组织、软骨及肾等处，导致关节炎、尿路结石及肾脏疾病。

临床上可以用别嘌呤醇治疗痛风症。别嘌呤醇结构与次黄嘌呤相似，可以被黄嘌呤氧化酶氧化成别黄嘌呤。别黄嘌呤与酶活性中心的 Mo(Ⅳ)牢固结合，使 Mo(Ⅳ)不容易转变成 Mo(Ⅵ)，抑制了黄嘌呤氧化酶的活性，从而抑制了尿酸的生成。经别嘌呤醇治疗的痛风症患者排泄黄嘌呤和次黄嘌呤以代替尿酸。

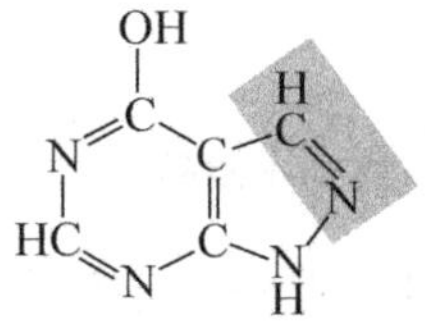

别嘌呤醇

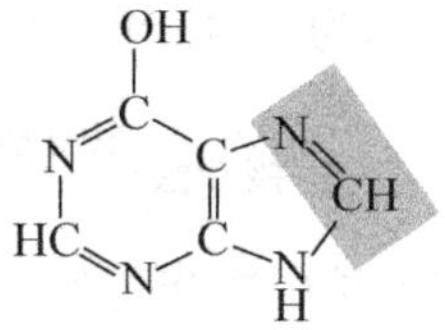

次黄嘌呤

不同种类生物降解嘌呤碱基的能力不同，因而代谢产物的形式也各不相同。人类、灵长类、鸟类、爬行类及大多数昆虫体内缺乏尿酸酶，故嘌呤代谢的最终产物是尿酸；人类及灵长类以外的其他哺乳动物体内存在尿酸氧化酶，可将尿酸氧化为尿囊素，故尿囊素是其体内嘌呤代谢的终产物；在某些硬骨鱼体内存在尿囊素酶，可将尿囊素氧化分解为尿囊酸；在大多数鱼类、两栖类中的尿囊酸酶，可将尿囊酸进一步分解为尿素及乙醛酸；而氨是甲壳类、海洋无脊椎动物等体内嘌呤代谢的终产物，因这些动物体内存在脲酶，可将尿素分解为氨和二氧化碳。

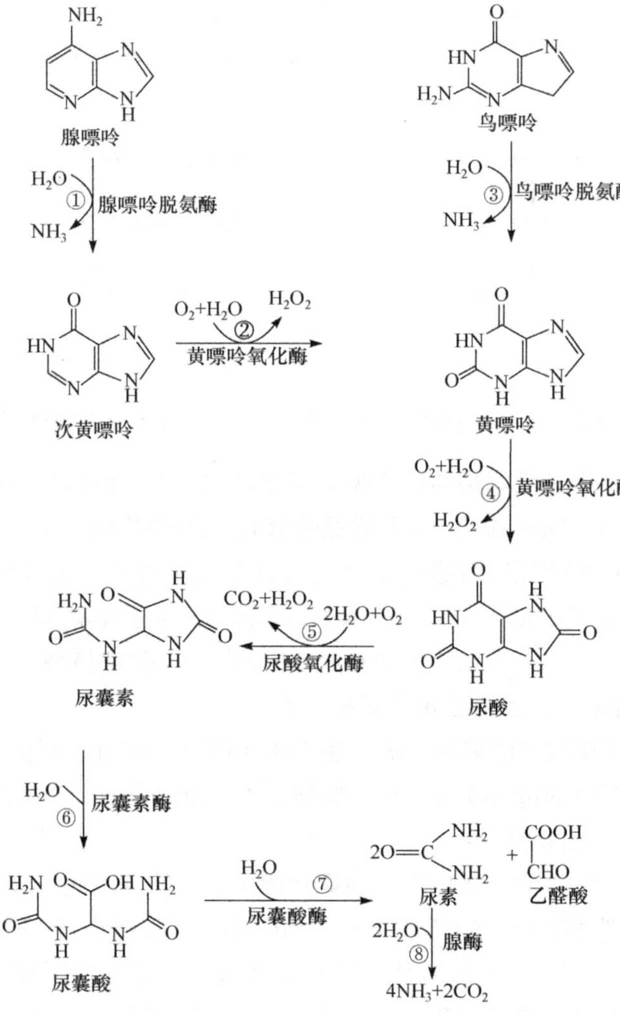

图 8-16　嘌呤分解代谢过程

植物、微生物体内嘌呤代谢的途径与动物相似。尿囊素酶、尿囊酸酶和脲酶在植物体内广泛存在，当植物进入衰老期，体内的核酸会发生降解，产生的嘌呤碱进一步分解为尿囊酸，然后从叶子内运输到储藏器官，而不是排出体外，可见植物有保存和同化氨的能力。微生物一般能将嘌呤类物质分解为氨、二氧化碳及有机酸，如甲酸、乙酸、乳酸等。

3. 嘧啶的降解　在生物体内嘧啶可以进一步降解。嘧啶的分解过程比较复杂，包括水解脱氨基作用、氧化还原、水解和脱羧基作用等。不同种类生物分解嘧啶的过程不同，在大多数生物体内嘧啶的降解过程见图 8-17。

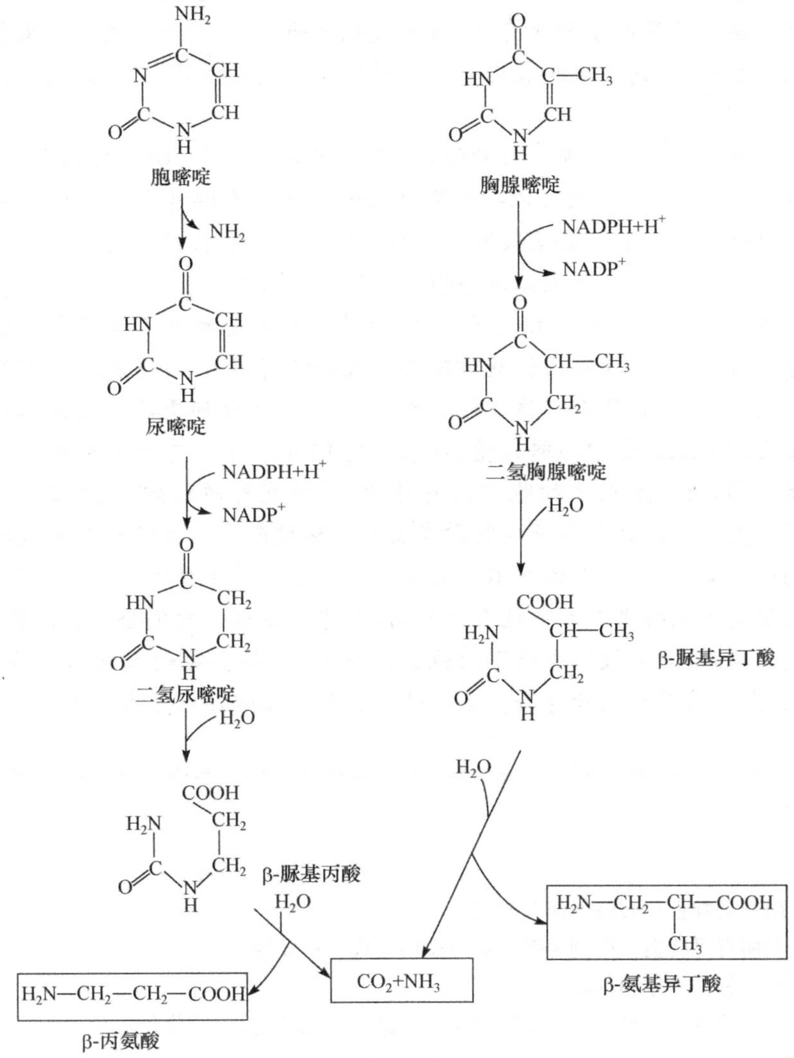

图 8-17　嘧啶分解代谢过程

胞嘧啶先经水解脱氨转变为尿嘧啶。尿嘧啶或胸腺嘧啶降解的第一步是加氢还原反应，生成的产物是二氢尿嘧啶或二氢胸腺嘧啶，然后经连续两次水解作用，前者产生 CO_2、NH_3 和 β-丙氨酸，后者产生 CO_2、NH_3 和 β-氨基异丁酸。β-丙氨酸和 β-氨基异丁酸脱去氨基转变为相应的酮酸，并入三羧酸循环进一步代谢。β-丙氨酸亦可用于泛酸和辅酶 A 的合成。

知识框

黑　色　素

黑色素母细胞存在于皮肤基底层的细胞中间，分泌麦拉宁色素，当紫外线(B波、A波)照射到皮肤上(B波即UVB作用于皮肤基底层，而A波更厉害，作用于皮肤的真皮层)，肌肤就会处于"自我防护"的状态，借由紫外线刺激麦拉宁色素，激活酪氨酸酶的活性，来保护我们的皮肤细胞。酪氨酸酶与血液中的酪氨酸反应，生成一种叫"多巴"的物质。多巴其实就是黑色素的前身，经酪氨酸氧化而成，释放出黑色素。黑色素又经由细胞代谢的层层移动，到了肌肤表皮层形成雀斑、晒斑、黑斑等，它可以保护我们的皮肤免受紫外线伤害。

如何防治黑色素的沉积呢？大量饮水，多吃蔬菜和水果，加强抗氧化食物的摄入，维生素C、维生素A等食物则可以抑制黑色素的产生。有些富含铜或锌的食物如动物肝脏、豆类、桃子等则会激活酪氨酸酶的活性，使皮肤发黑，因此少吃为佳。

人体需不需要额外补充核酸

脱氧核糖核酸(DNA)和核糖核酸(RNA)对生命的重要性不言而喻。但生物学专家和营养学专家指出，直接服用核酸对改善健康并没有用处，过多服用还可能有害。

现代生物学指出，正常人不存在核酸匮乏的问题，人体所需要的核酸都可以自身合成。人类每天都会从饮食中摄取大量核酸，而它们并不是必需的营养物质。核酸营养品的鼓吹者声称，核酸是人体细胞中的关键物质，补充外源核酸，就能延年益寿，乃至"长寿不老"。英国剑桥大学分子生物学实验室的核酸研究专家迈克尔·盖特说过："核酸在人体细胞中大量存在，人体并不需要额外的核酸。服用外源核酸对健康没有作用。如果外源核酸真的能够进入细胞被人体利用，那才叫糟糕。它们会引发过敏反应，而且核酸作为遗传物质，如果被结合进了细胞遗传机制中，将会导致遗传信息传递、表达的混乱，人就会生病乃至有生命危险。病毒就是将外源核酸注入了人体细胞中，而危害人体健康"。

思考题

1. 嘌呤核苷酸和嘧啶核苷酸是如何合成的？
2. 降解核酸的酶有哪几类？举例说明它们的作用方式和特异性。
3. 什么是痛风？怎样治疗和预防？
4. 一碳基团常见的有哪些形式？四氢叶酸作为一碳基团的传递体，在作用过程中携带一碳单位的活性部位有什么特点？
5. 简要说明糖、脂肪、氨基酸和核苷酸代谢之间的相互关系。

第九章 DNA 的生物代谢

【要点】 DNA 的生物代谢包括 DNA 的复制、修复和重组三个密切相关的环节。本章重点介绍了 DNA 的复制，在 DNA 聚合酶的参与下，DNA 复制由起始、延伸、终止三个阶段构成。DNA 复制的结果是半保留复制，DNA 的复制过程是半不连续复制。真核生物和原核生物的 DNA 复制过程基本相同，但又各有其特点。原核生物的基因组较小，复制速度较快，方式多样，但一般以单起点双向复制为主；真核生物基因组较大，复制速度慢，以多起点双向复制为主。本章还介绍了基因组学的概念、研究内容和研究意义。最后介绍了 DNA 的 5 种修复机制：直接修复、错配修复、切除修复、重组修复和应急反应修复。

核酸是细胞的基本组成成分，DNA 是主要的遗传物质，是遗传信息的载体，基因是 DNA 分子中各种核苷酸排列组成的具有一定功能的片段。DNA 具有贮存、传递(包括复制、转录、翻译)、接受(反转录)遗传信息的功能。而遗传信息从 DNA 到 RNA 和蛋白质的过程指导着一切生命的大小、形状和机能。DNA 的生物合成包括 DNA 的复制、修复和重组。DNA 复制是保持 DNA 分子的忠实拷贝过程，具有高度的忠实性，DNA 修复和重组是影响遗传信息本身结构的调整过程，保持遗传信息的完整性。

第一节 DNA 复制

复制(replication)是以亲代的 DNA 为模板合成出相同 DNA 分子的过程，也是遗传信息从细胞的亲代向子代的传递过程，因此与细胞的增殖相关。一旦复制完成，即可进行细胞分裂，细胞分裂结束后可以开始新的一轮 DNA 复制。

染色体外的遗传因子，包括细菌的质粒、真核生物的细胞器及细胞内共生生物的 DNA，它们的复制方式或是受染色体复制的控制，与染色体复制同步；或是不受染色体复制的控制，在细胞增殖周期中随时都可以进行。病毒在入侵细胞后即能进行复制，如果病毒的 DNA 整合到宿主的染色体中，这部分 DNA 作为宿主染色体的一部分而被复制。

一、DNA 的半保留复制

Watson 和 Crick 在提出 DNA 双螺旋结构模型时即推测，在复制过程中首先碱基间氢键断裂并使双链解旋分开，然后每条链可作为模板在其上合成新的互补链，结果由一条链可以形成互补的两条链，这样新形成的两个 DNA 分子与原来 DNA 分子的碱基顺序完全一样。即每个子代 DNA 分子的一条链来自亲代 DNA，另一条链则是新合成的，这种复制方式称为半保留复制(semiconservative replication)。DNA 半保留复制是 DNA 复制的结果(图 9-1)。

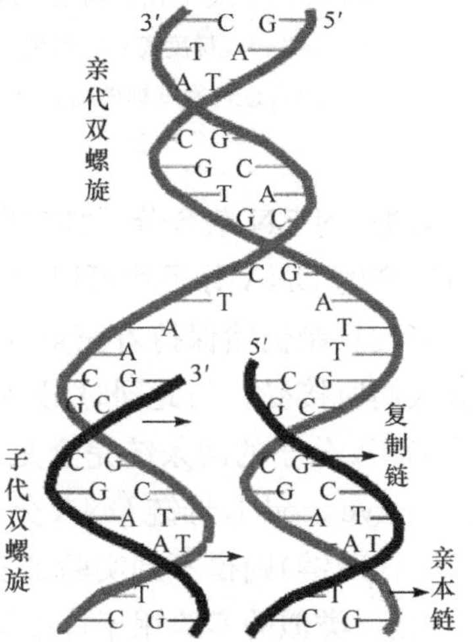

图 9-1 Watson 和 Crick 提出的 DNA 双螺旋复制模型

(一) 半保留复制的证实

1958 年 Meselson 和 Stahl 利用氮的同位素 ^{15}N 标记大肠杆菌 DNA，首先证明了 DNA 的半保留复制。他们让大肠杆菌在以 $^{15}NH_4Cl$ 为唯一氮源的培养基中生长，经过连续生长 12 代，从而使所有 DNA 分子都标记上 ^{15}N。^{15}N-DNA 的密度比普通 ^{14}N-DNA 的密度大，在氯化铯密度梯度离心(CsCl density gradient centrifugation)时，这两种 DNA 形成的区带位置不同。如果将 ^{15}N 标记的大肠杆菌转移到普通培养基(含 ^{14}N 的氮源)中培养，经过一代之后，所有 DNA 的密度都介于 ^{15}N-DNA 和 ^{14}N-DNA 之间，即 DNA 分子是一半含有 ^{15}N，另外一半含有 ^{14}N 的杂合分子。两代后，^{14}N 分子和 ^{14}N-^{15}N 杂合分子等量出现。若再继续培养，可以看到 ^{14}N-DNA 分子增多，而 ^{14}N-^{15}N 杂合分子含量保持不变(图 9-2)。

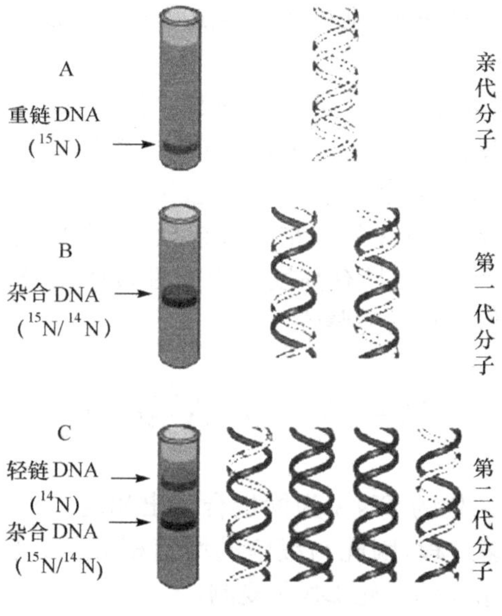

图 9-2　Meselson-Stahl 实验

图 9-2　A. 细胞在只含有 ^{15}N 的培养基中培养数代。这样其 DNA 中含有的 N 全部为 ^{15}N。在 CsCl 密度梯度离心后得到一条带(下部)；B. 细胞转移到含有 ^{14}N 的培养基中，培养一代后分离出 DNA 进行密度梯度离心，得到一条相对位置较高的带(中部)；C. 复制的第二代产生 2 个杂合 DNA(中部)，2 个轻链 DNA(上部)，这证明了半保留复制理论

当把 ^{14}N-^{15}N 杂合分子加热时，它们分开成 ^{14}N 链和 ^{15}N 链。这就充分证明了，在 DNA 复制时原来的 DNA 分子均可以被分成两个亚单位，分别构成子代分子的一半，这些亚单位，经过许多代复制仍然保持着完整性。DNA 的半保留复制机制学说由于得到许多实验证实，而很快被人们所接受。与此同时，另外两种假设“全保留复制模型”(conservative replication，一个子代 DNA 分子的两条链完全是新合成的，而另一个则完全由两条母链组成)和“分散模型”(dispersive model，母链 DNA 分子分裂成随机大小的片段，再与新复制的 DNA 片段连接共同形成子代双链)则得不到实验证实(图 9-3)。

此后，类似的实验用于许多原核生物和真核生物的 DNA 复制中，都证实了 DNA 复制的半保留方式。然而，这类实验所研究的复制中的 DNA 在提取过程中已经被断裂成许多片段，得到的信息只涉及 DNA 复制前和复制后的状态。1963 年 Cairns 用放射自显影(auto-radio-

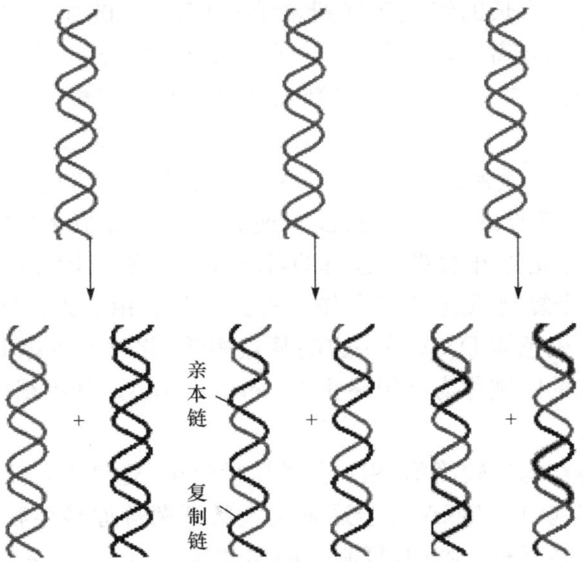

图 9-3　DNA复制的三种模型

graph)方法第一次观察到正在复制的大肠杆菌完整染色体DNA。他先用^{3}H-脱氧胸苷标记大肠杆菌DNA，然后用溶菌酶消化细胞壁，使完整的染色体DNA释放出来，在暗处将感光乳胶薄膜覆盖其表面上，放置若干星期。在这期间^{3}H放射性衰变释放出β粒子，使乳胶曝光形成银粒。显影后银粒黑点轨迹勾划出DNA分子的形状，黑点数目代表了^{3}H在DNA分子中的密度。用这种方法，Cairns阐明了大肠杆菌染色体DNA是一种环状分子，并以半保留的方式进行复制(图9-4)。

半保留的复制是双链DNA普遍存在的复制机制。即使是单链DNA分子，在其复制过程中通常也总是要先形成双链，然后再复制。半保留复制要求亲代DNA的两条链解开，各自作为模板，通过碱基配对的法则，合成出另一条互补的链。所谓模板(template)即一种能提供合成一条互补链所需精确信息的核酸链。DNA的半保留机制可以说明DNA在代谢上的稳定性。经过许多代的复制，DNA多核苷酸链仍可保持完整，并存在于后代而不被分解。与细胞其他成分相比DNA要稳定得多，这和它的遗传功能是相符合的。

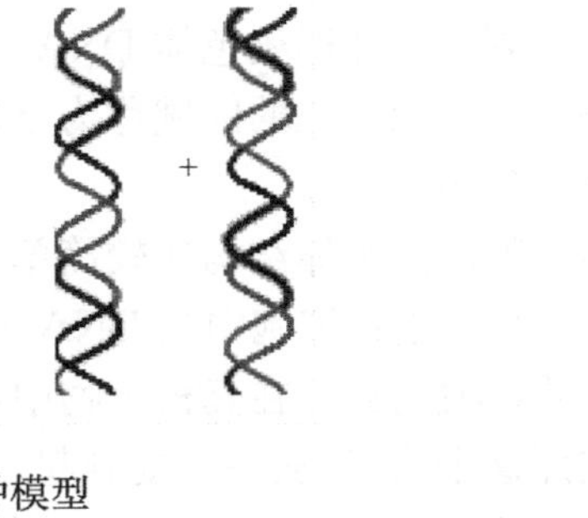

图 9-4　复制中的大肠杆菌染色体放射自显影图

^{3}H-胸苷掺入大肠杆菌DNA中，经过近两代时间。非复制部分(C)银粒子的密度低，由一般放射性链和一般非放射性链构成。已复制的部分约占整个染色体的2/3，其中一条双链(B)仅一股链是标记的；另一条双链(A)的两股链都是标记的，银粒子密度为前二者的2倍

(二) DNA复制的起始点和方向

细胞中染色体的双螺旋DNA是从随机位点开始复制，还是有固定的起始点？是完全解开双链进行复制，还是边解开边复制？如果复制有固定的起始点，一旦复制开始后，是以一个方向进行还是朝两个相反的方向同时进行？

Cairns 等最早用研究半保留复制相似的实验方法(放射性同位素标记)对这些问题进行了研究。如果把在普通介质中生长的细胞转移到含^{3}H-胸腺核苷的介质中作短时间培养,并分离细胞 DNA,残留在从细胞分离出来的 DNA 分子上的放射性证明,复制过程中的 *E. coli* DNA 是边解开双链边复制,复制中的 DNA 在复制点呈分叉状。这种分叉点称为复制叉(replication fork)。复制叉是指通常在正进行 DNA 合成的位点处发现的"Y"形结构。放射自显影表明 *E. coli* DNA 分子有两个复制叉向相反方向移动。新合成的带有放射性的子代链互补于亲代链。DNA 复制时多出额外的一个放射性环,使分子呈现希腊字母"θ"形结构。说明 DNA 复制是从 DNA 上的一个定点开始双向进行的,DNA 的复制起始点称原点(origin)。大肠杆菌染色体 DNA 只有一个复制原点,在遗传图上称为 *oriC*。由于大肠杆菌染色体为环形,当两个移动的复制叉在环形染色体 DNA 另一边的某点相遇,此时染色体 DNA 的复制便告完成。这个使染色体复制完成的区域称为复制终止点(terminator)。基因组能独立进行复制的单位称为复制子(replicon)。

原核生物的染色体结构比较简单,相对分子质量较小,复制速度较快(大肠杆菌为 1000 个核苷酸/s);真核生物细胞中的 DNA 分子通常比大肠杆菌等原核生物大,而且组织成复杂的核小体形式(染色质)。在真核生物中,复制叉的移动速度为 50 个核苷酸/s,只有大肠杆菌的 1/20。按照这个速度,从一个复制起点复制完成人的染色体平均要 500 多个小时,但是事实上人 DNA 复制是在 30 000~300 000 个碱基对的多个复制原点上双向进行的。真核生物的染色体总是大于细菌的染色体的,因此多点复制可能是真核生物的独特性质。因此可见,DNA 复制具有固定的起点,在原核生物中是单起点,在真核生物中是多起点,方向可以是单向或是双向。两条链的复制起点可以是对称的,也可以是不对称的(图 9-5)。

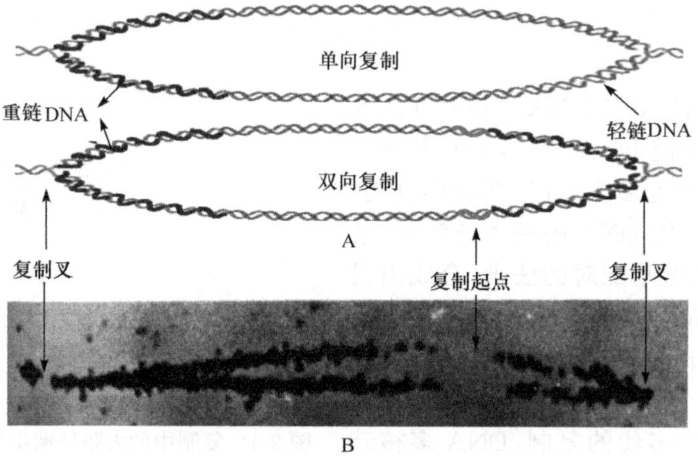

图 9-5 DNA 复制方向模式图和大肠杆菌同位素标记图

A. 模式图;B. 补加^{3}H 短时间标记复制中的 DNA 证明 *E. coli* 进行双向复制

二、DNA 聚合酶

(一) DNA 聚合酶的反应特点

1956 年 Kornberg 等首先从大肠杆菌提取液中发现 DNA 聚合酶(DNA polymerase,DNA pol)。DNA 聚合反应是可逆的,但由于焦磷酸水解可推动聚合反应,因此一般是以聚合反应为主。它只催化脱氧核苷酸加到已有核酸链的游离 3′-OH 上，而不能使两个脱氧核糖核苷酸发生聚合，因此需要引物链(primer strand)存在。DNA 聚合酶具有下列共同的反应特点：①以 4 种脱氧核糖核苷三磷酸作底物；②反应需要接受模板的指导；③反应需要有引物 3′-OH 存在；④DNA 链的生长方向为 5′→3′；⑤产物 DNA 的性质与模板相同。这就说明 DNA 聚合酶合成的产物是模板的复制物。

这些特点适用于所有的 DNA 聚合酶。其基本的反应是延伸的 DNA 链的 3′端核苷酸的 3′-OH 对即将引入的 5′-脱氧核苷三磷酸的 5′-α-磷酸进行亲核攻击，从而形成 3′,5′-磷酸二酯键，延长一个新的核苷酸，释放一分子焦磷酸。反应通式为

$$\underset{\text{DNA}}{(\text{dNMP})_n} + \text{dNTP} \longrightarrow \underset{\text{延长的 DNA}}{(\text{dNMP})_{n+1}} + \text{PPi}$$

此外，dNMP 和 dNTP 分别是脱氧核苷-5′-磷酸和脱氧核苷-5′-三磷酸。反应中分别有一个磷酸二酯键生成和破坏，因此是一个热力学平衡反应。然而，由于反应中非共价的碱基堆积和碱基配对作用，延长的 DNA 产物比游离的核苷酸更加稳定。而且，如前所述反应中产生的焦磷酸在焦磷酸酶的作用下水解促使反应向右进行，有利于 DNA 的合成(图 9-6)。

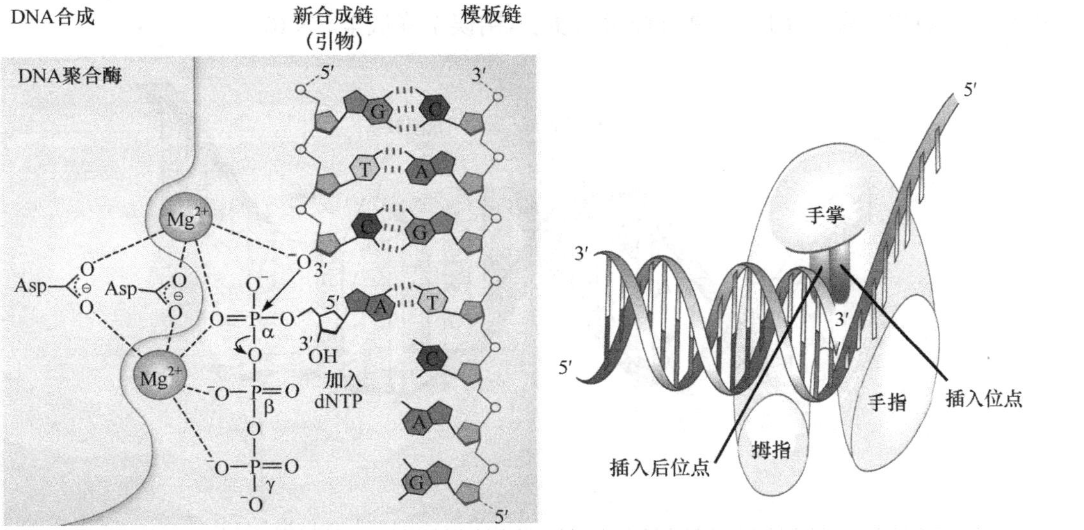

图 9-6 DNA 聚合酶(5′→3′的聚合酶活性)催化的 DNA 链延伸反应

(引自 Lehninger et al. ,2012)

DNA 聚合酶可以分为手掌、拇指和手指三个区域，位于手掌和拇指之间的 DNA 聚合酶活性中心由两部分组成：插入位点(insertion site)和插入后位点(postinsertion site)。按照碱基互补新进入的 dNTP 先进入插入位点，一旦形成磷酸二酯键，DNA 聚合酶向前移动，新形成的碱基对进入到插入后位点。如果出现错配的碱基，DNA 聚合酶的移动就受到抑制，3′→5′外切核酸酶将去除错配的核苷酸。

(二) 大肠杆菌 DNA 聚合酶

大肠杆菌含有 5 种 DNA 聚合酶，即 DNA 聚合酶Ⅰ、Ⅱ、Ⅲ、Ⅳ和Ⅴ，常见的 DNA 聚合酶为前三种。

1. 大肠杆菌 DNA 聚合酶 Ⅰ　大肠杆菌 DNA 聚合酶 Ⅰ(*E. coli* DNA pol Ⅰ)是 Kornberg 等最初从大肠杆菌中分离得到的，故又称 Kornberg 酶。分子呈球形，相对分子质量(relative molecular mass, M_r)为 103 000，由一条含有一个锌原子和 928 个氨基酸残基的多肽链组成，直径为 6.5nm，是 DNA 直径的 3 倍左右，每个大肠杆菌细胞内约有 400 个 DNA 聚合酶Ⅰ分子。

用蛋白酶部分水解 DNA 聚合酶 Ⅰ，可得到相对分子质量为 68 000 的 C 端大片段[称 Klenow 片段(Klenow fragment)，由 604 个氨基酸组成，是分子生物学研究的常用工具酶]和相对分子质量为 35 000 的 N 端小片段(由 323 个氨基酸组成)。Klenow 片段有聚合酶和 3′→5′外切核酸酶活性(仅对短的单链 DNA 起作用，不作用于双链 DNA)，小片段有 5′→3′外切核酸酶活性。DNA 聚合酶 Ⅰ 有使 3′端 DNA 链发生焦磷酸解，促进无机焦磷酸盐与脱氧核糖核苷三磷酸之间的焦磷酸基交换的作用。

Klenow 片段的 3′→5′外切酶与聚合酶紧密结合，两者间有重要联系。在聚合时出现错配碱基，聚合反应立即停止，生长链的 3′端核苷酸落入 3′→5′外切酶活性位点，错配核苷酸被迅速除去，然后聚合反应继续进行。3′→5′外切核酸酶活性被认为有校对的功能，它能纠正聚合过程中的碱基错配(图 9-7)。由此可见，DNA 复制过程中碱基错配要受到双重核对：聚合酶的选择作用和 3′→5′外切核酸酶的校对作用。在无 3′→5′外切酶的校对功能时，DNA 聚合酶Ⅰ掺入核苷酸的错误率为 10^{-5}，具有校对功能后，错误率降低至 5×10^{-7}。

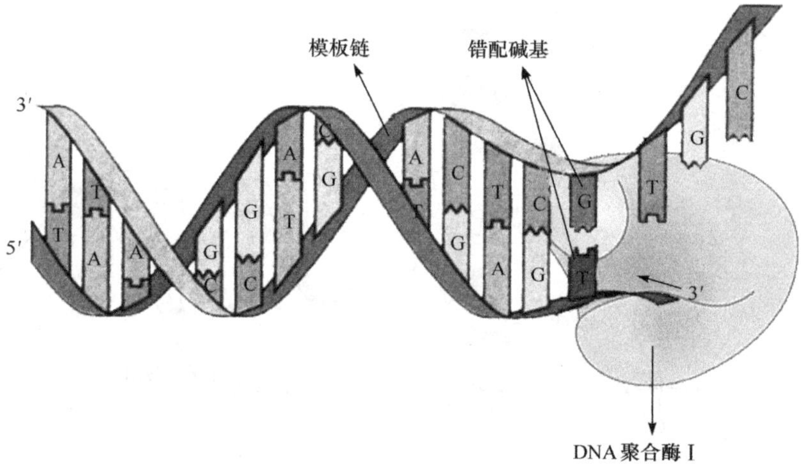

图 9-7　DNA 聚合酶 Ⅰ 的 3′→5′外切核酸酶从生长的 DNA 链 3′端切除错配碱基

DNA 聚合酶 Ⅰ 的 5′外切核酸酶活性只作用于双链 DNA 的碱基配对部分，从 5′端水解核苷酸或寡核苷酸，因此在切除由紫外线照射而形成的嘧啶二聚体(pyrimidine dimer)中起重要作用。同样，在切除 DNA 半不连续合成中冈崎片段的 5′端 RNA 引物中也有作用。

虽然 DNA 聚合酶 Ⅰ 在 37℃时每分子酶每分钟可催化约 1000 个核苷酸的聚合，但合成速度较慢(只为细胞内 DNA 复制速度的 1%)，其持续合成能力弱，而细胞内 DNA 的复制并不频繁中断，这意味着它不是 DNA 复制的主要酶。持续合成能力(processivity)是指 DNA 聚合酶解离前所能加上的核苷酸的平均数目，不同 DNA 聚合酶的持续合成能力相差很大，有些酶解离前仅能加上几个核苷酸，而另一些酶则可以加几千个。许多基因突变都影响 DNA 的复制，但与 DNA 聚合酶 Ⅰ 无关。例如，大肠杆菌变异株(pol A1)的 DNA 聚合酶 Ⅰ 活性仅为野生型的 0.5%～1%，但仍能正常生长，这进一步说明 DNA 聚合酶 Ⅰ 不是复制中主要的酶。完整的 DNA 聚合酶Ⅰ上的 5′→3′外切酶可以通过切口平移过程替换与模板配对的一段 DNA（或 RNA）从而在复制、重组，以及损伤修复过程中起到清除核苷酸的作用（图 9-8）。

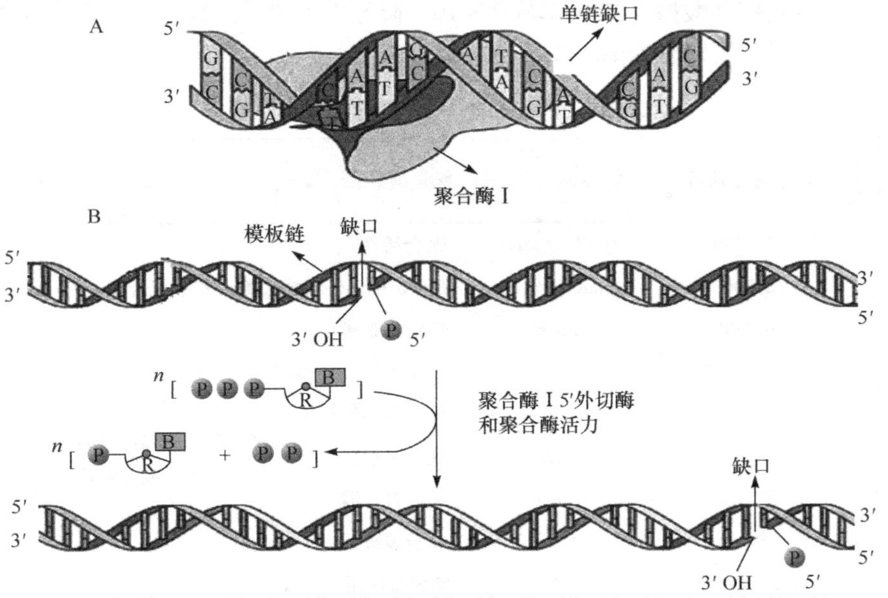

图 9-8　DNA 聚合酶Ⅰ的切除与修复模式

A. DNA 聚合酶Ⅰ和 DNA 结合；B. 切除和修复

2. 大肠杆菌 DNA 聚合酶Ⅱ　大肠杆菌 DNA 聚合酶Ⅱ（*E. coli* DNA pol Ⅱ）活力高，若以每分子酶每分钟可催化约 2400 个核苷酸合成计算，每个大肠杆菌细胞约含有 100 个分子的聚合酶Ⅱ。它在催化 DNA 合成时需要有缺口的双链 DNA 作为模板引物，但缺口过大会降低活性。有 3′→5′外切核酸酶活力，但无 5′→3′外切核酸酶活力。大肠杆菌变异株（pol B1）的 DNA 聚合酶Ⅱ活力只有正常酶的 0.1%，但仍能正常生长，表明 DNA 聚合酶Ⅱ也不是复制酶，而可能是一种修复酶。一般在无 DNA 聚合酶Ⅰ和 DNA 聚合酶Ⅲ时 DNA 聚合酶Ⅱ才起作用，其具体功能至今仍不十分清楚。

3. 大肠杆菌 DNA 聚合酶Ⅲ　1971 年 Gefter 分离出大肠杆菌 DNA 聚合酶Ⅲ（*E. coli* DNA pol Ⅲ），诱变消除 DNA 聚合酶Ⅰ和 DNA 聚合酶Ⅱ的聚合活性后，大肠杆菌仍能进行 DNA 复制和正常生长。虽然每个大肠杆菌细胞只有 10～20 个 DNA 聚合酶Ⅲ分子，然而它催化的合成速度达到了体内 DNA 合成的速度，这表明 DNA 聚合酶Ⅲ是大肠杆菌负责合成 DNA 的复制酶。

DNA 聚合酶Ⅲ的亚基很容易解离，在分离酶的过程中常得到不同的组分。现认为 DNA 聚合酶Ⅲ的全酶（holoenzyme）由 α、β、γ、δ、δ′、ε、θ、τ、χ 和 ψ10 种亚基组成（表 9-1），含有锌原子。α 亚基有 5′→3′方向合成 DNA 的聚合酶活性，ε 亚基有 3′→5′外切核酸酶活性，起校对作用，可提高 DNA 聚合酶Ⅲ复制 DNA 的保真性。由 α、ε 和 θ 三种亚基组成全酶的核心酶（core enzyme），其中 θ 亚基可能起组建核心酶的作用。DNA 聚合酶Ⅲ为异源二聚体（heterologous dimer），使解开的 DNA 双链可同时复制，τ 亚基起促使核心酶二聚体化的作用。γ 亚基是依赖 DNA 的 ATP 酶，由五聚体（$\tau_2\gamma\delta\delta'$）形成的 γ 复合体，当 χ、ψ 亚基加入时共同形成夹子装载复合体（clamp-loading complex）。夹子装载复合体帮助 β 亚基在 DNA 合成过程中不断地在滞后链上装卸 β 亚基。β 亚基的功能犹如夹子，两个 β 亚基夹住 DNA 分子并向前滑动，使聚合酶在完成复制前不脱离DNA,提高酶的持续合成能力,可将其持续合成能力提高至500 000核苷酸甚至以上(表9-2)。DNA聚合酶Ⅲ的复杂亚基结构使其有更高的忠实性、协同性和持续性,其校对功能使核苷酸掺入错误率从7×10^{-6}降至5×10^{-9}。复制叉的复杂结构和修复系统的作用可进一步降低核酸的错配率。

表9-1 大肠杆菌DNA聚合酶Ⅲ的亚基

亚基	全酶的亚基数	相对分子质量	基因	功能	
α	2	129 900	*polC*(*dnaE*)	聚合活性	核心聚合酶
ε	2	27500	*dnaQ*(*mutD*)	3′→5′校正外切核酸酶	
θ	2	86 000	*holE*	稳定ε亚基	
τ	2	71100	*dnaX*	稳定模板的结合;核心酶二聚体化	夹子装载(γ)复合体在滞后链的每个冈崎片段上装载β亚基
γ	1	47 500	*dnaX**	夹子装载器	
δ	1	35 000	*holA*	夹子打开器	
δ′	1	33 000	*holB*	夹子装载器	
χ	1	15 000	*holC*	与SSB作用	
ψ	1	12 000	*holD*	与χ、γ相互作用	
β	4	37 000	*dnaN*	两个亚基形成夹子夹住DNA;提高持续合成能力	

*γ亚基由τ亚基的部分基因编码,这样τ亚基氨基端的80%氨基酸序列与γ亚基相同。γ亚基通过翻译移码功能,使翻译提前终止

表9-2 大肠杆菌DNA聚合酶的比较

	DNA聚合酶Ⅰ	DNA聚合酶Ⅱ	DNA聚合酶Ⅲ
结构基因*	*Pol A*	*Pol B*	*Pol C* (*dna E*)
亚基(不同型的数目)	1	≥4	≥10
相对分子质量	103 000	88 000	791 500
3′→5′外切核酸酶(校正)	有	有	有
5′→3′外切核酸酶	有	无	无
聚合速率(个核苷酸/s)	10～20	40	250～1 000
持续合成能力	3～200	1 500	≥500 000
分子数/细胞	400	100	10～20
功能	复制,修复	修复	复制

注:*dnaE*是一个之前确定的基因,现在指*Pol C*

*对于多于一个亚基的酶,列在此处的基因编码具有聚合活性的亚基

4. 大肠杆菌DNA聚合酶Ⅳ和Ⅴ 1999年,人们发现大肠杆菌DNA聚合酶Ⅳ和Ⅴ(*E. coli* DNA pol Ⅳ&Ⅴ),它们参与DNA的错误倾向修复(error prone repair)。当DNA受到较严重损伤时,正常DNA聚合酶在此部位不能形成正确碱基配对而停止修复,此时诱导产生这两种酶,但修复的准确性(accuracy)较差,DNA出现较高的突变率。编码大肠杆菌DNA聚合酶Ⅳ的基因是*din B*,编码DNA聚合酶Ⅴ的基因是*umu C*和*umu D*。基因*umu D*

产物 Umu D被裂解产生较短的 Umu D′，它与 Umu C 形成的复合物构成 DNA 聚合酶Ⅴ，能在 DNA 许多损伤部位继续复制，从而跨越损伤部位造成错误的复制。由此造成的高突变率虽然会杀死许多细胞，但至少可以克服复制障碍，使少数突变的细胞得以存活，从而延续种系。

（三）与 DNA 的复制过程有关的其他酶和蛋白质因子

以大肠杆菌为例，在复制过程中除了需要 DNA 聚合酶以外，还需要 20 多种不同的酶和蛋白质因子的参与，每种酶和蛋白质因子都发挥不同的作用。整个复合物统称为 DNA 复制酶系统（DNA replicase system）或者复制体（replisome）。DNA 结构和复制精确度决定参与复制过程的酶复合体的复杂性。根据所起的作用，在此介绍几种重要的与复制有关的酶。

以 DNA 双链作为模板进行复制时，首先需要使母链解开螺旋，解旋过程需要解旋酶（helicase）的参与。解旋酶延着 DNA 母链滑动而使之解旋，同时打开双链之间的氢键。这一过程所消耗的化学能通过 ATP 水解提供。螺旋状 DNA 结构解旋后会产生拓扑应力，在拓扑异构酶（topoisomerase）的作用下，这种应力会大大削弱。拓扑异构酶有许多种，主要有拓扑异构酶Ⅰ和Ⅱ两种，细胞内的定位分析表明：拓扑异构酶Ⅰ主要集中在活性转录区，与转录有关；拓扑异构酶Ⅱ分布在染色质骨架蛋白和核基质部位，同复制有关。原核生物的拓扑异构酶Ⅰ只能减少负超螺旋，拓扑异构酶Ⅱ既能减少又能引入负超螺旋，引入负超螺旋时，需要 ATP 提供能量。真核生物的拓扑异构酶Ⅰ和Ⅱ兼有消除正负超螺旋的功能。复制时需要较高水平的负超螺旋，复制结束后较低水平的负超螺旋有利于活性染色质部位的基因转录。解旋后的 DNA 单链不稳定，需要与单链 DNA 结合蛋白（single strand DNA binding protein，SSB）结合。

在 DNA 聚合酶开始合成新的 DNA 分子前需要一个引物与模板结合，多数情况下以 RNA 片段作为引物，促使这种引物合成的酶称为引物酶（primase）。

最后，RNA 引物被切除，并被 DNA 替代，在大肠杆菌中，这是 DNA 聚合酶Ⅰ的诸多功能之一。此时在 DNA 骨架上仍然存在一个切口（以断裂的磷酸二酯键形式存在），DNA 连接酶（DNA ligase）会将这个切口接上，形成两条连续的新链。整个 DNA 复制过程在诸多蛋白质和酶的协调有序作用下完成。DNA 连接酶已经成为重组 DNA 实验的一种重要工具酶，其中 T_4 DNA 连接酶不仅能在模板链上连接 DNA 和 DNA 链之间的切口，而且能连接无单链黏性末端的平头双链 DNA。

三、原核生物的 DNA 复制

DNA 分子的复制可以分为三个阶段：合成的起始，DNA 片段的合成及延伸，合成的终止。也可简述为起始、延伸和终止。根据参与的酶和所发生的反应来区分这三个阶段。正如在后面章节中所看到的，其他重要的生物大分子如 RNA 和蛋白质的合成也可以相应地分解为同样三个阶段，每一步都有自己的特点。

（一）起始

以大肠杆菌为例，至少有 9 种不同的酶或蛋白质参与复制的起始阶段。在这些酶和蛋白质的作用下，DNA 从复制起始点开始解旋，形成起始复合物。大肠杆菌复制起始点（*oriC*），是由 245 个碱基对构成的高度保守序列。在这个区域里的关键序列位于两个连续的重复片段中：一个由 13 个碱基对（GATCTNTTNTTTT）组成的 3 次重复片段和一个由 9 个碱基对

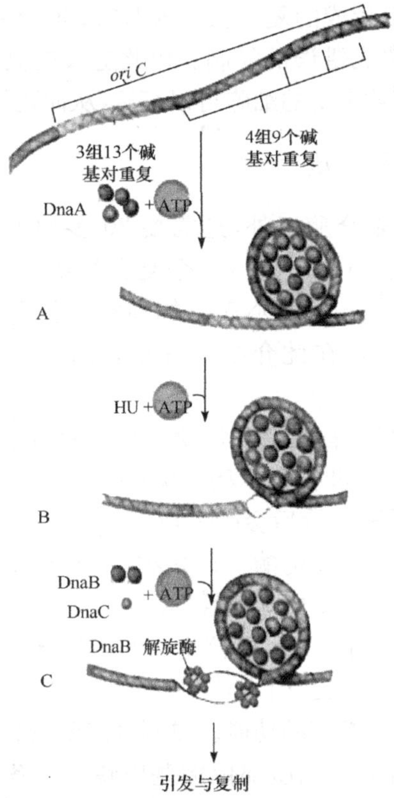

图 9-9　大肠杆菌复制起始点 *oriC* 的复制引发模型
A. 约 20 个各带 1 个 ATP 的 DnaA 蛋白结合于 9bp 序列，使 DNA 围绕着复合物卷成一圈；B. 三个富含 A═T 的 13bp 重复序列被变性；C. 在 DnaC 蛋白的帮助下 DnaB 蛋白进一步使 DNA 解螺旋，以备引物和 DNA 的合成

(TTATCCACA)组成的 4 次重复片段。

合成起始阶段的关键部分是 DnaA 蛋白。由于 DnaA 蛋白只能与负超螺旋的 DNA 相结合，复制起始附近的基因处于转录状态，DNA 呈负超螺旋，DnaA 蛋白在 ATP 和细菌的类组蛋白 HU 的协助下，依次与起始位点的由 9 个碱基对所组成的 4 次重复片段结合，形成一个包含了 20 个 DnaA 蛋白分子的专一复合物，然后再识别由 13 个碱基对所组成的 3 次重复区域(这个区域富含 A═T 碱基对，因而易于双链打开)，并使此处 DNA 相继发生变形(两链分离)。

紧接着 DnaB 蛋白在 DnaC 蛋白的帮助下，结合到解旋的区域。DnaB 蛋白的两个六聚体(每个六聚体组成一个解旋酶)分别附着在 DNA 的两条链上，由 ATP 提供能量(每解开一对碱基，需要水解两分子 ATP)，从两个方向对 DNA 进行解旋并形成两个潜在的复制叉。此时加入单链 DNA 结合蛋白和 DNA 旋转酶(DNA 拓扑异构酶Ⅱ)，从起始点处，DnaB 解旋酶会使成千上万的碱基对很快解旋。很多 SSB 分子同时结合到单链 DNA 上，稳定解开的单链，以避免逆反应和核酸酶对 DNA 的降解作用，原核生物的 SSB 与 DNA 的结合表现出明显的协同效应(图 9-9)。随后在其他一些和复制有关的蛋白质参与下，由 DnaB 引起的 DNA 解旋与复制过程将一起进行(表 9-3)。

表 9-3　大肠杆菌复制起始点引发 DNA 复制所需的蛋白质

蛋白质	相对分子质量	亚基数目	功能
DnaA 蛋白	52 000	1	识别起始点序列，在起始点特异部位解开起始点双链
DnaB 蛋白(解旋酶)	300 000	6*	使 DNA 解旋，解开 DNA 双链
DnaC 蛋白	174 000	6*	帮助 DnaB 蛋白结合在起点
组蛋白样细菌蛋白(HU)	19 000	2	类组蛋白；使 DNA 弯曲，刺激复制的引发
引物酶(DnaG 蛋白质)	60 000	1	合成 RNA 引物
单链 DNA 结合蛋白(SSB)	75 600	4*	结合单链 DNA
整合宿主因子(IHF)	22 000	2	DNA 结合蛋白，促进 DNA 弯曲
倒置刺激因子(FIS)	22 500	2*	DNA 结合蛋白，促进 DNA 弯曲
DNA 旋转酶(DNA 拓扑异构酶Ⅱ)	400 000	4	消除因 DNA 解旋而产生的应力
Dam 甲基化酶	32 000	1	使 *oriC* 处(5′)GATC 序列甲基化

* 几个亚基相同

（二）延伸

复制的延伸阶段包括两个过程：前导链的合成和滞后链的合成。亲代DNA被DNA解旋酶解旋，引起的拓扑张力由拓扑异构酶释放。每条分开的链被SSB所稳定。由此开始，前导链和滞后链的合成变得截然不同（图9-10）。

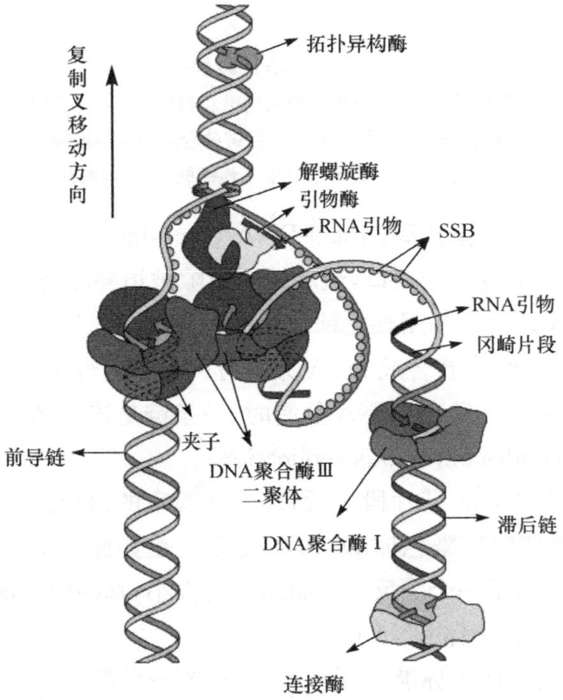

图9-10 大肠杆菌复制叉模型

在体内，DNA的两条链都能作为模板，同时合成出两条新的互补链。由于DNA分子的两条链是反向平行的，一条链的走向为3′→5′，另一条链为5′→3′。但是，所有已知DNA聚合酶的合成方向都是5′→3′，而不是3′→5′。这就很难说明，DNA在复制时两条链如何能够同时作为模板合成其互补链。为了解决这个矛盾，1968年，日本学者Okazaki等提出了DNA的不连续复制模型，认为5′→3′走向的DNA实际上是由许多5′→3′方向合成的DNA片段连接起来的。也就是说在复制叉移动方向3′→5′的链是连续合成，另一条链5′→3′的则是分段合成，主要实验过程如下。

用^{3}H-脱氧胸苷标记噬菌体T_4感染的大肠杆菌，然后通过碱性密度梯度离心法分离标记的DNA产物，发现短时间内首先合成的是较短的DNA片段，接着出现较大的分子。最初出现的DNA片段长度约为1000个核苷酸，一般称为冈崎片段（Okazaki fragment，DNA合成过程中所产生的较短DNA片段）。用DNA连接酶变异的温度敏感菌株进行实验，在连接酶不起作用的温度下，便有大量DNA片段积累。这些实验都说明在DNA复制过程中首先合成较短的片段，然后再由连接酶连成大分子DNA（图9-11）。

Okazaki等最初做的实验不能判断DNA链的不连续合成只是发生在一条链上，还是两条链都是如此。对冈崎片段进行测定，结果测得的数量远超过新合成DNA的一半，似乎两条链的合成都是不连续的。后来发现这是由于尿嘧啶代替胸腺嘧啶掺入DNA所造成的。DNA

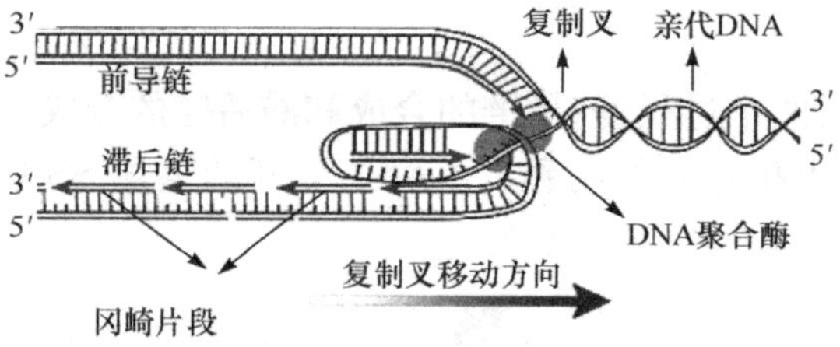

图 9-11　冈崎片段的合成

新的 DNA 链总是沿着 5′→3′方向合成。模板则沿着相反的 3′→5′方向配对，前导链沿着复制叉的方向连续进行合成。而另一条链，滞后链的合成则是不连续的，复制方向与复制叉移动方向相反，且形成许多不连续的片段(冈崎片段)

中的尿嘧啶可被尿嘧啶-DNA-糖苷酶(uracil-DNA-glycosidase)切除，随后该处的磷酸二酯键断裂，一些核苷酸被水解，造成一个缺口，最后缺口空隙被填补和修复，在此过程中也会产生一些类似冈崎片段的 DNA 片段。当用缺乏糖苷酶的大肠杆菌变异株(ung^-)进行实验时，DNA 的尿嘧啶将不再被切除。此时，新合成 DNA 大约有一半放射性标记出现于冈崎片段中，另一半直接进入大的片段。由此可见，当 DNA 复制时，一条链是连续的，另一条链是不连续的，因此称为半不连续复制(semidiscontinuous replication)。

从大肠杆菌中分离出 Okazaki 片段之后，许多实验室的研究进一步证明，DNA 的不连续合成不只局限于细菌，真核生物染色体 DNA 的复制也是如此。细菌的 Okazaki 片段长度为 1000～2000 个核苷酸，相当于一个顺反子(cistron)的大小；真核生物的冈崎片段长度为 100～200 个核苷酸，相当于一个核小体 DNA 的大小。

以复制叉向前移动的方向为标准，一条模板链是 3′→5′走向，在其上 DNA 能以 5′→3′方向连续合成，常为前导链(leading strand)；另一条模板链是 5′→3′走向，在其上 DNA 也是从 5′→3′方向合成，但是与复制叉移动的方向正好相反，因此随着复制叉的移动，形成许多不连续的片段，最后连成一条完整的 DNA 链，该链成为滞后链(lagging strand)。

由于 DNA 聚合酶不易从 DNA 模板上解离下来，因此前导链的合成通常总是连续的。前导链的合成较为直接，由引物酶(primase，DnaG 蛋白质)在复制起点处合成一个短链 RNA(10～60 个核苷酸)引物，前导链的引物一般比冈崎片段的引物略长一些。脱氧核苷酸由 DNA 聚合酶Ⅲ加到引物上，前导链的合成就这样连续进行下去，保持与复制叉处的 DNA 解旋同步。如前所述，所有已知的 DNA 聚合酶都不能发动新链的合成，而只能催化已有链的延长反应。然而 RNA 聚合酶则不同：它只需要 DNA 模板存在，就可以在其上合成新的 RNA 链。这就是说，DNA 合成需要引物，RNA 合成不需要引物。

滞后链的合成是以冈崎片段的形式进行。首先，与前导链合成一样，引物酶合成一个 RNA 引物(几个至十几个核苷酸)，DNA 聚合酶Ⅲ与 RNA 引物结合，催化加上脱氧核苷酸。从表面上来看，每个冈崎片段的合成似乎是很直接的，但实际上很复杂。这个复杂性在于前导链和滞后链之间的协调：两条链都是由一个不对称 DNA 聚合酶Ⅲ二聚体合成，这要通过将滞后链所在的 DNA 弯曲，使两个发生聚合反应的位点靠拢在一起才得以实现。在这一段滞后链上合成的冈崎片段是多种酶共同作用的结果。DnaB 解旋酶和 DnaG 引物酶组成了一个复制的功能单元，称为引发体(primosome)。DNA 聚合酶Ⅲ以其一套核心部分(核心聚合酶)连续合成前导链，同时，另一套核心聚合酶在滞后链环上从一个冈崎片段滑动到另一个冈崎片段。当 DNA 通过 DnaB 解旋酶在复制叉处解旋时，DNA 引物酶与 DnaB 解旋酶联合可以共同作用，形成一段 RNA 引物。然后，两个 β 亚基在 γ 复合体的帮助下将引物与模板的双链夹住，β 亚基的二聚体形成一个环，套在双链分子上，一个可以滑动的 β 滑动夹被装配，这个滑动夹将 DNA 聚合酶Ⅲ复合物定位在引物上。当冈崎片段合成完后，复制停止，DNA 聚合酶Ⅲ的核心部分与 β 滑动夹（及完成的冈崎片段）分离，然后再俘获新的 β 滑动夹，新的冈崎片段的合成开始。β 滑动夹的装配和拆卸都依赖于 ATP 和 γ 复合体的帮助，γ 亚基具有 ATP 酶活性，可分解 ATP 提供能量（图 9-12）。研究表明，合成过程中复制复合物本身并没有不断移动，而是靠与质膜结合的 DNA 移动通过固定的复合物来实现。这个合成的过程是相当快速的，新 DNA 的每条链（前导链和滞后链）大约每秒添加 1000 个核苷酸。

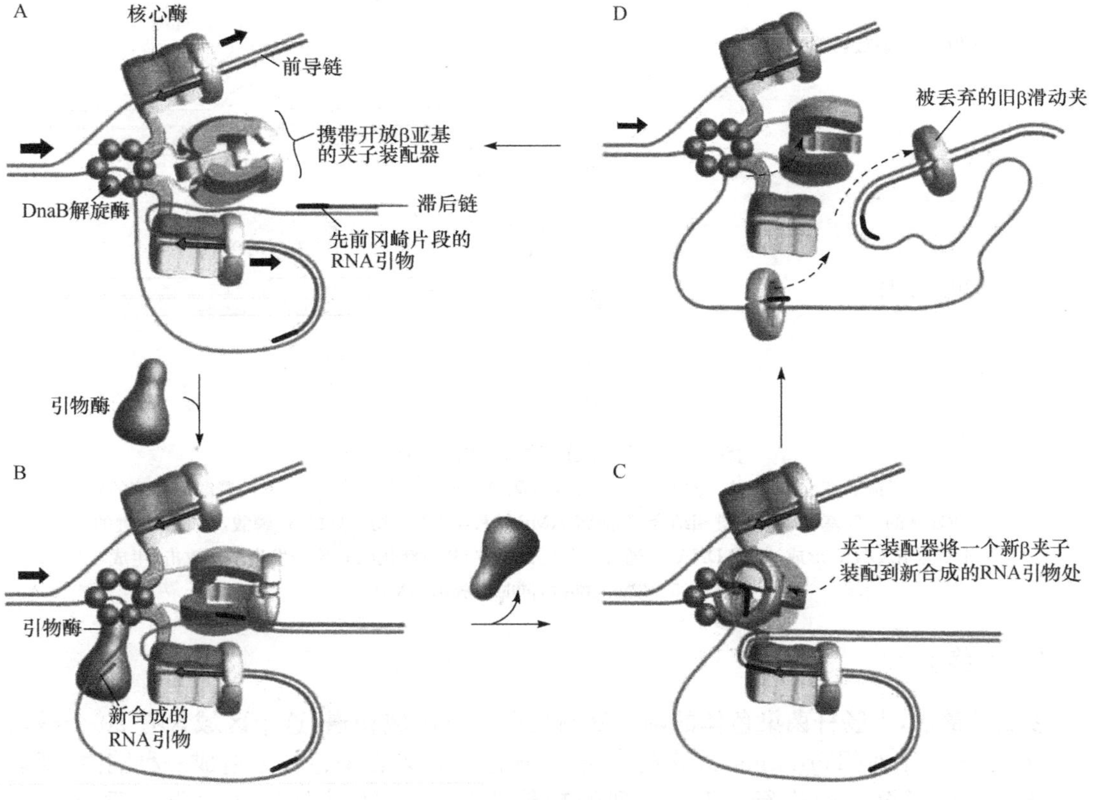

图 9-12　前导链和滞后链的 DNA 合成

复制叉上由一个 DNA 聚合酶Ⅲ的二聚体协调前导链和滞后链的复制。这个二聚体和 DnaB 解旋酶形成一个复合物，复制时滞后链模板被环化，使 DNA 合成能在两条链上同时进行，并由两套 DNA 聚合酶Ⅲ核心酶催化。A. 当 DNA 被解螺旋酶 DnaB 解旋时，前导链被连续合成；B. 引物酶结合于 DnaB，合成一个新引物后解离；C. DNA 聚合酶Ⅲ-γ 复合体催化一个新 β 滑动夹在一个新 RNA 引物上安装，同时冈崎片段被合成；D. DNA 聚合酶Ⅲ释放完成了的冈崎片段和 β 滑动夹，进入另一个冈崎片段的合成

一旦冈崎片段合成完成，通过 DNA 聚合酶Ⅰ去除其 RNA 引物，以前一个冈崎片段的 3′-羟基为引物，催化合成 DNA 取而代之，并形成一个切口，这个切口由 DNA 连接酶连接封闭。

DNA 连接酶催化 DNA 一条链的 3′-羟基和 5′-磷酸基形成磷酸二酯键将其连接起来。磷酸基必须通过腺苷化激活(图 9-13)。病毒和真核细胞的 DNA 连接酶需要以 ATP 提供能量。细菌的 DNA 连接酶以 NAD^+ 作为 AMP 激活基团的来源。

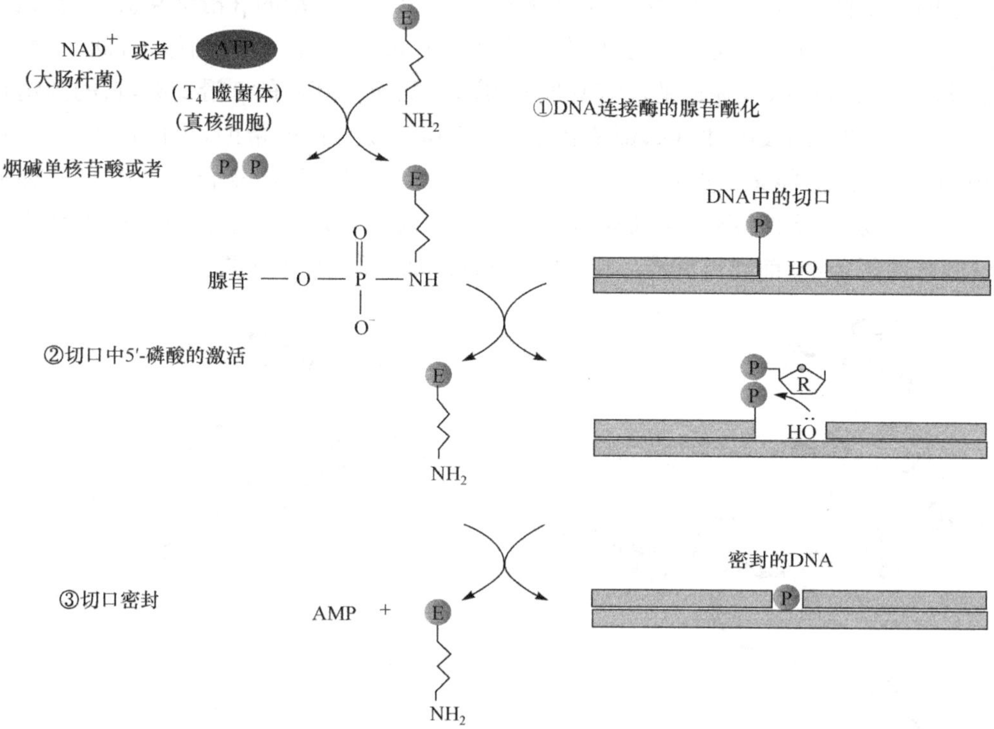

图 9-13　DNA 连接酶催化的反应机制

①由 NAD^+ 或 ATP 与酶反应,形成腺苷酰化的酶(酶-AMP 复合物),其中 AMP 的磷酸基与酶的赖氨酸残基的 ε-氨基以磷酰胺键相结合;②酶将 AMP 转移给 DNA 切口处的 5′-磷酸,以焦磷酸键的形式活化 DNA,形成 AMP-DNA;③通过相邻链的 3′-羟基对活化的磷原子发生亲核攻击,生成 3′,5′-磷酸二酯键,同时释放出 AMP

(三) 终止

复制的最后,大肠杆菌染色体的两个复制叉在终止区域相遇,这个区域含有 20 个碱基对序列,称为 Ter 序列(Terminus,终止的意思)。该序列排列在染色体上造成一种陷阱,即复制叉到此就停止不再向前进行。Ter 序列的功能是结合一种叫做 Tus 的蛋白质(terminus utilization substance,即终止利用物质)。Tus-Ter 复合体能够阻止单方向前进的复制叉,该复合体只能对一个复制叉起作用。哪一个复制叉先遇上就终止哪一个,在复制叉相遇时使复制结束。Ter 序列看起来不重要,但实际上它避免了一个复制叉因 DNA 损伤或遇到障碍而暂停复制时另一个复制叉发生过量复制。

当一个复制叉遇到 Tus-Ter 复合体时,复制停止;另一复制叉在遇到已停止的该复制叉时复制也随之停止。最后的数百个位于这些大的蛋白质复合体之间的碱基对尚没被复制。随后两条亲代母链解开,通过修复方式填补空缺,形成了两个交联在一起的环状染色体。这种拓扑互联环称为连环体(catenane),大肠杆菌的交联 DNA 环的分离需要拓扑异构酶Ⅳ(一种Ⅱ型拓扑异构酶),分离开的染色体在细胞分裂时分别进入子细胞。包括真核生物的 DNA 病毒在内的其他环状染色体复制的终止机制都与此类似(图 9-14)。

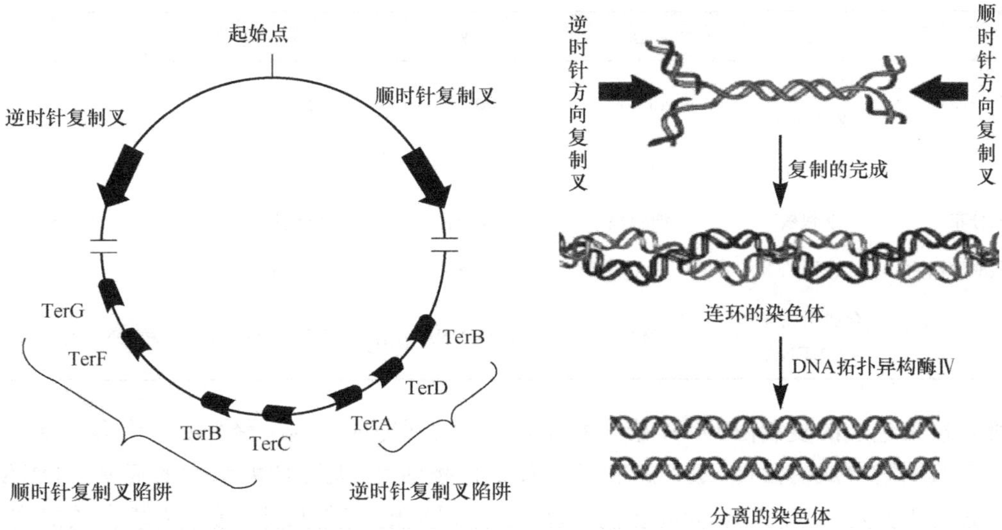

图 9-14　大肠杆菌中染色体复制的终止

DNA 复制的分子机制的基本特点：

(1) 复制的结果是半保留复制，复制的过程是半不连续复制。

(2) 复制以复制单位进行，起始于特定的位点(复制起点)。

(3) 复制可以是单向，也可以是双向，后者更为常见。

(4) 复制时，DNA 的两条链都从 5′端向 3′端延伸。

(5) 前导链是连续合成，而滞后链是不连续合成。

(6) DNA 的合成始于 RNA 引物的合成，因此前导链只有一次 RNA 合成，滞后链的冈崎片段每个都有 RNA 引物的合成。RNA 引物随后由 DNA 片段替换，相邻的 DNA 片段连接形成一条完整的 DNA 链。

(7) DNA 聚合酶的校对功能和细胞的错误修复功能维持 DNA 分子的准确性和忠实性。

四、真核生物的 DNA 复制

真核生物中的 DNA 分子通常比大肠杆菌等原核生物大，而且真核生物的 DNA 通常都与组蛋白构成核小体，以染色质的形式存在于细胞核中，真核生物 DNA 复制的冈崎片段长约 200bp，相当于一个核小体 DNA 的碱基对长度。真核生物的 DNA 复制的重要性质与原核生物相同，但也有自己的特点。

(一) 染色质复制

1. DNA 聚合酶　真核生物有许多种 DNA 聚合酶，从哺乳动物细胞分离出的 5 种真核细胞 DNA 聚合酶(eukaryotic DNA polymerase)，分别以 α、β、γ、δ、ε 命名(表 9-4)，它们和原核细胞 DNA 聚合酶的基本性质相同，均以 4 种脱氧核苷三磷酸为底物，需 Mg^{2+} 激活，有模板和含有游离 3′-OH 引物存在，新链向 5′→3′方向延伸。

表 9-4 真核生物的 DNA 聚合酶

	α	β	γ	δ	ε
相对分子质量	110 000～220 000	45 000	60 000	122 000	—
亚基数	4～8 个	1 个	2 个	4 个	>1 个
细胞内分布	细胞核	细胞核	线粒体	细胞核	细胞核
外切核酸酶活力	无	无	3′→5′	3′→5′	3′→5′
功能	合成引物与短链 DNA	修复	线粒体内 DNA 合成	核 DNA 合成	核 DNA 合成，修复

细胞核染色质的复制由 DNA 聚合酶 α、δ 和 ε 共同完成，DNA 聚合酶 α 为多亚基酶，其中一个亚基有引物合成酶活性，最大的亚基具有聚合酶活性，无外切酶活性的亚基。DNA 聚合酶 δ 含有分子质量为 125kDa、66kDa、50kDa 和 12kDa 的 4 个亚基，既有持续合成能力，又有校对功能，由它完成 DNA 复制。DNA 聚合酶 δ 与另一种称为增殖细胞核抗原(proliferating cell nuclear antigen，PCNA)的复制因子相结合，构成真核生物的复制复合体，该因子由 4 个相对分子质量为 29 000 的亚基组成一个环状的同源四聚体。PCNA 相当于大肠杆菌 DNA 聚合酶Ⅲ的 β 亚基，它形成的环状夹子稳定 DNA 聚合酶 δ 和 DNA 的相互作用，极大增加聚合酶的持续合成能力。DNA 聚合酶 ε 可能相当于细菌 DNA 聚合酶Ⅰ，是修复酶，参与 DNA 的修复与合成，并存在于复制叉用以修复滞后链冈崎片段的 RNA 引物去除后的缺口，但现在也有报道它参与前导链的合成。DNA 聚合酶 β 是修复酶，DNA 聚合酶 γ 是线粒体 DNA 合成酶。此外，现也有报道一些新发现的 DNA 聚合酶，如 DNA 聚合酶 ζ、η、ι、κ 和 Rev1，它们主要参与 DNA 的损伤修复，因此保真性较低。

在真核生物的 DNA 复制中，复制蛋白 A(replication protein A，RPA)是真核生物的单链 DNA 结合蛋白，相当于大肠杆菌的 SSB 蛋白，由三个不同亚基(分子质量为 70kDa、32kDa 和 14kDa)组成。复制因子 C(replication factor C，RFC)由一个大亚基(145kDa)和 4 个小亚基(40kDa、38kDa、37kDa 和 36kDa)组成，具有 DNA 依赖的 ATP 酶活性，是夹子装置器(clamp loader)，相当于大肠杆菌的 γ 复合体，帮助 PCNA 因子在 DNA 双链的装卸。此外，它还促进复制体的装配。

2. DNA 复制的起点和方向 真核生物的基因组比原核生物大，但其复制速度比原核生物低。例如，细菌的复制叉的移动速度为 50 000bp/min，而哺乳类动物的复制叉移动速度是 1000～3000bp/min，相差 20～50 倍，哺乳动物的复制子大多在 100～200kb，只有细菌的几十分之一，从每个复制子而言，复制所需时间在同一数量级。由此可见，真核生物用增加复制起点来弥补这一遗憾。真核生物染色质有多个复制起点，它们可以分段进行复制。脊椎动物的复制原点往往富含 AT，但是不同细胞类型复制原点不相同。酵母中复制的起点称为自主复制序列(autonomously replicating sequence，ARS)或复制原点(replicator)。在快速生长的原核生物中，起点可以连续发动复制。真核生物染色质在全部复制完成之前起点不再重新开始复制。真核生物在快速生长时，往往采用更多的复制起点。实验表明黑腹果蝇相邻两复制起点的平均距离在早期胚胎细胞是 7.9kb，而在成体细胞是 40kb，随着生长速度放慢，复制起点的利用率下降，以适应生物的生长。

3. DNA复制过程 真核生物的DNA复制依然可以分为起始、延伸和终止三个阶段，也是DNA聚合酶和多种蛋白质协调作用的结果。在复制叉上有一个DNA聚合酶α，以合成引物；DNA聚合酶ε和DNA聚合酶δ，分别合成前导链和滞后链。起始识别复合体(origin recognition complex，ORC)是真核细胞DNA复制的一个重要组成元件。它最初在未成熟的酿酒酵母(*Saccharomyces cerevisiae*)中发现，ORC以一种依赖ATP的方式结合到起始位点，并作为其他起始因子的装配骨架。ORC所结合的DNA序列变化非常大。在未成熟的酵母中，ORC识别特异的*ori*位点；然而，在高等真核生物中，起始位点的选择很少依赖于特异DNA序列。即使在不同的昆虫和人的体细胞中，ORC也能结合到含有复制起点的特异染色质区域。ORC的定位与起始的选择涉及许多精细调控途径，也受ORC-染色质上游和下游许多调节因子的作用，但是目前仍不清楚ORC是如何发现这些序列。真核生物合成DNA时，首先构建前起始复合体。在G_1期ORC先结合到DNA上，然后核复合体相关蛋白3(nucleolar complex-associated proteins NOC3)、CDC6(cell division cycle，细胞分裂周期蛋白)和CDT1(CDC10 dependent transcript factor1，CDC10依赖性转录因子1)，以及MCM2～7(minichromosome maintenance protein，微小染色质维持蛋白)复合体等依次结合上来，在结合MCM后，CDC6和CDT1从复制前起始复合体脱落，形成一个有效复制前起始复合体(图9-15A)。在G_1/S转换时，CDC45、TOPBP1(topoisomerase Ⅱ binding protein 1，拓扑异构酶Ⅱ结合蛋白1)和MCM8～10协助GINS(go ichi ni san，polε辅助因子)复合物的加载，DNA解螺旋，DNA聚合酶的结合，使复制前起始复合体转变成复制起始复合体(图9-15B)。复制起始相关事件发生的准确顺序目前尚不清楚，并且不同的生物体系其顺序也有所不同。复制起始复合体形成后，MCM2～7、CDC45和GINS使双螺旋DNA解旋。GINS促进polδ的聚合作用，前导链的合成主要由polε来完成。在滞后链上，RPA稳定ssDNA，polα先合成一个10个核苷酸的RNA引物，继之在引物的3′端合成20～30个脱氧核苷酸的DNA片段，然后被polδ替代，由其完成冈崎片段的合成。RFC协助PCNA加载到polδ上，增加polδ的持续合成能力，而MCM8～10在此过程中准确的作用尚不清楚(图9-15C)。

在滞后链的合成中，相邻冈崎片段的连接是在核酸酶、FEN1(flap endonuclease1，侧翼内切核酸酶)、DNA聚合酶等共同作用下完成。RNA引物被RNase H1、成熟因子1(maturation factor1，MF1)等核酸酶水解，然后由DNA聚合酶ε填补缺口，DNA连接酶连接切口，图9-16提供了目前大家比较公认的三个滞后链连接模型。

真核生物的染色质以核小体为结构单位，在其复制时必然涉及亲代DNA链与组蛋白八聚体的解开和子代DNA链与组蛋白的重新组装。用药物亚胺环己酮(cycloheximide)抑制蛋白质的合成，然后用电子显微镜观察正在复制的染色质，可以看

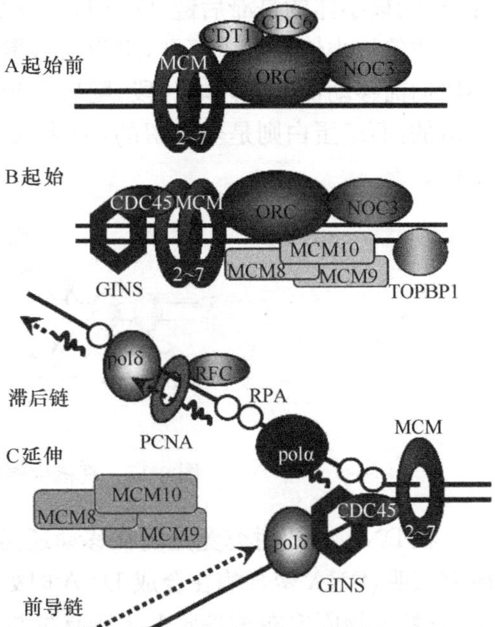

图9-15 真核细胞核DNA复制的模型
A.起始前复合物的组成；B.起始复合物的组成；C.DNA复制叉的组成

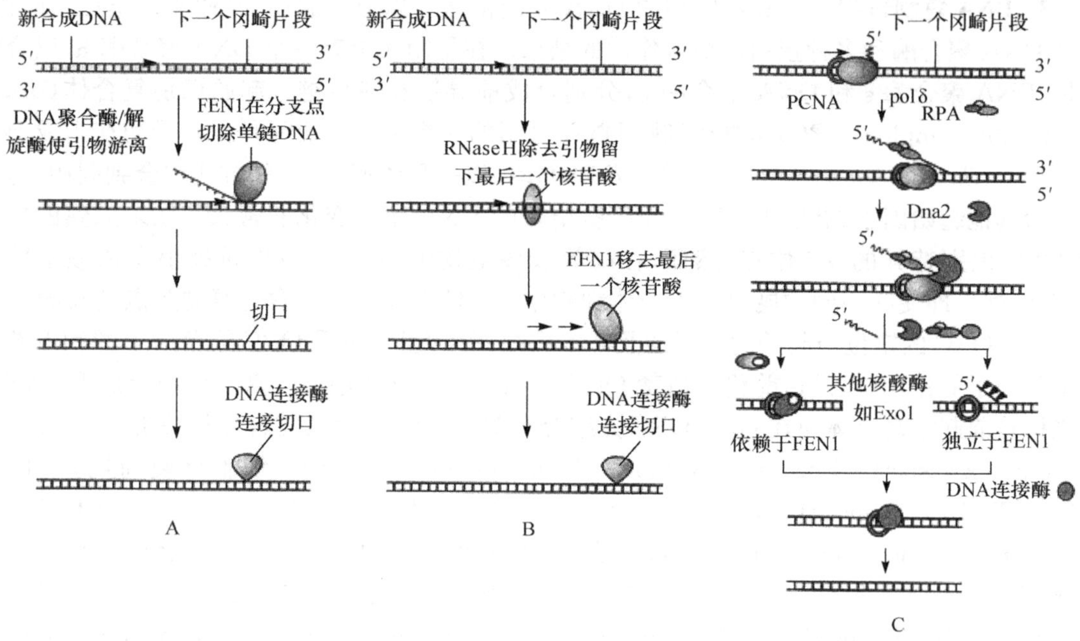

图 9-16　真核生物中完成滞后链复制的三种模型

A. 侧向剪切模型；B. RNase H 模型；C. RPA 控制模型

到复制叉上有一条 DNA 链上没有核小体结构。用病毒 SV40 做的实验证明，有核小体的是前导链，无核小体的是滞后链(图 9-17)。根据这些实验结果推测，在真核生物的复制子上，亲代染色质的核小体被逐个打开，组蛋白八聚体可直接转移到子代前导链上，滞后链则随着复制叉逐段向前移动而合成冈崎片段，随后由新合成的组蛋白组装成核小体。因此，DNA 复制是半保留的，而组蛋白则是全保留的，原来属于一个核小体的组蛋白在复制后仍然属于同一个核小体。

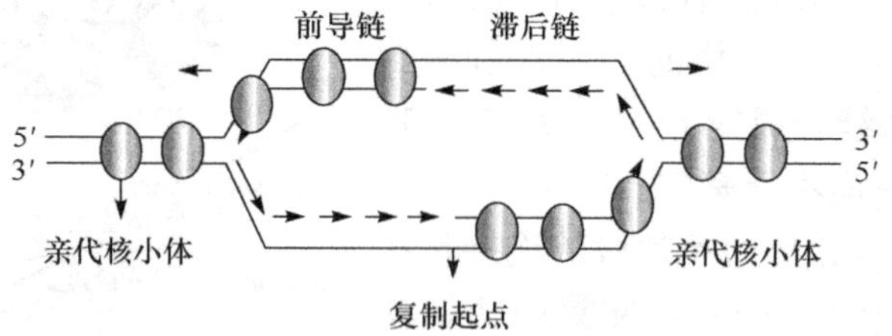

图 9-17　真核生物染色质复制时原有组蛋白的分布

在 DNA 合成时究竟是酶在移动还是 DNA 在移动？似乎一直认为是酶在移动。但最近研究表明，DNA 聚合酶在合成 DNA 时处于固定状态，原核生物的 DNA 聚合酶固定在细胞膜上，真核生物固定在核基质上。所有参与 DNA 复制的酶和蛋白质，也包括固定 DNA 聚合酶的蛋白质都固定在同一位置，从而构成复制体。DNA 复制过程中复制子保持与复制体结合，形成复制簇。新合成的 DNA 从复制体向外滑出，同时亲代 DNA 通过固定点向内移动。在此过程中亲本链形成的环逐渐收缩，复制链形成的环不断增大。这样 DNA 进入复制体被复制，进去的是母链，出来的是子链(图 9-18)。很像播放机的工作原理，磁头不动，磁带在转，美妙的声音或图像就播放出来了。

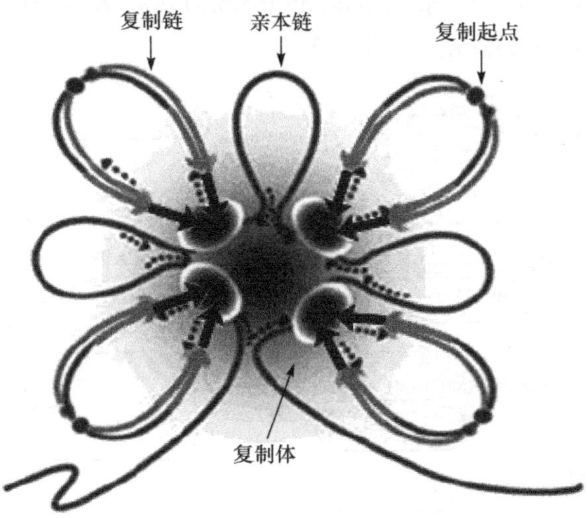

图 9-18 复制子簇内 DNA 复制模型

(二) 端粒复制

原核生物的染色体是环状的，其 5′端冈崎片段的 RNA 引物被除去后的缺口可借助另半圈 DNA 链的向前延伸来填补。但是真核生物线性染色体在复制后，不能像原核生物那样填补 5′端的空缺，从而会使 5′端序列因此而缩短。但真核生物通过形成端粒结构来解决这个问题。复制使端粒 5′端缩短，而端粒酶(telomerase)可外加重复单位到 5′端上，结果维持端粒一定长度。

真核生物线性染色体的两个末端具有特殊的结构，称为端粒(telomere)，它是由许多成串短的重复序列所组成。该重复序列通常一条链上富含 5′(T_xG_y)n，而其互补链上富含 3′(A_xC_y)n。x 和 y 的变化为 1～4，n 的变化范围依生物不同而异，对大多数真核单细胞生物 n 变化为 20～100，哺乳类动物通常大于 1500。例如，原生动物四膜虫端粒的重复单位为 TTGGGG(仅列一条链的序列)；人的端粒重复单位为 TTAGGG，重复次数在精子为 1000 次。TG 链常比 AC 链更长些，形成 3′单链末端。端粒的功能为稳定染色体末端结构，防止染色体间末端连接，并可补偿滞后链 5′端在消除 RNA 引物后造成的空缺。

端粒的合成是由端粒酶所催化，端粒酶是一种含有 RNA 链的反转录酶，它以所含 RNA 为模板来合成 DNA 端粒结构(图 9-19A)。通常端粒酶含有约 150 个核苷酸的 RNA 链，其中包括 1 个半拷贝的端粒重复单位的模板。例如，四膜虫端粒酶的 RNA 为 159 个核苷酸的分子，含有 CAACCCCAA 序列。端粒酶可结合到端粒的 3′端上，RNA 模板的 5′端识别 DNA 的 3′端互补碱基并相互配对，以染色质的 3′端作为引物，合成的方向是 5′→3′，以 RNA 链为模板使 DNA 链延伸，合成一个重复单位后再向前移动一个单位继续合成 DNA 链达所需的重复次数。由端粒酶合成 T_xG_y 链后，RNA 引物酶在新合成的端粒末端合成一段 RNA 引物，互补的 C_yA_x 链由细胞的 DNA 聚合酶来合成。去除 RNA 引物后所产生的单链 DNA，在低等真核生物，由特殊结合蛋白来保护。在高等真核生物(包括哺乳类动物)其端粒可以有几千碱基对长度。此时单链末端就形成一个称之为 T 环(T-loop)的特殊结构(图 9-19B,C)。T 环的形成需要端粒单链的 3′端插入双链 DNA。在哺乳类动物 T 环的形成需要 TRF1 和 TRF2(telomere repeat binding factors)两种蛋白质的参与。T 环的形成保护染色质的 3′端，避免核酸酶的降解(图 9-19)。

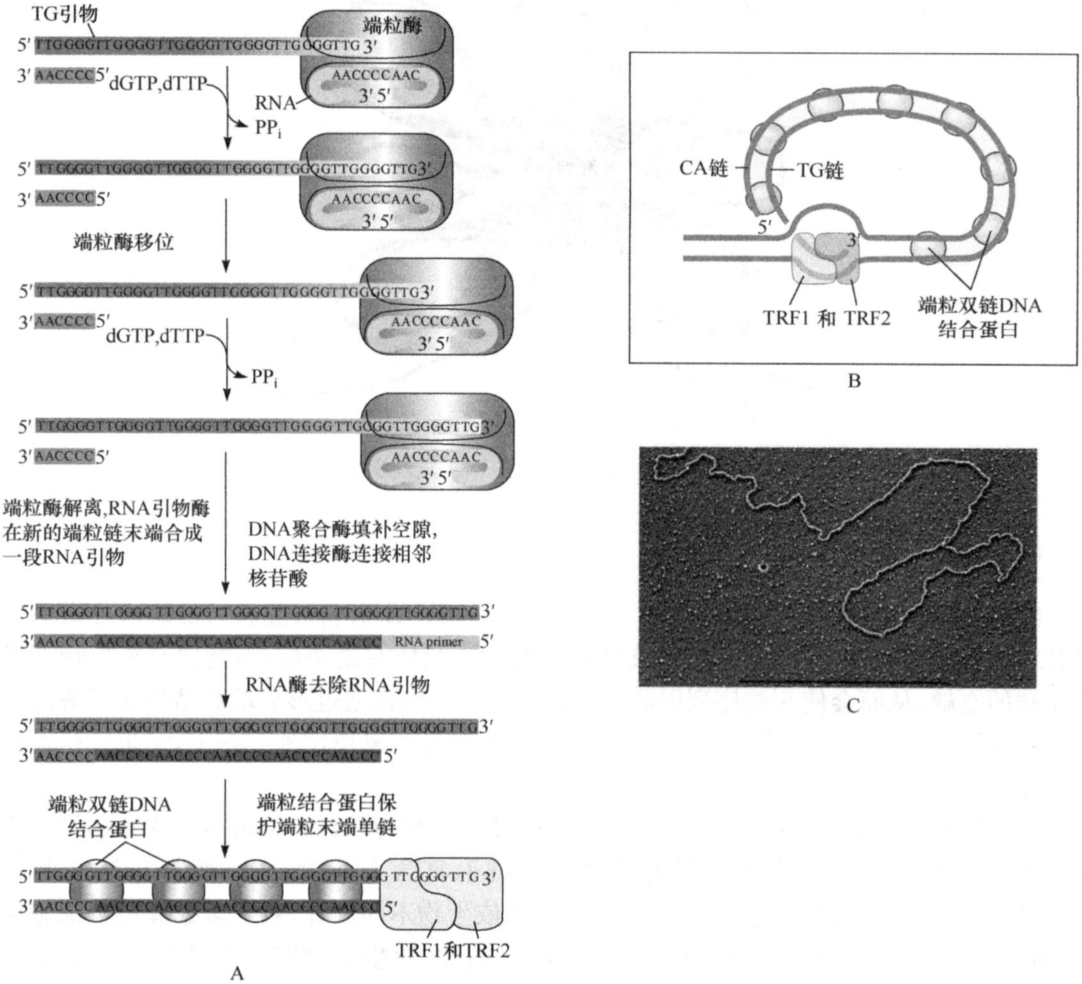

图 9-19　真核生物染色体端粒的合成(引自 Lehninger et al. ,2012)

A. 端粒的合成过程；B. 假设的端粒 T 环结构；C. 电子显微镜下的小鼠肝细胞端粒末端的 T 环（图下方的线条表示 5000bp 的长度）

在动物的生殖细胞中，由于端粒酶的存在，端粒一直保持着一定的长度。体细胞随着分化会由于编码该催化亚基的基因表达受到了阻遏而失去端粒酶活性。在缺乏端粒酶活性时，细胞连续分裂将使端粒不断缩短，短到一定程度即引起细胞生长停止或凋亡。组织培养的细胞证明，端粒在决定细胞的寿命中起着重要作用，经过多代培养老化的细胞端粒变短，染色体也变得不稳定。如果在体细胞中引入端粒酶，细胞生命周期显著增加。然而，肿瘤细胞中端粒酶活性比较高，因此端粒酶可以作为抗癌治疗的靶位点。

五、DNA 复制的调控

就目前所知，起始阶段是 DNA 复制中唯一的一个可以受调节的阶段，由于受到调节而使得真核细胞在一个细胞周期中发生一次复制。调节的机制尚未了解清楚，但是为基因和生物化学的研究提供了一些证据。

复制起始的调节可能也涉及由DnaA蛋白引起的ATP的缓慢水解，因为这种调节使DnaA蛋白质在活化态（与ATP结合）和非活化态（与ADP结合）间发生循环变化。原核生物DNA的复制在起始阶段，一旦DNA聚合酶Ⅲ结合到DNA上，Hda蛋白（homologous to Dna A）就结合到β亚基上，与Dna A相互作用，水解DnaA结合的ATP，ATP的水解导致DnaA复合体的解离，从而调节DNA复制的起始。

原核生物DNA的甲基化，以及与细胞质膜的相互作用可以影响复制的起始时间。Dam甲基化酶可以使*oriC* DNA甲基化，甲基化发生在回文序列GATC中腺嘌呤的N^6位（Dam代表腺嘌呤甲基化的缩写）。大肠杆菌的*oriC*区域有很多GATC序列片段，这一片段在大肠杆菌染色体中的平均频率是每256个碱基对中有1个，而在*oriC*区域的245个碱基对中就有11个这样的片段。复制完成后，DNA是半甲基化的，即*oriC*区域的母链是甲基化的，而新合成的链没有甲基化。*oriC*的半甲基化序列会在质膜上滞留一段时间（机制尚不清楚）。当*oriC*从质膜上释放出来，在它再次与DnaA结合并引发DNA复制之前，它必须由甲基化酶将其甲基化。

真核生物DNA复制的调节远比原核生物更为复杂。真核生物的细胞有多条染色体，每一条染色体上有多个复制起点，因此是多复制子。它们的复制是由时间控制，并不是所有起点都是同一时间被激活的，而是有先有后。复制时间与染色质结构、DNA甲基化，以及转录活性有关。通常活性区先复制，异染色质区晚复制。复制是双向的，相邻两复制起点形成的复制叉相遇后借助拓扑异构酶而使子代分子分开。真核生物似乎没有复制终止子。染色体复制在一个细胞周期中只发生一次，所有基因既无丢失，也不会过剩。这一机制被认为是由复制许可因子（replication licensing factor）控制。该因子为复制起始所必需，但一旦复制起始后它即被灭活或者降解。该因子不能通过核膜，只能经过有丝分裂在重建核结构时才能进入核内并作用于染色体的复制起点，这使其仅在有丝分裂后期才能与复制起点相互作用。真核生物的复制起始受多种因子的调控，这些因子的磷酸化和去磷酸化直接影响着复制的起始。

六、基因组学

（一）基因组与基因组学的概念

基因组（genome）是指生物体所具有的携带遗传信息的遗传物质的总和，即一个细胞的所有基因和基因间的DNA组成了细胞的基因组。而基因在生物化学上的准确定义是：一个基因就是编码一些基因最终产物的一级结构所需的DNA，这些最终产物可以是一条多肽链或者是一个具有结构和催化功能的RNA。在真核生物细胞中也存在线粒体和叶绿体DNA，因此又将线粒体和叶绿体中的DNA称作线粒体基因组和叶绿体基因组。相对于前两者，核中的基因组可称作核基因组。原核生物基因组包括细胞内的染色体和质粒DNA。病毒中携带的遗传物质则称为病毒基因组。

基因组学（genomics）一词是由美国Roderick于1986年提出，用于概括涉及基因组结构和整个基因组功能分析的学科。基因组学研究内容包括基因的结构、组成、存在方式、表达调控模式、基因功能及相互作用等。基因组学是伴随人类基因组计划成功实施而形成的一个全新生命科学领域。

（二）人类基因组计划

人类基因组计划(HPG)是20世纪自然科学史上最伟大的计划之一。20世纪80年代中期，测序人类基因组的可能性被提出，1987年美国开始筹建第一个HPG实验室。1990年HPG在美国首先启动。HPG的主要内容包括：人类基因组作图及序列分析，基因的鉴定，基因组研究技术的建立和改进；模式生物基因组的作图和测序；信息系统的建立等。中国作为第六个成员国参与完成了约1%人类基因组工作框架图。2004年，*Nature*杂志上公布了人类基因组完成图(包括99%的人类基因序列，准确率大于99.99%)，认为人类有2万～2.5万个基因(图9-20)。2006年，人类最后一个染色体，第一号染色体基因测序完成，标志着对于人类生命密码的解读宣告完成。自此，大规模分析某一生物基因组全序列也逐渐成为热点，已完成大肠杆菌、酵母、线虫、果蝇、蚊子、家蚕、拟南芥、水稻和小鼠等多种生物的基因组全序列的测定。

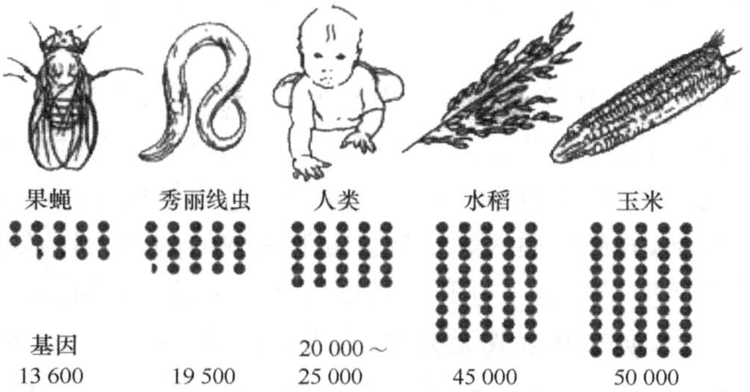

图9-20　人与几种模式生物基因数量的比较

(引自 International Human Genome Sequencing Consortium，2004)

（三）基因组学研究的内容

基因组学研究主要包括两个方面：结构基因组学(structural genomics)和功能基因组学(functional genomics)。结构基因组是以全基因组测序为目标，代表基因组分析的早期阶段，以建立生物体高分辨率遗传图谱、物理图谱和转录图谱为主。功能基因组学以基因功能鉴定为目标，代表了基因分析的新阶段，是利用结构基因组学提供的信息系统研究基因的功能，又被称为后基因组学(postgenomics)。

1. 结构基因组学　结构基因组学是基因组学的一个重要组成部分和研究领域，是一门通过基因组作图、核苷酸序列分析确定基因组成、基因定位的科学。上文所述的HPG就属于结构基因组学范畴。

结构基因组学主要从基因组水平上研究基因结构，其具体研究内容包括：基因组测序和基因组作图。基因组作图主要包括：①遗传图谱(genetic map)，是通过计算连锁的遗传标志之间的重组频率，确定标志相对距离的图谱。②物理图谱(physical map)，是通过测定遗传标志的排列顺序与位置而绘制，以一段已知核苷酸的DNA片段为位标，以DNA实际长度为图距的基因图谱。③转录图谱(transcription map)，是以表达序列标记(expressed sequenced tags，EST)为位标绘制的分子遗传图谱。④序列图谱(sequence map)测序主要是在遗传图谱和物理图谱的基础上，确定各片段核苷酸序列，并根据重叠部分依次排列(图9-21)。

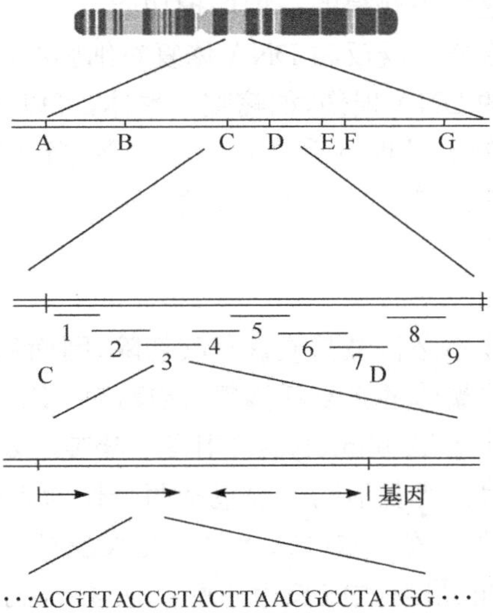

图 9-21 结构基因组学的 4 张图谱

2. 功能基因组学 功能基因组学是在结构基因组学的基础上发展而来的，其目的在于揭示基因组功能及调控机制；探索单一细胞在某一时刻，某种状态下所表达基因的种类和数量；比较不同细胞间或同种细胞不同条件下基因表达状态。以此为基础加深对细胞发生发育及功能的理解，并可了解基因在发育、分化和病理状态下的功能变化，认识其表达调控方式和调控机制。

功能基因组学的研究方法主要有：基因表达谱（利用基因芯片技术、基因表达分析系统、差异显示 PCR、消减杂交等技术分析基因表达）、RNA 干扰、表达蛋白的双向凝胶电泳和质谱技术、酵母双杂交、基因敲除、基因嵌入、噬菌体表面展示、突变体功能互补等。另外，生物信息学的应用与发展在功能基因组学研究中占据非常重要的位置，可利用生物信息学进行高性能的数据处理与新算法开发，数据库的管理和维护，在数据库中进行搜索和同源比对，帮助识别和鉴定基因及其功能。

（四）基因组学的研究意义

功能基因组学的发展，使生物学研究从最初的单一基因功能的研究变为向多个基因功能的系统研究。功能基因组学的研究可为个体发育、生长、衰老、死亡机制，神经活动机制，细胞增殖、分化、凋亡机制，信息传递机制，疾病发生机制等各种生命活动机制提供科学基础。其研究成果将具有巨大科学意义及广泛的应用前景。例如，在医疗卫生领域，研究成果可用于医药开发、疾病诊断和预防等方面。

第二节 DNA的修复

某些物理化学因子，如紫外线、电力辐射和化学诱变剂等，都有引起生物突变和致死的作用。现在知道，这些物理化学因子均能作用于 DNA，造成其结构和功能的破坏。然而在一定条件下，生物机体能使其 DNA 的损伤得到修复。由于 DNA 分子是由两条互补链构成，DNA 损伤在一条链中可被切除，并以没有损伤的互补链作为模板复制而得以准确修复。这种修复作用是生物在长期进化过程中获得的一种保护功能。

修复系统的数量和多样性既反映 DNA 修复对细胞存活的重要性，又反映了 DNA 损伤的多样性。一些普通类型的 DNA 损伤，如嘧啶二聚体，可以通过几种特定的系统来修复。从能量角度来看，许多 DNA 修复过程似乎没有一点效果，当遗传信息的完整性受到较大损伤时，在修复过程中投入化学能的量几乎和修复成功与否无关。

一、直接修复

许多类型的损伤修复不必将碱基或核苷酸切除，因而称为直接修复(direct repair)。最典型的例子是环丁烷嘧啶二聚体的光复活修复，该反应由 DNA 光复活酶(photoreactivating enzyme)也称 DNA 光解酶(DNA photolyase)引发。嘧啶二聚体由光诱导反应产生，光复活酶利用吸收的光能使损伤修复。光复活酶一般包括两个作为光吸收体的辅因子或称生色团，其中一个生色团是黄素腺嘌呤二核苷酸(FADH)。在大肠杆菌和酵母中，另一个生色团是叶酸。光复活酶的辅因子吸收光(最有效波长为 400nm 左右)，利用光能催化二聚化的逆反应，使二聚体分解成单体，从而修复损伤(图 9-22)。

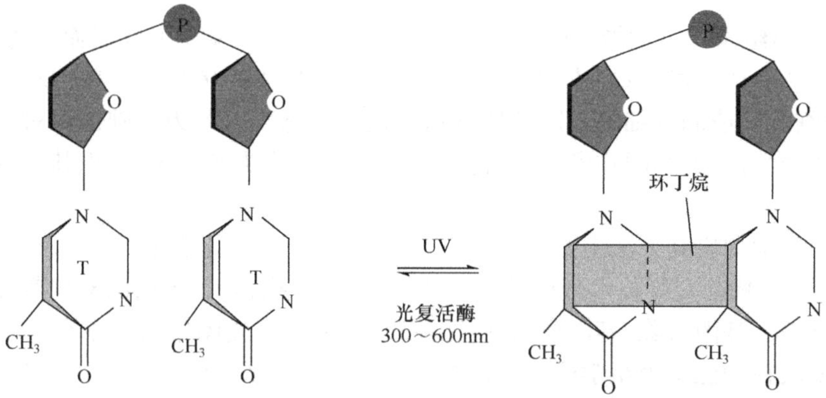

图 9-22　紫外线引起嘧啶二聚体形成和光复活酶的修复

另一个例子是 O^6-甲基鸟嘌呤的修复，烷化剂诱导 O^6-甲基鸟嘌呤的形成是一种常见和诱变率高的 DNA 损伤。在复制的过程中，它倾向于与胸腺嘧啶而不是胞嘧啶配对，因此就会导致从 G≡C 到 A═T 的突变(图 9-23)。

O^6-甲基鸟嘌呤的直接修复由 O^6-甲基鸟嘌呤-DNA 甲基转移酶引发，此酶催化 O^6-甲基鸟嘌呤上的甲基转移到酶自身的半胱氨酸残基上。酶在接受这个甲基后，会使蛋白质永久甲基化，从而失去活性。严格说来，这种甲基转移酶并不是一种酶，因为单个甲基的转移即将其失活，所催化的反应是一种自杀性抑制剂类型。要修复一个损伤的甲基就要消耗一个蛋白质分子，这又一次说明保持细胞 DNA 完整性的重要地位。同时失活的甲基化酶作为一种蛋白质起到转录激活因子的功能，增强了其自身基因和其他几种修复酶基因的表达，这充分反映生物体功能的高效性和协同性。

此外，DNA 单链断裂也是损伤的一种常见形式，修复这类损伤是直接通过重新形成3′,5′-磷酸二酯键来完成，因此，只需要 DNA 连接酶的参与，由 ATP 或 NAD^+ 提供能量。

二、错配修复

细胞内DNA在复制后的错配修复(mismatch repair,去除复制过程中错配核苷酸的DNA损伤修复),可以提高整体复制的忠实性达10^2～10^3倍。错配的修复几乎总是依赖模板链所提供的信息。因此,修复系统在一定程度上必须首先识别模板和新合成的链,这种识别是通过甲基标记的DNA模板来区分母链和新合成的链。大肠杆菌的错配修复系统至少包括12种蛋白质组分,其功能不仅是参与链的识别,也包括修复过程。

链的识别是依赖于Dam甲基化酶的作用,酶使DNA的5′-GATC序列中腺嘌呤的N^6位甲基化。在DNA复制后的一段时间(大约几秒或几分钟),模板甲基化而新合成的链没有甲基化,未被甲基化的GATC序列就是新合成链与模板链的区分点(图9-24)。复制错配发生在GATC序列半甲基化的附近,依据已甲基化的模板的信息去修复。体外实验证明,如果两个链在GATC序列中都被甲基化,只有很少错配被修复。如果两条链都未被甲基化,则修复可以发生在两条链中的任意一条链。这种甲基指导的错配修复系统中可以有效修复错配达1000个碱基对。

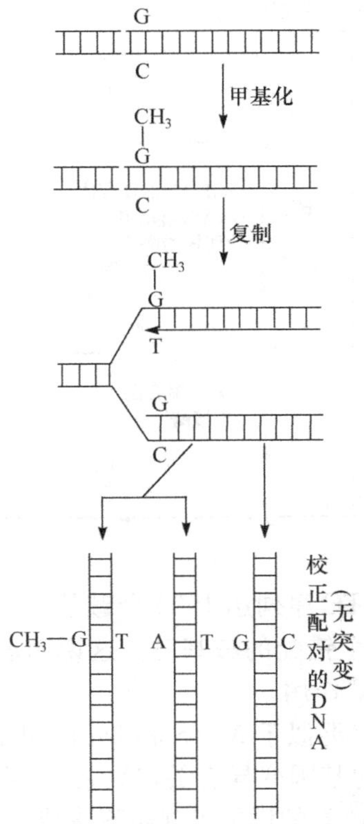

图9-23　DNA的甲基化损伤引起突变及修复

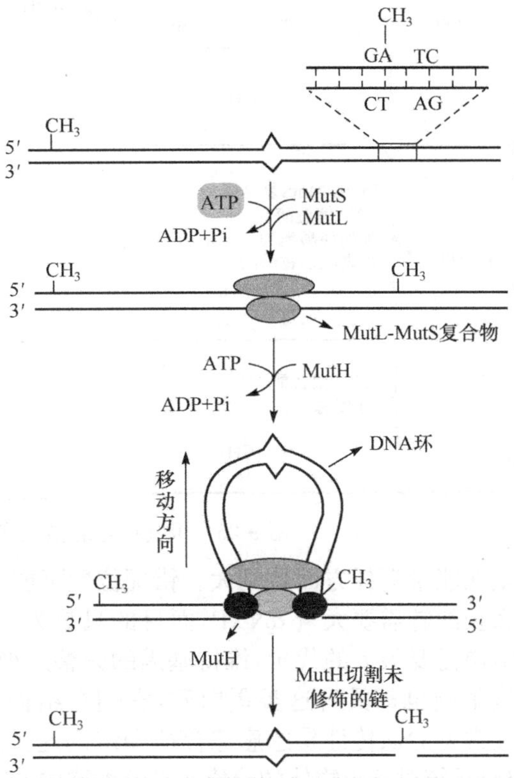

图9-24　甲基指导错配修复的起始过程模型

MutH和MutS蛋白对5′-GATC和错配核苷酸具有特异的识别功能。MutS蛋白和MutL蛋白在错配处形成复合物,然后错配点两边的DNA链沿着两个方向同时穿过复合物,直至碰上MutH蛋白结合的半甲基化GATC顺序。此时MutH在G的5′位置切开未甲基化链,一个由Ⅱ型解螺旋酶和几个外切核酸酶组成的复合物从切点到错配点降解未甲基化的DNA链间隔较远的 GATC 序列引导的错配修复，其机制如图 9-25 所示。MutL(错配修复)蛋白与 MutS 蛋白结合形成一个复合物，再附着到错配碱基对上(CC 除外)。MutH 蛋白继之与 MutL 蛋白和 MutL-MutS 复合物结合。错配碱基对带着两边的 DNA 穿过 MutL-MutS 复合物，形成了一个 DNA 环。在这个过程中相当于复合物沿着 DNA 向两个方向移动，一旦遇到半甲基化 GATC 序列，MutH 的位点专一性内切核酸酶活性被激活，在 GATC 序列中靠 5′端的 G 处切断非甲基化链。后面的过程决定于错配位点相对于切点的位置。如果错配碱基在切点的 5′侧，非甲基化链被解旋，并沿着 3′→5′方向从切点向错配点降解，同时新合成的 DNA 替换相应的核苷酸片段。这一过程需要 DNA 解旋酶Ⅱ、SSB 和外切核酸酶Ⅰ或Ⅹ(它们都沿着 3′→5′方向降解 DNA 链)，以及 DNA 聚合酶Ⅲ、DNA 连接酶的综合作用。错配碱基在切点 3′侧的修复过程与上面类似，但外切核酸酶为外切核酸酶Ⅶ(沿 3′→5′或 5′→3′方向降解单链 DNA)，或 RecJ 核酸酶(沿 5′→3′方向降解单链 DNA 的外切核酸酶)。

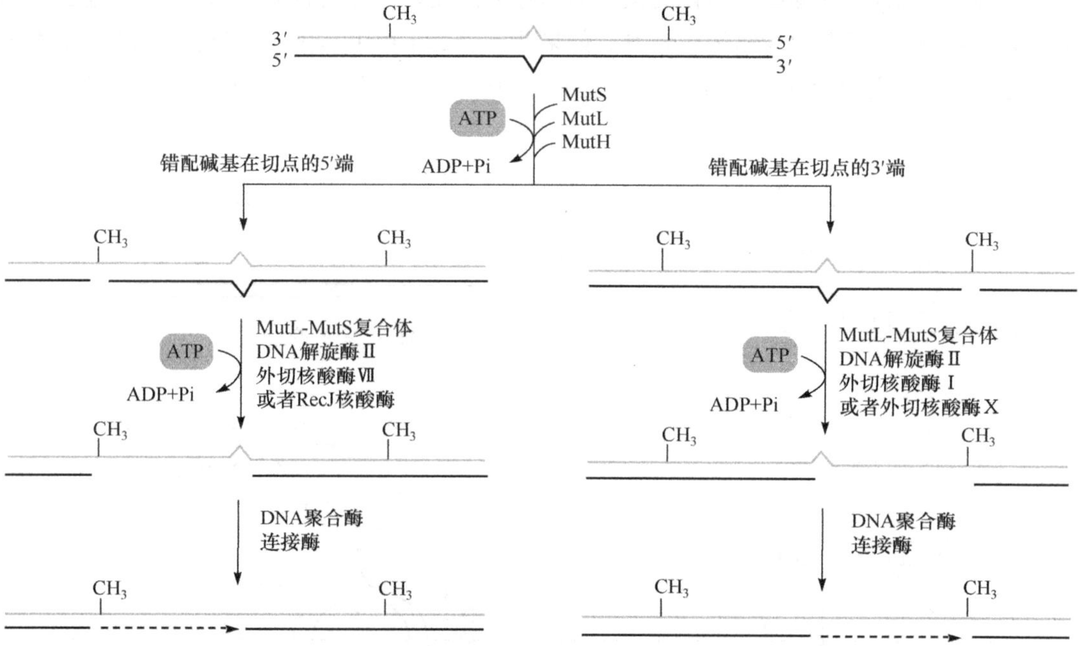

图 9-25　甲基指导的错配修复的过程

错配修复在能量消耗方面特别大。错配位置可能会距 GATC 序列达 1000 个碱基对。裂解和替换这么长的链需要大量 dNTP，而目的只是为了修复一个错配的碱基对。这说明遗传信息的稳定传递需要很大的代价，维持基因的完整是细胞的重要作用。

所有真核细胞也都具有这类蛋白质，它们在结构和功能上类似于 MutS 和 MutL 蛋白。人类的一些最常见的遗传性易感癌综合征和编码这类蛋白质的基因变异有关，这些进一步证明了 DNA 修复系统对于生物体的价值。真核细胞中 DNA 错配修复的详细机制还不清楚，但新生成的 DNA 链不涉及 GATC 序列机制的实验结果提示，它可能与细菌的甲基化调控体系不同。

三、切除修复

所谓切除修复(excision repair)，即在一系列酶的作用下，将 DNA 分子中受损伤部分切除掉，并以完整的那一条链为模板，合成出切去的部分，然后使 DNA 恢复正常结构的过程。这是比较普遍的一种修复机制，它对多种损伤均能起修复作用。参与切除修复的酶主要有：特异的核酸内切酶、聚合酶和连接酶。切除修复主要有两种类型：碱基切除修复(base-excision repair)和核苷酸切除修复(nucleotide-excision repair)。

(一) 碱基切除修复

所有细胞都有一类 DNA 糖苷酶(DNA glycosylase),能够识别一些常见的 DNA 损伤(如脱氨基的胞嘧啶和腺嘌呤),并通过断裂 N-糖苷键来切除受到影响的碱基,从而在 DNA 中产生无嘌呤(apurinic)或无嘧啶(apyrimidinic)位点,常称为 AP 位点(AP site)。每个 DNA 糖苷酶常专一作用于一种类型的损伤。例如,细胞中的尿嘧啶糖苷酶,它能去除 DNA 中由胞嘧啶自发脱氨基所产生的尿嘧啶,以及 DNA 复制过程中误掺的少量脱氧尿苷酸。缺乏这种酶的变异细胞,G≡C 突变为 A ═T 的比例很高。这种糖苷酶并不能作用于 RNA 的尿嘧啶和 DNA 的胸腺嘧啶。如在前面提到的,胸腺嘧啶对于损伤的选择性修复来说具有重要作用,从胞嘧啶脱氨基产物(尿嘧啶)中识别胸腺嘧啶的能力可能是 DNA 进化为含胸腺嘧啶而不含尿嘧啶的原因之一。其他一些 DNA 糖苷酶能够识别并切除次黄嘌呤(腺嘌呤脱氨基的产物)及诸如 3-甲基腺嘌呤和 7-甲基鸟嘌呤等烷基化碱基。糖苷酶还能够识别嘧啶二聚体等其他一些缺陷。另外,DNA 中的 N-糖苷键的缓慢自发水解和酸水解也可以产生 AP 位点。

一旦形成 AP 位点,就必须有一组酶来修复这种损伤。这种修复不是简单地插入一个新碱基重新形成 N-糖苷键,而是切除损伤后留下的脱氧核糖-5′-磷酸,由一个新的核苷酸替代之。这个过程由 AP 内切核酸酶(AP endonuclease)引发,切口的位置因 AP 内切核酸酶类型的不同而异,或在 5′端,或在 3′端。外切核酸酶切除包含 AP 位点在内的一段 DNA 链,切除含有 AP 位点的 DNA 片段后,该 DNA 片段由 DNA 聚合酶Ⅰ催化合成的新链取代,留下的切口由 DNA 连接酶连接(图 9-26)。

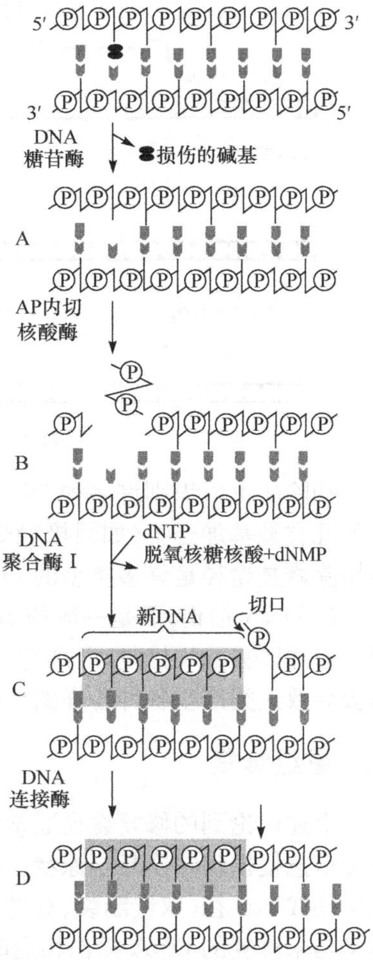

图 9-26　DNA 碱基切除修复途径

(二) 核苷酸切除修复

通常只有单个碱基缺陷才以碱基切除修复方式进行修复,如果 DNA 损伤造成 DNA 螺旋状结构的扭曲,它可以通过核苷酸切除修复方式来修复。在核苷酸切除修复中,由多亚基组成的酶水解损伤部位任意一侧的磷酸二酯键。在大肠杆菌和其他原核生物中,酶系统水解 3′端的第五个磷酸二酯键及 5′端的第八个磷酸二酯键,根据损伤是 1 或 2 个碱基而产生一个含有 12 或 13 个核苷酸的水解片段。在人类和其他真核细胞中,酶水解 3′端的第六个磷酸二酯键和 5′端的第二十二个磷酸二酯键,产生含有 27～29 个核苷酸的片段。经双重断裂后,切除的寡核苷酸链从双螺旋中释放出来,留下的缺口在大肠杆菌由 DNA 聚合酶Ⅰ填补,在人体内由 DNA 聚合酶 ε 填补。DNA 切口由 DNA 连接酶连接。

在大肠杆菌中,关键的酶复合物是由 *uvr* 基因编码的 ABC 核苷酸切除酶(excinuclease)。其活性依赖于三个亚基:UvrA(M_r=104 000)、UvrB(M_r=78 000)、UvrC(M_r=68 000)。UvrA 和 UvrB 形成的复

合物(A_2B)扫描 DNA 并锁定损伤部位。UvrA 二聚体随即离开 UvrB-DNA 复合物。UvrC 与 UvrB 结合后，UvrB 水解损伤 DNA 的 3′端的第 5 个磷酸二酯键，形成切口。随后，由 UvrC 水解 5′端第八个磷酸二酯键，产生另一切口，UvrD 螺旋酶继而去除这个 12 或 13 个核苷酸的片段，产生的缺口立刻由 DNA 聚合酶 Ⅰ 和 DNA 连接酶填补和封闭(图 9-27)。ABC 核苷酸切除酶可在 DNA 上产生两个切割点，核苷酸切除酶一词就根据该活性来命名，以与标准的内切核酸酶相区别。从机制上讲，真核生物核苷酸切除酶的 16 个多肽亚基与大肠杆菌的核苷酸切除酶亚基结构不同，但它的功能与细菌中的酶极为相似。

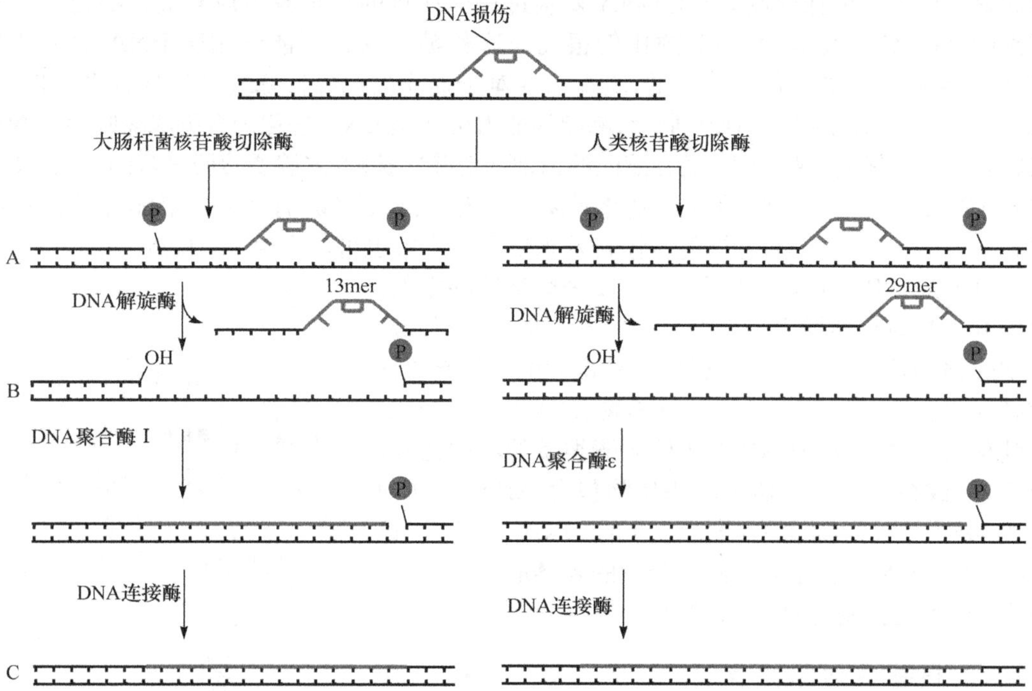

图 9-27　大肠杆菌和人类的核苷酸切除修复

切除酶可以识别许多种 DNA 损伤，包括嘧啶二聚体(环丁烷嘧啶二聚体、6-4 光产物)和其他几类碱基加合物(如因接触烟草烟雾而在 DNA 上生成的 α-苯并芘鸟嘌呤)。因此，核苷酸切除修复途径是许多类型的 DNA 损伤的主要修补途径。切除修复不局限于某种特定原因造成的 DNA 损伤，而是一般的识别 DNA 双螺旋结构的改变，对遭到破坏而呈现不正常结构的部分加以去除和修复，以维持 DNA 的完整性。在核苷酸切除修复过程中，所产生的遗传缺陷会导致人类产生各种各样的疾病。

四、重组修复

上述讨论到的修复途径通常仅仅对单链 DNA 上的损伤起作用，由未损伤链提供准确的遗传信息使损伤链恢复至原状。然而，在某些类型的损伤中，如电离辐射和氧化反应，互补链也损伤或不存在(双链断裂、双链交联)；或损伤发生在单链 DNA 中，但复制前没有被修复，复制叉与未修复的 DNA 损伤相遇时，DNA 聚合酶不能越过 DNA 损伤，因而会使损伤留在单链缺口处，单链断裂会引起双链断裂。在这些情况下，没有第二条链指导修复，准确修复所需的信息必须来自独立、同源的染色体，这个过程称为重组修复(recombinant repair)。在正常生长情况下，受阻的复制叉被一种复杂的修复途径重新激活，该途径包括重组 DNA 修复、复制的重新启动和留下的损伤的修复。由于这种修复发生在复制后，又称为复制后修复（postreplication repair）。

一旦复制叉被中止，至少可以用两种方法进行恢复，这两种方法都需要RecA蛋白。此外，还需要RecF、RecO和RecR蛋白。修复双链的断裂需要RecBCD酶。其他重组步骤依赖于一个称为依赖原点的复制重新启动过程。在此过程中，复制叉在由7种蛋白质（PriA、B、C和DnaB、C、D、T）组成的复合物的帮助下被重新构建。该复合物最初发现是ΦX174 DNA体外复制所必需的一种成分，现在称之为复制重启引发体。复制叉的重新启动还需要DNA聚合酶Ⅱ，其作用尚不清楚，它可能为DNA聚合酶Ⅲ提供进一步完成染色体复制所需要的途径（图9-28）。显然，受阻复制叉的修复是每种细胞同源重组系统的主要功能，重组DNA修复中的缺陷是导致人类疾病的主要原因。在复制过程中，DNA链的损伤并未除去。当进行第二轮复制时，留在母链上的损伤仍会给复制带来困难，复制经过损伤部位时所产生的缺口还需通过同样的重组过程来弥补，直至损伤被切除修复所消除。但是，随着复制的不断进行，若干代后，即使损伤始终未从亲代链中除去，而在后代细胞群中也已被稀释，实际上消除了损伤的影响。

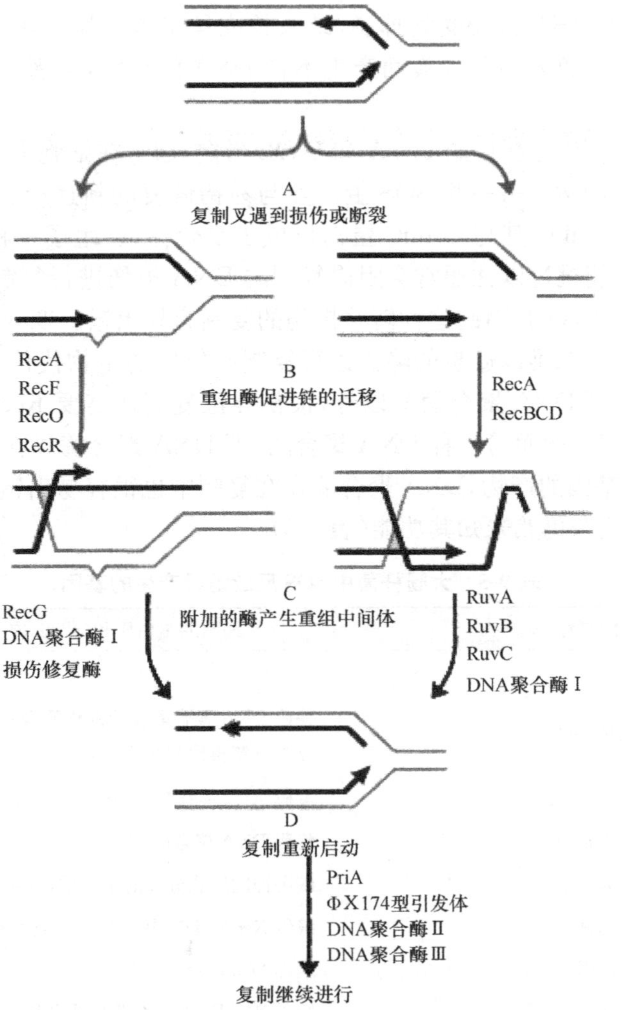

图9-28　DNA损伤及其在DNA复制中的影响

未修复的DNA复制造成无配对损伤DNA单链或双链断裂产物，可以由两条不同途径修复

五、应急反应和易错修复

前面介绍的 DNA 损伤修复功能可以不经诱导而发生。然而许多能造成 DNA 损伤或抑制复制的处理均能引起一系列复杂的诱导效应，称为应急反应(SOS response)。SOS 反应包括诱导出现的 DNA 损伤修复效应、诱变效应、细胞分裂的抑制，以及溶原性细菌释放噬菌体等。细胞的癌变也可能与 SOS 反应有关。

SOS 反应是细胞在 DNA 受到损伤或复制系统受到抑制的紧急情况下，为求得生存而出现的应急效应。SOS 反应诱导的修复系统包括避免差错的修复(error free repair)和倾向差错的修复(error prone repair)两类。光复活、切除修复和重组修复能够识别 DNA 的损伤或错配碱基而加以消除，在它们的修复过程中并不引入错配碱基，因此属于避免差错的修复。SOS 反应能诱导切除修复和重组修复中某些关键酶和蛋白质的产生，使这些酶和蛋白质在细胞内的含量升高，从而加强切除修复和重组修复的能力。此外，SOS 反应还能诱导产生缺乏校对功能的 DNA 聚合酶，它能在 DNA 损伤部位进行复制而避免死亡，可是却带来了高的变异率，SOS 反应的诱变效应与此有关。

SOS 反应使细菌的细胞分裂受到抑制，结果长成丝状体。其生理意义可能是在 DNA 复制受到阻碍的情况下避免因细胞分裂而产生不含 DNA 的细胞，或者使细胞中有更多进行重组修复的机会。

一些参与 SOS 反应的蛋白，如 UvrA 和 UvrB 蛋白，通常在细胞中存在，但在 SOS 反应时被诱导而得到更多的表达。另一些 SOS 蛋白参与易错修复的新途径。UmuD 蛋白被裂解产生的较短片段称为 UmuD′，其与 UmuC 蛋白形成了复合体，产生了一种专一的 DNA 聚合酶(DNA 聚合酶Ⅴ)，它能跳过以往通常会阻碍复制的 DNA 损伤进行复制。正确的碱基配对在这样的损伤部位是不可能的，因此这种转移损伤的复制容易出错。变异结果是很多细胞死亡，但这是细胞为克服另一个难以逾越的障碍进行复制所付出的生物代价，至少有一些变异的细胞能够生存下来。除了 DNA 聚合酶Ⅴ以外，损伤异位复制还需要 RecA、SSB 和一些来自于 DNA 聚合酶Ⅲ的亚基。然而另一种 DNA 聚合酶，即 DNA 聚合酶Ⅳ在 SOS 反应中也会被诱导表达。作为 *dinB* 基因的产物，DNA 聚合酶Ⅳ在复制中也很容易出错。一些在 SOS 反应过程中被诱导的基因，至今仍然未知其功能(表 9-5)。

表 9-5　大肠杆菌中 SOS 反应诱导产生的基因

基因名称	编码的蛋白质和(或)其在 DNA 修复中的作用
已知功能的基因 DNA	
polB(*dinA*)	编码 DNA 聚合酶Ⅱ的催化聚合作用的亚基，在重组 DNA 修复中复制再次起始所必需
*uvr*A、*uvr*B	编码 ABC 核苷酸切除酶亚基 UvrA 和 UvrB
*umu*C、*umu*D	编码 DNA 聚合酶Ⅴ
sulA	编码抑制细胞分裂的蛋白质，可能为 DNA 修复提供时间
recA	编码 RecA 蛋白，用于易错修复及重组修复
dinB	编码 DNA 聚合酶Ⅳ
ssb	编码单链 DNA 结合蛋白质(SSB)

续表

基因名称		编码的蛋白质和(或)其在DNA修复中的作用
	himA	编码整合进宿主的因子的亚基，包括定点重组、复制、转座、基因表达调控
参与DNA代谢的基因，但在DNA修复中的作用未知		
	uvrD	编码DNA解旋酶Ⅱ(DNA解旋蛋白质)
	recN	用于重组修复
未知功能的基因		
	dinD	
	dinF	

与细胞其他成分相比DNA要稳定得多，这和它的遗传功能是相符合的。但是这种稳定性是相对的，DNA并不是代谢上完全惰性的物质。在细胞内外各种物理、化学和生物因子的作用下，DNA会发生损伤，需要修复；在复制和转录过程中DNA也有损耗，而必须进行更新。在发育和分化过程中，DNA的特定序列还可能进行修饰、删除、扩增和重排。已有实验表明，老年动物DNA双链的不配对碱基数远较幼年和胚胎期为多。从进化的角度上看，DNA更是处在不断的变异和发展之中。

知识框

DNA复制与癌症

当人体内的一些特殊基因调控细胞分裂失败或者发生了改变的时候，癌症就形成了，细胞会不受控制的生长而形成肿瘤。基因突变或大量肿瘤病毒的入侵能够使调控细胞分裂的基因被破坏。因此关于DNA修复会加快基因变异，促进个体对癌症的易感性速度的观点，存在争议也并不奇怪。核苷酸切除修复、错配修复和重组修复所引起的编码蛋白质的基因的缺陷都与人类癌症相关，显然，DNA修复会决定人的生死。

虽然人类的核苷酸切除修复与细菌的切除修复的途径很相似，但是需要蛋白质的数量却大得多。基因缺陷阻断核苷酸切除修复会导致一些相关的基因疾病，其中研究得最透彻的是着色性干皮病(XP)。因为核苷酸切除修复是修复人体内的嘧啶二聚体的唯一的途径，所以XP患者对光很敏感，容易因阳光导致皮肤癌。大多数XP患者还会有神经畸形，这可能是因为他们缺乏修复由于高速的神经氧化代谢所造成的一些损伤的能力。

遗传性的非息肉性克隆癌(HNPCC)是一种最常见的遗传性癌症易感性综合征，一般认为是由错配修复缺陷引起的。人类和其他一些真核生物细胞有多种蛋白质类似于细菌的MutL和MutS蛋白。缺陷普遍出现于hMLH1(人MutL同源物1)和hMLH2(人MutL同源物2)基因中。在患有HNPCC的人群中，癌症多发于幼年时期，而且克隆癌比较常见。

多数乳腺癌会在未知的易患病体质的女性群体中发生。然而，10%的病例与两种遗传基因(*Brca1*和*Brca2*)有关。这两种基因的表达蛋白BRCA1、BRCA2，可与一种称为Rad51的蛋白质相互作用，这说明BRCA1和BRCA2同属于DNA重组修复蛋白。在基因*Brca1*和*Brca2*存在缺陷的女性中，患乳腺癌的概率大于80%。

思考题

1. 简述 DNA 复制的条件和特点。

2. 参与 DNA 复制的主要酶类有哪些？各有何功能？

3. 复制的起始过程如何解链？引发体是怎样生成的？

4. DNA 复制过程为什么会有前导链和滞后链之分？

5. 列表比较大肠杆菌 DNA 复制过程中合成前导链和滞后链所需的前体、酶和其他蛋白质的名称及功能。

6. DNA 聚合酶Ⅰ不是真正的“复制酶”，试从校读和不连续片段的连接及切除修复等过程说明其具体作用。

7. 真核生物染色体的线性复制长度是如何保证的？

8. 试比较 DNA 复制和 DNA 损伤修复过程中 DNA 合成的异同。

第十章　RNA 的生物代谢

【要点】 本章重点介绍了原核生物和真核生物的 RNA 聚合酶，与转录相关的启动子、转录因子、终止子和终止因子，以及转录过程；扼要介绍了各类 RNA 的转录后加工。此外还介绍了转录组学的相关内容和当前的主要研究方法。最后介绍了以 RNA 为模板进行的 RNA 和 DNA 的合成过程。

储存在 DNA 分子中的遗传信息需通过转录和翻译才能得到表达。在蛋白质合成的翻译过程中，还必须有携带氨基酸的 tRNA 和构成核糖体的 rRNA 参与。细胞内的各种 RNA，如 mRNA、tRNA 和 rRNA 以及具有特殊功能的小 RNA 都是以 DNA 分子的一条链为模板，在依赖于 DNA 的 RNA 聚合酶催化之下，以碱基互补配对方式合成。合成过程包括起始、延伸和终止等步骤。最初合成的 RNA 产物往往需要经过一系列的剪切、拼接、修饰和加工等过程才能转变为成熟的 RNA 分子。RNA 的合成是基因表达的第一步，也是最关键的一步。RNA 携带的遗传信息也可用于指导 RNA 或 DNA 的合成，前一过程称为 RNA 的复制，后一过程称为反转录。对 RNA 的信息加工和各种 RNA 功能的发现，使对 RNA 的研究成为现代分子生物学与生物化学中最活跃的领域之一。

第一节　依赖于 DNA 的 RNA 合成

在 DNA 指导下的 RNA 的合成称为转录(transcription)。RNA 链的转录起始于 DNA 模板的一个特定位点，并在特定的终点处终止。起始位点和终止位点之间的转录区域称为转录单位。一个转录单位可以是一个或多个基因。基因是能够表达和产生产物(蛋白质或 RNA)的 DNA 片段。根据产物的类别可将基因分为蛋白质基因和 RNA 基因两大类；根据产物功能可将基因分为结构基因(如酶和不直接影响其他基因表达的蛋白质)和调节基因(如阻遏蛋白或其他转录激活因子)两大类。基因通过转录对表型有专一性的效应，并可突变成各种等位形式。基因的转录是一种受到严格控制的有选择性的过程，随着细胞的不同生长发育阶段和细胞内外条件的改变而转录不同的基因。转录起始主要由 DNA 分子上的启动子(promoter)控制，而控制转录终止的部位则称为终止子(terminator)。转录是通过 DNA 指导的 RNA 聚合酶来实现的，现在已从各种原核生物和真核生物中分离到了这种聚合酶。通过提纯的酶在体外对某些 DNA 进行选择性的转录，基本上搞清楚了转录的机制。

一、RNA 聚合酶

要讨论 RNA 合成的步骤，必须首先了解 RNA 聚合酶的结构。目前对 *E. coli* 的 RNA 聚合酶的了解最为清楚，其他原核生物的 RNA 聚合酶结构也十分类似，而哺乳动物的 RNA 聚合酶则有很大差别。

20 世纪 60 年代初期，分别从微生物和动物细胞中分离得到了 DNA 指导的 RNA 聚合酶(DNA directed RNA polymerase)，为了解 RNA 的转录过程奠定了基础。该酶需要以 4 种核苷三磷酸(NTP)作为底物,适当的 DNA 作为模板,沿 5′→3′方向合成 RNA 链,Mg^{2+} 能促进聚合反应。反应是可逆的,但是焦磷酸的分解可推动反应趋向聚合反应。与 DNA 聚合酶不同,RNA 聚合酶无需引物,无校正功能,它能直接在模板上合成 RNA 链。

$$\begin{matrix} n_1\text{ATP} \\ + \\ n_2\text{UTP} \\ + \\ n_3\text{CTP} \\ + \\ n_4\text{CTP} \end{matrix} \xrightleftharpoons[\text{DNA},\,Mg^{2+}\text{或}Mn^{2+}]{\text{DNA指导的RNA聚合酶}} \text{RNA}+(n_1+n_2+n_3+n_4)\text{PPi}$$

反应产物 RNA 的组成取决于模板 DNA 的性质,其碱基比例与模板 DNA 基本一致,只不过以尿嘧啶代替了 DNA 中的胸腺嘧啶。如表 10-1 所示,曾用多种不同碱基组成的 DNA 作为模板[多聚 dT、多聚 d(AT)、大肠杆菌、小牛胸腺、噬菌体 ΦX174 双链 DNA、噬菌体 ΦX174 单链 DNA],结果所合成的 RNA 碱基比例与各自的 DNA 模板碱基比例基本相同。

表 10-1 不同 DNA 模板对产物 RNA 组成的影响

DNA 来源	DNA 模板				RNA 产物			
	腺嘌呤	胸腺嘧啶	鸟嘌呤	胞嘧啶	腺嘌呤	尿嘧啶	鸟嘌呤	胞嘧啶
多聚 dT	0	1	0	0	0.98	0.02	0	0
多聚 d(AT)	0.5	0.48	0.01	0.01	0.52	0.48	0	0
大肠杆菌	0.25	0.24	0.25	0.23	0.23	0.26	0.24	0.27
小牛胸腺	0.29	0.24	0.23	0.21	0.28	0.26	0.24	0.22
噬菌体 ΦX174(双链)	0.29	0.29	0.31	0.31	0.29	0.23	0.22	0.22
噬菌体 ΦX174(单链)	0.25	0.33	0.17	0.18	0.33	0.30	0.18	0.18

分子杂交实验证明合成的 RNA 只与作为模板的 DNA 形成杂交体,而不与其他 DNA 形成杂交体。表明反应产物 RNA 是在作为模板的 DNA 分子上,通过碱基配对的机制合成的。

在体外,RNA 聚合酶可使 DNA 的两条链同时进行转录;但在体内 DNA 两条链中仅一条链或该链的某些区域可用于转录,另一条链的另外一些区域用于转录。习惯上将用于转录的链称为模板链,或负链(一链),又称反义链;而将对应的链称为编码链,即正链(十链),又称有义链。DNA 在体内外转录时的这种差别,可能是由于 RNA 聚合酶在分离时丢失 σ 亚基引起的。因为在体外,小心制备大肠杆菌噬菌体 ΦX174 DNA 双链环状复制形式,以其为模板并加入完全的 RNA 聚合酶,则双链中只有一条链能作为转录的模板链。所合成的 RNA 仅与负链(模板链)互补。

与 DNA 聚合酶作用方式不同,以天然 DNA(双链 DNA)作为模板的 RNA 聚合酶反应比以变性 DNA(单链 DNA)作为模板的 RNA 聚合酶反应更为有效。RNA 聚合酶是以完整的 DNA 为模板,并以全保留的方式(conservative mode)转录 DNA 的碱基顺序。转录后的 DNA 模板仍然保持双链结构。事实上,许多实验说明,DNA 在进行转录的部分发生局部的解链,两条链中的一条可作为有效的模板,在其上合成出互补的 RNA 链。当被解开的两条链重新形成双螺旋结构时,已合成的 RNA 链即离开 DNA 链。

（一）大肠杆菌RNA聚合酶

已从大肠杆菌等细菌中纯化了RNA聚合酶。它像DNA聚合酶一样，具有很复杂的结构。全酶为15S，相对分子质量大约为4.65×10^5，由5种不同的多肽链构成，分别为α(3.65×10^5)、β′(1.55×10^5)、β(1.51×10^5)、ω(1.1×10^4)和σ($3.2\times10^5\sim9.2\times10^5$)。每分子RNA聚合酶除有两个α亚基外，其余亚基均只有一个，故全酶由6个亚基组成，即$\beta'\beta\alpha_2\sigma\omega$，还含有两个与β′亚基相连接的Zn原子。α、β、β′、σ分别由*rpoA*、*rpoB*、*rpoC*和*rpoD*基因编码。

在RNA合成的一定阶段，σ亚基会从全酶分子上解离下来。σ亚基脱离全酶后，剩下的$\beta'\beta\alpha_2\omega$称为核心酶(图10-1)。σ亚基的主要功能是识别启动子，确定转录的起始点和方向。体外实验中用全酶可得到与体内类似的结果，但用核心酶时，模板链和起始点的选择则都有很大的随意性。事实上，核心酶与DNA有一定的亲和力，这种亲和力主要来自于蛋白质中碱性基团与DNA的磷酸根之间的静电引力，是一种与DNA序列无关的非特异性的松弛结合。σ亚基与核心酶的结合使核心酶产生构象上的变化，与非特异性DNA序列的结合力下降；而与启动子的结合力则大大提高，从而使得全酶能迅速找到启动子并与之结合。全酶与不同启动子序列间的结合能力不一样，因而不同的基因具有不同的转录效率。不同的σ亚基识别不同的启动子，从而表达不同的基因。

通过对抑制RNA聚合酶转录的抗生素的研究发现，β亚基是RNA聚合酶的催化核心，负责酶和核苷酸底物的结合。核心酶本身能催化核苷酸间磷酸二酯键的形成，不论有无σ亚基的存在，利福平(rifampicin)和利福霉素(rifamycin)都能结合在β亚基上而对此酶发生强烈的抑制作用。但它们只抑制RNA合成的起始而不抑制其延长。这类抗生素不抑制真核生物的RNA聚合酶，因此常用于治疗革兰氏阳性菌的感染和结核病。而另一种抗生素链霉溶菌素(streptolydigin)能抑制RNA链的延长。研究表明β亚基有两个结构域，分别负责转录的起始和延伸。在体外，多价阴离子的肝素能和β′亚基结合，并与DNA竞争结合RNA聚合酶，从而抑制转录。β′亚基碱性较强，与DNA之间借静电引力相结合。β′亚基可结合两个Zn^{2+}，后者与RNA聚合酶的催化作用有关。当噬菌体T_4感染*E. coli*时，其α亚基的精氨酸被ADP-核糖化。这种修饰作用使该RNA聚合酶全酶对其原先识别的启动子的亲和力减弱。因而认为α亚基对核心酶的组装和启动子的识别是必需的。ω亚基的功能尚不了解。RNA聚合酶各亚基功能信息见表10-2。

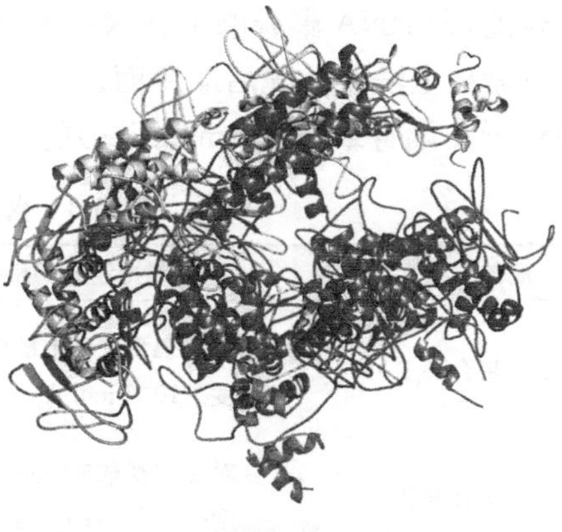

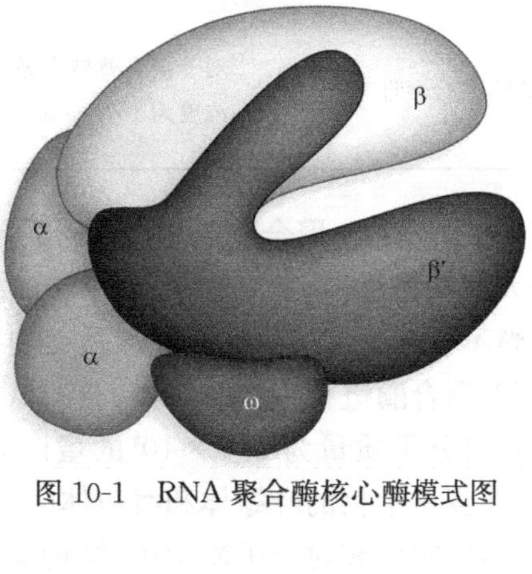

图10-1　RNA聚合酶核心酶模式图

表 10-2 *E. coli* RNA 聚合酶的亚基

RNA 聚合酶的亚基	基因名称	多肽链相对分子质量	全酶中的数目	功能
β′	*rpoC*	1.55×10^5	1	与模板 DNA 结合
β	*rpoB*	1.51×10^5	1	聚合作用的催化位点
σ	*rpoD*	$3.2\times10^5\sim9.2\times10^5$	1	识别启动子,促进转录起始
α	*rpoA*	3.65×10^5	2	核心酶组装,启动子识别
ω	未知	1.1×10^4	1	未知

事实上 RNA 聚合酶仅仅是复杂的转录机构的核心部分,除了 RNA 聚合酶之外,还需要其他一些辅助的蛋白质因子。如在转录终止时发生作用的释放因子(ρ 因子)和抗终止因子等。参与转录起始的 σ 因子习惯上算作 RNA 聚合酶的成分(σ 亚基),其实也是一种辅助因子。不同的基因种类可能有不同的辅助因子,如枯草杆菌就是用各种 σ 亚基替换的办法来控制不同发育阶段的基因的表达。RNA 聚合酶的复杂程度和大小与其要识别的启动子的数目有关。识别的启动子越多,RNA 聚合酶的结构就越复杂。与细菌相比,真核生物拥有更大、更为复杂的基因组,它们的 RNA 聚合酶也更为复杂。

(二) 真核生物的 RNA 聚合酶

目前对真核细胞的 RNA 聚合酶的了解不如细菌的清楚。已知真核细胞中有三种 RNA 聚合酶,即 RNA 聚合酶Ⅰ、RNA 聚合酶Ⅱ、RNA 聚合酶Ⅲ。此名称最早是依据其从 DEAE-纤维素柱上洗脱的先后顺序而定。后来发现此依据不科学,因而改用三种不同的 RNA 聚合酶对于 α-鹅膏蕈碱(α-amanitine)的敏感性不同来进行区别(表 10-3)。

表 10-3 真核生物 RNA 聚合酶的种类和性质

酶的种类	对抑制物的敏感性	分布	功能
RNA 聚合酶Ⅰ	对 α-鹅膏蕈碱不敏感,抑制浓度>10^{-4} mol/L	核仁	转录 45S rRNA 前体,经加工产生 5.8S rRNA、18S rRNA 和 28S rRNA
RNA 聚合酶Ⅱ	对 α-鹅膏蕈碱敏感,抑制浓度<$10^{-9}\sim10^{-8}$ mol/L	核质	转录所有编码蛋白质的基因和大多数核内小 RNA
RNA 聚合酶Ⅲ	对 α-鹅膏蕈碱中等敏感,抑制浓度为 $10^{-5}\sim10^{-4}$ mol/L	核质	转录小 RNA 的基因,包括 tRNA、5S rRNA、U6 snRNA、scRNA 和 Alu 序列

三种 RNA 聚合酶的相对分子质量都在 5.0×10^5 左右(14S～15S),每种酶分子都含有两个大亚基和 4～8 个小亚基,每个小亚基的相对分子质量为 $1.0\times10^4\sim9.0\times10^4$。各亚基的功能尚不了解。真核生物也和原核生物一样,转录不同的基因需要不同的蛋白质辅助因子协助 RNA 聚合酶进行工作。例如,非洲爪蟾的 RNA 聚合酶Ⅲ在转录 5S RNA 基因时,必须有一种相对分子质量为 3.7×10^4 的蛋白质因子,而转录其他基因则不需要这种蛋白质因子。此外,在真核生物的叶绿体和线粒体中,均已发现少数 RNA 聚合酶,不同于细胞核的 RNA 聚合酶的是:它们相对分子质量小,结构简单,活性也较低,类似于细菌的 RNA 聚合酶,能催化所有种类的 RNA 的生物合成,且其转录活性受原核 RNA 聚合酶抑制剂利福平等的影响。

二、启动子和转录因子

启动子是由 RNA 聚合酶识别、结合并起始转录的一段 DNA 序列。RNA 聚合酶在转录时，常需要一些辅助的蛋白质因子的参与，这些蛋白质因子统称为转录因子(transcription factor)。利用足迹法(footprint)和 DNA 测序法可以确定启动子的序列结构。足迹法是将 DNA 起始转录的限制片段分离出来，加入 RNA 聚合酶使其结合。再用 DNA 酶部分水解。与酶结合的部位被保护而不水解，其余部位水解成长短不同的片段，经凝胶电泳即可测出酶所结合的部位。

(一) 原核生物的启动子

原核生物的启动子主要由酶结合位点(Pribnow 框)和酶识别位点(Sextama 框)构成。启动子一般位于转录起始位点的上游。从转录的近端向远端计数，起点左侧为上游(upstream)，用负值表示，起点前的核苷酸为－1。起点后为下游(downstream)，用正值表示(图 10-2)。按照这样的排序方法，启动子序列编号为负数，可反映其在转录起始位点上游的距离。

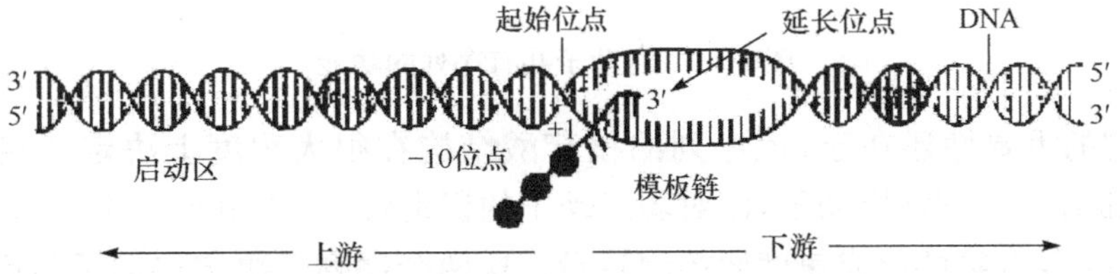

图 10-2　大肠杆菌 RNA 聚合酶与启动子

对大肠杆菌启动子的突变分析表明只有很短的几个保守序列是启动子行使功能所必需的。当 RNA 聚合酶最初与 DNA 结合时，占据的长度为 75～80bp，从启动子的－55～＋20。RNA 聚合酶全酶长为 16nm，只能覆盖大约 50bp 的 DNA。表明全酶结合的 DNA 模板必然存在一定程度的弯曲。在转录起始阶段结束时，σ 因子被释放，RNA 聚合酶变形，失去与 DNA－55～－35 区域间的接触，核心酶覆盖的长度约为 60bp。当核心酶向前移动若干核苷酸对，进入延伸阶段后，核心酶进一步收缩覆盖 30～40bp(图 10-3)。

通过比较已知启动子的结构，可以找出它们的共有序列。从起点上游约－10 处找到 6bp 的保守序列 TATAAT 称为 Pribnow 框(Pribnow box)，因为在－10 位置附近，所以又称为－10 序列，是转录的解旋区。Pribnow 框距离转录起点 5～8bp，保守碱基是前两个(TA)和最后一个(T)。Pribnow 框的实际位置在不同启动子中略有变动，一般都在－13～－4。在起点上游序列中出现频率较高的碱基为(下标为出现频率百分数)$T_{80}A_{95}T_{45}A_{60}A_{50}T_{96}$。

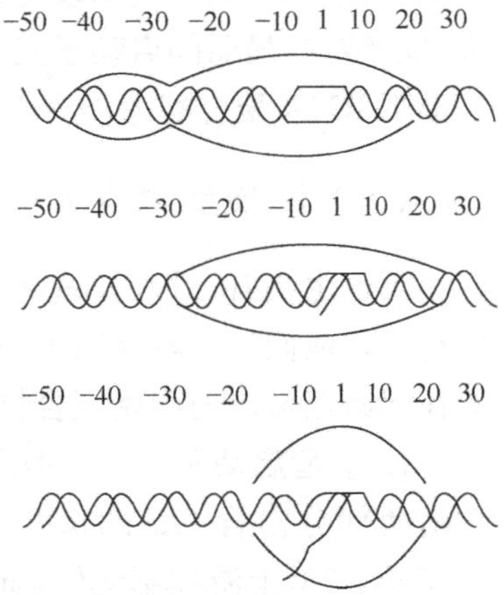

图 10-3　大肠杆菌 RNA 聚合酶在转录起始阶段缩短覆盖 DNA 的长度

如果将上述片段提纯，RNA 聚合酶便不能与其结合，说明必然存在 RNA 聚合酶识别和结合所必需的其他序列。在－10 序列上游，另一个保守序列，称为 Sextama 框，其一致序列为 $T_{82}T_{84}G_{78}A_{65}C_{54}A_{45}$，因该序列中心在

－35 附近，因此又称为－35 序列。该序列在高效启动子中非常保守。前三个碱基最保守，在 90％的启动子中该序列距－10 序列有16～18bp。

利用定位诱变技术使启动子发生突变获得共有序列功能的信息。－35 序列的突变可降低 RNA 聚合酶与启动子结合的速度，但不影响转录起点附近 DNA 双链的解开；而－10 序列的突变不影响 RNA 聚合酶与启动子 DNA 结合的速度，但降低双链解开速度。由此可见，－35序列提供了 RNA 聚合酶识别的信号，－10 序列则有助于 DNA 局部双链的解开。－10 序列含有较多的 AT 碱基对，有利于双链分开。启动子的结构是不对称的，它决定着转录的方向。启动子共有序列的功能如图 10-4 所示。

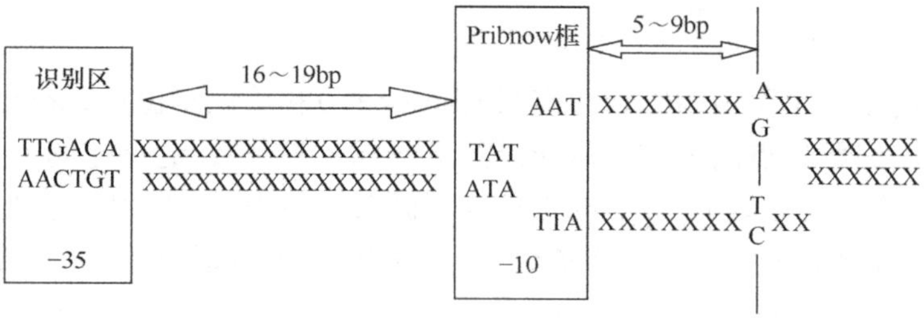

图 10-4 启动子共有序列的功能

－35 序列的重要性还在于，该序列的核苷酸结构在很大程度上决定了启动子的强度。RNA 聚合酶很容易识别强启动子，而对弱启动子的识别较差。Pribnow 框的碱基序列通过影响开放性启动子复合物的形成速度而控制转录。这两个序列是决定启动子强度的重要因素。这样，细胞可以由此来调节单位时间内所转录的 mRNA 的分子数，从而控制蛋白质的合成速度。

在 Pribnow 框和 Sextama 框之间碱基序列并不特别重要，因为这个序列上的碱基替代突变对转录效率影响不大。然而这两个序列之间的距离却十分重要。实验表明两个序列之间的距离是 17bp 时转录效率最高。天然启动子中这一段距离大多为 15～20bp，距离大小可能也是决定启动子强度的因素之一。

σ 因子能直接与启动子的－35 序列和－10 序列相互作用。两个位点正好处于双螺旋的同一侧，他们之间距离的改变将影响 σ 因子的作用，从而改变起始的效率。两个保守序列是最常见的结构，最弱的启动子完全没有－35 序列，转录速度激活近于零，必须在另外的激活蛋白协助下 RNA 聚合酶才能与之结合。不同的 σ 因子可识别不同的启动子序列。

（二）真核生物的启动子

真核生物有三种 RNA 聚合酶，每一种酶都有自己的启动子，分别称为Ⅰ型、Ⅱ型和Ⅲ型启动子。他们均由转录因子而不是 RNA 聚合酶所识别。多种特异的转录因子和 RNA 聚合酶在起始点形成前起始复合物而促进转录。

1. Ⅰ型启动子 Ⅰ型启动子是 RNA 聚合酶Ⅰ的启动子，控制 rRNA 前体基因转录。它由两部分富含 GC 的保守序列组成：核心启动子（core promoter）位于转录起点附近，即－45～＋20；上游控制元件（upstream control element，UCE）位于－180～－107。已知 RNA 聚合酶Ⅰ的转录需要 UBF1 和 SL1 两种转录因子的参与。

2. Ⅱ型启动子 Ⅱ型启动子是 RNA 聚合酶Ⅱ的启动子，序列多样，涉及众多编码蛋白质基因的表达控制。通过对许多Ⅱ型启动子核苷酸序列的比较，发现大多数Ⅱ型启动子具有共同的结构模式。

1）*核心启动子* Ⅱ型启动子的－35～－25区域往往含有一段与原核生物Pribnow框相似的富含TA的保守序列，因该序列的前4个碱基为TATA，所以又称为TATA框（TATA box），其一致序列为 $T_{82}A_{97}T_{93}A_{85}{}^{A_{68}}_{T_{37}}A_{83}{}^{A_{50}}_{T_{37}}$，基本上都是由AT碱基对组成，只在很少启动子中有GC碱基对的存在。TATA框为大多数真核生物基因正确表达所必需，它决定了转录起始点的选择。失去TATA框，将使转录有许多不同的起点，但通常第一个核苷酸总是A。无TATA框的基因表达过程可能存在某种替代机制。转录起始位点及其上游25～30bp处的TATA框是RNA聚合酶Ⅱ特异性识别和结合并保证转录正常起始所必需的、最少的DNA序列，通常称为核心启动子。核心启动子必须与转录因子结合才能被RNA聚合酶识别与结合，但其序列本身不被转录，核心启动子单独起作用时，只能确定转录起始位点并产生基础水平的转录。

2）*上游启动子元件* TATA框上游的一些特定的DNA序列，能通过与反式作用因子（TFⅡD复合物）的结合，调控基因的转录效率，主要包括－70bp附近的CAAT框、CACA框及GC框等。CAAT框（CAAT box）位于－75附近（－70～－80），其一致序列为GG $^{C}_{T}$ CAATCT，CAAT框的存在较为普遍，可能控制转录起始的频率。习惯上将TATA框上游的保守序列称为上游启动子元件（upstream promoter element，UPE）或上游激活序列（upstream activating sequence，UAS）。除CAAT框以外，真核生物启动子还存在其他类型的上游启动子元件。例如，－80～－110区域常含有GCCACACC框（CACA box）或GGGCGGG框（GC box）等。

3. Ⅲ型启动子 Ⅲ型启动子被RNA聚合酶Ⅲ所识别，有基因内启动子和转录起点上游启动子两种类型。5S rRNA和tRNA及胞质小RNA（scRNA）基因的启动子位于转录起点下游，因在基因内部，故称基因内启动子；核内小RNA（snRNA）基因的启动子在转录起点的上游，与一般启动子类似。无论是上游还是下游启动子，都是由一些被转录因子所识别的元件组成。

基因内启动子最初在鉴定非洲爪蟾5S rRNA基因的启动子序列时发现。通过删除试验证明，5S rRNA基因上游序列完全去除后，仍然能合成5S rRNA的产物。用外切核酸酶将爪蟾5S RNA基因5′端上游序列不同程度切除后克隆到质粒内，转录始终能正常进行；继续删除直至＋55位置，仍不影响转录；从3′端开始删除基因序列，一直删除到＋80位置并不影响转录；一旦删除进入＋55～＋80位置，转录即停止，表明启动子位于该区域内。其后用系统碱基诱变的方法，在该区内找到三个敏感区，其碱基改变会显著降低启动子的功能。它们分别称为框架A、中间元件和框架C。用类似的方法从腺病毒VA RNA和tRNA基因中找到了两个控制元件，分别为框架A和框架B（图10-5）。

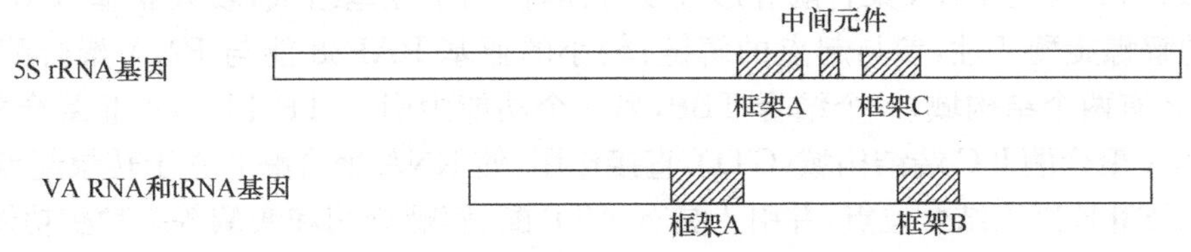

图10-5 由RNA聚合酶Ⅲ转录的基因内启动子

基因内启动子又有两种结构类型，都含有两个框架序列，分别被 TFⅢA、TFⅢB 和 TFⅢC 三种转录因子所识别。

一种结构类型如 5S rRNA 基因启动子，最先是 TFⅢA 结合于框架 A，然后促使 TFⅢC 结合，TFⅢC 的结合又导致 TFⅢB 与转录起点附近区域的结合，进而引导 RNA 聚合酶Ⅲ结合在起点上。TFⅢB 是真正的起始因子(initiation factor)，其功能是使 RNA 聚合酶正确定位，起着“定位因子”(positioning factor)的作用。另一种结构类型如 tRNA 基因启动子，由 TFⅢC 识别框架 B，其结合区域包括框架 A 和 B，之后与Ⅰ型启动子相同，依次引导 TFⅢB 和 RNA 聚合酶结合。

转录起点上游启动子如 snRNA 基因启动子，含有三个元件(图 10-6)。当存在 TATA 框时只要靠近起点，RNA 聚合酶Ⅲ就能起始转录；邻近序列元件(proximal sequence element，PSE)和八聚体基序元件(octamer motif，OCT)的存在主要是增加转录效率，它们各自被有关因子识别和结合。一些 snRNA 的基因由 RNA 聚合酶Ⅱ转录，其余的 snRNA 的基因由 RNA 聚合酶Ⅲ转录，究竟由聚合酶Ⅱ还是聚合酶Ⅲ转录，由 TATA 框的序列决定。但无论是酶Ⅱ或是酶Ⅲ，催化转录的启动子都存在着上述三个元件(TATA、PSE、OCT)。

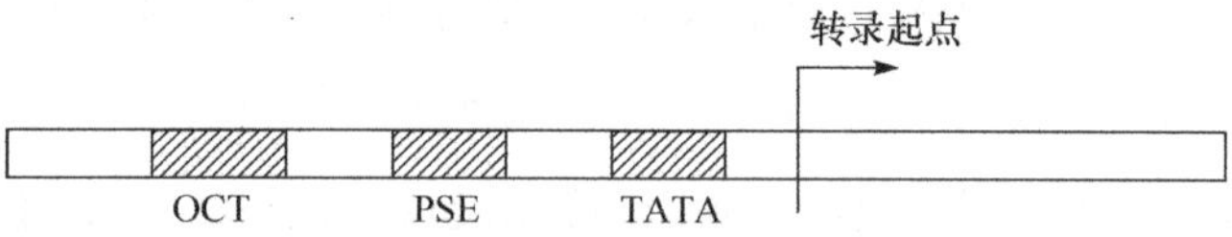

图 10-6 RNA 聚合酶Ⅲ的上游启动子

(三) 转录因子

转录因子是 RNA 聚合酶起始转录所需的辅助因子(主要是蛋白质)，可直接或间接与特异调控序列结合，一般具有基因特异性。真核生物中参与 RNA 聚合酶Ⅱ转录过程的转录因子数目很大，有些被认为是转录复合物的一部分，因为几乎每个 RNA 聚合酶Ⅱ启动子上均有其结合序列，将这类转录因子称为通用转录因子(general transcription factor，GTF)，也称基本转录因子(basal transcription factor)，通常简称为 TFⅡ；转录因子中更多则是基因或启动子特异性结合调控蛋白，它们是起始某个或某类基因转录所必需的。

通用转录因子作用于基本启动子，它们为任何细胞Ⅱ型启动子起始转录所必需。通用转录因子在真核生物中非常保守(表 10-4)，以 TFⅡX 表示，其中 X 按发现先后次序用英文字母定名。目前已知至少有 6 种以上的 TFⅡ参与转录过程，最先结合到 TATA 框上的因子是 TFⅡD，它是一种寡聚蛋白，包含 TATA 结合蛋白(TATA-binding protein，TBP)和多种 TBP 联结因子(TBP associated factor，TAF)。TBP 结合于 DNA 的小沟使其弯曲约 80°，有助于解链，其后 TAF 特异性结合其上。作用于Ⅱ型启动子的因子为 TAFⅡ，含有不同 TAFⅡ的 TFⅡD可识别不同的启动子并与其结合；其后 TFⅡA 结合上去，以稳定 TFⅡD 与启动子的复合物。TFⅡF 可与 RNA 聚合酶Ⅱ形成复合体，由两个亚基组成，较大亚基 RAP74 具有依赖 ATP 的解螺旋酶活性，参与起点的解链；较小的亚基 RAP38 能与 RNA 聚合酶Ⅱ牢固结合。TFⅡB 有两个结构域，一个结合 TBP，另一个功能为引入 TFⅡF/pol Ⅱ复合物；TFⅡD 也可和 RNA 聚合酶ⅡC 端结构域(CTD)直接作用，使 RNA 聚合酶Ⅱ立于转录起点。在聚合酶帮助下 TFⅡE 进入结合位点，并引入具有 ATP 酶、解螺旋酶和激酶等多种酶功能的 TFⅡH 以提高活性。TFⅡH 的激酶活性能催化 RNA 聚合酶Ⅱ最大亚基羧基端结构域的多个位点磷酸化，促使复合物构象改变，进而促进转录。TFⅡF 除参与转录外，还参与 DNA 损伤的切除修复，TFⅡE 和 TFⅡH 均为多亚基因子，它们与转录的起始无关，但为由起始转为延伸阶段（即启动子的清除）所必需。进入延伸阶段，大部分转录起始因子脱离，只保留 TFⅡF 并换由延伸因子参与作用（表 10-4）。

表 10-4　真核生物 RNA 聚合酶Ⅱ转录起始过程涉及的蛋白质因子

蛋白质	亚基数	亚基的相对分子质量	功能
RNA 聚合酶Ⅱ	12	$1\times10^4\sim2.2\times10^5$	催化 RNA 的生物合成
TBP	1	3.8×10^4	专一识别并结合 TATA 框
TFⅡA	3	1.2×10^4，1.9×10^4，3.5×10^4	稳定 TFⅡB 和 TBP 与启动子的结合
TFⅡB	1	3.5×10^4	与 TBP 相结合，招募 RNA 聚合酶Ⅱ-TFⅡF 复合体
TFⅡD	12	$1.5\times10^4\sim2.5\times10^5$	与正负调控蛋白相互作用
TFⅡE	2	3.4×10^4，5.7×10^4	招募 TFⅡH，具有 ATP 酶及解旋酶活性
TFⅡF	2	3×10^4，7.4×10^4	与 RNA 聚合酶Ⅱ紧密结合，在 TFⅡB 协助下阻止聚合酶与非特异性 DNA 的结合
TFⅡH	12	$3.5\times10^4\sim8.9\times10^4$	使启动子处 DNA 解旋，使 RNA 聚合酶Ⅱ羧基末端磷酸化，招募核苷酸切除修复体系

TATA 框是 RNA 聚合酶Ⅱ和通用转录因子形成前起始复合物的主要装配位点，转录的起点位置处有一保守序列称起始子（initiator，Inr），其共有序列如下：YYAN$^{T}_{A}$YY。其中 Y 为嘧啶（C 或 T），N 为任意碱基，A 为转录的第一个模板碱基。此外还有许多附加序列作为影响 RNA 聚合酶Ⅱ活性的转录因子结合位点，或围绕 TATA 框，或位于转录起始子下游，可被一种或多种转录因子所识别。有些启动子无 TATA 框，有些无起始子共有序列，或二者均无。无 TATA 框的启动子可通过某些识别起始子的 TAFⅡ介导 TBP 结合其上，并装配起始复合物。TATA 框和起始子均无的启动子则通过结合于上游元件上的因子介导并装配起始复合物。RNA 聚合酶Ⅱ识别的启动子结构如图 10-7 所示。

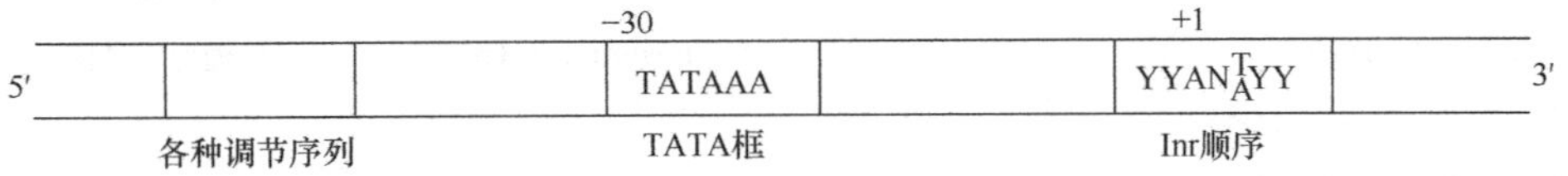

图 10-7　RNA 聚合酶Ⅱ所识别的启动子区

核心启动子和转录因子对于 RNA 聚合酶Ⅱ的转录是必要的，但它们单独作用时仅能启动基础水平的转录，效率很低，要达到较高水平的转录还需位于上游的一些调控元件及识别因子参与作用。识别上游元件的转录因子称为上游因子或转录辅助因子。通常一个元件可被不止一个因子所识别，有些因子存在于所有细胞，有些因子只存在一定种类的细胞和特定的发育时期。与 CAAT 框相互作用的因子有 CTF（CAAT 结合因子）家族的成员 CP1、CP2 和核因子 NF-1。识别 GC 框的因子为 Sp1。八聚体框的识别因子为 Oct-1 和 Oct-2，前者普遍存在，后者只存在于 B 淋巴细胞中。

真核生物中与细胞类型和发育阶段相关基因的表达，是通过转录因子的合成进行调节的，是时间较长的调节过程。而对外界刺激的快速适应则通过转录激活物（transcription activator）

的诱导表达来调节。在细菌细胞中调节蛋白的活性以变构调节为主。真核生物经信号转导途径对转录因子或与其作用的蛋白质进行诱导调节则是以共价修饰为主,这两个过程产生的转录激活物是与靶基因上的应答元件相结合而对基因表达进行调控的。例如,热休克效应元件HSE的共有序列是CNNGAANNTCCNNG,可被热休克因子HSF识别和作用;血清效应元件SRE的共有序列CCATATTAGG可被血清效应因子SRF识别和作用;其活性受磷酸化和去磷酸化的调节。表10-5列出了一些重要的上游元件及其作用因子。

表 10-5 真核生物基因的一些上游调控序列、应答元件及相应的转录因子

共有序列	元件名称	转录因子	存在位置
上游调控序列			
GCCAATCT	CAAT框	CTF/NF-1	普遍存在
		CP1、CP2	普遍存在
		C/EBP(bZIP)	普遍存在,肝脏水平较高
GGCGGG	GC框	SP1(zf)	普遍存在
ATGCAAAT	八聚体(octamer)	Oct-1(h)	普遍存在
		Oct-2(h)	B淋巴细胞
细胞类型专一性元件			
GATA		GATA-1(zf)	红细胞中特异表达
ATATTCAT	POU	Pit-1	垂体
CANNG	E框	MyoD1(bHLH)	成肌细胞
GGGACTTTCC	κB	NF-κB	淋巴细胞
TTYAGNACCRCGGAS	NRSE	NRSE/NEST(zf)	
AGNRCC			非神经细胞
发育调节元件			
TCCTAATCCC		Bcoiled	果蝇Ap轴特异基因
GCGGGGGCC		Krox-20(zf)	脊椎动物后脑发育
TAATAATAATAATAA		Antennapedia(h)	果蝇同源异型基因
TCAATTAAATGA		Fushi tarazu(h)	果蝇配对基因
应答元件			
CNNGAANNTCCNNG	HSE	HSF(bZIP)	细胞特定反应的基因
CCATATTAGG	SRE	SRF	细胞特定反应的基因
TTNCNNNAA	IGRE	STAT1	细胞特定反应的基因

三、终止子和终止因子

转录过程开始以后,RNA聚合酶就沿着DNA移动,合成RNA链,合成到一定长度的RNA以后,会在特定位点停止合成并释放RNA。通过比较若干原核生物RNA终止位点附近的序列,发现终止信号存在于RNA聚合酶已转录过的序列之中。这种提供转录停止信号的DNA序列称为终止子。DNA的转录终止信号可被RNA聚合酶本身或其他蛋白质因子所识别。将协助RNA聚合酶识别终止信号的辅助因子(蛋白质)称为终止因子(termination factor)。有些终止子的作用可被特异的因子所阻止,使酶得以越过终止子维持转录,这称为通读

(readthrough)。这类引起抗终止作用的蛋白质称为抗终止因子(antitermination factor)。

(一) 原核生物的终止子和终止因子

在转录过程中,RNA 聚合酶沿模板链向前移动,它所感受的信号来自正在转录的序列,而不能感受尚未转录的信号,即终止信号应位于已转录的序列中。所有原核生物的终止子在终止点之前均有一个回文结构,其产生的 RNA 可形成发夹结构。该结构可使聚合酶减慢移动或暂停 RNA 的合成。然而,RNA 产生具有发夹型的二级结构远比终止信号多,如果酶所遇到的不是终止序列,它将继续移动并进行转录。

大肠杆菌 *E. coli* 存在两类终止子:一类称为不依赖于 ρ(rho)因子的终止子,或称简单的终止子;另一类需在 ρ 因子存在时才发生终止作用称依赖于 ρ 因子的终止子。两类终止子有共同的序列特征。在转录终止点之前有一段回文序列。回文序列的两个重复部分(每个 7～20bp)由几个碱基对的不重复节段隔开。回文序列的对称轴一般距转录终止点 16～24bp。两类终止子的不同点是简单终止子回文对称区通常有一段富含 GC 的序列,其下游方向又常有 6～8 个 AT 碱基对(模板链为上 A)。寡聚 U 序列可能提供信号使 RNA 聚合酶脱离模板。例如,色氨酸操纵元的终止子,由模板上一连串的 A 转录出若干个 U,由于 dA 和 rU 之间的氢键和碱基堆积力很弱,RNA-DNA 杂交部分很容易拆开。因此当聚合酶暂停时,RNA-DNA 杂交分子即 rU-dA 弱键结合的末端区解开。终止点并不固定在某一个碱基上,有时 RNA 的 3′端有 5 个 U,有时有 6 个 U。可有数个碱基之差。依赖于 ρ 因子的终止子其回文结构 GC 对含量低,回文结构下游也无连续的 A/U。依赖于 ρ 因子的终止子在细菌染色体中少见,而在噬菌体中广泛存在。二者结构见图 10-8。

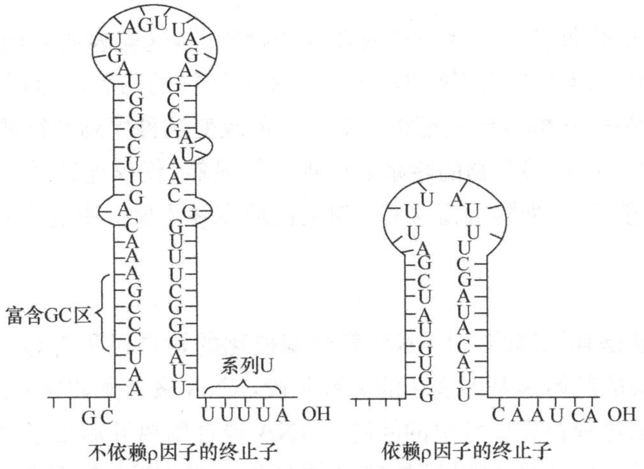

图 10-8　两类终止子的回文结构

ρ 因子是一种相对分子质量约为 4.6×10^4 的蛋白质,通常以六聚体形式存在,在有 RNA 存在时它能水解核苷三磷酸,即具有依赖于 RNA 的 NTPase 活力。由此推测,ρ 因子结合在新产生的 RNA 链上,借助水解 NTP 获得的能量推动其沿着 RNA 链移动。RNA 聚合酶遇到终止子时发生暂停,使 ρ 因子得以追上酶。ρ 因子与酶相互作用,释放 RNA,并使 RNA 聚合酶与该因子一起从 DNA 上脱落下来。最近发现 ρ 因子具有 RNA-DNA 解螺旋酶(helicase)活力,进一步说明了该因子的作用机制。

抗终止作用主要见于某些噬菌体的时序控制。早期基因与其后基因之间以终止子相隔开，通过抗终止可以打开其后基因的表达。因此，新的基因表达是由于 RNA 链的延长所致。λ 噬菌体前早期基因的产物 N 蛋白即是一种抗终止因子。它与 RNA 聚合酶作用使其在左右两个终止子处发生通读，从而表达晚早期(delayed early)基因。晚早期基因的产物 Q 蛋白也是一种抗终止因子，它能使晚期基因得以表达。蛋白质 N 和 Q 即为抗终止因子，又称抗终止蛋白。

（二）真核生物的终止信号

对于真核生物转录的终止信号和终止过程了解很少，主要因为很难确定原初转录物的3′端，因为无论是 mRNA、tRNA 还是 rRNA 基因大都在转录后很快进行加工。

对于 RNA 聚合酶Ⅱ的转录产物 mRNA 来说，mRNA 是在转录后删除末端的一小段，然后由腺嘌呤核苷酸转移酶(RNA terminal riboadenylate transferase)在其末端接上 poly (A)序列。已知该酶识别的 RNA 序列特征为 AAUAAA，但无法确切地知道 mRNA 转录的终止位点。将不需要 poly (A)尾巴的组蛋白基因注射到爪蟾卵母细胞中，如果突变碱基破坏了发夹环柄部双螺旋结构的形成，则妨碍转录的终止；如果增加柄部双链结构的稳定性，则可有效地终止。可见真核生物转录的终止同样发生在 RNA 二级结构水平上。对于绝大多数具有 poly (A)尾巴的 mRNA 转录在何处终止，目前仍然不清楚。据推测可能需要一段富含 AT 的序列。

RNA 聚合酶Ⅰ转录出一个大的前体分子，它包括主要的 rRNA 序列，其末端有一段连续的 U。

RNA 聚合酶Ⅲ的体外转录产物与体内转录产物相同，这就表明体内转录确实是在 RNA 末端处终止的。爪蟾 5S RNA 的 3′端为 4 个 U，这 4 个 U 的前后均为富含 GC 的序列。而且这种序列特征高度保守，从酵母到人都很相似。任何改变这种序列特征的突变都将导致通读。当改变寡聚 T 序列后，还阻碍产物的转录后处理。很显然，仅仅连续的 U 序列本身并不足以成为终止信号，很可能 U 序列附近富含 GC 对的区域在终止反应中起重要作用。

四、转录过程

无论原核细胞还是真核细胞，由 RNA 聚合酶催化的转录过程都包括：转录起始、延伸和终止三个步骤。转录的起始是基因表达的关键阶段，RNA 聚合酶如何有效地找到启动子并与之相结合是转录起始过程首先要解决的问题。RNA 聚合酶离开启动子，沿模板 DNA 链移动并使新生 RNA 链不断伸长的过程就是转录的延伸。当 RNA 链延伸到转录终止位点时，RNA 聚合酶停止转录，RNA-DNA 杂合物分开，DNA 恢复成双链状态，RNA 聚合酶和新生 RNA 链都从模板上被释放出来，这就是转录的终止。

（一）原核细胞的转录过程

转录起始阶段大肠杆菌 RNA 聚合酶与启动子的相互作用主要包括启动子区的识别、酶与启动子的结合及 σ 亚基的结合与解离。大肠杆菌 RNA 聚合酶识别的启动子区序列特点如图 10-9 所示。

	−60 上游元件	−40	−35序列	间隔区	−10序列	间隔区	转录起始位点
理论上一致性序列	NNAAA$\frac{AA}{TT}$T$\frac{A}{T}$TTTTNNAAAANNN	N	TTGACA	N_{17}	TATAAT	N_6	+1
rrnBP1启动区序列	AGAAAATTATTTTAAATTTCCT	N	GTGTCA	N_{16}	TATAAT	N_8	A
trp			TTGACA	N_{17}	TTAACT	N_7	A
lac			TTTACA	N_{17}	TATGTT	N_6	A
recA			TTGATA	N_{18}	TATAAT	N_7	A
araBAD			CTGACG	N_{18}	TACTGT	N_6	A

图 10-9　大肠杆菌 RNA 聚合酶全酶所识别的启动子区

图中 N 代表任意核苷酸，N 右下方的数字代表核苷酸数目

首先，σ 亚基发现其识别位点时，全酶与－35 序列结合，形成一个二元封闭复合物。可能由于聚合酶的分子很大，其另一端可以到达－10 序列，由于某种机制，整个酶分子向－10 序列转移并与之牢固结合。然后－10 序列及起始位点处发生局部解旋(一般为 12～17bp)，形成的解链区称为转录泡(transcription bubble)。这时的全酶和启动子复合物称为二元开放复合物。在开放性复合物中，RNA 聚合酶的起始位点和延长位点充满相应的核苷酸前体，在 β 亚基的催化下形成 RNA 的第一个磷酸二酯键，第一个核苷酸通常为鸟苷或腺苷三磷酸(pppG 或 pppA)。直至新生 RNA 链达到 6～9 个核苷酸时，酶-DNA-RNA 方可形成稳定的三元复合物(ternary complex)。此后 σ 亚基被释放，致使三元复合物中核心酶与 DNA 的亲和力下降到非特异性结合水平以下，这样，既容易在 DNA 链上移动，又因新生 RNA 链的参与形成了稳定的 DNA-RNA-核心酶的三角结合关系，使核心酶继续合成 RNA 链而不至于中途脱落(图 10-10)。

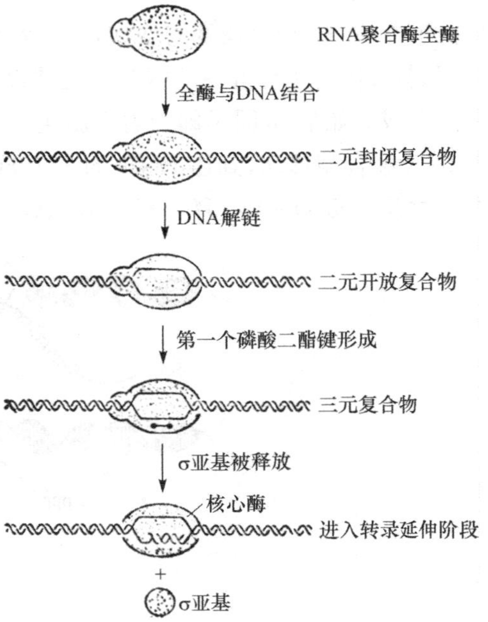

图 10-10　大肠杆菌 RNA 聚合酶催化的转录起始过程

延伸阶段，RNA 聚合酶在模板 DNA 分子上移动，DNA 双链持续解开，始终保持大约 17 个碱基对长度的转录泡。新生 RNA 链的 3′端不断延伸，新 RNA 链碱基对的增长端与 DNA 模板暂时形成一个大约 8bp 长的 DNA-RNA 杂合双链。而在解链区的后面，杂合双链中的 RNA 在形成后不久被“剥离”(peels off)模板，然后 DNA 模板链与其原先配对的非模板链重新结合成为双螺旋结构，使生长的新生 RNA 链不断被置换出来(图 10-11)。大肠杆菌 RNA 聚合酶转录的延伸以 50～90 个核苷酸/s 的速度进行。由于 DNA 的双螺旋结构，转录泡的移动需要核酸分子链一定程度的旋转。而

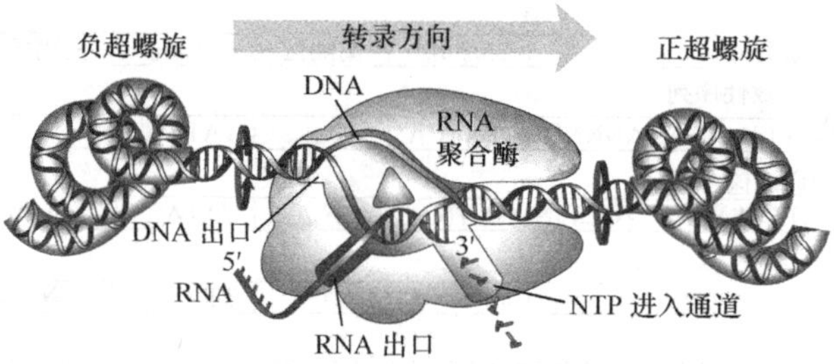

图 10-11　大肠杆菌中 RNA 聚合酶的转录延伸
(引自 Lehninger,2012)

DNA 分子与蛋白质分子和其他分子结合引起的空间阻碍,使得大部分 DNA 中链的旋转受到限制。因此,一个正在运动的 RNA 聚合酶。在转录泡前形成正超螺旋,在转录泡后形成负超螺旋(图 10-11)。

当 RNA 链延伸到转录终止位点时,RNA 合成终止。对于不依赖 ρ 因子的终止子,终止位点上游存在 GC 碱基对二重对称区,此区转录后的 RNA 易形成发夹结构,破坏 RNA-DNA 杂合双链 5′端的正常结构。由于终止位点前面 4~8 个 A 转录出的寡聚 U 的存在,杂合双链 3′端部分出现不稳定的 rU · dA 区域。两者共同作用使 RNA 链从三元复合物中解离出来(图 10-12A)。终止效率与二重对称序列和寡聚 U 的长短有关,随着发夹结构(至少 6bp)和寡聚 U 序列(至少 4 个 U)长度的增加,终止效率逐步提高。

依赖 ρ 因子的终止区 DNA 缺乏共性,说明仅该因子不能识别这些终止位点。一般认为,RNA 合成起始后,ρ 因子即附着在新生 RNA 链上,靠 ATP 水解产生的能量,沿 5′→3′端方向朝 RNA 聚合酶移动,到达 RNA 的 3′-OH 端后,与暂停在终止位点上的 RNA 聚合酶相互作用,使之从模板 DNA 上释放新生 RNA,完成转录过程(图 10-12B)。

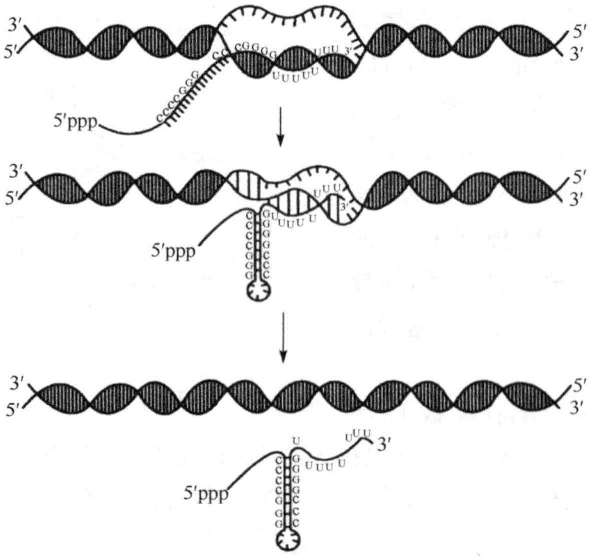

A

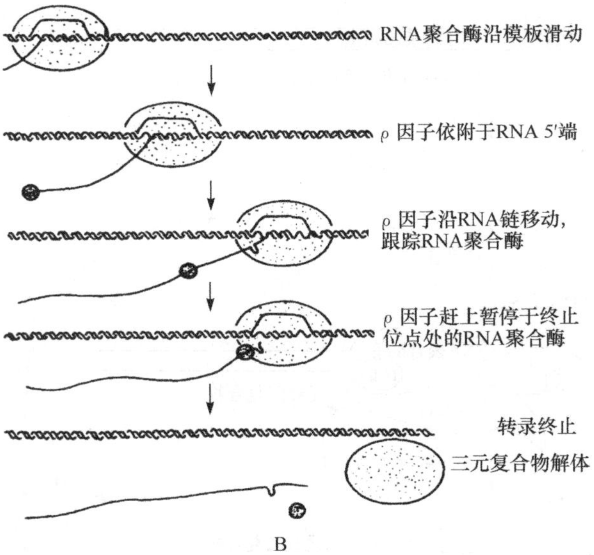

图 10-12 不依赖 ρ 因子(A)和依赖 ρ 因子(B)终止子的终止过程

(二) 真核细胞的转录过程

对于真核生物转录过程的了解，远不如原核生物清楚。其原因在于其转录机制非常复杂，特别是 RNA 聚合酶Ⅱ的转录。仅就启动子结构来讲，真核生物包含了许多启动子成分，每一种成分都有相应的转录因子与之结合。在众多的转录因子中哪些是 RNA 聚合酶Ⅱ(RNA PⅡ)转录所共同需要的？哪些是不同亚类基因所特有的？在一个基因的启动子的许多成分上，是否要结合所有对应的转录因子才能起始转录？这些因子的结合顺序对转录有无影响？是否存在转录的抑制因子？要明确回答这些问题可能还需要大量的研究工作。

RNA 聚合酶Ⅱ在真核基因表达调控中起着重要的作用，它催化的 RNA 的合成也是个多步骤的过程，一个转录循环也包括转录的起始、延伸和终止三个主要步骤。在转录的起始和延伸阶段都由控制 RNA 聚合酶Ⅱ活性的多个不同因子进行调控。在过去的 30 多年里对真核基因转录调控的研究主要集中在转录起始阶段，在此期间运用生化手段鉴定了 RNA 聚合酶Ⅱ起始机器的组分，包括中间复合物和通用转录因子等；其功能也通过大量实验证据得到阐明。

1. RNA 聚合酶和转录因子在启动子上的组装 首先是 TATA 结合蛋白(TBP)结合到 TATA 框上，启动二元封闭复合物的形成。接着 TFⅡB 与 TBP 和 DNA 结合。随后非必需蛋白 TFⅡA 结合上去，以稳定 TFⅡB-TBP 复合物对 DNA 的结合。然后 RNA 聚合酶Ⅱ在 TFⅡF 的协助下，以 TFⅡF-RNA 聚合酶复合体的形式与 TFⅡB 和 DNA 特异性结合。最后 TFⅡE 和 TFⅡH 掺入复合体构成了二元封闭复合物(图 10-13A)。

2. RNA 合成的起始 RNA 合成起始于 RNA PⅡ和所有 5 种通用起始因子在启动子处装配成一个二元封闭的起始复合物，最终在解旋酶的作用下 DNA 局部解旋，解链区一般在－9 与＋13 之间，酶分子以正确的取向与解链后的有关单链相互作用，形成一个 ATP 依赖的二元开放复合物。此时 TFⅡH 发挥激酶活性，对 RNA 聚合酶Ⅱ羧基末端特定氨基

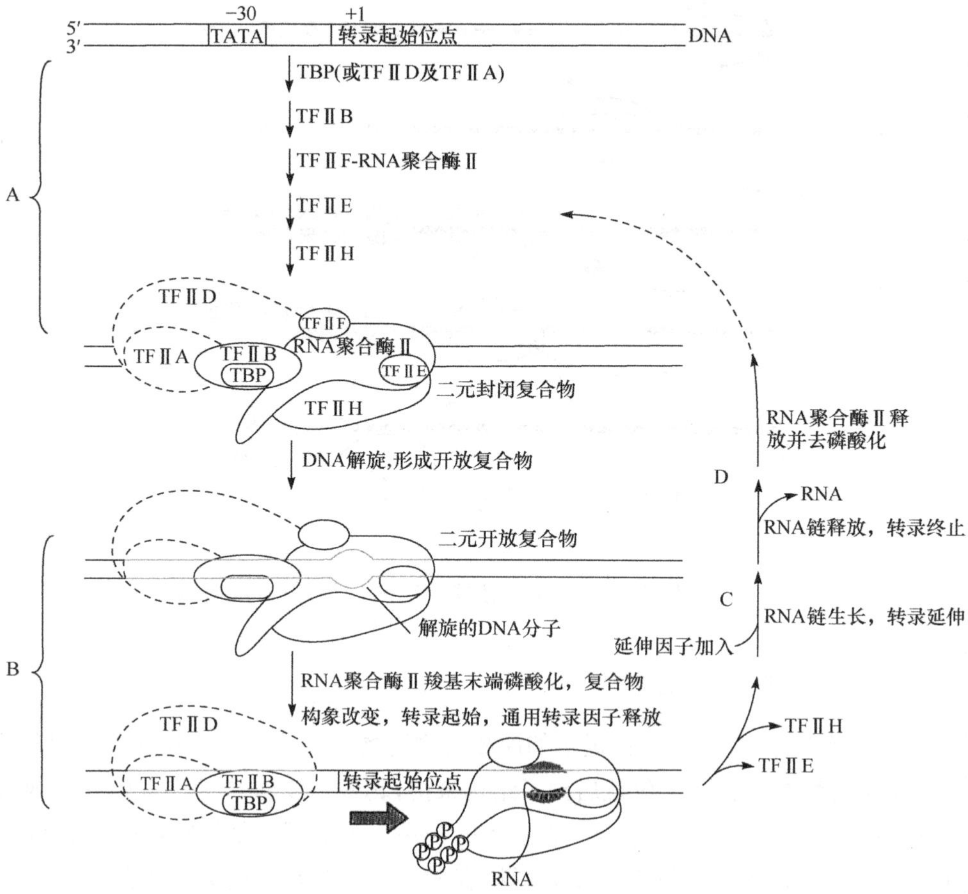

图 10-13　RNA 聚合酶Ⅱ指导的转录过程

酸残基进行磷酸化修饰，引起整个复合物构象改变，导致新生 RNA 的第一个磷酸二酯键的形成。转录起始后，在启动子脱逸(escape)阶段，在新生 RNA 合成 10～15 个核苷酸长度以后，RNAPⅡ离开启动子，释放通用起始因子。在新生 RNA 达到 60～70 个核苷酸残基时，先后释放 TFⅡE 和 TFⅡH，RNA 聚合酶以延伸复合物的形式离开启动子进入转录过程的延伸阶段(图 10-13B)。

3. RNA 合成的延长、终止和释放　真核生物的转录延伸是个非常复杂的过程，RNA 聚合酶Ⅱ沿模板滑动的过程中，会遇到核小体等障碍而产生休止(pausing)和停滞(arrest)现象。一些蛋白质因子在此过程中通过直接或间接与 RNA 聚合酶Ⅱ相互作用，抑制或影响其瞬间休止和停滞，从而影响转录的效率，称之为延伸因子(elongation factor)。现已发现 Spt4/Spt5(DSIF)，Spt6 和 FACT 及 Elongator 等可以通过影响染色质来影响 RNAPⅡ转录延伸。根据作用方式和作用效果可将目前已知的大部分转录延伸因子分为两大类：一类对转录有抑制作用，另一类则对转录有促进作用(表 10-6)。鉴定这类因子一直是转录延伸的研究热点。

表 10-6 RNA 聚合酶Ⅱ转录延伸因子

延伸因子	作用特点	相应因子组成	
		人	酵母
抑制延伸			
CA150	促进 Tat 依赖的转录延伸		
DSIF	与 NELF 协同作用于延伸复合物，抑制 DRB 敏感的转录延伸	hSpt4（1.6×10^5）、hSpt5（1.6×10^4）	Spt5、Spt6
NELF	与 DSIF 协同作用于延伸复合物，抑制 DRB 敏感的转录延伸。可能与 RNA 结合		
促进延伸，抑制瞬间休止			
CSB	SWI/SNF 蛋白家族的成员，转录相伴的 DNA 损伤修复所必需，可抑制 RNAPⅡ的瞬间休止以促进转录延伸	CSB	Rad26
ELL	与延伸中的三元复合物相互作用，在 DNA 的多个位点上抑制 RNA PⅡ的瞬间休止，促进转录延伸		
Elongin	ElonginBC 与 ElonginA 结合，诱导其转录活性，与延伸中的三元复合物相互作用，抑制 RNA PⅡ的瞬间休止，促进转录延伸	ElonginA、ElonginB、ElonginC	YNL230c（ElonginA）、ElonginC
TFⅡF	可能通过 RAP30 亚基与 RNA PⅡ相互作用，抑制 RNA PⅡ的瞬间休止，促进转录延伸	RAP30、RAP74	
Tats-f1	抑制 RNA PⅡ瞬间休止，促进 Tat 依赖的转录延伸		
抑制停滞			
SⅡ	抑制 RNA PⅡ的停滞，促进新生转录本的切割	SⅡ	SⅡ
影响染色质			
FACT	促进以染色质为模板的转录延伸	P140、SSRP1	Cdc68/Spt16、Pob3
HMG-14	促进以染色质为模板的转录延伸		
Elongator	HAT，与 RNA PⅡ结合，对染色质进行修饰，促进转录延伸	IKAP、Elp2、Elp3、Elp4	Elp1、Elp2、Elp3、Elp4、Elp5、Elp6
抑制 DSIF 和 NELF 的作用			
P-TEFb	磷酸化 CTD，阻止 DSIF 和 NELF 与延伸复合物的相互作用以促进转录延伸，转录活性依赖其激酶活性	CDK9、CyclinT1、CyclinT2a、T2b	CTDK1(Ctk1p、Ctk2p、Ctk3p)

对 RNA PⅡ体外转录的研究表明，由转录起始向延伸的转变也标志着与 RNA PⅡ相结合的辅因子的重要转变。在 RNA 合成的延伸阶段，TFⅡF 一直和 RNA 聚合酶Ⅱ相结合，在此阶段，已离开启动子的延伸复合物中 RNA 聚合酶活性会因为一些延伸因子的结合而大大增加。不断延伸的 RNA 分子遇到保守序列(AAUAAA)，就会通过尚不清楚的机制在该序列

下游 20bp 左右处释放新生 RNA 链和 RNA 聚合酶，终止转录。RNA 聚合酶脱磷酸化，重新进入循环，准备下一轮转录起始。

第二节 RNA 转录后加工

细胞内由 RNA 聚合酶新合成的 RNA 分子称为原初转录物(primary transcript)，它们一般都需要经过一系列的变化，包括链的裂解、5′端与 3′端的切除、特殊结构的形成、核苷的修饰、糖苷键的改变、拼接和编辑等过程，才能转变为成熟的 RNA 分子。这些过程总称为 RNA 的转录后加工，或称为 RNA 成熟。

原核生物因无细胞核，mRNA 一经转录通常立即进行翻译，除少数例外，一般不进行转录后加工。但稳定的 RNA(tRNA 和 rRNA)都要经过一系列加工才能成为有活性的分子。真核生物细胞核的出现，使转录与翻译在时空上被分隔开，其 mRNA 前体的加工极为复杂。而且真核生物的大多数基因都被居间序列、内含子(intron)分隔成为断裂基因，在转录后需通过拼接使编码区成为连续序列。在真核生物中的 mRNA 前体还能通过不同拼接和编辑加工方式，表达不同的信息。因此真核生物 RNA 的转录后加工十分重要。

一、原核生物的 RNA 转录后加工

通常将编码一条多肽链的 mRNA 称为单顺反子(monocistronic mRNA)，把编码多条多肽链的 mRNA 称为多顺反子(polycistronic mRNA)。在原核生物中，rRNA 的基因与某些 tRNA 的基因组成混合操纵子。其余 tRNA 基因也成簇存在，并与编码蛋白质的基因组成操纵子。它们在形成多顺反子转录物后，经切割成为 rRNA 和 tRNA 的前体，然后进一步加工成熟。

(一) 原核生物 rRNA 前体的加工

细菌基因组编码 7 个 rRNA 转录单位，每个产生一个前体 RNA 分子。虽然它们的 rRNA 编码区域都是相同的，但 rRNA 基因之间的区域有很大的不同。每个转录单位由 16S rRNA、23S rRNA、5S rRNA 及 1 个或几个 tRNA 基因组成。在 16S rRNA 和 23S rRNA 的基因之间一般含有 1 个或 2 个 tRNA 的基因，在不同的 rRNA 转录单位中存在不同的 tRNA。tRNA 有时也存在于 5S rRNA 前体转录物的 3′端(一般是 1 个或 2 个)。

细菌的 16S rRNA、23S rRNA、5S rRNA 是由一个约 6500 个核苷酸，相对分子质量为 2.1×10^6 的 30S RNA 前体产生的。在 30S rRNA 前体切割之前，一些特异碱基被甲基化。30S 前体的两端及各 rRNA 之间的间隔序列在加工中必须被除去。该任务由 RNase Ⅲ 完成，它必须作用于双链 RNA，在 RNA 链上的切点通常错开两个碱基对。在 RNase Ⅲ 的识别和切割作用下，30S 前体裂解成 17S 和 25S 中间体(即 16S 和 23S rRNA 前体 P16 和 P23)，5S rRNA 前体 P5 由 RNase E 切割前体的 3′端产生。最后在特殊的核酸酶的作用下，切除 P5、P16 和 P23 两端的多余附加序列得到成熟的 5S、16S 和 23S rRNA 产物(图 10-14)。不同细菌 rRNA 前体的加工过程并不完全相同，但基本过程类似。

原核生物 rRNA 含有多个甲基修饰成分，包括甲基化碱基和核糖，最常见的是 2′-甲基核糖。16S rRNA 约含 10 个甲基，23S rRNA 约含 20 个甲基，其中 N^4，2′-O-二甲基胞苷(m4Cm)是 16S rRNA 特有的成分。5S rRNA 一般无修饰成分，也不进行甲基化反应。

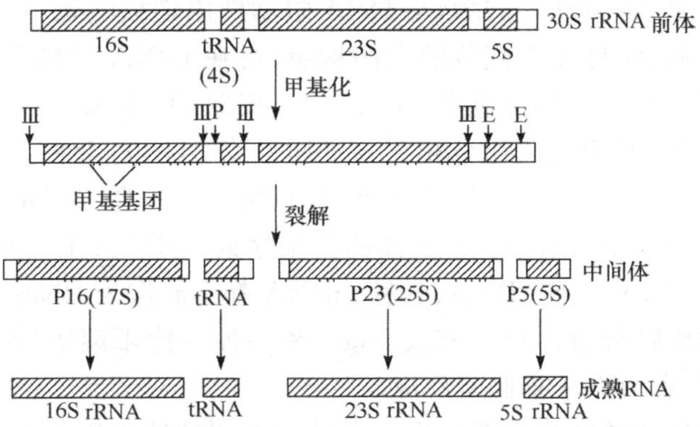

图 10-14　细菌 rRNA 前体的加工

Ⅲ、P、E 分别代表 RNase Ⅲ、RNase P 和 RNase E

（二）原核生物 tRNA 前体的加工

原核生物的 tRNA 基因的转录单元大多数是由多基因组成。不但同一种 tRNA 的几个基因拷贝可以转录在一条 RNA 中，而且不同的 tRNA 也可以转录在一条 RNA 中。还有的 tRNA 与 rRNA 组成转录单元。大肠杆菌染色体基因组共有约 60 个 tRNA 基因。远大于按变偶假说所要求的反密码子数，即某些反密码子可以不止一个 tRNA 分子，或某些 tRNA 基因不止一个拷贝。tRNA 序列高度保守，各种 tRNA 都有三叶草结构。tRNA 前体分子中二级结构部分，除了反密码子环外均与成熟的 tRNA 相同。该保守性不仅反映了它们结合并携带氨基酸功能上的共性，也反映了它们转录加工方面的共性。

tRNA 前体的加工主要包括：①由核酸酶识别 tRNA 结构，并在 tRNA 分子两端切断；②RNA外切酶进行修剪，从 3′端逐个切去附加序列；③在 tRNA 3′端添加胞苷酸-胞苷酸-腺苷酸(—CCA)序列；④核苷的修饰和异构化。

tRNA 的加工酶系主要包括 tRNA 核苷转移酶、RNase P、RNase D、RNase Ⅲ及 RNase P_4 等。

tRNA 核苷转移酶(tRNA nucleotidyl transferase)能特异地以 ATP 和 CTP 为前体催化 tRNA 3′端 CCA 的生成。所有成熟 tRNA 分子的 3′端都有 CCA 结构，这是结合并携带氨基酸功能所必需的。细菌的 tRNA 前体有两类不同的 3′端序列。一类是其自身具有 CCA 三核苷酸，位于成熟 tRNA 序列与 3′端附加序列之间，当附加序列被切除后即显露出该末端结构。另一类是其自身并无 CCA 序列。当前体 3′端附加序列被切除后，由 tRNA 核苷转移酶催化添加 CCA 序列，其反应式如下：

$$\text{tRNA}+\text{CTP}\longrightarrow\text{tRNA}+\text{C}+\text{PPi}$$
$$\text{tRNA}-\text{C}+\text{CTP}\longrightarrow\text{RNA}-\text{CC}+\text{PPi}$$
$$\text{tRNA}-\text{CC}+\text{ATP}\longrightarrow\text{tRNA}-\text{CCA}+\text{PPi}$$

该酶的反应相当专一。在 ATP、CTP 和缺少 CCA 的 tRNA 存在时，总是生成 CCA 末端，反应需 Mg^{2+}，PPi 能抑制该反应并使反应逆转。该酶与底物 tRNA 作用几乎没有种族特异性，但对 tRNA 的总体结构有依赖性。因为用不同种类的该酶与 tRNA 配合都能添加 CCA 末端，但运用其他类型的 RNA 或 DNA 作底物则不能反应；改变 tRNA 的序列，如在其 5′端除去 5 个核苷酸，则反应能力急剧下降。

RNase P 是一类 RNA 内切核酸酶，与 DNA 限制性内切核酸酶不同的是，它识别的不是切点附近的核苷酸序列，而是加工部位的空间构象，可在 tRNA 5′端进行切割。几乎所有的 tRNA 5′端都是由该酶产生的，因此它是 tRNA 的 5′成熟酶。RNaseP 是一种核蛋白，含有蛋白质和 RNA 两个部分。其蛋白质组分相对分子质量为 2×10^4；RNA 组分称为 M_1 RNA，相对分子质量约为 1.3×10^5，由 375 个核苷酸组成，是酶切活性所必需的。在细菌中即使没有蛋白质组分，RNA 单独也能切断 tRNA 前体的 5′端序列。RNase P 的底物专一性很高，只作用于tRNA前体。而 rRNA、成熟 tRNA、各种 mRNA 都不能作为 RNase P 的底物。RNase P 与底物的作用也无种族特异性。反应需要 Mg^{2+} 和一种一价阳离子（NH_4^+、K^+、Na^+），最适 pH 为 8 左右。tRNA 和 rRNA 抑制酶反应。

RNase D 是一种外切核酸酶。当 RNase F 从靠近 3′端处切断前体分子后，RNase D 负责从前体 3′端逐个切去附加序列，直到 CCA 序列为止。该酶具有严格的选择性，它识别整个 tRNA 分子结构，而非 3′端序列。因此 RNase D 是 tRNA 3′端的成熟酶。

RNaseⅢ及相关酶主要负责切开基因之间的间隔序列（如前所述）。RNase P_4 是一种内切核酸酶，在体外实验中，它可以一举切除体外组建的 $tRNA^{Tyr}$（携带酪氨酸的 tRNA）的前体分子中 CCA 下游的 8 个核苷酸。体内的情况尚不清楚。

tRNA 的最后加工类型是一些碱基的修饰，包括甲基化、脱氨、还原等。成熟的 tRNA 分子中存在许多修饰成分，包括各种甲基化碱基和假尿嘧啶核苷。tRNA 修饰酶具有高度特异性，每一种修饰核苷都有相应的修饰酶。例如，tRNA 甲基化酶，该酶对碱基及 tRNA 序列均有严格要求，甲基供体一般为 S-腺苷甲硫氨酸(SAM)，反应如下：

$$\text{tRNA}+\text{SAM}\longrightarrow \text{甲基-tRNA}+\text{S-腺苷高半胱氨酸}$$

tRNA 假尿嘧啶核苷合成酶催化尿苷的糖苷键转移，由尿嘧啶的 N1 变为 C5。细菌 tRNA前体的加工如图 10-15 所示。

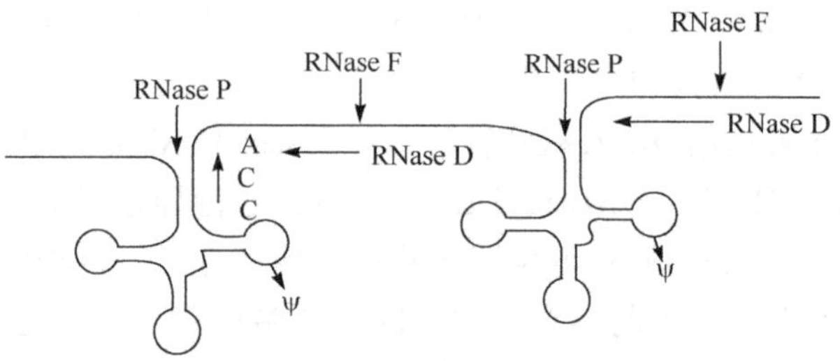

图 10-15　tRNA 前体分子的加工

↓表示内切核酸酶作用；←表示外切核酸酶作用；↑表示核苷酸转移酶的作用；↘表示异构化酶的作用

（三）原核生物 mRNA 前体的加工

细菌中用作蛋白质合成模板的 mRNA 一般不需要加工，一经转录即可直接进行翻译。但也有少数多顺反子 mRNA 需通过内切核酸酶切成较小的单位后才能进行翻译。例如，核糖体大亚基蛋白 L10 和 L7/L12 与 RNA 聚合酶 β 和 β′亚基的基因组成混合操纵子，在转录出多顺反子 mRNA 后需要通过 RNaseⅢ将核糖体蛋白与聚合酶亚基的 mRNA 切开，其后再各自进行翻译。此加工过程的意义是能对 mRNA 的翻译进行调控。核糖体蛋白的生成必须对应于 rRNA 的合成水平，并与细胞的生长速度相适应。细胞内 RNA 聚合酶的水平则要低得多。将二者切开，有利于它们各自的翻译调控。

与此相类似的加工过程也存在于某些噬菌体多顺反子 mRNA。例如，大肠杆菌噬菌体 T_7 的早期基因转录出一条多顺反子 mRNA，经 RNaseⅢ切割成 5 个单独的 mRNA 和 5′端前导序列。mRNA 的切割对其中某些早期蛋白质的合成是必要的。推测这是由于较长的 mRNA能产生阻止有关编码序列翻译的二级结构。这种 RNA 高级结构与其功能的调控关系在许多过程中均可看到，而并不仅限于对翻译起始的调控。通过 RNA 链的裂解改变其高级结构，进而调节其功能。

二、真核生物的 RNA 转录后一般加工

真核生物 rRNA 和 tRNA 前体的加工过程与原核生物有些相似；但 mRNA 前体必须经过复杂的加工过程，这与原核生物大不相同。真核生物大多数基因为断裂基因，含有的居间序列需在转录后的加工过程中予以切除。

（一）rRNA 前体的加工

真核生物的核糖体比原核生物更大，结构也更复杂。其小亚基含有一条 16S～18S rRNA；大亚基除 26S～28S rRNA 和 5S rRNA 外，还含有一条原核生物中所没有的 5.8S rRNA。rRNA 基因拷贝数较多，几十至几千不等，成簇排列，由 16S～18S、5.8S 和 26S～28S rRNA 基因组成一个转录单位，彼此以间隔区分开，RNA 聚合酶Ⅰ转录产生一个长的 rRNA 前体。不同生物的 rRNA 前体大小不同。酵母的 17S、5.8S 和 26S rRNA 基因的转录产物为 37S 的 rRNA 前体。果蝇的 18S、5.8S 和 28S rRNA 基因的转录产物为 38S rRNA 前体。哺乳类动物的 18S、5.8S 和 28S rRNA 基因构成一个转录单位，转录产生 45S rRNA 前体。

真核生物 rRNA 合成、加工和装配成核糖体的场所位于核仁。rRNA 成熟是个多步骤的加工过程。用同位素 ^{14}C-尿苷或 ^{3}H-尿苷标记 HeLa 细胞的 RNA，可分离到相对分子质量为 4×10^6 的 45S rRNA 前体及 41S、32S、20S rRNA 等加工产物。通过标记动力学实验证明它们是 rRNA 生成过程中的前体和中间物。不同真核生物 rRNA 前体的加工过程略有不同。RNaseⅢ及其他酶在 rRNA 前体加工中起重要作用。真核生物 45S rRNA 前体的加工过程如图 10-16 所示。

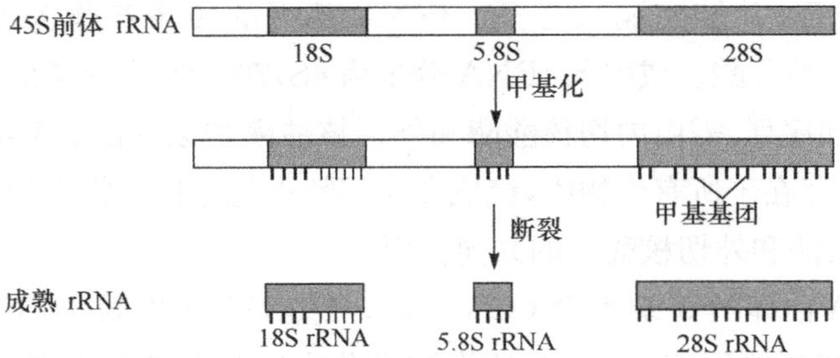

图 10-16　真核生物 45S rRNA 前体的加工

真核生物 rRNA 在成熟过程中可被甲基化，甲基化程度比原核生物高，主要甲基化位置也在核糖 2′-羟基上。例如，哺乳类细胞的 18S 和 28S rRNA 分别含甲基约 43 和 74 个，约占核苷酸的 2%，相当于细菌 rRNA 甲基化程度的 3 倍。与原核生物类似，真核生物 rRNA 前体的切割也发生在甲基化之后。已知真核生物 rRNA 前体的甲基化、假尿苷酸化和切割由核仁

小 RNA(small nucleolar RNA，snoRNA)指导。真核细胞的核仁中有多种 snoRNA(酵母和人类细胞中已发现上百种)，含有 C 框(AUGAUGA)和 D 框(CUGA)的 snoRNA 可借助互补序列识别 rRNA 前体中进行甲基化(2′OMe)和切割的位点；含 H 框(ANANNA)和 ACA 序列的 snoRNA 能识别假尿苷酸位点(图 10-17)。

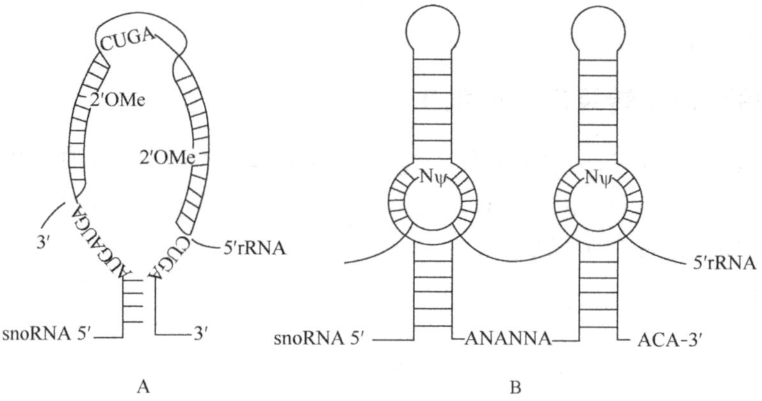

图 10-17　反义 snoRNA 指导 rRNA 位点特异的修饰

A. C/D snoRNA 指导 2′-O-甲基化；B. H/ACA snoRNA 指导假尿苷酸化

大多数真核生物 rRNA 基因无内含子。有些 rRNA 基因有内含子但并不转录。例如，果蝇的 285 个 rRNA 基因中约 1/3 含有内含子，但都不转录。四膜虫(*Tetrahymena*)的核 rRNA 基因和酵母线粒体 rRNA 基因含有的内含子，其转录产物可自动切除内含子序列。

线粒体和叶绿体 rRNA 基因的排列方式和转录后加工过程一般都与原核生物 rRNA 基因类似。

(二) tRNA 前体的加工

真核生物 tRNA 基因数目比原核 tRNA 基因数目多得多。大肠杆菌基因组约有 60 个 tRNA 基因；酿酒酵母有 320～400 个，果蝇有 850 个，而人体细胞有 1300 个。真核生物的 tRNA基因也成簇排列，并被间隔区分开。tRNA 基因的转录产物为 4.5S 或稍大一些的 tRNA前体，约 100 个核苷酸。成熟的 tRNA 分子为 4S，70～80 个核苷酸。前体分子在 tRNA 的 5′和 3′端都有附加序列，需由内切核酸酶和外切核酸酶加以去除。5′端附加序列由内切核酸酶 RNase P 切除，存在于所有生物中，组成和作用特点与原核生物中相似。3′端附加序列的切除需多种内切核酸酶和外切核酸酶的共同作用。

真核生物 tRNA 前体的 3′端不含 CCA 序列，成熟 tRNA 3′端的 CCA 是后加上去的，催化该反应的酶是核苷酰转移酶。tRNA 的修饰成分由特异的修饰酶催化。真核生物 tRNA 除含有修饰碱基外，还有 2′-O-甲基核糖，其含量约为核苷酸的 1%。在真核生物中内含子偶尔出现在 tRNA 转录本中并且必定被切除，酵母 $tRNA^{Tyr}$的加工过程最后一步就经拼接切除了一个 14 个核苷酸的内含子。但在细菌 tRNA 中未发现内含子序列。tRNA 前体加工时，首先是末端被加工，5′端先于 3′端。与此同时，原初转录本的其他部分的碱基被特异性修饰，如图 10-18 所示。

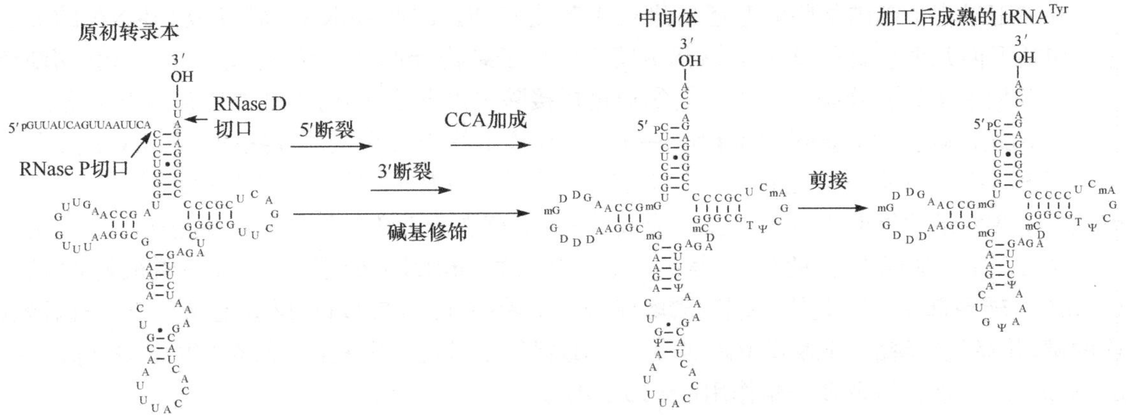

图 10-18　酵母 tRNA^{Tyr}的加工过程

（三）mRNA 前体的一般加工

真核生物编码蛋白质的基因以单个基因作为转录单位，转录产物为单顺反子 mRNA。大多数蛋白质基因存在居间序列，它们与编码序列一起被转录，需要在转录后的加工过程中被切除掉。由于真核细胞的细胞核结构将转录和翻译过程在时空上分隔开，蛋白质的合成模板（mRNA）在细胞核中产生后需经一系列复杂的加工运输过程，才转移到细胞质中指导翻译过程。mRNA 的原初转录物是相对分子质量较大的前体，在核内加工过程中形成分子大小不等的中间物，称为核内不均一 RNA（heterogeneous nuclear RNA，hnRNA），其中一部分可转变为细胞质中的成熟 mRNA。

hnRNA 的碱基组成与总 DNA 组成类似，又称为类似 DNA 的 RNA（D-RNA）。hnRNA 在核内能迅速合成与降解，其半衰期很短，相比细胞质的 mRNA 更不稳定。不同细胞类型的 hnRNA 半衰期不同，从几分钟至 1h；用同位素脉冲标记技术，追踪 hnRNA 的去向，并测定 hnRNA 转变成 mRNA 所占比例，结果发现在哺乳类细胞约为 5%。因为 hnRNA 分子大小约为 mRNA 的 5 倍，粗略计算有 25% 的 hnRNA 经过加工能转变为 mRNA。真核生物 mRNA前体总体加工过程概括为图 10-19。

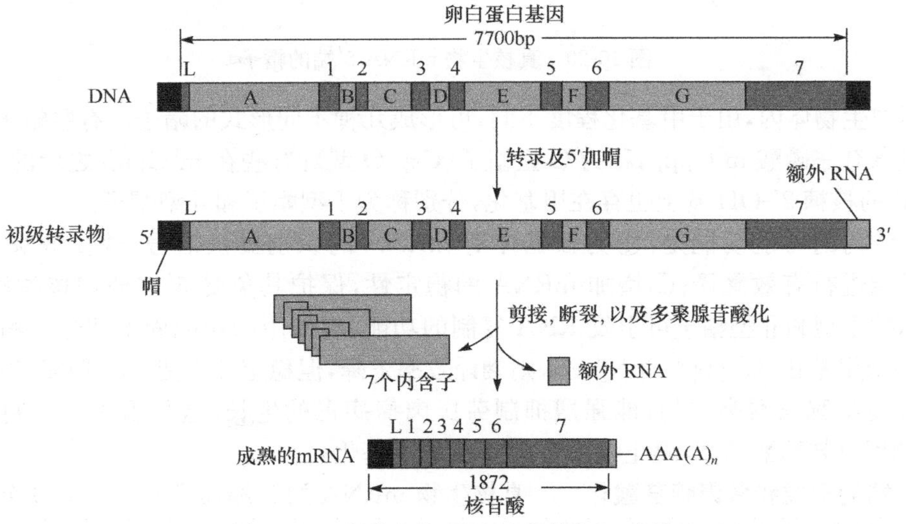

图 10-19　真核生物 mRNA 前体加工过程

在加工过程中链内某些碱基还要进行甲基化修饰。因此 hnRNA 转变成 mRNA 的加工过程包括下面几个重要环节：①5′端形成特殊的帽子结构（$m^7G^{5'}ppp^{5'}N_1mpN_2p$—）；②切断链的 3′端并加上多聚腺苷酸[poly(A)]；③通过拼接除去内含子序列；④链内核苷的甲基化。

1. 5′端加帽（$m^7G^{5'}ppp^{5'}N_1mpN_2p$—）　　真核生物中几乎全部成熟的 mRNA 都具有 5′端的帽子结构：7-甲基鸟苷通过特殊的 5′，5′-三磷酸与 mRNA 的 5′端残基相连（图 10-20A）。因该结构在转录的早期或终止前已经形成，因而也存在于 hnRNA 中。对某些病毒和动物组织 mRNA 前体加帽过程的研究表明，原初转录的 hnRNA 分子 5′端为三磷酸嘌呤核苷（pppPu），转录起始后不久从 5′端三磷酸脱去一个磷酸，然后与 GTP 反应生成 5′，5′-三磷酸相连的键，并释放焦磷酸，S-腺苷甲硫氨酸（SAM）提供甲基进行甲基化，最终产生 $m^7G^{5'}ppp^{5'}N_1$-mpN_2p-RNA，加帽涉及多个酶作用（图 10-20B）。

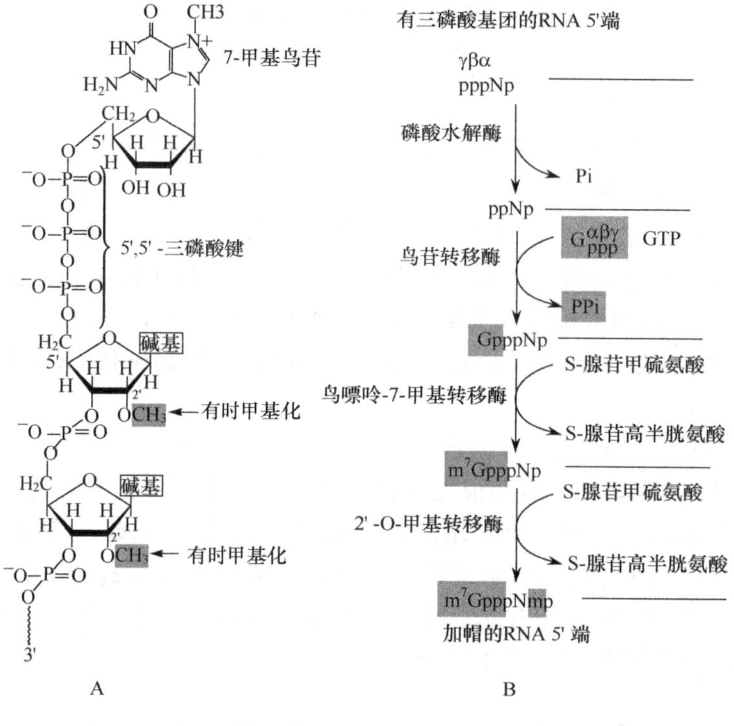

图 10-20　真核生物 mRNA 5′端的帽子

在不同生物体内，由于甲基化程度不同，可形成几种不同形式的帽子。有些帽子结构仅形成 7-甲基鸟苷三磷酸 m^7Gppp，称为 O 型帽子（Cap O 型）；有些在 m^7Gppp 之后的 N_1 核苷甚至 N_2 核苷的核糖 2′-OH 基上也存在甲基化，分别称为Ⅰ型帽子和Ⅱ型帽子。

帽子结构的可能功能是：①为核糖体对 mRNA 的识别提供信号，缺少 5′帽子结构的 mRNA 不能进行有效翻译；②增加 mRNA 的稳定性，保护其免受 5′端外切核酸酶的攻击；③mRNA 的Ⅰ型和Ⅱ型帽子可引发 RNA 复制的功能，该作用的功能尚不清楚。帽子结构中的 G 如果未甲基化（$G^{5'}ppp^{5'}NpNp$—），则翻译效率下降，但稳定性不变。5′-脱氧-5′-异丁基腺苷是腺苷高半胱氨酸类似物，能强烈抑制劳氏肉瘤病毒的生长，这是因为该抑制剂可抑制 mRNA 的甲基转移酶活力，阻止帽子结构上 G 的甲基化。

2. 3′端的形成和多聚腺苷酸化　　真核生物 mRNA 的 3′端通常有 20～200 个腺苷酸残基，构成多聚腺苷酸的尾部结构，具有这类特征的 mRNA 表示为 $poly(A)^+$。但也有例外，如组蛋白、呼肠孤病毒和许多植物病毒的mRNA并没有多聚腺苷酸，这类mRNA表示为poly(A)$^-$。核内hnRNA的3′端也有多聚腺苷酸，说明加尾过程早在核内已完成。hnRNA中的多聚腺苷酸比mRNA的略长，平均长度为150～200核苷酸。

多聚A尾巴不是由DNA编码，而是在一个相对分子质量为3×10^5的RNA末端腺苷转移酶(RNA terminal riboadenylate transferase)催化之下，将ATP中的AMP残基通过3′，5′-磷酸二酯键一个一个连接到多聚核糖核苷酸的3′端，该酶通常又称为多聚腺苷酸聚合酶，简称poly(A)聚合酶。其反应如下：

$$\text{多聚核糖核苷酸}+n\text{ATP}\xrightarrow[\text{或 }Mn^{2+}]{Mg^{2+}}\text{多聚核糖核苷酸(A)}_n+n\text{PPi}$$

poly(A)聚合酶以带有3′-OH基的RNA为受体，ATP作为供体。此外还需10多种蛋白质和Mg^{2+}或Mn^{2+}参与作用，协助切割和聚合。多聚腺苷酸化可被其类似物3′-脱氧腺苷，即冬虫夏草素(cordycepin)阻止。后者是多聚腺苷酸化的特异性抑制剂，它不影响hnRNA的转录，但存在时可阻止细胞质中出现新的mRNA。表明多聚腺苷酸化对于mRNA的成熟是必要的。另外，珠蛋白mRNA上的多聚腺苷酸尾巴被除去后，仍然能在麦胚无细胞系统中翻译，显示该尾部结构并非翻译所必需。然而除去多聚腺苷酸尾巴的mRNA稳定性较差，可被体内有关的酶降解，使翻译效率下降。当mRNA由细胞核转移到细胞质时，其多聚腺苷酸尾部常有不同程度的缩短。由此可见，多聚腺苷酸序列起着某种缓冲作用，防止外切酶对mRNA 3′端序列的降解作用。

多聚A尾巴不是加在转录终止的3′端。RNA合成超过切割信号的范围，其中包含切点上游方向20bp左右的AAUAAA及切点下游方向的GUGUGUG(单细胞真核生物除外)保守序列。一种由内切核酸酶、多聚腺苷酸聚合酶和几种多亚基蛋白组成的酶复合物识别信号序列并与之结合(图10-21A)，内切核酸酶在AAUAAA下游10～30bp的3′端切除一段核苷酸链(图10-21B)；多聚腺苷酸聚合酶在切割点开始合成一段长度为80～250个腺苷酸的poly(A)尾巴(图10-21C)。如果识别信号发生突变，如U→G，则切除作用和多聚腺苷酸化作用均显著降低。

3. mRNA的内部甲基化 真核生物mRNA分子内部一般都有甲基化的碱基，主要是N^6-甲基腺嘌呤(m^6A)。这类修饰成分在hnRNA中已经存在，在mRNA成熟时无需再作用。推测这类修饰成分在mRNA前体的加工过程中，起着被特异分子识别的作用。

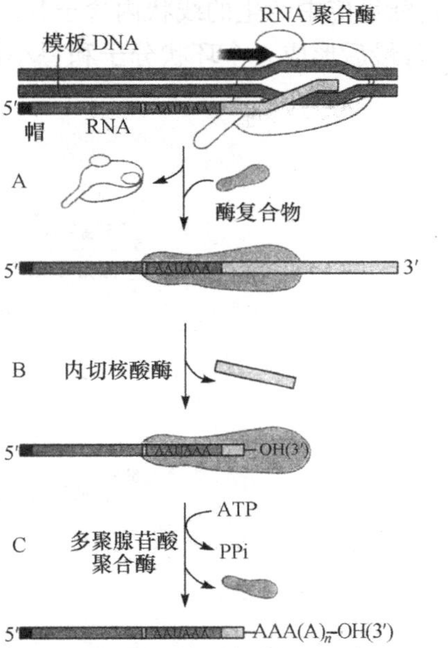

图10-21 真核生物mRNA前体poly(A)尾的添加

三、RNA的拼接、编辑和再编码

真核生物中虽然有少数编码蛋白质的基因及一些tRNA和rRNA基因是连续的，但绝大多数基因是断裂基因。因此其转录产物需通过拼接，去除内含子，使外显子即编码区连接成连续的序列，该过程称为RNA的拼接(splicing)。内含子具有多种多样的结构序列，因此拼接机制也很复杂。有些内含子可催化自体拼接(self-splicing)；而有些需在拼接体(spliceosome)作用下才能拼接；RNA编码序列的改变称为编辑(editing)；RNA编码和读码方式的改变称为再编码(recoding)。由于细胞内的 RNA 存在着选择性拼接(alterative splicing)、编辑和再编码等过程,使得一个基因可以产生多种蛋白质。

(一) RNA 的拼接

1977 年 Sharp 和 Roberts 以腺病毒作为研究对象,发现成熟的 mRNA 与 DNA 杂交时有些部位的 DNA 与 mRNA 并不相匹配,而是形成环状结构,说明腺病毒 mRNA 由其基因组的不同部位转录而来。Roberts 和 Sharp 因发现断裂基因和其后在 RNA 拼接方面的研究获得 1993 年的诺贝尔生理学或医学奖。

内含子有 4 种类型:第一类内含子分布广泛,出现在真核生物线粒体、叶绿体编码的 rRNA、mRNA、tRNA 基因,低等真核生物核 rRNA 的基因,细菌和噬菌体的个别基因当中。第二类内含子结构保守而复杂,一般存在于真菌、藻类和植物线粒体与叶绿体 mRNA 的初始转录物中。在细菌中也有上述两类内含子,这两类内含子有一些相同的特征,但在拼接机制细节上不同。第三类内含子存在于真核细胞核 mRNA 初始转录物中,是最大一类内含子。第四类内含子存在于一些 tRNA 中。

对应于 4 类不同的内含子,RNA 有 4 种拼接方式:① Ⅰ型自我拼接(group Ⅰ self-splicing);② Ⅱ型自我拼接(group Ⅱ self-splicing);③核 mRNA 拼接体的拼接(nuclear mRNA spliceosomal);④核 tRNA 的酶促拼接(nuclear tRNA enzymatic splicing)。

1. Ⅰ型自我拼接 此拼接机制最先是 Cech 等于 1981 年在研究四膜虫(*Tetrahymena thermophila*) rRNA 前体拼接过程中发现。此类拼接主要特点是自我催化完成,无需酶催化和供给能量,只需要 1 价和 2 价阳离子及鸟苷酸或鸟苷的存在即可自发进行。整个过程中有三次转酯反应,第一次是鸟苷酸或鸟苷提供游离 3′-羟基,使内含子的 5′-磷酸基转移其上;第二次由第一个外显子产生的 3′-羟基攻击第二个外显子的 5′-磷酸基。这种磷酸酯的转移过程不发生水解作用,其能量被储存自用,因此无需再供能;第三次磷酸基转移反应是在前两次的转酯反应中产生的线状内含子片段自身环化,以其 3′-羟基攻击 5′端第十五个核苷酸处的磷酸基,最后形成一个环状分子和一小段多聚核苷酸(图 10-22)。

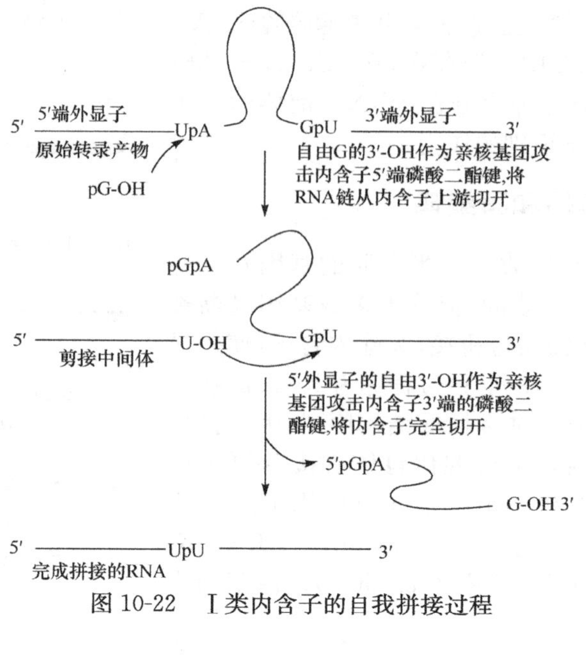

图 10-22 Ⅰ类内含子的自我拼接过程

Ⅰ型自我拼接的内含子含有一些特殊序列，其内含子指导序列(intron guide sequence, IGS) GGAGGG能与左侧外显子末端的CUCUCU序列配对，包括IGS在内共有9个碱基配对区，其中P、Q、R、S这4个序列十分保守，其核酶活性与它们所形成的特定折叠结构有关(图10-23)。

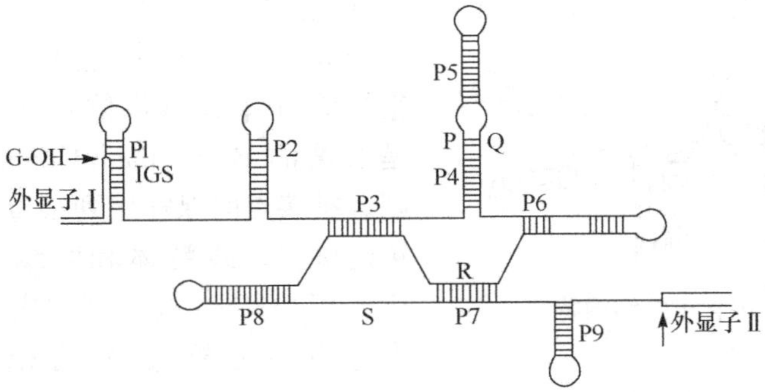

图10-23　Ⅰ类内含子的二级结构(P1～P9代表双螺旋区)

2. Ⅱ型自我拼接　Ⅱ型内含子本身也具有催化功能，能够完成自我拼接。它与Ⅰ型内含子自我拼接的区别在于转酯反应无需游离鸟苷酸或鸟苷的启动，而由内含子靠近3′端的腺苷酸2′-羟基攻击5′-磷酸基引起。经两次转酯反应后，切除内含子形成的套索结构(lariat)，而两个外显子得以连接(图10-24)。Ⅱ型内含子只见于某些真菌线粒体和植物叶绿体基因中。

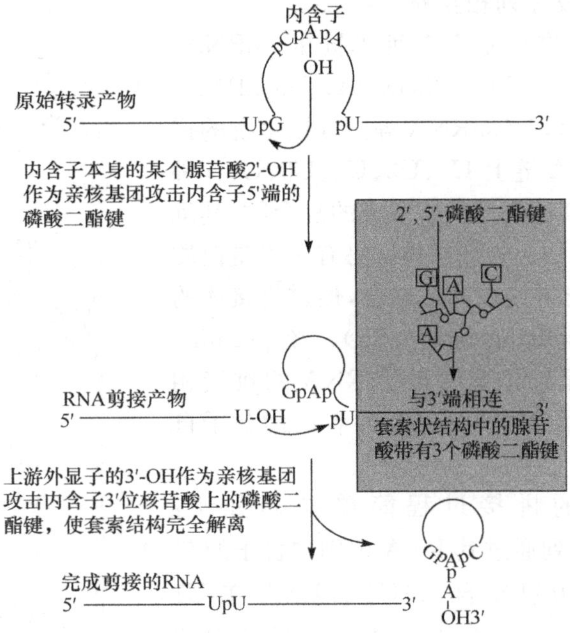

图10-24　Ⅱ类内含子的自我拼接过程

Ⅱ型内含子的结构保守而复杂，因此在细胞内的存在受到限制。该内含子含有6个双螺旋区，其中螺旋区Ⅰ有两个外显子结合位点(exon binding site, EBS)，可与左侧外显子的内含子结合位点(intron binding site, IBS)配对。内含子靠近3′端有一个保守序列CUGAC，其上

A 的 2′-OH 可与末端 5′-P 形成磷酸二酯键。Ⅱ型内含子自我拼接的活性有赖于其二级结构和进一步折叠的构象，如图 10-25 所示。

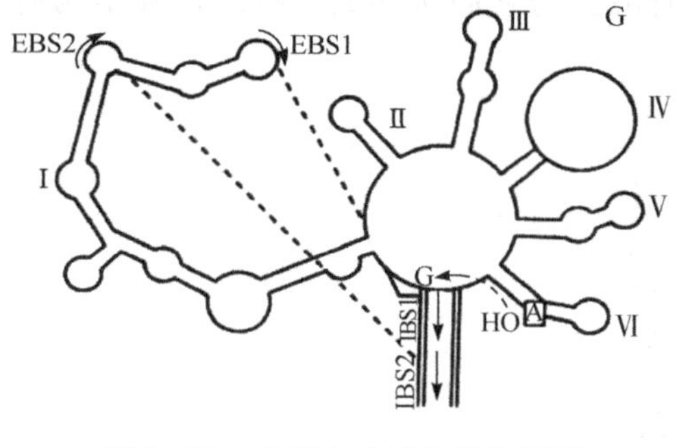

图 10-25　Ⅱ类内含子的结构特征

3. 核 mRNA 拼接体的拼接　真核生物编码蛋白质的核基因所含的大量内含子大都不能自身催化拼接，称为核 pre-mRNA 内含子（nuclear pre-mRNA intron）。这些内含子的拼接点序列很简单，5′↓GU（供体）……AG↓（受体），这就是所谓的 Breathnach-Chambon（或 GT-AG）规则。拼接点的保守序列很重要，如果突变将影响正确拼接。线粒体和叶绿体基因的内含子及 tRNA和 rRNA 核基因的内含子不遵守此规则。大量资料分析表明，脊椎动物、酵母和植物 pre-mRNA内含子遵守此规则。

真核生物细胞中存在大量 100～300 个核苷酸的小分子 RNA，每个细胞中可有 10^5～10^6 个这种 RNA 分子。它们是由 RNA 聚合酶Ⅱ或Ⅲ所合成，其中某些像 mRNA 一样可被加帽。存在核内的称为核内小 RNA（small nuclear RNA，snRNA），而在细胞质的称为胞质小 RNA（small cytoplasmic RNA，scRNA）。snRNA 序列中含有较多的尿嘧啶，通常又被称为U-RNA 或 U 系列。天然状态下它们均与蛋白质相结合，故分别称为核内小核糖核蛋白（snRNP）和胞质小核糖核蛋白（scRNP）。某些 snRNP 和拼接作用有密切关系。有些 snRNP 分别与供体和受体拼接位点，以及分支序列相互补。

一般认为，脊椎动物细胞有多种不同的 snRNA，称为 U1snRNA（图 10-26）、U2snRNA、U3snRNA、U4snRNA、U5snRNA 和 U6snRNA 等。真核生物的拼接体是由被拼接的 RNA 链上 U1、U2、U4、U5、U6 5 种 U 系列 snRNA 和约 50 种蛋白质所组成的复合物，其沉降常数为 40S～60S，呈凸起的椭球体。另有一些蛋白质能瞬时地在拼接位点与拼接中间体结合，促进拼接体的装配，称为拼接因子（splicing factor，SF）。核 pre-mRNA 内含子的拼接过程与Ⅱ型内含子 RNA 的拼接相似，其区别仅在于前者由拼接体完成，后者由内含子自我催化完成。

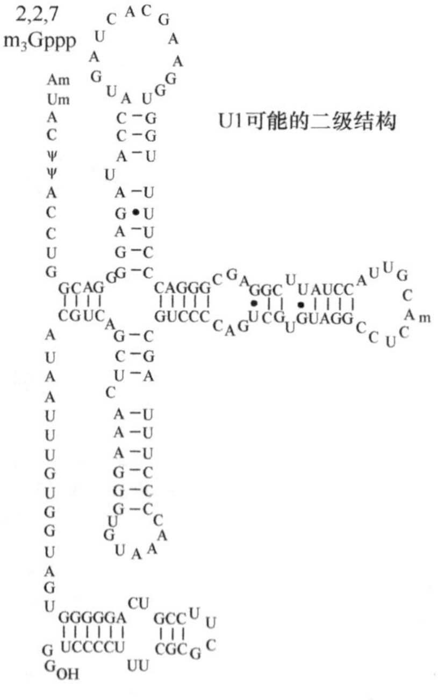

图 10-26　人类 U1 snRNA 二级结构

由拼接体执行的拼接过程简单描述如下：①U1 snRNA的 5′端序列通过其 RNA 识别内含子的 5′端拼接点序列并与之互补结合；②U2 snRNA 在 U1 snRNP 和 U2 辅助因子（U2 auxiliary factor，U2AF）的协助下通过其 RNA 识别并结合到分支点上；③U4 snRNA与 U6 snRNA 有很长的互补区，一般结合在同一核糖核蛋白颗粒上（故写为 U4/U6 snRNP ），当 U4/U6 snRNP 和 U5 snRNP 以三聚体形式进入拼接体后，释放 U1 snRNP；U4/U6 snRNP 可能不与 mRNA 前体结合，而是充当拼接体的结构成分并可能承担各种 snRNP 之间的"通讯"工作。④原来被 U1 snRNP 占据的空间使 U5 snRNP 先结合于外显子上，之后转移至内含子；⑤随后 U6 snRNP 结合到 5′端拼接点；⑥U4 snRNA被释放，U4 snRNA 与 U6 snRNA 之间的解离需由 ATP 提供能量；⑦U6 snRNA的活性受 U4 snRNA 封闭，因此，U4 snRNA 脱离后 U6 snRNA 即可与 U2 snRNA的碱基配对，并回折形成发夹结构，其构象类似于Ⅱ型内含子的催化中心；⑧U5 snRNP识别外显子 3′端拼接点并与之结合，在 U6/U2 snRNA 催化下完成两次转酯反应，使两个外显子连接在一起。拼接过程如图 10-27 所示。

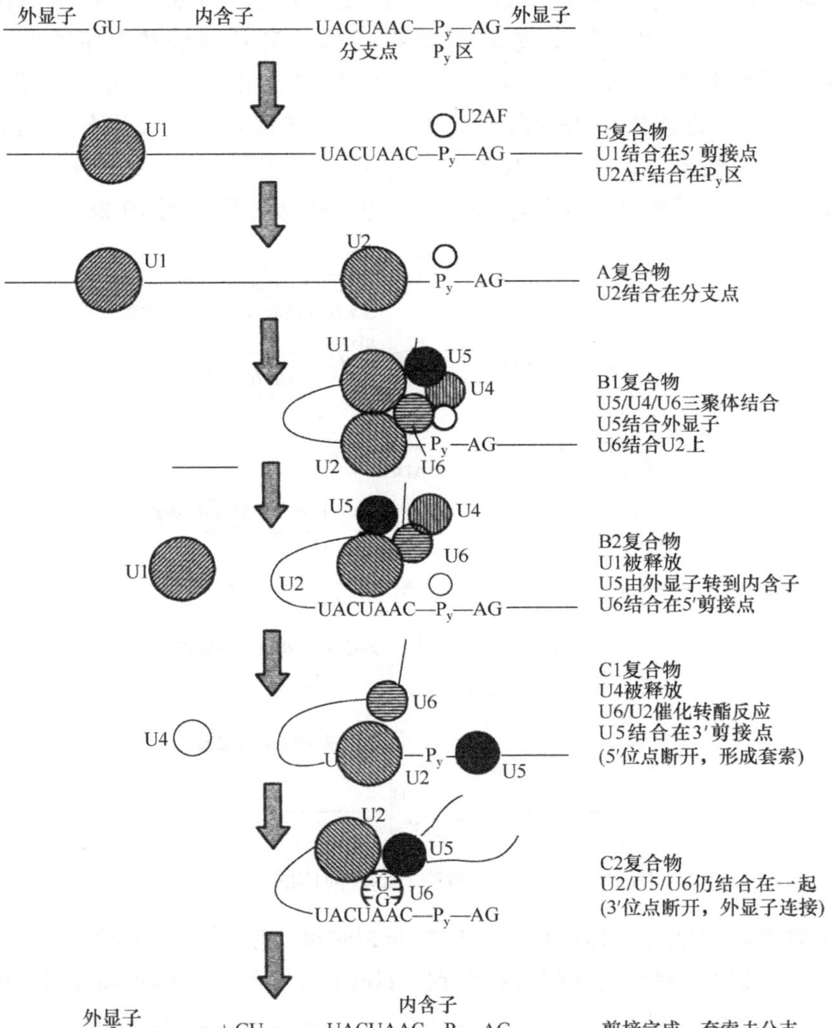

图 10-27　hnRNA 的拼接过程

核 mRNA 前体的拼接与Ⅱ型内含子的拼接机制基本相同。但核 mRNA 前体的内含子数目十分庞大，在进化过程中不可能都保持Ⅱ型内含子的核酶结构，可能的途径是将Ⅱ型内含子的催化功能转给某些小 RNA 和辅助蛋白，以专司其职。研究发现 snRNA 的序列结构与Ⅱ型内含子结构具有某些类似之处。

4. 核 tRNA 的酶促拼接　对酵母 tRNA 前体的拼接机制研究得比较清楚。酵母基因组共有约 400 个 tRNA 基因，含有内含子的基因占 1/10。内含子长度 14～16bp，它们之间无保守序列，因此推测切除内含子的酶所识别的只是它们共同的二级结构，而不是序列。内含子通常居于反密码子附近并与其进行碱基配对，使反密码子环不存在，代之以插入的内含子构成的环(图 10-18)。

研究 tRNA 前体在无细胞提取液中的拼接过程表明，反应分两步进行，分别由不同的酶催化。第一步由一个特殊的内切核酸酶断裂磷酸二酯键，切去插入序列，反应无需 ATP。第二步由 RNA 连接酶催化被切断的 tRNA 两部分共价连接，反应需要 ATP。

内切核酸酶断裂 tRNA 前体，产生 tRNA 的两个半分子和一个线状内含子。它们的 5′端均为羟基，3′端为 2′,3′-环状磷酸基。两个半分子 tRNA 通过碱基对仍然维系在一起。在有激酶和 ATP 存在时，5′-羟基可转变成 5′-磷酸基。2′,3′-环状磷酸基在环磷酸二酯酶催化下被打开，形成 2′-磷酸基和 3′-羟基。连接反应需由 ATP 活化连接酶，形成腺苷酸化蛋白质。AMP 的磷酸基以共价键连接在酶蛋白上。其后 AMP 转移到 tRNA 半分子的 5′-磷酸基上，形成 5′-磷酸与 5′-磷酸连接。在 tRNA 另一半分子 3′-羟基攻击下 AMP 被取代，产生 5′,3′-磷酸二酯键，多余的 2′-磷酸基被磷酸酯酶切除。整个拼接过程如图 10-28 所示。

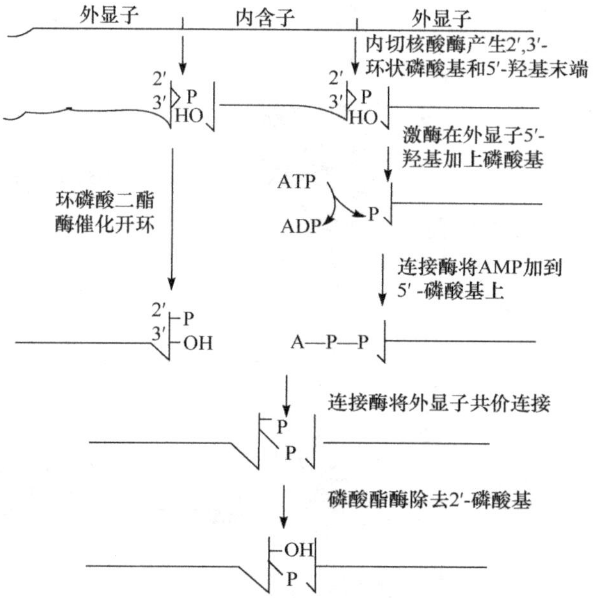

图 10-28 酵母和植物 tRNA 前体的拼接过程

植物和哺乳动物 tRNA 前体被内切核酸酶断裂时也产生 2′,3′-环磷酸。植物的拼接过程与酵母类似(图 10-28)。哺乳动物则有些差别。HeLa 细胞的连接酶可将 RNA 的 2′,3′-环状磷酸基直接与 5′-羟基末端连接。因此，当 tRNA 前体被内切核酸酶除去内含子后，两个 tRNA半分子可直接由 RNA 连接酶催化连接，无需末端基团的转变。

5. 选择性拼接 上述几种方式可有条不紊地除去原初转录物中的内含子，并将所有外显子拼接成为成熟的 mRNA，这种方式称为组成型拼接(constitutive splicing)。通过组成型拼接一个基因只能产生一种成熟的 mRNA。与此精确的拼接方式相反，真核生物一个基因的转录产物在不同的发育阶段和生理状态下，可通过不同的拼接方式，得到不同的 mRNA 和翻译产物，该方式称为选择性拼接(alternative splicing)。所产生的多个蛋白质即为同源体(isoform)。选择性拼接在基因表达的调节控制中起着十分重要的作用。

据目前所知，mRNA 的选择性拼接主要有 6 种拼接类型(图 10-29)。对于原初转录物相同的情况主要有以下 4 种方式：①拼接产物缺失一个或几个外显子；②拼接产物保留一个或几个内含子作为外显子的编码序列；③在外显子中存在 5′拼接点或 3′拼接点，使该外显子部分缺失；④内含子中也存在 5′拼接点或 3′拼接点，从而使部分内含子变为编码序列。对于原初转录物不同的情况主要有以下两种方式：①不同 5′端型。有的基因有不止一个启动子，转录出具有不同 5′端的原初转录物，它们经过不同的拼接得到不同的成熟 mRNA，编码不同的蛋白质。②不同 3′端型。有的基因有不止一个 poly(A)位点，因而在不同的细胞中产生具有不同 3′端的 mRNA 前体，它们通过不同的拼接方式产生不同的 mRNA。

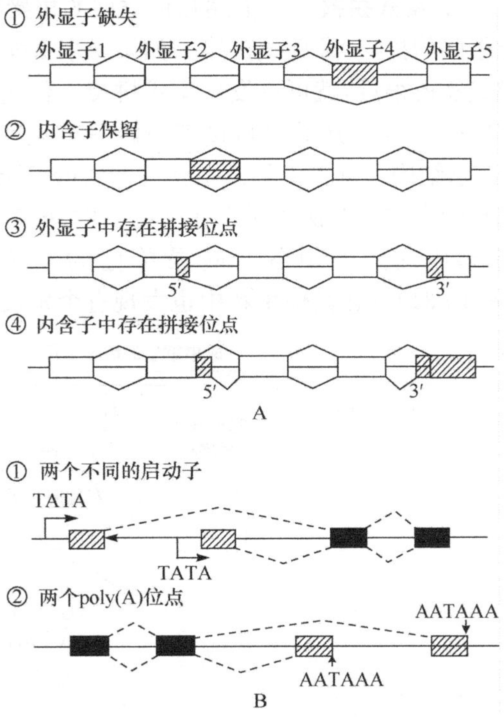

图 10-29　选择性拼接的类型示意图

A. 原初转录物相同；B. 原初转录物不同

表示外显子；表示内含子；表示拼接方式

降钙素(calcitonin) mRNA 前体的拼接是选择性拼接的典型实例。降钙素基因有 6 个外显子。它的原初转录物 3′端有两个 poly (A)位点，其中一个显现于甲状腺中，另一个表现在大脑中。在甲状腺中，通过拼接产生降钙素 mRNA，包括外显子 1～4。在大脑中拼接去除降钙素外显子 4，产生一个降钙素基因相关肽(CGRP)的 mRNA。由此可见，同一基因在不同组织中由于拼接加工的不同而得到两种不同的蛋白质或肽类激素(图 10-30)。

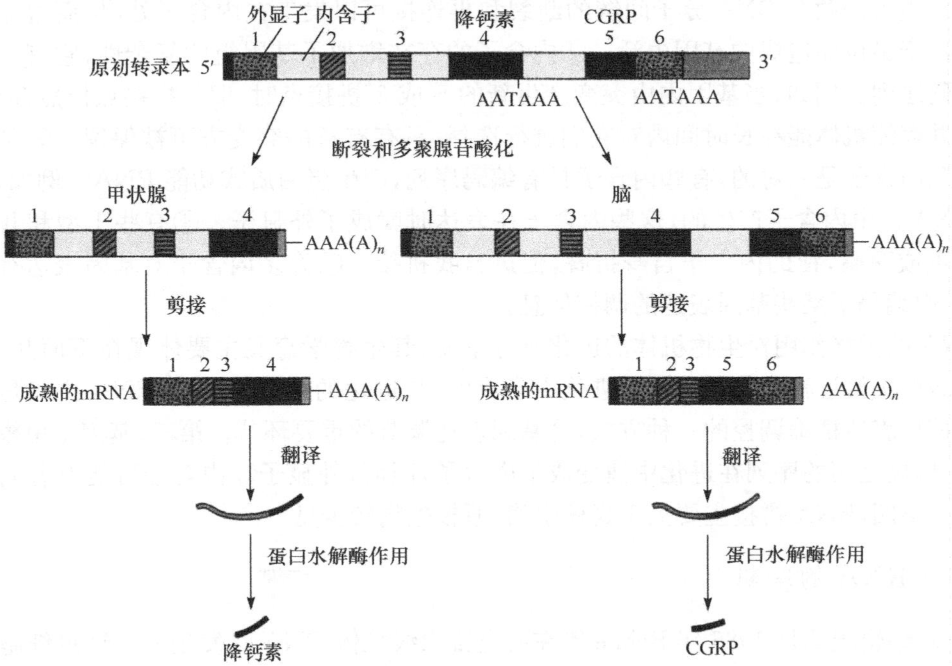

图 10-30　鼠降钙素基因原初转录本的选择性加工

6. 反式拼接　上述几种类型的拼接都属于分子内的拼接。事实表明，生物体内还存在分子间的拼接，即反式拼接。如果一个 RNA 分子具有 5′拼接点，另一分子具有 3′拼接点，它们又靠得很近，就可以发生反式拼接。经过类似于分子内拼接过程，可使一分子 5′拼接点上游序列与另一分子 3′拼接点下游序列连在一起，被切除的部分（相当于内含子）形成套索的"Y"形结构。分支点形成不稳定的磷酸三酯，随即水解脱去分支。这种拼接方式比较少见，研究比较多的一个例子是存在于锥虫的众多 mRNA，其 5′端有一共同的 35 个碱基长的前导序列，该序列并非由各个转录单位的上游所编码，而是来自一些重复单位的转录产物（图 10-31）。在其他生物中也发现有个别反式拼接的现象。

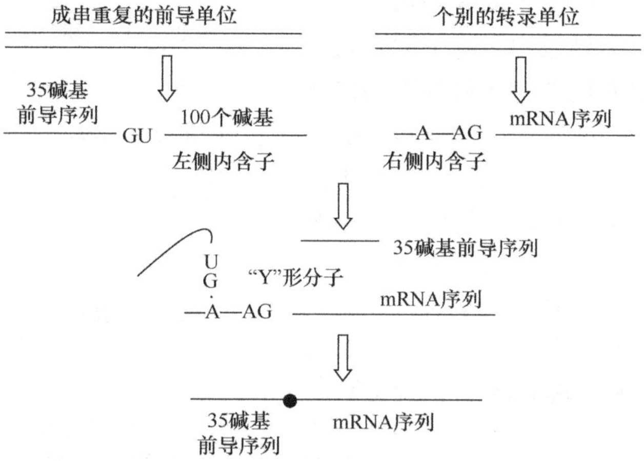

图 10-31　锥虫 mRNA 前导序列的反式拼接

内含子的存在和 RNA 拼接具有重要的生物学意义。内含子在生物遗传信息的传递过程中承担了重要的功能，绝不是无用的序列。其功能可大致归纳为以下 6 点：①由于内含子的存在使同源重组的两个 DNA 分子间链的断裂和再连接可以发生在内含子处，从而避免了重组过程中由于错位而造成的基因失活。②内含子的存在增加了基因组的复杂性，它有可能成为新的编码序列。例如，当基因内由突变产生新的 5′或 3′拼接点时，旧的拼接点依然存在，新旧蛋白质并存使机体能在长时间内对它们进行选择，只有有益的突变方可被保留。③基因组中外显子和内含子是相对的，有些内含子具有编码序列，产生蛋白质或功能 RNA。例如，许多核仁小 RNA 是由内含子产生的，这些内含子在表达时就成了外显子。④有些Ⅰ型和Ⅱ型内含子能产生成熟酶，帮助内含子自身折叠，促进自我拼接。⑤许多内含子对基因表达有一定影响，即它们编码了某些基因表达的调控信息。

RNA 的拼接作用对生物机体的进化十分重要，其生物学意义主要体现在下面几个方面。第一，RNA 拼接过程是生物在长期进化中形成的，是进化的结果。第二，RNA 拼接是真核生物遗传信息表达精确调控的一种方式，是基因表达调节的重要环节。第三，基因是由模块装配而成的，模块之间的序列在进化中演变成了内含子，因而，外显子和内含子可能有着同样古老的历史。第四，RNA 拼接主要见于真核生物，原核生物较少见。

（二）RNA 的编辑

RNA 编辑现象是 1986 年 Benne 等在研究锥虫线粒体 DNA 时发现的。锥虫细胞色素氧化酶亚基*Ⅱ* 基因（*co Ⅱ* ）与酵母或人类的该基因相比，发生了一个－1 的移码突变，但不影响该酶的正常功能。Benne 等将 *co Ⅱ* 基因与其转录物的序列进行比较，发现转录物在移码突变位点附近存在 4 个不被 DNA 基因编码的额外尿苷酸，正好纠正了移码突变。运用分子杂交实验在线粒体内未找到第二个 *co Ⅱ* 基因，则这些尿苷酸是在转录中或转录后插进去。Benne 将这种改变 RNA 编码序列的方式称为 RNA 编辑。经过编辑的 mRNA 序列发生了不同于模板 DNA 的变化。

RNA 的编辑，包括 U 的插入和删除，C、A 和 G 的插入，C 被 U 取代或 U 被 C 取代，A 转变为 I(次黄嘌呤)等方式。在锥虫线粒体细胞色素氧化酶亚基Ⅱ中，来自原始基因的遗传信息只占成熟 mRNA 的 45%，而 55%的遗传信息需通过 RNA 编辑。在插入 G 的编辑中，由于插入数量的不同引起阅读框改变。一个 mRNA 前体的编辑产物可以产生多种蛋白质。

Blum 等研究了 RNA 编辑的机制。从线粒体中分离出一些长约 60 个核苷酸的 RNA，与被编辑的 mRNA 序列互补，作为编辑的模板，称为指导 RNA (guide RNA，gRNA)。编辑通常沿 mRNA 由 3′端向 5′端方向进行，当 gRNA 与 mRNA 配对而遇到第一个不能配对的核苷酸时，gRNA 末端 U 的 3′-OH 攻击该核苷酸 5′-磷酸基团并发生转酯反应，mRNA游离出来的 3′-OH 攻击 gRNA 寡聚 U 第一个不配核苷酸的 5′-磷酸基因，发生第二次转酯反应。重复进行这个过程，至全部编辑完成(图 10-32)。gRNA 3′端的寡聚 U 由线粒体内的末端尿苷酰转移酶(TUTase)以 UTP 为底物合成。Blum 等认为，RNA 编辑与拼接过程类似，需在被编辑的 mRNA 分子上由 gRNA 和蛋白质装配成编辑体(editosome)完成编辑过程。

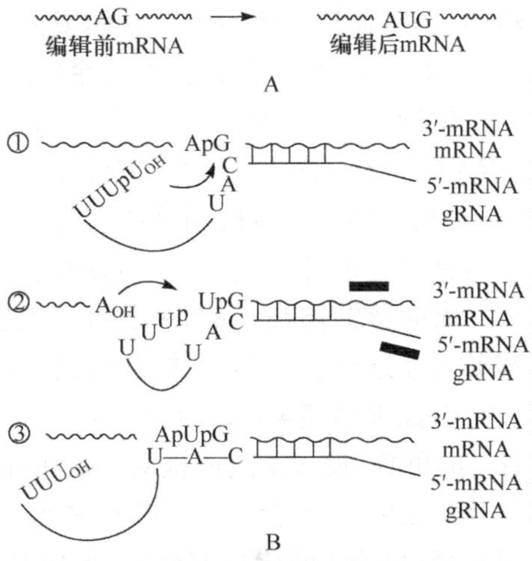

图 10-32　RNA 编辑的转酯反应
A. 编辑前后 mRNA 的变化；B. gRNA 指导的转酯反应
▬检测编辑中间物的 PCR 引物

RNA 的编辑虽然不是很普遍，在真核生物中也时有发生(表 10-7)。

表 10-7　哺乳动物中 RNA 编辑的实例

组织	靶标 RNA	改变碱基	结果
肝脏、肠	载脂蛋白 B	C→U	谷胺酰胺→终止子
肌肉	半乳糖苷酶	U→A	苯丙氨酸→酪氨酸
睾丸、肿瘤等	Wilms 肿瘤基因-1	U→C	亮氨酸→脯氨酸
肿瘤	神经纤维瘤基因-1	C→U	精氨酸→终止子
脑	谷氨酸受体蛋白	A→I	谷氨酸→精氨酸

RNA 编辑有重要的生物学意义。RNA 编辑能消除移码突变等过程带来的危害，甚至某些基因在突变过程中丢失达一半以上的遗传信息都可借 gRNA 加以补足。由于同一基因转录物经编辑可以表达出多种同源蛋白，因而 RNA 的编辑可增加基因产物的多样性。通过 RNA 编辑可赋予基因产物新的结构和功能，有利于生物进化。RNA 编辑还和生物细胞发育与分化有关，是基因调控的一种重要方式。而且 RNA 的编辑很可能与学习和记忆有关。

（三）RNA 的再编码

过去认为编码在 mRNA 上的遗传信息是以固定的方式进行译码的。不断积累的研究表明，mRNA 在某些情况下可以不同的方式译码，即改变原来的编码信息，称为 RNA 的再编码（RNA recoding）。

正常情况下，mRNA 的三联体密码子可被 tRNA 反密码子识别，其信息得以正确翻译。但由于基因的错义、无义和移码突变，改变了编码信息，使基因活性降低或失活。校正 tRNA 就是变异的 tRNA，它们或是反密码子环的碱基发生改变，或是决定 tRNA 特异性的碱基发生变化，因而改变了译码规则，使错误的编码信息得到校正。校正 tRNA 能在错义或无义突变的位置上引入一个与原来氨基酸相同或性质相近的氨基酸，从而恢复或部分恢复基因编码的活性；也可通过阅读一个二联体或四联体密码子，消除－1 或＋1 移码效应。

rRNA 的突变有时也能消除移码突变的影响。在蛋白质合成中，核糖体按照 mRNA 上的一个阅读框移动，另两个阅读框并不含有用的信息。但核糖体在移动过程中遇到特殊的 mRNA时，会因在模板的一定位点上发生的瞬间“颠簸”而改变阅读框。此过程称为核糖体移码，或翻译移码。该机制是调节蛋白质生物合成的一种方式，借助此过程可从一个 mRNA 产生两种或更多种相关但又不同的蛋白质。

有时核糖体在 mRNA 上可以发生跳跃。例如，噬菌体基因 60 的 mRNA，核糖体在其上移动时能迁跃长达 50 个核苷酸的片段不翻译。推测这是 mRNA 高级结构影响的结果。

劳氏肉瘤病毒（Rous sarcoma virus）是一种反转录病毒，在其基因组上 *gag* 和 *pol* 基因有 1bp 的重叠，使 *pol* 阅读框对 *gag* 阅读框有－1 移位。在合成病毒蛋白质时就有两种情况，一种是合成完 Gag 蛋白后在终止密码子处终止并解离；另一种是完成 Gag 蛋白合成后发生－1 移位，紧接着 Pol 蛋白的合成，形成两个蛋白质连在一起的多聚蛋白（polyprotein ），其后再由蛋白酶将其切开。劳氏肉瘤病毒 *gag* 和 *pol* 阅读框见图 10-33。

　　　　　　　　… Leu—Gly—Leu—Arg—Leu—Thr—Asn—Leu—Stop

*gag*阅读框5′ … CUA GGG CUC CGC UUG ACA AAU UUA UAG GG AGG GCC A ---　3′

*pol*阅读框　　… CUA GGG CUC CGC UUG ACA AAU UU AUA GGG AGG GCC　---

　　　　　　　　　　　　　　　　　　　　　Ile—Gly—Arg—Ala　---

图 10-33　劳氏肉瘤病毒中 *gag-pol* 重叠区

（四）特殊 RNA 的后加工

随着生物化学的研究深入发展，具有特殊功能的 RNA 数目在不断增加。这些 RNA 中的许多种类也需要后加工。

snRNA 和 snoRNA 不仅参与 RNA 的后加工，他们自己本身也需要后加工。许多 snoRNA由其他基因的内含子编码，当这些内含子从 RNA 前体切割下来后，snoRNP 蛋白就结合到这些 snoRNA 序列上，同时核糖核酸酶切除 snoRNA 的 5′端和 3′端的多余核苷酸序列。snRNA 的前体由 RNA 聚合酶Ⅱ合成。合成后不仅需要核糖核酸酶去除末端核苷酸序列，还需要核苷酸修饰反应，如 2′-O-甲基化及 U 转变成 Ψ。

微 RNA（miRNA）是一类参与基因表达调控的特殊 RNA，属于非编码 RNA，大约 22 个核苷酸长度，与 mRNA 特定序列互补，从而降解 mRNA 或抑制 mRNA 的翻译。在多细胞真核生物中,从蠕虫、果蝇到植物和哺乳类动物都含有 miRNA。人类基因组中有 1%的序列式编码 miRNA,1/3 的人类 mRNA 是 miRNA 的靶序列,它们的合成和后加工见图 10-34。

四、转录组学

(一) 转录组与转录组学

转录组(transcriptome) 即一个活细胞所能转录出来的所有 RNA 的总和,包括 mRNA 和非编码 RNA(non-coding RNA)。非编码 RNA 又包括:tRNA,rRNA,snoRNA,miRNA,PI WI 相互作用 RNA(piRNA)及长链非编码 RNA(long ncRNA)。转录组包括某一环境条件、某一生命阶段、某一生理或病理状态下,生命体的细胞或组织所表达的基因种类和水平。

转录组学(transcriptomics),是一门从整体水平上研究一种生物中基因转录的情况,所含 RNA 的种类、结构、功能及转录调控规律的学科。简而言之,转录组学是从 RNA 水平研究基因表达的情况,因此又被称作 RNA 组学。

自从 20 世纪 90 年代中期以来,转录组学作为一门新兴技术逐渐成为生命科学研究的热点。原因如下:①蛋白质组研究需要更多的转录组研究的信息,因为单一的蛋白质组数据不足以清楚地鉴定基因的功能,所以蛋白质组的数据需要转录组的研究结果加以印证。②非编码RNA 研究的不断发展,使得转录组研究的范围不断扩大和深化。③随着新一代高通量测序技术运用到转录组研究之中,转录组研究中提供的数据量呈现爆炸式的扩增,极大拓宽了转录组研究解决科学问题的范围。

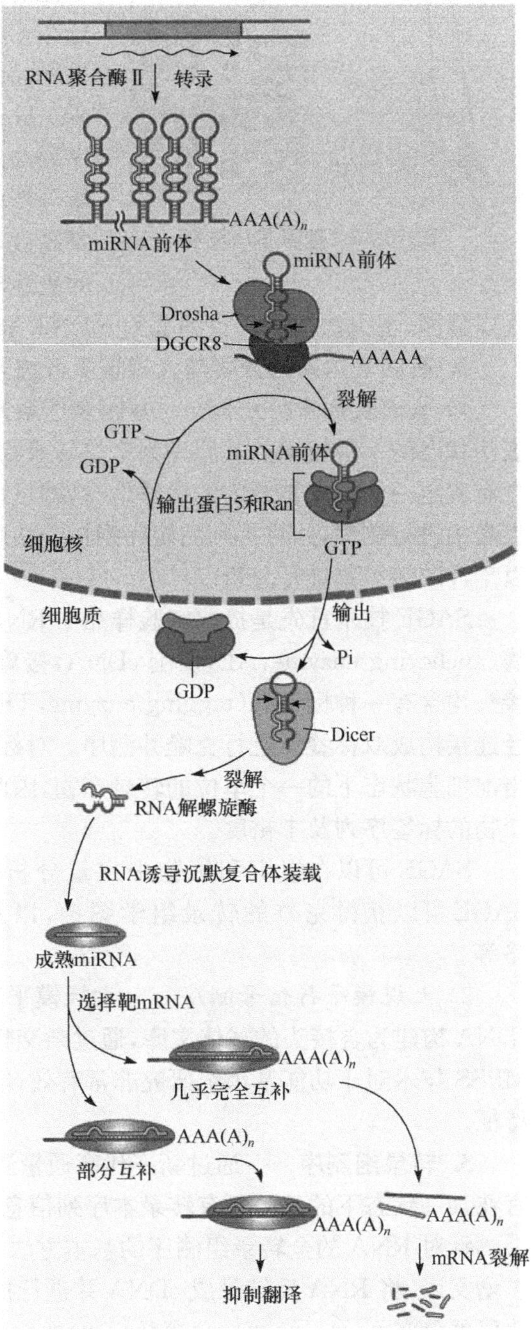

图 10-34　miRNA 的合成、后加工与作用

Drosha,一种 RNA 酶Ⅲ;DGCR8,一种蛋白质,与 Drosha 组成 miRNA 拼接体;Dicer,另一种 RNA 酶Ⅲ

(二) 转录组学的研究方法

目前转录组学的研究大致有三类:①基于杂交技术的基因芯片技术(DNA chip technique);②基于 Sanger 测序法的基因表达系列分析(serial analysis of gene expression,SAGE)和大规模平行信号测序 (massively parallel signature sequencing,MPSS);③基于新一代高通量测序技术的转录组测序。

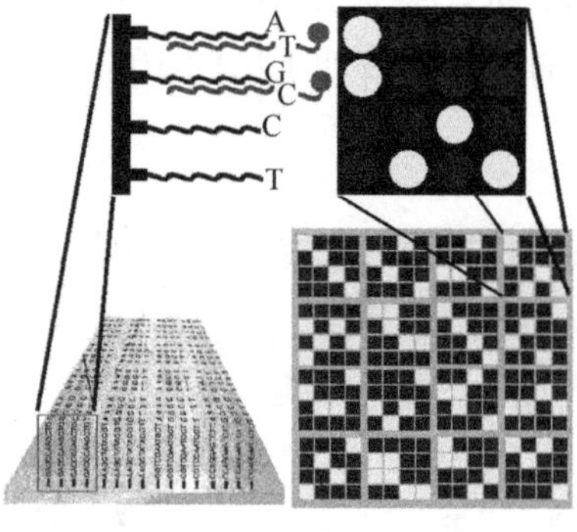

图 10-35 基因芯片技术

1. 基因芯片技术 基因芯片技术的工作原理是指大量特定序列的探针分子密集、有序地固定于经过相应处理的硅片、玻片、硝酸纤维素膜等支持物上，然后加入标记的待测样品，进行多元杂交，通过杂交信号的强弱及分布，来分析目的分子的有无、数量及序列，从而获得受检样品的遗传信息。该技术与经典的核酸分子杂交如Southern 和 Northern 印迹杂交一致，都是应用已知核酸序列与互补的靶序列杂交，根据杂交信号进行定性与定量分析（图 10-35）。该方法适用于检测已知基因，其优点是高效与大通量，但是无法获得新的 RNA。细胞中 RNA 的表达丰度不尽相同，对于低丰度的 RNA，基因芯片技术难以检测，也无法捕获到目的基因 mRNA 表达水平的微小变化。

2. 基因表达系列分析与大规模平行信号测序

1）基因表达系列分析　基因表达系列分析是以 Sanger 测序为基础用来分析基因群体表达状态的一项技术。其原理为来自转录物内特定位置的一小段寡聚核苷酸序列（9～11bp）含有鉴定一个特定转录物的足够信息，即可以作为区别转录物的标签。标签能够集中于一个克隆中进行测序，并将得到的短序列核苷酸顺序以连续的数据形式在计算机中进行处理，对数以千计的转录物进行分析。

SAGE 技术首先是提取实验样品中 RNA 并反转录成 cDNA，随后用识别 4 个碱基的锚定酶（anchoring enzyme，AE）切割 cDNA，接着将切割后的 cDNA 片段与不同的接头连接，不同接头均含有一种标签酶（tagging enzyme，TE）的识别位点，经标签酶酶切处理的序列，混合后经连接构成双标签后进行克隆并测序。对标签数据进行处理，每一个标签代表一种转录物在当前细胞状态下的一个单位的转录产物，因此通过计算机软件分析能够得到上千种基因表达产物的标签序列及丰裕度。

SAGE 可以在组织和细胞中定量分析相关基因表达水平。在差异表达谱的研究中，SAGE 可以获得完整的转录组学图谱，以及发现新的基因并鉴定其功能、作用机制和通路等。

2）大规模平行信号测序　大规模平行信号测序是在 SAGE 的基础上发展而来，是将 cDNA 构建为含接头的载体文库，通过杂交将其结合在含抗接头的微载体上进行测序的方法，MPSS 技术对于功能基因组研究非常有效，能在短时间内捕获细胞或组织内全部基因的表达特征。

3. 转录组测序　通过新一代高通量测序，能够全面快速地获得某一物种特定组织或器官在某一状态下的几乎所有转录本序列信息。

针对 RNA 的全转录组测序的基本方法是提取 RNA 后进行纯化和片段大小的选择，构建扩增文库，将 RNA 反转录成 cDNA 并进行扩增，最后测序并分析扩增后的 DNA 产量及大小片段的分布。

通过 mRNA 转录组测序能够发现大规模功能基因（无参考基因组的物种）。另外转录组测序还有如下应用。研究转录本结构：非翻译区域（UTRs）鉴定、起始密码子（start codon）鉴定、内含子边界鉴定、可变剪切研究。研究转录本结构变异：融合基因鉴定、cSNP（编码序列单核苷酸多态性）。研究非编码区域功能：鉴定非编码 RNA，miRNA 前体及成熟的 miRNA 预测。基因表达水平研究：可以定量检测基因的表达水平(RPKM)。发现低丰度新转录本。

转录组测序能够快速地获得某一物种特定器官或组织在某一状态下几乎所有 mRNA 转录本序列，从而能够开展 UTRs 区域界定、可变剪切研究、低丰度新转录本发现、融合基因鉴定、cSNP 研究等。

另外，随着对非编码 RNA 研究的深入，尤其是 miRNA 的功能不断被发现，miRNA 的高通量测序也成为热点。新一代高通量测序可以在一次测序中获得样本细胞中小 RNA 的序列信息，能够快速鉴定出不同组织、不同发育阶段、不同疾病状态下已知和未知的 miRNA 及其表达差异，为研究 miRNA 对细胞进程的作用及其生物学影响提供了有力工具。

（三）转录组学的研究意义

转录组学是连接基因组结构和功能的纽带，也是连接基因组学与蛋白质组学的桥梁，是基因调控研究的主要基础。通过转录组而获得转录组谱，可以提供生物哪些基因在何时、何处、何种条件下表达或不表达的信息，这些信息能够用于推断相应未知基因的功能，或补充已知基因的功能，可以揭示特定调节基因的作用机制，从而更深入了解基因表达调控机制。

第三节 依赖于RNA的RNA和DNA的合成

有些生物遗传信息的基本携带者是 RNA，如 RNA 病毒，其遗传信息可借助复制酶进行病毒 RNA 的复制。也可从 RNA 传递给 DNA，即以 RNA 为模板借助反转录酶合成 DNA。

一、RNA 的复制

RNA 的复制(RNA replication)是在 RNA 指导的 RNA 聚合酶催化下合成 RNA 分子的过程。从感染 RNA 病毒的大肠杆菌中，可分离出 RNA 复制酶（即 RNA 指导的 RNA 聚合酶）。该酶的模板特异性很高，只识别病毒自身的 RNA，对宿主细胞和其他与病毒无关的 RNA 均无反应。

（一）噬菌体 Qβ RNA 的复制

噬菌体 Qβ 的复制酶只能以噬菌体 Qβ RNA 作模板，而用与其类似的噬菌体如 MS_2 和 R_{17} 等的 RNA 都不行。噬菌体 Qβ 是直径为 20nm 的正二十面体小噬菌体，由含 30%的单链 RNA（约 4500 个核苷酸）和蛋白质组成。RNA 可编码 3 或 4 个蛋白质分子，它们是：成熟蛋白（A 蛋白）、外壳蛋白和复制酶 β 亚基及称为 A_1 的特异蛋白。已知 A_1 的 N 端氨基酸顺序与外壳蛋白一致，推测二者可能在同一 RNA 序列的两个不同终止位点处终止。Qβ 的基因次序是：5′端—成熟蛋白质—外壳蛋白（或 A_1 蛋白）—复制酶 β 亚基—3′端。

Qβ 复制酶有 4 个亚基（α、β、γ 和 δ），噬菌体 RNA 本身只编码 β 亚基，另外 3 个亚基均由宿主基因组编码。实验证明，α 亚基是核糖体的蛋白质 S_1。γ 和 δ 相当于宿主细胞蛋白质合成系统中的肽链延长因子 EF-Tu 和 EF-Ts。其性质与功能见表 10-8。

表 10-8　Qβ 复制酶亚基的性质和功能

亚基名称	相对分子质量	功能	来源
α	65 000	与噬菌体 Qβ RNA 结合	宿主细胞核糖体的 S_1 蛋白
β	65 000	聚合反应中磷酸二酯键形成的活性中心	噬菌体自身基因编码，感染后合成
γ	45 000	与底物结合，识别模板并选择底物	宿主细胞的 EF-Tu 因子
δ	35 000	稳定 α、γ 亚基结构	宿主细胞的 EF-Ts 因子

一旦噬菌体 Qβ 的 RNA 侵入大肠杆菌细胞，其 RNA 本身即可作为 mRNA 直接进行与病毒繁殖有关的蛋白质合成。这种具有 mRNA 功能的链称为正链，其互补链称为负链。噬菌体特异的复制酶装配好就吸附在正链 RNA 的 3′端，以其为模板合成负链 RNA，至合成结束，负链从模板上释放。酶通过同样的过程，以负链为模板合成正链（图 10-36）。最适条件下，正/负链的合成速度均为 35 个核苷酸/s。

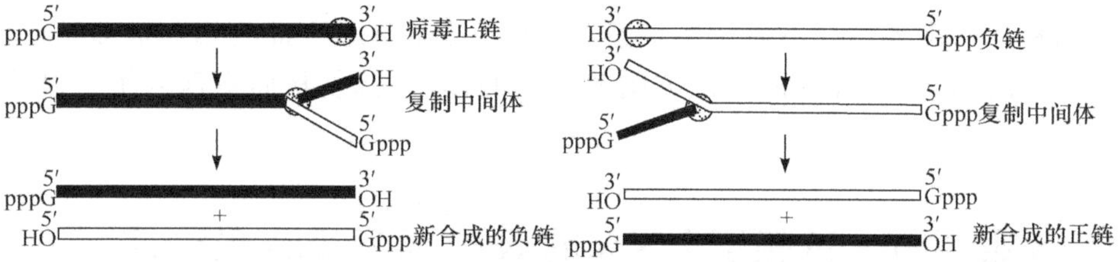

图 10-36　噬菌体 Qβ RNA 的合成

A. RNA 负链的合成；B. RNA 正链的合成

噬菌体 RNA 通过回折形成大量短的双螺旋区，进一步可形成紧密的三级结构，它的高级结构与翻译的调节控制有关。当噬菌体 RNA 处于天然高级结构状态时，成熟蛋白基因的起始区处于折叠结构之中，无法与核糖体结合，基因因此被关闭。新复制的噬菌体 RNA，其成熟蛋白基因的起始区才能接受核糖体进行翻译。同样，RNA 复制酶亚基的合成起始区与外壳蛋白基因部分序列碱基配对，核糖体能直接启动外壳蛋白合成，但不能直接启动 RNA 复制酶亚基的合成。只有当外壳蛋白合成过程中核糖体使双链结构打开，RNA 复制酶亚基的起始区才能接受核糖体，并开始复制酶亚基的合成（图 10-37）。通过这种方式可以控制各种蛋白质合成的时间和量。

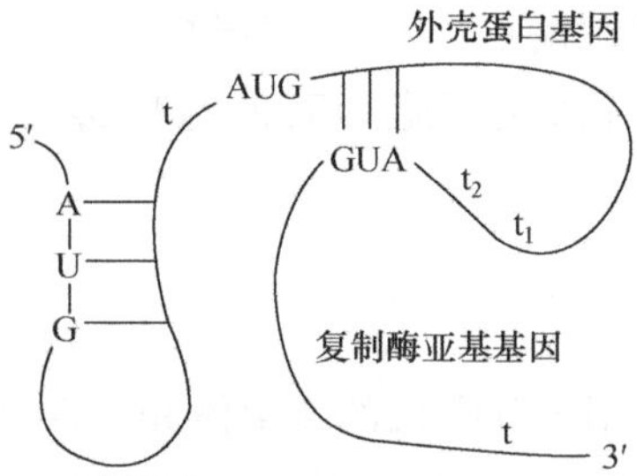

图 10-37　噬菌体 Qβ RNA 翻译和复制的自我调节

A 蛋白基因和复制酶亚基基因的起始区可通过碱基配对形成双螺旋，AUG 是起始密码子；t 是终止位点。外壳蛋白基因有两个终止位点——t_1 和 t_2。刚复制的 Qβ RNA 可启动 A 蛋白的合成，复制酶亚基的合成有赖于外壳蛋白的合成

进化的压力使病毒具有极高的复制效率、精确的识别及控制机制，且尽量依赖宿主的条件。病毒的一个显著特点是其各组分常兼具多种复杂的功能。例如，Qβ 复制酶不仅能将噬菌体的正、负链 RNA 与宿主细胞的所有 RNA 区别开来，特异催化噬菌体 RNA 的复制，还能有效地抑制核糖体与 Qβ RNA 的结合，起到蛋白质合成阻遏物的作用，这在病毒复制的早期有重要作用。又如，外壳蛋白既是病毒颗粒的结构组分，又

是复制酶合成的调节蛋白，故在感染后期的外壳蛋白需求达到高峰时，复制酶的合成显著降低。

（二）病毒 RNA 复制的主要方式

病毒 mRNA 的合成在病毒复制中处于核心地位。由病毒 mRNA 合成各种病毒蛋白质，再进行病毒基因组的复制和装配。不同类型 RNA 病毒产生 mRNA 的机制大致分为以下 4 类。

（1）病毒含有正链 RNA。噬菌体 Qβ 和脊髓灰质炎病毒(poliovirus)是这种类型的代表。这类病毒进入宿主细胞后首先合成复制酶(及有关蛋白质)，其后在复制酶作用下进行 RNA 复制。最后由病毒 RNA 和蛋白质装配成病毒颗粒。

（2）病毒含有负链 RNA 和复制酶。马水疱性口炎病毒(vesicular-stomatitis virus)和狂犬病病毒(Rabies virus)属于此类。这类病毒侵入细胞后，借助于病毒带进去的复制酶合成正链 RNA，再以后者为模板，合成病毒蛋白质和复制病毒 RNA。

（3）病毒含有双链 RNA 和复制酶。如呼肠孤病毒(reovirus)等。这类病毒以双链 RNA 为模板，在病毒复制酶作用下经过不对称转录，合成正链 RNA，再以后者为模板翻译成病毒蛋白质。最后才合成病毒负链 RNA，形成双链 RNA 分子。

（4）致癌的 RNA 病毒。如白血病病毒(leukemia virus)和肉瘤病毒(sarcoma virus)等。该类病毒 RNA 的复制需经过 DNA 前病毒阶段。即其 RNA 进入细胞不能作为翻译模板，需经反转录酶的反转录产生双链线性 DNA 并整合入宿主基因组(称前病毒 DNA)，其 RNA 由前病毒 DNA 转录产生(图 10-38)。

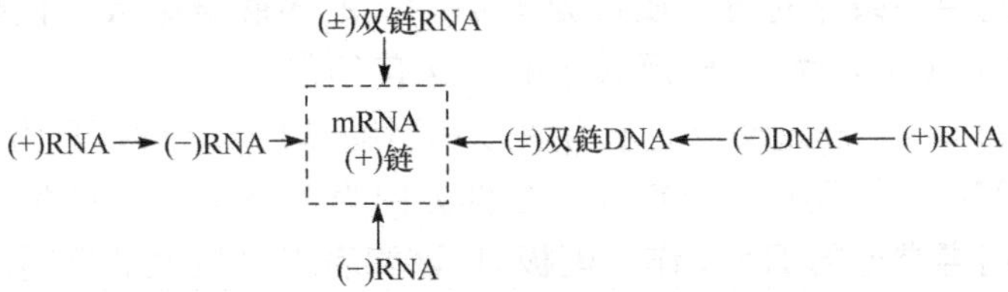

图 10-38　RNA 病毒合成 mRNA 的不同途径

二、RNA 的反转录

致癌 RNA 病毒在其携带的一种酶作用下，能以 RNA 为模板，按照 RNA 中的核苷酸顺序合成 DNA，因该过程与通常转录过程中的遗传信息流从 DNA 到 RNA 的方向相反，故称反转录(reverse transcription)；将催化该反应发生的酶称为反转录酶(reverse transcriptase, RT)。

（一）反转录酶的发现

1970 年，Temin 和 Mizufani 等分别从致癌的 RNA 病毒劳氏肉瘤病毒(RSV，一种致癌 RNA 病毒)和鼠白血病病毒(MLV)中发现了反转录酶。

致癌 RNA 病毒是一大类能引起鸟类、哺乳类等动物白血病和肉瘤及其他肿瘤的病毒。这类病毒侵染细胞后并不引起细胞死亡，但可使细胞发生恶性转化。Temin 等发现致癌 RNA 病毒的复制行为与一般 RNA 病毒不同，用特异抑制剂(如放线菌素 D)能抑制致癌 RNA 病毒的复制，但不能抑制一般 RNA 病毒复制。已知放线菌素 D 专门抑制以 DNA 为模板的复制反应，说明致癌 RNA 病毒复制的过程涉及 DNA。

早在 1964 年，Temin 就提出了前病毒的假说，认为致癌 RNA 病毒的复制需经过 DNA 中间体（即前病毒）。此 DNA 中间体可部分或全部整合（integration）到寄主细胞 DNA 中，并随细胞增殖而传递至子代细胞。细胞的恶性转化就是由前病毒引起的。按照前病毒假说遗传信息可以由 RNA 传递给 DNA。但这种反向转录的遗传信息传递方式在当时并不能被生物学界所接受，因为按照“中心法则”，遗传信息的传递只能从 DNA 到 RNA，然后再到蛋白质，是单向传递的过程。

Bader 用嘌呤霉素（puromycin ）抑制静止细胞的蛋白质合成，发现这种细胞仍然能感染劳氏肉瘤病毒，说明有关的酶并非是感染后在细胞中合成，而是在病毒中已经存在，并由病毒带入细胞的。

上述研究推动 Temin 等从致癌 RNA 病毒中寻找合成前病毒的酶，终于在 1970 年找到了反转录酶。该发现具有重要的理论与实践意义，表明遗传信息也可以从 RNA 传递到 DNA，从而补充和丰富了“中心法则”的内容，并促进了分子生物学、生物化学和病毒学的研究，同时为肿瘤的防治提供了新的思路。现在，反转录酶已成为研究这些学科的有力工具。Temin 等因发现反转录酶于 1975 年获诺贝尔生理学或医学奖。

（二）反转录酶的性质与功能

禽类成髓细胞瘤病毒的反转录酶由一个 α 亚基和一个 β 亚基所组成。α 亚基的相对分子质量为 6.5×10^4，是由相对分子质量为 9.0×10^4 的 β 亚基经蛋白酶水解产生的片段。鼠类白血病病毒的反转录酶由一条相对分子质量为 8.4×10^4 的多肽链组成。该酶由 *pol* 基因编码。如所有的 DNA 和 RNA 聚合酶一样，反转录酶也含有 Zn^{2+}。

反转录酶催化的 DNA 合成反应要求有模板和引物，以 4 种 dNTP 为底物，此外还需要 2 价阳离子（Mg^{2+} 或 Mn^{2+}）及还原剂，DNA 链延伸方向为 $5'\rightarrow3'$。这些性质都与 DNA 聚合酶类似。当以其自身病毒类型的 RNA 作为模板时，该酶表现出最大的反转录活力，但带有适当引物的任意种类 RNA 也都可以作为合成 DNA 的模板。许多人工合成的多聚核苷酸都能表现出很高的模板活力。

已知几乎所有真核生物的 mRNA（组蛋白 mRNA 除外）分子 3′端都有 poly（A），因此加入寡聚 dT 后，以上 mRNA 就可成为反转录酶的模板。利用这个方法能合成对应于一定 mRNA的互补 DNA （cDNA）。

反转录酶是一种多功能酶，它兼有三种酶的活力：①具有 RNA 指导的 DNA 聚合酶活力，可利用 RNA 作模板，合成互补的 DNA 链，形成 RNA-DNA 杂合分子；②具有 DNA 指导的 DNA 聚合酶活力，可在新合成的 DNA 链上合成另一条互补的 DNA 链，形成双链 DNA 分子；③有核糖核酸酶 H 的活力，专门水解 RNA-DNA 杂合分子中的 RNA。

（三）反转录过程

反转录过程分为 10 步反应，其中主要是反转录酶经过了两次模板的转换（两次跳跃）。①先由结合在 5′端互补碱基（paired bases，PB）位点的 tRNA 作为引物，在反转录酶作用下合成 U_5（unique to the 5′end）和 R （direct repeat）区的互补 DNA U'_5 和 R′；②由反转录酶的 RNase H 将模板 RNA 的 U_5 和 R 区水解掉；③新合成 DNA 链的 R′与 RNA 3′端的 R 配对，反转录酶随之转换为以此 RNA 3′端作为模板（第一次跳跃）；④（—）链 DNA 延伸合成；⑤模板 RNA 的 U_3(u-nique to the 3′end)和 R 区，以及 poly (A)，被水解掉，5′端也开始被水解；⑥以RNA 的 3′端为引物合成(＋)链 DNA 的 U_3-R-U_5；⑦引物 tRNA 被降解；⑧(＋)链 DNA 与(－)链 DNA 在 PB 位点处配对，反转录酶开始以新合成的(－)链为模板(第二次跳跃)合成(＋)链 DNA；⑨继续合成(＋)链 DNA；⑩(－)链 DNA U_3'-R′-U_5'与(＋)链 DNA U_3-R-U_5 解开，(－)链 DNA 重复合成 U_3'-R′-U_5'，形成两端的长重复序列(LTR)。整个反转录过程如图 10-39所示。

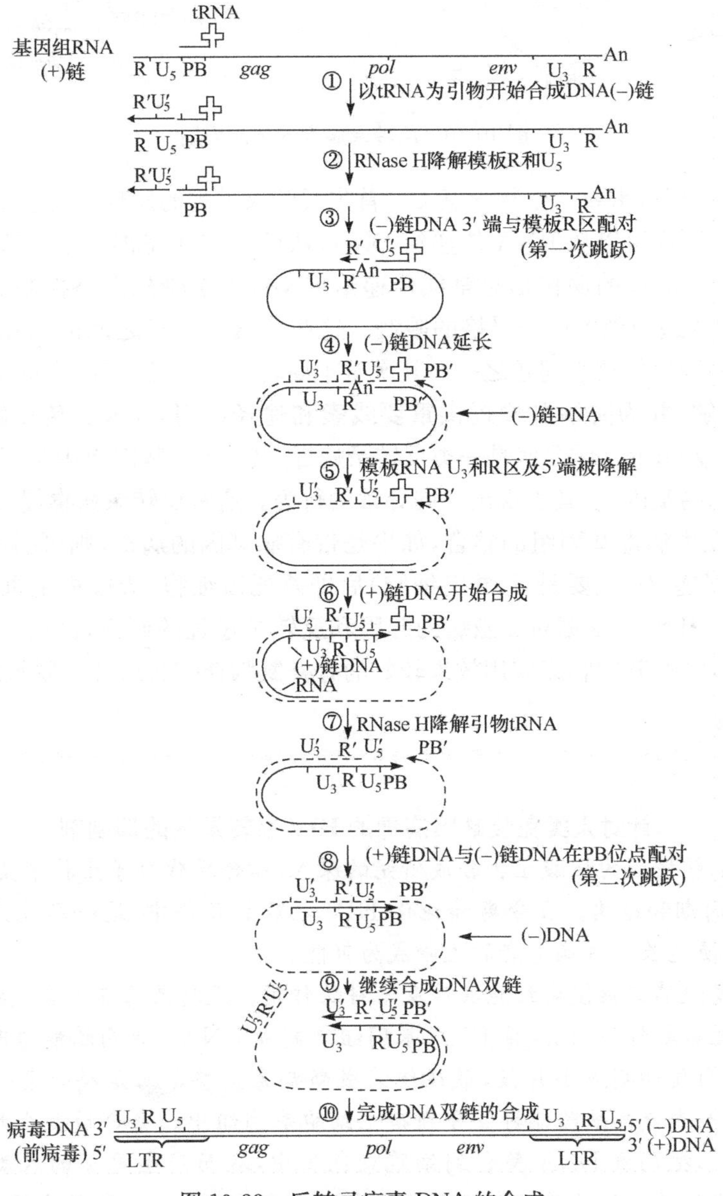

图 10-39　反转录病毒 DNA 的合成

反转录产生的线型双链 cDNA 进入核内即可发生整合，整合机制与转座子的转座过程类似。前病毒的两端 LTR 各失去 2bp，两侧形成 4～6bp 的正向重复。反转录病毒 RNA 从整合的前病毒 DNA 上经转录而来。它们转运到细胞质中进行翻译。基因组 RNA 和病毒蛋白质转移到质膜，经装配通过出芽的方式形成新的病毒颗粒(图 10-40)。

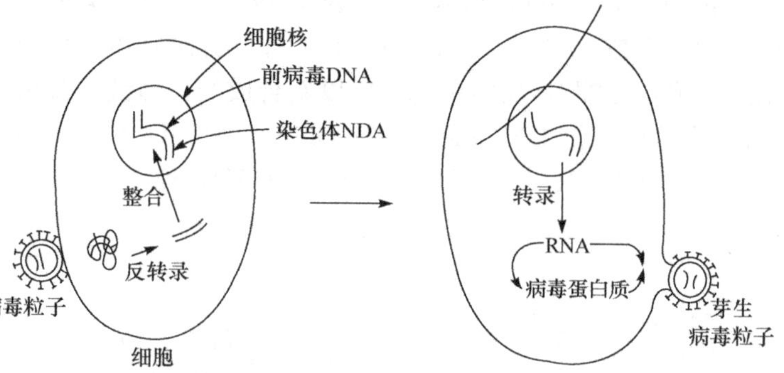

图 10-40　反转录病毒的生活周期

研究反转录过程有重要的生物学意义。首先反转录过程的发现表明遗传信息并非只能由DNA 传递给 RNA，也可以从 RNA 传递给 DNA，从而丰富和完善了中心法则。但是需要明确的是，并非所有 DNA 的遗传信息都能传递给 RNA，而是受到严格控制的；而遗传信息从RNA 向 DNA 的传递则受到更为严格的限制。这些信息大分子之间的相互作用与关系是生物体遗传、发育和进化的核心问题之一。其次对于反转录过程的研究，有助于人们对 RNA 病毒致癌机制的了解，并为防治肿瘤提供重要线索和途径。例如，人类免疫缺陷病毒（human immune deficiency virus，HIV）就是一类反转录病毒，其 RNA 基因组中除了一般常见的基因外，还有一些特殊的基因，使其表现出不同寻常的行为。通常反转录病毒侵入细胞后并不杀死宿主细胞，而是发生病毒基因组的整合，如果是带有癌基因的病毒，则可引起宿主细胞转化。但 HIV 却不同，它感染（主要是 T 淋巴细胞）后即杀死该细胞，造成宿主机体的免疫系统损伤，引起艾滋病（AIDS）。根据对艾滋病的起因和反转录过程的研究，已设计和研制了一些具有针对性的治疗药物，其中临床应用效果较好的有叠氮胸苷（AZT）和双脱氧肌苷（DDI）等。

知识框

针对人类免疫缺陷病毒的 HIV 反转录酶的抑制剂

随着对依赖模板的核酸生物合成研究的深入，结合现代分子生物学技术，已阐明了HIV 的生活周期和结构。在分离和纯化 HIV 之后的几年中，这一研究成果促进一些药物的发明，使延长艾滋病患者的生命成为可能。

人类免疫缺陷病毒侵染细胞共涉及三种酶作用。反转录酶在人类免疫缺陷病毒进入宿主细胞之后起作用，把病毒 RNA 基因组复制成 DNA。蛋白酶能够改变病毒的结构，把病毒蛋白质切割成小片段，最终组装成新病毒。整合酶是整合复合物中的一部分，能够促使人类免疫缺陷病毒整合到宿主细胞基因组中。整合前复合物穿过细胞核孔进入细胞核，把病毒 DNA 整合到细胞染色体中，从而产生更多的人类免疫缺陷病毒。阻断上述酶作用的物质具有抗人类免疫缺陷病毒的作用。最早被用于临床抗人类免疫缺陷病毒药物是针对反转录酶的。

第一个被临床应用认可的药物是 AZT，其结构与脱氧胸苷类似。AZT 是 1964 年由 Horwitz 首次合成的。虽然它不能作为抗癌药，但 1985 年发现它对艾滋病的治疗有效。人受 HIV 感染后，免疫系统被破坏，但 AZT 被 T 淋巴细胞吸收后，会转化成 AZT 三磷酸盐。其三磷酸盐无法穿过质膜不能直接应用。HIV 的反转录酶与 AZT 三磷酸盐的亲和力比与 dTTP 的更强，AZT 三磷酸盐竞争性地抑制 dTTP 与该酶的结合。当 AZT 被加入正在延长的 RNA 链的 3′端时，3′-羟基的缺失，意味着 RNA 链合成的提早终止，从而抑制病毒 RNA 合成。

AZT 三磷酸盐对 T 淋巴细胞本身无毒性，因细胞内 DNA 聚合酶与该化合物的亲和力比与 dTTP 的更弱。在 1～5μmol/L 浓度下，AZT 影响 HIV 反转录酶，但不影响大部分细胞的 DNA 复制。不幸的是，AZT 对红细胞的祖先——骨髓干细胞具有毒性作用，故患者服用 AZT 后，常发展为贫血。AZT 能延长艾滋病患者的存活时间为一年左右。它延缓仍停留在 HIV 感染早期的患者的艾滋病发作。艾滋病的其他一些治疗药物，如双脱氧肌苷(DDI)，与 AZT 有相似的作用机制。

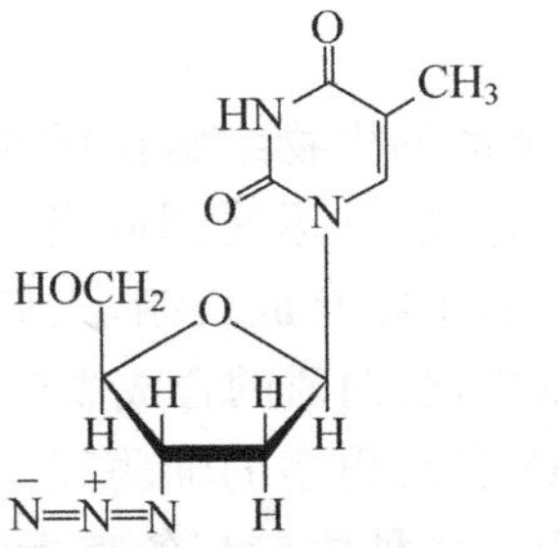

3′-叠氮-2′,3′-双脱氧胸苷(AZT)

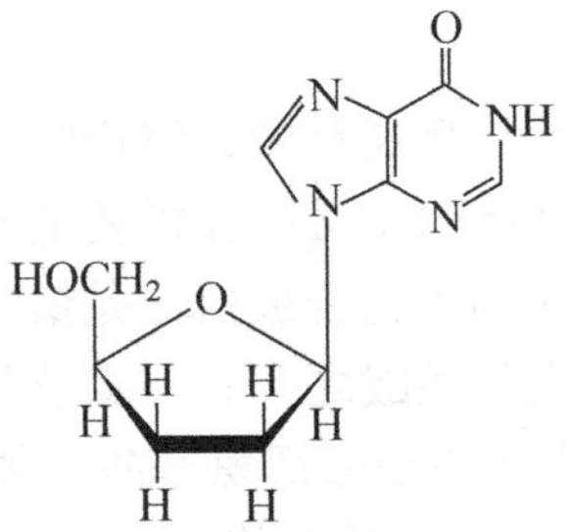

2′,3′-双脱氧肌苷(DDI)

因为 HIV 反转录酶的高误差率引起了 HIV 很快进化。对 HIV 感染的有效治疗，应该是蛋白水解酶和反转录酶两类药物进行联合治疗的方法。目前用于治疗艾滋病的药物，大多抑制感染过程中起作用的三个酶中的两个——反转录酶和蛋白酶。当然近来也出现了针对整合酶的抗人类免疫缺陷病毒药物。

思考题

1. RNA 转录有哪些特点？与 DNA 复制有何异同点？
2. 选择性拼接的含义和意义是什么？与 RNA 编辑有何区别？
3. 真核生物的 RNA 聚合酶有几种转录的启动子？Ⅰ型启动子控制哪种 RNA 前体基因的转录？
4. 原核生物和真核生物 RNA 聚合酶在识别启动子方面有何异同？
5. 真核生物为什么要进行 RNA 转录后加工？有何意义？
6. 真核生物 mRNA 转录后加工包括哪些内容？
7. 为什么 RNA 聚合酶没有起校对作用的 3′→5′外切核酸酶活性，而许多 DNA 聚合酶都有此活性？
8. RNA 拼接和编辑有何生物学意义？
9. 简要说明 RNA 功能的多样性。
10. 反转录酶的发现有何重大意义？
11. 反转录酶具有哪些催化活性？

第十一章　蛋白质生物代谢

【要点】 遗传密码的破译是揭示蛋白质生物合成过程的钥匙，遗传密码的特性是该部分内容的核心。蛋白质的生物合成是一个极其复杂的过程，是在核糖体上，根据编码在mRNA上的遗传信息进行合成的。合成过程分为氨基酸的激活，多肽链合成的起始、延长、终止和肽链释放，以及多肽链的折叠和翻译后修饰5个阶段；这个过程涉及多种细胞成分，并消耗大量能量。其中真核细胞中的蛋白质合成过程要比原核细胞的更复杂，是本章的重点。合成后的蛋白质为确保它们发挥各自的功能，将被运输到相应的位置；完成使命的蛋白质将被专一的系统降解。

蛋白质是大多数信息通路的最终产物，一个活的生物细胞在任何时候都需要成百上千种不同的蛋白质。这些蛋白质必须在需要的时候合成，并运输到适当的细胞位置，当不需要时，又要被降解。蛋白质的生物合成机制是最复杂的生物合成机制，人们对该机制的揭示曾经是生物化学历史上最大的挑战之一。在真核细胞中，蛋白质的合成需要70种以上的核糖体蛋白的参与；20种或更多的酶来激活氨基酸前体，12种或更多的辅酶和其他专一性的蛋白质因子来进行肽链合成的起始、延伸和终止；另外有100多种酶参与各类蛋白质的最后修饰；还需要40种以上tRNA和rRNA。因此，蛋白质合成过程中几乎有300种不同的生物大分子参与，且必须协同工作以合成多肽。许多大分子组成复杂三维结构的核糖体。核糖体在mRNA上一步一步地移位进行多肽链的合成。蛋白质合成约占一个细胞全部生物合成所需化学能的90%。在大肠杆菌中，那些参与蛋白质合成的各种蛋白质和RNA分子与真核细胞中的相似。总的说来，一个典型的细菌细胞中(约100nm^{3}的体积)含有20 000个核糖体，100 000个相关蛋白质因子和酶，200 000个tRNA，占细胞干重的35%以上。

尽管蛋白质的合成具有巨大的复杂性，但还是有相当高的速率。在一个大肠杆菌细胞中，合成一个完整的含有100个氨基酸的多肽，在37℃约只需5s。每个细胞中成百上千种蛋白质合成的调节是相当严格的，因此在给定的代谢环境下，只有所需数量的分子被合成。为保持细胞中蛋白质合适的比例和浓度，定位和降解过程必须与蛋白质的合成同步。现在的研究工作正在逐渐揭开细胞内蛋白质的定位和对不再需要的蛋白质进行降解的生化机制。

第一节　遗传密码

一、中心法则

生物基因包括两个方面的功能：一是把亲代的遗传物质传递给子代，即DNA的复制过程；二是基因表达的功能，即把遗传信息表达出来，最终合成具有各种生物功能的蛋白质分子。那么，基因是如何把遗传信息表达为蛋白质的呢？在DNA双螺旋结构被阐明后，这就成了分子生物学家和生物化学家十分关注的问题。Crick在1957年，根据当时已知的遗传信息是以密码(codon)的形式存在DNA的双螺旋之中，蛋白质合成时RNA量增大，以及RNA在细胞核中形成后再转入细胞质等事实，提出这样一个设想：在DNA和蛋白质之间，RNA可能是中间体。1958年,Crick又提出在RNA和蛋白质之间可能还存在着一个“受体”,即运载氨基酸的工具。根据这些推论,Crick提出了“中心法则”(central dogma)的概念,即DNA把遗传信息传递给RNA,RNA又通过中间的受体用信息指导蛋白质的合成,而且他认为这一过程是不可逆的。Crick所设想的氨基酸的运载工具很快被青年科学家Hoagland和Zameinik证实为一种较小的易降解的RNA,后来被命名为转移RNA,即tRNA。

1961年,法国分子生物学家Jocob和Monod提出在DNA和蛋白质之间的信息传递者是mRNA,这一假设,以及mRNA的存在和作用很快为Bremer等证实,即mRNA从DNA转录出遗传信息,然后再指导蛋白质的生物合成。随着遗传密码的破译,基本上揭示了蛋白质生物合成的过程。即通过转录作用,mRNA从DNA分子获得遗传密码,然后由tRNA携带氨基酸,利用tRNA分子上的反密码子(anticodon)来识别mRNA中的密码,在核糖体上合成蛋白质,这种在mRNA指导下合成蛋白质的过程被称为翻译或转译(translation)。

1970年美国生物化学家Temin和Baltimore各自独立地发现了反转录酶。该酶能以RNA为模板合成互补DNA,从而把病毒RNA分子中的遗传信息转移到宿主细胞DNA分子中。这一发现不仅打破了中心法则的不可逆性,也为病毒可以改变宿主细胞的遗传特性提供了科学依据,但是这一发现并不能否定中心法则,而是对中心法则的补充。

另外还发现,像Qβ噬菌体、脊髓灰质炎病毒、狂犬病病毒之类的RNA病毒能够合成RNA复制酶。该酶能够催化RNA的自我复制,也就是说,这类病毒在宿主细胞中通过自身RNA的自我复制产生新的病毒颗粒。因此,由Crick提出的中心法则的完美形式如图11-1所示。

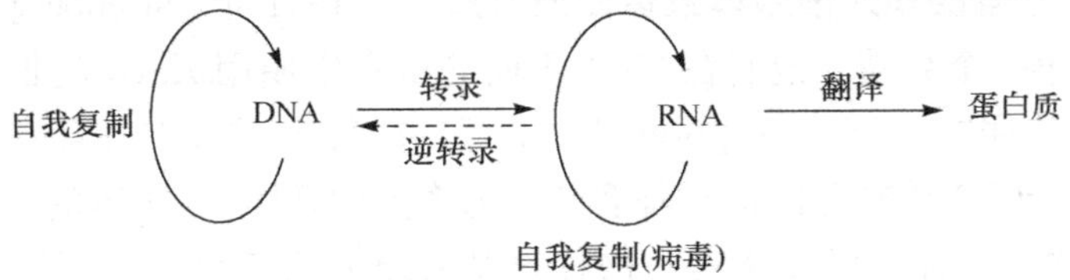

图11-1　中心法则图

二、遗传密码基本特征

(一) 遗传密码的提出

在翻译中,mRNA上相邻的三个核苷酸代表一种氨基酸或翻译时蛋白质的起始或终止信号,这就是遗传密码。遗传密码这一词在1944年Schrodinger的《生命是什么》的小册子中就已经提出。根据“一个基因一个酶”的假说,基因同蛋白质间的关系也已确立,也就是说,蛋白质的结构是由相应的基因决定的。自从Watson和Crick于1953年夏在美国冷泉港学术会上作了DNA的双螺旋结构及其遗传含义的报告后,DNA碱基序列与蛋白质的氨基酸排列顺序之间的相互关系成为讨论焦点,其中心议题是:DNA分子中4种不同的碱基怎样排列组合进行编码才能表现出20种不同的氨基酸。

1954年,俄罗斯出生的美国物理学家Gamov首先提出了具体的设想。他认为在DNA双螺旋中,每2对碱基之间的空穴正好容纳一个氨基酸,这样每个氨基酸的四角就围绕着4个碱基,即4个碱基形成1个遗传密码,代表1个氨基酸。后来,Gamov又发表了文章否定了他自己提出的假设。因为通过排列组合计算,发现4种碱基组成1个密码子,共有$4^4=256$种,与20种氨基酸相比,显然数量太多。但是若2个碱基组成1个密码,只有$4^2=16$种,又太少,不能满足 20 种氨基酸的需要。而 3 个碱基组成 1 个密码有 $4^3=64$ 种，是比较合适的。据此，他认为 DNA 的碱基与蛋白质的氨基酸之间的关系是：3 个碱基表达为 1 个氨基酸。他进一步推论 1 种氨基酸可能有多个密码子。Gamov 的上述设想被 Crick 和 Brenner 等通过实验证实。

（二）遗传密码的破译

1. 三联体密码与阅读框　在翻译中，mRNA 上三个相邻核苷酸为一组称为密码子。早期的遗传学实验证明，氨基酸的密码子是不重叠的、连续的核苷酸三联体。因此，一个蛋白质的氨基酸序列是由连续的三联体密码的线性序列决定的。这个序列中的第一个密码子建立了一种阅读框(reading frame)，在这个阅读框中每三个核苷酸残基就开始一个新的密码子。按照这种方案，对任何一个 DNA 序列就有三种可能的阅读框，每个阅读框都将产生一个不同的密码子序列(图 11-2)。尽管人们知道可能只有一种阅读框编码着给定蛋白质所需的信息，但关键问题是：对于不同的氨基酸，哪一个是它们特定的三联体密码子？怎样用实验来证明？

阅读框1　5′　……UUC UCG GAC CUG GAG AUU CAC AGU……3′
阅读框2　……U UCU CGG ACC UGG AGA UUC ACA GU……
阅读框3　……UU CUC GGA CCU GGA GAU UCA CAG U……

图 11-2　所有 mRNA 都有三个潜在阅读框

2. 人工合成多核苷酸和无细胞体系蛋白质合成　1961 年，Nirenberg 等报告的一个发现对上述问题取得了第一个突破。他们在 20 支不同的试管中使用 *E. coli* 抽提物、GTP 和 20 种氨基酸混合物与多聚尿嘧啶核苷酸[poly(U)]温育。在每个试管中各含有一种不同的放射性标记的氨基酸。poly(U)可被看作是一种含许多连续的 UUU 三联体的人工合成 mRNA，它将 20 种不同氨基酸的一种形成多肽链。这种氨基酸就是有三联体 UUU 编码的。实验结果表明，仅在一支试管中形成放射性多肽链，这个试管含有放射性的苯丙氨酸。Nirenberg 等因此得出结论，三联体 UUU 是为苯丙氨酸编码的。以同样的方法了解到 poly(C)指导仅含脯氨酸的多肽链合成，poly(A)编码仅含赖氨酸的多肽链。显然，CCC 编码脯氨酸，而 AAA 编码赖氨酸。他们使用的这个方法称为无细胞体系(cell-free system)的蛋白质合成。如今类似的方法被广泛用于体外合成 DNA、RNA 和蛋白质。

实验中所用的多核苷酸是用多核苷酸磷酸化酶合成的。这种酶催化由 ADP、UDP、CDP 和 GDP 参与的 RNA 聚合物的形成。这种酶不需要模板，而且合成的聚合物的碱基成分可直接反应介质中各核苷 5′-二磷酸前体的相对浓度。如果提供 UDP 给多核苷酸磷酸化酶，它仅合成 poly(U)。如果提供 5/6 的 ADP 和 1/6 的 CDP，它合成一种 5/6 的碱基是 A，1/6 的碱基是 C 的多聚物。这样一种随机聚合物可能有许多 AAA 序列三联体，少量的 AAC、ACA 和 CAA 三联体，相对稀少的 ACC、CCA 和 CAC 三联体和非常少的 CCC 三联体。这些排列形式可以用概率统计方法进行计算，把各种密码子出现的概率与各种氨基酸出现的概率进行对比，找出密码组成与氨基酸的对应关系，由此可找出各种氨基酸的相应密码(表 11-1)。用这种人工合成 mRNA 在无细胞体系中指导蛋白质合成，可以测知不同氨基酸在被合成多肽中相对掺入量。由多核苷酸磷酸化酶从不同组成的 ADP、GDP、UDP 和 CDP 起始合成各种人工 mRNA，所有为氨基酸编码的三联体碱基组成很快被鉴定出来了。但是，这个实验不能揭示每个编码三联体的碱基序列。

表 11-1　以随机 RNA 聚合物(A,5/6;C,1/6)指导多肽合成时的氨基酸掺入作用

氨基酸	实际掺入频率/%	预计的三联体密码组成	估计的掺入频率/%	氨基酸	实际掺入频率/%	预计的三联体密码组成	估计的掺入频率/%
Asp	24	A_2C	20	Lys	100	AAA	100
Gln	24	A_2C	20	Pro	7	AC_2CCC	4.8
His	6	AC_2	4	Thr	26	A_2CAC_2	24

几乎在同时,Khorana 发明了另一种补充方法,他能用化学法与酶法相结合合成特定的、具有 2～4 个碱基重复的多聚核糖核苷酸,利用这种人工 mRNA 合成的多肽有一种或少量几种氨基酸重复序列。这种信息与 Nirenberg 及其同事所用的随机多聚物获得的信息结合时,可能进行明确的密码子确定(codon assignment)。例如,共聚物$(AC)_n$ 不管是什么样的阅读框都含有 ACA 和 CAC 两种相间的密码子:

A C A	C A C	A C A	C A C	A C A

对应于这个聚合物合成的多肽含有等量的苏氨酸和组氨酸,由于如表 11-1 所描述的实验揭示了组氨酸的密码子是一个 A 和两个 C,故 CAC 必是组氨酸的密码子,ACA 必是苏氨酸的密码子。

同样由三种重复的碱基组成的 RNA 应该产生三种不同类型的多肽。每种多肽来源于不同的阅读框且含有单一的氨基酸。由 4 个碱基重复形成的 RNA 可形成由 4 种氨基酸重复形成的单一类型的多肽。这些实验可以决定出 64 种可能密码子的 61 种,其余三种被确定为终止密码子,因为当合成的 RNA 序列中含有这些密码子时,它们会打断多肽链的合成。

利用这些方法,所有氨基酸的三联体密码的碱基顺序在 1966 年被全部确定。从那时以来,这些密码子已被多方面证实。氨基酸的全部密码子"字典"如表 11-2 所示。遗传密码的全部破译被看成是 20 世纪最重要的科学发现之一。

表 11-2　遗传密码字典

第一位碱基(5′端)	第二位碱基				第三位碱基 3′端
	U	C	A	G	
U	Phe	Ser	Try	Cys	U
	Phe	Ser	Try	Cys	C
	Leu	Ser	终止	终止,Sec*	A
	Leu	Ser	终止	Trp	G
C	Leu	Pro	His	Arg	U
	Leu	Pro	His	Arg	C
	Leu	Pro	Gln	Arg	A
	Leu	Pro	Gln	Arg	G
A	Ile	Thr	Asn	Ser	U
	Ile	Thr	Asn	Ser	C
	Ile	Thr	Lys	Arg	A
	Met	Thr	Lys	Arg	G

续表

第一位碱基(5′端)	第二位碱基				第三位碱基 3′端
	U	C	A	G	
G	Val	Ala	Asp	Gly	U
	Val	Ala	Asp	Gly	C
	Val	Ala	Glu	Gly	A
	Val	Ala	Glu	Gly	G

* Sec 是硒代半胱氨酸的缩写，是存在于蛋白质中的第 21 种氨基酸

（三）遗传密码的特性

1. 通用性　各种低等和高等生物，包括病毒、细菌及真核生物，几乎都通用同一套遗传密码，称为密码的通用性(universal)。如将家兔网织红细胞(未成熟的红细胞)中的核糖体(结合有 mRNA)加入到大肠杆菌的蛋白质合成系统中，结果合成了正常的家兔血红蛋白，说明大肠杆菌 tRNA 上的反密码子可以正确阅读兔血红蛋白 mRNA 的编码序列。在其他生物中也进行过这样的交叉实验，都证明了所有的生物共用一套密码。20 世纪 70 年代后，各种生物的大量基因被测序，同时迅速积累了大量蛋白质的序列资料，结果充分证明生物界有一套共同的遗传密码，这说明生物有共同的起源。但目前已知真核细胞的线粒体和叶绿体中，密码的含义与染色质 DNA 所含密码的含义略有不同，因此通用性是相对的。

2. 不重叠性　每个三联体密码独立地代表一种氨基酸，称为非重叠密码子。在重叠密码子中，mRNA 中的一些核苷酸可被重叠使用 2 或 3 次。现已知存在于所有生物体中的遗传密码子都是不重叠的。用亚硝酸处理 TMV 的 RNA，分析其突变型的蛋白质后可见，当一个核苷酸发生变化时，蛋白质中只有一个氨基酸发生变化，而不是连续 2 个或者 3 个发生变化。这一事实说明密码三联体是不重叠的，即存在密码的不重叠性(nonoverlapping)。

3. 连续性　密码子之间是连续的，无其他的核苷酸隔开，此即密码的连续性(commaless)。因此，要正确的阅读密码，必须从一个正确的起点开始，此后连续不断地一个密码子一个密码子往下读，直至终止密码子出现为止。

4. 简并性　同一种氨基酸具有 2 个或 2 个以上密码子的现象称为密码的简并性(degeneracy)。64 个密码子中除三个终止密码子外，余下 61 个密码子中，不少密码子所代表的氨基酸是重复的，对应于同一种氨基酸的不同密码子称为同义密码子或简并密码子(degenerate codon)。从密码子表中可以看出，除色氨酸和甲硫氨酸各有一个对应的密码子外，其他氨基酸的密码子都有两种以上。一种密码子只代表一种氨基酸，但是各密码子的使用频率不同。

密码子的简并性往往表现在密码子的第三位核苷酸不同，通常是一种嘌呤代替了另一种嘌呤，或一种嘧啶代替了另一种嘧啶。因此几乎所有氨基酸的密码子都可以用 XY_{C}^{U} 和 XY_{G}^{A} (X、Y 指 mRNA 上任意核苷酸)来表示。因此，生物体中 AT/GC 比例尽管变化很大(如细菌中 GC 可占 30%～70%)，但氨基酸组成和相对比例变化却不大。因密码子的专一性基本上取决于前两位碱基，第三位碱基起的作用有限。

密码的简并性对生物种的稳定性有一定意义，因为当突变引起密码子内某一核苷酸改变时，可由编码同一氨基酸的另一个密码子代替，合成出与原来相同的蛋白质；相反，如果由另一种氨基酸的密码子替代，则合成出性质、功能对生物体有或大或小影响的另一种新蛋白质。这是生物发生变异和进化的根据之一。

5. 摆动性　密码子的简并性往往表现在密码子的第三位核苷酸不同，显然密码子的专一性基本上取决于前两位碱基，第三位碱基起的作用有限。在翻译过程中，必须是 tRNA 的反密码子(阅读框方向 3′→5′)与 mRNA 上的密码子(阅读框方向 5′→3′)正确辨认，氨基酸才能正确掺入。由于携带同种氨基酸的 tRNA 只有一个反密码子(同工 tRNA 的反密码子相同)，而一种氨基酸有几个密码子，这就涉及一个反密码子必须与几个密码子配对辨认的问题。比较密码子与反密码子的配对关系，发现密码子的第一、二两个碱基的配对是严格的，而第三个碱基可以有一定的变动。因此，tRNA 反密码子的第一个碱基可以与几个不同的碱基配对，Crick 将这现象称为摆动性(wobble)。例如，丙氨酸的密码子有三个：GCC、GCU 和 GCA，都可和 $tRNA^{Ala}$ 的反密码子 CGI 配对，可见 I 能辨认 C、U 和 A。密码子与反密码子配对的摆动性可以减少突变频率，因为即使 mRNA 密码子的第三位碱基发生改变，也不一定引起蛋白质结构的改变，在生物进化上有积极的意义(表 11-3)。

表 11-3　决定一个 tRNA 能识别几个密码子的摆动碱基

①识别一个密码子	tRNA mRNA	(3′) X—Y—C ≡ ≡ ≡ (5′) X′—Y′—G	(3′) X—Y—A ≡ ≡ ≡ (5′) X′—Y′—U
②识别两个密码子	tRNA mRNA	(3′) X—Y—U ≡ ≡ ≡ (5′) X′—Y′—G/A	(3′) X—Y—G ≡ ≡ ≡ (5′) X′—Y′—C/U
③识别三个密码子	tRNA mRNA	(3′) X—Y—I ≡ ≡ ≡ (5′) X′—Y′—A/U/C	

注：表中 X、Y 代表 tRNA 中的碱基，X′、Y′分别与 X、Y 以 Watson-Crick 碱基配对原则互补配对

6. 终止密码和起始密码　在 64 种密码中，有 3 组不编码任何氨基酸，而是肽链合成的终止密码(termination codon)，即 UAG、UAA 和 UGA。另外两个密码能确定 mRNA 翻译的起始部位。AUG 是常用的起始密码(initiation codon)，GUG 则偶尔出现于 mRNA 的起始部位。这两个密码具有双重作用，即除了作为起始密码外，它们还可以在内部位置上作为氨基酸的密码，AUG 是甲硫氨酸的密码，GUG 是缬氨酸的密码，这些是仅有的双关遗传密码。现在发现 UGA 也代表硒代半胱氨酸(Sec)的遗传密码。

7. 线粒体的遗传密码　迄今为止，很多工作都说明遗传密码在整个生物界是通用的。但在 1980 年有三个实验分别报道了对酵母、链孢霉和哺乳动物线粒体遗传密码进行研究的结果，发现线粒体中个别遗传密码与标准密码不同。UAG 不再是终止密码而是色氨酸的密码。后来又陆续发现了一些类似的现象(表 11-4)。线粒体遗传密码与标准密码有所不同是一个十分有意义的发现，它对于探讨生物的早期进化是一个很有价值的线索。

表 11-4　线粒体中的异常密码

密码	一般含义	线粒体含义	来源
UAG	终止	色氨酸	人、酵母、链孢霉
CUU	亮氨酸	苏氨酸	酵母
AUU	异亮氨酸	起始密码	人
AUA	异亮氨酸	甲硫氨酸	人
AGA	精氨酸	终止	人、牛
AGG	精氨酸	终止	人、牛

第二节　多肽链的生物合成

一、核糖体的结构和功能

20 世纪 50 年代初，人们对蛋白质的生物合成还一无所知，甚至连蛋白质在细胞中的合成部位都不清楚。为了解决这一问题，Zameenik 以小鼠为对象，以放射性标记的氨基酸为底物进行了一系列的研究。他把^{14}C标记的氨基酸注射到小鼠体内，在不同的时间内取出小鼠的肝脏制成匀浆，离心，将其分成细胞核、线粒体、微粒体及上清液等部分，并分别测定各部分中蛋白质分子的放射性比强度。结果发现，若时间为几小时或几天，则各组分的放射性比强度基本相同，说明所有的蛋白质都被标记。然而，若在注射后几分钟就进行上述分析，发现只有微粒体具有强的放射性。然后，再将微粒体用去垢剂处理，将核糖体从内质网上分离出来，发现核糖体的放射性比强度比微粒体高 7 倍；也就是说，当^{14}C标记的氨基酸注射入小鼠体内时，首先在核糖体上被转化成了蛋白质，即核糖体是进行蛋白质合成的场所。随着物理、化学技术在生物化学研究中的应用，以及生物化学实验技术的发展，到 80 年代，有关核糖体的研究越来越深入，目前对核糖体的研究仍呈方兴未艾之势。

（一）核糖体的化学组成

核糖体主要由蛋白质和 RNA 组成，细菌的核糖体中含有 35％的蛋白质和 65％的 RNA。组成核糖体的 RNA 不同于 mRNA 和 tRNA，称为核糖体核糖核酸（ribosomal RNA），简称 rRNA。原核生物、真核生物及线粒体和叶绿体中都含有其特有的核糖体，在组成和结构上既有相同之处又有不同之处（表 11-5）。

表 11-5　核糖体的组成及某些特性

核糖体	亚基	rRNA（相对分子质量）	蛋白质种类
原核生物			
细菌、放线菌、蓝绿藻			
线粒体、叶绿体			
70S	30S	16S(550 000)	21
	50S	5S(40 000)	34
		23S(1 100 000)	
真核生物			
植物			
80S	40S	16S～18S(550 000～700 000)	约 30
	60S	5S(40 000)	约 50
		5.8S(50 000)	
		25S(1 300 000)	
动物			
80S	40S	18S(700 000)	约 30
	60S	5S(40 000)	约 50
		5.8S(50 000)	
		28S～29S(1 400 000～1 800 000)	

1. 原核生物核糖体　在原核生物细胞中，核糖体是最丰富的亚细胞器之一，它占细胞干重的 1/4。例如，在每个大肠杆菌细胞中约含有 1.5 万个核糖体。原核细胞核糖体含有 65%的 rRNA 和 35%的蛋白质，其直径约为 18nm，相对分子质量约为 2.8×10^6，沉降系数为 70S。

原核生物核糖体由一大一小两个亚基组成。大亚基的沉降系数为 50S，称为 50S 亚基；它由 5S rRNA、23S rRNA 各 1 分子和 34 种蛋白质组成。小亚基的沉降系数为 30S，称为 30S 亚基，它含有 1 分子 16S rRNA 和 21 种蛋白质。

2. 真核生物核糖体　真核生物核糖体比原核生物核糖体要稍大一些，结构更复杂些。总的来说，真核生物核糖体的直径为 21nm 左右，沉降系数为 80S，相对分子质量约为 4×10^6。与原核生物核糖体相似，真核生物核糖体也由大小不同的两个亚基组成，大亚基的沉降系数为 60S，称为 60S 亚基，由 5S、5.8S、28S rRNA 各 1 分子和约 50 种蛋白质组成。而小亚基的沉降系数为 40S，称为 40S 亚基，它含有 1 分子 18S rRNA 和约 30 种蛋白质。

（二）核糖体的结构

高分辨率的核糖体立体结构显示，rRNA 是核糖体的主要成分，构成核糖体的结构核心，大部分蛋白质以球状镶嵌在核糖体的表面，少量的呈线状插入 RNA 的内部。最令人惊奇的是在核糖体合成肽键的活性部位没有蛋白质。因此，核糖体是一个核酶(图 11-3)。

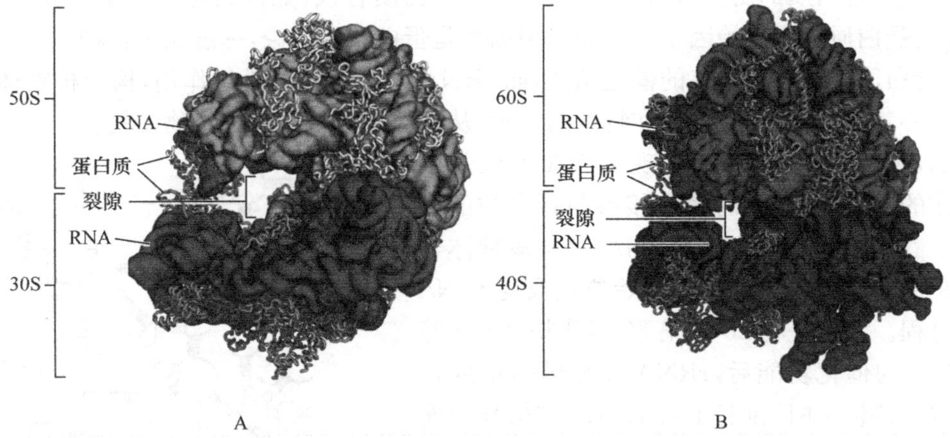

图 11-3　核糖体的结构(引自 Lehninger，2012)
A. 细菌核糖体；B. 酵母核糖体；裂隙处是合成肽键的活性部位

（三）核糖体上的功能部位

核糖体上可划分出 6 个主要的功能活性部位，如图 11-4 所示。

(1) A 位点(A site)：亦称氨酰基位点或氨酰-tRNA 结合位点，主要在大亚基上。

(2) P 位点(P site)：亦称肽酰基位点或肽酰-tRNA 结合位点，主要在大小亚基结合位点表面上，是肽酰-tRNA 转交肽链后，tRNA 被释放的位点。

(3) E 位点(exit site)：亦称出口位点，是与已完成在翻译中的功能并即将从核糖体上释放的 tRNA 结合位点。

(4) 肽酰基转移酶位点：亦称肽键合成酶或转移酶 Ⅰ，简称 T 因子，位于大亚基上，其作用

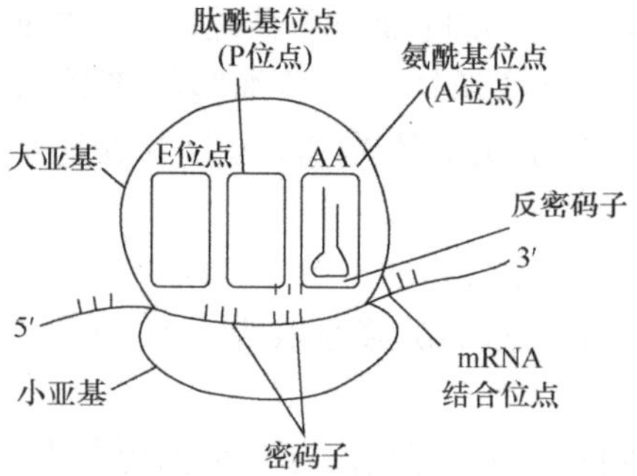

图 11-4　核糖体上的活性部位相对位置示意图

是催化肽键的形成。

(5) GTP 酶位点：又称转移酶Ⅱ，简称 G 因子。对 GTP 具有活性，催化肽酰-tRNA 由 A 位点移到 P 位点。在 50S 亚基的靠背部位，小亚基上有一些蛋白质参与形成移位酶。

(6) mRNA 结合位点：主要在小亚基上。

(四) 核糖体中 rRNA 和蛋白质的功能

有关核糖体在蛋白质生物合成过程中的作用，一直受到科学家们的高度重视，并进行了大量的研究。在 20 世纪 50 年代末至 60 年代初，普遍认为，在蛋白质合成过程中 tRNA 起着关键的作用。它一方面识别遗传密码，另一方面将氨基酸连接成多肽链。而核糖体仅是提供了蛋白质合成的场所，处于被动地位。并且，随着核糖体以外的、与蛋白质合成相关的蛋白质因子(如起始因子和延伸因子)的发现，更加强了这一观点。当时认为，肽链合成的起始、延伸和肽键的形成都是一些核糖体以外的酶促反应。然而，Monro(1967 年)和 Pestka(1974 年)等发现，在一定条件下，蛋白质合成的启动在缺少蛋白质因子的条件下仍可进行，并且肽酰基的移位和肽键的形成都与蛋白质因子无关。因此，人们推测核糖体的结构对蛋白质合成是十分重要的。经过对核糖体中多种蛋白质的研究，发现它们直接参与蛋白质合成，如构成延伸因子、构成肽酰基转移酶、识别蛋白质合成起始因子等。同时根据酶是蛋白质的理论，一度认为核糖体是一个多酶复合体，蛋白质部分负责所有的催化功能，而 rRNA 则只是起着骨架作用，构成核糖体的立体结构的核心，所有蛋白质被固定在特定的位置，从而保证了核糖体的生物功能。

然而，随着研究的深入，发现 rRNA 不仅是构成核糖体的结构成分，同时也直接参与蛋白质的合成过程。在原核细胞中，16S rRNA 参与核糖体与 mRNA 的结合，识别 mRNA 的起始位点及与 tRNA 结合等过程。尤其是在 20 世纪 80 年代初，Cech 等发现 RNA 的催化功能后，rRNA 在核糖体中的作用又被重新评价，并且掀起了对 rRNA 结构与功能研究的高潮。现已发现 RNA 在蛋白质合成过程中起着多种重要作用。

1. rRNA 的结构和功能　rRNA 是单链结构，它自身回折形成不完全的螺旋区和突环，形成其二级结构。真核生物和原核生物 rRNA 的组成见表 11-5。许多 rRNA 的一级结构及由一级结构推导出的二级结构都已阐明，rRNA 的二级结构在进化上具有高度的保守性。

(1) 原核生物 rRNA：原核生物核糖体中三种 rRNA 的二级结构都已阐明。图 11-5 为大肠杆菌 16S rRNA 和 5S rRNA 的二级结构模型。16S rRNA 除了在核糖体亚基聚合过程中作为骨架与核

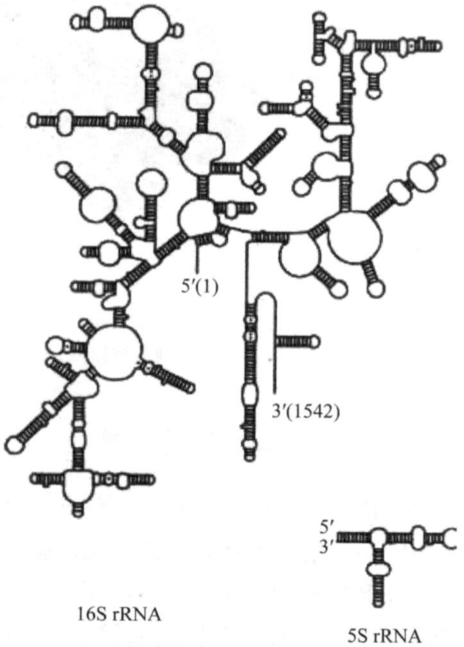

图 11-5　大肠杆菌 16S rRNA 和 5S rRNA 的二级结构模型
(括号内数字代表碱基序数)

糖体蛋白质结合外，它在翻译 mRNA 的过程中直接与 mRNA 结合，参与 mRNA 翻译的起始部位的识别，以及与核糖体大亚基结合。23S rRNA 则行使肽酰基转移酶的功能。

（2）真核生物 rRNA：真核生物 rRNA 包括 16S（植物）～18S rRNA（动物）、25S（植物）～28S（动物）rRNA、5. 8S rRNA 和 5S rRNA 4 种。到目前为止，有关真核细胞 rRNA 的研究远不及原核细胞 rRNA 那么深入。另外，真核细胞 5S rRNA 和原核细胞 5S rRNA 并不相同，它们不仅碱基组成不同，且功能也不同。原核细胞 5S rRNA 参与肽链的延伸，与核糖体沿 mRNA 发生位移有关；而真核细胞 5S rRNA 可能只与蛋白质合成起始有关。

2. 核糖体蛋白质的功能　核糖体中含有多种蛋白质。从 20 世纪 60 年代开始已对核糖体蛋白质的结构和功能进行了大量的研究。相比而言，大肠杆菌核糖体蛋白质研究得比较深入，了解得也比较清楚。其 30S 亚基含有 21 种蛋白质，50S 亚基含有 34 种蛋白质。小亚基中的蛋白质用 S(small)表示，大亚基蛋白质用 L(large)来表示。根据每种蛋白质在凝胶电泳时的相对迁移率，从小到大按顺序在 S 和 L 右下角注明，即用 S_1、S_2，…，S_{21}分别表示 30S 亚基中的 21 种蛋白质，用 L_1、L_2，…，L_{34}分别表示 50S 亚基中的 34 种蛋白质。在 70S 核糖体中共有 54 种蛋白质，这是因为 S_{20}和 L_{26}属于同种蛋白质。

根据现有资料，核糖体蛋白质的功能主要涉及以下几个方面：一是直接与 rRNA 结合，维持核糖体的构型；二是构成延伸因子，如 S_2、S_3 和 S_{14} 协同作用，成为依赖于 GTP 水解的延伸因子，即移位酶的组成部分；三是识别起始因子；四是参与核糖体与 mRNA 的结合，如 S_1、S_4、S_{13}等与 mRNA 的结合和识别有关；五是控制密码子和反密码子的正确识别，如 S_{12}、S_4 等；六是接受氨酰-tRNA，如 S_2、S_4、S_{14}、S_{18}和 L_6、L_{15}、L_{16}等均是形成 A 位点的成分，直接参与氨酰-tRNA 的结合；七是许多蛋白质与 P 位点的形成有关，以及参与核糖体大小亚基的相互作用等。

二、氨酰-tRNA 的合成

游离氨基酸不能进入核糖体，氨基酸必须活化，即与 tRNA 结合形成相应的氨酰-tRNA 才能被携带进入核糖体，用于蛋白质的合成。氨基酸与 tRNA 形成氨酰-tRNA 包括两步反应，由氨酰-tRNA 合成酶催化，在细胞质内完成。第一步反应是氨酰-tRNA 合成酶识别它所催化的氨基酸（AA）与 ATP 反应，生成活化的氨酰腺苷酸（AA～AMP），氨酰基与腺苷酸的 5′-磷酸基以高能键连接；第二步是在氨酰-tRNA 合成酶的催化下，氨基酸由 AA～AMP 转移给 tRNA 的 3′端形成氨酰-tRNA（AA-tRNA）。

$$\text{AA}+\text{ATP}\xrightarrow{\text{氨酰-tRNA 合成酶}}\text{AA}\sim\text{AMP}+\text{PPi}$$

$$\text{AA}\sim\text{AMP}+\text{tRNA}\xrightarrow{\text{氨酰-tRNA 合成酶}}\text{AA-tRNA}+\text{AMP}$$

以上两步反应合并的总反应式为

$$\text{AA}+\text{ATP}+\text{tRNA}\xrightarrow{\text{氨酰-tRNA 合成酶}}\text{AA-tRNA}+\text{AMP}+\text{PPi}$$

在氨酰-tRNA 中，氨基既可以连接在 tRNA 3′端的腺苷酸的 3′-OH 上，也可以连接在其 2′-OH 上。

总反应式的平衡常数接近于 1，自由能降低极少，说明 tRNA 与氨基酸之间的键是一个高能酯键，该键水解时的 $\Delta G^{0'}$ 为－30. 5KJ/mol。因此，在此复合物中氨酰基的转移势很高，有利于肽键的形成。氨基酸的活化是高耗能过程，由 ATP 分解提供能量，每活化 1mol 氨基酸要消耗 2mol 的高能磷酸键。因此该反应是不可逆的。

携带 20 种氨基酸的 tRNA 各不相同,每一种氨基酸都由自己特有的 tRNA 携带,而且有的氨基酸可以被几种 tRNA 携带。携带同一种氨基酸的几种 tRNA 称为同工受体(isoacceptor)或同工 tRNA。这是因为一种氨基酸有几个密码子。携带氨基酸的 tRNA 称为氨酰-tRNA 或负载 tRNA。

氨基酸与其相应的 tRNA 的专一结合是靠氨酰-tRNA 合成酶的专一性来保证的。20 种氨基酸都有其相应的氨酰-tRNA 合成酶。该酶的相对分子质量较大,为 $8.5\times10^4\sim1.1\times10^5$,有的仅一条肽链,有的由几个亚基组成,活性中心有巯基,分为Ⅰ类和Ⅱ类两大类。Ⅰ类酶催化氨酰基连接到 tRNA 3′端腺苷酰的 2′-OH 上,然后通过转酯化反应被转移到 3′-OH 上;Ⅱ类酶催化氨基直接连接到 tRNA 末端腺苷 3′-OH 上。每一种氨酰-tRNA 合成酶既能够识别相应的氨基酸(仅作用于 L-氨基酸),又能识别与此氨基酸相对应的一个或多个 tRNA 分子。

氨酰-tRNA 合成酶所催化的第一步反应氨基酸的酰化并不是严格专一的。例如,大肠杆菌的异亮氨酰-tRNA 合成酶,也可催化亮氨酰～AMP 或缬氨酰～AMP 的合成;缬氨酰-tRNA 合成酶也可催化苏氨酰～AMP 的合成。但是由此酶催化的第二步酯化反应,却表现出高度专一性。因为氨酰-tRNA 合成酶能纠正酰化的错误,能以很快的速度水解非正确组合的氨基酸和 tRNA 之间形成的共价联系。例如,异亮氨酸与缬氨酸只有一个—CH_2—之差,异亮氨酰-tRNA 合成酶也偶尔会生成 Val-$tRNA^{Ile}$,但异亮氨酰-tRNA 合成酶会很快将 Val-$tRNA^{Ile}$水解为 $tRNA^{Ile}$和 Val。因此,从总的反应来看,氨基酸与相应 tRNA 的连接是高度专一的。氨酰-tRNA 合成酶的这种专一性有十分重要的生理意义,可以避免 tRNA 携带错误的氨基酸掺入蛋白质合成,使翻译过程的错误频率小于万分之一。

蛋白质合成的全部错误率约为 10^4个氨基酸有一个错误,不如 DNA 复制的错误率低。因为蛋白质内的错误可通过消除蛋白质而不传给下一代。这种准确度足以保证大多数蛋白质无错误,因而合成一个蛋白质所需要的大量能量也很少浪费。

三、多肽链生物合成的过程

在氨基酸活化的前提下,蛋白质在核糖体的合成过程可分为三个步骤,肽链合成的起始、延伸和终止。生物细胞中蛋白质合成系统是一个非常复杂的体系,涉及 100 多种细胞成分,表 11-6为大肠杆菌蛋白质合成 5 个阶段所需的主要成分。

表 11-6 大肠杆菌中蛋白质合成 5 个主要阶段和所需成分

阶段	成分
1. 氨基酸的激活	20 种氨基酸,20 种氨酰-tRNA 合成酶,32 种或更多的 tRNA,ATP,Mg^{2+}
2. 起始	mRNA,N-甲酰甲硫氨酸,mRNA 中的起始密码子(AUG),30S 核糖体亚基,50S 核糖体亚基,起始因子(IF-1、IF-2、IF-3),GTP,Mg^{2+}
3. 延长	功能性 70S 核糖体(起始复合物),氨酰-tRNA,延长因子(EF-Tu、EF-Ts、EF-G),GTP,Mg^{2+}
4. 终止和肽链释放	mRNA 中的终止密码,肽链释放因子(RF_1、RF_2、RF_3),ATP
5. 多肽链的折叠和翻译后修饰	各种特异性酶,辅因子,除去起始残基和信号顺序、附加性酶切修饰、末端残基的修饰、磷酸基团、甲基、羧基、糖基或辅基的附加等所有剪切修饰所需的其他成分

(一) 肽链延伸的方向及速度

多肽链的合成是从氨基端开始向羧基端进行的。1961 年 Dintzis 利用同位素示踪法证明了这说法。用放射性亮氨酸培养网织红细胞，网织红细胞活跃地合成血红蛋白。选择标记亮氨酸(Leu)是因为它在 α 链和 β 链存在的频率都很高。加上放射性标记的亮氨酸温育后，在不同的时间间隔内从网织红细胞中分离完整的 α 链，沿着 α 链的放射性分布一定集中在最后合成的一端。培养 60min 后分离的珠蛋白链中，几乎所有的亮氨酸残基都是放射性的。但是，在加入标记的亮氨酸仅几分钟后分离出的完整的珠蛋白链的放射性集中于羧基端。从这些现象中可以确定多肽链的合成是起始于氨基端，然后逐步连续加接其他氨基酸残基延伸至羧基端。这种方式已被其他无数的实验证明，而且适用于所有细胞的所有蛋白质的合成。

肽链延长的速度很快。大肠杆菌的一个核糖体每秒钟可延伸 20 个氨基酸。兔网织红细胞的一个核糖体在 37℃时 3min 可合成一个由 141 个氨基酸组成的血红蛋白 α 链。

(二) 肽链合成的起始

1. 蛋白质合成起始于一个特定的氨基酸　尽管甲硫氨酸仅有一个密码子(AUG)，但是在所有生物有机体中它却有两种 tRNA，一个是用于蛋白质合成的起始密码子 AUG，另一个用于把甲硫氨酸加入多肽中间的 AUG 密码子位置。

在原核细胞中，甲硫氨酸的两种不同 tRNA 分别标记为 $tRNA^{Met}$ 和 $tRNA^{fMet}$。在氨基端的起始氨基酸残基是 N-甲酰甲硫氨酸(N-formylmethionine，fMet)。fMet-$tRNA^{fMet}$ 是由两步连续的反应形成的。首先，甲硫氨酸在 Met-tRNA 合成酶的作用下连接到 $tRNA^{fMet}$ 上。

$$\text{Met}+\text{tRNA}^{\text{fMet}}+\text{ATP}\longrightarrow\text{Met-tRNA}^{\text{fMet}}+\text{AMP}+\text{PPi}$$

在甲酰转移酶(trans formylase)的作用下，甲酰基由 N^{10}-甲酰四氢叶酸转移到 Met 残基的氨基上。

$$\text{N}^{10}\text{-甲酰四氢叶酸}+\text{Met-tRNA}^{\text{fMet}}\longrightarrow\text{四氢叶酸}+\text{fMet-tRNA}^{\text{fMet}}$$

这种转甲酰基酶比 Met-tRNA 合成酶更具选择性，它不能甲酰化游离的甲硫氨酸或附着于 $tRNA^{Met}$ 上的 Met 残基，它只特异地结合 $tRNA^{fMet}$ 分子上的 Met 残基。它大概能识别这种 tRNA 的一些独特的结构。另一种 Met-tRNA，即 Met-$tRNA^{Met}$，是用于在多肽链内部插入 Met。N-甲酰基不但阻止 fMet 进入多肽链的内部，而且会使 fMet-$tRNA^{fMet}$ 结合到核糖体的起始位点。

在真核细胞中，所有由细胞质核糖体合成的多肽链是以甲硫氨酸残基开始(而不是甲酰甲硫氨酸)的，但是使用一个与内部 $tRNA^{Met}$ 明显不同的专一起始 $tRNA_i^{Met}$。与此相反，由真核细胞的线粒体和叶绿体的核糖体合成的多肽是以 N-甲酰甲硫氨酸开始的。细菌与这些细胞器在蛋白质合成机制上的相似性强有力地支持这样一种观点，即起源于细菌祖先的线粒体和叶绿体是在进化的早期以共生的方式掺入真核细胞的。

现在尚留下了一个问题：对于甲硫氨酸来说只有一个密码子，即(5′)AUG。这个单一的密码子是如何区分开始的 N-甲酰甲硫氨酸(或真核细胞中的甲硫氨酸)和那些处于多肽链内部的 Met 残基的呢？下面的论述将给这个问题以明确的答案。

2. 多肽合成起始的三个步骤　细菌中多肽的合成起始需要下述条件：①30S 核糖体亚基，它含有 16S rRNA；②编码多肽的 mRNA；③起始 fMet-$tRNA^{fMet}$；④被称为起始因子(initiation factor)的三种蛋白质(IF-1、IF-2、IF-3)；⑤GTP；⑥50S 核糖体亚基；⑦Mg^{2+}。

起始复合物 fMet-$tRNA^{fMet}$-70S mRNA 的形成分三步(图 11-6)。

第一步，30S 核糖体亚基结合 IF-1 和 IF-3，IF-3 阻止 30S 和 50S 亚基过早结合。然后 mRNA 和 30S 亚基结合，使起始密码子(AUG)在 30S 亚基上找到准确位置。mRNA 上翻译的方向是从 5′端向 3′端进行的。

起始密码 AUG 的识别是由 mRNA 上的一段称为 SD 序列的起始信号来确定(图 11-7)。Shine 和 Dalgarno 在 20 世纪 70 年代初发现，细菌的 mRNA 通常含有一段富含嘌呤碱基的序列，现被称为 SD 序列，它们通常在起始密码上游(5′端)10 个碱基左右的位置，能与 16S rRNA 3′端的 7 个嘧啶碱基互补性地识别结合，将核糖体固定于起始部位，从而使起始密码位于核糖体的 P 位点。然后 fMet-tRNA^{fMet}进入 P 位点，起始肽链的合成(图 11-7)。

核糖体有两个结合氨酰-tRNA 的位点，即氨酰基位点(A 位点)和肽酰基位点(P 位点)。30S 和 50S 亚基在这两个位点都各具特征性结构。起始的 AUG 定位于 P 位点，这个位点也是 fMet-tRNA^{fMet}可结合的唯一位点(图 11-6)，fMet-tRNA^{fMet}是个例外：在随后的延长过程中，所有其他进入的氨酰-tRNA，包括 Met-tRNA^{Met}都结合于 A 位点，P 位点是在延长过程中肽酰-tRNA 结合的位点。

起始过程的第二步(图 11-6)，由 30S 亚基和 IF-3、mRNA 构成的复合物与 IF-2 结合形成一个更大的复合物。这个 IF-2 结合 1 个 GTP 和起始的 fMet -tRNA^{fMet}。在本步中，tRNA 的反密码子正确地与起始密码子配对。

第三步，这个大的复合物与 50S 核糖体亚基结合。在它们结合前，IF-1 和 IF-3 从复合物上释放，同时，结合于 IF-2 的 GTP 水解为 GDP 和 Pi，它们也从复合物上被释放。此时，所有的三个起始因子均从核糖体中离开。

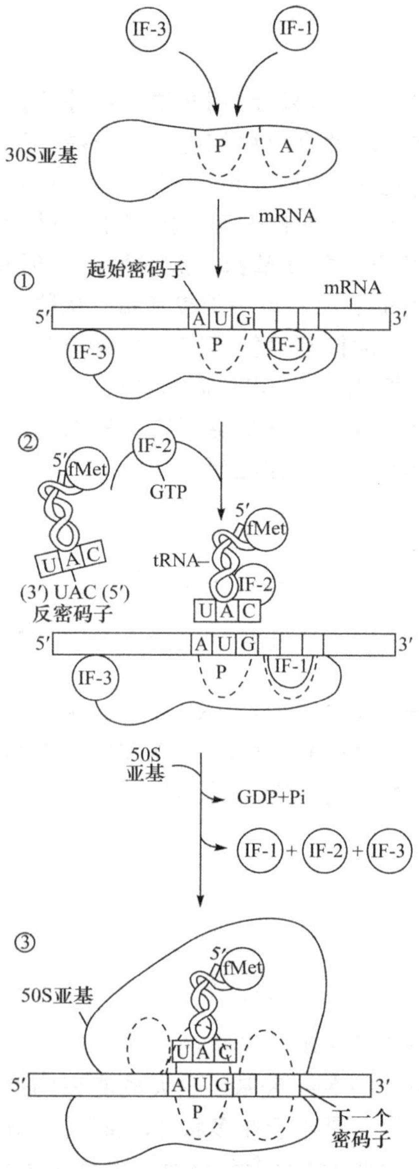

图 11-6　肽链合成的起始复合物的形成

完成以上三个步骤后，产生了一个功能性 70S 核糖体，称为起始复合物(initiation complex)。它含有 mRNA 和起始 fMet-tRNA^{fMet}。fMet-tRNA^{fMet}对 70S 核糖体 P 位点的正确结合是以三个位点的识别和附着作为保证的：固定于 P 位点的 mRNA 起始密码 AUG 和反密码子的相互作用；mRNA 的 SD 序列与 16S rRNA 之间的相互作用；核糖体 P 位点和 fMet-tRNA^{fMet}之间的结合作用。此时起始复合物已做好进入肽链延长步骤的准备。

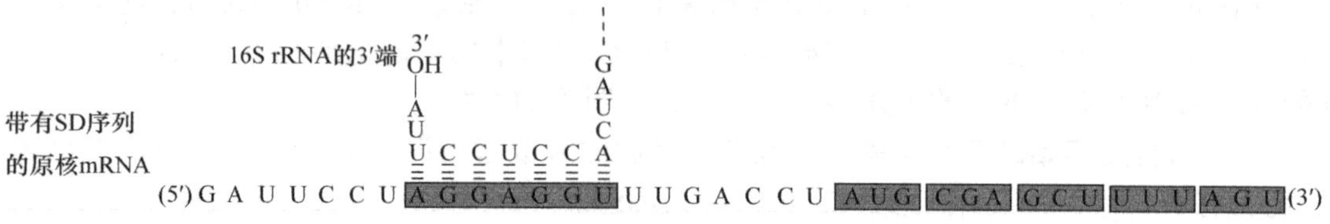

图 11-7　细菌 mRNA 5′端的 SD 序列与核糖体 16S rRNA 3′端的富含嘧啶序列配对结合，使起始密码 AUG 正确定位于核糖体 P 位点

原核生物和真核生物蛋白质合成的一个主要不同是真核生物中至少存在 9 种真核起始因子。其中之一称为帽子结合蛋白(cap binding protein,CBP),它结合于 mRNA 5′端,促进mRNA末端帽子和 40S 核糖体亚基复合物的形成。然后扫描 mRNA 至第一个 AUG 密码子,它标志着一个阅读框的开始。其他几种起始因子是在 mRNA 扫描反应时所需的,也是完整的 80S 起始复合物装配所需的。在这个 80S 起始复合物中,起始的 Met-$tRNA_i^{Met}$ 和 mRNA 结合准备进入延长步骤。

(三) 肽链的延长

蛋白质合成的第三个阶段是肽链的延长(elongation),即一个一个地把氨基酸加到肽链上(此处仍以细菌为例进行讨论)。延长过程需要下述条件:①前文所述的起始复合物;②由 mRNA 的下一个密码子决定的氨酰-tRNA;③一系列称为延长因子(elongation factor)的可溶性细胞质蛋白(EF-Tu、EF-Ts 和 EF-G);④GTP。每个氨基酸的加接可分三步,且只要有待加入的残基,这个循环就一直重复(图 11-8)。

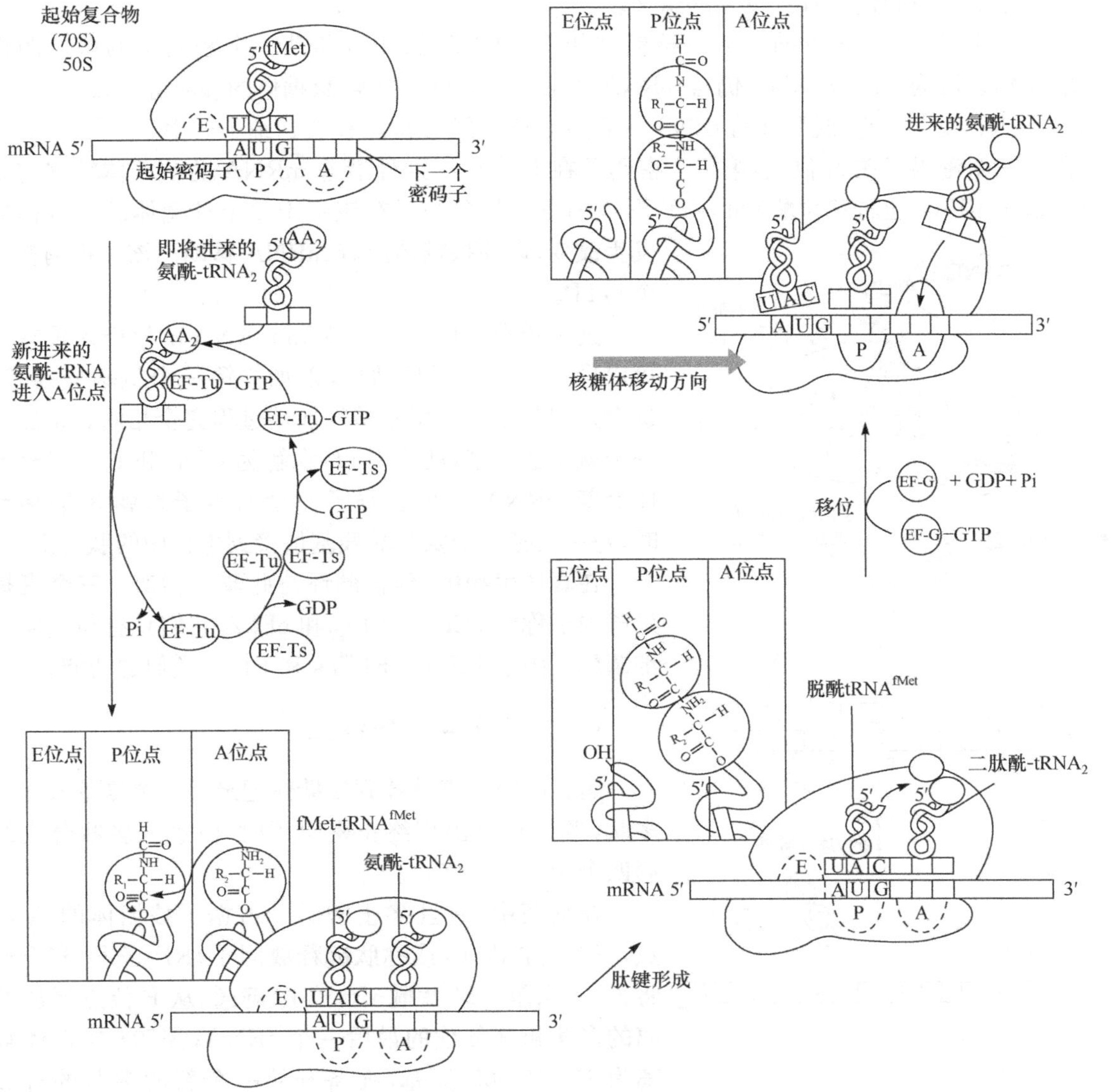

图 11-8　肽链的延长

第一步，新的氨酰-tRNA进入A位点。新的氨酰-tRNA首先和含有GTP的EF-Tu复合物结合。然后这个氨酰-tRNA-EF-Tu-GTP复合物水解GTP，使氨酰-tRNA结合到70S起始复合物的A位点。EF-Tu-GDP复合物从70S核糖体上释放，在EF-Ts的帮助下，EF-Tu释放GDP，结合另一个GTP，一个EF-Tu-GTP重新产生，用于再次的进位反应。

第二步，肽键的形成。由结合在核糖体的A位点与P位点氨酰-tRNA的氨基酸之间形成新的肽键。这是在起始的N-甲酰甲硫氨酰基团从其tRNA上转移至位于A位点的第二个氨基酸的氨基基团时发生的。A位点的氨基酸的α-氨基作为亲核基团，取代P位点的tRNA而形成肽键。这个反应在A位点生成了一个二肽酰-tRNA，此时解除负载的$tRNA^{fMet}$仍保持与P位点的结合。此过程需要较高浓度的K^+。

催化肽键形成的酶曾称作肽基转移酶(peptidyl transferase)，其活性曾被广泛地认为是大亚基中的一种或多种蛋白质的特性。1992年，Noller和他的同事发现催化这个反应的是23S rRNA而不是蛋白质，给核酶又增加了一个重要的生物学功能。这个令人惊奇的发现对理解这个星球上生命的进化有着重要的意义。

第三步，移位(translocation)。核糖体朝着mRNA的3′端移动一个密码子的单位距离(图11-8)。因为二肽酰-tRNA仍与mRNA的第二个密码子相连，核糖体的移动将二肽酰-tRNA由A位点移至P位点，脱酰基的tRNA从起始P位点经E位点释放到细胞质中。结果，mRNA上的第三个密码子在A位点，第二个密码子在P位点。这种沿着mRNA的核糖体转移需要延伸因子EF-G(也称移位酶)和GTP形成的复合物参与。在该步中整个核糖体的三维构象发生改变，以使核糖体沿着mRNA移动。该过程消耗一个GTP。

这个带有二肽酰-tRNA和mRNA的核糖体现在已可以进行另一个延长循环，以加接第三个氨基酸残基。这个过程与第二个氨基酸的加接过程完全相同。每加入一个氨基酸残基，两个GTP水解为GDP和Pi。当核糖体沿着mRNA一个密码子一个密码子地朝3′端移动时，每一次把一个氨基酸残基加接到生长中的肽链上。

在真核生物中，延长循环与此非常相似。三个真核延长因子称作$eEFI_{\alpha}$、$eEFI_{\beta\gamma}$和eEF2，它们具有与相应的细菌延长因子EF-Tu、EF-Ts和EF-G类似的功能。

(四) 多肽合成的终止

延长阶段一直继续到核糖体把最后一个氨基酸加入多肽，当A位点出现终止密码子时，就进入多肽合成的第四个阶段——终止。

在细菌中，一旦终止密码子占据了核糖体的A位点，三个终止因子(或称肽链释放因子)RF_1、RF_2和RF_3将会：①水解末端肽酰-tRNA酯键；②从P位点释放游离的多肽和解负载的最后一个tRNA；③70S核糖体解离为30S和50S亚基，准备开始一个新的多肽的合成(图11-9)。RF_1识别终止密码子UAG和UAA，RF_2识

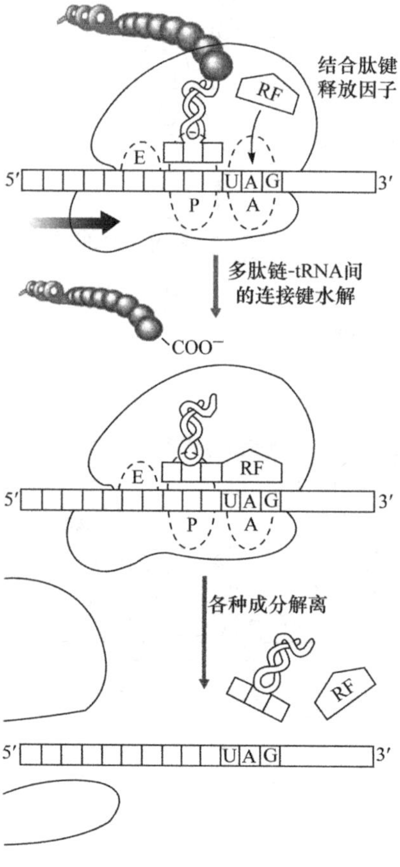

图11-9　肽链合成的终止

别 UGA 和 UAA。RF_1 或者 RF_2 最后结合于各自所识别的终止密码子；并诱导肽基转移酶转移新生成的多肽给 1 个水分子(而不是一个氨基酸)。RF_3 不识别任何终止密码子，但能协助肽链释放。真核生物中一个释放因子(eRF)能够识别三个终止密码子。

(五) 多肽链合成的校正机制

EF-Tu 的 GTP 酶(GTPase)活性对整个蛋白质生物合成的速率和准确度有着重要的作用。EF-Tu-GTP 复合物仅存在几毫秒，而 EF-Tu-GDP 在解离前也仅存在几毫秒时间。这两段时间间隔为密码子-反密码子相互作用的校正提供了一个机会。非正确的氨酰-tRNA 在这间隔之内解离。如果用 GTP 类似物 $GTP_\gamma S$ 代替 GTP，水解变慢，提高了合成的准确度却降低了蛋白质合成的速度。蛋白质合成的过程(包括已描述的密码子-反密码子配对的验证)通过进化已经得到优化，能使速度和精确度两者的需要得以平衡。提高精确度会降低速度，同样，速度的增加也会使精确度下降。

校正机制仅建立在密码子-反密码子正确配对的基础上。Lipman 和 Benzer 等证明核糖体对附着于 tRNA 的氨基酸的身份根本不加检验。他们分离出 $Cys\text{-}tRNA^{Cys}$，然后用化学的方法使其转变为 $Ala\text{-}tRNA^{Cys}$。这种杂合的氨酰-tRNA 携带的是 Ala，却含有 Cys 的反密码子。将这种 tRNA 在能进行蛋白质合成的无细胞体系中温育，发现在新合成的多肽中本应是 Cys 的地方却由 Ala 占据。这个重要的实验也证明了 Crick 的适配器学说(adaptor hypotheses)。核糖体上氨基酸本身不被验证的事实加强了氨酰-tRNA 合成酶在维持蛋白质合成的精确度中的中心作用。

(六) 蛋白质合成的能量消耗

每个氨酰-tRNA 的合成消耗两个高能磷酸键，另外一些 ATP 用于氨酰-tRNA 合成酶的校对功能。在肽链延长的第一步进位消耗一分子 GTP。在转移这一步又水解一分子 GTP。因此，多肽链每一个肽键的形成至少需要 4 个高能键，起始消耗 3 个高能键，释放消耗 1 个高能键。因此，对已知氨基酸残基数目多肽链的合成，所消耗的最少高能键数量可以简单地用氨基酸残基数目乘以 4 来计算。

这表现了一个在合成方向上巨大的热力学“推动力”：至少需要 $4\times30.5\text{kJ/mol}=122\text{kJ/mol}$ 的高能磷酸键的键能用于合成只有 -21kJ/mol 水解自由能的肽键。因此，在肽键形成中净自由能改变为 -101kJ/mol。这样大的能量消耗好像有些浪费，但是，蛋白质是含信息的高分子，生物化学问题不仅是简单的肽键形成，还是在特定的氨基酸之间形成肽键。在这个过程中消耗的每个高能键都是为了维持每个氨基酸按照 mRNA 上的编码进行正确的排列。这些能量使 mRNA 上的遗传信息在翻译为蛋白质的氨基酸顺序的过程中实现完美的精确度成为可能。

(七) 多聚核糖体

从活跃合成蛋白质的真核细胞或细菌细胞中可分离到由 10～100 个核糖体附着于 mRNA 组成的串列。这种 mRNA-核糖体串列称为多聚核糖体(polyribosome)，它可被核糖核酸酶切成许多单个的核糖体。而且在电子显微镜下可以看到连接相邻核糖体的纤维(图 11-10)。这个连接物就是单链 mRNA，此时正在被许多核糖体同时翻译，这些核糖体相隔很近。一个 mRNA 由许多核糖体同时翻译可使 mRNA 得到高效利用。

在细菌中，转录和翻译是紧密偶联的。mRNA 以 $5'\rightarrow3'$ 方向合成，且翻译也以同一方向

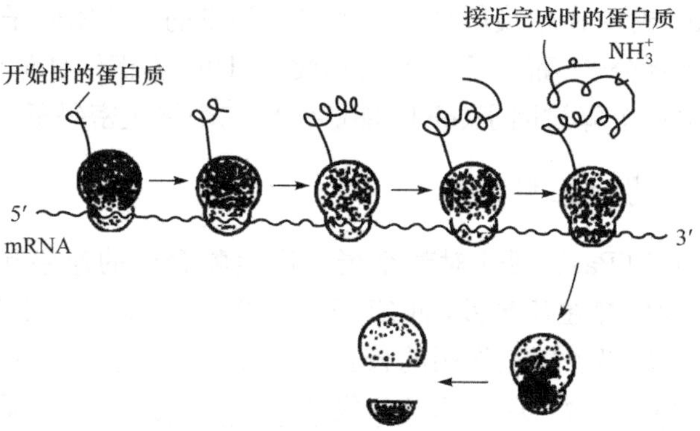

图 11-10　多聚核糖体示意图

进行。在转录完成之前，核糖体就从 mRNA 的 5′端开始翻译。这种情形与真核细胞有点不同。在真核生物中，新合成的 mRNA 必须转移至核外才能开始翻译。

细菌的 mRNA 在被核酸酶降解之前仅有几分钟的寿命。因此，为维持蛋白质合成的高速度，一个给定的蛋白质或一系列蛋白质的 mRNA 必须连续合成，而且要进行最高效率的翻译。mRNA 的短寿命使细胞不再需要的蛋白质合成迅速终止。

（八）蛋白质合成的抑制剂

有许多抗生素对蛋白质的合成有抑制作用，并且每种抗生素的专一性和抑制蛋白质合成的环节不一样，作用效果也不相同（表 11-7）。

表 11-7　蛋白质合成的抗生素抑制剂

抗生素	作用
链霉素	抑制起始和造成读码错误（原核生物）
四环素	和 30S 亚基结合，抑制氨酰-tRNA 的结合（原核生物）
氯霉素	抑制核糖体 50S 亚基的肽酰转移酶活力（原核生物）
红霉素	和核糖体 50S 亚基结合，抑制移位（原核生物）
嘌呤霉素	作为氨酰-tRNA 的类似物，与核糖体 A 位点结合，造成肽链的过早终止（原核和真核生物）

其中有些抗生素的作用机制已经确知。例如，嘌呤霉素，从结构上讲，它是氨酰-tRNA 的类似物，可以取代氨酰-tRNA 进入核糖体的 A 位点，在肽酰基转移酶的作用下，形成肽酰-嘌呤霉素复合物，此复合物即脱离核糖体，破坏了蛋白质的合成。

四、多肽链合成后加工

在 mRNA 指导下，核糖体上新合成的肽链多数是没有活性的，必须经过折叠（folding）和加工（processing）改造，即一些新合成的蛋白质必须经过一个或多个翻译后的修饰（posttranslational modification）过程，才能成为具有特定功能的成熟蛋白质。就目前所知，肽链的加工方式很多，主要包括以下几种。

（一）肽链末端氨基酸的修饰

起初，所有的多肽都是以 N-甲酰甲硫氨酸（细菌中）或甲硫氨酸（真核生物中）开始的。但是，甲酰基、氨基端的 Met 残基，以及其他额外的氨基端和羧基端的一些残基可能被酶解除去

（如在脱甲酰酶的作用下，除去 N 端的甲酰基），因此不存在于最后的功能性蛋白质中。

在多至 50％的真核生物蛋白质中，其翻译后氨基端残基的氨基都要被乙酰化，羧基端残基有时也被修饰。

（二）肽链中氨基酸残基的修饰

一些蛋白质中的某些 Ser、Thr 和 Tyr 残基的羟基可以磷酸化。磷酸基团给这些多肽增加负电荷。这种修饰功能的重要性因蛋白质的不同而不同。例如，牛奶中的酪蛋白有许多磷酸丝氨酸基团，其功能是结合 Ca^{2+}。所供给的 Ca^{2+}、磷酸及氨基酸是哺乳期幼体所需要的，酪蛋白提供了三种以上必要的营养。Ser 残基上羟基的磷酸化和去磷酸化可以调节一些酶的活性，如糖原磷酸化酶。一些蛋白质中的特定的 Tyr 残基的磷酸化是正常细胞向癌细胞转化的重要步骤。

一些蛋白质的 Asp 和 Glu 残基也可能被加上额外的羧基。例如，凝血酶原的氨基端区域就有一些 γ-羧基-Glu 残基，启动凝血机制时需要这些基团结合 Ca^{2+}。

在一些蛋白质中，Lys 残基被甲基化。例如，在一些肌肉蛋白质和细胞色素 c 中有单甲基或二甲基化赖氨酸；大多数有机体的钙调蛋白的特定位置有三甲基赖氨酸残基。在其他一些蛋白质中，一些 Glu 的羧基被甲基化，去掉了它们的负电荷。

在胶原蛋白中，Pro 和 Lys 的侧链是羟基化。

（三）二硫键的形成

在经历了自发折叠为天然构象后，蛋白质经常在链内或链间形成二硫键，这有助于保护蛋白质分子的天然构象，并使蛋白质具有特定的生物学功能。

（四）信号序列的切除

一些蛋白质氨基端的 15～30 个残基在引导蛋白质到达细胞中最后目的地的过程中起重要作用，这种信号序到（signal sequence）最后被专一的肽酶除去。

（五）附加异戊二烯基团

许多真核蛋白质被异戊二烯化。在蛋白质中的 Cys 残基和异戊二烯基团之间形成硫醚键。异戊二烯来源于胆固醇生物合成的焦磷酸化中间产物，如法呢基焦磷酸（farnesyl pyrophosphate）。以这种方式修饰的蛋白质包括 *ras* 肿瘤基因和原癌基因的产物，G 蛋白和存在于核基质中的核纤层蛋白。一些情况下，异戊二烯基团可将蛋白质锚定于细胞膜中。当异戊二烯化过程被阻断后，*ras* 肿瘤基因就失去转化（致癌）活性。这激发了人们将这种翻译后修饰途径的抑制剂用于癌症化学疗法的兴趣。

（六）辅基的附加

许多原核和真核蛋白质的活性需要共价结合辅基。这些辅基是在多肽离开核糖体后才与多肽结合的。这方面的两个例子是：乙酰-CoA 羧化酶中共价结合的生物素和细胞色素 c 中的血红素。

（七）多肽链的切割

有些肽链在合成后，必须经特殊的切割才能成为有活性的蛋白质。例如，酶原的激活、胰岛素原转化成胰岛素等。

（八）蛋白质糖基化

1. 糖基化类型 大部分由粗面内质网（RER）上的核糖体合成的蛋白质都是糖蛋白，它们含有与之共价连接的短链糖基（寡糖），是在穿行于 RER 和高尔基体的过程中添加的。主要有两种类型的寡糖连接：①O-连接寡糖。通常以 O-糖苷键连接到蛋白质的 Ser 或 Thr 的侧链羟基上（图 11-11A）。②N-连接寡糖。以 N-糖苷键连接到蛋白质的 Asn 侧链的氨基上（图 11-11B），此时 Asn 需位于 Asn-X-Ser（或 Thr）模体中，其中 X 是除 Pro 和可能的 Asp 外的任何氨基酸。此外，目前已知一些蛋白质以特殊的结构——糖基磷脂酰肌醇（GPI）锚定到质膜上。

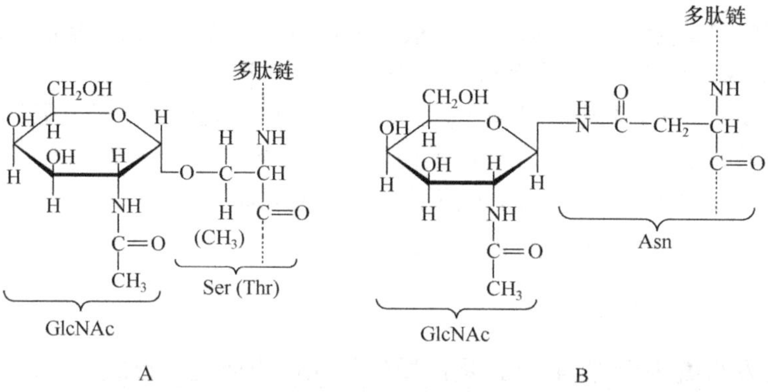

图 11-11 寡糖连接的结构

A. GlcNAc（N-乙酰葡萄糖胺）与 Ser（Thr）残基间的 O-连接糖苷键；B. GlcNAc 与 Asn 残基间的 N-连接糖苷键

2. 糖链的连接

1）O-连接寡糖的合成 O-连接寡糖是蛋白质穿过高尔基体时逐个添加单糖到蛋白质上形成的。首先，N-乙酰半乳糖（GalNAc）由 GalNAc 转移酶从 UDP-GalNAc 前体转移到相应的 Ser 或 Thr 上（图 11-12）。其他单糖［半乳糖、N-乙酰葡萄糖胺（GlcNAc）、唾液酸（sialic acid）、岩藻糖（fucose）］则从相应的糖核苷酸前体进行添加。添加单糖的确切类型和数目（多至 10 个）由蛋白质底物决定。

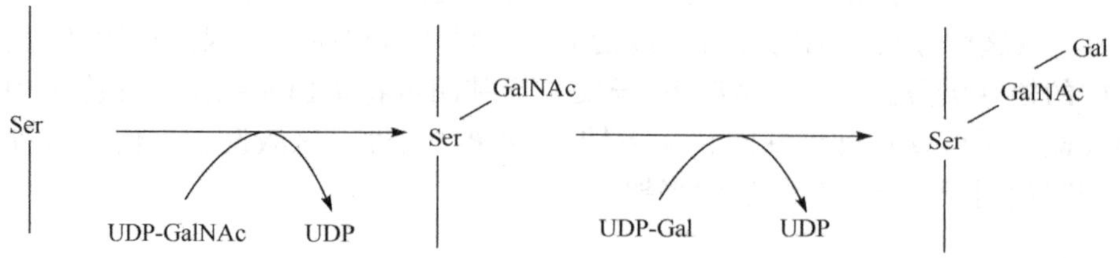

图 11-12 O-连接寡糖的合成

图中所示是人免疫球蛋白 IgA 的 O-连接寡糖

2）N-连接寡糖的合成 所有 N-连接寡糖都是以三个甘露糖（Man）和两个 GlcNAc 残基组成的五糖核心（pentasaccharide core）结构为基础（图 11-13）。

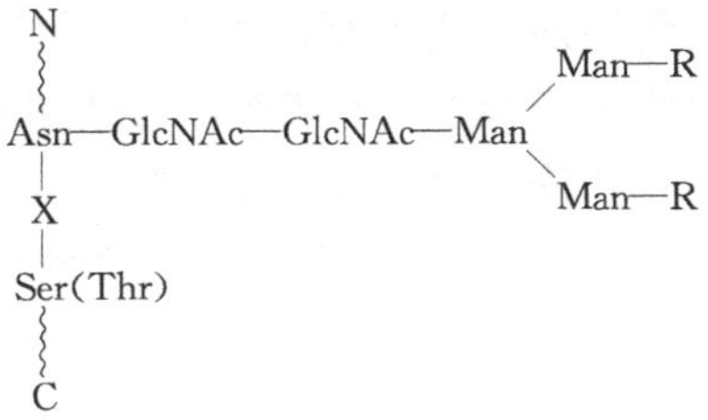

图 11-13　N-连接寡糖的五糖核心结构

有三种类型的 N-连接寡糖，在高甘露糖类型寡糖中，图 11-13 中的 R 基团是数目不定的甘露糖残基；在复合类型寡糖中，R 基团包含有其他的，如 GlcNAc、半乳糖、唾液酸和岩藻糖之类的不同糖基；在混合型寡糖中，一个 R 基团是数目不定的甘露糖残基，而另一个 R 基团包含有其他的，如 GlcNAc、半乳糖、唾液酸和岩藻糖之类的不同糖基。N-连接寡糖不是由单糖逐个在蛋白质上添加而成，而是在称为长醇磷酸的脂质载体上合成的。它包括 22 个异戊二烯(isoprene，C5)单位和末端磷酸基，锚定于 RER 膜。

寡糖的合成始于长萜醇磷酸接受来自 RER 膜胞质溶胶面的单糖(图 11-14)，但当中间体 $(Man)_5(GlcNAc)_2$-长醇磷酸形成后，它改变朝向，开始接受 RER 膜腔面的单糖(图 11-14)。所有的后继转移都来自于与长醇磷酸连接的单糖，它们在 RER 膜的胞质面形成，然后翻转，作为供体。最终的寡糖 $(Glc)_3(Man)_9(GlcNAc)_2$ 称为 G 寡糖，以高能焦磷酸键连在长醇上，这为寡糖从长醇转移到蛋白质的反应提供了能量。这个反应由 RER 膜结合的寡糖转移酶催化，发生在 RER 中(图 11-15)。这些反应总称为核心糖基化(core glycosylation)。当蛋白质还处于 RER 中时，三个葡萄糖残基和一个甘露糖残基被很快移去(图 11-15)。有趣的是，若

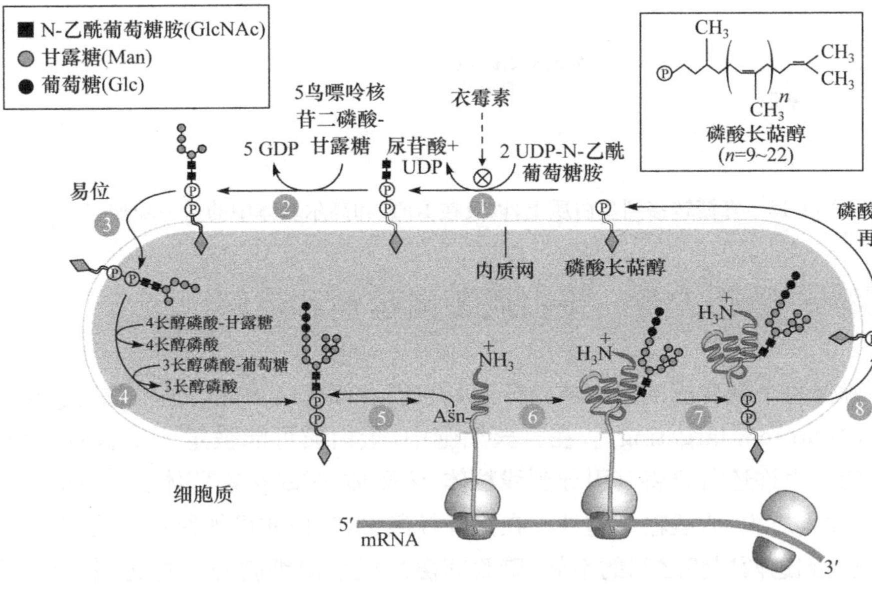

图 11-14　糖蛋白核心寡糖链的合成(引自 Lehninger，2012)

步骤①②发生在内质网膜的内表面上；步骤③是不完全寡糖链通过易位穿过内质网膜；步骤④显示核心寡糖链的完全合成是在内质网内腔中完成的，内腔中的长醇磷酸酯衍生物作为前体为寡糖链的延长提供葡萄糖和甘露糖残基；步骤⑤⑥显示核心寡糖链部分从长醇磷酸酯上转移连接到蛋白质 N 端的一个天冬酰胺的残基上，然后核心多糖链将会在内质网和高尔基体中进行进一步的修饰(步骤⑦)；步骤⑧显示长醇磷酸酯解离下来并转移到内质网膜的外表面上；步骤⑨显示解离掉一个磷酸基，重新进入内质网内腔中参与反应；⊗表阻断

蛋白质没有折叠或错误折叠，葡萄糖残基会重新加回去。因此，只有当蛋白质被正确折叠，所有的葡萄糖残基才会移去，蛋白质才能继续进行修饰。折叠的糖蛋白通过囊泡转运到高尔基体中，当它穿过高尔基体时，寡糖的“修剪”(trimming)或“加工”(processing)继续进行，另外5个甘露糖残基被去除(图11-15)。甘露糖残基和其他的单糖在高尔基体中又加到寡糖上，产生不同类型的寡糖，这个过程称为终末糖基化(terminal glycosylation)。

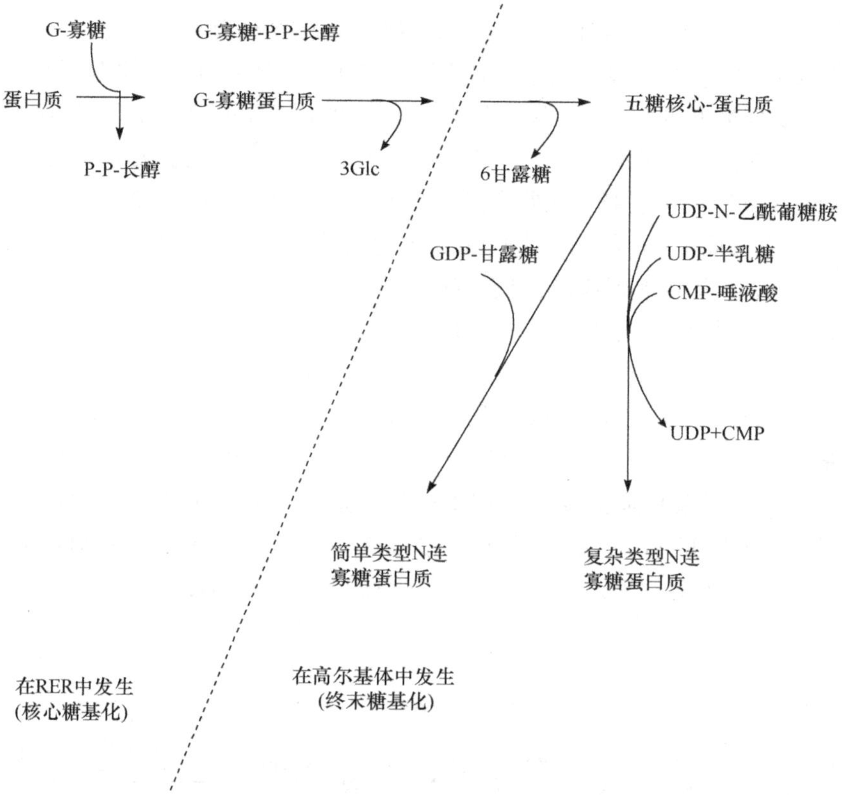

图 11-15　寡糖转移到蛋白质上，以及在 RER 和高尔基体中的进一步加工

第三节　蛋白质靶向运输和降解

细胞必须确保每个新合成的蛋白质被分送到它们发挥相应功能的适当位置。这个过程称为蛋白质的导向(protein targeting)。在真核细胞中，蛋白质可能被定位于胞质溶胶中，如糖酵解过程中的酶。也许还需要将其引导到线粒体、溶酶体、过氧化物酶体、叶绿体、细胞核等细胞器中，或者被插入质膜，或运输到胞外。在大肠杆菌中，蛋白质可能留在胞质溶胶中，或插入质膜或外膜，或运到这两层膜之间的空间(壁膜间隙)，或输出细胞外。总之，若蛋白质被定位于胞质溶胶中，它在胞质溶胶中的游离核糖体上合成后，直接释放到胞质溶胶中。如果蛋白质被定位于其他最终位置，则还包括特异的蛋白质导向机制。

在所有细胞中，为了防止异常或不需要的蛋白质的积累，加速氨基酸的循环，蛋白质总是不断地被降解，即蛋白质都有一定的寿命。这种降解是由专一的系统进行的。

一、分泌性蛋白质

（一）运输过程

真核细胞中分泌性蛋白质的合成是在与粗面内质网（RER）结合着的核糖体上进行的。被合成的蛋白质穿过 RER 膜，进入 RER 腔，被折叠成最终的构象。在内质网（ER）上出芽，形成囊泡，将蛋白质运载到高尔基体中（图 11-16）。

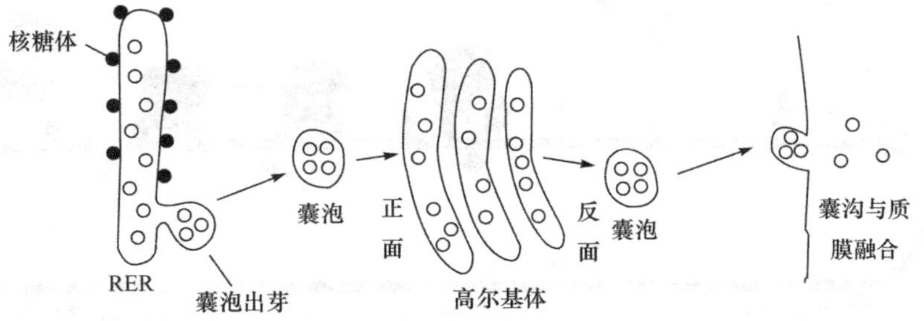

图 11-16　分泌性蛋白质的合成和胞吐作用

实心圆圈代表 RER 结合的核糖体，在 ER 腔中，囊泡和高尔基体中的空圈代表分泌性蛋白质分子

囊泡由高尔基体的正面进入，反面离开。RER 囊泡与高尔基体的正面区室融合，将蛋白质释放到高尔基体内腔中，随后蛋白质又穿越高尔基体，到达反面区室，在途中，通过加入糖基而被修饰。最后，囊泡从反面区室出芽，将糖基化的分泌性蛋白质运到质膜，然后与质膜融合，将内含物释放到胞外。这种融合及蛋白质的胞外释放也称为胞吐（exocytosis）。

（二）信号假说

典型的分泌性蛋白质与胞质溶胶蛋白质的区别在于其 N 端有一段信号序列（signal sequence）或称信号肽（signal peptide），是一个 13～35 个氨基酸长度的序列。不同分泌性蛋白质的信号肽，其氨基酸序列不同，但有一些共同的特征。例如，序列的中心通常含有 10～15 个疏水性氨基酸。据推测，信号肽指导分泌性蛋白质到达 ER 膜，从而引导蛋白质进入 ER 腔而被分泌。这种信号假说（signal hypothesis）可适用于动物、植物和细菌细胞的蛋白质分泌。其机制简单示意如图 11-17 所示。

分泌性蛋白质的 mRNA 结合到胞质溶胶中的游离核糖体上，开始蛋白质的合成。合成的第一部分是 N 端的信号肽。信号识别颗粒（signal recognition particle，SRP）是由一个 7S RNA 与 6 个蛋白质组成的复合物，当它结合到信号肽上，即阻止蛋白质的进一步合成。这可防止分泌性蛋白质在成熟前被释放到胞质溶胶中。这时核糖体-mRNA-SRP 复合体结合到 ER 表面的 SRP 受体上。ER 膜上还存在与蛋白质转运体相联系的核糖体受体蛋白。在一系列协同反应中，核糖体紧紧地结合在核糖体受体蛋白上，SRP 结合在 SRP 受体上，并从信号肽上脱落下来，于是翻译再一次继续进行。新生的多肽穿过由蛋白质转运体在 ER 膜上形成的孔。当蛋白质穿过孔时，信号肽被 ER 腔面上的信号肽酶（signal peptidase）切除（图 11-17）并降解，将余下的蛋白质释入腔内。如前所述，蛋白质然后又经由高尔基体转运到胞外。因为跨 RER 膜的运输发生于蛋白质合成过程中，这个过程被称为共翻译（co-translational）。被释放的信号识别颗粒通过它的受体准备结合到另一个信号肽上，此即 SRP 循环。

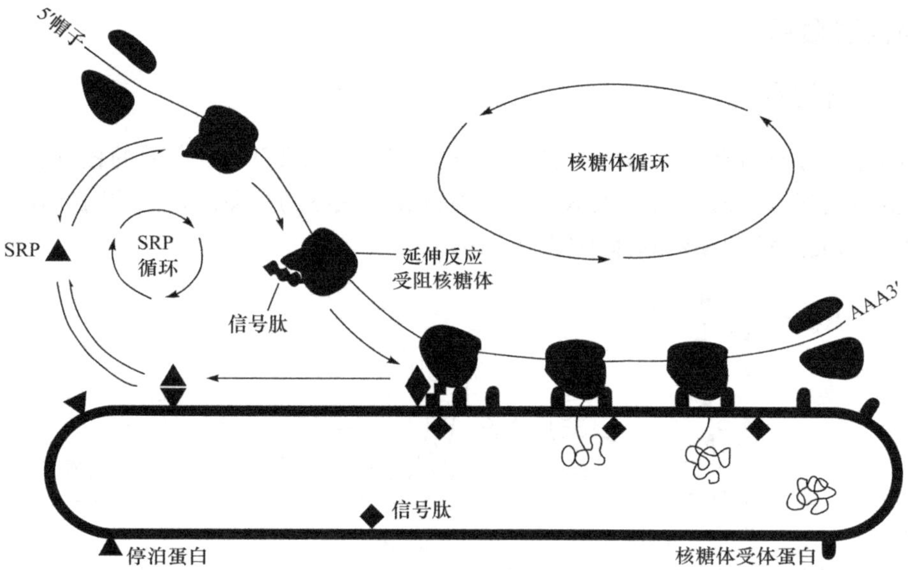

图 11-17　信号假说简单示意图

二、内在质膜蛋白质

内在质膜蛋白质(integral plasma membrane proteins)也是由附着在 RER 上的核糖体合成的,只是它插入到 RER 膜内,而没有转运到腔中。在转运到高尔基体及细胞表面过程中,蛋白质即锚定在膜中。最终囊泡与质膜融合构成新的质膜(图 11-18)。注意,在插入 RER 膜后,蛋白质的一部分面向 RER 腔,但这一部分最终却面向胞外。正是由于这部分在 RER 和高尔基体中进行糖基化,接受糖基,因此,糖基总是暴露在细胞表面。

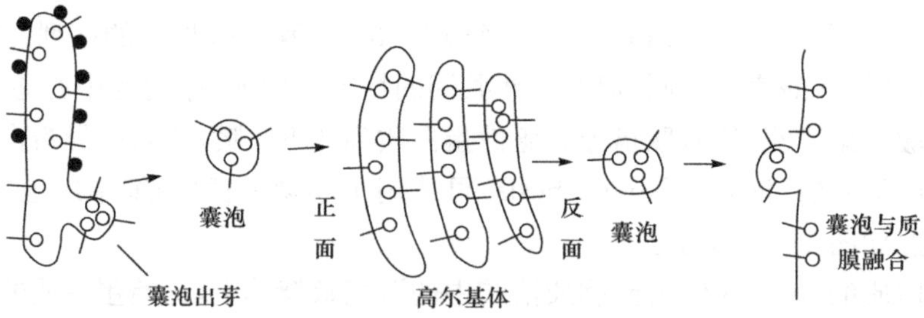

图 11-18　内在质膜蛋白质的合成

附着在 RER 上的核糖体以实心圈表示,新合成的质膜蛋白质以○—表示

质膜蛋白质在其合成中跨 RER 膜的转运机制与分泌性蛋白质相似,只是这种蛋白质注定要留在 RER 膜中,而不是完全进入 RER 腔中。根据膜蛋白类型的不同,以几种不同的方式留在膜中。有些内在质膜蛋白质是单跨膜蛋白质,即多肽链只穿越膜一次,而有些内在质膜蛋白质则是多跨膜蛋白质。蛋白质在膜中的定向和它跨脂双层的次数由多肽链中特定的拓扑遗传序列(topogenic sequences)决定。拓扑遗传序列主要由疏水氨基酸组成,有三种类型:N 端信号序列(N-terminal signal sequence),内信号序列(internal signal sequence)和终止转移序列(stop-transfer sequence)。

在单跨膜的类型Ⅰ内在质膜蛋白质(type Ⅰ integral membrane proteins)中(图11-19A),除了有与分泌性蛋白质相同的被信号肽酶切除的N端信号序列外,蛋白质内部还存在第二个疏水序列。因此,这种蛋白质像分泌性蛋白质一样在合成期间即开始穿越RER膜,但在完整蛋白质被转位之前转移即停止,由蛋白质的疏水序列与脂双层的疏水核心之间相互作用而使其停留在膜中。在单跨膜类型Ⅱ内在质膜蛋白质中(图11-19B),和分泌性蛋白质一样,只存在一个N端信号序列。而在这种情况下,信号序列不被信号肽酶识别,而兼作膜锚定序列。多跨膜类型Ⅲ内在质膜蛋白质(图11-19C)跨膜多次,有多个内信号肽和终止转移序列,在蛋白质合成中负责组织和安排肽链的跨膜转移。N端和C端的最终定向分别取决于N端信号序列是否被切除和最后的拓扑遗传序列是内信号序列还是终止转移序列。有些蛋白质没有N端信号序列,只有一个内信号序列。

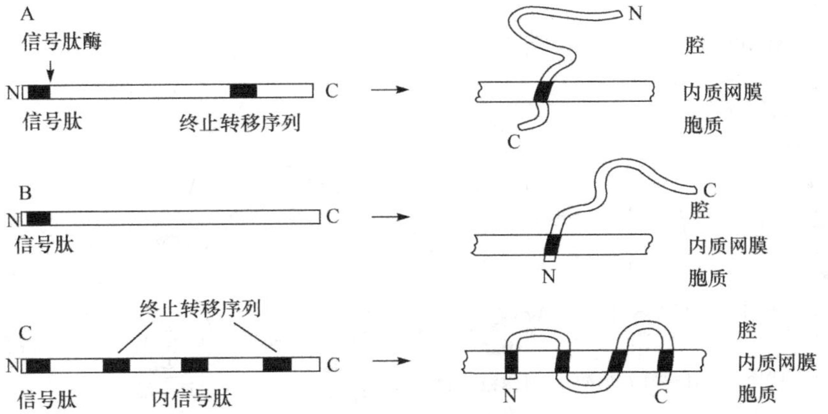

图11-19　内在质膜蛋白质在合成中插入RER膜

A. 类型Ⅰ内在质膜蛋白质有一个可切除的N端信号序列和终止转移序列;B. 类型Ⅱ内在质膜蛋白质有一个不可切除的N端信号序列;C. 类型Ⅲ内在质膜蛋白质有多个信号序列和终止转移序列

三、内质网蛋白质

内质网(ER)中含有许多帮助新生蛋白质正确折叠成为天然构型的蛋白质。其中一些称为伴侣分子(chaperone)。滞留在内质网的蛋白质在RER上合成,之后进入腔内,这和分泌性蛋白质情况相同;然后通过囊泡进入高尔基体。然而,这些蛋白质在其C端有Lys-Asp-Glu-Leu(或称KDEL)序列组成的滞留信号(retention signal)。在到达高尔基体后,受体结合到KDEL序列上,通过囊泡将这些蛋白质送回ER。

四、溶酶体蛋白质

溶酶体酶和溶酶体膜蛋白在RER上合成,转运到高尔基体的正面区室中,在此,甘露糖-6-磷酸(mannose-6-phosphate)加到蛋白质上(即糖基化)。甘露糖-6-磷酸是引导溶酶体蛋白质到相应目的地的信号。它由高尔基体反面区室中的甘露糖-6-磷酸受体识别,并与之结合,将其包装在运输小泡中,然后从高尔基体出芽(图11-20)。之后,运输小泡与分选小泡融合(分选小泡的内含物为酸性)。溶酶体蛋白质在低pH条件下与其受体解离,同时磷酸酶将磷酸基从甘露糖-6-磷酸上去除,以避免蛋白质与受体的再结合。含有受体的囊泡从分选小泡上出芽,将受体运回高尔基体以重新使用(受体循环,receptor recycling),而溶酶体蛋白质通过囊泡融合又送回到溶酶体中(图 11-20)。

不是所有的溶酶体蛋白质都采用这种通用的蛋白质导向途径,有些蛋白质最后被细胞运送到胞外,还需重新收回。这种消除途径(scavenger pathway)的作用如下:溶酶体糖蛋白结合到质膜上的甘露糖-6-磷酸受体上,并以胞吞作用再进入细胞(图 11-20)。这个过程,称为受体介导的胞吞作用,形成内吞小泡,称为内吞体(endosome),它以融合的方式将溶酶体蛋白质运送到溶酶体中。

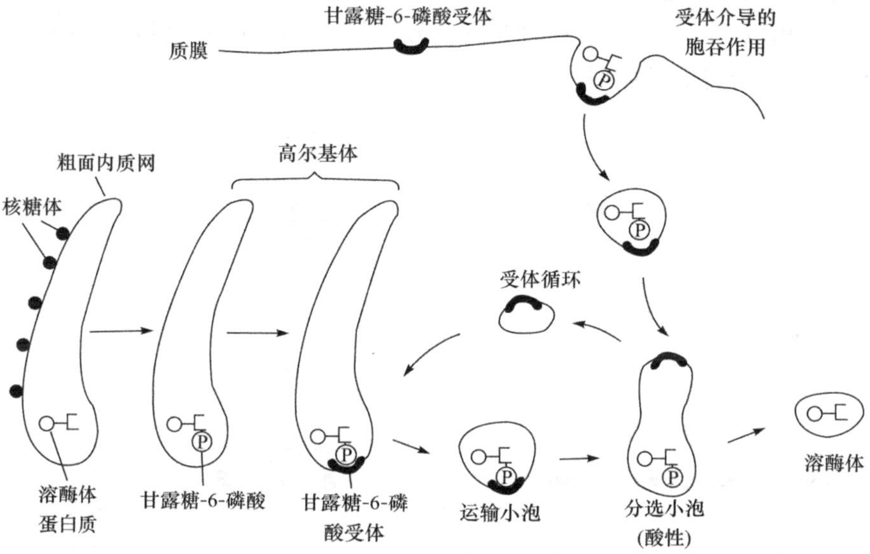

图 11-20 溶酶体蛋白质的合成与导向

五、线粒体和叶绿体蛋白质

线粒体和叶绿体有自己的 DNA、核糖体、mRNA 等,能合成很少一部分线粒体和叶绿体蛋白质。其中的大部分蛋白质仍是由核基因组编码,由胞质溶胶中的游离核糖体合成,然后运送到细胞器。这个过程称为翻译后(post-translational)过程。对于线粒体,需要转运的位置有线粒体外膜、内膜、膜间间隙或线粒体基质。对于叶绿体,除了以上 4 部分外,还有类囊体膜(thylakoid membrane)和类囊体腔(thylakoid space)。

蛋白质由 N 端序列导向到线粒体基质中。这种基质导向序列(matrix-targeting sequence)典型的长度为 15~35 个氨基酸,富含丝氨酸、苏氨酸和带正电荷的氨基酸。蛋白质在由胞质溶胶中的核糖体合成过程中,一种称为 hsp70 蛋白质家族的伴侣蛋白质(chaperone proteins)结合到它上面,使它保持非折叠状态。hsp70 将未折叠蛋白质转移到线粒体外膜上的输入受体(import receptor),输入受体可以在膜上滑行直至它达到线粒体内、外膜接触的部位。在这一位点,蛋白质通过由两层膜参与形成的蛋白质转运体进入基质(图 11-21)。当它穿过这个孔时,胞质 hsp70 被释放,信号肽被信号肽酶切除,蛋白质上重新结合线粒体 hsp70。然后 hsp70 被线粒体 hsp60 代替。hsp60 可以帮助蛋白质折叠成最终有活性的状态。线粒体蛋白质的输入需要来源于内膜两侧的电化学梯度的能量和 ATP 的水解。蛋白质运输到线粒体内膜上和膜间间隙都需要两种信号：蛋白质最先如上面描述的那样进入基质，然后第二个信号将蛋白质引导到内膜或穿过内膜进入膜间间隙。

蛋白质以与线粒体中相似的机制进入叶绿体，但所用的信号却是不同的。因为在一些植物细胞中，线粒体和叶绿体同时存在，而蛋白质仍然可以被引导到正确的目的地。

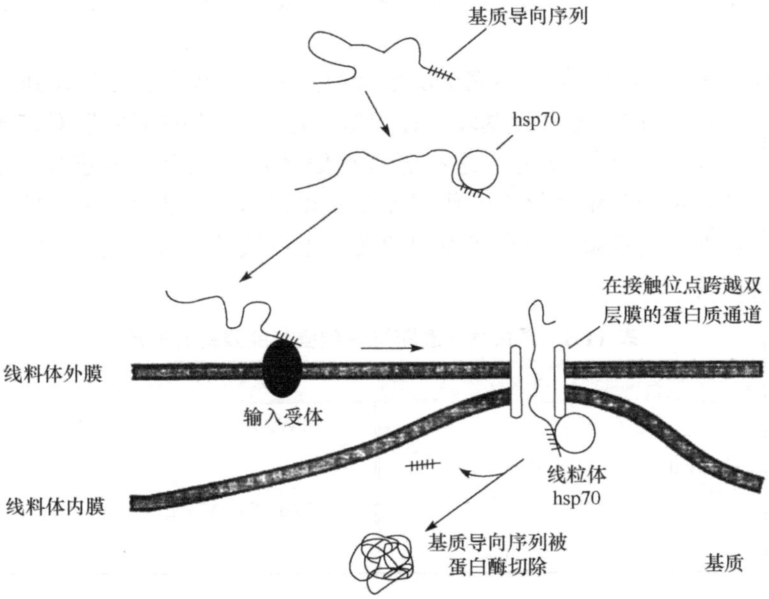

图 11-21　蛋白质被引导进入线粒体基质

六、核蛋白质

细胞核有内外两层膜，有 3000～4000 个核孔。每个核孔都是由 100 种以上不同的蛋白质组成的八面体对称的核孔复合体(nuclear pore complex)。小分子可以自由扩散穿过核孔，大蛋白质进入核则需要一种核定位信号(nuclear localization signal)。它的长度为 4～8 个氨基酸，富含带正电荷的 Lys 和 Arg，并通常含有 Pro。蛋白质进入核需要 ATP，进入后核定位信号不被切除。

七、蛋白质的降解

蛋白质的降解是一个选择性的过程，任何蛋白质的寿命都是由专门执行这项任务的蛋白水解酶系统进行的。这与翻译后蛋白质加工过程中发生的蛋白酶水解事件不同。

被迅速降解的蛋白质包括那些在合成中有不正确氨基酸插入的缺陷蛋白质或者那些在发挥功能时受损的蛋白质。代谢途径中在关键调节点起作用的许多酶也被迅速降解。

缺陷蛋白质和那些短寿命的蛋白质无论是在真核细胞或细菌中都是由选择性依赖于 ATP 的细胞质内系统降解的。真核生物中另一个降解蛋白质的过程是在溶酶体中进行的，它用于处理重新循环利用的膜蛋白、细胞外蛋白质和长寿命的蛋白质。

在 *E. coli* 中，许多蛋白质是由一种依赖于 ATP 的称为 La 的蛋白酶降解的。这种 ATPase只有在缺陷蛋白质或那些特定短寿命的蛋白质存在时才被激活。裂解一个肽键需要水解 2mol 的 ATP。在肽键切割过程中 ATP 水解的精确分子功能尚不清楚。一旦一个蛋白质被降解成无活性的多肽时，别的不依赖于 ATP 的蛋白酶就可完成其余的降解过程。

真核细胞中，ATP-依赖性途径是非常特别的。在这个系统中一个关键的组分是由 76 个氨基酸构成的蛋白质——泛素(ubipuitin)，之所以这样命名是因为整个真核生物界中都有它的存在。作为已知的最保守的蛋白质之一，即使在酵母和人类这样不同的有机体中，泛素也是基本相同的。泛素被共价连接于预定要被依赖 ATP 途径降解的蛋白质上，这种途径包括三个独立的酶。

触发蛋白质泛素化作用的信号不完全清楚，但是一个简单例子已被找到。氨基端的残基(如甲硫氨酸去除后剩下的残基和氨基端的任何修饰过程后剩下的残基)对许多蛋白质的半衰期有深刻影响(表 11-8)。有证据证明这些氨基端信号是在亿万年的进化中被保留下来的。这种信号在细菌的蛋白质降解系统中的作用和在人类蛋白质泛素化途径中的作用是相同的。蛋白质降解对细胞在变化环境中生存产生的意义与蛋白质的合成一样重要，这些重要的途径有许多问题尚待研究。

表 11-8　蛋白质半衰期与 N 端氨基酸残基的关系

氨基酸残基	半衰期	氨基酸残基	半衰期
稳定型		Tyr、Glu	约 10min
Met、Gly、Ala、Thr、Val	>20h	Pro	约 7min
不稳定型		Leu、Phe、Asp、Lys	约 3min
Ile、Gln	约 30min	Arg	约 2min

知识框

20 世纪 50 年代蛋白质生物合成研究的几个重要进展

20 世纪 50 年代三个主要的进展打下了现在蛋白质生物合成知识的基础。第一个重要进展是在 20 世纪 50 年代早期，Zamecnik 和他的同事设计了一系列的实验来探索一个问题：细胞中蛋白质是在哪儿合成的？他们给小鼠注射放射性氨基酸，然后在不同的时间间隔内取出小鼠的肝脏，进行匀浆(homogenize)、离心，检测亚细胞成分(subcellular fraction)中放射性蛋白质的位置。在注射氨基酸后几小时或几天，发现所有的亚细胞成分都含有放射性。但是，在注射标记的氨基酸仅几分钟后取肝脏并分离成分，发现仅在含有小核糖核蛋白(ribonucleoprotein)微粒的组分中含有标记蛋白质。这些微粒是早期通过电子显微镜在动物组织中发现的，因此它们被认为是进行蛋白质合成的位点。后来，这些进行蛋白质合成的微粒被命名为核糖体。

第二个重要进展是由 Hoagland 和 Zamecnik 共同取得的。他们发现当用 ATP 和肝细胞的胞质组分温育时，氨基酸变成“激活态”。这些氨基酸被共价结合在一种热稳定的可溶性 RNA 上，这种可溶性 RNA 后来被命名为转移 RNA(tRNA)，氨基酸与转移 RNA 的共价化合物称为氨酰-tRNA(aminoacyl-tRNA)，催化这个过程的酶后来被称为氨酰-tRNA 合成酶。

核酸中 4 种字母的遗传信息语言是怎样翻译成 20 个字母的蛋白质语言？对这个问题的研究使 Crick 取得了本领域第三个重要的进展。Crick 推测，tRNA 一定是充当了适配器的作用，tRNA 分子的一部分结合特定的氨基酸，另一部分识别编码氨基酸顺序的 mRNA 上的短核苷酸序列。这个想法不久即被证实。tRNA 适配器(adaptor)翻译 mRNA 核酸序列成为多肽链的氨基酸序列。由 mRNA 指导的蛋白质合成过程常被简单地称为翻译(translation)。这一进展推动了对蛋白质合成主要阶段认识的发展，而且最终使氨基酸遗传密码得以阐明。

思考题

1. 遗传密码有哪些特点？如何证明是三联体密码？
2. tRNA、氨酰-RNA 合成酶有何功能？
3. 何谓密码子的变偶性？有何作用？
4. 在翻译过程中，有哪些环节保证了所合成多肽链的正确性？
5. 在蛋白质合成过程中，真核细胞和原核细胞主要有何不同？
6. 肽链合成后的加工主要包括哪些方式？
7. 合成胰岛素的肽链需要消耗多少能量？
8. 在蛋白质分子中，通常含量较高的是 Ser 和 Leu，其次是 His 和 Cys，含量最少的是 Met 和 Trp。一种氨基酸在蛋白质分子中出现的频率与它的密码子数量有什么关系？这种关系的选择优点如何？
9. AUG 和 UAG 是蛋白质合成中特定的起始和终止密码，序列同 5′-UUAUGAAUGUACCGUGGUAGUU-3′的 mRNA 中，什么样的阅读框才能编码一个短肽？写出该短肽的氨基酸序列。
10. 蛋白质的糖基化如何完成？
11. 甘氨酸的四个密码子是 GGU、GGC、GGA 和 GGG，请写出它们所有可能的反密码子。

(1) 根据你的答案指出决定甘氨酸密码子特异性的是密码子的哪几个位置？

(2) 这些密码子与反密码子的配对中哪个配对有摆动碱基？

(3) 哪些密码子-反密码子配对所有三个位置都是 Watson-Crick 碱基配对？

第十二章　基因表达调控

【要点】 基因表达调控是生物体内调节基因表达的控制机制，是使细胞中的基因表达的过程在时间、空间上处于有序状态，并对环境条件的变化做出适当反应的复杂过程。生物体只有经过基因表达，才能显露其表型特征及个体多样性。本章重点介绍了基因表达在复制、转录、转录后加工、翻译、翻译后加工等诸多环节的调控。其中转录是控制细胞基因表达水平的关键步骤。调控是依赖DNA-蛋白质/蛋白质-蛋白质之间的相互作用完成的。原核生物基因表达调控为操作子模式。真核生物基因表达调控则涉及靶基因染色质结构的重塑、转录和转录后加工等，远较原核细胞复杂。无论原核生物还是真核生物基因表达均受细胞内外信号所影响，随着不同发育阶段或不同环境而变化，以应答和适应内外环境的各种变化和需求。

基因是承载遗传信息的DNA片段，每个细胞中的DNA分子含有数千到几万个基因，人类的基因组大概有29 000个基因，细菌的基因组也含有几千个基因。在特定的细胞、特定时间段中，只有很小一部分基因会表达，并且这些基因的表达量也存在着巨大的差异。例如，蛋白质合成所需要的延伸因子蛋白是细菌中最丰富的蛋白质之一；核酮糖-1,5-二磷酸羧化酶/加氧酶则是植物及进行光合作用细菌中表达量最高的酶。而其他的基因产物含量要小得多，如一个细胞中可能仅仅含有几个分子的DNA损伤修复酶。对于有些基因产物来说，它们的表达量会随着时间而变化，而有些代谢途径中的酶则会根据相应食物来源的变化而产生表达量的变化。在一个多细胞生物的发育过程中，影响细胞分化的基因仅在很短的时间内在特定的细胞中表达。蛋白质的合成要花费大量的能量，因此对于基因表达的精细调控从节省能量的角度来说是必需的。在原核生物中，转录起始的控制可以保证许多相互关联的基因同步表达，来行使特定的功能。例如，当细菌的DNA受到严重损害时，细菌细胞将会上调许多DNA修复有关的酶类的表达。而最复杂精密的同步调控机制则是多细胞真核生物中的发育调控，需要在多个层次上和多个过程中对功能基因的表达进行调控。

第一节　基因表达调控的原理

一、基因表达及基因表达调控的概念

基因是承载遗传信息的DNA片段。基因表达是指基因经过一系列过程表现出其生物功能的整个过程。典型的基因表达是基因经过转录、翻译过程，产生单个具有生物功能的产物，包括RNA和蛋白质。生物基因组的遗传信息并非是全部、同时表达出来的。大肠杆菌基因组大约含有4000个基因，一般只有5%～10%处于高水平转录状态，其他大部分基因则处于较低水平的表达或者暂时不表达。即使是蛋白质合成量比较多、基因开放程度比较高的肝细胞，一般也只有不超过20%的基因处于表达状态。细胞的生长、发育、分化、衰老及其相关基因的表达均具有极其严密的时空秩序和精细、复杂的调控机制。

基因表达呈现多层次性和复杂性，相应的基因表达调控也呈多级调控的形式。基因表达调控是指在外界环境因素作用下，细胞内的相关特定因素调节和控制特定基因表达的基本规

律及其作用机制。在细胞中某种蛋白质的表达可能受到以下 7 种过程上的调控：①初级 RNA 转录本的合成（转录）；②mRNA 的转录后修饰；③mRNA 的降解；④蛋白质的合成（翻译）；⑤蛋白质的合成后修饰；⑥蛋白质的定位和运输；⑦蛋白质的降解。例如，mRNA 的转录后修饰及选择性剪切，可以决定表达何种氨基酸序列的蛋白质；RNA 的核苷酸序列可以影响其降解速度；多种因子可以影响 mRNA 翻译表达蛋白质的速率，蛋白质合成后的修饰，蛋白质运输，以及最终蛋白质的降解。在这些调控过程中，转录过程是目前研究基因表达调控最为透彻的、最复杂的一个层次。

二、基因表达的基本特点和方式

（一）基因表达的时空特异性

某一特定基因的表达严格按特定时间顺序发生，因此基因表达具有时间特异性。例如，病毒或细菌在侵入宿主后呈现不同的感染阶段。伴随感染阶段发展，这些病原体和宿主的基因表达都会发生改变，某些基因开启，某些基因关闭。多细胞生物基因的表达也具有阶段特异性，受精卵含有发育成一个成熟个体的全部基因，在个体发育的各阶段，各基因极为有序地表达，在胚胎期基因开放的数量最多，随着分化发展，细胞中某些基因关闭，某些基因开放。胚胎发育不同阶段，细胞中开放的基因及其开放程度不同，合成蛋白质的种类和数量都不相同。

在个体生长过程中，某种基因产物在个体中按不同组织空间顺序出现，称为基因表达的空间特异性。例如，肝细胞中编码鸟氨酸循环酶类的基因表达水平高于其他组织细胞，精氨酸酶只在肝脏中合成。细胞特定的基因表达状态，决定了这个组织细胞特有的形态和功能，因此空间特异性又被称为组织特异性。

（二）基因表达的方式

有些基因产物在某个生物体中的所有细胞中会基本保持恒量的持续表达，对于维持细胞的基本功能具有重要作用。例如，在细胞代谢途径中的编码关键酶类的基因，这些基因被称为持家基因（housekeeping genes）。持家基因的表达量基本保持恒定，称之为组成性基因表达（constitutive gene expression）。对于其他大部分基因来说，它们在细胞中的表达量将会随细胞信号的变化而增加或减少，称之为适应性表达（adaptive gene expression）。若某个基因产物的表达量在受到细胞信号刺激之后上升，这个过程称为诱导（induction）。例如，大多数产生 DNA 修复酶的基因将会对 DNA 损伤信号产生反应，表达量升高。相反的，当基因产物的表达量在受到细胞信号刺激之后降低，则称之为阻遏（repression）。例如，在细菌中如果色氨酸的含量过高，则会反馈抑制催化色氨酸合成的酶类表达量。

三、调控蛋白的结构特点

转录是控制细胞基因表达水平的关键步骤。转录调控的分子基础是 DNA-蛋白质/蛋白质-蛋白质之间的相互作用。

（一）调控蛋白具有 DNA 结合结构域

调控蛋白一般会结合到特定的 DNA 序列上。它们和这些特定序列的亲和力要比和其他序列的亲和力高 $10^4 \sim 10^6$ 倍。大多数的调控蛋白具有不连续的 DNA 结合结构域，这些结构域的构象可以和特定的 DNA 序列紧密特异结合。这些结合结构域一般会包括一个或几个有特征的基序(motif)。

调控蛋白必须通过识别DNA分子表面的特征来特异性地结合到DNA序列上。由于DNA 4个碱基的化学特性及氢键的组成不同,调控蛋白可以识别暴露在DNA大沟(major groove)处的基团和氢键。虽然DNA和蛋白质的相互作用也可能发生在小沟(minor groove),但是通常来说,小沟处的氢键作用方式并不容易区分碱基。

在调控蛋白中容易与碱基形成氢键的氨基酸是天冬酰胺、谷氨酰胺、谷氨酸、赖氨酸和精氨酸。那么是否存在着一种简单的识别,即某个氨基酸总是能与某个特定碱基形成氢键呢?实际上确实是存在着一定特异性的,如天冬酰胺或者谷氨酰胺只能与腺嘌呤的N-6和N-7形成两个氢键,和其他碱基都不能形成。而精氨酸可以和鸟嘌呤的N-7和O-6形成氢键(图12-1)。但是通过对大量的蛋白质和DNA相互作用进行结构分析,发现蛋白质可以通过不同的方式来识别碱基,因此简单的氨基酸-碱基识别密码是并不存在的,实际情况要复杂得多。因此,目前为止并不能通过分析一个DNA结合蛋白的结构来断定它识别的DNA序列。

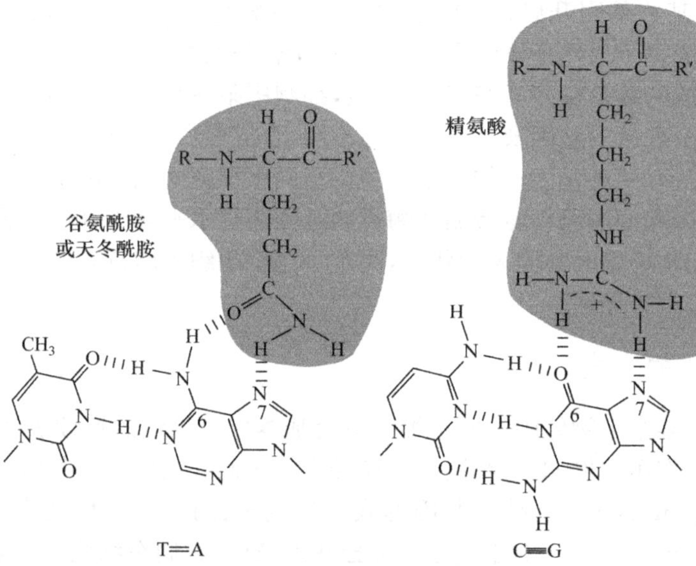

图 12-1　氨基酸和碱基之间的作用

为了同DNA相互作用,调控蛋白需要在其结构表面有一个稳定的突出状结构来与DNA的大沟结合。调控蛋白的结合结构域通常是比较小的,为60～90个氨基酸残基,而在结构域中真正与DNA作用的部分则更小。很多相对分子质量小的蛋白质不够稳定,因为它们不能形成多层的结构来隐藏内部的疏水基团。DNA结合结构域要形成一种紧密的稳定结构,并且允许有一部分结构是突出其整体表面的。与调控蛋白相结合的DNA位点一般是反向重复序列(回文结构),其可以与多个单位的调控蛋白相结合(通常是两个),如乳糖抑制子通常是以四聚体的形式发挥作用。一个大肠杆菌的细胞通常含有大约20个乳糖抑制子的四聚体。每个四聚体会结合到一个乳糖操纵子中17～22碱基对的序列上。

在这里介绍两种主要的调控蛋白结构:螺旋-转角-螺旋(helix-turn-helix)和锌指结构(zinc finger)。另外还有一种真核细胞中的DNA结合结构域——同源异形域(hemeodomain)。

螺旋-转角-螺旋:这种DNA结合基序是细菌细胞调控蛋白中最重要的,在真核细胞中也有类似的结构。该结构包括20多个氨基酸残基,由一个β转角来连接两个α螺旋(图12-2A)。

这种结构单独存在其实是并不稳定的，它通常是 DNA 结合结构域的活性部分。其中一个 α 螺旋又被称为识别螺旋，因为它含有一些特定的氨基酸能够特异性地和 DNA 序列相作用。该 α 螺旋是突出于整个蛋白结构的表面的。当与 DNA 结合时，识别螺旋进入或者基本进入 DNA 的大沟中。乳糖负调控蛋白就含有这种螺旋-转角-螺旋结构。

图 12-2 三种 DNA 结合结构域

A. 螺旋-转角-螺旋与 DNA 相互作用；B. 三个锌指结构与 DNA 相互作用；C. 同源异形域与 DNA 相互作用

锌指结构：在锌指结构中，大约 30 个氨基酸残基形成一个延长的环状结构，而在其基部由一个锌离子将环聚合在一起。通常锌离子与 4 个氨基酸相作用(4 个半胱氨酸，或者两个半胱氨酸和两个组氨酸)。锌离子并不与 DNA 发生作用，它的作用是维持该结构的稳定。图 12-2B 显示的是 DNA 和来自于一个多肽(小鼠调控蛋白 Zif268)的三个锌指结构相互作用。大多数真核细胞的 DNA 结合蛋白含有锌指结构。单独的一个锌指结构和 DNA 的作用是比较弱的，而这种作用可以由同一蛋白质中多个锌指结构共同与 DNA 结合而增强。有的蛋白质中锌指结构的数量甚至高达 37 个。在原核细胞中含有锌指结构的蛋白质非常少。有的锌指结构还可以与 RNA 相结合。

同源异形域：这是在转录调控因子中发现的一类 DNA 结合结构域，尤其是在真核生物的发育过程中常见的结构域。同源异形域包含大约 60 个氨基酸残基。同源异形域最初是在控制体节发育的同源异形基因(homeotic genes)中发现的，并因此而命名。该结构域的 DNA 结合部分和螺旋-转角-螺旋结构是非常类似的(图 12-2C)。编码该结构域的 DNA 序列被称为同源异形盒(homeobox)。

(二) 调控蛋白含有蛋白质-蛋白质相互作用结构域

调控蛋白不只含有 DNA 结合结构域，它们还含有蛋白质与蛋白质相互作用结构域，该结构域与 RNA 聚合酶，其他调控蛋白或者同一调控蛋白的其他亚基相结合。例如，真核转录因子行使基因激活功能时经常以二聚体的形式，通过锌指结构结合到 DNA 上。这些转录因子中的某些结构域的功能就是促进二聚体化。像 DNA 结合结构域一样，蛋白质-蛋白质相互作用结构域也倾向于形成某些特定的结构。其中最重要的两个结构就是亮氨酸拉链(leucine zipper)和螺旋-突环-螺旋(helix-loop-helix)。类似的结构基序是区分调控蛋白家族的重要标准。

亮氨酸拉链：亮氨酸拉链的特点是两亲性的 α 螺旋，一端是一系列的疏水性残基，另一端是由二聚体的两条肽链形成的亲水性的表面(图 12-3A)。该螺旋的一个显著特征是每隔 7 个氨基酸就会有一个亮氨酸残基，在其疏水表面排列成直线。最初这些亮氨酸残基被认为是互相交叉的(这是其得名“拉链”的原因)，但是现在研究表明它们只是排列在相互作用的两个 α 螺旋表面(图 12-3B)。含有亮氨酸拉链结构的调控蛋白通常含有一个富含赖氨酸或者精氨酸残基的 DNA 结合结构域，从而和带有负电荷的 DNA 骨架相互作用。亮氨酸拉链结构在真核细胞中广泛存在，在原核细胞中也有少量发现。

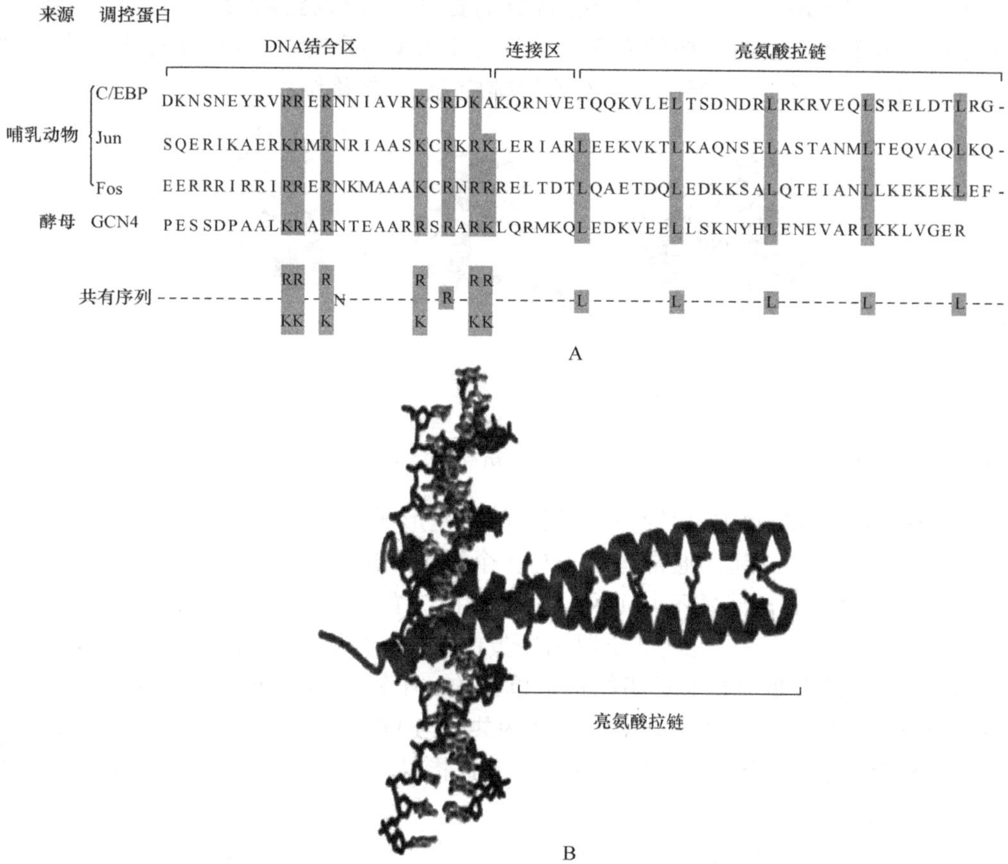

图 12-3 亮氨酸拉链结构

A. 不同的亮氨酸拉链蛋白的氨基酸结构比对；B. 来自酵母激活蛋白 GCN4 的亮氨酸拉链结构图

螺旋-突环-螺旋：这是真核调控蛋白中另一种常见的结构。这些蛋白质含有一个保守的大约 50 个氨基酸残基的结构域，在 DNA 结合和二聚体化中都起到重要的作用。这个结构域含有两个很短的两亲性的 α 螺旋，由一个长度不固定的突环来连接。该结构和螺旋-转角-螺旋是有较大的差异的。两条肽链的螺旋-突环-螺旋结构可以形成二聚体，并且结合到 DNA 上。在这些蛋白质中，DNA 的结合能力是由一些富含碱性氨基酸的短序列来完成的，和亮氨酸拉链结构中的 DNA 结合结构域有一定的相似性。

第二节 原核基因的表达调控

原核生物是单细胞生物，与外界环境密切相关。它们必须不断地调整各种不同基因的表达以适应营养条件和应付各种不利的物理化学因素。其基因表达的调控主要发生在转录水平上，在其他水平上也常出现各种不同的调控方式。

一、原核生物转录水平的调控

原核生物转录水平的调控主要发生在起始和终止阶段。启动子区域是转录起始的主要控制部位。通常转录调节因子的结合位点就在启动子的内部或附近。当调节因子与 DNA 结合后对转录或起促进作用(正调控),或起抑制作用(负调控)。

大肠杆菌细胞中许多与代谢有关的酶的合成诱导与阻遏现象是原核生物转录水平调控的主要模式,即操纵子结构模型。操纵子(operon)是几个功能相关的结构基因成簇排列而组成的一个基因表达的协同单位。现以乳糖操纵子和色氨酸操纵子为例加以说明。

(一) 乳糖操纵子

调节乳糖分解代谢的操纵子称为乳糖操纵子。大肠杆菌乳糖操纵子由 4 部分组成。①结构基因,乳糖操纵子包含三个结构基因:合成 β-半乳糖苷酶的 *lacZ*、合成通透酶的 *lacY*、合成 β-半乳糖苷乙酰基转移酶的 *lacA*。这三种与乳糖分解代谢有关的酶的基因在乳糖操纵子中成簇排列,以利于上游调控元件的调控。②操纵区 O,位于结构基因的附近,本身不能转录,其功能是与阻遏蛋白结合,控制结构基因的转录。③启动区 P,位于操纵区的附近,本身不能转录,可与 RNA 聚合酶结合,启动下游结构基因的转录。④调节基因 *I*:其位置不定,可位于前三个区域上游附近或远离。能转录出 mRNA,并合成阻遏蛋白,调节操纵区的活动。乳糖操纵子的结构见图 12-4A,其调控机制简述如下。

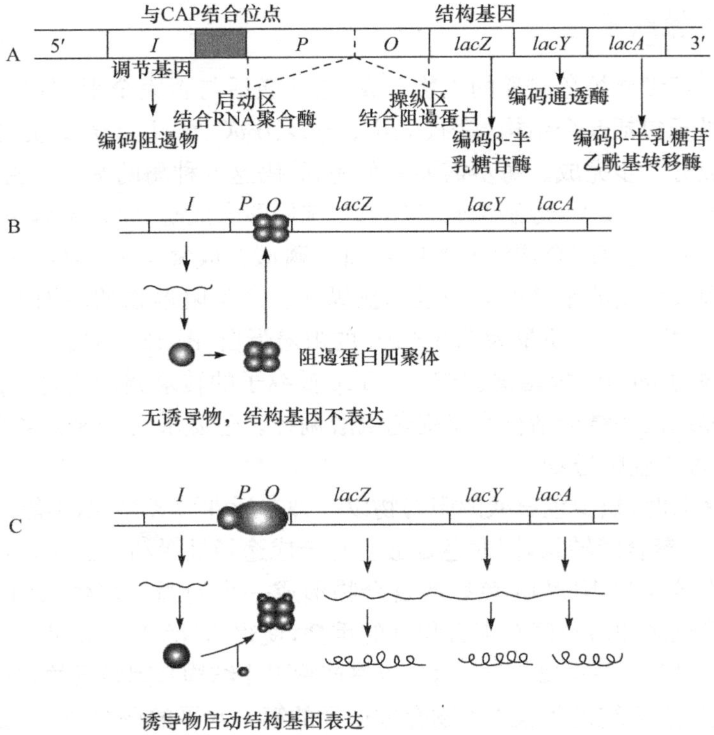

图 12-4　大肠杆菌乳糖操纵子的结构和调节机制

A. 乳糖操纵子的结构示意图;B. 阻遏蛋白对乳糖操纵子的抑制作用;C. 诱导物对乳糖操纵子的激活作用

1. 阻遏物的负调控作用　当细胞内无诱导物(乳糖或类似物)存在时,阻遏蛋白识别并结合于操纵区 DNA 序列上,因操纵区与启动区有一定程度的重叠,所以妨碍了 RNA 聚合酶在 −10 序列上形成开放型启动子复合物。*lacZ*、*lacY*、*lacA* 结构基因的转录被抑制(图 12-4B)。

在乳糖的存在情况下,能以极高的浓度与阻遏蛋白迅速结合,从而改变阻遏蛋白的构象,使之从操纵区解离,失去阻遏作用,这样 RNA 聚合酶就能与启动区牢固结合并形成开放型启动子复合物，从而开始转录 *lacZ*、*lacY*、*lacA* 结构基因 mRNA，翻译酶蛋白（图 12-4C）。

细胞质中有了 β-半乳糖苷酶后，便催化分解乳糖为半乳糖和葡萄糖。乳糖被分解后，又造成了阻遏蛋白与操纵基因结合，使结构基因关闭。

2. CAP 的正调控作用 CAP 即分解物基因激活蛋白（catobolite gene activation protein）是 cAMP 受体蛋白（cAMP receptor protien，CRP），它是一个同二聚体蛋白质，每一亚基含一个 DNA 结合区和一个转录活化区。CAP 单独存在时无活性，但它能被 cAMP 激活，起转录起始因子的作用。cAMP 和 CAP 都是 lac 操纵子转录所必需的，二者结合形成的复合物，结合于启动区上游的 CAP 结合位点，提高 RNA 聚合酶与启动子的亲和力，从而激活转录。cAMP-CAP 复合物的形成取决于细胞内 cAMP 的浓度，当有葡萄糖存在时，由于其抑制腺苷酸环化酶的活性，ATP 不能转化为 cAMP，细胞内 cAMP 浓度降低，不能形成 CAP-cAMP 复合物，因而乳糖结构基因不被转录。

3. 乳糖操纵子的协同调节 在乳糖操纵子中，阻遏蛋白的负调控作用和 CAP 的正调控作用是协同调节。当阻遏蛋白封闭转录时，CAP 不发挥作用；如果没有 CAP 加强转录，即使阻遏蛋白从 O 上解离，操纵子仍无转录活性。葡萄糖可降低 cAMP 浓度，阻碍其与 CAP 结合从而抑制转录，因此葡萄糖/乳糖共同存在时，细菌优先利用葡萄糖。

（二）色氨酸操纵子

色氨酸操纵子负责调控色氨酸的生物合成，它的激活与否完全根据培养基中有无色氨酸而定。色氨酸操纵子包括 5 个结构基因（*trpE*、*trpD*、*trpC*、*trpB*、*trpA*）负责色氨酸的生物合成。色氨酸的合成分 5 步完成。每步需要一种酶，编码这 5 种酶的基因紧密连锁在一起，被转录在一条多顺反子 mRNA 上，分别编码了邻氨基苯甲酸合成酶、邻氨基苯甲酸焦磷酸转移酶、邻氨基苯甲酸异构酶、色氨酸合成酶和吲哚甘油-3-磷酸合成酶，*trpE* 是第一个被翻译的基因，与其紧邻的是有很大程度的重叠的启动区和操纵区。产生阻遏物的基因 *trpR* 距 *trp* 基因簇较远，编码合成一个相对分子质量为 5.8×10^4 的阻遏蛋白（图 12-5A）。

1. 色氨酸操纵子的负调控阻遏调节 Trp 操纵子的转录调控通过 *trpR* 编码的阻遏物实现。阻遏物与操纵区的结合活性直接受色氨酸调控。色氨酸可与阻遏物结合，并起效应分子的作用，因而也称为辅阻遏物。

当色氨酸水平低时，缺少色氨酸的阻遏物以一种非活性形式存在，不能结合操纵区 DNA。Trp 操纵子被 RNA 聚合酶转录，同时色氨酸生物合成途径被激活（图 12-5B）。

当色氨酸水平较高时，阻遏物-色氨酸复合物形成一个同源二聚体，并且紧密结合于 Trp 操纵区 DNA，因操纵区和启动区有很大程度的重叠，使得 RNA 聚合酶不能与启动子结合，因而结构基因的转录被阻止（图 12-5C）。这种以终产物阻止结构基因转录的方式称为反馈阻遏。

Trp 操纵子的阻遏系统是色氨酸生物合成途径的第一水平的调控，它主要调节转录的启动与否。弱化系统是 Trp 操纵子的第二水平的调控，它决定已经启动的转录能否继续进行下去。

2. 色氨酸操纵子的衰减作用 Trp 操纵子的衰减作用是将翻译与转录联系在一起的新的转录调控形式。分析 Trp 操纵子的前导序列发现，它包括起始密码子 AUG 和终止密码子 UGA；如果翻译起始于 AUG，该产生一个含有 14 个氨基酸的多肽。这个假设的多肽（还未实际观察到）被称为前导肽。前导肽序列有下述几个特点：①以 1、2、3、4 表示的区段能以两种不同的方式进行碱基配对，即 1-2 和 3-4 配对，或只以 2-3 方式互补配对。②3-4 配对区段富含 GC，尾部 8U 区段极易形成不依赖于 ρ 因子的终止信号。③前导序列具有一个非常有意义的

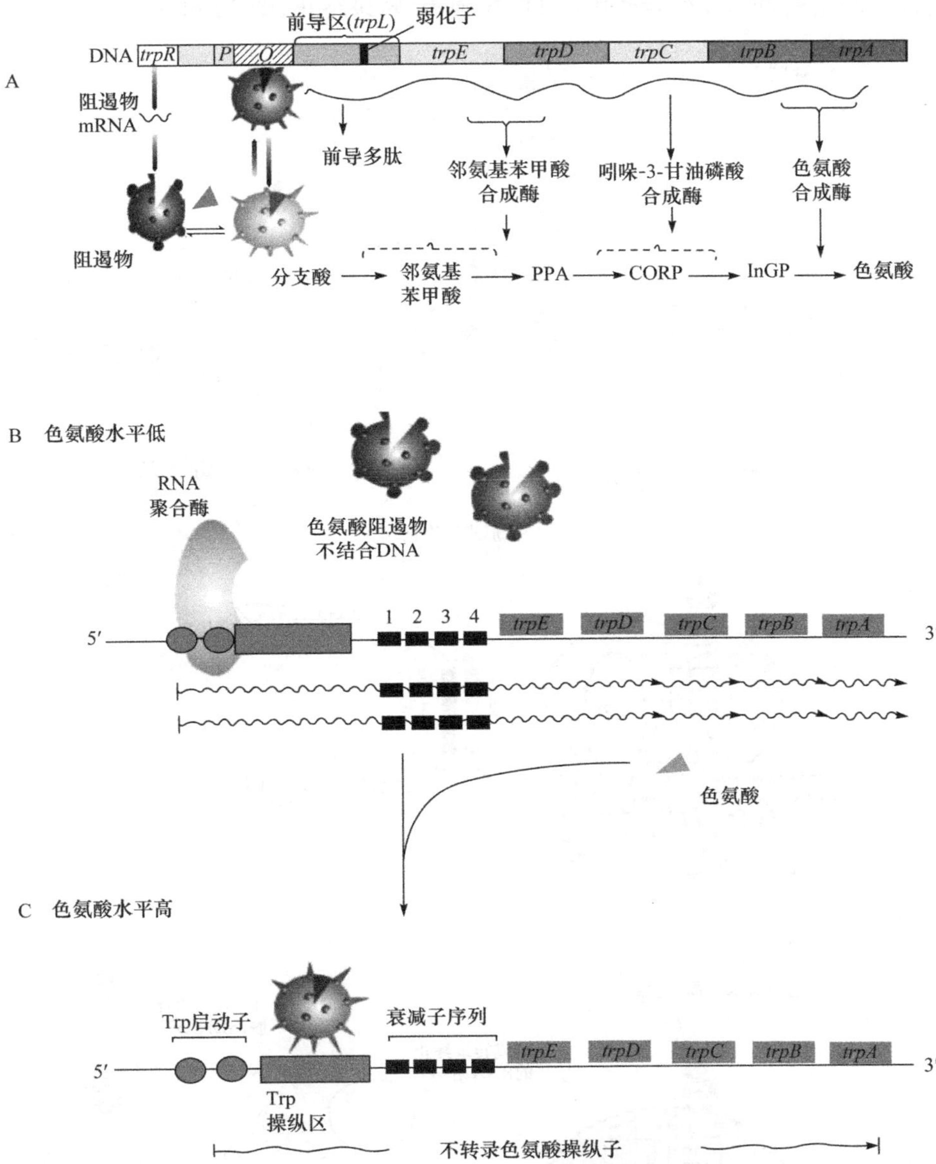

图 12-5　大肠杆菌色氨酸操纵子的结构和负调控阻遏调节

A. 色氨酸操纵子的结构示意图；B,C. 色氨酸操纵子的负调控过程；PPA，5′-磷酸核糖焦磷酸邻氨基苯甲酸[N-(5′-phosphoribosyl) anthranilate]；CORP，烯醇-1-O-羧基-苯胺基-1-脱氧磷酸核酮糖(enol-1-O-carboxy-phenylamino-1-deoxyribulose phosphate)；InGP，吲哚-3-甘油磷酸(indole-3-glycerol phosphate)

特点，在其第十和第十一位上有相邻的两个色氨酸密码子(图 12-6A)。细胞内 Trp-tRNA^{Trp}浓度是决定核糖体是否停留在 mRNA 中的前导序列内的两个连续的色氨酸密码子处的关键因素。

当 Trp 浓度低时，Trp-tRNA^{Trp}少，核糖体停留在 RNA 中两个连续的色氨酸密码子处。这一瞬间的停留使得一种替换的发卡结构在新的 RNA 中(2 和 3 之间)形成，这种结构破坏了转录终止信号，使 RNA 聚合酶能够继续沿着 DNA 模板滑动完成转录(图 12-6B)。

当色氨酸水平高有足够的 Trp-tRNA^{Trp}可利用时，核糖体可顺利通过两个相邻的色氨酸密码子，在 4 被转录之前，核糖体就到达 2 区，使 2 和 3 不能配对，在 3 和 4 之间形成起转录终止作用的发卡环结构，RNA 聚合酶脱离 DNA 模板，转录终止(图 12-6C)。

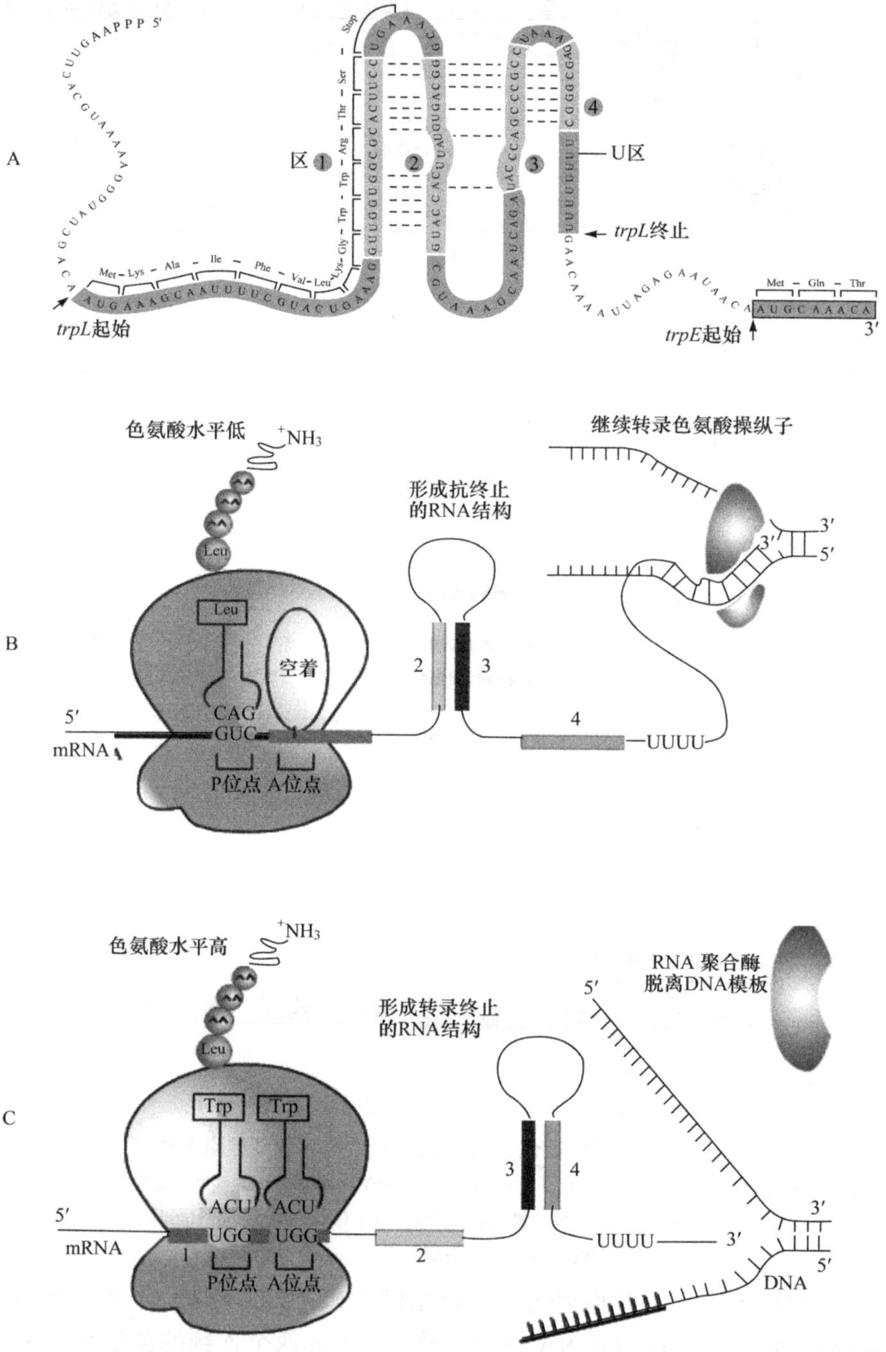

图 12-6 大肠杆菌色氨酸操纵子前导肽的序列特点(A)和色氨酸操纵子的转录衰减作用机制(B,C)

在许多负责氨基酸合成的操纵子中存在类似于色氨酸操纵子的弱化子或衰减子(attenuator)的特殊序列，它们既是终止信号，又作为调节信号。这是因为原核生物没有核膜，转录和翻译过程以相偶联的独特调控方式进行。衰减子调控的实质是以翻译手段调控基因的转录，也就是通过某种机制影响核糖体与 RNA 聚合酶在 mRNA 上的相对位置从而控制终止子的二级结构是否形成或控制形成的二级结构所持续的时间。

此外，原核生物在生长发育的各个阶段，基因表达按照一定的时间顺序而展现。这种时序调控，大多通过一种或几种与 RNA 聚合酶相互作用而实现，如枯草杆菌及其噬菌体中 σ 亚基的更迭、大肠杆菌热激蛋白基因的表达、λ 噬菌体的抗终止作用，以及 λ 噬菌体启动子 P_E 和 P_I 的识别。有时，整个 RNA 聚合酶被更换，如 T_7 噬菌体的Ⅱ组和Ⅲ组基因的表达。

二、原核生物其他水平的调控

在原核生物中，翻译水平的调控也是十分重要的调控。其主要调控机制有以下几点。

（一）反义 RNA 的调节

反义 RNA 是一段能够与靶标 mRNA 的部分序列进行序列互补的 RNA。反义 RNA 的作用机制和 RNA 干扰是不同的。反义 RNA 通过与 mRNA 的 SD 序列及起始密码子等部分互补，形成阻挠翻译进行的二级结构，从而封闭了 mRNA 的活性，因此反义 RNA 的作用在很大程度上要依赖于反义 RNA 的数量。无论是在原核还是真核细胞中，看来似乎足量反义 RNA 的合成是足可以使其靶 RNA 失活的。将编码反义 RNA 的人工基因导入 *E. coli*，它们可以阻止特殊的靶基因的表达。在 λ 噬菌体的生活周期中也存在着这种反义调控。

反义基因已被导入到真核细胞中。方法是将靶基因反向插入重组载体的启动子后面，再导入细胞，这便称为反义技术。当将胸苷激酶（tK）的反义基因导入细胞，它将抑制细胞本身的 tK 基因的合成。由于其作用和反义 RNA 的数量有关，因此常常并不能起到完全抑制的作用。但可以看出过量的反义 RNA 应能有效阻止靶序列的翻译。实际上反义 RNA 不需和 mRNA 等长，只要和靶 mRNA 的一小部分结合即可达到调节效果。一般只要<100 个碱基长的靶 RNA 5′区域的反义 RNA 就可以有效地抑制靶基因翻译。

反义技术抑制表达是在什么水平呢？原则上说它可能阻止一些基因的转录、RNA 的加工或者 mRNA 的翻译。抑制作用往往依赖于 RNA-RNA 双链分子的形成。但抑制作用既能发生在细胞核中，也能发生在细胞质中。在培养细胞中 mRNA-反义 RNA 双链可以在细胞核中形成，阻止正常的加工或者 RNA 的转录。另一种情况是将反义 RNA 注入细胞质中，通过和 mRNA 5′端区域形成双链来抑制翻译。此技术常常是任意关闭某些基因的有效方法，如导入反义 RNA 来研究基因的调控。这种技术的一种延伸就是把反义基因置于启动子的控制之下，研究其本身的调节。靶基因转录可能被关闭，也可能不受反义 RNA 产物的调节。反义技术在应用上有着广阔的前景。现已应用于抗肿瘤、抗病毒的治疗研究，对某些遗传病甚至寄生虫病的治疗（如锥虫病）也可能发挥作用。农业上除了培养抗病毒植株外，现已应用于果蔬运输的保鲜及珍奇花卉的培育。

（二）RNA 二级结构的调节

与反义 RNA 的作用相似，mRNA 分子本身也可以形成二级结构从而影响翻译的进行。原核生物，如 M 噬菌体 RNA 外壳蛋白编码区，经计算有 66.4%的核苷酸以双链结构的形式存在。M 噬菌体 RNA 能翻译 4 种蛋白质，但效率各不相同。在通常条件下翻译外壳蛋白（其编码区在成熟蛋白质的下游）的效率高于成熟蛋白质的效率。但用甲醛处理 M 噬菌体 RNA 破坏二级结构后，则翻译成熟蛋白质的效率提高。这是因为在该 mRNA 的二级结构中，外壳蛋白的起始密码子 AUG（1335～1337bp）通常处于环（loop）的顶端，暴露在外面，所以易于与翻译的启动因子结合而进行翻译。成熟蛋白质的编码区尽管处在外壳蛋白的前面，但其起始密码子 GUG(130～132bp)却埋在二级结构之中，故翻译效率低，只有将二级结构松开(如甲醛处理)之后才能被翻译。可见 mRNA 分子的二级结构对翻译蛋白质的效率有很大影响。

（三）mRNA 的降解

mRNA 的寿命也显著影响蛋白质的合成，原核生物中 mRNA 的降解往往是比较快速的。在 *E. coli* 中尚未发现 5′→3′外切活性的核糖核酸酸酶，降解 mRNA 的酶有两种：RNase Ⅱ 和多核苷酸磷酸化酶，这两种酶都是 3′→5′的外切酶，但 mRNA 的二级结构可以阻遏这些酶的作用。

在 *E. coli* 和沙门氏菌中，发现一种高度保守的反向重复序列(IR)，对 mRNA 的稳定性起着重要的作用。在 *E. coli* 中这种 IR 估计含有 500～1000 拷贝。它们有的位于 3′端非编码区，有的在基因间的间隔区。IR 的存在提供了形成茎环结构的可能性，从而增加 mRNA 上游部分的半衰期，对下游部分影响不大。这是由于 IR 的存在可以防止 3′→5′外切酶的降解作用。因此在多顺反子的操纵子中，基因间的 IR 可以特异地使某些基因上游 mRNA 得到保护。例如，在 *E. coli* 的麦芽糖操纵子中，*malE* 和 *malF* 基因之间存在两个 IR。*malE* 和 *malF* 虽然同在一个操纵子中，而且紧密连锁，但 *malE* 产物(周质结合蛋白)的含量要比 *malE* 产物(一种 40kDa 的内膜蛋白)的含量高 20～40 倍。这可能由于 *malG* 和 *malF* 的 mRNA 区域不如 *malE* 的区域稳定，在 *malE* 3′端有两个 IR 存在，可以形成茎环保护其不被外切酶所降解。若 IR 区缺失，那么 *malE* 产物的量就会减少到原来的 1/9。

（四）核糖体的调控作用

除了 RNA 二级结构可以控制 mRNA 的可翻译性之外，某些基因的产物能够与其 mRNA 结合，从而控制这种蛋白质的继续合成，如核糖体蛋白质的自体调控，每个 γ-蛋白操纵子中的一种蛋白质起翻译阻抑物的作用。只有当 γ-蛋白的存在量超过 rRNA 时，该阻抑物与 mRNA 结合，从而阻断翻译。在翻译过程中，当无氨基酸负载的 tRNA 进入 A 位点后出现的空转反应促进了严紧因子的表达，从而产生魔斑(ppGpp 和 pppGpp)。ppGpp 含量的急剧上升会引起 rRNA 合成锐减，其作用机制可能是 ppGpp 可以结合到 RNA 聚合酶上从而抑制转录。

这种特殊的鸟苷 ppGpp 和 cAMP 类似，在细胞中都是可以作为第二信使的。在大肠杆菌中，这两种核苷酸可以介导饥饿信号，它们可以通过调节上百个基因的转录和翻译来调节细胞的代谢活动。

（五）基因重排

有的原核生物可以 DNA 重排的方式控制基因转录，如鼠伤寒沙门氏菌的鞭毛蛋白质基因的相变过程。该细菌靠鞭毛的旋转来进行运动，其鞭毛蛋白质是哺乳动物免疫系统的识别靶标。鼠伤寒沙门氏菌可以通过鞭毛蛋白质转换过程来逃避免疫系统的识别：每过大约 1000 代，该菌产生的鞭毛蛋白质就会在两种结构明显不同的蛋白质(FljB 和 FljC)间切换。这种切换是通过一个 DNA 片段的周期性的重排颠倒过程来完成的，该 DNA 片段含有其中一个鞭毛蛋白质的启动子。当 DNA 片段处于正向时，FljB 蛋白将会得到表达，同时另外一个蛋白质 FljA 也会表达，而 FljA 可以结合到 FljC 的启动子上从而抑制其表达；当 DNA 片段处于反向时，由于启动子的序列变得远离 FljB 和 FljA，这两个蛋白质不能得到表达，同时 FljC 基因由于不再被 FljA 所抑制，得以大量表达。这样通过基因重排导致的 DNA 片段方向的变化，来控制鞭毛蛋白质在 FljB 和 FljC 之间切换。

这种基因表达调控的方式具有完全控制的特点：当启动子远离基因时，是不可能有转录和表达产物产生的。这样一个完全的开关可以保证不会有错误的鞭毛蛋白质被表达，因为一个错误的蛋白质分子可能成为免疫系统的识别目标。鼠伤寒沙门氏菌的这种调控机制并非独一无二，在许多其他的细菌及噬菌体中也存在着这种基因重排机制来控制基因的表达。这种基因重排机制在微生物病原中尤其普遍，因为这样可以改变其表面蛋白质来逃脱宿主免疫系统的识别。

原核生物通过上述不同机制经济、有效地控制基因的表达，从而使细胞对环境条件的变化发生非常敏感的应答。

第三节　真核基因的表达调控

真核生物绝大多数都是多细胞的复杂有机体，细胞具有细胞核结构。基因组大，基因数目多，且大部分是含有内含子的断裂基因。除了基因序列之外，基因组中还有大量非编码序列。DNA 与组蛋白和非组蛋白结合形成核小体进而包装成染色质结构。这些结构特点决定了真核生物比原核生物基因表达调控的范围更广，形式更多，呈现出不同层次的多级调控特点（图 12-7）。尤其是真核生物有精细的有条不紊的个体发育过程，因而基因表达是严格按照既定程序进行的。然而无论任何过程，其第一步的调控都是最为经济有效的，因此与原核生物一样，真核生物转录水平的调控也是最主要的调控。

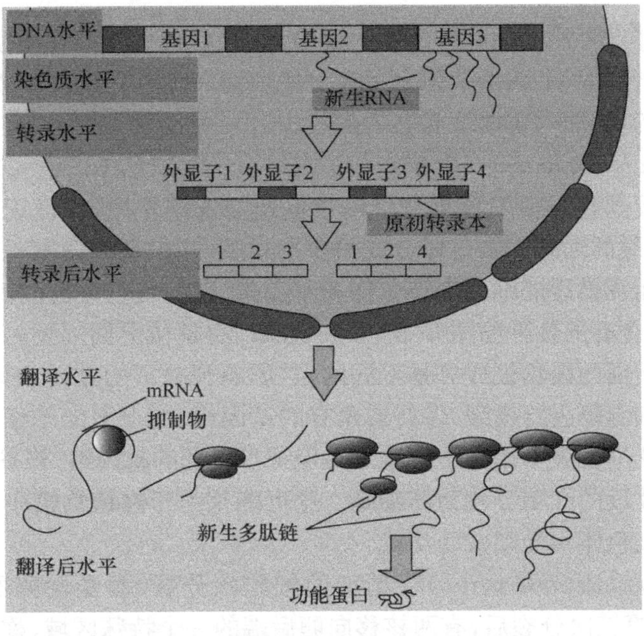

图 12-7　真核生物基因表达的多级调控

由于细胞结构上的差异和多细胞、单细胞个体的不同，真核生物的基因表达调节同原核生物相比，既有相似之处，又有明显差异。主要特点为：①原核生物功能相关的基因常组织在一起构成操纵子，作为基因表达和调节的单元；真核生物基因不组成操纵子，每个基因都有其自身的基本启动子和调节元件，单独进行转录，但在相关基因之间也存在着协同调节，拥有共同顺式作用元件和反式作用因子的基因组成基因群（gene battery）。②原核生物的调节元件种类较少，主要包括上游的启动区域调控元件和激活蛋白（activator），以及阻遏蛋白（repressor）的结合位点；而真核生物的调节元件种类很多，主要有上游调节元件，如组成型元件、可诱导元件、应答元件、增强子和沉默子等。它们由许多短的共有序列组成，能独立活化基因。在基因组中的许多中等重复序列也可作为调节元件。③无论是原核还是真核生物，其转录都受反式作用因子（转录激活因子或抑制因子）的调节。这类调节可在两个水平上进行，一是通过调节反式作用因子而进行的生物合成（即对其种类和数量的调节），其过程缓慢而持续，主要涉及细胞的分化等；二是通过对反式作用因子进行构象转变或共价修饰（即对其活性的调节）。生物细胞对其内外环境条件改变作出迅速反应的分子水平调节主要涉及基因活性调节。原核生物通常以负调节为主，其调节因子的活性主要受变构效应调节；真核生物以正调节为主，调节因子主要以共价修饰为主，如磷酸化与去磷酸化的调节。④真核生物具有染色质结构，基因活化首先需要改变染色质的状态，使转录因子能够接触并作用于启动子，此过程称为染色质重塑（chromatin remodeling）。

下面简要叙述真核生物各个水平上基因表达调控特点。

一、DNA 水平的调控

真核生物在 DNA 水平上实行的调控主要通过基因丢失、基因扩增或基因重排来实现。DNA 水平的调控属于短期调节。

（一）基因丢失

有的生物在个体发育的早期在体细胞中要丢失部分染色体，而在生殖细胞中保持全部的基因组，被丢失的染色体其上的遗传信息可能对体细胞来说没有什么意义，而对生殖细胞的发育也许是不可缺少的，下面列举两个有名的例子。

马蛔虫（*Parascaris equoorum*）受精卵细胞内只有一对染色体（$2n=2$）（另一亚种 $2n=4$），但染色体上有多个着丝粒。在发育早期仅一个着丝粒发挥作用，保证正常有丝分裂的进行。发育后一阶段，在纵裂的细胞中染色体分成很多小片段，其中部分含着丝点，不含着丝点的片段在分裂中丢失。而在横裂的细胞中染色体并不丢失。第一次卵裂是横裂，产生上下两个子细胞，由于受精卵中含有的各种物质并不是匀一分布，而是从上到下呈一种梯度分布，也就是说上面的动物极和下面的植物极成分是不同的，它影响到分裂的方向和染色体的丢失。第二次卵裂时下面的子细胞仍进行横裂，保持着原有的基因组，而上面的子细胞却进行纵裂，丢失了部分染色体。长此下去最下面的子细胞总是保持了全套的基因组，将发育成生殖细胞，其余丢失了部分染色体片段的细胞分化为体细胞。这可能是由于在植物极中有特殊物质的存在，这种物质具有保护染色体不受削减的功能。

小表瘿蚊（*Mayetiole destructor*）受精卵的细胞核分裂，而受精卵不分裂，形成合胞体（syncytium）。当核第三次分裂后，有两核移向卵后端的一个特殊区域，称为极细胞质（或称极质），在极细胞质中的核保持了全套的染色体（$2n=40$），将来分化为生殖细胞。而在一般的细胞质中，染色丢失了 32 条，只保留 8 条，将来分化为体细胞。若在细胞核移向极质前，用细尼龙丝在极质处进行结扎，不让核移入极质或者用紫外线照射极质，结果所有的核中都只保留了 8 条染色体。极细胞质中有很多核糖体样的颗粒，可以保护染色体不被削减，紫外线照射后破坏了其功能，染色体照样也会丢失，最终不能发育为生殖细胞。

（二）基因扩增

染色体的扩增其本质是指细胞内特定基因拷贝数专一性大量增加的现象，称为基因的扩增(amplification)。最为人们熟知的例子是两栖类和昆虫卵母细胞 rRNA 基因的扩增。非洲爪蟾的每条染色体上有约 450 拷贝编码 18S rRNA 和 28S rRNA 的 DNA，它们成簇存在，重复串联在一起，形成核仁组织区。可是在卵母细胞中它们的拷贝数扩大了 1000 倍以上。卵母细胞十分特殊，它为胚胎的发育提供营养物质，直到发育成蝌蚪阶段。它的细胞质中也存在着翻译装置。此是实行分化时必需的。

在卵子发生时，当内含物不断增加时，其体积也大大增加，形成了毗邻在一起的滋养细胞。令人惊奇的是，受精时非洲爪蟾卵中有很多核糖体，一个不带有 18S 和 28S RNA 的纯合体也可以发育到蝌蚪阶段，然后死亡。卵母细胞核为细胞的第一次减数分裂的前期提供必要的物质，但进一步的发育却被制止了。两栖类减数分裂的染色体是巨大的，在活性区域中有很多的侧环，形成灯刷染色体。在卵母细胞的核中有数以千计大小不等的核仁。每个核仁含有大小不同的环状 rDNA，它是染色体上 18S 和 28S rDNA 的串联重复单位经滚环复制从染色体上释放出来的。DNA 的这种扩增的过程尚不完全清楚。此 DNA 的环产生 rRNA，组装成核糖体，储备在核仁中到减数分裂时再释放出来。

另一种扩增的例子是在果蝇和其他双翅目昆虫的唾腺中。多线染色体(polytene chromosome)具有特异的膨松区，它产生过量的 DNA，而不是 mRNA。Rudkm 早在 1960 年就指出：果蝇唾腺的多线染色体其常染色质 DNA 可以特异扩增上千倍，而在异染区附近只可复制几次。

在昆虫中特殊蛋白质的编码序列存在着不同的扩增。在 Rhyncosciara 果蝇和其他昆虫的唾腺中产生 DNA 膨松(DNA puffs)。这种膨松表面上和双翅目中多线染色体存在的活性斑带相似，但膨松却含有局部的 DNA 扩增。此扩增的序列可能经过 4 次复制，使拷贝数增加 16 倍。在黑腹果蝇的发育中，其卵壳基因提供了一种不同的扩增机制，卵壳蛋白是由多倍体的卵泡细胞合成和分泌的。昆虫的卵壳基因成簇排列，在黑腹果蝇中已鉴别出两组。在卵泡中其中一组位于 X 染色体上的基因在表达之前，经 4 次重复，扩增了 16 倍；另一组基因在第Ⅲ染色体上，它们经 6 次重复，扩增了 64 倍。在这两组中，扩增区域延伸到卵壳基因另一侧约 45～50kb。扩增最多的区域是在卵壳基因周围约 20kb 的区域。当扩增延伸到另一侧时，扩增显示出一个下降的趋势。

（三）染色体的重排

在原核生物中沙门氏细菌的鞭毛蛋白质转变和 Mu 噬菌体 G 片段的倒位都属于基因组的重排。而在真核生物中染色体的重排更为复杂，涉及很多蛋白质因子的级联调控。最典型的例子是酵母的交配型转变及免疫球蛋白在成熟过程中的重排。

在很多真菌中其有性生殖的过程都需要不同交配型(mating-type)的菌株相互接合才能产生二倍体的合子，相同的交配型之间是不能接合的。细胞的交配型是由 MAT(mating)座的遗传信息决定的。在此座位上带有 *MATa* 等位基因的细胞称为 a 型细胞；同样带有 *MATα* 等位基因的细胞就称为 α 型细胞。只有 a 型和 α 型细胞之间才能交配，相同型细胞之间不能进行交配。

某些品系的酵母具有转换(switch)交配型的能力,即从 a 型变成为 α 型,或从 α 型转变为 a 型。这些品系带有显性等位基因 *HO*,并频繁地改变它们的交配型(常常每代改变一次),带有隐性等位基因 *ho* 的品系有一个稳定的交配型,其交配型改变的频率仅 $10^{-10}\sim6^{-6}$。转换的存在表明所有的细胞都含有 *MATa* 和 *MATα* 型的潜在信息,*MATα* 和 *MATa* 同在一条染色体上,*HML*(*MAT* 样基因)位于 MAT 的左边,*HMR* 位于 MAT 的右边。交配型转换是一个直接的事件。在转换中仅有一个受体(*MAT*),但有两个供体(*HML* 和 *HMR*),转换通常涉及 *MAT* 上的拷贝被 *HML* 或 *HMR* 上的拷贝所取代。80%~90%的转换,是 *MAT* 位点上的等位基因被另一个相对交配型等位基因所取代。通过细胞表型的决定显示了这些基因的作用。a 型细胞优先选择 *HML* 为供体;α 型细胞则优先选择 *HMR*。有 5%的基因被同类型新拷贝基因所取代;还有约 5%并不发生变化。

对血清免疫球蛋白 IgG 抗体的研究证明,Ig 分子基本结构是由 4 个肽链组成的,包括两条较小的轻链和两条较大的重链,轻链与重链之间是由二硫键连接形成 Ig 分子单体,分为氨基端(N 端),羧基端(C 端)。轻链(light chain,L 链)可分为 kappa(κ)与 lambda(λ)2 个亚型。重链(heavy chain,H 链)可分为 5 类,即 μ 链、γ 链、α 链、δ 链、ε 链。不同的 H 链与 L 链(κ 或 λ 亚型)组成完整的 Ig 分子,分别称为 IgM、IgG、IgA、IgD 和 IgE。可变区(variable region,V 区)在链的 N 端;恒定区(constant region,C 区)在链的 C 端。J(joining)区:连接 V 区和 C 区基因的 DNA 序列。D 基因其位置是在 V、J 基因之间。V 基因编码可变区,C 基因编码稳定区,它们都作为一种独立表达的单位。在任何动物中每家族的 V 基因和 C 基因都隔开一段距离。功能区:链内二硫键折叠成球形区称为功能区(domain)。L 链功能区:2 个(VL,CL 各一个)。H 链功能区:IgG、IgA、IgD 有 4 个(V 区 1 个,C 区 3 个),IgM、IgE 有 5 个(V 区 1 个,C 区 4 个)。

在小鼠胚系 DNA 中,有很多的基因片段编码 κ 轻链,其中含有三种片段(19~22):①$L\text{-}V_K$ 由前导序列和 V_K 组成。V_K 编码轻链可变区的大部分氨基酸。L 编码信号,此是 Ig 分泌所必需的,但并不参与抗体分子的功能。②C_K 片段。编码 κ 轻链的 C 功能区。③J_K 片段。连接片段在有功能的 κ 轻链基因的产物中用来连接 V_K 和 C_K。

在前 B 细胞(pre-B cell)中,$L\text{-}V_K$ 和 C_K 片段依次排列在染色体上。每个 $L\text{-}V_K$ 片段长约 400bp,它们串联排列在染色体上,长约 7kb。J_K 片段长约 30bp,串联排列占据约 20kb。分散在 J_K 和单个 C_K 中的内含子,每个长 2~4kb,当 B 细胞发育时,一个特殊的 $L\text{-}V_K$ 片段和其中一个 J_K 连接,再和 C_K 连接,例如,$L\text{-}V_{K2}$ 和 J_{K3} 组成一个基因,然后转录,切除内含子,成为成熟的mRNA,它由 $L\text{-}V_{K2}$、J_{K3}、C_K 组成,翻译后进行分泌,前导肽被切除,此时 B 细胞中产生了 Ig 的 κ 轻链。同样的机制也存在于小鼠 λ 轻链的基因中。

Ig 重链基因也是由 V_H、J_H 和 C_H 片段编码的。但比轻链还多了个 D(diversity)基因片段,它位于 V_H 和 J_H 片段之间。小鼠的胚系中 $L\text{-}V_H$ 串联排列,然后是一组 12 个 D 片段,再接着是 4 个 J_H 片段。在恒定区基因是由一组基因组成,在小鼠中此基因簇依次为 *μ*、*δ*、*γ3*、*γ1*、*γ2b*、*γ2a*、*ε*、*α* 8 个基因。分别编码重链 IgM、IgD、IgG、IgE 和 IgA 的恒定区,当与 L 链基因重排时,抗体的多样性除了 V、D、J、C 的不同连接外,还依赖于 L 链和 H 链的连接。

二、染色质水平的调控

染色质水平的调控主要涉及真核生物发育与细胞分化等调节,属于长期调节。染色质的结构对于真核细胞中基因表达水平具有重要的影响。在真核细胞中,大约有 10%的染色质处于一种高度压缩的状态，通常是没有转录活性的，称为异染色质(heterochromatin)。异染色质与染色体的特殊结构有关系，如着丝粒。其余的低程度压缩的染色质称为常染色质(euchromatin)。

在异染色质中，真核基因的转录水平是被强烈抑制的。而在常染色质中，部分而非所有的基因是有转录活性的。具有转录活性的染色质区域其特征不仅具有更加开放的染色质结构，而且其上面的核小体也有独特的结构和修饰。转录活性染色质往往含有更少的组蛋白 H1，而含有更多的其他组蛋白，如 H3.3 和 H2AZ。

异染色质和转录活性染色质中的组蛋白在共价修饰上具有明显的不同。核小体结构中的核心组蛋白(H2A、H2B、H3、H4)具有以下几种修饰：赖氨酸和精氨酸残基的甲基化；丝氨酸和苏氨酸残基的磷酸化；乙酰化、泛素化和 SUMO 化。这些修饰和转录的激活是密切相关的，尤其是甲基化和乙酰化修饰。特定的酶可以识别这些修饰位点，从而改变染色质的结构，使其更容易与转录复合体结合。实际上某些修饰对于转录中蛋白质间的相互作用是非常重要的。

最近研究发现，活跃表达基因所在染色质上一般含有一个或数个 DNA 酶Ⅰ超敏感位点，超敏感位点的产生可能是染色质结构规律性变化的结果。正是这种变化，使 DNA 容易与 RNA 聚合酶和其他转录调控因子相结合，从而启动基因表达，同时更易于被核酸酶所降解。当一个基因成为转录活性状态时，含有这个基因的染色质区域对 DNaseⅠ(一种内切酶)降解的敏感性要比无转录活性区域高得多。这是由于此区域染色质的 DNA 蛋白质结构变得松散，DNaseⅠ易于接触到 DNA。

一个很好的研究系统是鸡的珠蛋白和卵清蛋白系统。珠蛋白基因来自鸡胚红细胞的核中，它对 DNaseⅠ的降解是敏感的，而编码卵清蛋白的基因在红细胞中是不表达的，它对 DNaseⅠ的降解是具有抗性的。相反，在母鸡输卵管细胞的核中，卵清蛋白的基因是具有转录活性的，但却不能产生珠蛋白的 RNA，卵清蛋白基因的序列对 DNaseⅠ的降解要比珠蛋白基因的序列敏感得多。

很多实验得出的结论几乎都是有转录活性的基因对 DNaseⅠ的敏感性增加，DNaseⅠ敏感区的范围随着基因序列的不同而变化，从基因周围几千个碱基对到两侧 20kb 大小不等。仔细分析具有转录活性基因周围的 DNA 区域，表明有一个中心区域存在，称为超敏感区域(hypersensitive region)或超敏感位点(hypersensitive site)，它对 DNaseⅠ是高敏感的。这些位点或区域将首先受到 DNaseⅠ的剪切。由于对 DNaseⅠ的敏感性反映了染色质中 DNA 的有效性，将这些位点描述为染色质中特殊 DNA 暴露区域，一般在转录起始点附近，即 5′端启动子区域，少部分位于其他部位，如转录单元的下游。超敏感位点建立于转录起始之前，转录的诱导物除去后虽超敏感位点仍然存在，但转录却很快停止，说明超敏感位点的存在是转录起始的必要条件，但不是充分条件。超敏感位点是一段长 200bp 左右的 DNA 序列，这些区域是低甲基化区；并可能有局部解链的存在；不存在核小体结构或结构不同寻常，此区因 DNA 的裸露易和多种酶或特异的蛋白质结合，也就是说易于和反式作用因子结合。

三、转录水平的调控

转录水平的调控是基因表达调控中最重要的步骤。真核生物转录前首先要进行染色质结构的调整，此过程使基因的转录成为可能；转录的实现还有赖于大量反式作用因子和顺式作用元件与 RNA 聚合酶之间复杂的相互作用。

（一）开放型活性染色质结构的形成

真核基因的活跃转录是在常染色质上进行的。转录发生之前，染色质常常会在特定的区域被解旋松弛，形成自由 DNA。这种变化可能包括核小体结构的消除或改变，DNA 本身局部结构的变化等。这些变化可导致结构基因暴露，促进转录因子与启动区 DNA 的结合，诱发基因转录。染色质核小体的修饰有两种形式：一种是核小体或者染色质重塑，即利用 ATP 水解释放能量，使核小体组蛋白核心改变位置，脱离 DNA 或者沿着 DNA 滑动，促进高度有序的染色质结构松开。另外一种修饰则是增加组蛋白肽链末端的化学基团，如乙酰转移酶可增加组蛋白 N 端的乙酰基团，可以激活染色质内那些难以接触到的基因。

染色质的这种状态变化又称为表观遗传修饰。表观遗传修饰是指在不影响 DNA 序列的情况下改变基因组的修饰，这种改变不仅可以影响个体的发育，而且还可以遗传下去，即基因组功能的正常行使，不仅依赖于 DNA 序列中的遗传信息，还受到基因组中的其他信息的调控。表观遗传修饰的作用机制主要是通过对 DNA 和(或)组蛋白的共价修饰来改变 DNA 和染色质结构，进而调控基因表达。更重要的，这些修饰是表观遗传信息的携带者。这种信息既决定了基因是怎样表达的，也决定了它们的表达方式是怎样在一代细胞和下一代细胞之间保持的。表观遗传修饰主要包括 DNA 的甲基化和组蛋白修饰两个方面。

1) DNA 甲基化　DNA 甲基化可导致某些区域 DNA 构象变化，影响蛋白质与 DNA 的相互作用，抑制转录因子与启动区 DNA 的结合效率，从而抑制基因表达。在染色质中，甲基化作用不仅发生在组蛋白上，而且也发生在 DNA 上。DNA 中大多数甲基化的位点是胞嘧啶。DNA 甲基化是由 DNA 甲基化酶催化。哺乳动物中约有 5%的胞嘧啶被甲基化。DNA 的甲基化可调节基因转录活性，真核生物中 DNA 甲基化与否可以导致其转录活性差别达百万倍。DNA 的甲基化对基因表达的调节主要表现为抑制转录活性。活性基因附近的甲基化程度要比非活性基因低 30%左右。而在异染色质中 DNA 甲基化的程度高达 80%，说明甲基化程度与基因表达呈负相关关系。DNA 甲基化抑制基因表达的机制目前没有完全明确，有一种假说是 DNA 甲基化直接抑制了转录因子的结合，使其不能形成转录复合体，从而抑制转录活性。

2) 组蛋白修饰　组蛋白修饰主要包括组蛋白的乙酰化、磷酸化、甲基化、ADP 核糖基化、泛素化等。组蛋白乙酰化主要发生在赖氨酸的自由氨基上，甲基化发生在赖氨酸和精氨酸等上，磷酸化发生在丝氨酸的羟基及组氨酸上，这些修饰作用的共同特点是降低组蛋白所携带的正电荷，影响转录因子与 DNA 的可接近性，进而影响转录。组蛋白转录后修饰(如乙酰化、甲基化和磷酸化等可以是单一方式、两种方式、多种方式或单一位点、双位点、三位点等多种转录后修饰)组成了一组组蛋白序列，可以被不同细胞因子识别，调控不同的基因转录，称之为组蛋白密码(histone code)。这些密码能影响与组蛋白 DNA 复合物相互作用的蛋白质及后续的基因表达。

除了这两种机制之外，非编码 RNA 也参与了表观遗传修饰的调节。非编码 RNA 可依据分子大小分为长链非编码 RNA 和短链非编码 RNA，前者在基因簇以至整个染色体水平发挥顺式调节作用，甚至可以介导单条染色体的失活，后者主要是在转录后水平对基因的表达进行调控。

(二) 顺式作用元件

顺式作用元件指与结构基因表达调控相关、能够被基因调控蛋白特异性识别和结合的DNA序列。并非都位于转录起始点上游,包括启动子、增强子、绝缘子、上游启动子元件、反应元件、加尾信号等。凡是对基因转录具有激活效应的顺式元件称为正调控元件;相反,具有阻遏转录效应的元件称为负调控元件。真核生物细胞基因组普遍存在正调控元件,而负调控元件则比较少见。

1. 启动子 启动子(promotor)是RNA聚合酶特异性识别和结合并保证转录正常起始所必需的、最少的DNA序列。启动子必须与转录因子结合才能被RNA聚合酶识别与结合。启动子单独起作用时,只能确定转录起始位点并产生基础水平的转录。

2. 增强子和沉默子 增强子(enhancer)是一段DNA序列,其中含有多个能被反式作用因子识别与结合的顺式作用元件,能调控(常为增强)邻近基因的转录。一般位于转录起始点上游−300～−100bp处,但在基因外或某些内含子中也有增强子序列。负增强子(negative enhancer)又称沉默子(silencer)。

增强子的增强效应十分明显(10～200倍),且增强效应与其位置和取向无关,增强子大多为50bp重复序列,内含产生增强效应所必需的核心序列:(G)TGGA/TA/TA/T(G);增强子的增强效应有严密的组织和细胞特异性,但没有基因专一性;许多增强子还受外部信号的调控,如金属硫蛋白的基因启动区上游所带的增强子,就可以对环境中的锌、镉浓度做出反应。

3. 绝缘子 绝缘子(insulator)是近年发现的一类特殊顺式作用元件。它不同于增强子和沉默子,其功能是阻止激活或阻遏作用在染色质上的传递,使染色质的活性限定于结构域之内。

4. 上游启动子元件 上游启动子元件(upstream promoter elements)是TATA框上游的一些特定的DNA序列,能通过反式作用因子(TFⅡD复合物)的结合调控基因的转录效率。上游启动子元件包括70bp附近的CAAT框、CACA框及GC框。

5. 反应元件 一些信息分子的受体被细胞外信息分子激活后,能与特异的DNA序列结合,调控基因的表达。一般将能介导基因对细胞外的某种信号产生反应的特异的DNA序列,称为反应元件(response element)。反应元件一般具有较短的保守序列。糖皮质激素反应元件(GRE)序列为:GTACANNT GTTCT。

6. 加尾信号 结构基因的最后一个外显子中有一个保守序列AATAAA与下游一段GT丰富区或T丰富区共同构成poly(A)加尾信号。与RNA聚合酶结合的延长因子能识别这种结构并与之结合,然后在AAUAAA下游10～30个碱基的部位切断RNA并加上poly(A)尾巴。

(三) 反式作用因子

反式作用因子即上游调节因子,包括激活因子和阻遏因子,直接或间接地识别或结合在各类顺式作用元件核心序列上,是调节基因转录活性的蛋白质因子。它们与顺式作用元件中的上游激活序列(元件)、应答元件、增强子和沉默子等特异性结合,对真核生物的转录分别起促进和阻遏作用。反式作用因子通常有三个结构域,即DNA结合结构域(DNA-binding domain)、转录激活结构域(transcription activation domain)和二聚化结构域(dimerization domain)。

反式作用因子的DNA结合结构域,其常见的结构已经在前文叙述过,包括螺旋-转角-螺旋、锌指结构等。除了DNA结合结构域，反式作用因子一般还具有转录激活结构域，因而转录激活结构域的有无往往作为判断一个蛋白质是否属于反式作用因子的重要标志。真核生物中共发现三种转录激活结构域：①酸性α螺旋结构域(acidic α-helix domain)；②富含谷氨酰胺结构域(glutamine-rich domain)；③富含脯氨酸结构域(proline-rich domain)。例如，CTF家族的C端区与转录激活有关，其脯氨酸残基可达20%～30%。

(四) 转录起始的调控

RNA聚合酶Ⅱ成功结合到启动子上一般需要其他蛋白质的参与，包括至少以下4种蛋白质。

(1) 转录激活子(transcription activator)，可以结合到增强子上增强转录。有些转录激活子可以对几百个启动子具有转录激活作用，而有些则只对少数特定的启动子有作用。许多激活子对于信号分子的结合是十分敏感的，其活性随信号分子的改变而改变。有些增强子和转录激活子的结合位点离启动子是非常远的，它们是如何在远距离起作用的呢？答案是在大多数情况下，DNA是卷曲状的，因此蛋白复合体可以同时和DNA上距离较远的两个点同时接触。DNA的卷曲是由特定的非组蛋白蛋白质和染色质结合导致的，这些蛋白质在转录起始的过程中起到了重要的作用。

(2) 染色质修饰和重塑蛋白(chromatin modification and remodeling protein)。参与染色质修饰和重组的蛋白质在前文染色质重塑过程已经讲述过。

(3) 共激活蛋白质复合体(coactivator protein complexe)。大多数的转录需要蛋白质复合体的存在。大量的与RNA聚合酶相作用的蛋白质复合体被鉴定，这些复合体的主要功能之一是介导转录激活子和RNA聚合酶的相互作用。

(4) 基本转录因子(basal transcription factor)。请参照前文RNA的转录部分(第十章第一节)。

在极少数情况下，有些真核细胞调控蛋白结合到RNA聚合酶上之后起到抑制作用，阻止转录起始复合体的形成。有些激活子可以发生构象上的改变，从而决定它们是作为转录的激活子还是抑制子。例如，有些甾醇类激素受体在细胞核中在该激素存在的情况下行使激活子的功能，当激素信号到达之后，可以激活特定基因的转录。当激素信号不存在的时候，这些受体是以另外一种构象行使抑制转录的功能。因此，真核基因转录的水平是受到细胞信号的严格调控的，包括细胞内的信号和细胞间的信号。

四、RNA干扰介导的转录后基因沉默

在高等的真核生物，包括线虫、果蝇、植物和哺乳动物中，有一类小RNA分子称为微RNA(micro-RNA，miRNA)，介导了很多基因的表达沉默，也成为RNA干扰。Micro-RNA可以通过与mRNA相互作用(通常作用于3′UTR区域)，导致mRNA的降解或者翻译的抑制。在任何一种情况下，都会导致基因的沉默，即产物不能正常表达。这种对于基因的调节机制在生物的发育过程中普遍存在。这种RNA干扰还是对抗RNA病毒的一种有效机制，并且可以控制转座子的活性。此外，微RNA分子可能在异染色质的形成中也起到重要作用。

有些miRNA仅仅在发育过程中的特定时期短暂的存在，称为小分子短暂RNA(small temporal RNA，stRNA)。在真核生物中有成千上万个stRNA被鉴定，它们大约调控了哺乳动物1/3的基因表达。它们的RNA前体有大约70个核苷酸的长度，并且能够在内部自己形

成一个发卡结构。该前体被内切核酸酶(如 Drosha 和 Dicer)切割形成短的 20～25 个核苷酸片段。其中一条链可以与目标 mRNA 或者病毒 RNA 相作用,导致该目标 RNA 的转录抑制或者降解(图 12-8)。有些 miRNA 只对一种 mRNA 起作用从而只能调控一个基因的表达,而有些 miRNA 可以和多个 mRNA 作用从而调控一系列基因的表达。

RNA 沉默不仅是调控基因表达的一种重要机制,它还具有极高的实际应用价值,即作为一种非常有效的研究手段。目前 RNA 干扰作为分子生物学的研究技术手段被广泛应用,产生了大量的成果。如果研究人员将外源的双链 RNA 分子(和目标 mRNA 具有相同的序列)导入到某个生物体内,Dicer 将会把该双链 RNA 切割成小干扰 RNA(small interfering RNA,siRNA),这些小 RNA 会和目标 mRNA 结合,从而导致目标基因的沉默。这个过程就是 RNA 干扰。在植物中,基本上所有的基因都可以通过这种方式来将其沉默。线虫可以直接摄入双链 RNA,因此只需在其食物中添加双链 RNA 即可达到 RNA 介导基因沉默的目的。RNA 干扰技术使研究人员摆脱了对突变体(mutant)的依赖,可以直接研究基因功能,是十分值得信赖的技术。该技术也被应用到疾病相关的研究中。例如,在实验室中人工合成的 siRNA 被用来阻止 HIV 对细胞系的感染。该技术在医学应用上的前景十分乐观。

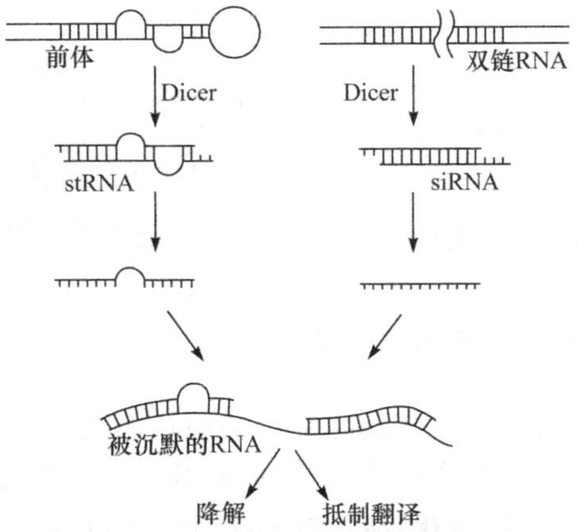

图 12-8　RNA 干扰介导的基因沉默

五、翻译水平的调控

和原核细胞相比,在真核细胞中翻译水平上的调控要显著得多。原核细胞中的转录和翻译是紧密联系在一起的,但真核细胞中转录产物必须从细胞核运输到细胞质中来进行蛋白质的翻译,从而导致蛋白质的出现大大推迟。当细胞急需某种蛋白质产物时,可以通过激活一个被翻译水平上抑制的 mRNA,从而快速合成蛋白质。翻译水平的调控对于一些特别长的基因(可能达到上百万个碱基对)表达来说可能尤其重要,因为这类基因从转录到翻译完成可能需要非常长的时间。有些基因同时在转录水平和翻译水平上被调控,但是后者才是决定最终产物浓度的决定性因素。例如,在某些无核细胞中(如网状细胞),根本就不存在转录水平上的调控,因此其储存的 mRNA 在翻译水平上的调控变得尤其重要。在发育过程中,翻译水平上的基因表达调控还具有空间上的重要性,因其可以通过控制 mRNA 的翻译形成一个蛋白质梯度。例如,卵细胞中存在许多暂时不翻译的隐蔽 mRNA,受精后便开始翻译。当然 mRNA 的结构也可影响翻译的效率,细胞内反义 RNA 调控、翻译的自我调节等也属于翻译水平调控的范畴。

真核细胞至少有下面 4 种主要的翻译水平上的调控机制,多种翻译水平上的基因表达调控机制可以更加灵活控制基因表达。

(1) 翻译起始因子通常具有磷酸化水平的调控,由蛋白激酶来控制。这些因子的磷酸化形式通常活性比较低,从而导致翻译的抑制。

(2) 有些蛋白质(翻译抑制因子)直接结合到 mRNA 上来起到抑制翻译的作用。它们经常结合到非翻译区 39(39UTR)中的特异性位点上。当处于这个位置的时候,这些蛋白质还与翻译起始因子或者核糖体40S亚基相结合，来阻止翻译的起始(图12-9)。

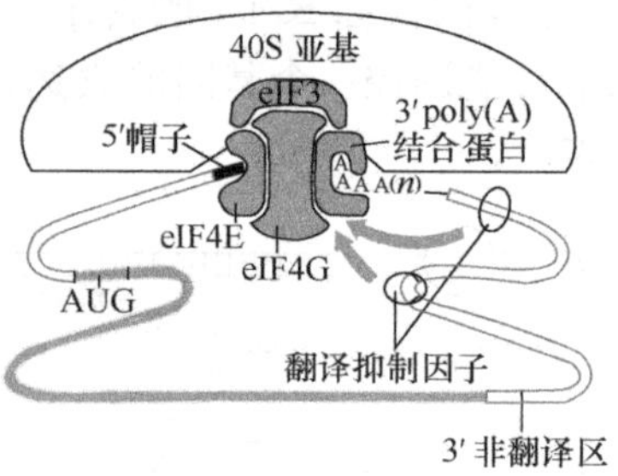

图12-9　真核生物mRNA的翻译调控

(3) 有些蛋白质会打断真核翻译起始因子eIF4E和eIF4G之间的作用来阻止翻译，这些蛋白质从酵母到哺乳动物中都广泛存在。哺乳动物的该种蛋白质命名为4E-BP (eIF4E binding protein)。当细胞生长缓慢的时候，该蛋白质结合到eIF4E上，阻止了eIF4E和eIF4G之间的结合从而抑制翻译。当细胞恢复生长或受到其他信号刺激时，该种蛋白质会被磷酸化从而失效，从eIF4E上解离下来，解除对翻译的抑制。

(4) RNA介导的翻译水平上的调控(第十二章第二节)。

六、翻译后水平的调控

真核生物基因翻译的最初产物是一个大的蛋白质分子。有时，必须经酶切成更小的分子才能有生物活性，如胰岛素的产生。很多mRNA表达产生的蛋白质要经历翻译后修饰，如磷酸化、糖基化、酶原激活等才具有活性。翻译后修饰是蛋白质调节功能的重要方式。此外，蛋白质的降解也是调控蛋白质浓度的重要方式。

除了上述调控方面的特点，真核生物对外界环境条件的变化和原核生物也十分不同。同一群体的原核生物细胞处在同样的环境条件作用下，对环境条件变化的反应基本一致。而多细胞真核生物的不同细胞在同样环境条件下可能有很不相同的反应，只有一部分或很小一部分细胞的基因表达直接受到某一环境条件变化的影响和控制，其他细胞的基因表达或是间接受到影响，或是基本上不受影响。真核生物的这一特点保证了它的许多主要器官或组织在千变万化的环境下维持正常功能。

知识框

利用调控基因表达的原件构建UAS-Gal4表达系统

UAS-Gal4表达系统是生物化学和遗传学中一种常用的异位表达系统，可以用来调控外源靶标基因的表达并研究基因的功能。该系统包含两部分，一个是编码酵母转录激活蛋白Gal4的*Gal*基因，另外一个是上游激活序列(upstream activation sequence, UAS)，可以特异性地和Gal4结合并激活其下游基因的表达。同其他转录调控蛋白一样，Gal4蛋白含有DNA结合结构域(用来结合UAS)和一个转录激活结构域。Gal4所识别的UAS序列为CGG-N_{14}-GCG(N为任意碱基)。虽然Gal4是在酵母中发现的调控蛋白并且它在其他生物中一般不存在，但是Gal4在大多数生物中依然可以发挥其转录激活蛋白的作用(当与UAS结合后)，这也体现了基因表达调控机制在进化上的保守性。

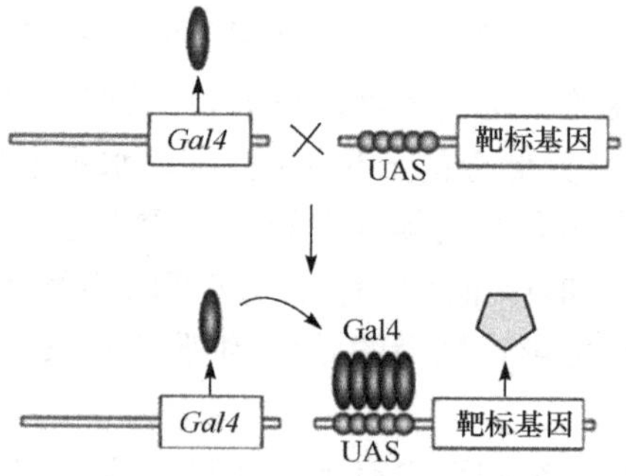

UAS-Gal4系统在果蝇中的应用非常成熟，并且已成功构建了很多表达特定基因的

果蝇品系，Gal4 基因和 UAS 序列都是通过同源杂交整合的方式插入到果蝇基因组中。在果蝇中，Gal4 的表达是由一个果蝇自身的启动子或者启动基因来控制的，而 UAS 则连接靶标基因并控制该基因的表达。由于果蝇基因组中本身不含有 Gal4 可以结合调控的序列，因此单独在果蝇中表达 Gal4 不会对果蝇的生长发育、存活产生显著的影响。同理，在果蝇中插入单独的 UAS 序列（下游连接待研究的靶标基因）也不会对果蝇产生影响，因为野生型的果蝇不会表达 Gal4，不能激活 UAS 下游的基因。将含有 *Gal* 基因的果蝇和含有 UAS 的果蝇进行杂交之后，其产生的后代基因组中会同时含有 Gal4 基因和 UAS 序列，从而启动了 UAS 下游靶标基因的表达，可通过果蝇生理上和表型上的变化来推测该基因的功能。另外，UAS-Gal4 系统可以从空间上和时间上实现对靶标基因表达的精确调控，可通过控制 Gal4 的组织特异性表达或发育时期特异性表达，来调控靶基因的特异性表达。

UAS-Gal4 系统在小鼠、斑马鱼、爪蟾和水稻中也被广泛应用，研究特定基因的功能或者用于转基因生物的构建。近年来 UAS-Gal4 系统还可以用来进行 RNA 干扰实验。只需要在 UAS 后面连接表达特定 miRNA 的基因，就可以在生物体内或者细胞系中大量表达 miRNA，进而通过检测表型和生理变化来推测基因的功能。

思考题

1. 简述基因表达调控的意义。
2. 举例说明基因表达的组织特异性和阶段特异性。
3. 举例说明什么是管家基因及其基因表达特点。
4. 简述基因表达调控的主要要素。
5. 结合乳糖操纵子结构说明其工作原理。
6. 简述原核基因表达调控的特点。
7. 解释阻遏蛋白质在原核基因表达调控中的普遍意义。
8. 为什么说转录激活是基因表达调控的基本环节？
9. 真核生物和原核生物基因转录调控方面有何异同点？
10. 论述小分子 RNA 在基因表达调控中的意义。

参考文献

陈石根，周润琦. 2001. 酶学. 上海：复旦大学出版社
郭蔼光. 2004. 基础生物化学. 北京：高等教育出版社
姜涌明，等. 2000. 分子酶学导论. 北京：中国农业大学出版社
静国忠. 1999. 基因工程及分子生物学基础. 北京：北京大学出版社
孙乃恩，孙东旭. 1991. 分子遗传学. 南京：南京大学出版社
王镜岩，朱圣庚，徐长法. 2002. 生物化学（上、下册）. 3 版. 北京：高等教育出版社
王林嵩. 2012. 普通分子生物学. 北京：科学出版社
王琳芳，杨克恭. 1999. 蛋白质与核酸. 北京：北京医科大学中国协和医科大学联合出版社
王希成. 2010. 生物化学. 3 版. 北京：清华大学出版社
王宪泽. 2002. 生物化学实验技术原理和方法. 北京：中国农业大学出版社
闫桂琴. 2003. 生命科学技术概论. 北京：科学出版社
查锡良. 2008. 生物化学. 7 版. 北京：人民卫生出版社
张供渊. 2006. 生物化学原理. 北京：科学出版社
郑集，陈钧辉. 2003. 普通生物化学. 北京：高等教育出版社
周顺伍. 1999. 动物生物化学. 北京：中国农业出版社
朱玉贤，等. 2013. 现代分子生物学. 4 版. 北京：高等教育出版社
Allison L A. 2008. 基础分子生物学（影印版）. 北京：高等教育出版社
Bondarenko V A，et al. 2006. Nucleosomes can form a polar barrier to transcript elongation by RNA polymerase Ⅱ. Mol Cell，24：469～479
Chesnokov I N. 2007. Multiple functions of the origin recognition complex. Int Rev Cytol，256：69～109
Cleland W W. 1997. Dtermining the chemical mechanisms of enzyme-catalyzed reactions by kinetic studies. Ado Enzymol，45：273～387
Conaway J W， et al. 2000. Control of elongation by RNA polymerase Ⅱ. Trends Biochem Sci，25： 375～380
Conti C，et al. 2007. Replication fork velocities at adjacent replication origins are coordinately modified during DNA replication in human cells. Molecular Biology of the Cell，18：3059～3067
Fabbri M，et al. 2008. MicroRNAs. Cancer J，14(1)： 1～6
Garrett R H，Grisham C M. 1999. Biochemistry. 2nd ed. New York：Harcourt，Inc
Grisham C M，Garrett R H. 2005. 生物化学. 3 版（影印本），北京：高等教育出版社
Hames B D，et al. 1997. Instant Notes in Biochemistry. London：BIOS Seientific Publishers Limited
International Human Genome Sequencing Consortium. 2004. Finishing the euchromatic sequence of the human genome. Nature，431(7011)：931～945
Jencks W P. 1987. Catalysis in Chemistry and Enzymology. New York：Dover Publications，Inc
Lehninger A L，et al. 2012. Principles of Biochemistry. 6nd ed. New York：World Publishers，Inc
Marschner H. 1995. Mineral Nutrition of Higher Plants. 2nd ed. London：Aacademic Press
Mckee T，James M. 1999. Biochemistry：An Introduction. 2nd ed. New York：MCGraw-Hill，Inc
Negrini M，et al. 2007. MicroRNAs in human cancer：From research to therapy. J Cell Sci，120：1833～1840
Nelson D L，Cox M M. 2000. Lechninger Principles of Biochemistry. 3rd ed. New York：W. H. Freeman & Company
Nelson D L，Cox M M. 2008. Lechninger Principles of Biochemistry. 5th ed. New York：W. H. Freeman & Company
Ogier-Denis E，et al. 2007. MicroRNAs and intestinal pathophysiology. Med Sci (Paris)，23 (5)：509～514
Shultz R W，et al. 2007. Genome-wide analysis of the core DNA replication machinery in the higher plants arabidopsis and rice. Plant Physiology，144：1697～1714
Sims R J， et al. 2004. Elongation by RNA polymerase Ⅱ：The short and long of it. Genes Dev，18：2437～2468
Svejstrup J Q. 2007. Elongator complex： How many roles does it play? Curr Opin Cell Biol，19：1～6
Turner P C，et al. 1999. Instant Notes in Molecular Biology（影印版）. 北京：科学出版社
Voet D，et al. 1999. Fundamentals of Biochemistry. New York：John Wiley & Sons，Inc
Znbay G L. 1984. Biochemistry. USA：Addison-Wesley Publishing Company

生物化学与分子生物学相关领域的诺贝尔奖

1902 年　德国科学家费雪(Emil Fischer)因合成嘌呤及其衍生物多肽获诺贝尔化学奖。

1907 年　德国科学家毕希纳(Ludwig Buchner)因发现无细胞发酵获诺贝尔化学奖。

1910 年　俄国科学家科塞尔(Albrecht Kossel)因研究细胞化学蛋白质及核质获诺贝尔生理学或医学奖。

1915 年　德国科学家威尔泰特(Richard Willstatter)因对叶绿素化学结构的研究获诺贝尔化学奖。

1922 年　英国科学家希尔(Archibald V Hill)因发现肌肉生热,德国科学家迈尔霍夫(Otto Meyerhof)因研究肌肉中氧的消耗和乳酸代谢而共同获得诺贝尔生理学或医学奖。

1923 年　加拿大科学家班廷(Frederick G Banting)、英国科学家麦克劳德(John Macleod)因发现胰岛素而共同获得诺贝尔生理学或医学奖。

1927 年　德国科学家维兰德(Heinrich Wieland)因发现胆酸及其化学结构获诺贝尔化学奖。

1928 年　德国科学家温道斯(Adolf Windaus)因研究丙醇及其与维生素的关系获诺贝尔化学奖。

1929 年　英国科学家哈登(Arthur Harden)和瑞典科学家奥伊勒·歇尔平(Hans Yon Euler-Chelpin)因有关糖发酵和酶在发酵中作用的研究而共同获得诺贝尔化学奖。荷兰科学家艾克曼(Christiaan Eijkman)因发现防治脚气病的维生素 B_1、英国科学家霍普金斯(Frederick Hopkins)因发现促进生命生长的维生素而共同获得诺贝尔生理学或医学奖。

1930 年　德国科学家费歇尔(Hans Fischer)因研究血红素和叶绿素,合成血红素获诺贝尔化学奖。

1931 年　德国科学家瓦尔堡(Otto Warburg)因发现呼吸酶的性质及作用获诺贝尔生理学或医学奖。

1937 年　英国科学家霍沃恩(Walter N Haworth)因研究碳水化合物和维生素,瑞士科学家卡勒(Paul Karrer)因研究胡萝卜素、核黄素和维生素,匈牙利科学家森特哲尔吉(Albert Szent-Gyorgyi)因发现维生素 C 而共同获得诺贝尔生理学或医学奖。

1938 年　德国科学家库恩(Richar Kuhu)因研究类胡萝卜素和维生素获诺贝尔化学奖。

1939 年　德国科学家布特南特(Adotf Butenandt)因性激素方面的工作、瑞士科学家卢齐卡(Leopold Ruzicka)因聚甲烯和性激素方面的研究工作而共同获得诺贝尔化学奖。德国科学家多马克(Gerhard Domagk)因发现磺胺的抗菌作用获诺贝尔生理学或医学奖。

1943 年　丹麦科学家达姆(Henrik Dam)因发现维生素 K、美国科学家多伊西(Edward A Doisy)因研究维生素 K 的化学性质而共同获得诺贝尔生理学或医学奖。

1945 年　英国科学家弗莱明(Alexander Fleming)、弗洛里(Howard Florey)、钱恩(Ernst B Chain)因发现青霉素及其临床效用而共同获得诺贝尔生理学或医学奖。

1946 年　美国科学家萨姆纳(James Batcheller Sumner)因发现酶结晶、美国科学家诺思罗普(John Howard Northrop)、斯坦利(Wendell M Stanley)因制出酶和病毒蛋白质纯结晶而共同获得诺贝尔化学奖。美国科学家马勒(Hemnann J Muller)因发现 X 射线辐射引起变异获诺贝尔生理学或医学奖。

1947 年　英国科学家罗宾逊(Robert Robinson)因研究生物碱和其他植物制品获诺贝尔化学奖。美国科学家科里夫妇(Carl Cori,Gerty Cori)因发现糖代谢过程中垂体激素对糖原的催化作用、阿根廷科学家何塞(Bernardo Houssay)因研究脑下垂体激素对动物新陈代谢作用而共同获得获诺贝尔生理学或医学奖。

1948 年 瑞典科学家蒂塞利乌斯(Arne Tiselius)因研究电泳和吸附分析血清蛋白获诺贝尔化学奖。瑞士科学家米勒(Paul Müller)因合成高效有机杀虫剂 DDT 获诺贝尔生理学或医学奖。

1950 年 美国科学家亨奇(Philip S Hench)因发现可的松治疗风湿性关节炎、美国科学家肯德尔(Edward C Kendall)和瑞士科学家莱希斯坦(Tadeus Reichstein)因研究肾上腺皮质激素及其结构和生物效应而共同获得诺贝尔生理学或医学奖。

1952 年 美国科学家瓦克斯曼(Selman A Waksman)因发现链霉素获诺贝尔生理学或医学奖。

1953 年 美国科学家李普曼(Fritz Lipmann)因发现辅酶 A 及其中间代谢作用、英国科学家克雷布斯(Hans Krebs)因阐明合成尿素的鸟氨酸循环和三羧酸循环而共同获得诺贝尔生理学或医学奖。

1955 年 美国科学家迪维格诺德(Vincent du Vigneaud)因第一次合成多肽激素获诺贝尔化学奖。瑞典科学家西奥雷尔(Hugo Theorell)因发现氧化酶的性质和作用获诺贝尔生理学或医学奖。

1957 年 英国科学家托德(Alexander R Todd)因研究核苷酸和核苷酸辅酶获诺贝尔化学奖。

1958 年 英国科学家桑格(Fnederick Sanger)因确定胰岛素分子结构获诺贝尔化学奖。美国科学家比德尔(George Beadle)、塔特姆(Edward Tatum)因对化学过程的遗传调节的研究、美国科学家莱德伯格(Joshua Lederberg)因有关细菌的基因重组和遗传物质结构方面的发现而共同获得诺贝尔生理学或医学奖。

1959 年 美国科学家奥乔亚(Severo Ochoa)、科恩伯格(Arthur Kornberg)因人工合成核酸并发现其生理作用而共同获得诺贝尔生理学或医学奖。

1961 年 美国科学家卡尔文(Melvin Calvin)因研究植物光合作用中的化学过程获诺贝尔化学奖。

1962 年 英国科学家肯德鲁(John C Kendrew)、佩鲁茨(Max F Perutz)因研究蛋白质的分子结构获诺贝尔化学奖。英国科学家克里克(Francis Crick)、威尔金斯(Maurice Wilkins)、美国科学家沃森(James Watson)因发现脱氧核糖核酸的分子结构而共同获得诺贝尔生理学或医学奖。

1964 年 英国科学家霍奇金(Dorothy Crowfoot Hodgkin)因用 X 射线方法研究青霉素和维生素 B_{12} 等的分子结构获诺贝尔化学奖。美国科学家布洛赫(Konrad Bloch)、德国科学家吕南(Feodor Lynen)因发现胆固醇和脂肪酸的代谢而共同获得诺贝尔生理学或医学奖。

1965 年 美国科学家伍德沃德(Robert Bruns Woodward)因人工合成类固醇、叶绿素等物质获诺贝尔化学奖。

1968 年 美国科学家霍利(Robert W Hoolley)、科拉纳(Har Gobind Khorana)、尼伦伯格(Marshall W Nirenberg)因解释遗传密码而共同获得诺贝尔生理学或医学奖。

1970 年 阿根廷科学家莱格伊尔(Luis Federico Leloir)因发现糖核苷酸及其在碳水化合物的生物合成中的作用获诺贝尔化学奖。

1971 年 加拿大科学家赫茨伯格(Gerbard Herzberg)因研究分子结构、美国科学家安芬森(Christian Boehmer Anfisen)因研究核糖核酸酶的分子结构而共同获得诺贝尔化学奖。英国科学家萨瑟兰(Earl W Sutherland)因在分子水平上阐明激素的作用机制获诺贝尔生理学或医学奖。

1972 年 美国科学家穆尔(Stanford Moore)、斯坦(William Howard Stein)因研究核糖核酸酶的分子结构而共同获得诺贝尔化学奖。美国科学家埃德尔曼(Gerald M Edelman)、英国科学家波特(Rodney R Porter)因对抗体化学结构的研究而共同获得诺贝尔生理学或医学奖。

1974 年 美国科学家克劳德(Albert Claude)因研究细胞的结构和功能、比利时科学家德·迪夫(Christian de Duve)因发现溶酶体、美国科学家帕拉德(George E Palade)因发现核糖核蛋白质而共同获得诺贝尔生理学或医学奖。

1975 年 英国科学家康福思(John Warcup Cornforth)因研究有机分子和酶催化反应的立体化学、瑞士科学家普雷洛洛(Vladimir Prelog)因研究有机分子及其反应的立体化学而共同获得诺贝尔化学奖。美国科学家杜尔贝科(Renato Dulbecco)、特明(Howard M Temin)、巴尔的摩(David Baltimore)因研究肿瘤病毒与遗传物质相互关系而共同获得诺贝尔生理学或医学奖。

1978 年 英国科学家米切尔(Peter Mitchell)因生物系统中的能量转移过程获诺贝尔化学奖。瑞士科学家阿尔伯(Werner Arber)、美国科学家史密斯(Hamilton O Smith)、内森斯(Daniel Nathans)因发现并应用脱氧核糖核酸的限制酶而共同获得诺贝尔生理学或医学奖。

1980 年 美国科学家伯格(Paul Berg)因研究操纵基因重组 DNA 分子、美国科学家吉尔伯特(Walter Gilbert)、英国科学家桑格(Frederick Sanger)因创立 DNA 结构的化学和生物分析法而共同获得诺贝尔化学奖。

1982 年 英国科学家克卢格(Aaron Klng)因以晶体电子显微镜和 X 射线衍射技术研究核酸蛋白质复合体获诺贝尔化学奖。

1983 年 美国科学家麦克林托克(Barbara M Clintock)因研究玉米的转座因子获诺贝尔生理学或医学奖。

1984 年 美国科学家梅里菲尔德(Bruce Merrifiel)因对发明新药物和遗传工程的重大贡献获诺贝尔化学奖。

1985 年 美国科学家布朗(Michael S Brown)、戈尔茨坦(Joseph L Goldstein)因在胆固醇新陈代谢方面的贡献而共同获得诺贝尔生理学或医学奖。

1988 年 德国科学家戴森霍费尔(Johann Deisenhofer)、胡贝尔(Robert Huber)、米歇尔(Hartmut Michel)因第一次阐明了膜蛋白结晶并获得了三维空间结构而共同获得诺贝尔化学奖。

1989 年 美国科学家切赫(Thomas R Cech)、加拿大科学家奥尔特曼(Sidney Altman)因发现核糖核酸催化功能而共同获得诺贝尔化学奖。

1992 年 美国科学家费希尔(Edmond H Fischer)、克雷布斯(Edwin G Krebs)因在逆转蛋白质磷酸化作为生物调节机制的研究中作出巨大贡献而共同获得诺贝尔生理学或医学奖。

1993 年 美国科学家穆利斯(Kary B Mullis)因发明"聚合酶链反应"法在遗传领域研究中取得突破性成就、加拿大籍英裔科学家史密斯(Michael Smith)因开创"寡聚核苷酸基定点诱变"方法而共同获得诺贝尔化学奖。英国科学家罗伯茨(Richard J Roberts)、美国科学家夏普(Phillip A Sharp)因发现断裂基因而共同获得诺贝尔生理学或医学奖。

1997 年 美国科学家博耶(Paul Delos Boyer)、英国科学家沃克尔(John E Walker)、丹麦科学家斯科(Jens C Skou)因发现人体细胞内 ATP 合酶和 Na^{+}-K^{+} ATP 酶,而共同获得诺贝尔化学奖。

1998 年 美国科学家佛契哥特(Robert F Furchgott)、伊格纳罗(Louis J Ignarro)、慕拉德(Ferid Murad)因提出氧化氮通路学说而共同获得诺贝尔生理学或医学奖。

2002 年 美国科学家约翰·芬恩(John B Fenn)、日本科学家田中耕一(Koichi Tanaka)、库尔特·维特里希(Kurt Wüthrich)因发明了对生物大分子进行确认和结构分析、质谱分析的方法,而共同获得诺贝尔化学奖。

2004 年 以色列科学家阿龙·西查诺瓦(Aaron Ciechanover)、阿弗拉姆·赫尔什科(Avram Hershko)和美国科学家伊尔温·罗斯(Irwin Rose)三人因突破性地发现了人类细胞如何控制某种蛋白质的过程,具体地说,就是人类细胞对无用蛋白质的"废物处理"过程,而共同获得诺贝尔化学奖。

2006 年 美国科学家安德鲁·法尔(Andrew Z Fire)和克雷格·梅洛(Craig C Mello)因为发现了 RNA(核糖核酸)干扰机制而被授予诺贝尔生理学或医学奖。科恩·伯格(Roger D Kornberg)因揭示了真核生物体内的细胞如何利用基因内存储的信息生产蛋白质(理解这一点具有医学上的"基础性"作用,因为人类的多种疾病如癌症、心脏病等都与这一过程发生紊乱有关)而获诺贝尔化学奖。

2007 年　美国科学家马里奥·卡佩奇(Mario R Capecchi) 和奥利弗·史密西斯(Oliver Smithies)、英国科学家马丁·埃文斯(Martin J Evans)一直在使用基因敲除和基因陷阱方法来进行新的发现和创造人类疾病的动物模式。为表彰他们在干细胞研究方面所作的贡献,授予他们诺贝尔生理学或医学奖。

2008 年　日本科学家下村修(Osamu Shimomura)、美国科学家马丁·沙尔菲(Martin Chalfie)和美籍华裔科学家钱永健(Roger Y Tsien),因在发现和研究绿色荧光蛋白方面作出贡献,而共同获得诺贝尔化学奖。

2009 年　美国科学家文卡特拉曼·拉马克里希南(Venkatraman Ramakrishnan)、托马斯·施泰茨(Thomas Steitz)和以色列科学家阿达·约纳特(Ada Yonath),因在原子水平上揭示了核糖体的结构和功能,对"核糖体结构和功能的研究"作出突出贡献,而共同获得诺贝尔化学奖。美国科学家伊丽莎白·布莱克本(Elizabeth H Blackburn)、卡罗尔·格雷德(Carol W Greider)、杰克·绍斯塔克(Jack W Szostak)因发现了端粒和端粒酶保护染色体的机制,而共同获得诺贝尔生理学或医学奖。

2010 年　美国科学家理查德·赫克(Richard F Heck)、日本科学家根岸英一(Ei-ichi Negishi)和铃木章(Akira Suzuki),因在有机合成领域中"钯催化交叉偶联反应"方面的卓越贡献,开发出更有效的连接碳原子以构建复杂有机分子的方法,而共同获得诺贝尔化学奖。

2011 年　美国科学家布鲁斯·巴特勒(Bruce A Beutler)、法国科学家朱尔斯·霍夫曼(Jules A Hoffmann),因在激活先天免疫方面的发现,加拿大科学家拉尔夫·斯坦曼(Ralph M Steinman),因发现树状细胞和它在适应性免疫中的作用,而共同获得诺贝尔生理学或医学奖。

2012 年　美国科学家罗伯特·莱夫科维茨(Robert J Lefkowitz)和布莱恩·克比尔卡(Brian K Kobilka)因 G 蛋白偶联受体研究,而共同获得诺贝尔化学奖。

日本科学家山中伸弥(Shinya Yamanaka)、英国科学家约翰·格登(John B Gurdon)因在体细胞重编程技术领域作出的革命性贡献,而共同获得诺贝尔生理学或医学奖。